变风量空调系统设计

（第二版）

叶大法　杨国荣　编著

中国建筑工业出版社

图书在版编目（CIP）数据

变风量空调系统设计/叶大法，杨国荣编著. —2
版. —北京：中国建筑工业出版社，2023.9
ISBN 978-7-112-29155-7

Ⅰ. ①变… Ⅱ. ①叶…②杨… Ⅲ. ①变风量-空调
-系统设计 Ⅳ.①TB657.2

中国国家版本馆 CIP 数据核字（2023）第 174105 号

责任编辑：张文胜
责任校对：张 颖

变风量空调系统设计（第二版）

叶大法 杨国荣 编著

*

中国建筑工业出版社出版、发行（北京海淀三里河路 9 号）

各地新华书店、建筑书店经销

霸州市顺浩图文科技发展有限公司制版

天津画中画印刷有限公司印刷

*

开本：787 毫米×1092 毫米 1/16 印张：33¾ 字数：860 千字

2023 年 9 月第二版 2023 年 9 月第一次印刷

定价：**128.00** 元

ISBN 978-7-112-29155-7

（41288）

序　一

　　由华东建筑设计研究院叶大法、杨国荣两位总工编著的《变风量空调系统设计》出版已有十五年了。这部国内外鲜见的变风量空调系统设计专著，在消化吸收国内外先进技术与经验的基础上，全面梳理了变风量空调系统的分类、原理、设计方法、设备选用和控制调节，对十多年来变风量空调系统的设计和运行起到了普及推广和引领指导的作用，是一部值得业内关注，受到设计院和业主方广大中青年工程师好评的参考书。

　　进入21世纪后，国内变风量空调系统工程有了长足的发展，已经成为北京、上海、广州及各大中城市高等级办公楼空调方式的首选。然而业内也清醒地看到，在各种类型变风量空调系统项目层出不穷的同时，变风量空调系统在控制和调节方面还存在一些发展瓶颈问题，迫切需要进一步完善和提高。

　　为此，两位总工在总结国内变风量空调工程实践经验的基础上，历时三年完成了《变风量空调系统设计（第二版）》的编著，对第一版进行了大幅修改和补充：

　　把办公建筑中广泛应用的变冷媒多联机方式与变风量空调系统相结合，相互取长补短，丰富了组合式变风量空调系统的形式；

　　增加了室内空气质量控制设计，完善了排风热回收、全（变）新风冷却节能等运行工况判别和转换的控制策略，补齐了全空气空调系统节能运行的短板；

　　汇总了各种变风量末端、系统自控的原理、逻辑和监控点位，以支持设计院加强变风量空调系统自控设计；

　　设立专门章节，精选各类变风量空调系统工程实例，供设计师参考。

　　本书不仅可供暖通领域的工程技术人员阅读，亦可给大专院校的师生参考。

　　我年事已高，为看到叶大法、杨国荣两位同济学子在暖通空调专业领域的努力、奉献和成功感到高兴，谨对他们完成本书第二版表示衷心的祝贺和由衷的敬佩。

2022 年 12 月 10 日

序　二

　　本书是叶大法、杨国荣两位作者关于暖通空调专业中"变风量空调设计"内容的第二本著作，第一本出版于2007年。我感叹他俩利用业余时间，孜孜不倦执着地关心、耕耘于空调领域该项技术发展又十余年，真是难能可贵！

　　现代超高层建筑的外围护结构基本上均是玻璃幕墙，它的热惰性比实体砖墙结构差很多，各个朝向、不同时段的空调冷、热负荷相差很大，故常规的两管制、定风量、通常是一层一个大空调系统不能满足高标准的舒适性要求。此外，这类建筑物的空调设计常有国外设计公司协作配合，变风量空调系统基本上是典型选择。在此背景下，如果我们的空调设计师对变风量空调系统虽知晓但欠熟悉，则双方工作便难以配合与协调。基于此，我认为，作为一位专业人员，应对该空调领域的知识有一定深度的了解。

　　与前版相比，本版内容较详细、深入，因为这些年来该系统的理念在更新，产品显丰富，案例又增加，这对理解这方面知识更加有利。

　　此外，我认为还应注意以下事项：

　　基于信息技术发展迅速，产品中包含这方面的内容颇多，这也许是暖通空调专业人员的知识短版，我们该实事求是地向厂方与设计院的电气专业工程师等多请教、学习，以能较深刻领会、全面地掌握书中内容。

　　初次设计该系统的设计师，应多参观这类系统，充分了解已有系统的成功与不足之处，以更全面、合理地把握总体方案与细节。

　　在变风量空调系统设计中，本专业与建筑、电气等专业会有更多非常规内容的协调、配合，唯有各方良好地互动，才能设计好该类系统。

胡仰耆

2023 年 2 月 2 日

第二版前言

《变风量空调系统设计》自2007年12月出版至今已有15年了。

面对国内空调设计理念与国际先进水平的差距，该书注重借鉴美、日、欧先进理念，系统、完整地介绍了变风量空调系统的基本原理、类型、计算方法和设计要点，也涉及一些国内外知名厂商的相关设备和系统。作为国内首部关于变风量空调系统设计的专著，它充实了教材与手册内容，对以后十多年里变风量空调系统的启蒙、普及、坚守和发展起到了积极的推动作用，受到业内读者特别是中青年空调工程师的好评。

近二十年来，变风量空调系统由"北上广"一线城市向省会等大中城市发展，日益被高品质办公、商业建筑的业主和设计者接受，项目数量、设计水平、工程质量都有了长足的进步，当然在运行控制、节能减碳方面尚待提高。为此，中国建筑工业出版社应读者要求，希望我们能总结15年来变风量空调系统的发展与不足，对《变风量空调系统设计》一书进行修订再版。此想法在2018年确定，2020年启动，恰逢新冠疫情，修编过程整整历时了三年。

《变风量空调系统设计（第二版）》沿用了第一版的编写结构，未作大的调整。全书共19章，主要修编内容如下：

第1章　在办公建筑空调系统比选中增加了直接蒸发式变冷媒量多联机加新风系统；

第2章　增加了办公楼单位长度外围护结构热负荷计算；

第5章　在组合式单风道系统中补充了多联机加单风道系统；在双风道型变风量系统中增加了强冷、弱冷双风道系统；还增加了各种变风量空调系统选择的关注点和思路分析；

第6章　系统设置实例归入了新增加的第18章；

第7章　增加了对室内空气质量控制的设计计算，补充了排风热回收节能及排风热回收、热回收旁通和全新风等多种节能工况的运行转换；

第11章　增加了对常用变风量空调系统新风分布状况及修正方法分析；

第14章　重新编写了末端装置引起的室内噪声计算；

第15章　增加了各种变风量末端、变风量系统和变风量新排风系统的控制逻辑、自控原理图和点位表；

第17章　更换了设计实例；

第18章　是新增章节，精选了9个不同类型的变风量空调工程案例，内容包括冷热源、标准层、设备表、空调机房、自动控制、系统及控制原理图等变风量空调系统工程的主要技术和信息；

第19章　全部更新了主要设备厂商产品介绍。

《变风量空调系统设计》第一版参考文献集中在全书末尾，考虑到查阅方便，第二版将各章相关的参考文献分别列于该章末尾，且大部分章节在正文中加注了参考文献的索引号。

第二版编写始终得到同济大学范存养教授、华东建筑设计研究院有限公司原总工程师胡仰耆的鼓励、关心和指导，二老还亲自为本书第二版作序。

《变风量空调系统设计》一书还受到国内空调专家、教授们的关心和指导。中国建筑设计研究院有限公司的李娥飞、潘云刚总工程师和丰涛设计师；中国中建设计集团有限公司满孝新总工程师和蒋永明、李悦设计师均为第二版提供了设计案例。

二十多年来，华东建筑设计研究院有限公司完成了大量的变风量空调工程设计，有着难能可贵的技术积累和经验教训，为第二版修编奠定了技术基础。本院同事杨裕敏、杜立群、陆燕、杨光、左鑫、苏夺、刘览、吴玲红、黄翔、梁韬、万嘉凤、魏炜、薛磊、周凌云、肖暾、李萌、张明、董涛、衣建光、陈晨、俞春尧、邵建涛等均参与了第二版中工程实例的设计、校对和审核工作。俞春尧、张东琪、刘建伯等人参与了第二版的插图绘编工作。

很多变风量末端装置的生产或销售企业，变风量空调自动控制系统的产品和工程承包企业，非常支持本书的编写工作，提供了大量的咨询意见、技术资料和产品样本。他们是：北京江森自控有限公司、北京海鼎易能工程技术有限公司、协立空调株式会社（常熟快风空调有限公司）、妥思空调设备（苏州）有限公司、美国皇家空调公司、特灵空调系统（中国）有限公司、上海大智中央空调技术有限公司。

在此一并向上述各位专家、教授、同事以及相关的公司、企业表示衷心感谢，也向关心本书编写工作的同行、向关注变风量空调系统发展的业内人士表示诚挚的谢意。

在我国，变风量空调系统仍属发展阶段，设计理念、思路和方法、工程质量、运行控制等有待成熟和完善。此外，限于作者的理论水平和实践经验的局限性，书中尚有很多欠缺和值得商榷之处，恳请广大同行和读者批评指正。

叶大法　杨国荣

2022 年 12 月 31 日

第一版前言

变风量空调系统作为全空气空调系统的一种形式，因系统的室内空气品质良好、部分负荷时节能性能优越以及空调区域控制灵活，广泛应用于国外的各类办公、商业建筑。

近年来，随着我国办公建筑设计标准的提高，变风量空调系统正在替代传统的风机盘管加新风系统，得到了推广和应用。

在我国，变风量空调系统作为一种新技术，虽然在学术论文、专业教材、设计手册和规范措施上有所涉及，经验和教训也散落在已落成的各类工程之中，但始终缺少一本设计方面的系统性专著。空调设计人员的主要技术支持来源于空调设备和自动控制供应商，缺少一套较为完整且系统的设计思路和设计方法。这些已成为我国目前变风量空调系统推广发展不快的重要原因，迫切需要对变风量空调系统进行全面和系统的总结。

在多年变风量空调系统设计实践的基础上，通过对比和借鉴国外变风量空调技术，颇有心得。在业内老师、同行的鼓励下撰写了本书，以期对系统掌握变风量空调技术有所帮助。

本书以变风量空调系统设计为主线，涵盖了系统设计的主要内容，兼述与全空气空调系统相关的新的设计理念，供暖通专业技术人员参考。

全书共有十八章：

第1章　绪论：介绍了现代化办公楼的特点、分类和舒适性，并对办公建筑空调系统进行了分类和比较。

第2章　负荷计算：介绍了办公楼内、外分区的理念，给出了确定外区进深的具体方法。提出了气流混合的概念以及防止混合损失的设计方法，并且分析了负荷计算中一些特殊问题和负荷归类方法。

第3章　变风量末端装置：概括了各种末端装置的分类、结构和性能，对末端装置的各类风速传感器、调节风阀、均流器、内置风机和加热器作了详细的介绍。

第4章　变风量末端装置整定测试：介绍了末端装置整定测试的必要性，测试的装置、仪器以及风量整定、盘管热工和声学性能等测试方法。

第5章　变风量空调系统选择：详细介绍了各种变风量空调系统的分类、特点、调节性能和适用场合。

第6章　变风量空调系统设置：对比分析了北美和日本在变风量空调系统设计上的理念、特点和得失，从而提出适合我国国情的设计思路和典型系统布置方式。

第7章　空气处理装置设计选型与节能运行：介绍了常用的各种空气处理设备的特点、选型与设计方法，并且详细提出了空调系统自然冷却节能的概念分类、控制方法与设计要点。

第8章　变风量末端装置选型：详细介绍了变风量末端装置的各种风量计算、选择要点和选型实例。

第9章　低温送风变风量空调系统：全面介绍了低温送风变风量系统的分类特点、冷源设置、系统设计、设备选型和机房布置。

第 10 章　变风量地板送风系统：全面介绍了变风量地板送风系统的概念、特点、空气分布和系统设计，对系统特有的送风口、末端装置、架空地板、地板静压箱的设计与选型也作了详细的描述。

第 11 章　变风量空调系统新风设计：详细介绍了单、双通道多分区变风量空调系统新风设计的新概念，结合实例具体给出了计算方法，同时总结了几种常见的新风处理方式。

第 12 章　风管系统设计：全面介绍了风管系统的系统分类、计算方法、风管布置和设计要点。

第 13 章　变风量系统气流组织：全面介绍了室内气流分布原理和设计，各种风口的选型计算和设置，并概要描述了空气分布 CFD 模拟。

第 14 章　噪声控制：主要论述了变风量空调系统的噪声问题，对空调器的噪声控制方法以及末端装置的噪声计算和噪声控制也作了详细的叙述。

第 15 章　自动控制：对变风量空调系统几个重要的控制环节，如末端控制、系统风量控制、送风温度控制及新风控制，作了全面的介绍。

第 16 章　变风量空调系统的运行管理：对变风量空调系统运行管理的概念、方法和维修保养的要点作了简要的介绍。

第 17 章　设计实例：以华东建筑设计研究院已完成的一个实际变风量空调系统工程设计为实例，应用前述各章的概念和方法进行示范性设计计算。

第 18 章　常用变风量末端装置主要技术参数：介绍了现有国产、合资生产和进口的几种常用的变风量末端装置的技术参数。

在本书编写过程中，同济大学范存养教授、华东建筑设计研究院有限公司胡仰耆总工程师亲自指导了本书的编写工作。在审稿过程中，提出了许多理论性、方向性和文字图表表达方面的意见，并分别为本书作序。同济大学声学研究所王諟贤教授对本书有关噪声控制部分的章节进行了审阅，提出了宝贵的意见。

中国建筑西北设计研究院陆耀庆总工程师、同济大学钱以明教授、上海建筑设计研究院有限公司寿炜炜总工程师、上海现代设计集团都市设计研究院项骊中总工程师非常关心本书的编写工作，给予了多方面的指导和鼓励。

很多变风量末端装置的生产或销售企业，变风量空调自动控制系统的生产和工程承包企业，非常支持本书的编写工作，提供了大量的咨询意见、技术资料和设计样本。他们是：

① 上海江森自控有限公司；

② 上海大智科技发展有限公司；

③ 美国皇家空调设备工程有限公司；

④ 北京海鼎易能工程技术有限公司（代理 TITUS 变风量末端装置）；

⑤ 鑫辉国际有限公司（代理 ETI 变风量末端装置）；

⑥ 日本协立空调株式会社；

⑦ 江苏特灵空调系统有限公司。

很多业内好友：陈向阳先生、霍小平先生、高志长先生、李阳辉女士、顾建新先生、李伟先生、尤宏毅先生、徐平先生、赵济安先生、徐志伟先生、杨凌先生、郭建雄先生都为本书的编写工作提供了宝贵的意见和珍贵的资料。

华东建筑设计研究院有限公司的董涛、梁韬、吴玲红、刘览、黄翔、周铭铭、方伟、魏炜、林叶红、陈敏等同志在插图绘制、实例收集、文字处理等方面做了大量的工作。

在此一并向上述各位专家、教授、先生、女士以及相关的公司、企业表示衷心的感谢，也向关心本书编写的各位同行、向关注变风量空调系统发展的业内人士表示诚挚的谢意。

在我国，变风量空调系统尚属发展阶段，设计理念、思路和方法有待成熟和完善。同时，限于作者的水平和实践经验的局限性，书中尚有很多欠缺和错误之处，恳请广大同行和读者批评指正。

叶大法　杨国荣

2007 年 5 月 20 日

目　　录

第1章　绪　　论

1.1　概　　述

变风量空调系统作为全空气空调系统的一种类别，由单风道定风量空调系统演变而来，主要用于办公和其他商用建筑的舒适性空调。国外早期的全空气空调系统常通过单风道再热或双风道冷热混合方式实现对各空调区域的温度控制。20 世纪 70 年代的石油危机使人们的观念有了改变，空调节能成为行业的关注点，变风量空调技术得到了较快的应用和发展。随着压力无关型末端装置、风机动力型末端装置的出现和风机变频调速技术的成熟，特别是 20 世纪 90 年代后，直接数字式控制（DDC）技术和楼宇自动控制（BA）系统在空调领域的应用和普及，使得变风量空调技术日趋成熟和完善。欧洲、美国和日本的办公、商用建筑已普遍采用变风量空调系统。

我国办公楼舒适性空调起始于 20 世纪 80 年代中期，多为风机盘管加新风系统。20世纪 90 年代中期，随着人们对室内空气品质（IAQ）的逐步重视，变风量空调系统开始应用于一些高级办公建筑。二十多年来，变风量空调系统相关的技术、设备不断地创新与发展，使得变风量空调系统得到了前所未有的推广和普及。

本书将以办公建筑为典型对象论述变风量空调系统的设计。《民用建筑供暖通风与空气调节设计规范》GB 50736-2012[①] 将全空气变风量空调系统区分为服务于单个空调区的区域变风量空调系统和服务于多个空调区的带末端装置的变风量空调系统。本书涉及的全部是带末端装置的变风量空调系统。

1.2　变风量空调系统基本构成

变风量空调系统有多种类型，但均由四个基本部分构成：变风量末端装置、空气处理及输送设备、风管系统及自动控制系统。图 1-1 显示了变风量空调系统基本构成。

1. 变风量末端装置

变风量末端装置是变风量空调系统的特征设备，其基本功能是根据房间或空调区内的显热负荷变化，调节送入房间或空调区内的风量。有些末端装置还兼有二次回风、加热、空气过滤和消声等功能。

2. 空气处理与输送设备

空气处理与输送设备（简称"空调箱及风机"）的基本功能是对室内空气进行热湿处理、过滤和通风换气，并为空调系统的空气循环提供动力。变风量空调系统区别于定风量空调系统的一个显著特点是：根据被调房间或空调区的风量需求，对系统总送风量进行调

---

① 见本章参考文献 [1] 第 7.3.7 条。

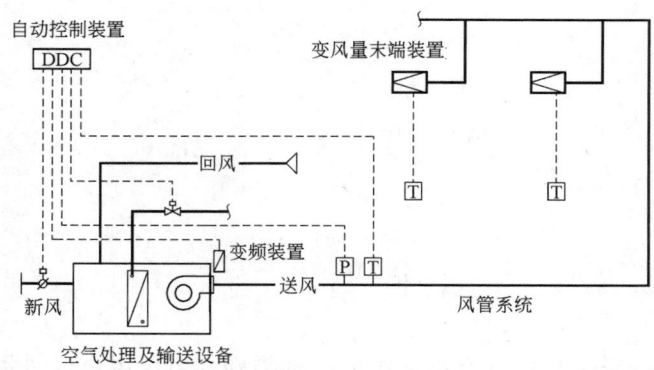

图 1-1　变风量空调系统基本构成

节。采用变频装置调节风机的转速是最常见和最节能的调节方法。

3. 风管系统

风管系统是变风量空调系统中送风管、回风管、新风管、排风管、末端装置上下游支风管及各种送回风静压箱和送回风口的总称，其基本功能是对系统空气进行输送和分布。

4. 自动控制系统

自动控制系统是变风量空调系统的关键部分，其基本功能是对服务于各房间或空调区的空调系统中的温度、湿度、风量、压力以及新、排风量等物理量进行有效监测与控制，达到舒适、节能的双重目的。变风量空调自控系统具有机电一体化和监控网络化的特点，各种被控参数如温度、风量、压力和阀位等相互关联，均由自控系统进行优化控制。显然，变风量空调系统风侧、水侧的全面自动化监控与定风量空调系统的风侧监视、水侧控制的少量自动监控有着本质区别。

1.3　变风量空调系统基本调节原理

相对于定风量空调系统，所谓变风量有两层含义：首先是空调系统总风量可变；其次是各空调区域内末端装置的一次风送风量可变。表 1-1 概括了定风量系统、定风量再热系统及变风量系统的概况、温度控制和系统显热平衡方程式，显现了变风量空调系统的基本调节原理。

定风量和变风量空调方式对比　　　　　　　　　　　　　　　　　表 1-1

空调方式	定风量系统	定风量再热系统	变风量系统
原理图			

续表

空调方式	定风量系统	定风量再热系统	变风量系统
焓湿图分析			
系统显热平衡式	$Q_s=1.01G\cdot(t_N-t_O)$		
空调区显热平衡式	$q_{si}=1.01g_i\times(t_{Ni}-t_O)$	$q_{si}=1.01g_i\times(t_{Ni}-t_{Oi})$	$q_{si}=1.01g_i\times(t_{Ni}-t_O)$
工作原理	1)系统总风量不变,调节冷水流量改变送风温度 t_O 以适应系统总显热负荷 Q_s 的变化。 2)在空调区固定的送风量 g_i 和送风温度 t_O 下,无法控制空调区温度,室内温度 t_{Ni} 随显热负荷 q_{si} 变化而波动	1)系统总风量不变,调节冷水流量改变送风温度 t_O 以适应系统总显热负荷 Q_s 的变化。 2)空调区送风量 g_i 不变,再热调节各空调区送风温度 t_{oi},以适应各空调区显热负荷 q_{si} 的变化	1)调节冷水流量维持送风温度 t_O 不变(亦可同时调节),另调节系统总风量 G,以适应系统显热负荷 Q_s 的变化。 2)调节各空调区送风量 g_{si},以适应各空调区显热负荷 q_{si} 的变化

注：Q_s、q_{si}——空调系统总显热负荷、空调区显热负荷，kW；G、g_i——空调系统送风量、空调区送风量，kg/s；t_N、t_O——系统回风温度、送风温度，℃；1.01——干空气定压比热，kJ/(kg·K)。

1.4　办公建筑特点与热舒适性

1.4.1　办公建筑分类
1. 按产权所有形式、使用形式和空调管理形式分类（表 1-2）

办公建筑形式分类　　　　表 1-2

分类	产权所有形式	使用形式	空调管理形式
自用办公楼	公司自行所有	自用办公	自行管理
准自用办公楼	单一房产公司所有	单一用户租用	用户自行管理
出租办公楼	单一房产公司所有	分散用户租用	物业集中管理
共用办公楼	分散业主所有	分散用户自(租)用	分散用户自行管理

2. 按使用功能分类

（1）单纯办公楼：单一用作办公，例如政府机关办公、公司业务办公、教育科研办公等；

（2）综合（商住）办公楼：除主要用作办公外，还兼有商业、餐饮、酒店、娱乐、居住等功能。

3. 现代智能化办公楼

随着计算机网络和通信技术的迅速发展，自 20 世纪 90 年代起，我国沿海大城市出现了现代智能化（Intelligent）办公楼。现代智能化办公楼至今尚无严格的定义，一般认为应具有下列 3A 功能：

（1）楼宇设备自动化管理功能：集中监视和自动控制建筑设备及系统，实现大楼管理自动化（BA—Building Automation）；

（2）办公自动化功能：利用计算机及网络、数据库管理等技术，实现高效率的办公自动化（OA—Office Automation）；

（3）通信自动化功能：通过电话、计算机网络、卫星、有线电视等技术，进行语言、数据、图像等传输，实现通信自动化（CA—Communication Automation）。

目前，新建的大中型办公楼大多具有智能化功能，以前落成的普通办公楼也逐步通过改造实现了 3A 智能化。

建筑物的所有者、使用者、管理者的情况和要求，直接影响到空调系统的方案设计，设计人员与他们充分沟通是做好系统设计的基本保证。

1.4.2　建筑节能与环境保护

1. 建筑节能

20 世纪 70 年代石油危机后，发达国家十分重视能源节约问题，在建筑节能方面制定了许多标准和法规，如：

（1）1975 年美国 ASHRAE 发布了《新建筑物设计节能标准》90-75，90-75R，随后又发布了《除多层住宅建筑外建筑节能标准》90.1-2001 和多次改版，直至 90.1-2016[2]；

（2）1980 年日本就以政府公告的形式颁布执行《办公楼建筑节能判别标准》。

我国公共建筑的舒适性空调始于 20 世纪 80 年代中期。此后空调能耗逐年上升，目前已占公共建筑总能耗的 30%～50%①。很多智能化办公楼的物业管理部门深感空调能源费用不堪重负，有的甚至以牺牲舒适性为代价，采取少开或不开空调、少送或不送新风等消极措施来降低能耗。然而建筑设计界似乎未被触动，大玻璃、高负荷、低能效设计项目比比皆是。随着我国国民经济的高速发展，能源和节能问题日益引起学术界、工程界乃至政府的重视。在国家提出创建绿色节能社会的方针下，有关部门逐年发布并更新了很多涉及建筑和空调节能的规范与标准，其中主要有：

（1）《民用建筑供暖通风与空气调节设计规范》GB 50736-2012[1]；

（2）《民用建筑热工设计规范》GB 50176-2016[4]；

（3）《公共建筑节能设计标准》GB 50189-2015[5]；

（4）《绿色建筑评价标准》GB/T 50378-2019[6]；

（5）《建筑节能与可再生能源利用通用规范》GB 55015-2021[11]。

2. 环境保护

与办公建筑相关的环境保护问题：

（1）建筑物自身产生的废气、废水、废物、噪声、振动和眩光等问题；

（2）制冷剂引发的臭氧消耗潜能（ODP）与全球变暖潜能（GWP）问题；

（3）各种建筑材料在生产、使用、废弃过程中所引发的环境问题。

1.4.3　现代办公建筑特点

随着我国现代咨询服务、软件开发、金融商贸等行业的迅速发展，其工作场所——现

---

① 见本章参考文献［3］第 43 页。

代办公建筑与传统的办公楼在建筑设计方面有很大的区别：

（1）建筑体量大、平面面积大且进深深。除小型出租办公室和少数管理办公室外，很多为大空间开敞式办公室。空调负荷呈现出明显的内、外区特征。为了适应智能化布线和空调风管系统的布置，建筑层高较高，通常在 4.2m 以上，吊平顶下净高 2.8m 以上。很多办公楼还设有架空地板，作为电气布线和地板送风空调系统的送风通道。

（2）现代办公建筑追求通透性和室内景观效果，常采用大面积玻璃幕墙。为了减小外窗日射和传热负荷，广泛使用中空玻璃或低辐射（Low-E）玻璃。超高层办公楼为了提高安全性、降低风噪声并减小风压和热压作用下的空气渗透，多采用不可开启的固定窗，过渡季无法开窗通风，空调通风系统必须全年运行。

（3）为缓解办公人员的工作压力和紧张情绪，现代办公建筑室内环境设计常营造一些高大的开放空间，如大厅、中庭等，室内还设有花草水景，作为会客、休息和茶歇的空间，有些还有大面积玻璃顶棚。由此产生的烟囱效应、日射负荷和温度梯度也是空调设计应注意的问题。

（4）现代办公建筑的智能化系统，也对空调系统带来重大影响。由大量电脑、网络及其他辅助办公设备组成的办公自动化系统，以及带有各种通信网络设施的通信自动化系统都会产生大量的设备发热量。它们与照明、人体散热共同构成了空调系统的主要负荷。而楼宇设备自动化管理系统的介入，又大大提高空调系统的控制能力，为空调系统的监控数字化、集成化以及运行节能化提供了广阔的前景。

（5）现代办公建筑除了办公区外，一般还有一定量的餐饮、商场、娱乐、休闲等商业空间，两者的空调系统既有共通之处，又有不同的特点和要求。

（6）办公建筑中房间或区域的重新调整和分隔是常见的现象，空调系统应具备适应这种空间重组的灵活性。IT 产业进入智能化出租办公楼后，常要求另外设置专用空调设备，如增加计算机房空调机组等，空调设计应能满足这些要求。

1.4.4 热舒适性与室内空气品质

现代办公建筑室内人员持续工作时间长，房间热舒适性与室内空气品质直接影响室内人员的工作效率和身心健康。营造一个良好的室内环境是空调设计、施工与运行管理的出发点。表 1-3 列出了办公建筑热舒适性和室内空气品质的一般性指标。

人员热舒适性与室内空气品质的一般性指标　　　　表 1-3

项目	标准参数	推荐参数	依据
室内温度（℃）： 夏季内、外区 冬季周边区 冬季内部区	26～27 18～19 20～21	24～25 20～21 22～23	《民用建筑供暖通风与空气调节设计规范》GB 50736-2012[1]
室内相对湿度（%）： 夏季 冬季	40～60 30～65	50 40	
室内风速（m/s）： 夏季 冬季	≤0.3 ≤0.2	≤0.25 ≤0.2	
最小新风量[m^3/（h·人）]： 办公 商场	30 15～19		

续表

项目	标准参数	推荐参数	依据
室内二氧化碳 CO_2（%）： 室内一氧化碳 CO（mg/m^3）： 室内可吸入颗粒 PM_{10}（mg/m^3）： 总挥发性有机物 $TVOC$（mg/m^3）：	$\leqslant 0.1$ $\leqslant 10$ $\leqslant 0.1$ $\leqslant 0.6$		《室内空气质量标准》GB/T 18883-2022[8]

1. 室内温、湿度

室内空气的干球温度是舒适性空调追求的首要指标。办公建筑室内空气设计温度夏季为 24～25℃；冬季外区为 20～21℃、内区为 21～22℃，外区温度应比内区低 1～2℃，有利于内、外区气流的混合得益。现代办公建筑要求控制各空调区域的温度，且区域温度控制单元面积趋于缩小。日本近年来提倡个人空调①，即大空间办公室整体保持在 27～28℃，个人办公的局部空间可因人而异，自行调节温度。温度控制区域小至以人为单位，既达到了整体节能，又满足了个性需求。

室内空气的相对湿度是热舒适性的另一个指标。目前常见的风机盘管加新风的空调方式除湿能力较差，室内空气相对湿度多在 60% 以上。而现代办公建筑室内空气相对湿度一般需维持在 50% 以下。图 1-2 所示等感温度曲线表明：适当提高室内空气的干球温度并降低相对湿度，有利于减小夏季冷负荷，提高送风温差，减小送风量，降低风机能耗。室内空气的相对湿度还与微生物污染有关。当相对湿度达到 70% 时，将为许多微生物滋长创造有利条件。因此，办公建筑冬季室内加湿之利弊也在争议之中。理论上冬季只有当新、排风的含湿量差产生的除湿量大于室内散湿量时，譬如变新风自然供冷时，才需加湿。冬季加湿对于可感受的室内热舒适性也许有好处，但相对湿度过高对健康不利。冬季在相同的相对湿度下，适当降低干球温度可减小新、排风的含湿量差，易与室内散湿量平衡，以避免加湿。此外，加湿方法也值

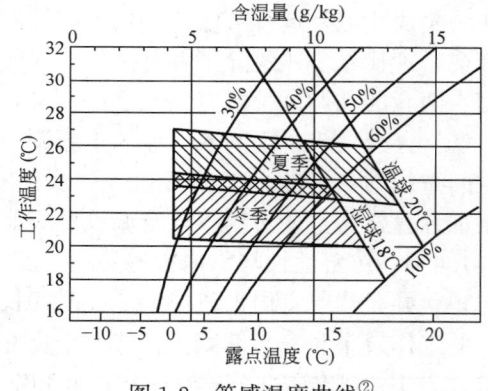

图 1-2 等感温度曲线②

得研究，特别是各种湿膜加湿器引起的微生物污染问题，应引起足够重视。

2. 室内空气中各种污染物与新风量

民用建筑室内污染物有三个来源：室外空气、室内环境与在室人员。

室外污染物有 SO_2、NO_X、烟雾、硫化氢、氡和来自冷却塔飘水中的军团杆菌和苯等。控制室外污染的宏观对策是城市环境治理，局部措施是选择合适的新风进风口位置。

室内污染物也是与建筑相关的污染物，主要有建筑装修材料中所含的苯、甲醛、甲醇等挥发性有机物（VOC）；尘螨、霉菌等各种微生物；有机垃圾、生活污水等生物性有机物；在微生物作用下产生的有害气体如 NH_3、H_2SO 以及烹调油烟气、臭氧（O_3）等。控制室内污染物的主要手段，首先是尽量采用优质且符合环保标准的建筑材料，其次是加强室内通

---

① 见本章参考文献 [7] 第 13 页。
② 见本章参考文献 [9] 图 19.2-8。

风,保证新风量。可选的新风量计算方法通常有两种:一种是控制室内污染的间接方法,规定能提供可接受室内空气标准所需的新风量;另一种是直接方法,仅采用新风稀释空气的方式来直接控制各种污染物的浓度。与建筑相关的污染物浓度在建筑物竣工初期最高,一些全封闭的现代办公建筑无法开窗通风,污染物久久不能散去,通风设计应注意这些问题。

室内人员产生的污染物有 CO_2、烟草燃烧后产生的烟气以及人体的各种散发物,一般可用 CO_2 浓度作为评价人体散发物、污染物浓度的指标。控制与人员相关的污染物的主要方法是控制人员数量和保证室内新风量。稀释与建筑相关的污染物和与人员相关的污染物所需的新风量是叠加的。变风量空调系统因风量风压变化,会对系统新风量和各空调区域新风量分配产生很大影响。

3. 室内空气过滤

在采用风机盘管加新风系统的办公楼内,风机盘管一般只设一层薄薄的锦凸过滤网,新风空调箱往往也仅设粗效空气过滤器,有些在使用不久后便损坏,形同虚设。我国《室内空气质量标准》GB/T 18883-2022[8] 规定:粒径小于或等于 $10\mu m$ 的可吸入颗粒物 PM_{10} 浓度应 $\leqslant 0.10mg/m^3$。室内空气中的尘埃来自室外新风和室内人员的活动,它对人体健康的影响和适用过滤器见表 1-4[①]。由表 1-4 可知,现代办公建筑的空调系统若采用粗、高中效两级过滤,即可满足室内人员的卫生要求。进一步要求则可采用粗、亚高效两级过滤器。

室内空气中的颗粒物对人体健康的影响及适用的空气过滤器 表 1-4

颗粒检验	对人体健康影响	适用的空气过滤器 (有效捕集颗粒/额定风量计数效率)
$5\sim30\mu m$	沉附在鼻腔和喉头壁上,不吸入肺部	粗效过滤器($\geqslant 5.0\mu m/80\%>\eta\geqslant 20\%$)
$1\sim5\mu m$	沉附在气管和支气管壁上	中效过滤器($\geqslant 1.0\mu m/70\%>\eta\geqslant 20\%$)
$\geqslant1\mu m$		高中效过滤器($\geqslant 1.0\mu m/99\%>\eta\geqslant 70\%$)
$<1\mu m$	沉附在肺泡壁上,对人体健康影响较大	亚高效过滤器($<1\mu m/99.9\%>\eta\geqslant 95\%$)
细菌、病菌群体可视为 $1\sim5\mu m$ 微粒,附着在固体或液体颗粒上	咳嗽产生的飞沫携带微生物最多,对人体健康影响最大	中效过滤器($\geqslant 1.0\mu m/70\%>\eta\geqslant 20\%$)

空调系统中处于湿工况的冷却盘管和输送相对湿度超过 70% 的送风管很容易淤积带有细菌、病毒的灰尘颗粒,使微生物滋长,恶化室内空气品质。提高空气过滤效率,降低空气中颗粒浓度,不仅直接减小了人们感染空气携带的病菌的概率,而且减少了热、湿设备上微生物引起的二次污染。所以现代办公建筑的空调应首选全空气系统,并切实保证系统的空气过滤功能。

1.5 办公建筑常用空调系统

目前国内大、中型办公建筑中常见的空调系统有:

(1)全空气定风量系统;

(2)风机盘管加新风系统;

---

① 见本章参考文献[9]表 27.5-2 及文献[10]。

（3）直接蒸发式变冷媒量多联机加新风系统；

（4）全空气变风量系统。

1.5.1　全空气定风量系统

早期欧美国家的办公建筑采用全空气单风道（或双风道）定风量空调系统，用末端再热（或冷、热风混合）来控制区域温度。全空气定风量系统空气过滤效果较好，气流组织有保证，去湿能力强，也没有因水管进入空调房间带来的"霉菌"和"水害"等问题。定风量空调系统最大的缺点是当应用于多房间且处于部分负荷时，再热或冷、热风混合将产生冷热抵消，风机也无法调速节能。20 世纪 70 年代的石油危机唤起了西方国家的节能意识，在需要区域温度控制的空调领域，定风量空调系统逐步被全空气变风量空调系统取代。

我国的全空气定风量再热空调系统主要用于工艺空调系统。需要区域温度控制的多房间办公建筑很少采用带再热或冷、热混合的全空气定风量系统。这是因为我国办公建筑空调起步较晚，沿用了酒店业已成熟的风机盘管加新风的空调方式。

全空气定风量空调系统能保证新风量、换气次数和空气过滤效果，在过渡季或冬季可加大新风量进行自然冷却并改善室内卫生条件，它控制简单可靠，价格便宜。这些优点使无再热的全空气定风量空调系统至今仍广泛地应用于办公、商业建筑中无区域温度控制要求的公共大空间，如大厅、餐厅、会议厅和商场等。也有的办公建筑采用全空气定风量系统和风机盘管系统相结合的方式，前者解决基本负荷，后者用于控制区域温度。

1.5.2　风机盘管加新风系统

风机盘管加新风系统是一种广泛用于办公建筑的空调方式，其最大优点是可以实现各房间或空调区域的室温控制。作为一种空气—水系统，水代替空气输送能量。风机盘管机组的空气循环半径和配用风机很小，风机能耗也较少。此外，它占用建筑吊顶内高度和机房空间也较少。日本是一个资源匮乏、节能意识很强的国家，风机盘管系统在其早期的办公、商业建筑中得到了广泛运用。受日本空调技术的影响，20 世纪 80 年代中期，我国的办公、商业舒适性空调随风机盘管系统同步发展起来。由于风机盘管机组制造、安装、控制、维修和使用都比较简单，尤其是被国内生产企业消化后大量生产、价格便宜、易于普及，已成为目前我国民用建筑中最主要的空调设备之一。

风机盘管加新风系统的固有缺点：

（1）风机盘管机组设置在空调区域内，因受噪声限制，风机静压很低，只能配置简易过滤网，无法采用较高效率的空气过滤器，故空气过滤效果较差，不能满足现代办公建筑对可吸入颗粒物的过滤要求。

（2）风机盘管机组的盘管一般只有 2～3 排，去湿能力有限，导致室内相对湿度偏高，不仅影响舒适度，还易于室内细菌、霉菌的生长。风机盘管机组湿润的翅片、滴水盘及凝结水管都是各种微生物的滋生地。因此，该空调方式无法满足现代办公建筑对室内空气品质的要求。

（3）风机盘管系统的冷、热水管与凝结水管通常在办公室吊顶内敷设，漏水问题对电脑等办公设备是一种潜在的威胁。机组维修需进入办公区域，直接影响办公区正常使用。

（4）风机盘管系统还存在一些其他缺点，如：双位控制使室温波动较大；空调水系统温差较小，降低了水系统输送效率和冷热源设备的效率。一般也不可利用变新风比实现新风自然冷却节能。

上述特点说明风机盘管加新风系统已不满足现代办公建筑要求，有逐步被全空气变风量系统取代的趋势。然而，因其风机能耗小、区域温度可控制、价格低廉以及管理简单等明显优势，今后很长时间内，在普通的办公、商用建筑中它仍将占据主要地位。风机盘管机组还可与全空气变风量空调系统配合使用，继续发挥作用。

1.5.3　变冷媒量多联机加新风系统

21 世纪以来，从日本引进的直接蒸发式变冷媒量多联机加新风系统（简称多联机系统）在中小型办公、商用建筑中得到了广泛应用。

1. 系统优点

（1）多联机系统最大优点是可在实现各房间或空调区域室温控制的同时，十分方便地进行用户计量和计费，尤其适合我国中小型办公商业建筑的收费管理模式，鼓励用户行为节能。

（2）多联机是一种空气－冷媒系统。冷媒代替水和空气输送能量；室内机空气循环半径和配用风机能耗都很小，节省了部分水和空气的输送能耗。热回收型系统还可以同时供冷供热，并且通过冷凝热回收提高系统能效。

（3）和风机盘管加新风系统一样，多联机系统占用的建筑吊顶内高度和机房空间也较少。

（4）多联机系统承包商单一，工厂完成率高，有利于保证空调和控制系统的质量。

（5）多联机系统通常在租户内装修时配合安装，比较适合中小型办公、商业建筑开发商分期投资和毛坯交房的投资模式。

2. 系统缺点

（1）对于高层办公建筑，多联机系统设计时最大的问题是室外机位置受限。多联机系统一般按楼面设置，当层设置室外机影响建筑立面，还有上下室外机进、排风短路问题；集中到屋面、避难层又加大了室内、外机的距离和高差，降低了系统能效。

（2）多联机系统室内机空气过滤等级低，空气品质差。一般也不可利用变新风比实现新风自然冷却节能。

（3）多联机系统用冷媒管替代了冷热水管，但仍有冷凝水管，有滋生"细菌""霉菌"与出现"水害"的可能性。

（4）多联机系统初投资较大，与水系统空调方式相比，更新期较短。

上述特点说明多联机系统无法满足高等级现代办公建筑要求。然而，因其也有全空气变风量空调系统不具备的一些优点，在普通的中小型办公、商用建筑中仍将占据主要地位。在高等级现代办公建筑中，多联机系统还可与全空气变风量空调系统配合使用，优势互补，发挥作用。

1.5.4　全空气变风量系统

为了既保持区域温度可控又减少再热量，改善室内空气品质和提高热舒适性，欧洲、美国和日本的办公建筑空调不约而同地从全空气定风量系统或风机盘管系统逐步走向了变风量空调系统。变风量空调系统既融合了定风量系统与风机盘管系统的优点，又克服了它们各自的不足，形成其独特的特点。

1. 系统优点

（1）区域温度可控，采用比例调节控制质量优于风机盘管机组的双位调节，采用风量调节的节能性也远胜于定风量系统的再热调节。

（2）部分负荷时采用变频装置调节风机转速，大大降低了风机能耗。

（3）保持定风量空调系统空气过滤效率高、室内空气品质好、室内相对湿度低、热舒适性好的特点；通过改变新风比还可利用室外低温新风进行自然冷却，并可实现低温送风。

（4）冷水管和冷凝水管不进入空调区域。

2. 系统缺点

（1）因大量使用变风量末端装置及其控制设备，初投资较大。

（2）全空气系统风管和空调机房占用的吊顶内高度和机房空间大。

（3）末端风量调节时，各区域新风量分配可能会不均匀。

（4）末端装置内置风机和调节风阀可能会产生噪声。

（5）设计、施工、调试和管理较复杂。

（6）末端装置较小风量时室内气流分布状况较差。

表 1-5 列举了三大类常用舒适性空调系统的特点和适用范围，在实际工程中各类舒适性空调系统可以"因地制宜"地组合使用，以达到控制投资、舒适节能的目的。由于变风量空调系统自控要求高，投资较大，目前国内多用于高等级办公建筑。

我国约在 20 世纪 90 年代中期开始引进变风量空调系统，二十多年工程实践中有成功的经验，也有不满意的案例。总之，变风量空调系统是一种很有发展前景的空调方式，只是还需在设计、施工、调试和管理方面进一步摸索规律。

常用舒适性空调系统比较 表 1-5

项目	全空气系统		空气-水系统	空气-冷媒系统
	变风量系统	定风量系统	风机盘管＋新风系统	多联机＋新风系统
优点	区域空气温度可控；空气过滤等级高，空气品质好；部分负荷时风机可变频调速节能；除湿能力强，室内空气相对湿度低；可通过变新风比实现新风自然冷却节能	空气过滤等级高，空气品质好；可通过变新风比实现新风自然冷却节能；除湿能力强，室内相对温度低；初投资小	区域空气温度可控；空气循环半径小，输送能耗低；占用吊顶内高度和机房空间较少；初投资小	区域空气温度可控；方便计量计费，有利于行为节能；空气循环半径小，输送能耗低；占用吊顶内高度和机房空间较小；热回收型可同时供冷供热，并且提高了系统能效；系统承包商单一，工厂完成率高，有利于保证空调和控制系统的质量；有利于分期投资和毛坯交房
缺点	初投资大；占用吊顶内高度和机房空间大；各区域新风量分配可能会不均匀；设计、施工、调试、管理复杂；初投资较大	区域空气温度不可控；部分负荷时风机不可变频调速节能；占用吊顶内高度和机房空间大	空气过滤等级低，空气品质差；除湿能力差；一般不可利用变新风比实现新风自然冷却节能；水管有孳生"细菌""霉菌"与出现"水害"的可能性	高层建筑室外机设置受限；室、内外机间距长降低了系统能效；空气过滤等级低，空气品质差；一般不可利用变新风比实现新风自然冷却节能；冷凝水有孳生"细菌""霉菌"与出现"水害"的可能性；初投资较大，更新期短

续表

项目	全空气系统		空气-水系统	空气-冷媒系统
	变风量系统	定风量系统	风机盘管＋新风系统	多联机＋新风系统
适用范围	区域温控要求高； 空气品质要求高； 按面积计费的高等级办公、商业场所； 大、中、小各类空间	区域温控要求不高； 按面积计费的大厅、商场、餐厅等场所； 大、中型空间	空气品质要求不高； 有区域空气温度控制要求； 按面积计费的普通等级办公、商用场所； 中、小型空间；	空气品质要求不高； 有区域空气温度控制要求； 按能耗计量计费的普通等级办公、商用场所； 要求毛坯交房或空调系统分期实施； 中、小型空间

本章参考文献

[1]　中华人民共和国住房和城乡建设部. 民用建筑供暖通风与空气调节设计规范：GB 50736-2012 [S]. 北京：中国建筑工业出版社，2012.

[2]　ASHRAE. Energy Standard for Buildings Except Low-Rise Residential Buildings：ANSI/ASHRAE/ IES Standard 90. 1-2016 [S]. Atlanta：ASHRAE，2016.

[3]　清华大学建筑节能研究中心. 中国建筑节能年度发展研究报告 2014 [M]. 北京：中国建筑工业出版社，2017.

[4]　中华人民共和国住房和城乡建设部. 民用建筑热工设计规范：GB 50176-2016 [S]. 北京：中国建筑工业出版社，2016.

[5]　中华人民共和国住房和城乡建设部. 公共建筑节能设计标准：GB 50189-2015 [S]. 北京：中国建筑工业出版社，2015.

[6]　中华人民共和国住房和城乡建设部. 绿色建筑评价标准：GB/T 50378-2019 [S]. 北京：中国建筑工业出版社，2019.

[7]　空气調和・衛生工学会. 空气調和・衛生工学便覽/空气調和設備編 [M]. 14 版. 东京：空气調和・衛生工学会，2011.

[8]　中华人民共和国国家质量监督检验检疫总局. 室内空气质量标准：GB/T 18883-2022 [S]. 北京：中国标准出版社，2022.

[9]　陆耀庆. 实用供热空调设计手册 [M]. 2 版. 北京：中国建筑工业出版社，2008.

[10]　彦启森. 空调与人居环境 [J]. 暖通空调，2003，33（5）：3

[11]　中华人民共和国住房和城乡建设部. 建筑节能与可再生能源利用通用规范：GB 55015-2021 [S]. 北京：中国建筑工业出版社，2021.

第 2 章 负 荷 计 算

2.1 民用建筑空调负荷计算问题

我国民用建筑空调冷、热负荷计算一般参照《民用建筑供暖通风与空气调节设计规范》GB 50736[1] 及各种空调设计手册进行。近年来又普遍采用根据"规范"和"手册"推荐的各种计算方法编制的计算机软件。这些计算方法和软件可以满足一般民用建筑舒适性空调的负荷计算，但是对于大型公共建筑，空调负荷计算也面临着一些新的问题，例如：

(1) 各种特殊的新型围护结构；

(2) 高层建筑及高大中庭因烟囱效应产生的冷风渗透；

(3) 按节能和控制要求，设备选型不可偏大，负荷计算要求精确，许多过去通常忽略的问题也必须仔细考虑；

(4) 在冷、热兼用的两管制系统中，设备选型与管道尺寸一般按冷负荷确定，热负荷只用作总量校核。但在冷、热四管制系统中，为了确定加热设备容量与热水管管径，对空调热负荷也需作精确计算。因此，出现了一些空调热负荷计算的特殊问题。

设计时如何处理上述问题是空调设计人员所关心的。这里的空调负荷计算问题都不涉及新的概念，本章仅对设计过程中日益增多的新情况作一些分析和梳理，借鉴国内外相关资料整理出一些简易的计算方法供设计人员参考。

2.1.1 表面换热系数

表面换热系数对围护结构的传热系数影响很大，它可分为外表面换热系数 α_e 和内表面换热系数 α_i。

1. 外表面换热系数 α_e

传热系数计算时，除了海拔 3000m 以上地区，一般将外表面换热系数 α_e 视为定值。如：冬、夏季外表面换热系数 α_{ed} 及 α_{ex} 分别为 23W/(m^2·K) 和 19W/(m^2·K)[1]。实际上，外表面热换系数受风速影响较大，应按季节和围护结构位置状况予以区别。表 2-1[2] 为三种不同位置的围护结构所对应的建筑外表面换热系数，屋面因水平风速较大，外表面换热系数明显大于垂直外围护结构的对应值。

2. 内表面换热系数 α_i

海拔 3000m 及以下的非高海拔地区内表面换热系数 α_i 通常取 8.7W/(m^2·K)[3]。由于大面积玻璃幕墙的出现，玻璃内表面上升或下降气流明显增大，玻璃内表面换热系数增

---

① 见本章参考文献 [2] 第 B.4.1 条。

② 见本章参考文献 [3] 表 2.18。

③ 见本章参考文献 [2] 第 B.4.2 条。

外表面换热系数 α_e

表 2-1

围护结构位置状况	辐射换热系数 α_r [W/(m²·K)]		对流换热系数 α_c [W/(m²·K)]		总表面换热系数 α_e [W/(m²·K)]	
	冬	夏	冬	夏	冬	夏
垂直外围护结构	5	6	19	12	23	17
屋面	12	6	23	17	35	23
背阳水平面	5	6	13	12	17	17

大到约 $12\text{W}/(\text{m}^2 \cdot \text{K})$。其他各处内表面换热系数约为 $9.0\text{W}/(\text{m}^2 \cdot \text{K})$。$\alpha_i$ 因位置和热流方向不同也略有差异,具体数值见表 2-2[①]。

内表面换热系数 α_i

表 2-2

内表面位置	热流方向	内表面换热系数 α_i[W/(m²·K)]
水平	向上	9.26
倾斜 45°	向上	9.08
垂直	水平	8.29
倾斜 45°	向下	7.49
水平	向下	6.13

沿窗设置的风机盘管机组、窗边风机或送风口常沿外窗吹出气流,当表面气流速度 $v \leqslant 5\text{m/s}$ 时,可按 $\alpha_c = 5.6 + 4.0v$(平滑面)计算其对流换热系数;辐射换热系数 α_r 可取 $4.5\text{W}/(\text{m}^2 \cdot \text{K})$。总内表面换热系数为 $\alpha_i = 4.5 + 5.6 + 4.0v$[②]

2.1.2　内围护结构负荷

来自室内非空调区域(走廊、卫生间、楼梯间、库房、设备用房、技术(避难)层、车库等)的传热负荷称为内围护结构负荷。我国现行标准规范[1] 分别采用温差值 Δt_{ls} 和温差修正系数 a 对内围护结构冷、热负荷采用稳定传热计算。

$$Q = FK(t_{wp} + \Delta t_{ls} - t_N) \tag{2-1}$$

$$Q = aFK(t_N - t_{wn}) \tag{2-2}$$

$$Q = aFK(t_w - t_N) \tag{2-3}$$

式中　Q——冷、热负荷,W;

F——传热面积,m^2;

K——传热系数,$\text{W}/(\text{m}^2 \cdot \text{℃})$;

t_N——室内设计温度,℃;

t_{wp}——夏季空调室外日平均温度,℃;

a——温差修正系数,见表 2-3;

Δt_{ls}——温差值,℃,见表 2-4;

t_{wn}——冬季室外空调计算温度,℃;

t_w——夏季室外空调计算干球温度,℃;

---

① 见本章参考文献 [3] 表 2.19。

② 见本章参考文献 [3] 第 43 页。

温差修正系数 a 表 2-3

围护结构特征	a
外墙、屋顶、地面以及与室外相通的楼板等	1.00
闷顶和与室外空气相通的非供暖地下室上面的楼板等	0.90
与有外门窗的不供暖楼梯间相邻的隔墙（1～6 层建筑）	0.60
与有外门窗的不供暖楼梯间相邻的隔墙（7～30 层建筑）	0.50
非供暖地下室上面的楼板，外墙上有窗时	0.75
非供暖地下室上面的楼板，外墙上无窗且位于室外地坪以上时	0.60
非供暖地下室上面的楼板，外墙上无窗且位于室外地坪以下时	0.40
与有外门窗的非供暖房间相邻的隔墙	0.70
与无外门窗的非供暖房间相邻的隔墙	0.40
伸缩缝墙、沉降缝墙	0.30
防震缝墙	0.70

温差值 Δt_{ls} 表 2-4

邻室散热量（W/ m²）	Δt_{ls}
很少（如办公室和走廊）	0～2
＜23	3
23～116	5

大量的工程计算发现计算冷负荷的温差值 Δt_{ls} 太大，分类方式不适合现代公共建筑的实际情况，计算结果偏大。如上海地区办公楼室内设计温度 t_N 为 25℃，t_{wp} 为 30.8℃，相邻无外窗的内走廊的 Δt_{ls} 若取 1℃，则走廊温度为 31.8℃，计算温差值达 7℃。由于走廊总有一些新风、回风或排风经过，带走一部分负荷，降低了走廊的空气温度，走廊内的空气温度实际上为 28～29℃，计算结果明显偏大。有些设计手册设对通风良好的非空调房间建议温差值 Δt_{ls} 取 0℃[①]。

表 2-5[②] 推荐了另一组内围护结构温差修正系数 a，供设计人员参考。

内围护结构温差修正系数 a 表 2-5

非空调邻室房间			供暖	供冷
办公楼	走廊	非空调	0.4	0.4
		部分走廊回风	0.3	0.3
		走廊回风	0.1	0.1
	厕所	排风并从走廊补风	0.4	0.4
		排风并从室外补风	0.8	0.8
	仓库等		0.3	0.3
	多层、高层住宅		0.3	0.3
别墅	非空调房间		0.6	0.9
	走廊		0.6	0.7

2.1.3　渗透空气负荷

建筑物门、窗和墙体等外围护结构存在缝隙，大门开启时也会形成开敞口。由于室外风压、室内外温差以及其他一些因素使室内、外存在压力差。当室外空气的压力大于室内

---

① 见本章参考文献［4］第 20.6.1 节。
② 见本章参考文献［3］表 2.24。

时，室外空气渗入室内，形成渗透空气负荷。供暖负荷计算时一般都考虑渗透空气负荷，而空调冷、热负荷计算时，由于认为已经设置了新风系统或在空调系统中导入了新风，加大了室内空气压力，可防止室外空气侵入，因此无需计算渗透空气负荷。实际上，空调房间能否保持正压主要取决于室外风向和风速。建筑物迎风面风速较大时，形成的风压值可能大于室内正压值。另外，房间能否保持正压还取决于空调通风系统运行时各房间送风量、回风量与排风量的大小。系统风量调节时，可能使某些房间产生正压，而另一些房间产生负压。因此，作为保持房间正压的一般性措施——利用新风加压，不是在所有运行时间内、所有区域中都能防止室外空气渗入。

此外，多数舒适性空调系统一般间歇性运行，在无新风加压的非运行期间，室外潮湿空气侵入室内，空气中的水蒸气被装饰材料等吸收，在下一个运行周期内释放并形成潜热负荷。

因此，舒适性空调系统应区别下列不同情况进行渗透空气负荷计算：

（1）门、窗和墙体气密性很高的建筑，如设有不可开启固定窗的办公建筑可不考虑渗透空气负荷。

（2）门、窗和墙体气密性一般的建筑应考虑渗透空气负荷，渗透风量可按换气次数计算，渗透风量换气次数见表 2-6[1]。

（3）门厅及地下入口处等区域，冬季时由于烟囱效应，渗透空气从室外流入室内，风量很大，必须进行计算。供热时烟囱效应引起的大门渗透风量见表 2-7[2]。

渗透空气负荷计算公式：

$$Q_{is} = 0.28 \cdot c_P \cdot \rho \cdot \Delta t \cdot V_i \qquad (2\text{-}4)$$

$$Q_{il} = 0.28 \cdot \gamma \cdot \rho \cdot \Delta d \cdot V_i \qquad (2\text{-}5)$$

式中　Q_{is}——渗透空气显热负荷，W；

$\quad\ Q_{il}$——渗透空气潜热负荷，W；

$\quad\ c_P$——空气的定压比热，1.01kJ/(kg·℃)；

$\quad\ \rho$——空气的密度，1.2 kg/m³；

$\quad\ \gamma$——水的汽化潜热，2.5kJ/g；

$\quad\ \Delta t$——室内外干球温度差，℃；

$\quad\ \Delta d$——室内外绝对湿度差，g/kg；

$\quad\ V_i$——渗透风量，m³/h。

渗透风量换气次数 n 　　　　　　　　　　表 2-6

建筑构造	换气次数 n 次(h⁻¹)		建筑构造	换气次数 n 次(h⁻¹)	
	供暖时	供冷时		供暖时	供冷时
混凝土（大型建筑）	0～0.2	0	欧式木结构	0.3～0.6	0.1～0.3
混凝土（小型建筑）	0.2～0.6	0.1～0.2	日式木结构	0.5～1.0	0.2～0.6

注：均为铝合金窗框。

---

① 见本章参考文献 [3] 表 2.25。
② 见本章参考文献 [3] 表 2.26。

供热时烟囱效应引起的大门渗透风量（单位：m²/s） 表 2-7

h	Δt	单层门(手动)				双层门(手动)			
		P=250	P=500	P=750	P=1000	P=250	P=500	P=750	P=1000
50	15	1.1	1.9	2.7	3.3	0.5	0.9	1.3	1.5
	20	1.2	2.0	2.8	3.4	0.6	1.0	1.4	1.7
	15	1.3	2.1	2.9	3.5	0.6	1.1	1.6	1.8
100	15	1.3	2.3	3.1	3.9	0.7	1.3	1.8	2.1
	20	1.8	2.8	3.6	4.4	0.9	1.6	2.1	2.6
	25	2.1	3.1	3.9	4.7	1.1	1.8	2.4	2.9
200	15	2.1	3.2	4.4	5.7	1.2	1.9	2.6	3.1
	20	2.4	3.9	5.3	6.1	1.3	2.1	2.8	3.3
	25	2.8	4.4	5.8	7.1	1.4	2.3	3.1	3.6

注：P——每扇门每小时出入人数；h——建筑物高度，m；Δt——室内外温差，℃。

2.1.4 设备负荷

传统办公室设备用电气插座的容量仅为 $5 \sim 10 \text{W/m}^2$。近年来，随着智能化办公系统的发展，办公设备用电量达到了 $40 \sim 50 \text{W/m}^2$。设备负荷在空调负荷中所占比例越来越大。

在进行设备负荷计算时，应充分了解各种设备的分布与使用情况，如个人电脑等小型耗电设备，打印机、复印机、网络设备等集中设备，茶水间用电设备，计算机中心、PBX等专用设备的分布与使用情况等，这些都是设备负荷计算的基础。

目前，设备负荷计算还以单位面积指标估算为主，为了提高计算准确性，表 2-8[①]、表 2-9 中的一些设备发热量和同时使用系数可供参考。电脑等办公设备更新很快，近来液晶显示和带自动休眠节电功能的个人电脑日见增多。因此，设备负荷计算时，应密切关注办公设备的发展动向。

办公设备发热量 表 2-8

设备名称	发热量(W/台)	设备名称	发热量(W/台)
电子打字机	100	个人电脑彩色打印机	300
个人电脑、电脑终端	200	终端用线打印机	500
CAD 终端	500~800	小型电脑办公电脑中心	1000 以上
电子黑板、传真机	100	复印机	300
个人电脑打印机	50		

办公设备同时使用系数 表 2-9

设备名称	同时使用系数	备注
个人电脑、电子打印机	0.5~0.7	
综合工作站	0.4~0.6	含个人电脑、电子打字机、电话、电传机等
专用工作站	0.6~0.8	CAD 终端站等
复印机	0.6~0.8	
其他	0.1~0.3	

---

① 见本章参考文献［3］表 2.39。

2.1.5 间歇性空调的蓄热负荷

办公楼空调系统一般白天运行，夜间和休息日关闭，称为间歇性空调。间歇性空调非运行时间内，夏季室内温度会上升，冬季会下降，它使建筑物的厚重结构产生蓄热或蓄冷（后文统称"蓄热"）。当空调系统再次启动时，建筑物内蓄入的热量或冷量会以放热或吸热的方式再次转变成负荷，构成间歇性空调系统的蓄热负荷。

蓄热负荷在空调系统刚启动时最大，以后逐渐减小。

夏季时，除了东向房间，室内最大负荷一般不会出现在上午刚上班时间。此时的室内负荷与蓄热负荷叠加后不会超过通常计算的室内最大负荷，也不影响设备选型，蓄热负荷可不计算。但东向房间则不同，上午很可能已达到室内最大负荷，如再叠加房间蓄热负荷，将会超过计算最大负荷值，从而影响系统设计和设备选型。夏季东向房间的蓄热负荷可按 $10 \sim 20 \mathrm{W/m^2}$ 估算。

冬季时，室、内外温差较大，空调间歇运行所产生的房间室温落差以及与此相关的蓄热量也较大。而且，冬季早晨气温低、日照少，无论哪个朝向，都可能出现室内热负荷最大值。此时蓄热负荷和室内负荷叠加会超过通常计算的室内最大负荷值，直接影响系统设计和设备选型。冬季方位蓄热负荷可按式（2-6）、式（2-7）[1] 计算。

$$Q_i = (q_b \cdot C_k - q_i \cdot C_g + q_r) \cdot d \cdot w \tag{2-6}$$

$$Q_p = (q_b \cdot C_k - q_p \cdot C_g + q_r) \cdot d \cdot w \tag{2-7}$$

式中：Q_i、Q_p——内、外区冬季供热方位蓄热负荷，$\mathrm{W/m^2}$；

q_b——基准蓄热负荷，$\mathrm{W/m^2}$，见表 2-10；

q_i、q_p——内、外区方位特性负荷，$\mathrm{W/m^2}$，见表 2-10；

q_r——顶层方位蓄热负荷附加值。与办公楼标准层的方位蓄热负荷比较，房间进深 $D > 5\mathrm{m}$ 时，附加值为 $6\mathrm{W/m^2}$；$D \leqslant 5\mathrm{m}$ 时，附加值为 $12\mathrm{W/m^2}$。

C_k——由隔热材料确定的蓄热负荷修正系数，见图 2-1、图 2-2；

C_g——由窗墙比确定的方位特性负荷修正系数，见表 2-12；

d——房间进深修正系数，见表 2-11、图 2-3、图 2-4[2]（表 2-11，图 2-3 中的 D 为外墙到内区末端墙的长度。如中间有内隔墙，则为外墙到内隔墙的距离。角部房间或大房间的进深 D 可按图 2-4 近似计算）；

w——预热时间系数（1/预热时间），$1/\mathrm{h}$。

各大城市的基准蓄热负荷（单位：$\mathrm{W/m^2}$） 表 2-10

地区		上海	南京	北京	沈阳	哈尔滨
基准蓄热负荷 q_b		53	60	63	67	73
内区方位特性负荷 q_i	东	10	10	9	15	12
	南	21	26	27	22	28
	西	8	9	5	7	7

---

① 见本章参考文献 [3] 式 (2.36)、式 (2.37)。
② 见本章参考文献 [3] 表 2.44、图 2.13 和图 2.14。

续表

地区		上海	南京	北京	沈阳	哈尔滨
外区方位 特性负荷 q_p	东	15	19	13	23	17
	南	27	36	30	31	33
	西	7	8	5	7	7

注：1. 表中基准蓄热负荷 q 是设定室温22℃时的值。在非设定室温情况下，q 值需另加 $2\times$（设定温度-22）。
　　2. 表中所列为系统标准运行方式（周六半日运行，周日停运）。供暖实际运行方式与标准运行方式不同时的修正方法：将标准运行方式时的基准蓄热负荷乘以下列系数，即：
　　　（1）周六、日与平时同样运行：基准蓄热负荷$\times$0.7；
　　　（2）周六、日都停止运行：基准蓄热负荷$\times$1.1。
　　3. 本表系借用本章参考文献［3］表2.42中与我国城市气候相似的日本城市的数据。

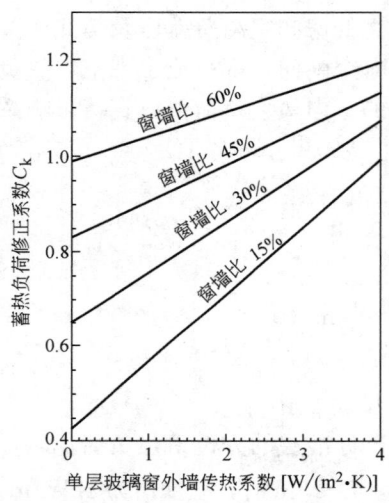

图 2-1　蓄热负荷修正系数（北京以南）
注：本图按本章参考文献［3］图2.11近似取用。

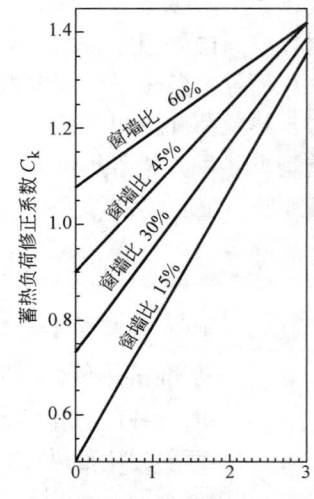

图 2-2　蓄热负荷修正系数（北京以北）
注：本图按本章参考文献［3］图2.12近似取用。

房间进深修正系数 d　　表 2-11

房间进深 D(m)	修正系数 d
$D\geqslant5$	$10/D$
$D<5$	2

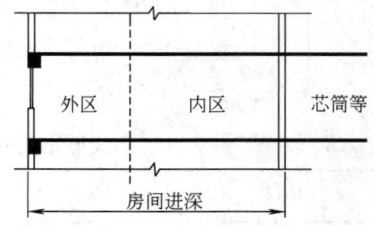

图 2-3　房间进深 D

方位特性负荷修正系数 C_g　　　　　　表 2-12

窗墙比(%)	修正系数 C_g	窗墙比(%)	修正系数 C_g
15	0.6	45	1.0
30	0.8	60	1.2

注：1. 引自本章参考文献［3］表2.43。
　　2. 内区外墙传热系数、窗墙比取直接相邻外区外墙平均传热系数和窗墙比。细长窗可以取主要朝向。

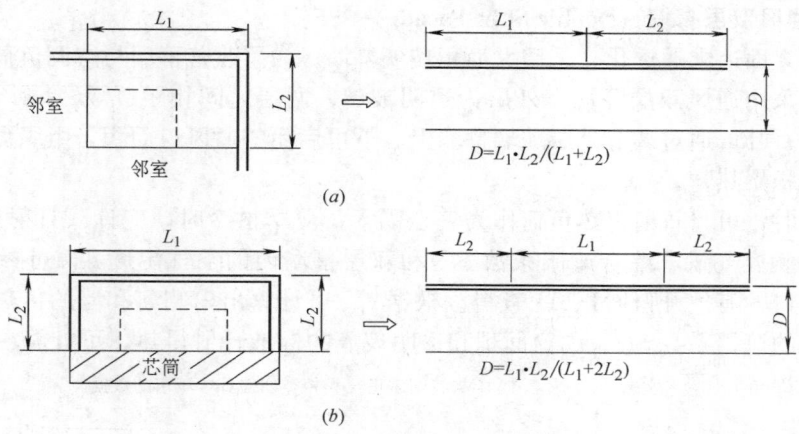

图 2-4 D 的近似计算法
(*a*) 角部房间；(*b*) 大房间

2.1.6 通风窗 (Air Flow Window—AFW)

如图 2-5 所示，通风窗一般由内侧可开启玻璃窗、外侧玻璃窗、中间遮阳百叶以及空气循环系统组成。它通过窗间空气流通和遮阳百叶的组合作用起到遮阳隔热或回收热量等作用。通风窗可分为循环型和排出型两种。循环型通风窗的窗间空气热量在供热时可回收利用，在供冷时可排出。根据朝向不同，窗间风量为 $30\sim75m^3/(m \cdot h)$。排出型通风窗在内、外两层窗之间设排风扇，排风直接排出窗外。表 2-13 给出了通风窗的综合遮阳系数 SC 和传热系数 K。

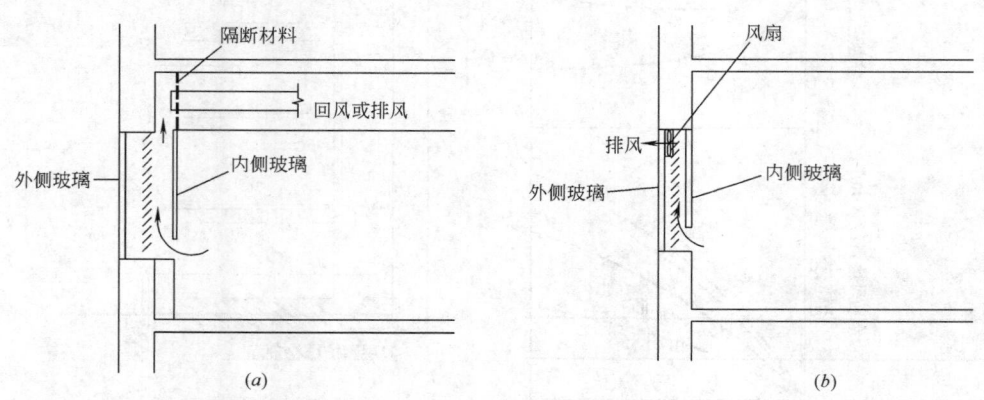

图 2-5 通风窗示意图
(*a*) 循环型通风窗；(*b*) 排出型通风窗

通风窗综合遮阳系数与传热系数 表 2-13

窗通风量 $G[\mathrm{L/(m \cdot s)}]$	0	11	22	33
综合遮阳系数 SC	0.33	0.24	0.2	0.19
传热系数 $K[\mathrm{W/(m^2 \cdot K)}]$	2.6	1.6	1.3	1.0

注：1. G 为窗宽 1m 的通风量；
　　2. K 为百叶放下时的值；
　　3. 表中 SC、K 是两层透明玻璃内置淡色百叶的值，也适用于外层为吸热玻璃或反射玻璃。但对于吸热玻璃，计算时应采用吸热玻璃用标准日射得热；
　　4. 引自本章参考文献 [3] 表 2.13。

2.1.7 通风双层幕墙（Double Skin Facade—DSF）

现代建筑立面追求通透化，采用大面积玻璃幕墙。为了改善幕墙与空调负荷之间的矛盾，欧洲较早采用通风双层幕墙：外层为透明玻璃，两层之间相距 0.5～2m，中间设有可调节的遮阳百叶，通过调节外层玻璃幕墙上、下可启闭的通风口面积，组织夏季自然通风排热和冬季积聚热量。

冬季供热时，可将日射得热负荷作为安全因素；夏季供冷时，应计入日射得热负荷。这种结构的自然换气量、综合遮阳系数 SC 和双层幕墙内的空气温度 t_{DS} 可参考图 2-6，根据上下通风口的有效开口面积 A_e 查得。根据 t_{DS} 可计算出内侧窗和墙的传热负荷。另外，根据查取的遮挡系数 SC、内窗面积和透明玻璃的标准日射得热，可计算出内窗的日射得热负荷。

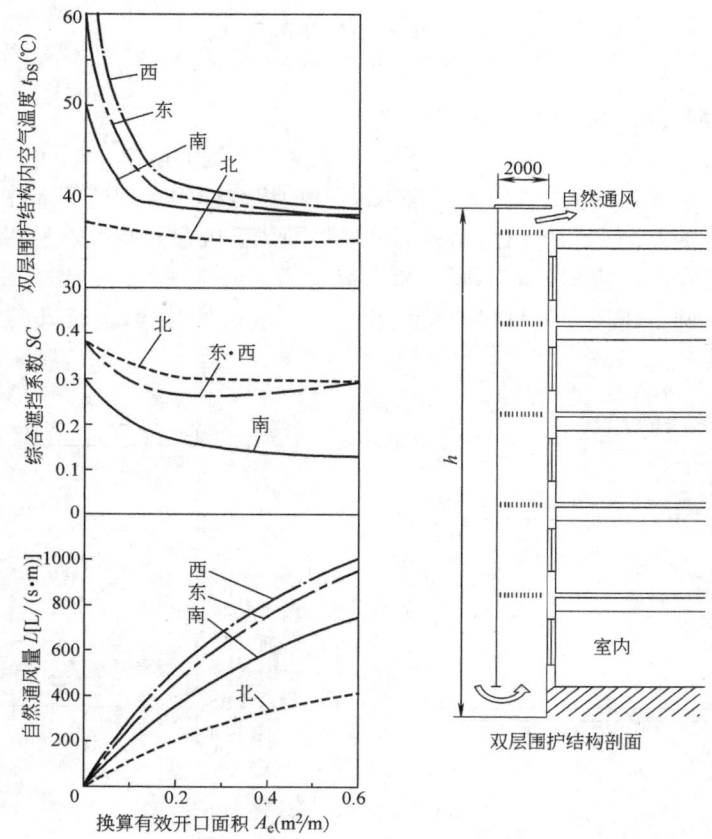

图 2-6 双层围护结构立面

注：引自本章参考文献 [3] 图 2.4。

使用图 2-6 时应注意下列几点：

（1）图中所示方位的时刻为：南 12：00；东 9：00；北 14：00；西 16：00。

（2）若上下开口间距离 h 为 18m，单位长度有效开口面积 A_e 值可按下式换算：

$$A_e = b \times A \sqrt{h/18}$$

式中　A_e——外层米宽的有效开口面积，m^2/m；

$\quad b$——流量系数（单纯开口 0.65）；

$\quad A$——开口面积（取上下部开口面积的算术平均值或较小值），m^2/m；

$\quad h$——上下开口间距离，m。

（3）SC 值：含天窗的影响。

（4）双层幕墙条件：内、外侧和上部水平面均为透明玻璃；百叶设于内侧玻璃的外侧面，双层围护的进深 2m；天窗挑出 2m。

（5）由图 2-6 可知，当有效开口面积 A_e 大于 $0.2m^2/m$ 时，t_{DS} 和 SC 的变化已很小，外侧玻璃种类（吸热或反射玻璃）与双层幕墙进深变化所产生的影响已很小。所以，如果实际情况与图中条件不同，A_e 值大于 $0.6m^2/m$ 时图中数值仍可采用。

2.1.8　空气屏障（Air Barrier Window—ABW）[①]

空气屏障利用专设的送风系统、风机盘管机组、对流加热器或局部贯流风机等上送风，在外窗和窗帘之间形成向上送出气流，配合吊顶内的回风口将窗面附近的冷热负荷排走，也称为吹吸方式（push-pull）。通过调整吹出或吸入风量和风速以及合理布置设备位置，可有效减弱外窗的辐射影响。

2.1.9　其他

空调冷负荷中的日射得热量通常是按 7 月 21 日的太阳辐射强度计算的，但南、东南、西南三个朝向的太阳辐射强度在太阳高度角较低的秋季（10 月份）会比夏季更大些，外遮阳遮挡率会更小些。因此，日本的设计资料[②]要求对南、东南、西南三个朝向的房间分别计算夏季、秋季的日射负荷，并取大值。我国目前的负荷计算方法或计算机软件中没有纳入秋季计算参数，因此，该部分负荷计算可参照国外的计算方法及数据资料进行。

负荷计算是空调设计的基础，我国《建筑节能与可再生能源利用通用规范》GB 55015-2021 的实施，对围护结构的热工性能和建筑设备的能耗指标有了更高的要求。采用更多的新型、节能的围护结构，选择高效的空调系统与设备并使系统高效运行，是建筑节能的两个主要途径。因而，进一步改进与这些途径相关的负荷计算方法显得格外重要。

2.2　内、外分区与空调负荷

为提高房间的热舒适性和新风分布均匀性，变风量空调系统设计的基本思路是各类负荷分别处理，即：内、外区负荷分别处理；冷、热负荷分别处理；不同温度控制区域负荷分别处理。因此，根据建筑使用功能和负荷情况恰当地进行空调分区十分重要。

2.2.1　空调分区

建筑物内各区域因围护结构在构造、朝向和使用时间上的差异，会产生不同的围护结构瞬时负荷；各区域因业态功能和使用情况的差异也会产生不同的内热负荷。在负荷分析的基础上，根据空调负荷差异性，将整个空调区域合理地划分成若干个温度控制区称为空调分区。分区的目的在于使空调系统能更有效地跟踪负荷变化、改善室内热环境和降低空调能耗。

2.2.2　内区和外区

最基本的空调分区是内区（内部区）和外区（周边区）。

---

① 见本章参考文献 [5] 第 54～58 页。

② 见本章参考文献 [3] 第 28、56 页。

1. 外区的定义是：直接受到外围护结构日射得热、温差传热和空气渗透影响的区域。外区空调负荷主要包括外围护结构冷负荷或热负荷以及内热冷负荷。因地理位置和气候变化的原因，外区空调负荷有时呈现为冷负荷有时呈现为热负荷。

外围护结构得热主要通过外窗、外墙内表面与人体及其他室内物体表面的辐射换热传递。辐射换热量随距离的增加而减小。当某区域受外围结构的辐射换热影响小到可以忽略时，就可认为是内区。

2. 内区的定义是：在外区的包围中，与建筑物外边界相隔离的区域。由于外区在空调环境中，故使内区边界处在相对稳定的温度条件下，且不直接受到外围护结构的日射得热、温差传热和空气渗透等影响。内区全年仅有内热冷负荷，且随区域内照明、设备和人员发热量的状况而变化。

3. 外窗、外墙的隔热性能和外窗的遮阳系数直接影响其内表面温度，从而影响辐射换热量。因此，建筑设计要十分注意外围护结构的热工性能和窗墙比，应遵守《建筑节能与可再生能源利用通用规范》GB 55015-2021 规定的外围护结构热工性能限值和窗墙比。如果外围护结构的绝热性能很好，外围护结构的窗墙比与外窗的太阳得热系数 *SHGC* 都比较小，或有改善窗际热环境的措施，则外围护结构内表面温度接近室内温度，将无明显的外区存在。另外，进深 8m 以内的房间无明显的内外分区现象，可不设内区，均按外区处理。

依据朝向和建筑平面布置，外区一般可分为 2～4 种类型（图 2-7）。不同朝向外区的围护结构，其冷、热负荷特点不同：

（1）东向外区上午 8 时左右冷负荷最大，午后减小。

（2）西向外区上午冷负荷较小，16：00 左右负荷最大。冬季起西北风时，热负荷仅次于北外区。

（3）南向外区夏季冷负荷不大，春秋季（4 月、10 月）午时冷负荷与东、西侧外区相差不多。

（4）北侧外区冷负荷较小，因冬季无日射且风速较大，热负荷比其他外区大。

内区除了早上有预热、预冷负荷外，仅有照明、设备、人员等内热冷负荷，但屋顶层还存在围护结构冷、热负荷。

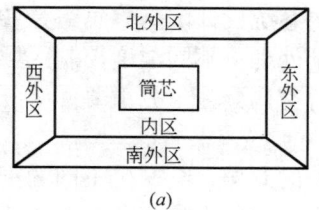 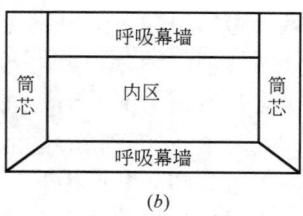 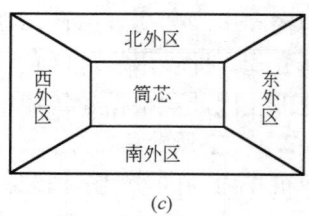

图 2-7　空调平面分区示意图

（*a*）大型建筑有内外分区；（*b*）无外区；（*c*）小型建筑无内区

2.2.3　外区进深与空调负荷分配

外区空调负荷冷热交替、变化很大，跟踪并处理好外区空调负荷是变风量空调系统设计的难点之一。特别是冬季同一房间的内、外区常采用供冷、供热两种完全不同的空气处理过程。供冷、供热量的计算是否符合实际情况，都与外区的进深有关。因此以建筑平面功能和空调负荷分析为基础，合理地确定外区进深对于后续设计计算、系统布置、新风供给、气流组织和末端设备选型都十分重要。

影响外区进深的主要因素有：

（1）气候条件；

（2）外围护结构热工性能；

（3）内、外区空调系统；

（4）受风口设置影响的室内气流组织。

表 2-14 对常见的变风量空调系统的外区进深进行了定性分析。

常见变风量空调系统周边区进深分析　　　　　　　　　　表 2-14

类型	A1	A2	A3	A4
图示	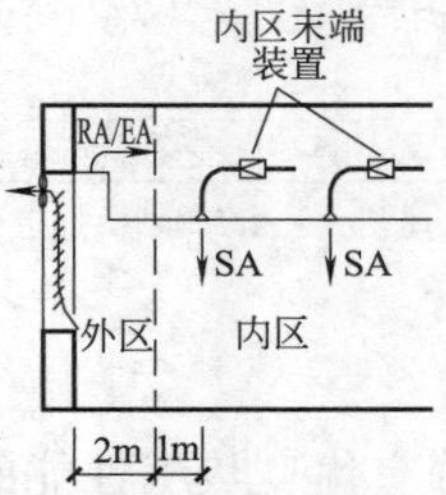	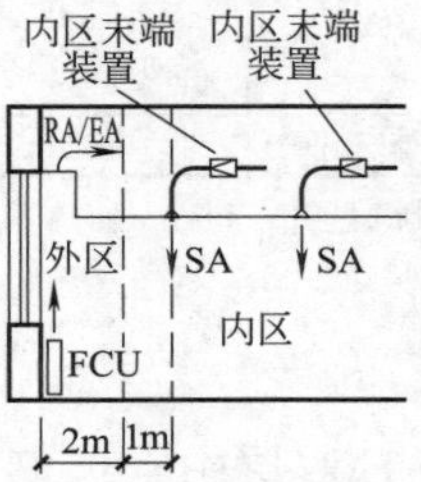	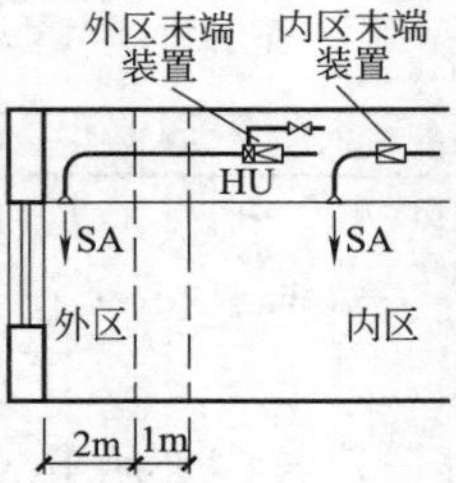	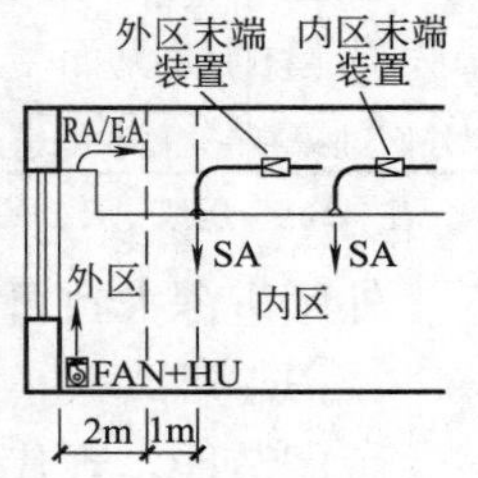
外区空调措施	窗边设回风或排风口	窗边风机盘管上送风； 窗边设回风或排风口； 下送上吸形成空气阻挡层	窗边顶送风； 外区末端带加热器	窗边风机加热器，上送风； 窗边设回风或排风； 下送上吸形成空气阻挡层
外围护结构	内、外呼吸幕墙； 热工性能优异，围护结构负荷极小	Low-E 中空玻璃等； 热工性能优良	Low-E 中空玻璃等； 热工性能优良	Low-E 中空玻璃等； 热工性能优良
变风量系统	末端送风仅处理内热负荷； 供给内、外区新风	末端送风仅处理内热负荷； 供给内、外区新风	分设内、外区末端送风； 冬季混合处理外区冷、热负荷； 分别供给内、外区新风	夏季分为内、外区末端； 冬季末端仅处理内热负荷； 分别供给内、外区新风
外区进深	夏季 ≤2m，冬季 ≤2m	夏季 2m，冬季 2m	夏季 2m，冬季 3m	夏季 3m，冬季 2m
类型	B1	B2	B3	B4
图示	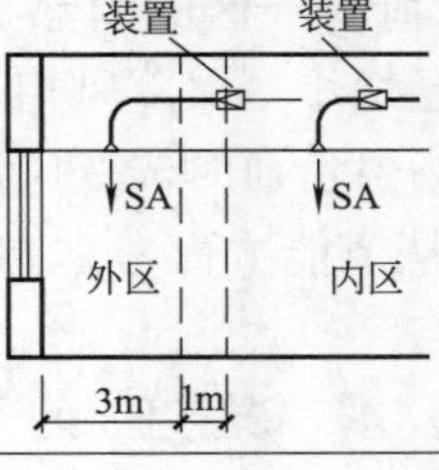	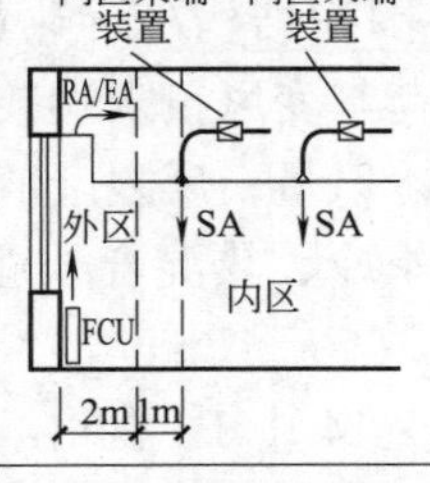	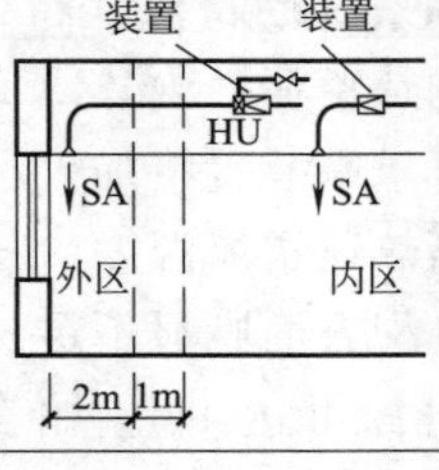	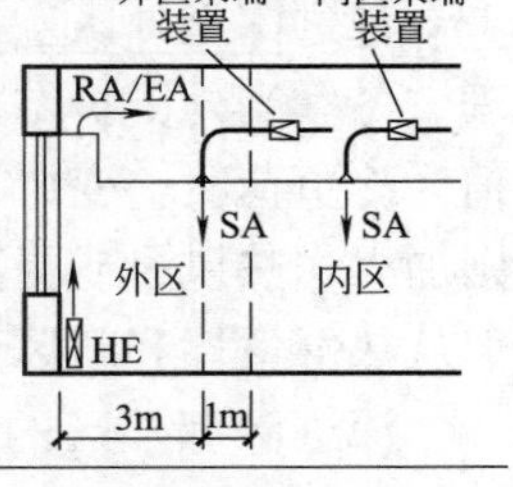
外区空调措施	外区中部顶送风	窗边风机盘管上送风； 窗边设回风或排风口； 下送上吸形成空气阻挡层	窗边顶送风； 外区末端带加热器	外区中部顶送风； 窗边风机加热器，上送风； 窗边设回风或排风； 下送上吸形成空气阻挡层

续表

类型	B1	B2	B3	B4
外围护结构	采用普通单、双层玻璃等； 热工性能一般	采用普通单、双层玻璃等； 热工性能一般	采用普通单、双层玻璃等； 热工性能一般	采用普通单、双层玻璃等； 热工性能一般
变风量系统	分设内、外区末端； 冬夏季混合处理外区冷、热负荷； 分别供给内、外区新风	分设内、外区末端； 冬夏季外区末端与风机盘管分别处理冷、热负荷； 分别供给内、外区新风	夏季内、外区末端供冷； 冬季外区末端再热，混合处理外区冷、热负荷； 分别供给内、外区新风	冬夏季均分为内、外区末端； 冬季外区末端与加热装置分别处理冷、热负荷； 分别供给内、外区新风
外区进深	夏季 4m，冬季 4m	夏季 3m，冬季 3m	夏季 3m，冬季 4m	夏季 4m，冬季 3m

注：SA—送风；RA—回风；EA—排风；FCU—风机盘管；HU—加热器；风机—FAN；风机加热器—HE。

外区进深大致可分为三种类型：

1. 浅进深型

考虑节能，现代办公建筑多采用 Low-E 双层中空玻璃等有优良热工性能的外围护结构，使得外围护结构的冷、热负荷大为减小，内表面温度接近室内温度，有效辐射换热距离减小。此外，外区常设置能产生空气阻挡层效果的窗边送排风措施：如窗边风机盘管机组送风、变风量末端装置窗边顶送风或窗边加热器等。这些空调措施使已大为减小的外围护结构冷、热负荷在窗边立即得到处理，缩小了外围护结构内表面和室内空气的温差。对于采用呼吸幕墙等改善窗际热环境的新型围护结构，外区已无需空调措施处理外围护结构负荷，只需处理内热负荷和新风负荷。

浅进深型外区的特点是选用热工性能优异的外围护结构，如表 2-14 中 A1 的冬、夏季工况；或外围护结构热工性能优良且将外围护结构的冷、热负荷与外区的内热冷负荷分别处理，外区进深可减小到 2m，提高了舒适性，也保证了新风量。如表 2-14 中 A2 的冬、夏季工况；A3 的夏季工况和 A4 的冬季工况。

2. 深进深型

采用普通热工性能的单、双层外窗或玻璃幕墙，内表面与室内空气温差较大，有效辐射换热距离较远。夏季空调系统采用外区中部顶送风，加大了夏季的外区进深；冬季变风量系统送热风，或由变风量末端装置自带加热器，在窗边或外区中部顶送风。

深进深型外区空调系统的特点是将外围护结构冷、热负荷与外区的内热负荷混合处理。冬季当外围护结构热负荷、内热冷负荷与变风量末端装置最小一次冷风相互抵消后余值为冷负荷时，变风量末端装置将加大送冷风量；反之余值为热负荷时，变风量末端装置则加大送热风量或提高热风送风温度。冬季冷、热混合处理从节能方面考虑有可取之处，但从热舒适性和新风分配方面则显不足。

深进深型外区的进深可达 4m。如表 2-14 中 B1 的冬、夏季工况；B3 的冬季工况和 B4 的夏季工况。

3. 中进深型

中进深型外区介于浅进深型外区与深进深型外区之间。如表 2-14 中 A3 的冬季工况，虽然采用了 Low-E 中空玻璃等优良热工性能的外围护结构，但因冬季外区采用了混合处理方式，即外围护结构热负荷、内热冷负荷和变风量末端装置的最小一次冷风相抵消后，根据剩余负荷的性质调节冷风量或加热量,故外区进深扩大到约 3m。A4 的夏季工况则因非窗边送风,外区进深扩大到约 3m。

B2 的冬季和夏季工况、B3 的夏季工况和 B4 的冬季工况,虽然采用了窗边送风方式,降低了外围护结构内表面温度,也采用了冷、热负荷分别处理方式,但由于两者都采用普通单、双层玻璃等热工性能一般的外围护结构,外区进深都扩大到约 3m。

上述各外区进深的分析尚停留在定性分析的范围。运用数学方法,借助计算机模拟程序,对分区进行定量分析,可取得更为准确的外区进深值。

2.2.4 温度控制区

某个朝向的外区或不分朝向的内区可能由多个房间组成。为稳定因各种负荷变化引起的室温变化,需要对房间温度进行控制。在不设房间隔断的大空间办公室中,各区域的日射强度、人员密度和设备散热量参差不齐,负荷变化必然会引起各区域温度变化,产生区域温差,故需对区域温差进行控制。办公区加班有时还会要求一部分区域的空调设备单独运行。总之,必须按使用情况和其他因素,自然或人为地将外区和内区再划分为若干温度控制区。

制约温度控制区划分的主要因素有:

(1) 使用情况:不同用途、使用时间或负荷性质的房间或区域,应划分成不同的温度控制区,如办公室、会议室、接待室等。使用功能特殊的管理用房和要求特殊的计算机房都应划分为单独的温度控制区。

(2) 室内温度:同一个温度控制区采用相同的室内温度控制值。

(3) 负荷变化:同一温度控制区的空调负荷应尽可能按同一规律变化。如办公区人员到会议区开会,办公区因负荷减小,风量需要减少;同时会议区因负荷增加,风量需要增加;两者的负荷明显不按同一规律变化,风量需求相互矛盾,不应划分在同一温度控制区。

(4) 控制面积:变风量空调系统一般按温度控制区逐一设置变风量末端装置及其他辅助设施。温度控制区设置过小,投资较大,又使末端装置一直处在小风量下运行,使调节范围缩小。温度控制区设置过大,则区域内温差会过大,有些小房间的室温难以顾及,温度控制精度较差。根据目前变风量末端装置的常用规格,每一个末端装置控制的内区温控区面积宜为 $50\sim100\text{m}^2$,外区温控区面积宜为 $25\sim50\text{m}^2$。

2.2.5 单位长度外围护结构热负荷

在负荷详细计算前估算单位长度外围护结构热负荷,主要用于初步确定变风量空调系统和外区进深。"单位长度外围护结构热负荷"(W/m)与冬季空气调节室外计算温度、室内计算温度、围护结构传热系数和相应面积等因素有关,由于外围护结构热负荷主要是外窗负荷(受制于外窗的传热系数和窗墙比),估算仅限于外窗热负荷而忽略其他次要负荷。

办公建筑单位长度外围护结构热负荷 q_h 可根据《建筑节能与可再生能源利用通用规范》GB 55015-2021,按表 2-15 中的计算公式进行估算。夏热冬暖、夏热冬冷、寒冷和严寒地区相关计算案例见表 2-15。

办公建筑单位长度外围护结构热负荷 q_h 表 2-15

计算参数	夏热冬暖地区 (广州 4B)	夏热冬冷地区 (上海 3A)	寒冷地区 (北京 2B)	严寒地区 (沈阳 1C)
冬季空气调节室外计算温度 t_w(℃)	5.2	−2.2	−9.9	−20.7

计算参数	夏热冬暖地区（广州 4B）	夏热冬冷地区（上海 3A）	寒冷地区（北京 2B）	严寒地区（沈阳 1C）
室内计算温度 t_n（℃）	20			
层高 H（m）	4.3			
单一立面外窗窗墙比	0.7			
外窗面积 F（m²）	3			
外窗传热系数 K[W/(m²·℃)] 体形系数≤0.3	2.4	2.1	1.7	1.5
计算公式	$q_h = KF(t_n - t_w)$ （W/m）			
单位长度外围护结构热负荷 q_h（W/m）	107	140	152	183

2.3 分区间的气流混合[6,7]

冬季内区出现冷负荷，同时外区存在热负荷。如内、外区之间无隔断，空调系统同时分别向内、外区供冷、供热时，内、外区间将产生气流混合，这是冷、热空调同时运行的特有现象。采用了通风窗、双层幕墙等改善窗际热环境措施的建筑，消除了外区，冬季无需供热；小型建筑和内热负荷较小的建筑内区冷负荷不明显，冬季无需供冷；国内许多大中型办公建筑虽然冬季内区存在相当的冷负荷，但从节能角度出发，以牺牲舒适性为代价，也不供冷。可见上述情况都不存在冷、热气流混合现象。我国空调设计人员对再热系统、双风道系统等发生在空调系统内的冷热混合损失比较敏感，但对发生在室内的气流混合损失还认识不够，这是因为我国现有办公大建筑中内、外区冷、热空调同时运行的情况还不多见的缘故。

2.3.1 混合损失和混合得益

因某种原因，外区的部分供热量成为内区的冷负荷，内区的部分供冷量成为外区的热负荷。这种供热量与供冷量的相互抵消称为室内气流的冷、热混合损失，简称混合损失。

同理，因某种原因，外区的部分热负荷与内区的部分冷负荷相互抵消，则称为室内气流的冷、热混合得益，简称混合得益。

式（2-8）和图 2-8 为上述混合损失与混合得益的定义式和图解。

$$ML = (Q_P + Q_I) - (H_P + H_I) = (Q_P - H_P) + (Q_I - H_I) = ML_P + ML_I \qquad (2-8)$$

式中　　　　ML——全混合损失量；

ML_P、H_P、Q_P——外区的混合损失量、热负荷、供热量；

ML_I、H_I、Q_I——内区的混合损失量、冷负荷、供冷量。

式（2-8）中，混合得益量被连续定义为负的混合损失量。理论上 $ML_P = ML_I$。另外，全混合得益量（负的混合损失量）的最大值为冷、热负荷中较小者的 2 倍，即，min $(-2H_P, -2H_I)$。

全混合损失量与冷、热负荷之和的比值称为混合损失率 MLR（%）：

$$MLR = ML/(H_P + H_I) \times 100\% \qquad (2-9)$$

设计人员应充分认识产生混合损失的原因并尽可能避免这种现象发生，创造条件使其转化为混合得益。

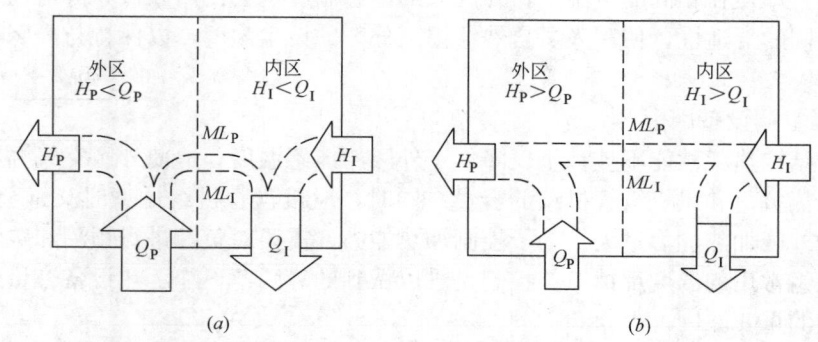

图 2-8 室内气流混合状况
(a) 混合损失；(b) 混合得益

2.3.2 室内气流混合损失的主要原因

室内气流混合损失以气流旁通和气流循环两种形式出现。气流旁通是指外区供热系统的热风直接进入内区，成为内区冷负荷；内区送出的冷风直接进入外区，成为外区热负荷。由此恶性循环，使内、外区的冷、热负荷都大大增加。气流循环是指内、外区送出的冷风与热风即使在各自区内完全混合，不直接进入相邻的区域，但也会因内、外区存在温差而产生气流循环混合的现象。

室内气流旁通和气流循环产生的室内气流混合损失的原因很复杂，下面以外区风机盘管机组供热、内区单风道型变风量空调系统供冷的典型方式为例，定性分析产生这种现象的主要原因。对于风机动力型变风量空调系统，也可参照此方法进行分析。

1. 外区温度高于内区

由图 2-9 可知，如外区的空气温度高于内区，在热压差作用下，外区上部的热空气将进入内区，内区下部的冷空气也会进入外区，冷、热负荷均大大增加，形成室内混合损失。反之，如外区的空气温度低于内区，则产生反向气流循环：内区上部的热空气进入外区，外区下部的冷空气进入内区。冷热负荷相互抵消，构成室内混合得益。

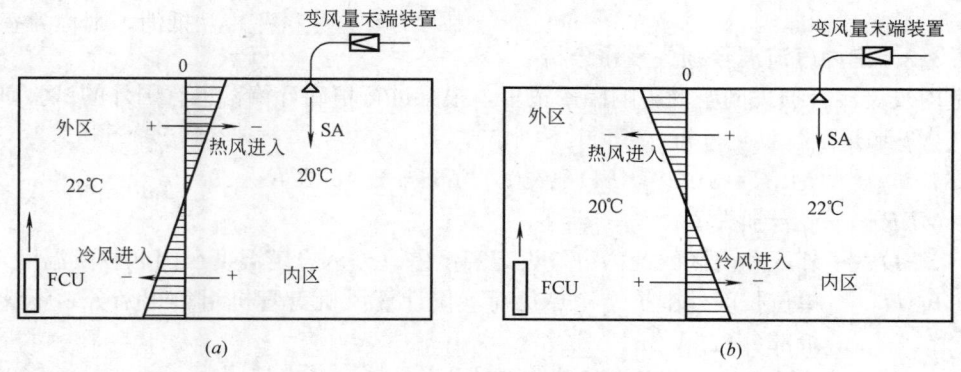

图 2-9 温度差造成的气流混合
(a) 外区室温大于内区室温混合损失；(b) 外区室温小于内区室温混合得益

形成外区空气温度过高的主要因素是冷辐射。冬季时，除了在太阳直射下外窗的内表面温度较高外，外围护结构内表面总会产生一定的冷辐射。与有较多办公设备产生热负荷的内区相比，即使在相同的室温下，外区人的体感温度也会比内区低，舒适性差。为了求得与内区相同的舒适性，使用人员自然会提高外区的设定温度，以保持与内区有相同的体感温度。

2. 外区空调设备因素

外围护结构热工性能不佳，不仅降低了外区的体感温度，迫使外区空气温度提高，也增加了外区热负荷和风机盘管机组的容量。同时，风机盘管机组选型时又常会趋于保守。两者都促使外区加热能力过大。为了控制加热能力，需要对负荷进行预测和跟踪，这对于风机盘管机组常用的温度反馈双位控制是难以做到的。因此，冷、热设备容量过剩也是产生混合损失的重要原因。

很多内、外区合用的变风量空调系统在窗边风机盘管机组供热的同时，也向外区送入一定量的冷风以确保新风供给，如果外区内热负荷不足，也会造成气流旁通混合损失。

3. 内区空调设备因素

内区变风量空调系统全年供冷。常用的送风方式是吊平顶风口下送，与室内空气混合较好。但它的风量大小对混合损失影响很大，如换气次数过大，将促使内区的冷风侵入外区。

内区送、回风口形式和安装位置也将对气流混合产生较大影响，由内区向外区方向送风的侧送风口，极易将冷风直接吹向外区。

4. 自动控制

如前所述，如冷、热空调设备无法控制各自多余的能力，必将成为对方的负荷。出于投资上的考虑，目前国内办公建筑所用风机盘管机组多为双位电动两通阀水路自控加手动风量控制，很多自控设备年久失效，仅剩下使用者手动风量控制。不仅不能及时跟踪负荷，而且都按体感温度控制。在同样的体感温度下，外区实际空气温度往往高于内区。国内有些变风量空调系统，室温偏差较大，内区偏冷，都可能直接导致混合损失。

自控系统中温度传感器的位置也极为重要。若将风机盘管机组的温度传感器设置在外窗边下沉的冷气流中，或将内区变风量末端装置的温度传感器设置在风机盘管机组送出的热气流中，温度传感器将传出错误信息，误导冷、热设备盲目发力，产生更大的混合损失。

2.3.3 室内气流混合损失量化分析

室内气流混合损失问题的影响因素很多，很难进行精确计算，也有国外的试验研究报告用式（2-10）进行量化分析：

$$MLR = 31.281SPD + 0.061FCH + 2.469ICR - 29.157 \qquad (2-10)$$

式中 MLR——混合损失率；

SPD——外区和内区的室内空气设定温度差（外区设定温度－内区设定温度），℃；

FCH——单位长度外围护结构热负荷（仅计算风机盘管机组负担部分，不计辐射板部分），W/m；

ICR——内区空调送风换气次数，h^{-1}。

由式（2-10）可见，内、外区之间的温差对混合损失起到决定性作用。内区空调换气次数对混合损失影响也很大。根据计算机模拟结果，外区温度高于内区 2℃ 或低于内区 2℃，供热量相差 4 倍。内区空调换气次数 $10h^{-1}$ 与 $5h^{-1}$ 相比，混合损失量差异将达到近 4 倍。

2.3.4 室内气流混合损失预防措施[①]

（1）外区设定温度尽可能保持比内区低 1~2℃。

（2）改善外围护结构热工性能，减小窗墙比，减少冬季冷辐射量，可提高外区体感温度，降低外区热负荷和外区供热设备容量。适当采用外区热辐射板也可起到同样的效果。

（3）适当降低内区变风量空调系统的送风温度，控制其换气次数。

（4）精确进行冷、热负荷计算和设备选型，防止冷、热末端装置选型过大。

（5）外区窗边立式风机盘管机组的出风方向应保持垂直，偏离角不大于 30°，以防热气流吹向内区。另外，采用低矮式风机盘管机组，可改善上下温度梯度，防止冷气流下沉。

（6）确保内、外区冷、热末端装置的温度控制系统工作良好。适当采用一些前馈控制，有助于预防混合损失。设置温度传感器时，应避免将内区温度传感器设置在外区热风侵入处；避免将外区温度传感器设置在内区冷风侵入处或窗边冷气流下沉处。吊平顶回风口处设置温度传感器时，除应避免受内区空调送出冷风的影响，还需注意吊平顶处与工作区（离地板约 1.5m）的温度差。

（7）在把握了室内气流混合规律后，可适当调整空调运行策略，例如，当冬季某一外区因日射而无需供热时，与其相邻的供热区域的温度可设定得低些，以获得来自前者的热量；过渡季时，正在供冷的内区设定温度可比不供冷的外区高些，使热量从内区转移到外区，减小内区冷负荷。上述运行策略都能有效地利用混合得益达到节能目的。

（8）变风量空调系统的送风一般应选择扩散性较好的散流器或条缝形散流器。除了外区有采用窗边条缝形散流器外，原则上应将送风散流器设置在各温度控制区的中央。采用窗边立式风机盘管机组或加热器作为辅助设备的单风道变风量空调系统，外区的送风口应离窗边 2m 以上，以免冬季时上、下风口送出的冷、热量抵消。

避免混合损失的措施还有很多，需及时分析总结，切合实际地应用到工程中。

与欧、美、日等发达国家不同，我国的变风量空调系统的应用几乎是与内、外分区冷、热并用方式以及大规模楼宇控制系统同时推广的，系统设计、施工和管理水平的高低肯定会影响系统的运行效果。所以，充实空调分区理论，了解混合损失与得益的基本概念，掌握有关自控知识，对做好变风量空调系统设计很有益处。

2.4 内、外区冷热负荷计算步骤

变风量空调系统的负荷计算与其他系统比较既有共同性又有特殊性，在一定程度上更为细化。

2.4.1 冷热负荷计算准备

现代办公建筑的空调系统一般均需内、外分区，对内、外区的冷、热负荷分别计算，且冬季内、外区的内热负荷不能再作为有利因素而不计算。有关冷、热负荷计算步骤归纳如下：

1. 初定内、外区空调方式

在空调系统设计总体技术路线下，根据工程实际情况：气候分区、投资与使用要求、空调平面布置和层高、机房与管井以及单位长度外围护结构热负荷等条件，结合各种变风量空调系统的技术特点（详见本书第 3 章、第 5 章），初步确定内、外区空调方式。

---

① 见本章参考文献 [8] 第 43 页。

2. 内、外分区

根据建筑设计确定的空调系统平面、外围护结构的热工性能、投资与使用要求，以及空调设计初步确定的内、外区空调方式，参照第 2.2.3 节分别确定冬、夏季工况下的外区进深，并进行内、外分区。

3. 划分温度控制区

在内、外分区的基础上，应再细分若干温度控制区。划分温度控制区应充分考虑房间用途、使用情况、外围护结构朝向、室内温度、负荷变化规律以及温度控制区面积等因素。

4. 初步布置空调末端装置

原则上内区的每个温度控制区可设置一台变风量末端装置。视系统不同，外区的每个温度控制区也可设置一台变风量末端装置；有的系统在外区窗边再增加风机盘管机组或其他空调装置；外区也可以仅在窗边设置风机盘管机组或其他空调装置。当布置末端装置困难时，还可适当调整温度控制区的大小。

初步布置好变风量末端装置和窗边风机盘管机组等空调设备后，还需确定各末端装置和设备的温度传感器位置，确定时应注意下列情况：

（1）温度传感器应设置在温度控制区中央通风处，避免直接受阳光照射或置于高温、低温物体附近。

（2）冬季内区温度传感器应避免设置在外区热风易侵入处；外区温度传感器应避免设置在易受内区冷风影响处或窗边冷气流下沉处。

（3）多房间合用一个变风量末端装置时，温度传感器应设置在较大或较重要的房间内，但其他次要的小房间的温度会有所偏离。

（4）如设置困难，可适当调整末端装置型号或温度控制区大小。

5. 确定室内设计温、湿度

在进行负荷计算前，应确定室内空气设计温、湿度。它们直接影响热舒适性和节能效果。确定时应考虑下述几点：

（1）在满足空调舒适性的前提下，应关注空调节能，执行现行国家标准《民用建筑供暖通风与空气调节设计规范》GB 50736[1]。

（2）由图 1-2 中的等感温度曲线可知，适当提高室温并降低相对湿度有利于减少夏季围护结构冷负荷，也有利于增大送风温差，减少送风量，降低风机能耗。

（3）冬季大空间办公室内、外区分别供冷、供热时，存在内、外区之间冷、热气流混合问题。为防止混合损失，获取混合得益，外区设计温度应低于内区 1~2℃，降低外区温度也有利于减少外区热负荷，减小加热设备容量。

（4）ASHRAE 标准 62[9] 以提高室内空气品质为目的，强调在非生产工艺需要的场所不提倡加湿。冬季如不加湿，则室内温度不宜过高，这不仅可以减小围护结构热负荷，而且能提高室内相对湿度。在同样的室内空气含湿量下，室温在 18℃、20℃、22℃时，相对湿度分别为 40％、35％、31％。

2.4.2　负荷计算和累计

（1）在冷、热负荷计算准备的基础上，应以温度控制区为计算单元，对内、外区的室内冷、热负荷分别进行计算。

（2）对于冬、夏季外区进深不同的情况，因内、外温度控制区大小不同，需分别计算五种负荷：夏季外区冷负荷、夏季内区内热冷负荷、冬季外区热负荷、冬季外区内热冷负荷和冬季内区内热冷负荷。由于变风量空调系统奉行冷、热负荷分别处理的原则，冬季外区内热冷负荷不能再作为有利因素不作计算；冬季外区热负荷也不能扣除室内设备等形成的稳定散热量。

（3）负荷计算应按照现行国家标准《民用建筑供暖通风与空气调节设计规范》GB 50736[1] 规定的方法计算。由于按温度控制区为计算单元进行逐时计算十分繁杂，一般需采用计算机软件进行，也方便各类负荷的汇总。

（4）在负荷计算的基础上还需进行各负荷的累计，以便于选择设备和系统部件。如：

1）冬、夏季单个内区或外区的温度控制区各项逐时冷负荷累计的最大值用于选择末端装置和支风管管径；

2）部分区域内多个内区和外区的温度控制区逐时冷负荷累计的最大值用于确定相应风管干管管径；

3）部分区域内多个内区和外区的温度控制区热负荷累计值用于确定相应热水干管管径；

4）累计系统逐时冷负荷用于选择空调箱和设计总风管；

5）累计系统热负荷负荷用于设计热水系统或校核空调箱。

各种负荷分类见表 2-16，变风量空调系统的负荷分类见表 2-17。

各种负荷分类表 表 2-16

区属	季节	负荷内容	末端设备选择
外区温控区室内负荷	夏季冷负荷	外围护结构冷负荷:温差传热、日射得热； 内围护结构冷负荷:温差传热； 内热冷负荷:照明、设备、人员和末端风机(如有)散热； 再热冷负荷:再热量(如需调节末端装置送风温度)； 蓄热冷负荷:房间蓄热量(东向房间间歇运行时应考虑)； 空气渗透负荷(可开启窗及气密性较差的建筑应考虑)	逐时累计冷负荷,按冬、夏季逐时累计最大值选择变风量末端装置、支风管管径或风机盘管机组等
	冬季冷负荷①	内热冷负荷:照明、设备、人员和末端内置风机散热； 再热冷负荷:再热量(如需调节末端装置送风温度)	
	冬季热负荷②	外围护结构热负荷:温差传热、空气渗透； 内围护结构热负荷:温差传热； 蓄热热负荷:房间蓄冷量(间歇运行时应考虑)； 空气渗透负荷(可开启窗及气密性较差的建筑应考虑)	累计热负荷,按最大热负荷选末端再热器或风机盘管机组等,包括校核变风量末端装置送风温度
内区温控区室内负荷	夏季冷负荷	内热冷负荷:照明、设备、人员和末端装置内置风机散热； 内围护结构冷负荷:邻室热房间温差传热； 再热冷负荷:再热量(如需调节末端装置送风温度)； 蓄热冷负荷:房间蓄热量(夏季与东向的相邻外区无隔墙,且均间歇运行时应考虑)	逐时累计冷负荷,按冬夏季逐时累计最大值选变风量末端装置和支风管管径； 累计冬季蓄热热负荷,如内外区无隔墙可将内区蓄热热负荷计入相邻外区,由外区末端装置处理；内外区有隔墙,内区可加设末端加热装置,也可由风系统统一预热
	冬季冷负荷	内热冷负荷:照明、设备、人员和末端装置内置风机散热； 内围护结构冷负荷:邻室热房间温差传热； 再热冷负荷:再热量(如需调节末端装置送风温度)	
	冬季热负荷	蓄热热负荷:房间蓄冷量(冬季间歇运行时应考虑)	

① 冬季外区一般存在外围护结构引起的热负荷与内热引起的冷负荷，后者在某些情况下也需要供冷，详见本书第 5 章。

② 对于冬季外围护结构引起的热负荷，通常的供热手段有变风量末端附带加热器、另设热水（电）加热器、风机盘管机组或变风量系统直接供热风等。

变风量空调系统负荷分类　　　　　　　　　　　　　　　　表 2-17

变风量系统		室内负荷	系统其他冷热负荷	系统设备选择
	夏季冷负荷	(1)外区 1＋……＋外区 n (2)内区 1＋……＋内区 n	(3)风机温升、回风温升及风管得热引起的冷负荷 (4)新风冷负荷	累计负荷，按系统各项冷负荷(1)＋(2)＋(3)＋(4)的逐时累计综合最大值选择空调箱
	冬季热负荷	(5)外区 1＋……＋外区 n＋内区过冷再热	(6)新风热负荷	累计热负荷，按系统总热负荷(5)＋(6)的累计值设计热水系统或校核空调箱

本章参考文献

[1]　中华人民共和国住房和城乡建设部. 民用建筑供暖通风与空气调节设计规范：GB 50736-2012 [S]. 北京：中国建筑工业出版社，2012.

[2]　中华人民共和国住房和城乡建设部. 民用建筑热工设计规范：GB 50176-2016 [S]. 北京：中国建筑工业出版社，2016.

[3]　空気調和・衛生工学会. 空気調和・衛生工学便覧/第 5 編 [M]. 13 版，东京：空気調和・衛生工学会，2002.

[4]　陆耀庆. 实用供热空调设计手册 [M]. 2 版；北京：中国建筑工业出版社，2008.

[5]　范存养，杨国荣，叶大法. 高层建筑空调设计及工程实录 [M]. 北京：中国建筑工业出版社，2014.

[6]　中原信生等. 空気調和における室内混合損失の防止に関する研究 [C]. //空気調和・衛生工学論文集，1987.

[7]　叶大法，杨国荣. 变风量空调系统的分区与气流混合分析 [J]. 暖通空调，2006，36（6）：60-64，66.

[8]　空気調和・衛生工学会. 空気調和・衛生工学便覧/空気調和設備編 [M]. 14 版. 东京：空気調和・衛生工学会，2011.

[9]　ASHRAE. Ventilation for Acceptable indoor Air Quality：ANSI/ASHRAE Standard 62-2001 [S]. Atlanta：ASHRAE，2001.

[10]　范存养. 以环境意识为导向的日本空调技术应用的发展动向 [Z]. 上海：空调与健康室内环境高峰论坛论文，2003.

[11]　Allan T. Kirkpatrick and James S. Elleson. 低温送风系统设计指南 [M]. 汪训昌，译. 北京：中国建筑工业出版社，1999.

[12]　中原信生. 空調システムの最適設計 [M]. 名古屋：名古屋大学出版社，1997.

[13]　叶大法，杨国荣. 民用建筑空调负荷计算中应考虑的几个问题 [J]. 暖通空调，2005，12：6.

第3章　变风量末端装置

变风量末端装置是变风量空调系统的关键设备之一。空调系统根据负荷变化，通过末端装置调节一次风送风量，维持温度控制区的空气温度。

变风量末端装置具备以下基本功能：

（1）接受系统控制指令，根据温度控制区空气温度与设定温度的偏差，自动调节一次风送风量。

（2）当温度控制区的空调负荷增大时，增大一次风送风量直至达到设计最大送风量；当温度控制区空调负荷减小时，减小一次风送风量直至达到设计最小送风量，并满足最小新风量和气流组织需求。

（3）当所服务房间或温度控制区不使用时，可以完全关闭末端装置的一次风风阀。

3.1　分　类

变风量末端装置品种繁多，各具特色，归纳起来可按表 3-1 方法分类。我国民用建筑中使用最多的是带电动风阀、压力无关型、直接数字式控制的节流型单风道型和风机动力型变风量末端装置。

变风量末端装置分类　　　　　　　　　　　　　表 3-1

分类方式		类　型
风量调节方式	节流型	串联式风机动力型、并联式风机动力型、单风道型、双风道型等
	其他型	诱导型、旁通型
加热方式		无再热型、热水再热型、电热再热型
风量调节特性		压力相关型、压力无关型
风量调节阀		单叶平板式、多叶平板式、多孔对开消声式、文丘里管式、皮囊式等
风量检测装置		毕托管式、风车式、热线热膜式、超声波式等
控制方式		电气模拟控制、电子模拟控制、DDC 控制
箱体		圆形、矩形、风口形
保温		保温型、无保温型
消声		消声型、无消声型

3.2　基本结构及性能

3.2.1　单风道节流型

单风道型变风量末端装置是一种节流型变风量末端装置，也是最基本的变风量末端装置。它通过改变空气流通截面面积达到调节风量的目的。其他节流型如风机动力型、双风道型等末端装置都是在单风道型末端装置的基础上演变、发展出来的。

1. 基本结构

常用的单风道节流型变风量末端装置主要由箱体、控制器、风速传感器、电动调节风阀以及室温传感器等部件组成。

箱体通常由 0.7～1.0mm 厚镀锌钢板制成，内贴经特殊处理过的离心玻璃棉板或其他保温吸声材料。装置进风口处设风速传感器，用于检测流经装置的风量。有的末端装置在进风口处设置均流板，使空气比较均匀地流经风速传感器，从而保证风量检测精度。风量调节风阀的轴延伸到箱体侧壁外，与传动机构或执行器相连。电源电路、控制器和执行机构等设置在箱体外侧的控制箱内。

风速传感器一般由各末端装置生产厂家自行研发或委托控制设备生产商配套生产。风速传感器品种繁多，最常见的是毕托管式风速传感器、超声波涡旋式风速传感器、螺旋桨风速传感器、热线热膜式风速传感器等。

控制器一般由自动控制设备供应商提供，并在变风量末端装置生产厂进行组装、调试、整定后，与变风量末端装置一起提供给用户。控制器由电源、变送器、逻辑控制电路等部件组成。变风量装置控制器必须配有与控制系统相连的接口电路，便于与楼宇管理系统进行数据通信，并可在现场进行参数设置。

电动调节风阀是末端装置对风量进行调节控制的关键部件。风阀流量特性的优劣对末端装置的调节效果有较大影响。多数生产厂的末端装置采用单片蝶阀，也有的采用多叶对开风阀。多叶对开调节风阀的流量特性及风量调节性能通常优于前者。

2. 发展历程

单风道节流型变风量末端装置自问世以来经历了较长的发展阶段，逐渐形成了以毕托管风速传感器为代表的高速变风量末端装置和以螺旋桨（风车）式风速传感器等为代表的低速变风量末端装置。一般情况下，从欧美进口或我国大多数生产厂家生产的变风量末端装置采用毕托管作为风速传感器，从日本进口或国内少数生产厂家生产的变风量末端装置不采用毕托管式风速传感器。

日本从引进技术并仿制美国的变风量末端装置后，有了较长时期的开发，具有自己特色、性能可靠、更节能的产品。为了减小通过变风量末端装置的送风阻力，提高风速检测精度，日本相关变风量末端装置生产厂家将风速传感器作为研究重点，并获得突破。1983年久保田公司开发了卡尔曼涡流超声波风速传感器；1984 年新晃工业公司开发了霍尔效应电磁风速传感器；同年，东压（Topre）公司开发了螺旋桨电磁风速传感器。从此，日本的变风量末端装置舍弃了毕托管式风速传感器，实现了变风量末端装置的改良与升级换代，走上独特的节能道路。

图 3-1 所示为部分欧美品牌的高速单风道节流型变风量末端装置。图 3-2 所示为部分日本品牌的低速单风道节流型变风量末端装置。

日本品牌的低速变风量末端装置大都采用矩形进风口，而欧美品牌的高速变风量末端装置几乎均采用圆形进风口。

3.2.2　风机动力型

风机动力型变风量末端装置，英文全称 Fan Powered Box（简称 FPB），也属节流型末端，是北美和欧洲各国广泛推崇的一种变风量末端装置。自 20 世纪末被大规模引入后，已被我国暖通空调设计工程师熟悉，成为许多设计师对建筑物外区进行变风量空调设计时

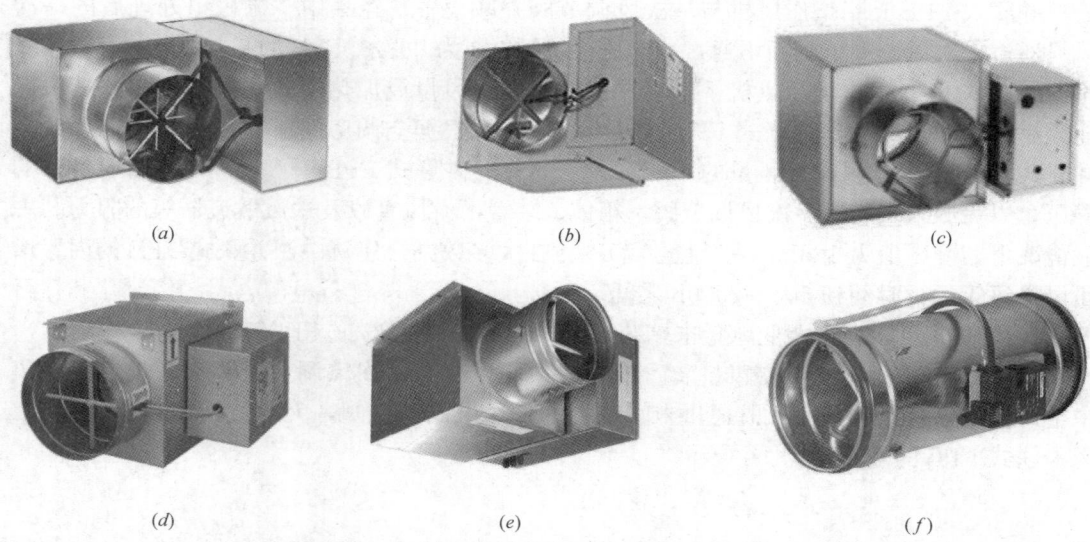

图 3-1　部分欧美品牌的高速单风道节流型变风量末端装置

（a）Johnson Controls 的 TSS 型；（b）TITUS 的 ESV 型；（c）TRANE 的 VCCT 型；
（d）Royal Service 的 TU 型；（e）TROX 的 TVS 型；（f）TROX 的 TVR 型

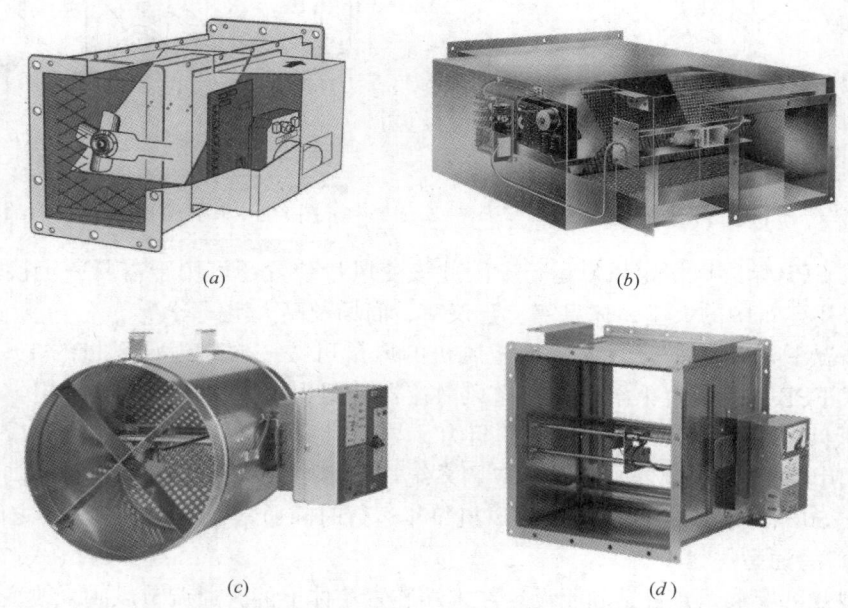

图 3-2　部分日本品牌的低速单风道节流型变风量末端装置

（a）Topre 公司的 VAV BOX；（b）久保田空调公司的 SV 型 VAV BOX；
（c）协立公司的 MW 型；（d）协立公司的 CW 型

常用的末端设备。风机动力型变风量末端装置是在单风道节流型末端装置的基础上内置离心式增压风机的产物。根据增压风机与一次风调节阀排列位置的不同，风机动力型变风量末端装置可分为并联式（Parallel Fan Terminal）和串联式（Series Fan Terminal）两种。

1. 并联式风机动力型变风量末端装置（简称并联式 FPB 或 FPBP）

并联式 FPB 是指增压风机与一次风调节阀并联设置，经集中空调机组处理后的一次风只通过一次风调节风阀而不通过增压风机。图 3-3 为并联式 FPB 的基本结构。

并联式 FPB 内置增压风机一般在保持最小循环风量或加热模式时运行，因此其风机能耗小于串联式 FPB。并联式 FPB 内置增压风机可根据空调房间所需最小循环风量或按并联式 FPB 的一次风设计风量的 50%~80%选择。并联式 FPB 一次风入口处需要足够的静压，以克服末端装置一次风调节阀、箱体、装置下游风管以及送风散流器等的阻力。一般情况下，静压值为 125Pa，不超过 170Pa。在大多数办公建筑中，并联式 FPB 的内置增压风机每年运行时间在 500~2500h 之间。

2. 串联式风机动力型变风量末端装置（简称串联式 FPB 或 FPBS）

串联式 FPB 是指在该变风量装置内设置增压风机与一次风调节风阀串联设置。经集中空调机组处理后的一次风既通过末端装置的一次风调节风阀，又通过增压风机。图 3-4 为串联式 FPB 的基本结构。

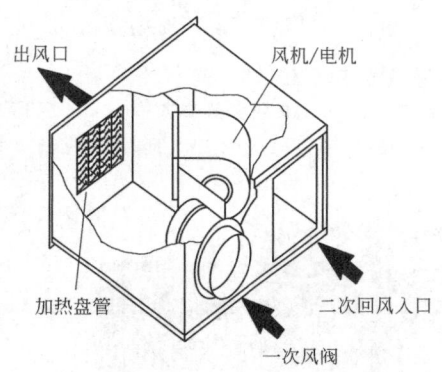
图 3-3 并联式 FPB 的基本结构

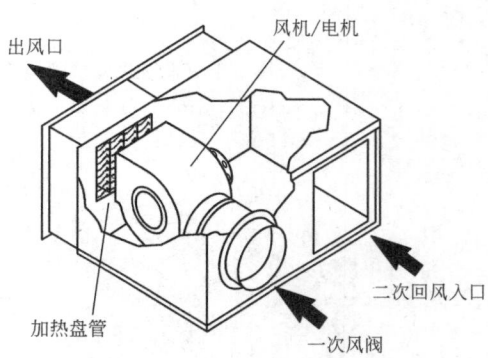
图 3-4 串联式 FPB 的基本结构

串联式 FPB 始终以恒定风量运行，因此该变风量装置还可用于需要一定换气次数的场所，如民用建筑中的大堂、休息室、会议室、商场及高大空间等。

一般情况下，串联式 FPB 内置增压风机的风量可按一次风设计风量的 1~1.3 倍确定。串联式 FPB 末端装置下游风管和送风散流器的阻力由内置增压风机承担，末端装置入口处静压只需克服一次风调节风阀的阻力。与采用并联式 FPB 装置的变风量空调系统相比，采用串联式 FPB 装置的变风量空调系统，其集中空调机组的风机需提供的入口静压值低 25~50Pa。串联式 FPB 的增压风机每年运行时间通常在 3000~6000h 之间。

3.2.3 旁通型

旁通型变风量末端装置是利用设置在末端装置箱体上的旁通调节风阀来改变房间送风量的一种末端设备。图 3-5 是某旁通型变风量末端装置示意图。该装置的旁通风口与送风口处设有动作相反的风阀，它们由电动（或气动）执行机构驱动，且受室内温度传感器控制。旁通型变风量末端装置也可选配热水再热盘管或电加热器。

当房间空调负荷减小时，装置只将一部分风量送入室内，其余部分则经由吊顶或旁通风管旁通回系统。采用旁通型变风量末端装置的空调系统并不具有变风量系统的全部优点，因而也被称为"准"变风量空调系统。该系统有部分送风直接旁通回空调机组，系统总风量没有减小，风机用能并未减小，工程中使用不多。

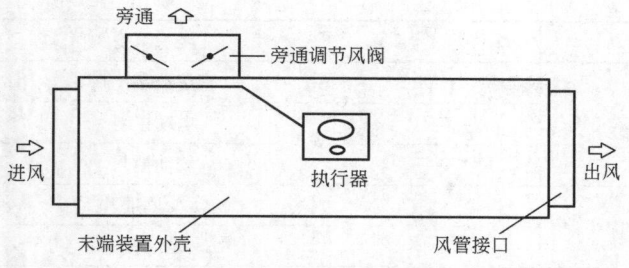

图 3-5　某旁通型变风量末端装置示意图

旁通型变风量末端装置具有下列特点：

（1）系统负荷出现变化时，风管内的静压可接近不变，不会使系统噪声增加，集中空调机组风机无需进行风量控制或调节。

（2）与定风量再热系统比较，当室内空调负荷减小时，无需增加再热量。

（3）系统投资费用较低，但不减小空调机组风机用能。

旁通型变风量末端装置可根据系统形式进行单独送冷风、送热风，也可在夏季送冷风、冬季送热风。当采用吊平顶作为旁通回风静压箱时，系统的送风温度不宜过低，以防止吊顶内金属构件和混凝土楼板的表面产生凝露。旁通型变风量空调系统适合应用于小型空调系统。

3.2.4　诱导型

1. 基本结构

诱导型变风量系统是一种半集中式空调系统。经过集中空调机组处理后的一次风由风机送入设在各空调房间内的诱导型末端装置。一次风进入诱导型末端装置，经喷嘴高速射出（20～30m/s）。由于喷出气流的引射作用，在诱导型末端装置内局部区域形成负压，吸入吊平顶内的空气，将吸入空气与一次风混合后从末端装置的出风口送出。

诱导型变风量末端装置由箱体、喷嘴、调节风门等部件组成。图 3-6 是某型号诱导型变风量末端装置示意图。

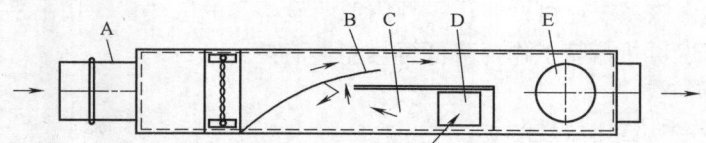

图 3-6　某型号诱导型变风量末端装置示意图

A——一次风进风口；B—调节风门；C—诱导室；D—被诱导空气入口；E—出风口

2. 基本形式

诱导型变风量末端装置的基本形式见表 3-2。

诱导型变风量末端装置基本形式　　　　　　　　　　　　　表 3-2

内　　容	类　　型
基本形式	诱导型
	诱导型＋热水盘管（一排盘管或二排盘管）
	诱导型＋电加热器

续表

内　　容	类　　型
控制类型	直接数字控制
	电动控制
	气动控制
风量类型	变风量
	定风量
附加选项	整体消声
	出口消声
	多出口消声

3. 诱导型变风量系统特点

诱导型变风量系统具有变风量系统的所有优点，且可以在较小的一次风量时仍能保持良好的热舒适性。诱导型末端装置的性能指标之一是诱导比 n。对于结构形式确定的末端装置，在一定风量范围内，诱导比是定值。在工程中，可以通过改变进口压力、进口风速、下游的压力损失和在诱导口设置风门等措施调节诱导比。

在供冷模式时，与其他系统相比，诱导型变风量系统具有下列优点：

（1）适合于送风温度高于 9℃ 的低温送风变风量空调系统。

（2）当一次风量被调节到设计风量的 20% 时，诱导型变风量末端装置的总送风量仍可达到设计一次风量的 60%，与其他形式的变风量系统相比，该系统允许集中空调机组在更小的循环风量下工作。这种变风量系统尤其适用于部分负荷状况下运行以及在室内无人的情况下仍要维持一定室内空气温度的场合。

（3）与单风道节流型变风量系统相比，诱导型变风量系统能向空调区域提供足够的循环空气量，能保证室内空气充分混合，维持良好的气流组织。

在供热模式下，节流型变风量末端的再热装置需对设计风量的 30%～40% 的一次风量进行再热，产生较大的冷、热抵消现象，而诱导型变风量系统最小只需将 20% 左右的一次风进行再热。该系统还可回收吊平顶内照明设备等的散热量，用吊平顶内空气与一次风进行混合，延迟再热盘管工作，降低再热能量消耗。

4. 性能参数

（1）一次风量与总送风量关系

诱导型变风量末端装置的总送风量是一次风量和诱导风量之和。装置的诱导比是入口静压、入口风速和下游压力损失三个变量的函数。入口静压越高，入口风速越低，下游的压力损失越小，诱导比就越大，总送风量将比一次风量大很多。

（2）送风温度的确定

诱导型变风量末端装置的送风温度介于一次风进风温度和被诱导空气温度之间，其送风温度的计算公式为：

$$T_3 = \frac{T_1 + T_2 \times (n-1)}{n} \tag{3-1}$$

式中　　T_1——一次风进风温度，℃；

　　　　T_2——被诱导空气温度，℃；

T_3——送风温度，℃；

n——末端装置诱导比。

（3）下游压力损失和入口静压的确定

诱导型变风量末端装置下游压力损失是指离开末端装置后的空气流经下游风管及送风散流器的阻力损失。末端装置下游阻力损失一般在 20～60Pa 范围内，标准数值为 30Pa，当下游阻力非 30Pa 时，应对诱导型变风量末端装置的总送风量进行修正。

诱导型变风量末端装置入口静压需保证一次风能克服末端装置中喷口等装置内部阻力和末端装置下游风管和送风散流器等的阻力损失。入口静压值应根据产品生产厂的样本资料进行选型并经计算确定，工程上推荐的静压选择范围是 150～250Pa，此入口静压值比其他类型末端装置的入口静压值稍大些。

3.2.5 变风量风口

除了上述几种变风量末端装置外，采用变风量风口也可实现变风量空气调节。变风量风口是将室温传感器、风量调节机构组合在送风散流器内的一种变风量末端装置，一般属于压力相关型变风量末端装置。在此以精美变风量风口、"Zcom" 变风量风口以及 Royal SVAD 智慧电动变风量风口为例，介绍变风量风口的基本结构、工作原理及性能特点。

1. 精美变风量风口

（1）基本结构

精美变风量风口是一种带内置温度控制器，依靠热敏感物质的膨胀、收缩作用推动风阀进行风量调节的热动力型变风量末端装置，其基本结构见图 3-7。它由模式转换温控器、房间温控器、诱导喷嘴、调节风阀、传动控制盘以及面板等组成。模式转换温控器设置在风口进风管入口处，用于控制变风量风口供冷或供热的模式转换。诱导喷嘴的作用是在风口处产生局部负压，将部分室内空气（二次风）吸进风口，通过设置在二次风通路内的温控器感受进入风口的室内空气温度。温控器是一个充有石蜡状物质的小铜柱，当其受热时，蜡状物会融化膨胀，向外推动柱塞；当其冷却时，蜡状物凝固收缩，弹簧将柱塞拉回。通过柱塞往回运动成比例地控制风阀的开度，调节送入房间的风量。风口的调节原理见图 3-8。

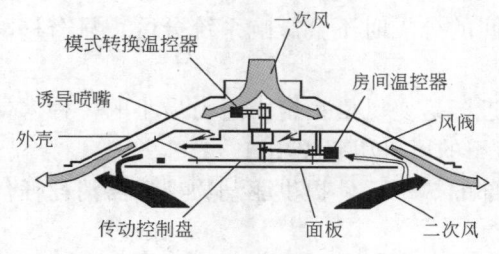

图 3-7　精美变风量风口基本结构　　　　图 3-8　风量调节原理图

（2）工作原理及分类

精美变风量风口从系统功能方面可分为：冷热型、单冷带快速供热型及单冷型三种基本类型，它们的工作原理如下：

1）冷热型风口有三个温控器，一个为设置在风口进风管处的模式转换温控器，另两个分别为供冷温控器和供热温控器。模式转换温控器位于风管入口处，检测系统送风温度，确定供冷和供热的模式转换。当送风温度升高，达到 24.5℃时，风口由供冷模式开始向供热模式进行转换，并在送风温度达到 26.5℃时完成转换。在此温度以上，风口处于供热模式，即供冷温控器对风阀不起调节作用，风阀受供热温控器控制。当送风温度降低到 20℃以下时，风口由供热模式转换回供冷模式。在供冷模式下，由供冷温控器控制风阀的开度，此开度随房间温度的升高而增大；而在供热模式下，风阀开度随房间温度的升高而减小。

2）单冷带快速供热型风口中除了有一个供冷温控器外，在风管入口处，另有一个快速供热温控器。当集中空调机组送出的空气温度达到 23.3℃时，快速供热温控器开始动作，通过膨胀作用推动传动臂打开风阀，使热空气进入房间；当送风温度达到 26.7℃时，风阀处于全开状态。

3）单冷型风口中仅有一个供冷温控器，温控器温度调节范围是 21～25.5℃。

精美变风量风口的形状可分为方形和条缝形两种基本形式。

1）方形变风口：风阀形式为四侧风阀形或圆盘风阀形，方形风口一般为四向出风，可通过安装气流挡板的方法改变成三向、两向或者单向送风方式。

2）条缝形风口：气流方向分单向和双向；条缝数分为单条缝和双条缝。

系统设计时，除了上述几种标准的变风量风口外，还有一些可选部件供设计人员选择：

1）PIM 压力无关型调节装置：它可将风管中的静压值控制在 12～125Pa；该调节装置有自带调节风阀和不带调节风阀两种。

2）泄压环：适用于 TF 与 TB 型四面出风变风量风口，要求系统的回风方式为吊顶回风。当变风量风口装有泄压环时，应对其性能参数表中的技术参数进行修正。

3）气流挡板：它适用于方形风口，有单向送风挡板、双向送风挡板。当变风量风口设置送风挡板时，其送风量应按照样本所提供的修正系数进行修正。

（3）基本特点

1）每个变风量风口内部均设置温控器、执行机构和调节风阀，构成一套独立的区域温度控制系统。它可控制不同房间的空气温度，还可控制同一空间内不同区域的空气温度。

2）采用变风量风口的空调系统，在调整房间的分隔时不会影响系统分区，只需移动风口的位置。

3）变风量风口的阻力与其他风口的阻力相近，是变风量系统中阻力最小的一种末端装置，因此可采用压力较低的送风系统，空调机组的风机功率较小。

4）变风量风口的控制调节完全依靠风口内部的热敏元件提供驱动力，无需消耗任何外部能量。

5）变风量风口随空调负荷变化自动调节风阀开度，在送风风速恒定的前提下，通过改变风口的流通面积调节送风量，能保证送风有良好的贴附能力和射程，使室内空气流动更加顺畅，空气分布特性指标（ADPI）较高，温度分布均匀和通风效果好。

6）风口质量可靠、坚固耐用，一旦安装调试完毕，几乎不需要任何维护工作。

7）简洁流畅的线条使风口与房间吊平顶的装修较易协调，吊平顶整体效果较好。

（4）适用条件

1）送风温度：在供冷模式下，送风温度不能低于 10℃。当送风温度低于 10℃时，应选用低温送风变风量风口。在供热模式下，热风的最高送风温度不能高于 30℃。

2）入口静压：风口入口静压不小于 12Pa，以获得足够的送风量，保证空气诱导效果，维持温度控制精度。入口最高静压受制于对室内噪声的要求，对于办公建筑（NC35），其入口静压不大于 62Pa；当入口静压恒定时，随着调节风阀的关小，噪声值会逐渐降低。

（5）与风口适配的空调系统设计要求

变风量风口的结构决定了这是一个低压变风量末端装置。如果在高压或中压风管系统中采用变风量风口，可在空调机组和变风量风口之间加装压力无关型调节装置（PIM）。调节装置与变风量风口之间的风管设计成低压风管，变风量风口可设置在调节装置之后的低压风管系统中。

在布置变风量风口时，应使距离空调机组或调节装置最近的一个风口的入口静压不超过 62Pa，最远的一个风口的入口静压不小于 12Pa。低压风管的风速可选择在 3.6～6.6m/s 之间；单位长度风管的阻力控制在 0.33～0.82Pa/m 之间。

（6）与风口适配的空调系统控制

1）静压控制：若在定风量低压空调系统中局部采用变风量风口，则当变风量风口的设计风量之和不超过系统总风量的 30% 时，无需专门进行静压控制。当需要进行静压控制时，可采用以下方法实现：

① 泄压环控制：泄压环是一种专门用于旁通风口多余风量的管箍。当系统将恒定的风量送至变风量风口时，若风口的风阀关小，泄压环管箍与原有风管入口颈部之间的空隙会旁通多余的风量进入吊平顶。带泄压环的变风量风口也可应用在高压或中压风管系统中。

② 通风阀控制：将送风管中的送风旁通到回风管或吊平顶静压箱。

③ 风机送风管风阀控制：通过安装在风机出口和低压风管之间的自动控制风阀调节送风量，实现静压控制。

④ 对于较大的系统，为了保证设置在各支风管上的变风量风口能有效地工作，有必要在每一送风支管上设置区域调节风阀。

⑤ 风机控制：利用变频驱动器对空调机组风机进行调速。

2）送风温度控制：利用送风温度传感器控制空调机组的水阀，维持送风温度恒定。

3）系统模式控制：通过设置在最大负荷房间或最重要房间内的温度传感器对系统供冷或供热模式的转换进行自动控制。

2. Zcom 变风量风口

所谓 Zcom，就是多区域空调通信管理系统（Zoom air conditioning communication）。Zcom 变风量风口是一种内嵌温度传感器和风量传感器、用于个人微环境控制、由直接数字式控制的变风量末端装置。它把变风量末端装置的功能与高性能的送风散流器组合在一起。利用整体的温度传感器和先进的 DDC 控制算法，精确地调节送风量。

（1）基本结构

Zcom 变风量风口的基本形式见图 3-9，组成见图 3-10。

图 3-9　Zcom 变风量风口基本形式

Zcom 变风量风口由上部盖板、风阀调节盘、控制执行机构和面板组成。上部盖板多重边框形式可适合不同类型的吊平顶设计；智能化曲线形设计能获得水平空气流形；盖板上的沟槽可以隐蔽地布置电源线和通信线。风阀调节盘的设计使其在任何情况下产生均衡的气流分布。控制执行机构能通过室内空气诱导孔精确和快速地检测房间温度，风道传感器能检测送风温度并确定送风量，电子脉冲电动机非常安静地调节送风量。面板的曲线边界光滑减小了风口噪声。

（2）优点

1）精确、个性化的环境温度控制可提高办公效率；

2）良好的气流分布性能提供较高的空气分布特性指标（ADPI）和通风效率；

3）每个区域的控制费用比单独设置送风散流器的典型变风量末端装置低；

4）有利于办公室改建及增加温度控制区以满足个人舒适性需求；

5）容易将定风量空调系统改造成多区域变风量系统；

6）在重新分隔的区域中布置容易，费用较低；

7）独特的温度传感器在低风速下也能准确地读取数据。

（3）系统组合与配件

每个 Zcom 变风量风口配有独立的数字控制器和风阀驱动机构，与风口配套的高精度空气温度和风量传感器检测送风温度和一次风送风量，与数字控制器配置的回风温度传感器检测吊平顶附近的室内空气温度。Zcom 变风量风口的设定和参数调整，全部通过专用遥控器完成，方便运行调试。Zcom 变风量风口应用灵活，可实现独立运行和网络运行，通过 RS 485 双向通信接口，利用遥控器或网络操作可调整设定值和风阀限位，Zcom 变风量风口适用于单冷、供冷/供热自动转换的场合，也可提供单级辅助加热。

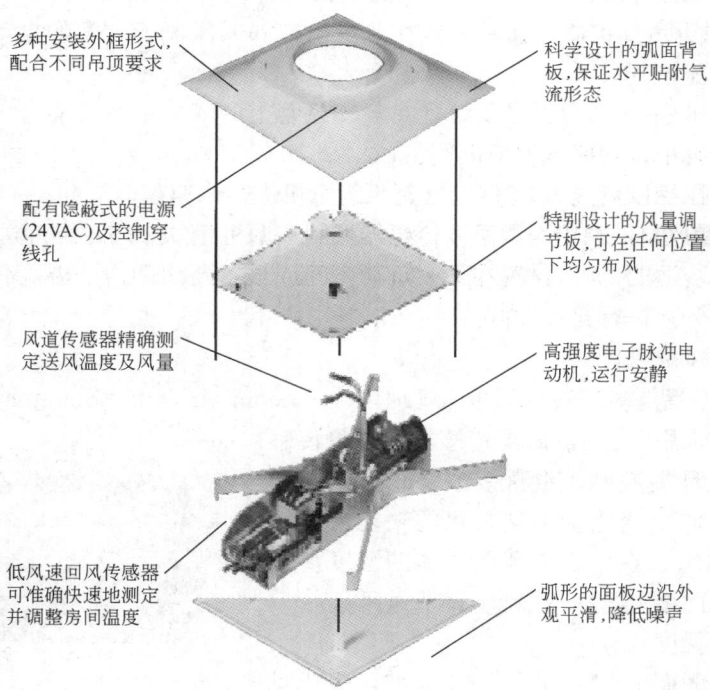

多种安装外框形式，配合不同吊顶要求

科学设计的弧面背板，保证水平贴附气流形态

配有隐蔽式的电源(24VAC)及控制穿线孔

特别设计的风量调节板，可在任何位置下均匀布风

风道传感器精确测定送风温度及风量

高强度电子脉冲电动机，运行安静

低风速回风传感器可准确快速地测定并调整房间温度

弧形的面板边沿外观平滑，降低噪声

图 3-10　Zcom 变风量风口组成

Zcom 变风量风口可分成主动型 Zmaster 风口和被动型 Zdrone 风口。

被动型风口是一种能精确执行的变风量风口，它必须与一个主动型风口一起使用，采用主动型风口的温度传感器和控制算法控制其送风量。一个主动型风口最多能控制三个被动型风口。

被动型变风量风口的使用对较大的空调区域提供了一个比较经济的系统选择。主动型风口和被动型风口的关系见图 3-11。

Zcom 变风量风口的主要配件有 Zapper 温度设定器和墙置式控制器。

Zcom 变风量系统的特征之一是有了双向通信的 Zapper 温度设定器。按下按扭，可获得存储在 Zcom 变风量风口控制器中的设定模式。如要重新设定 Zcom 的设定值，可简单地按"上"和"下"键，Zapper 温度设定器将显示新的设定温度值。

Zapper 温度设定器可以设置供冷和供热最小风阀开度位置。在楼宇管理系统中，使用 Zapper 温度设定器对单个

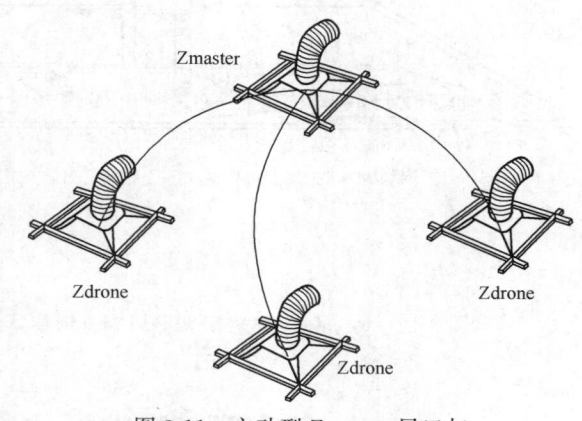

图 3-11　主动型 Zmaster 风口与被动型 Zdrone 风口的关系

Zcom 变风量风口进行地址编码。整幢建筑物只需一个 Zapper 温度设定器。

Zcom 墙置式控制器（ZWMA）是一个用线连接的设定调节器。Zcom 墙置式控制器允许室内人员无需使用 Zapper 温度设定器就可以使温度值偏离 Zcom 变风量风口的设定值±3℃。单个墙置式控制器不能用于多区域 Zcom 变风量系统。

（4）Zcom 变风量风口应用

Zcom 变风量风口使用在低压空调系统中，风口入口静压一般不超过 127Pa。该风口既可使用在定风量空调系统中，也可使用在静压控制的减压式和旁通式变风量空调系统中。在定风量系统中，当 30% 以上的系统总送风量由 Zcom 变风量风口控制时，需要在送风系统上设置静压控制装置，使风口入口处的静压值控制在变风量风口的要求范围内。

Zcom 变风量风口的性能与送风入口静压和风口尺寸有关。如送风静压维持恒定、变风量风阀调节在合适的范围内变化，则风口的气流形式从最小风量的星形变化到最大风量的方形时，气流分布性能比普通散流器好。

3. Royal SVAD 智慧电动变风量风口

Royal SVAD 智慧电动变风量风口是一种配置墙置式温控器或遥控器＋自带室内空气温度传感器以及采用手机 APP WiFi 连接控制、自带智能控制与电动执行机构、自带低阻力损失、气流组织性能极佳的送风口的一体式变风量末端装置。

（1）基本结构

遥控型或只采用手机 APP WiFi 连接控制的型号，其室内空气温度传感器内置在变风量风口内。依靠两级诱导作用，将室内空气诱导、吸入风口内，以便感测室内空气温度。也可将室内空气温度传感器放置在回风口处或其他能感受室内空气实际温度的位置。这两种应用方式，均无需安装墙置式温控器。

Royal SVAD-ST 四侧风阀型方形智慧电动变风量风口和 Royal SVAD-LL 型顶棚送风

条形智慧型变风量风口（两侧送风）的基本结构及运行原理见图 3-12 和图 3-13。

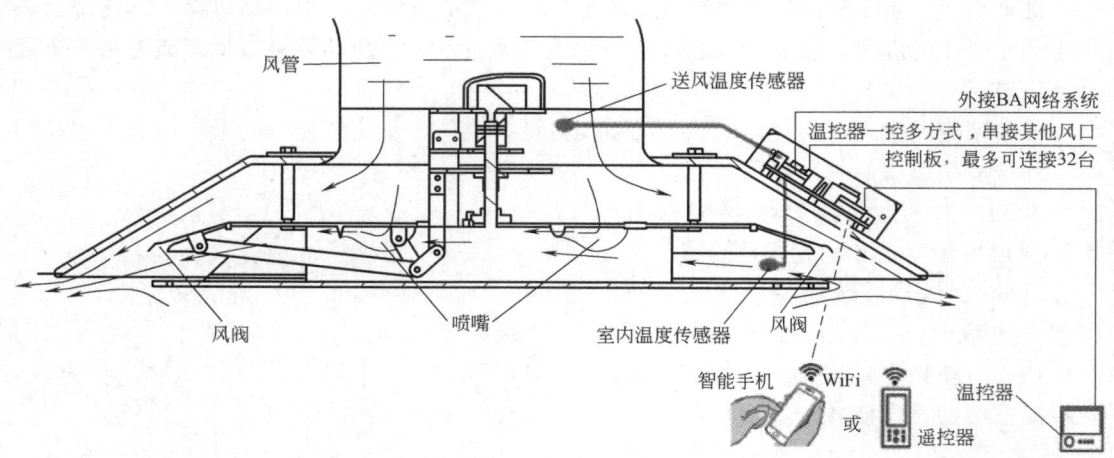

图 3-12 Royal SVAD-ST 四侧风阀方形智慧电动变风量风口结构及运行原理图

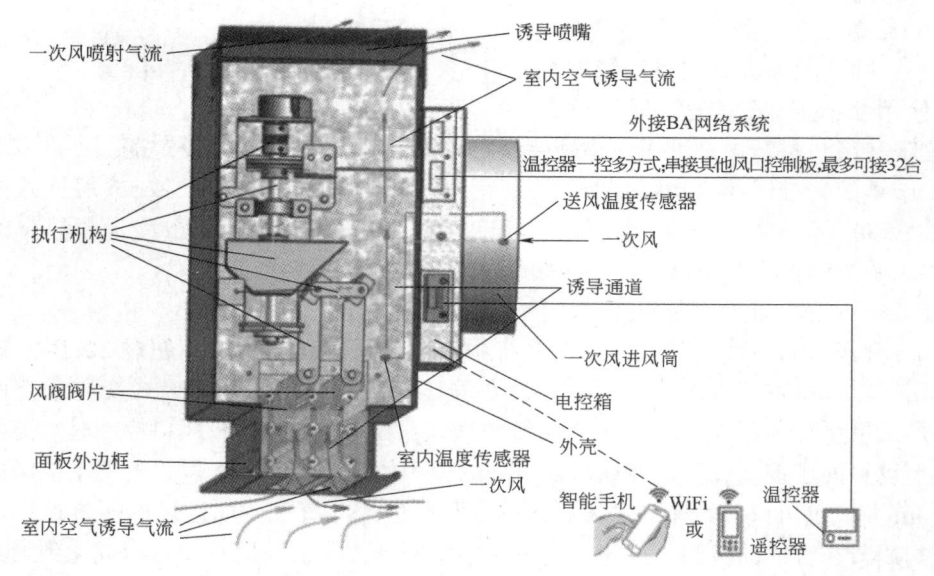

图 3-13 Royal SVAD-LL 型顶棚送风条形智慧型变风量风口（两侧送风）结构及原理图

（2）工作原理

Royal SVAD 智慧电动变风量风口的控制装置接收来自温控器或室内空气温度传感器检测到的室内空气温度信号，根据室内空气温度和设定温度的差值计算出需要调控的风阀开度，并驱动执行机构调节风阀开至所需开度，以调节送入室内的一次风风量。每隔一段时间，控制装置将根据温差值及其变化状况，不断调整风阀的开度，改变送入室内的一次风风量，使室内空气温度保持在设定的温度范围内。

Royal SVAD 智慧电动变风量风口控制装置上有连接室内空气温度传感器的端子。遥控型、只使用手机 APP 操控或只由 BA 操控而不配置墙置式控制器的变风量风口，控制装置上连接的室内空气温度传感器被设置在风口中的诱导通道里。SVAD 智慧变风量风口内都设计了专有的喷嘴结构和诱导通道。系统运行时，一次风从喷嘴中向特定方向喷出，在诱导通道中形成一定负压，产生向特定方向流动的诱导气流，从而将诱导通道口处的室内空气诱导进诱导通道中，使设置在风口中的室内空气温度传感器检测到室内空气温度（图 3-12、图 3-13）。

Royal SVAD 智慧变风量风口在任何一次风量情况下，均可保持相对恒定、较高的风速，并能诱导室内空气，形成一个环流，使室内空气在一定范围内自我流动循环。既能使室内空气交换更充分，温度更均匀，又能使室内空气运动到风口位置。运动到风口诱导通道入口附近的室内空气便会被吸入诱导通道，从而保证室内空气温度传感器检测到的就是室内空气的真实温度值。Royal SVAD 智慧电动变风量风口两次诱导运行原理见图 3-14。

该智慧电动变风量风口可以在温控器、遥控器、手机 APP 或 BA 系统的终端上设置运行模式。运行模式有三种：供冷模式、供暖模式及自动运行模式。

Royal SVAD 智慧电动变风量风口的一次风进风口处设有送风温度传感器。在自动运行模式时，控制装置将根据一次风的送风温度自动执行供冷模式、过渡季节模式或供暖模式。

在默认设置状况下，当送风温度低于18℃时，进入供冷模式；当送风温度高于

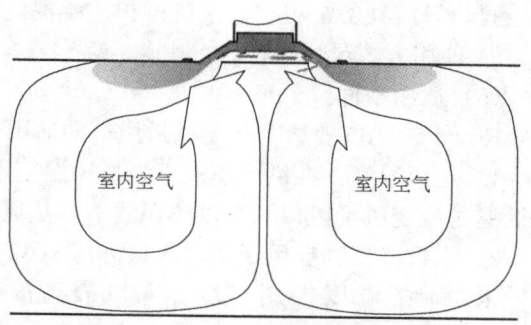

图 3-14　Royal SVAD 智慧型变风量
风口两次诱导运行原理示意图

24℃时，进入供暖模式；当送风温度介于 18～24℃时，进入过渡季节运行模式。供冷模式及供暖模式的转换温度可在温控器、遥控器、手机 APP 或 BA 系统的终端上，根据需求重设。

供冷模式和供暖模式下，风阀会根据室内空气温度传感器所检测的温度和设定温度的差值来自动调节风阀开度，从而调节送风风量。过渡季节运行模式下，风阀开度将固定在一个开度，开度默认值为 30%（可根据需求在温控器、遥控器、手机 APP 或 BA 系统终端上重设）。此时，最小开度设置不起作用。

（3）分类

Royal SVAD 智慧电动变风量风口以其风口形式区分，可分为 SVAD-ST 型四侧风阀型方形、SVAD-STS 型小尺寸四侧风阀型方形、SVAD-LL 型顶棚送风条形、SVAD-WL 型侧送风条形、SVAD-SW 型方形旋流、SVAD-RW 型圆形旋流、SVAD-RR 型圆形等形式。

Royal SVAD 智慧电动变风量风口以其操作方式区分，可分为外接墙置式温控器控制以及遥控器调节控制、只使用手机 APP 调节控制、只由 BA 系统上位机或工作站调节控制等方式。

Royal SVAD 智慧电动变风量风口均为冷暖型，以控制模式划分，可分为供冷模式、供暖模式和自动运行模式。在自动运行模式下，控制装置根据一次风温度自动执行供冷模式、过渡季节模式或供暖模式。

（4）基本特点

Royal SVAD 智慧电动变风量风口具有以下基本特点：

1）每个变风量风口所控制的区域均是一个独立的温度控制区域，容易适应未来平面布置的变化；

2）空气温度控制较精细、准确、稳定、舒适；

3）任何一次风量情况下均能保持卓越的气流组织和室内舒适性；

4）节能效果显著；

5）系统负荷计算、系统设计及调试难度及工作量较小；

6）系统安装方便、简单；

7）系统调试方便，所需时间较短，技术难度较小；

8）系统运行管理简单、容易掌握，工作人员甚至无需专门的变风量空调系统运行维护经验，只需具备常规空调系统维护、维保经验，并稍加培训后即可胜任；

9）使用方式灵活多样。

（5）适用条件

Royal SVAD 智慧电动变风量风口的适用条件：

1）送风温度：在供冷模式下，送风温度不应低于 10℃。送风温度低于 10℃时，应选用低温送风变风量风口。在供热模式下，热风的最高送风温度不应高于 30℃。

2）入口静压：变风量风口入口静压不小于 10Pa，以获得足够的送风量，保证空气诱导效果，维持温度控制精度。入口最高静压取决于室内噪声要求，对于办公建筑（NC35），其入口静压不大于 70Pa 或 80Pa（不同类型的 Royal SVAD 智慧电动变风量风口最大入口静压限制稍有不同）。

3）应用范围广泛：既可应用于大、中型空调系统，也可应用于小型空调系统。它可使用在以下空调系统中：

① 大、中、小型独立使用此智慧电动变风量风口的变风量空调系统；

② 常规变风量空调箱（VAV Box）的变风量空调系统；

③ 常规 VAV Box 的变风量空调系统的局部改造工程；

④ 定风量送风系统中部分需要温度精确调节和控制的区域改装工程；

⑤ 将定风量空调系统改造成变风量空调系统；

⑥ 在一台大风量风机盘管服务多个房间或区域的空调改造工程；

⑦ 在直接膨胀式全空气空调系统的改造工程。

（6）与 Royal SVAD 智慧电动变风量风口适配的空调系统设计要求

Royal SVAD 智慧电动变风量风口的送风管路系统设计较简单，系统设计需满足以下要求：

1）Royal SVAD 智慧电动变风量风口的设计原则是保证任何时候，任何一个变风量风口入口静压值在 10～70Pa 或 80Pa 范围内（不同类型的 Royal SVAD 智慧电动变风量风口最大入口静压限制稍有不同）。

2）风管计算：保证最大入口静压风口的入口静压值不大于 70Pa 或 80Pa。同时，最小入口静压风口的入口静压值不小于其设计风量所需入口静压值，最起码不能小于 10Pa。图 3-15 为 Royal SVAD 智慧电动变风量风口送风风管计算示意图。

3）对于中、小型系统的送风管路，可按定风量系统的设计方法，将送风管路设计成低压送风系统。一般而言，风管内送风速度控制在 6m/s 以内，绝大多数情况下都能满足上述要求。

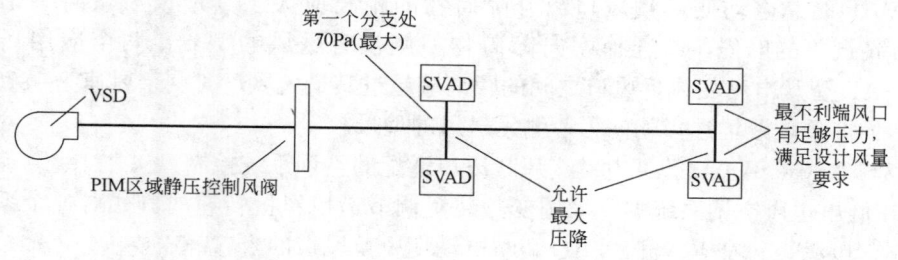

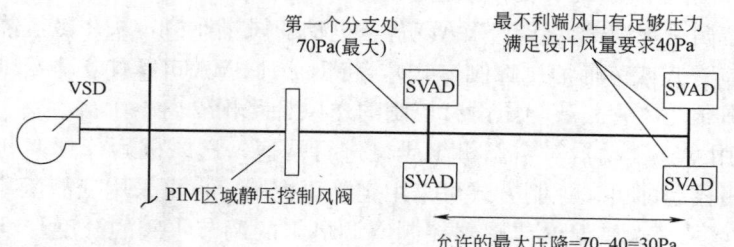

假设，该段风管等效长度为40m，
那么，这段风管的比摩阻将必须小于：0.75Pa/m

图 3-15　Royal SVAD 智慧电动变风量风口送风风管计算示意图

4）在支管上可加装手动调节阀，以方便调节各支路的阻力平衡。

5）对大型系统的送风管路，总管可按中压送风管道设计，以减小管道尺寸。

6）支管按低压送风管路设计，管内风速小于 6m/s，单位长度风管的阻力控制在 0.33~0.82Pa/m。

7）在高压或中压风管系统中，每个支管和总管之间宜加装静压控制阀（PIM）。用静压控制阀（PIM）控制支管的静压，保证该支管上每一个风口的入口静压任何时候均在 10~70Pa 或 80Pa 范围内，且尽量保持在设计风量对应的变风量风口入口静压值附近。

（7）选型基本原则

1）如设计时已知需选型风口位置的入口静压值，则可根据该静压值，在已选定 Royal SVAD 智慧电动变风量风口产品类型中，选择风量满足设计要求的型号即可。如：选择采用 Royal 条形 SVAD 智慧变风量风口，该风口位置的入口静压为 50Pa，查产品资料相关数据，SAVD-LL-4821 能满足设计风量，就选择其为该位置的风口型号。

2）如设计时并不清楚需选型风口位置的入口静压值，选入口静压为 40Pa 左右的风量可满足设计风量的 Royal SVAD 智慧电动变风量风口产品型号为该位置的风口型号。

3）对于系统静压有可能偏小的区域，产品选型时可适当偏大一个型号。

4）由于 Royal SVAD 智慧电动变风量风口为贴附性较好的送风口，所以风口选用时对顶棚高度有以下限制：供冷模式下，顶棚高度不超过 6m；供热模式下，顶棚高度不超过 3m。因此，在有供暖工况的系统中使用 Royal SVAD 智慧电动变风量风口，顶棚高度只能小于或等于 3m。

5）遥控型、只使用手机 APP 操控或只由 BA 系统终端操控而不配置墙置式控制器的 Royal SVAD 智慧电动变风量风口，均通过诱导室内空气进入风口内部来检测室内空气温度，而 Royal SVAD 智慧电动变风量风口的送风贴附性较好，如风口距离墙壁、梁等障碍物或两个风口间的距离过近，都会影响它感知室内温度。所以，这些应用场合下的

Royal SVAD 智慧电动变风量风口离开障碍物的距离应大于其最大风量时剩余风速为 0.75m/s 情况下的射程，或选择朝向障碍物一侧没有送风的型号；两个应用场合下的 Royal SVAD 智慧电动变风量风口之间的距离应超过其最大风量时剩余风速为 0.75m/s 情况时射程的 2 倍，或均选择朝向另一侧无送风的型号。

（8）与 Royal SVAD 智慧电动变风量风口适配的空调系统控制

1）在低压送风空调系统中，采用变频装置调节送风风机转速的方式对整个系统进行静压控制，以满足每个 Royal SVAD 智慧电动变风量风口的入口静压要求。

2）对于应用在中高压送风系统（变风量空调系统或定风量空调系统）或送风静压没有控制的全空气送风空调系统中的 Royal SVAD 智慧电动变风量风口，采用区域静压控制阀 PIM（送风静压控制方式或旁通静压控制方式），将 Royal SVAD 智慧电动变风量风口所在的低压管路和中高压送风管路或静压没有控制的送风管路相隔离。

3）风机控制：采用变频驱动器对空调机组风机进行调速，送风机运行频率利用送风总管上某处的送风静压控制即可。控制方式可采用定静压控制，也可采用变静压控制。

4）送风温度控制：采用送风温度传感器控制空调机组的调节水阀的开度，维持送风温度恒定。

5）系统模式控制：BA 系统可根据环境温度及室内空气温度状况，对系统供冷、供热、过渡季节运行模式以及其他运行模式（比如：早晨预冷模式、早晨预热模式、节能工况模式等）进行自动控制。发送命令给空调机组及各个区域的变风量风口来配合这些运行模式运行。

3.3　风速传感器

在变风量空调系统中，必须对流经变风量末端装置的风量进行检测和控制。风速传感器便是用于测量风速的装置。通过风速传感器，可计算出通过变风量末端装置的空气体积流量，从而实现对每个末端装置乃至整个空调系统的送风量进行有效控制。

风速测量的方法有多种，风速检测范围、精度要求、使用要求的不同都是选择风速传感器的主要依据。测量风速的方法有气压法、机械法与散热率法等。气压法是通过测量全压和静压的差值求得风速，如毕托管式风速传感器；机械法是利用流动气体的动压推动机械装置旋转，如螺旋桨（风车）式风速传感器，叶轮转速通过电子计数装置，显示所测得的风速大小；散热率法是利用流速与散热率成对应关系原理而设计的，或测相等散热量的时间，或测温度的变化，或保持原温度的加热电流量的变化以确定风速。随着现代科学技术的发展，激光、超声波等一些新型风速传感器也在风速检测中使用。

下文介绍变风量末端装置生产厂主要使用的几种风速传感器：毕托管式风速传感器、螺旋桨式风速传感器、超声波式风速传感器、霍尔效应电磁式风速传感器和热线（热膜）式风速传感器。

3.3.1　毕托管式

毕托管是测压管，由于其结构简单，使用方便，理论研究完善而得到广泛应用。毕托管根据流体流动引起的压差进行流速检测。标准的毕托管是一根弯成直角形的金属细管，它由感测头、外管、内管、管柱与全压、静压引出导管等组成。在毕托管头部的端头，迎着气流开有一个小孔，小孔平面与流体流动方向垂直。在毕托管头部靠下游的地方，环绕管壁的外侧面又开有小孔，流体流动的方向与小孔的孔面相切。顶端的小孔与侧面的小孔分别与两条互不相通的管路相连。进入毕托管顶端小孔的压力，除了流体本身的静压外，还含有流体滞止后由动能（动压）转变来的那部分压力，两者之和为全压，而进入毕托管侧面小孔的压力仅是流体的静压。

根据毕托管测得的气流的全压值与静压值，按式（3-2）可得到测点处流体的速度：

$$v = \xi \sqrt{2(p_1 - p_2)/\rho} \tag{3-2}$$

式中　v——测点处流体的速度，m/s；

　　　p_1——毕托管测得的全压值，Pa；

　　　p_2——毕托管测得的静压值，Pa；

　　　ρ——流体密度，kg/m³；

　　　ξ——毕托管形状与结构修正系数。

毕托管形状与结构修正系数 ξ 由实验获得，此值因毕托管形式的不同而不同。对于标准毕托管，ξ 值可保持在 1.02～1.04 之间，且在较大的雷诺数范围内基本为定值。

毕托管式风速传感器本身不能输出电信号，只输出压差信号。因此，式（3-2）也可转换成：

$$\Delta p = F \cdot \frac{\rho}{2} \cdot v^2 \tag{3-3}$$

式中　Δp——毕托管式风速传感器的输出动压，Pa；

　　　F——毕托管式风速传感器的放大系数，一般 $F \geqslant 2$，最大为 3。

用毕托管只能测量某一点处的流速，而流体在管道中流动时，同一截面上的各点流速各不相同，为了求出流量，必须知道流体的平均流速。在变风量末端装置中，由于测速处截面较大，测量某一点的流速不能反映该截面的平均流速，因此需要采用毕托管在同一截面上选取数点进行测量，将这些测量点的平均值作为通过变风量末端装置的平均流速。然而，要进行多点、多次测量，颇为不便。实际上，人们常采用一种变形的毕托管即均速管来测量圆形管道内的流速，它将被测截面上得到的各测点的动压予以平均，以直接求取平均流速。

这种均速管也称为"阿纽巴"，一般用于圆形管道测速。它将一根细管插入变风量装置的入口处，并将被测截面分成几个区域，沿着每个区域的中心位置在细管上开小孔作为测点。这些小孔迎着气流方向，称为全压测孔。此外，在另一根与前管紧贴、管径相同的细管的背流方向上开一个或多个小孔作为静压测孔。

均速管测出的动压值为管道截面上气流动压的平均值，因而可算出平均流速，以平均流速与管道流通截面积相乘，可求得流过该截面的体积流量。

图 3-16 为变风量末端装置常用的几种毕托管式风速传感器的示意图。

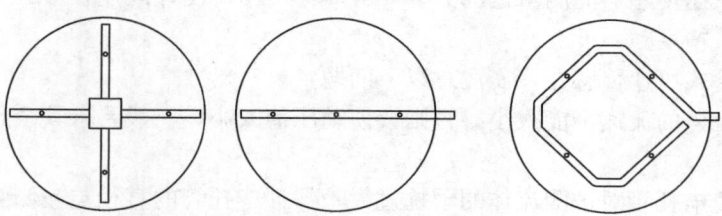

图 3-16　常用的几种毕托管式风速传感器示意图

毕托管式风速传感器由铝合金、铜或不锈钢管制成，其管径越小对气流的干扰也越小，测量精度越高。一般而言，全压测孔的总面积应小于测压管总面积的 3%。为了保证传感器具有足够的刚度，测压管的外径与变风量末端装置进风管道内径之比为 0.04～0.09，测压管上全压测孔的直径应是测压管内径的 0.2～0.3 倍，且应在 0.5～1.5mm 之间。测压管上的开孔位置和数量应根据变风量末端装置进风管道的气流分布与测量精度确定。

目前，欧美国家以及我国大多数厂家生产的变风量末端装置采用毕托管式风速传感器，且形式与结构各不相同。

毕托管式风速传感器应具有防堵塞、防偏流和抗破坏能力，使变风量末端装置安全、可靠地运行。

我国常用的几种毕托管式风速传感器的基本结构和特点如下：

（1）美国 Titus 品牌的变风量末端装置的风速传感器采用平均风速"十"字分布 4 测孔布局，全压、静压测管重合，中心抽出压差测管的方式；测压管材质为铝合金。

（2）美国江森（原 ETI）公司的变风量末端装置的风速传感器采用等面积"十"字分布多测孔布局，全压、静压测管呈 45°错位，中心抽出压差测管的方式；测压管材质为铝合金。

（3）德国 TROX 公司的变风量末端装置的风速传感器采用等面积"一"字分布多测孔布局，全压、静压测管呈 90°错位，端头抽出压差测管的方式；测压管材质为铝合金。该风速传感器采用大开孔，不易造成测孔堵塞。测管直径随变风量末端装置入口风管的直径而变化，增强了传感器的抗碰、抗拉能力。

（4）皇家（Royal Service）公司的变风量末端装置的风速传感器采用等面积"十"字分布多测孔布局，全压、静压测管重合，端头抽出压差测管的方式；测压管材质为铝合金。其管径根据末端装置入口风管的直径而不同，测孔较大。它是目前唯一经国家空调设备质量监督检验中心认证的变风量末端装置传感器。

用毕托管式风速传感器测出的压差与空气流速的关系为二次曲线。

根据式（3-3），如采用标准毕托管，取空气密度 $\rho=1.2\mathrm{kg/m^3}$，放大系数 $F=0.97$，风速为 1m/s 时，测得的动压值是 0.582Pa。若要将如此小的压差信号变送为电信号，且保持一定精度，就要采用昂贵的微压差传感器。因此，各厂均采用了不同的压差输出增幅技术。如风速传感器的放大系数 $F=3$，假定的测量范围为 0～200Pa，测量精度为全量程3%，其误差值是 ±6Pa，折合成风速为 ±1.8m/s，即对于放大系数为 3 的风速传感器，1.8m/s 以下的风速，传感器检测信号没有意义。同样，对于放大系数为 3、测量范围为0～400Pa、测量精度为全量程 3% 的风速传感器，其误差值为 ±12Pa，当所测量的风速低于 2.58m/s 时其所测得的信号没有意义。

毕托管式风速传感器的测量范围为 $0<\Delta P<400\mathrm{Pa}$，设计风速在 3～16m/s 范围内可保持适当的测量精度。

采用毕托管式风速传感器，需注意以下问题：

（1）被测流体的流速不能太小，否则会使动压值太小，一般要求其全压测孔处雷诺数大于 200。

（2）应避免毕托管对被测流体的干扰过大，保证毕托管的直径与被测管道的直径之比在 0.04～0.09 之间。

（3）被测管道的相对粗糙度应不大于 0.01。

（4）测量时应保证全压测孔迎着流体的流动方向，并使其轴线与流体流动方向一致。

（5）应防止测压孔堵塞。

3.3.2　螺旋桨式

螺旋桨（风车）式风速传感器由螺旋桨叶片、传感器轴、磁感器支架以及磁感应线圈与支架等组成。它利用流动空气的动能来推动传感器的螺旋桨旋转，然后通过螺旋桨的转速得出流过该截面的空气流速。螺旋桨式风速传感器可分成平行轴式风速传感器和垂直轴式风速传感器两种。

1. 基本构造

图 3-17 为某螺旋桨式风速传感器的基本构造。

螺旋桨式风速传感器是一种平行轴式风速传感器，它由四片叶片组成。在传感器支架的内侧设置两组 N 极和 S 极间隔排列的磁性物质，在不旋转的螺旋桨支架内侧的轴上设置一个固定磁极。当螺旋桨旋转时，固定磁极就可根据其感知的磁力线的变化，测出螺旋桨在单位时间内的旋转次数，从而根据风速传感器的旋转数与风速的关系计算出流过该截面的风速。由图 3-18 可见，当螺旋桨的旋转数大于 250r/min 时，旋转次数与风速基本呈线性关系。

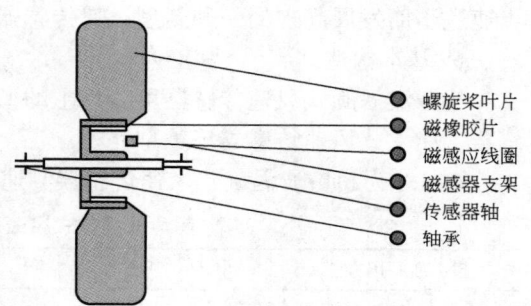

图 3-17　某螺旋桨风速传感器基本构造

螺旋桨叶片
磁橡胶片
磁感应线圈
磁感器支架
传感器轴
轴承

由于螺旋桨式风速传感器是一种非接触性传感器，它不受重力影响，安装在任何位置都可以，且不像毕托管式风速传感器的测压孔可能被空气中的灰尘堵塞而失去测速作用，故运行可靠性高。螺旋桨叶片的形状和表面光洁度、转子的重量以及转子轴承的阻力均会影响传感器的风速测量性能。传感器的质量越好，其原始输出性能越接近线性。

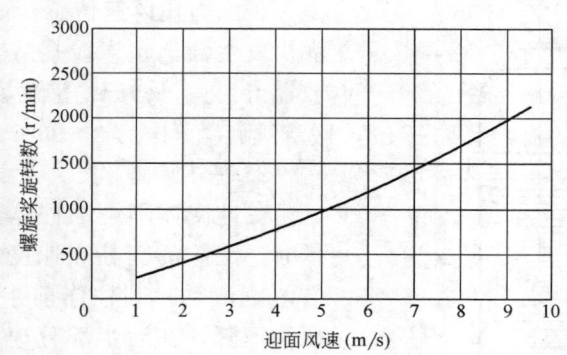

图 3-18　螺旋桨式风速传感器的螺旋桨旋转数与迎面风速的关系

2. 基本特点

（1）利用磁石环抗磁芯子，不用接触就能检测出螺旋桨旋转数，有较高的可靠性和耐久性，使用寿命长。

（2）利用螺旋桨旋转产生的飞散效果使空气中的尘粒无法附着在叶轮上，使尘粒对传感器部件的影响减至最小。

（3）轴承采用性能良好的树脂制作，在制造阶段进行了特殊处理，润滑油分散在轴承中，使用时不需添加，轴承和叶轮长轴之间几乎没有磨损。

（4）几乎不需保养。

3. 测量精度

螺旋桨式风速传感器的风速量程为 1～10m/s，全量程范围内测量精度为±1.5%，最大误差为±0.15m/s。

3.3.3 超声波式

超声波在流动的流体中传播时会携带流体流速的信息，通过接收到的超声波就可检测流体的流速，从而换算成流量。超声波涡旋式风速传感器是随着声学、微电子与控制技术飞速进步而发展起来的一种新型风速传感器。

1. 基本构造

超声波涡旋式风速传感器可分为主动型风传感器、被动型风速传感器、涡流式风速传感器、相关式风速传感器等类型。

表 3-3 为超声波涡旋式风速传感器测速原理一览表。

超声波涡旋式风速传感器测速原理一览表　　　　　　表 3-3

超声波利用方法	种　　类	测 定 原 理	检　测　量
直接利用	主动型	顺流逆流超声波传播速度差	相位差
			时间差
			频率差
	被动型	流体的发声	声音的大小
间接利用	涡流(街)式	卡门涡流	通过波振幅
	相关式	流体的紊流程度	振幅及其相位

图 3-19 为日本某公司为其变风量末端装置专门开发的超声波涡旋式风速传感器。这是一种涡街式风速传感器。它由超声波发生器、涡街发生器、超声波接收器、发生器导线、接收器导线以及外壳等组成，传感器本体采用 ABS 制作。

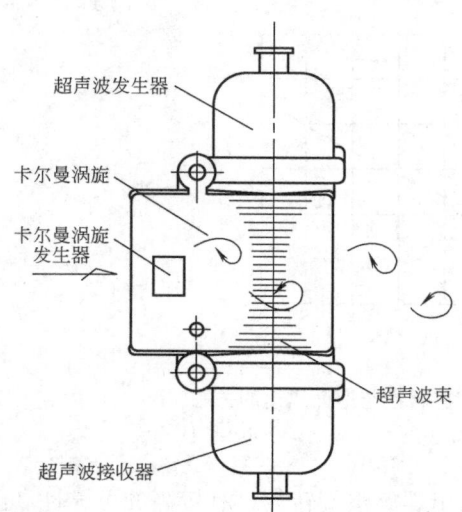

卡尔曼涡旋

超声波发生器

卡尔曼涡旋发生器

超声波束

超声波接收器

图 3-19　超声波涡旋式风速传感器构造

2. 基本原理

黏性流体围绕圆柱体流动，当流体速度很低时，流体的前驻点速度为零，流体绕圆柱左右两侧流动。圆柱体前半部分速度逐渐增大，压力下降，在后半部分速度逐渐下降，压力升高，后驻点速度为零，此时的流动与理想流体绕圆柱体流动相同。

随着流体流速的增加，圆柱体后半部分的压力梯度也增大，引起流体附面层分离。若流体的雷诺数再增大，圆柱体后半部附面层中的流体微团受到更大的阻滞，在附面层的分离点处会产生一对旋转方向相反的对称涡旋，称为卡门（卡尔曼）涡旋。

在一定的雷诺数范围内，稳定的卡门涡街的涡旋脱落频率与流体速度成正比。

（1）卡门涡街的稳定条件

冯·卡门理论证明稳定的涡街条件必须满足式（3-4）。

$$h/l = 0.281 \tag{3-4}$$

式中　h——涡街两列旋涡之间的距离，m；

　　　l——单列两涡旋之间的距离，m。

（2）流体速度与发生涡旋频率的关系

要了解流体速度与发生涡旋频率的关系，首先要得到涡街本身的运动速度。在流体进入涡旋发生体之前，属于无旋、稳定的流体，其速度环量为零。由汤姆生定理可知，在涡旋发生体下游所产生的两列对应涡旋的速度环量大小相等、方向相反，其合环量为零。

当流体以流速 u 流动时，相对于涡旋发生体，涡街实际向下游运动的速度为 $u - u_r$，如果单列涡旋产生的脱落频率为每秒 f 个，则流体流速与发生涡旋频率之间的关系可表达为：

$$u - u_r = fl \tag{3-5}$$

实际上不可能测得速度环量的数值，只有通过实验来确定流体流速与涡街上行速度之间的关系，以及圆柱形涡旋发生体直径 d 和两列旋涡之间的距离 h 的关系：

$$h = 1.3d \tag{3-6}$$

$$u_r = 0.14u \tag{3-7}$$

由式（3-4）～式（3-7）可得：

$$f = \frac{u - u_r}{l} \approx \frac{0.2u}{d} \tag{3-8}$$

式（3-8）也可写成：

$$S_t = \frac{fd}{u} \approx 0.2 \tag{3-9}$$

S_t 称为斯特罗哈数。对于圆柱涡旋发生体，当雷诺数在 $3 \times 10^2 \sim 2 \times 10^5$ 范围内时，流体速度与涡旋脱落频率的关系是确定的，斯特罗哈数是个常数，约等于 0.2。当雷诺数更大时，圆柱体周围的边界层将变成紊流，不符合涡街的稳定条件。

（3）发生涡旋的频率与流体流速或流量的关系

由式（3-9）可得到：

$$f = S_t \frac{u}{d} = S_t \cdot \frac{1}{d} \cdot \frac{Q}{A} \tag{3-10}$$

式中　S_t——斯特罗哈数（雷诺数在某些范围内的一定值）；

　　　u——流体的平均流速，m/s；

　　　d——障碍物的特征尺寸（梯形断面障碍物正对流向的宽度），m；

　　　A——通路的断面积，m^2；

　　　Q——流体的流量，m^3/s。

根据式（3-10）可知，对于给定的超声波涡旋式风速传感器，其发生涡旋的频率与流体的平均流速或流体的流量呈线性关系。因此，只要测出涡旋的频率，就可得知流体的流量。这就是该风速传感器的工作原理。

（4）测量特性

由图 3-20 可见，当风速在 $1\sim15\text{m/s}$ 范围内时，发生涡旋频率与风速近似呈线性关系。

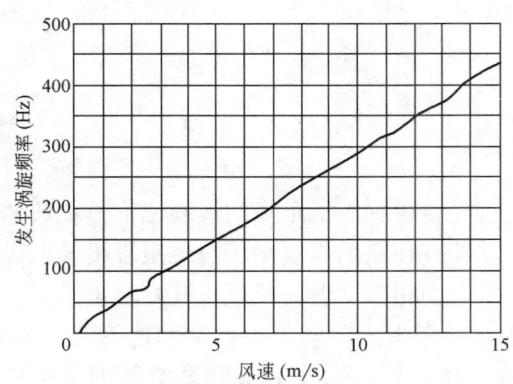

图 3-20　超声波涡旋式风速传感器发生
涡旋频率与风速的关系

3. 涡旋发生体的形状及优缺点

涡旋发生体的形状对涡旋的发生起着决定性作用，其多种多样，但它们必须具有相同的基本要求：

（1）为了产生涡旋，要有钝的（非流线型）截面形状；

（2）使流体的流动接近二维流动，涡旋发生体上下截面相同，且左右对称；

（3）边界层分离点固定，使斯特罗哈数恒定。

涡旋发生体在管道中的安装位置必须严格对称，其上游必须有 10 倍 D（直径）以上的直管，下游必须有 5 倍 D 直管。

涡旋发生体的形状有圆柱、三角柱、T 形柱、四角柱等，使用较多的是圆柱与三角柱。日本某公司变风量末端装置所用超声波涡旋式风速传感器的涡旋发生体是圆柱。这种风速传感器有较高的测量精度，风速测量范围为 $1\sim5\text{ m/s}$，传感器单体的测量误差在 1.5% 以内，最大误差为 $\pm0.375\text{ m/s}$。此外，它具有理想的比例特性，依靠超声波（40Hz）的自我清洗作用，使传感器本身不会附着灰尘，不受空气的温、湿度影响，无机械运动部件。设计使用寿命长达 $1\times10^5\text{h}$，法定使用年限为 10a。

该风速传感器的缺点是相对于风管截面属于点测量，为了准确测量风管的平均风速，要求所在截面的风速均匀。否则，按超声波涡旋式风速传感器测量值计算的风量与实际风量相比将产生一定程度的偏差。

3.3.4　霍耳效应电磁式

1. 基本构成

图 3-21 是日本某公司变风量末端装置所用霍耳效应电磁式风速传感器的主要构成。

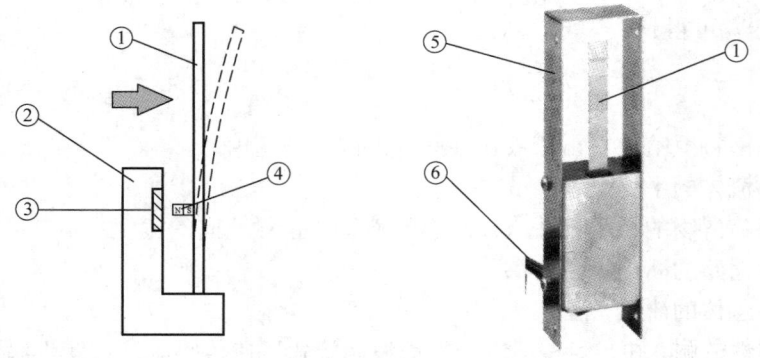

图 3-21　霍耳效应电磁式风速传感器构成
1—风动簧片；2—传感器支架；3—霍耳元件；4—永磁铁；5—保护框；6—屏蔽导线

2. 工作原理

在半导体上通以电流并置于磁场中，如磁场与电流的方向垂直，则在磁场的作用下，载流子（电子或空穴）的运动方向发生偏转。这样，在垂直于电流和磁场的方向上就会形成电荷积累，出现电势差，其输出电压与磁场强度成正比，这一现象称为霍耳效应（Hall effect）。

尽管人们早在 1879 年就知道了霍耳效应，但直到 20 世纪 60 年代末期，随着固态电子技术的发展，霍耳效应才开始被人们应用。随着 CMOS（Complementary Metal-Oxide Semiconductor，互补性氧化金属半导体）技术的不断发展，出现了具有成本低、质量好、性能可靠、体积小等多种优点的霍耳传感器。芯片集成技术的发展，减少了电压偏置与漂移问题。霍耳效应电磁式风速传感器能较好地使用在受灰尘、温度、振动及其他不利因素影响的环境中。

霍耳效应电磁式风速传感器的霍耳元件固定在传感器支架上，永磁铁安装在风动簧片上（倒置也可）。风速推动簧片变形，改变了霍耳元件与永磁铁的距离，也改变了施加在霍耳元件上的磁场，从而引起霍耳元件感应电压的变化。此感应电压的变化经反向电路放大，变为霍耳效应电磁式风速传感器的输出电压。风速越大，霍耳元件与永磁铁的距离越远，霍耳元件感应电压越小，反向放大电路的输出越大，则风速传感器的输出电压也越大。

由于这种风速传感器的风速测量依赖于磁场对霍耳元件的磁感应，因此不受尘埃、温度的影响。

霍耳效应电磁式风速传感器的风速与电压输出关系见图 3-22，可见，迎面风速在 2～20m/s 范围内，风速与输出电压呈线性关系。

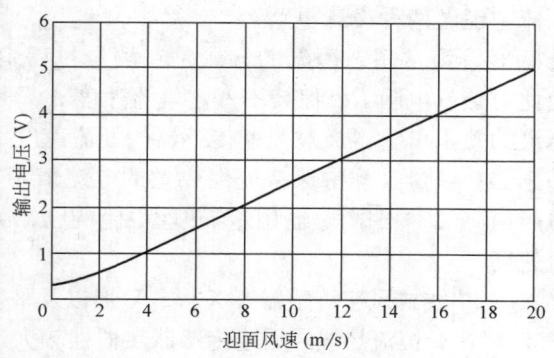

图 3-22　霍耳效应电磁式风速传感器的
风速与输出电压的关系

3. 优缺点及测量精度

霍耳效应电磁式风速传感器构造简单，无磨损件，抗灰尘。其缺点是弹性簧片的弹性决定了风速传感器的测量精度和耐用性。簧片的形状和弹性、表面光洁度均影响风速测量特性。簧片弹性的耐久性越好，传感器的耐用性越好。

霍耳效应电磁式风速传感器的量程为 1～20m/s，全量程范围内测量精度为±1.1%，最大误差为±0.22m/s。

3.3.5 热线（热膜）式

1. 基本原理

热线（热膜）式风速传感器是以热丝（钨丝或铂丝）或是热膜（铂或铬制成薄膜）为探头，裸露在被测空气中，并将它接入惠斯顿电桥作为一桥臂，通过惠斯顿电桥的电阻或电流的平衡关系，检测出被测截面空气的流速。热膜式风速传感器的热膜外涂有极薄的石英膜绝缘层，以便和流体绝缘，并可防止污染，可在带有颗粒的气流中工作，其强度比金属热丝高。

当空气温度稳定不变时，热丝上的耗电功率等于热丝在空气中瞬时耗去的热量，其数学表达式为：

$$Q = I^2 R_w = \alpha F(\theta_w - \theta_f) \tag{3-11}$$

式中　Q——热丝在空气中瞬时耗热量，W；

　　　I——流过热丝的电流，A；

　　R_w——热丝的电阻，Ω；

　　　α——对流放热系数，W/(m^2 · ℃)；

　　　F——热丝表面积，m^2；

　　θ_w——热丝表面温度，℃；

　　θ_f——空气温度，℃。

热丝电阻值随温度而变化，热丝的电阻值 R_w 和热丝温度在 0～300℃ 范围内表现为线性关系。对流放热系数 α 与气流速度 u 有关，流速越大，对应的 α 也越大，即散热快；流速小，则散热慢。

热线（热膜）式风速传感器所测定的气流速度是电流 I 与电阻值 R_w 的函数。如果 I（或 R_w）保持不变，所测气流速度 u 仅与 R_w（或 I）有一一对应关系。因此，热线（热膜）式风速传感器有恒流与恒温两种设计电路。

恒温热线式风速传感器较为常用。恒温的方法是在测量过程中恒定热丝（热膜）温度，使电桥保持平衡。此时热丝电阻 R_w 保持不变，气流速度 u 只是电流的单值函数，根据已知的气流速度与电流的关系可求得通过风速传感器的气流速度。

恒流热线式风速传感器在测量过程中保持流经热丝的电流值不变。当电流值不变时，气流速度仅与热丝的电阻值有关。根据气流速度与热丝电阻的已知关系和电阻值，可求得通过风速传感器的气流速度。

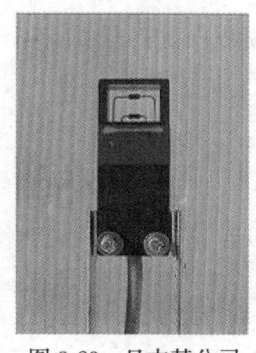

图 3-23　日本某公司
热线式风速传感器

热线式风速传感器有 X 形、V 形以及平行形等种类，可测量脉动风速。恒流热线式风速传感器热惯性较大，恒温热线式风速传感器的热惯性相对较小，具有较高的速度响应。热线式风速传感器的测量精度均不很高，使用时要注意温度补偿。

2. 日本某公司热线式风速传感器介绍

图 3-23 为日本某公司热线式风速传感器。

该热线式风速传感器属于恒温式风速传感器。传感器的基座上设有两个热电阻，工作时，对其中一个热电阻进行加热，使两个热电阻之间的温差保持在 20℃，然后，通过检测热线式风速传感器的电压获得流经风速传感器的风量。图 3-24 为该热线式风速传感器的电压与风速的关系。

热线（热膜）式风速传感器的风速测量范围为 0～10m/s，推荐风速为 7.5 m/s。使用温度范围为 0～60℃。风量检测误差范围在±5％以内。

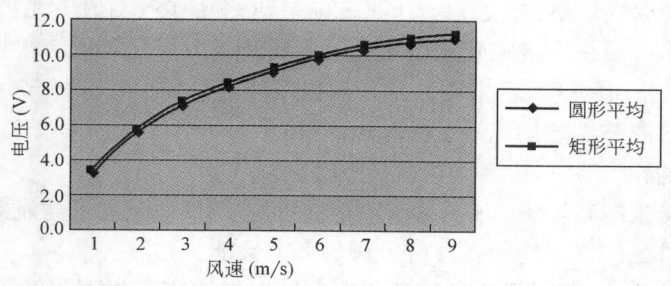

图 3-24　热线式风速传感器的电压与风速的关系

3.3.6　不同风速传感器性能参数比较

上文介绍了变风量末端装置常用的几种风速传感器的基本原理、结构组成与流量检测特性，表 3-4 将其性能参数进行了比较。

各种风速传感器性能参数比较　　　　　　　　　　　　　　表 3-4

风速传感器形式	原　　理	流速范围（m/s）	精度（％）	使用场合
毕托管式	根据伯努利定理，测得动压值求出截面平均风速	≥3	—	风速较小时精度较差，适用于较清洁的气流，进口处需有一定的稳定段
螺旋桨式	根据流体推动叶轮旋转次数求得截面风速	1～10	1.5	适用于含微粒的气流
热线（热膜）式	根据惠斯顿电桥平衡原理，测出电流或电阻值求得截面风速	1～9	5	精度稍低，需温度校正，适用于含微粒的气流
超声波涡旋式	根据发生涡旋频率求得截面风速	1～25	1.5	不受温、湿度影响，可用于含微粒的气流中
霍耳效应电磁式	通过霍耳元件感应电压变化求得截面风速	0～20	1.1	可应用于受灰尘、温度、振动及其他环境因素影响的场合

3.4　调节风阀及均流器

3.4.1　调节风阀

变风量末端装置最主要的功能是调节风量，因此电动调节风阀便是变风量末端装置对风量进行调节、控制的关键部件。风阀流量特性的优劣将直接影响变风量末端装置对风量的控制效果。

变风量末端装置的调节风阀大多采用单叶平板叶片型，也有采用多叶对开平板叶片。从风阀的流量特性来看，单叶平板叶片风阀与多叶对开平板叶片风阀的流量特性基本相同，均属于快开流量特性。快开流量特性的特征是阀门小开度时风量变化大，大开度时风量变化小。

多叶对开风阀比单叶风阀调节性能好，设计及制造良好的多叶对开风阀的流量特性较理想。

多叶对开风阀的下游气流较均匀，气流流动使风阀叶片产生的再生噪声值较低。采用多叶对开风阀，使末端装置风阀长度减小，且风量越大，这种优势越显著。

但是，多叶对开风阀的构造比单叶风阀复杂，增加了制造成本。此外，驱动多叶对开风阀的扭矩也比单叶风阀大一些，有可能提高电动执行机构的价格。

除了采用平板叶片风阀外，有些变风量末端装置采用其他调节性能更佳的风阀。例如，日本新晃工业公司的 STU 系列变风量末端装置采用多叶对开翼形叶片；日本协立空调技术公司的圆形变风量末端装置采用多孔复层阀片，方形变风量末端装置采用弹夹形阀片；美国 Warren 公司的变风量末端装置采用以两片阀片的位移来调节风量的 ZEBRA 型风阀。这些风阀的调节性能均比平板叶片风阀好。

3.4.2 均流器

在各种变风量末端装置中，有一些末端装置的进风口处配置了均流器。均流器的作用是使末端装置进口处的气流均匀，改善风阀的调节性能。

日本某公司的 STU 变风量末端装置圆形进风口的均流器由不同倾斜角的圆锥体环组成。均流器的工作原理见图 3-25。

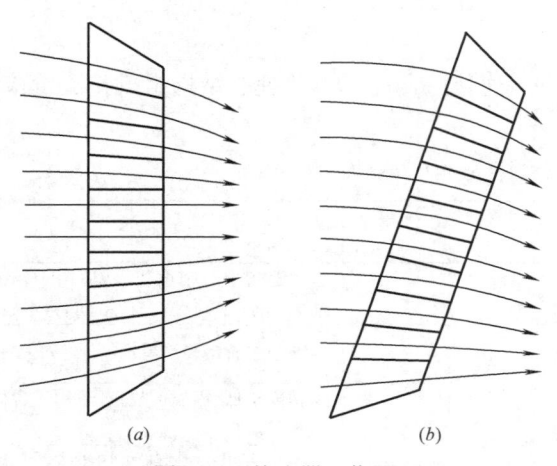

图 3-25 均流器工作原理
（a）入口风速均匀时；（b）入口风速不均匀时

当进入末端装置进风管的风速均匀时［图 3-25（a）］，均流器不发生倾斜，气流仍保持均匀。当进入末端装置进风管的风速不均匀时［图 3-25（b）］，风速大的区域动压大，风速小的区域动压小，均流器固定轴两侧的动压差使均流器发生倾斜。动压大的气流通过均流器时，气流与接触的圆锥体环之间的倾角大，通过该处的阻力也大；动压小的气流通过均流器时，气流与接触的圆锥体环之间的倾角小，气流通过该处的阻力也小，从而调整了气流的流向，起着均流作用。

日本另一公司的 SV 系列变风量末端装置采用穿孔板均流器。穿孔板均流器的整流作用见图 3-26。

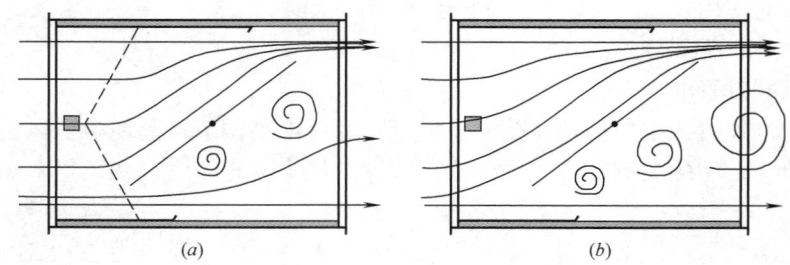

图 3-26 穿孔板均流器整流作用
（a）有穿孔板均流器时；（b）无穿孔板均流器时

穿孔板均流器具有整流、减小末端装置单板调节风阀造成的偏流作用，也减小了风阀的气流噪声。同时，对于点测量的风速传感器，穿孔板均流器的整流作用对保证风速测量精度也有好处。

还有一些变风量末端装置在进风口设有防护网。虽然防护网无均流或整流作用，但能防止施工中留在风管内的杂物堵塞或损坏变风量末端装置。

3.5　加　热　器

不管是风机动力型还是单风道型变风量末端装置，均可配置加热器。加热器在冬季时用于外区加热、过渡季节时用于送风温度再热调节。

变风量末端装置的加热器有热水加热盘管与电加热器两种类型。

3.5.1　热水加热盘管

热水加热盘管安装在按末端装置尺寸制作的镀锌钢板框架中。这类加热盘管一般应用在有空调热水供应、末端装置要求加热量较大的场合。

热水加热盘管采用镀锌钢板框架，铜管直径通常为 $DN15$，波纹状铝翅片用机械涨管方法嵌在铜管上，翅片间距约为 2.5mm，盘管调试压力约 1.7MPa。

大多数变风量末端装置采用排数为 1 排或 2 排的热水加热盘管，也有超过 2 排的盘管（例如江森公司的末端装置可选配 4 排多回程热水再热盘管）。

盘管的加热量可以从各厂家的样本上查得。加热量表一般按热水进水温度减去末端进风温度的差值为一定值的条件制作，如江森公司末端装置的热水盘管的加热量表按热水进水温度为 99℃，末端进风温度为 16℃，两者之差为 83℃ 的工况制得。因此，加热盘管的实际加热量必须根据系统的进水温度与末端装置进风温度的差值以及参照样本提供的修正系数进行修正。设计选型时必须高度注意。

热水加热盘管设计选型时还应考虑盘管的工作压力，即热水系统设计要考虑盘管的承压能力。当系统工作压力高于盘管的标准压力值时，必须在设计图纸及设备材料表中标明。

3.5.2　电加热器

电加热器一般由镀锌钢板箱体、不锈钢电加热盘管、气流开关、压力感应管、接触器、控制变压器、空气开关等部件组成。它用于不具备空调热水，又需要变风量末端装置供热的场合。

电加热器的容量应根据设计要求而定，可采用两级或三级加热。选用电加热器时，必须考虑加热器的使用安全要求，例如出风温度不得高于 50℃；1kW 加热量对应的风量不应小于 119m³/h；无风断电保护；接地保护等。

变风量末端装置电加热器一般采用两级保护：一级过热保护（60℃），二级熔断保护（90℃）。有的电加热器采用两级超温保护。此外，电加热器及部件均要满足相应的安全标准。

3.6　执行器与控制器

执行器与控制器均设置在变风量末端装置外侧的控制箱内。变风量末端装置的风速传感器与控制器必须在末端装置生产厂进行安装与整定，然后与末端装置一起运送到现场安装。

3.6.1　执行器

执行器是变风量末端装置的一个重要组成部分。执行器在变风量空调系统中的作用是根据控制器的指令，将电信号比例地转换为角位移或直线位移，驱动变风量装置的一次风调节风阀，调节输送到空调房间内的风量，以达到控制温控区空气温度的目的。

执行器还可分为执行机构和调节机构。执行机构是整个执行器的推动装置，它根据控制器输出信号大小，产生相应的推力，使调节机构动作。调节机构即是变风量装置的各类风阀，在执行机构推力的作用下，风阀会产生一定的位移或旋转，改变一次风阀的空气流通面积，调节送风量。

按使用的能源，执行器可分为气动式、电动式和液动式三种。变风量末端装置的执行器一般采用气动式或电动式。

1. 气动式执行器

气动式执行器以压缩空气为动力，可分为两种，一种是气开式，即"有气"时阀开；另一种是气关式，即信号压力增加时，阀关小。变风量末端装置的气动式执行器可采用气开式也可采用气关式，一般情况下多采用气关式。气关式执行器在压缩空气中断时，仍能让空调系统通过变风量末端装置向空调区域送风。

气动式执行器利用压缩空气作为能源，具有结构简单、动作可靠、平稳、防火防爆且价格低等优点。但由于气动仪表的精度很高，为了保证执行器的可靠性，压缩空气中应除去 $10\mu m$ 以上的尘粒、冷凝水以及直径小于 $1\mu m$ 呈细微颗粒状态的油雾。因此，对于变风量末端装置的气动执行系统，不但要设独立的空压站，而且要在每个变风量末端装置的压缩空气进口处设一个分离过滤器，以确保控制装置的可靠性。

2. 电动式执行器

电动式执行器以电能为动力，它一般由小型电机、变速齿轮箱、阀位指示器、控制电路等组成。

电动式执行器使用 24V 交流电作为能源，工作电压：2～10V DC。

电动式执行器扭矩一般为 2.5Nm、6Nm、15Nm 与 30Nm 等几种，其扭矩应按调节风阀的实际需要确定。

3.6.2 控制器

控制器是变风量末端装置控制系统的核心，它将被调量与给定值进行比较，得出偏差值，然后参照预先设定的控制规律，调节风阀的开度（如有再热盘管，调节再热盘管的加热量），使被调量等于或接近给定值。变风量末端装置控制器采用连续性控制规律。

有些变风量末端装置的控制器、压差传感器（采用毕托管式风速传感器）、执行器与控制电路分别设置在控制箱内；也有些变风量末端装置将控制器、压差传感器、执行器组合在一起。

控制器一般由电源、变送器、逻辑控制电路等组成。它们设置在末端装置的控制箱内。变风量末端装置控制器须配有与微电脑和楼宇控制系统相连的接口电路，便于与楼宇控制系统进行数据通信或在现场设定、修改变风量装置的参数。

3.7 近年来我国变风量末端装置发展简介

本书第一版完成于 2007 年，至今约有 15 年。在此期间，我国变风量空调系统与设备均有较大幅度的进步。15 年前，变风量末端装置进口和国产并举，且基本上是采用毕托管式风速传感器的高速末端装置。而今所有的变风量末端装置均在国内生产，虽然市场上仍以采用毕托管式风速传感器的高速末端装置为主，但采用螺旋桨式风速传感器为代表的低速末端装置已占有一席之地，且逐渐被空调设计师和业主认可和接受。就变风量末端装置而言，从执行机构、风速传感器、末端装置本身及其末端下游气流分布设备等均有较大的发展。下文介绍上述几个方面的发展状况。

3.7.1 末端装置部件的改善

1. 变风量末端装置云控制执行器

近年来，随着无线网络的普及、5G 技术的布局和云计算的推广，变风量控制技术和控制装置也得到相应的改善，BELIMO 公司推出的变风量末端装置（ZoneEase VAV）云控制执行器就是该项技术进步的典型。

ZoneEase VAV 云控制执行器集成了压差传感器、控制器及风阀执行器。该控制执行器使用云端服务，集成了 BACnet MS/TP，通过 AI 端口连接 CO_2 传感器、内嵌标准化控制应用程序，操作简易；使用智能手机 NFC 接口，不接电也可进行调试。

该系列产品有两种控制执行器、三种温控器，形成六种组合类型。

该系列控制执行器的基本特点：

（1）具有 PI 逻辑控制，用于舒适空间内变风量末端装置的压力无关型温度控制。

（2）集成的 Belimo D3 压差传感器能测量较小风速的气流量，无需维护。

（3）温度控制时，房间内空气温度测自温控器面板，房间内空气温度的设定值来自控制面板的手动按键，也可以来自手机 APP 或 BACnet MS/TP 传输来的网络命令。风量最大与最小的操作范围、热水阀与电热器的控制基于供热与供冷模式、风量控制主要取决于温度差值（设定温度与房间温度之差）、P-Band 值（可调节）以及时间常数 T_n（可调节的积分增益）。

（4）按需控制时，风量通过 CO_2 差值（设定浓度减去实际浓度）、比例常数（可调节）以及时间常数 T_n 控制；CO_2 传感器可用于温度控制时的数据收集和按需控制时的控制输入。

（5）执行器与温控器面板通过 NFC 接口与智能手机 APP 连接使用。

（6）控制器有两个 LED 显示电源状态、网络连接状态及自适应控制状况。

该系列控制执行器的技术参数：额定电压：AC24V，50Hz；电压范围：AC19.2…28.8V；能耗：7VA 或 5VA；工作环境：干球温度：5～50℃、相对湿度：5%～95%。

该系列控制执行器的控制功能：CO_2 按需控制、定风量（CAV）控制、变风量（VAV）温度控制：单风道末端：单冷、冷热、供冷带一级或二级电加热、供冷带开关型或调节型热水阀控制；并联式风机动力型末端：供冷、供冷带一级或二级电加热、供冷带开关型或调节型热水阀控制；串联式风机动力型末端：供冷、供热、供冷带一级或二级电加热、供冷带开关型或调节型热水阀控制等 20 个控制功能或应用编码。

该系列控制执行器的执行器：无刷型、带节能模式的无堵塞执行器；扭矩为 5Nm；CO_2 传感模拟量输入连接，0～10V；速度：最多 150s 全程，强劲模式、超驰操作最多60s 全程。旋转角度可通过机械限位调节，最大 95°。

该系列控制执行器的压差传感器：动态相应；量程为 -20～500Pa；测量精度为 -20～20Pa（±1Pa）、20～500Pa（测量值的 5%）。

3.7.2 低速变风量末端装置

1. 妥思毕托管式低速变风量末端装置

妥思空调设备（苏州）有限公司推出了 TVE 型变风量末端装置，该末端装置最突出的特点是无需设置专用的毕托管式风速传感器，由阀片测量有效压力，并通过阀轴将测得的压力值传递至控制器，从而使得末端装置在较低风速下也能满足风量控制要求。该末端装置及其测压调节阀片见图 3-27。

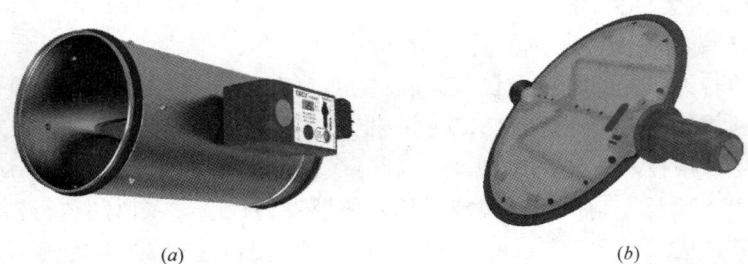

（a）　　　　　　　　　　　　　　　　　　（b）

图 3-27　TVB 型变风量末端装置及其测压调节阀片
（a）TVE 型变风量末端装置；（b）测压调节阀片

TVE 型变风量末端装置与传统的毕托管式高速变风量末端装置不同，取消了单独的毕托管式风速传感器，将毕托管式风速传感器与调节风阀组合在一起，改善了测压精度，使原有高速末端改成可用于低速的末端装置。

该末端装置有以下基本特点：

（1）利用调节阀片测量有效压力（全压值与静压值），并通过阀轴将压力信号传递给控制器。

（2）集成了设定器、压差变送器和执行器并带显示功能的紧凑型控制器。

（3）动态压差变送器支持正反向气流。

（4）低风速（阀片小迎风角度）下产生放大的有效压差信号，有较高的测量精度，因此，末端空气流速范围较大，为 0.5～13m/s。

该系列变风量末端装置有 100、125、160、200、250 几种规格，可选配件有：降低箱体辐射噪声的消声层、辅助消声器以及水再热盘管或电加热器。

该系列变风量末端装置的技术参数：额定尺寸为 100～250mm；末端风量范围为 14～2293m³/h；风量控制范围（带动态压差变送器）为额定最大风量的 4～100%；最小工作压力为 5～82Pa；带动态压差变送器的控制器最大工作压力为 900Pa；带静态压差变送器的控制器最大工作压力为 900Pa；工作温度为 10～50℃。最小风量误差为 5%～18%（5 种型号末端四档风量中最小风量时风量误差均为 18%，第二档风量时风量误差为 7%；第三及第四档风量时风量误差为 5%）。

根据样本上的选型参数选型时，尽量使末端装置的风量测量误差控制在 5%，最大不超过 7%。

2. 协立螺旋桨式低速变风量末端装置

日本协立公司 2005 年在江苏常熟建立了独资企业——常熟快风空调有限公司（简称常熟快风公司），主要生产变风量末端装置、变风量末端下游气流分布装置以及高品质送风散流器。该公司推出的变风量末端装置为采用螺旋桨式风速传感器的低速末端及其配套控制装置。

该公司生产的变风量末端装置沿用日本协立公司非毕托管式低速变风量末端装置的传统，其风速传感器采用螺旋桨式风速传感器。该风速传感器的外形见图 3-28，特性曲线见图 3-29。

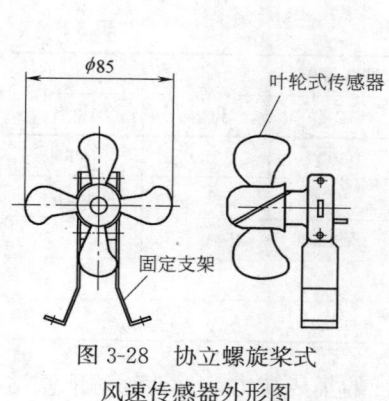

图 3-28　协立螺旋桨式
风速传感器外形图

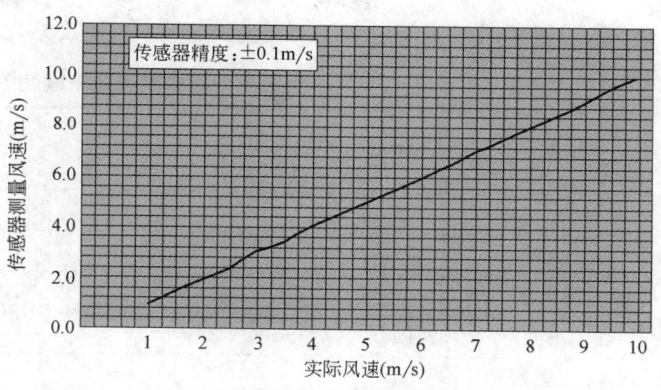

图 3-29　协立螺旋桨式风速传感器特性曲线

该螺旋桨式风速传感器在旋转部分固定了圆筒形的磁石，用磁传感器记录 N 极和 S 极的旋转次数，根据测得的旋转次数计算风速。从特性曲线可知，风速在 1～10m/s 范围内，该传感器的测量精度均可控制在 ±0.1m/s 以内。

协立螺旋桨式风速传感器的轴、轴承磁性传感器等包藏在树脂包内部，耐腐蚀能力较强，可不受环境影响，自由使用；传感器采用单侧支架结构，叶片为流线型，抑制了气流的涡流声，有较好的静声效果；采用精密滚轮轴承，磨损小，耐久性好。

协立螺旋桨式低速变风量末端装置配有可变式多孔叶片调节风阀，由于在叶片上开了许多小孔，可有效阻止产生噪声的涡旋流，气流通过小孔时形成少量的涡旋流，在通过具有良好透气性的无纺布（防声布）时消散。阀门关闭时，叶片与外板接触瞬间，多孔叶片上的闭锁板会平行滑动，逐渐封闭小孔，直至最终完全关闭。叶片上设计的多孔，即使呈全闭状态，也可防止下流侧产生偏流。该变风量末端装置有 200、250、300、350 四种型号。

一般情况下，非毕托管式风速传感器获得的空气流速信号与毕托管式风速传感器获得的压差信号不同，需要专门的变送器将其信号转换成控制器能接受的信号。为了在国内推广该螺旋桨式低速变风量末端使用，协立公司自主开发了专用的控制器，该控制器可与江森公司、霍尼韦尔公司以及西门子公司等楼宇自动化管理系统配套，形成成熟的低速变风量空调控制系统，且在国内一些大、中型的工程中得到了应用。

3. 上海大智螺旋式低速变风量末端装置

上海大智公司是较早推出变风量末端装置及变风量控制工程集成的公司之一。早期该公司生产的各类变风量末端装置均采用毕托管式风速传感器来检测通过末端装置一次风的风速。2019 年，该公司推出了采用螺旋桨式风速传感器的变风量末端装置，见图 3-30。

(*a*)　　　　　　　　　　　　　　(*b*)

图 3-30　大智公司螺旋桨式变风量末端装置
（*a*）圆形末端装置；（*b*）矩形末端装置

该系列变风量末端装置有 6 个型号，具体参数见表 3-5。

大智螺旋桨式变风量末端装置参数　　　　　　　　　　表 3-5

名称	单位	变风量末端装置					
		06 型	08 型	10 型	12 型	14 型	16 型
物理接口规格	mm	150	200	250	300	350	400
额定风量	m³/h	679	1075	1697	2806	3563	4556
风量调节范围	m³/h	68-679	108-1075	170-1697	281-2806	356-3563	456-4556
额定风量压降	Pa	≤150					
风速传感器精度	%	±1					

上海大智公司具有较强的变风量空调系统及其控制系统的集成能力，近期针对地铁站房及医院提出了集成式的变风量空调系统，且在一些工程中得到应用。

3.7.3 末端装置下游柔性送风单元

常熟快风公司在推出螺旋桨式低速变风量末端装置的同时，还推出了末端装置下游柔性送风单元（Flexible Air Supply Unit，FASU）。该装置是由送风静压箱、软管、散流器组成的送风分配系统（图 3-31）。

采用 FASU 可使变风量末端装置的送风管道和送风散流器的布置更加灵活。送风静压箱的使用可使系统内各个出风口的风量平衡度在 10% 以内。软管采用 A 级不燃材料制作，具有良好的消声效果，2.5m 长的软管可消声 25dB。出风口可对应各种矩形、条形送风散流器。

FASU 的风量与压力损失的关系见图 3-32。

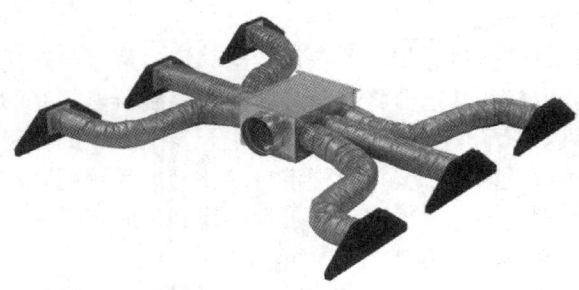

图 3-31　柔性送风单元

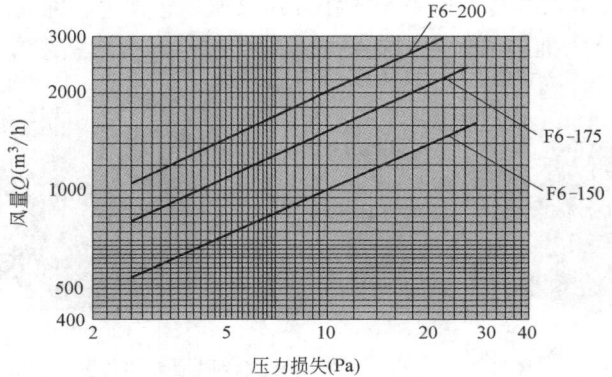

图 3-32　FASU 风量与压力损失关系

3.8　整　定　测　试

变风量空调系统最关键的设备是变风量末端装置，它是由箱体、控制器、风速传感器、调节风阀等部件组成的机电一体化装置。变风量空调系统运行的经济与否，不但取决于空调系统设计是否合理，更取决于变风量末端装置性能的优劣。欲使变风量末端装置保持性能良好，生产厂家必须对其进行整定测试。

3.8.1　整定测试的必要性

自 20 世纪 90 年代中期开始，在上海、北京相继建成了一些采用变风量空调系统的办公建筑后，变风量空调系统较大规模应用已有二十多年。空调工程一般沿袭着设计院（设计公司）设计、业主订货、施工安装队施工的传统建设体制。随着空调系统的日趋复杂、通信技术的飞速发展以及跨专业技术的综合，这种建设体制日见弊端。在空调设备、电气、控制专业结合的分界面上，常出现设计脱节、订货盲目、管理混乱、施工扯皮、调试困难、使用效果较差的现象，导致出现变风量空调系统运行不经济、室内空气品质没有明显改善、空气温度难以控制在要求的范围内等问题。

这些年来，随着工程管理经验不断地积累及境外先进工程管理理念的引进，我国逐渐形成了以下三种工程承包方式：

（1）变风量空调系统单独发包：将整个系统作为一个完整的单项工程进行发包，由中标公司提供变风量空调系统设备，完成设备安装以及系统调试。中标公司对变风量空调系统的质量全面负责，承担所有责任，消除了机电分离、安装与控制分离的弊端，有效地避免了出现问题时的推诿现象。

（2）变风量空调系统纳入楼宇自动化系统发包：变风量空调系统作为楼宇自动化系统的一部分。变风量末端装置供应商负责装置供应和参数整定，机电设备安装承包商负责设备及管道安装，楼宇自动化总承包商负责变风量设备的安装与现场调试。

（3）变风量空调系统纳入机电设备安装工程发包：这种方式是将整个工程由机电设备安装承包商总包，变风量设备供应商负责设备供应、设备参数整定，机电设备总包方负责安装，楼宇自动化承包商负责变风量空调系统的调试与接入楼宇自动化系统。

不管如何，变风量空调系统的成功运行，是由系统设计、末端装置整定与安装、控制系统调试等几个环节共同完成的。其中，变风量末端装置的整定测试是保证整个系统运行良好的基础。

21 世纪以前，变风量末端装置全部依赖进口；21 世纪初，部分变风量末端装置从国外进口，大部分由国外公司在国内的独资或合资公司生产；近十多年来，几乎全部变风量末端装置均由国内厂家生产。

变风量末端装置生产厂有三类：一是由传统的风口、空调通风配件生产厂提供，如美国 Titus、日本空研工业株式会社、德国妥思公司、常熟快风（日本协立公司国内全资子公司）等；二是由楼宇自动化控制公司提供，如上海江森自控公司、上海大智科技发展有限公司等；三是由生产空调器的生产厂家提供，如日本新晃公司、日本久保田公司、美国特灵公司及美国开利公司等。

变风量末端装置由箱体等机械部分与控制器等电气部分组成。机械部分包括箱体、风阀、风速传感器以及其他附属器件。电气部分包括室温传感器、控制器、气电转换器、模数转换器、执行器等，一般由楼宇自动化公司提供。变风量末端装置的整体性能，不但依赖各部件各自的质量，更依赖它们之间的组合效果。在早期某些工程建设时，将变风量末端装置与控制系统分开招标，分别订货，箱体与控制系统在现场组装。工程调试时，装置测定风量与实际风量误差很大，难以达到设计效果。因此，后来在变风量空调工程建设时，基本上将变风量末端装置的箱体与控制装置作为一个包进行招标。业主或承包单位可以招标方式分别确定末端装置与自动控制设备供应商，自动控制设备供应商将控制器提供给末端装置供应商，在末端装置生产厂内将控制装置安装在末端装置箱体上，并在试验台上进行整定测试。由于各生产厂的风速传感器和控制器的类型、特性不同，为了使末端装置具有良好的控制性能，末端装置生产厂必须向自控公司提供输出压差（毕托管式风速传感器）、叶轮转速（螺旋桨式风速传感器）、涡旋发生频率（超声波涡旋式风速传感器）、输出电压（霍耳效应电磁式风速传感器、热线（热膜）式风速传感器）等以及末端装置的一次风量关系曲线或数学模型。自控公司则根据获得的数据进行编程与控制。国内外较大的楼宇自动化控制公司均有一些主要变风量末端装置生产厂家的整定曲线或其变化关系的资料。在实际工程中，控制装置与变风量末端装置存在着一些最佳组合，若模数转换器的分辨率较高，则变风量末端装置组合体的控制精度较好。

变风量末端装置整定测试不但包括一次风风量与风速传感器输出变量之间的关系，还应包括装置箱体漏风量测试、装置的压力无关性能测试、控制精度测试、风机性能测试（风机动力型末端装置）、热水再热盘管与电加热器加热量测试以及末端装置的声学性能测试（含箱体辐射噪声测试）等。这些技术数据都是组成产品样本的主体，也是设计人员进行变风量末端装置选型的技术依据。

3.8.2 整定测试方法

1. 变风量末端装置风量整定测试装置

变风量末端装置的整定测试应在生产厂的整定测试台上进行。风量测试台主要由送风机、空气流量测量装置、风管、被测末端装置及控制系统组成，如图 3-33 所示。

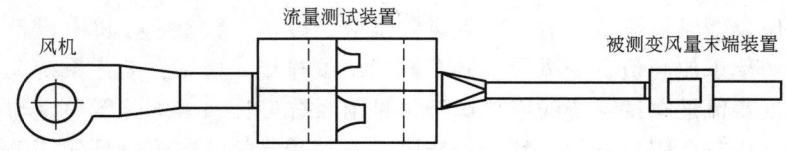

图 3-33　变风量末端装置风量整定测试台示意图

温度测量、末端装置热水再热盘管与电加热器加热量测试，需在热平衡测试台上进行。末端装置声学性能测试，包括箱体的辐射噪声试验应在声学测试台上进行。

尽管各变风量末端装置生产厂所用的整定测试台形式不同，所采用的测试仪器、仪表各异，但它们都应满足一定的精度要求。

目前国内的变风量末端装置生产厂都有风量测试台，因此，变风量末端装置风速传感器的标定、箱体漏风量检测、一次风风阀的漏风量检测、最小运行压力测定、压力无关性测定等都在风量测试台上进行。不具备热平衡测试与声学性能测试的厂家，热水再热盘管的热工性能，一般委托空调器或再热盘管生产厂进行测试，也可经理论计算得到；声学性能测试，可委托具有完备声学试验条件的大学或研究机构进行。

2. 风量整定测试装置及仪表性能

国内外大多数变风量末端装置的整定测试台均参照美国 ARI 880 标准与 ASHRAE 标准 130 的要求建立。测试台所用设备的性能参数与仪表的量程、精度、安装位置和使用方法也按照上述标准执行。

（1）温度测量精度要求

送风温度与其他温度：±0.5℃；混合温度与分层温度：±0.1℃。在任何情况下，温度测量装置的最小刻度不应大于上述精度的 2 倍。

（2）压力测量仪表

压力测量仪表的最小刻度要求不应大于表 3-6 中的数据。

压力测量仪表最小刻度要求　　　　　　　表 3-6

量程（Pa）	最小刻度（Pa）	量程（Pa）	最小刻度（Pa）
1.0～25	1.0	250～500	5.0
25～250	2.5	500 以上	25

压力测量仪表应定期进行标定以保持其测量精度，用于标定某一精度的压力仪表必须比被标定仪表的精度高一等级。量程为 1.0～25Pa 的压力测量仪表需采用 0.25Pa 的仪表进行标定；量程为 25～250Pa 的压力测量仪表需采用精度为 2.5Pa 的仪表进行标定；量程在 500Pa 以上的压力测量仪表需采用精度为 25Pa 的仪表进行标定。

3. 风量测量装置

风量测量装置在不同的量程范围内有不同的精度要求。量程范围为 25～250m^3/h，测量精度要求为±8m^3/h；量程范围为 250～25000m^3/h，测量精度要求为读数的±2.5%。

漏风量测量装置在不同的流量范围内有不同的精度要求。当量程范围小于 35m^3/h 时，测量精度要求为±2m^3/h；当量程范围大于 35m^3/h 时，测量精度要求为读数±2.5%。

风量测量装置要求定期进行标定，标定的最大时间间隔不大于 36 个月。对于不需要进行标定的风量测量装置可采用比例检查方法进行；对于需要标定的风量测量装置应在现场按厂家要求的方法与仪表进行标定。

风量检测一般采用孔板或喷嘴测量装置。当空气流过节流装置时，流束在节流件处形成局部收缩，使得流速增加，静压降低，在节流件前后产生了静压差。流过的风速越大，在节流件前后产生的压差也越大。这种方法是通过测量压差来检测流过节流装置的流量。喷嘴是一种应用非常广泛的节流装置，用喷嘴可方便、准确地测出风道中的空气流量。

风量检测所用喷嘴的比值为：0.20≤d/D≤0.50（d 为喷嘴喉部直径，D 为上游风管直径）。常用的喷嘴技术数据见表 3-7。

喷嘴技术数据　　　　　　　表 3-7

喉部直径 d（mm）	材料	流量范围（m^3/h）	D_{a1}（mm）	D_{a2}（mm）
15		10～22	36	44
25	黄铜	27～62	59	67
30	H62	38～89	70	78
40		68～158	94	104

续表

喉部直径 d （mm）	材料	流量范围 （m³/h）	D_{a1} （mm）	D_{a2} （mm）
50		106～247	117	129
70		208～485	164	180
80		271～663	187	207
100	铸铝 L104	424～990	234	254
110		513～1197	257	277
150		954～2227	350	372
189		1515～3535	440	462

通过单个喷嘴的流体流量可按下式计算：

$$Q = 3600CA\sqrt{\frac{2\Delta p}{\rho}} \tag{3-12}$$

式中　Q——通过喷嘴的流体流量，m³/h；

　　　C——喷嘴流量系数，与雷诺数有关，详见表 3-8；

　　　A——喷嘴喉部面积，m²；

　　　Δp——喷嘴前后的静压差，Pa；

　　　ρ——喷嘴喉部的流体密度，kg/m³。

喷嘴流量系数　　　　　　　　　　表 3-8

Re	C	Re	C	Re	C	Re	C
14720	0.95	15491	0.951	16314	0.952	17195	0.963
18137	0.954	19148	0.955	20234	0.956	21402	0.957
22661	0.958	24021	0.959	25492	0.960	27086	0.961
28817	0.962	30701	0.963	32758	0.964	35006	0.965
37472	0.966	40184	0.967	43174	0.968	46482	0.969
50153	0.970	54242	0.971	58815	0,972	63948	0.973
69736	0.974	76295	0.975	83765	0.976	92320	0.977
102180	0.978	113620	0.979	126992	0.980	142743	0.981
161500	0.982	184032	0.983	211428	0.984	245182	0.985
287409	0.986	341172	0.987	411057	0.988	504164	0.989
631966	0.990	813986	0.991	1085643	0.992	1516727	0.993
2260760	0.994	3712194	0.995				

当采用多喷嘴测量流量时，可将喷嘴安装在隔板上，隔板前后有静压测孔，并连成静压环，喷嘴前后加装整流孔板。

通过多喷嘴流量测量装置的流体流量等于各个喷嘴所测流量之和。

4. 风量整定测试

各种变风量末端装置都应在测试台上进行整定测试。为了保证末端装置的整体性能和控制精度，生产工应对每批产品进行抽样检查。一般而言，每批产品的抽检量不少于

2%，由质量工程师和实验室工程师从出厂产品中随机抽取测试。

变风量末端装置的整定测试工作必须结合楼宇自动化公司提供的控制器一并进行，即在控制器安装在末端装置上后才可进行测试。控制器供应商必须提供适用的接口软件和辅助器材，为末端装置生产厂的整定测试提供帮助。

(1) 一次风风阀漏风量测定

一次风风阀漏风量测定的目的是测量一次风风阀在完全关闭时的漏风量。将送风管连接到末端装置，并启用变风量末端装置所用的测试仪器。确定风阀漏风量测定所需的各不同入口静压值，调节变风量末端装置入口静压到测定值。令风阀执行器将风阀全开，然后将风阀逐步调节到全关状态，在风阀接近 5% 开度时，调节送风机频率，使静压测定误差在 5% 以内。然后全关风阀，开始测试，根据入口静压值测得一次风阀的漏风量。

(2) 变风量末端装置最小运行压力测定

1) 串联式风机动力型变风量末端装置最小入口静压测试

测试目的是测量串联式风机动力型变风量末端装置在一次风阀全开、内置风机运行时的一次风入口静压。对于单风道型变风量末端装置或并联式风机动力型变风量末端装置，是测量一次风阀全开、内置风机不运行时变风量末端装置的压力降。

调节变风量末端装置风机运行状态，使内置风机运行在额定风量和出口余压工况下，保证风阀阀位开度至 100%，逐步改变送风机频率，在风阀全开时测试变风量末端装置风量和对应的入口静压，记录变风量末端装置的最小静压值。

2) 单风道型变风量末端装置、并联式风机动力型变风量末端装置最小入口静压测试

调节变风量末端装置一次风阀的开度至 100%，逐步调节送风机频率，使变风量末端装置工作在额定风量范围内，在一次风阀全开时读取通过变风量末端装置的一次风量与相对应的进、出口静压值，然后再计算被测末端装置的进、出口静压差，得到变风量末端装置最小静压。

(3) 变风量末端装置箱体漏风量测试

全开变风量末端装置的一次风阀，严密封闭变风量末端装置出口，调节风机频率，在达到稳定工况后读取变风量末端装置的入口静压值与实际漏风量。变风量末端装置漏风量应在不同的入口静压值下多次测试。

(4) 变风量末端装置控制器压力无关性能测试

测试目的是在风管压力变化的情况下，测定压力无关控制器对风量的控制性能。

调节送风机频率，使变风量末端装置的入口静压值在等于最小入口静压值＋187Pa 时达到额定风量。调节变风量末端装置入口静压值到最大允许入口静压，测得与此静压值对应的风量。然后，调节变风量末端装置入口静压值到最小入口静压，测得该静压值与对应的风量，计算风量偏差。

调整送风机转速，使风量达到 50% 设计风量，并重复以上测试步骤。

绘制变风量末端装置控制器压力无关控制性能曲线。

(5) 风机动力型变风量末端装置内置风机电机功率测试

测试风机动力型变风量末端装置内置风机功耗。测定电机的电流和电压，计算电机功率。

(6) 风速传感器性能测试

测试目的是对风速传感器精度进行标定，同时测定变风量末端装置风速传感器因压差

变化导致传感器读数变化的规律。

将被测变风量末端装置连接到测试台上，连接变风量末端装置控制系统，将控制系统接到控制用电脑，接通电源，启动控制系统。逐步调节送风机频率，同时记录送风机频率、喷嘴（或孔板）的压差值以及传感器的读数。利用有精度要求的喷嘴或孔板流量测量装置的测试数据对应的风速传感器的读数，对风速传感器的流量特性进行标定，绘制变风量末端装置的一次风量与风速传感器读数之间的关系曲线，或求得修正系数。变风量末端装置生产厂必须将整定曲线或修正系数提供给控制器供应商，便于楼宇自动化承包公司进行系统整定与调试。

5. 变风量末端装置再热盘管热工性能测试

变风量末端装置再热盘管有热水再热盘管和电加热器两种类型。电加热器一般委托加热器厂定制；热水再热盘管除了生产空调器的变风量末端装置供应商可自供外，对大多数变风量末端装置生产厂而言是外购件。

电加热器通常由生产厂组装在变风量末端装置上，并提供电源电路与控制电路，然后进行电路测试以及在设计风量下进行变风量末端装置入口静压和电加热器阻力测试等，保证电加热安全、可靠地运行。

热水再热盘管的热工性能一般在空调器生产厂的热平衡测试台或权威测试机构的空气冷却器与空气加热器热工性能测试台上进行测试。

热水再热盘管一般有一排单回程、二排多回程和四排多回程等几种形式。热水再热盘管的热工性能测试应包括每一种盘管在各档风量所对应的热水流量下的供热量以及水阻力。

不同变风量末端装置热水再热盘管的空气进口温度和热水进口温度并不相同，如上海江森自控有限公司的热水再热盘管的空气进口温度为 16℃、热水进口温度为 99℃；日本久保田公司的热水再热盘管的空气进口温度为 15℃、热水进口温度为 60℃；美国皇家空调设备工程有限公司的热水再热盘管的空气进口温度为 18℃、热水进口温度为 65℃；上海大智科技发展有限公司的热水再热盘管的空气进口温度为 30.6℃、热水进口温度为 100℃。实际工程应用中，热水再热盘管的空气进口温度和热水进口温度都可能与测试时的工况不同。因此，还应对非标准工况下的各种状态参数进行测试，并根据热水进口温度与空气进口温度之间的温差值提出性能修正系数表，供设计人员选型使用。

6. 变风量末端装置声学性能测试

变风量末端装置的整定测试还应包括声学性能测试，包括送风口噪声测试与箱体辐射噪声测试两部分。

声学测试可参照美国国家标准研究所的 ANSI 标准《确定混响室内宽频带噪声源声功率级的精密方法》S1.31-1980。该标准规定了测试仪器、声学试验设备与测量的不确定度。声学测试一般只测试变风量末端装置本身的声学数据，不考虑出风管增加内衬吸声材料或消声器而导致影响声学测试数据的因素。

图 3-34 为某公司变风量末端装置声学测试装置图，图 3-35 为声学测试室实景图。

被测试对象（例如出风口与变风量末端装置），必须设置在反响室内有代表性的位置上。当被测试对象安装在其他位置上时，须确认能得到相同的测试结果。

出风口的声功率级（空气动力噪声）测试在图 3-34 的反响室 A 中进行。测试时，变风量末端装置的送风口必须直接暴露在反响室 A 内。变风量末端装置的箱体辐射噪声测

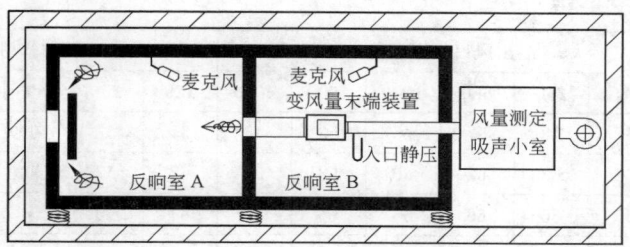

图 3-34　变风量末端装置声学测试装置

图 3-35　变风量末端装置声学测试实景图

试在图 3-34 的反响室 B 中进行。

　　变风量末端装置声学测试必须在正常运行工况下进行，也必须采用多档入口最小静压及对应的风量。此外，变风量末端装置的出风口声功率级与箱体辐射噪声应按 6 档倍频程测试，然后计算出末端装置的综合声功率级。表 3-9 与表 3-10 为某公司 CV-M 型 04 号变风量末端装置声学参数值。

某变风量末端装置声学参数值（一）　　　　　　　　　　　　　　表 3-9

入口静压(Pa)	风量(m³/h)	出风口噪声(dB)						箱体辐射噪声(dB)					
		125	250	500	1000	2000	4000	125	250	500	1000	2000	4000
最小	200	49	45	44	41	37	28	47	42	35	32	25	23
	400	50	47	47	44	40	32	50	45	39	35	26	24
	600	52	49	49	46	42	35	52	46	39	35	28	25
	800	53	51	51	49	43	38	53	47	41	38	32	26
250	200	55	55	53	50	47	42	50	48	43	39	33	29
	400	58	58	57	55	53	47	53	51	45	40	35	31
	600	61	60	60	58	57	51	59	54	48	44	38	33
	800	64	62	61	60	59	53	61	55	50	46	39	34
500	200	56	57	56	53	51	46	52	51	46	44	40	38
	400	61	61	60	58	57	52	58	56	50	46	42	39
	600	64	64	64	62	61	56	62	58	52	48	43	40
	800	67	66	66	64	63	58	65	59	53	49	44	41

续表

入口静压(Pa)	风量(m³/h)	出风口噪声(dB)						箱体辐射噪声(dB)					
		125	250	500	1000	2000	4000	125	250	500	1000	2000	4000
750	200	57	58	57	55	53	48	54	52	48	45	42	42
	400	62	63	62	60	58	54	62	57	52	48	43	43
	600	65	66	66	65	63	59	64	60	54	51	46	45
	800	68	69	69	67	66	62	66	61	56	52	47	45

某变风量末端装置声学参数值（二） 表 3-10

入口静压(Pa)	风量(m³/h)	综合噪声(dB)						NC
		125	250	500	1000	2000	4000	
最小	200	51	46	44	41	37	29	—
	400	53	49	47	44	40	32	15
	600	55	50	49	46	42	35	15
	800	56	52	51	49	43	38	18
250	200	56	55	53	50	47	42	19
	400	59	58	57	55	53	47	20
	600	63	60	60	58	57	51	24
	800	65	62	61	60	59	53	26
500	200	57	57	56	53	51	46	24
	400	62	62	60	58	57	52	26
	600	66	64	64	62	61	56	28
	800	69	66	66	64	63	58	29
750	200	58	58	57	55	53	48	26
	400	65	63	62	60	58	54	28
	600	67	66	66	65	63	59	31
	800	70	69	69	67	66	62	32

本章参考文献

[1] 电子工业部第十设计研究院. 空气调节设计手册 [M]. 2版. 北京：中国建筑工业出版社，1995.

[2] 俞炳丰. 中央空调新技术及其应用 [M]. 北京：化学工业出版社，2005.

[3] TITUS 产品样本，1998.

[4] 叶大法，杨国荣，霍小平，等. 变风量空调系统设计与工程实践系列讲座——第二讲单风道变风量空调系统设计与工程实例 [J]. 暖通空调，2004，34（B6）：1-11.

[5] 杨国荣，叶大法，霍小平，等. 变风量空调系统设计与工程实践系列讲座——第三讲风机动力型 VAV 系统设计与工程实例 [J]. 暖通空调，2004，7，34（B07）：1-9

[6] 霍小平. 中央空调自控系统设计 [M]. 北京：中国电力出版社，2004.

[7] 王寒栋. 制冷空调测控技术 [M]. 北京：机械工业出版社，2003.

[8] Topre 公司. 产品样本 [Z]. Topre 公司，2003.

［9］　Kubota 公司. 产品样本［Z］. Kubota 公司，2005.

［10］　SINKO 公司. 产品样本［Z］. SINKO 公司，2006.

［11］　空研工业株式会社. 产品样本［Z］. 空研工业株式会社，2004.

［12］　江森自控公司. 产品样本［Z］. 江森自控公司，2007.

［13］　美国皇家空调公司. 产品样本［Z］. 美国皇家空调公司，2020.

［14］　AIR-CONSTER 公司. 产品样本［Z］. AIR-CONSTER 公司，1999.

［15］　Steven T，Jeff Stein. Sizing VAV Boxes［J］. ASHRAE Journal，2004，3.

［16］　ARI. STANDARD for AIR TERMINALS：ARI Standard 880［S］. USA：ARI，1998.

［17］　ANSI/ASHRAE. Methods of Testing fir Rating Ducted Air Terminal Units：ANSI/ASHRAE130［S］. Atlanta：ANSI/ASHRAE，1996.

［18］　叶大法，杨国荣，胡仰耆. 上海地区变风量空调系统工程调研与展望［J］. 暖通空调，2000，30（6）：4.

［19］　范群辉，霍小平，叶大法，等. 变风量空调系统设计系统与工程实践系列讲座：第八讲　变风量空调系统整定测试与发展展望［J］. 暖通空调，2004，34（B12）：1-9.

［20］　美国皇家空调公司. 变风量末端测试中心技术手册［Z］. 美国皇家空调公司，2010.

［21］　江森自控公司. VAV 整定测试流程［Z］. 江森自控公司，2007.

［22］　中国建筑科学研究院空气调节研究所. 流体流量测量喷嘴［Z］. 北京：北京爱康环境技术开发公司，2006.

［23］　中华人民共和国国家质量监督检验检疫总局. 风机盘管机组：GB/T 19232-2003［S］. 北京：中国标准出版社，2003.

［24］　中华人民共和国建设部. 空气冷却器与空气加热器性能试验方法：JG/T 21-1999［S］. 北京：中国标准出版社，1999.

第4章 变风量末端装置调节

变风量末端装置是由箱体、控制器、风速传感器、调节风阀等部件组成的机电一体化装置，常用的有单风道型、并联式风机动力型、串联式风机动力型。这些末端装置根据其配置的风速传感器、热水再热盘管、电加热器等部件，可实现单冷供冷、供冷与供热、供冷加热水再热或电加热等功能，对各温度控制区进行室温调节。本章将介绍变风量末端装置的调节方法。

4.1 压力相关与压力无关

变风量末端装置有压力相关型与压力无关型两类。

压力相关型变风量末端装置无风速检测部件。风阀开度仅由室温控制器调节。若室内空气温度与设定温度在一定的偏差范围内，风阀开度将维持不变。由于变风量末端装置一次风送风量不仅受风阀开度还受上游风管内空气静压的影响。当同一送风系统内某些变风量末端装置进行风量调节时，主风管内空气静压发生变化，其他变风量末端装置调节风阀尽管开度未变，但送风量也已发生变化，造成温度控制区内空气温度不稳定。压力相关型变风量末端装置的控制原理见图4-1。

为了改善调节性能，压力无关型变风量末端装置增设了风量检测部件。变风量末端装置根据温控区空气温度的实测值与设定值的差值算出需求风量，再按需求风量与检测风量之间差值算出风阀调节量。装置上游主风管内静压值 P 波动所引起的风量变化立即被检测出并反馈到变风量末端装置控制器，控制器通过调节风阀开度来补偿风管内静压值的变化，使末端送风量不发生变化。因此，变风量末端装置的送风量与主风管内空气静压值 P 的变化无关。只有当温控区的空调负荷发生变化，引起空气温度改变，使得需求风量发生变化，才引起送风量变化。压力无关型变风量末端装置的控制原理见图4-2。除少数变风量风口外，目前国内常用的变风量末端装置几乎都是压力无关型。

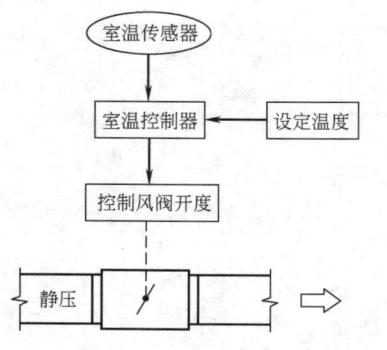

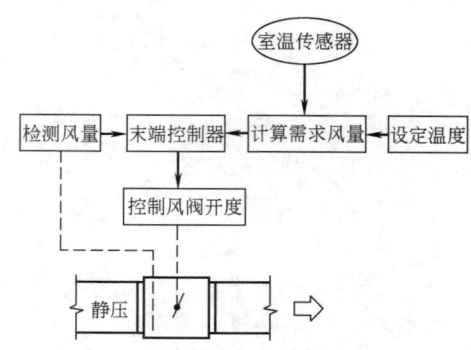

图4-1 压力相关型变风量末端装置控制原理图　　图4-2 压力无关型变风量末端装置控制原理图

4.2　单风道型末端

4.2.1　单冷型、单冷再热型

单冷型和单冷再热型变风量末端装置各工况下送风量的变化关系见图 4-3，送风温度的变化关系见图 4-4。

单冷型变风量末端装置无再热装置，不管何种工况常年送冷风，一般应用于无需供热的内部区域或内热负荷较大、需要供冷的区域。单冷再热型变风量末端装置设有热水再热盘管或电加热器，加热器的供热量较小，适用于冬季外围护结构热负荷较小的外区供热或在"区域过冷"状况下调节送风温度。此外，单冷型和单冷再热型变风量末端装置还常与其他空调方式结合，分别处理冬季的内外区冷、热负荷，形成"组合式单风道型变风量空调系统"。

单冷型和单冷再热型变风量末端装置供冷时的送风量随室温变化（即冷负荷变化）而变化，其风量在变风量末端装置的最大风量和最小风量之间变化（风量变化）。在冬季供热工况和过渡工况下，单冷型和单冷再热型变风量末端装置均以最小风量（风量不变）运行。

供热工况下，单冷再热型变风量末端装置采用热水再热盘管时，开关或比例调节加热；采用电加热器时，开关或多级加热。在冬季供热工况下，热负荷越大，加热器加热量越大，送风温度越高；当供热负荷变到最小时，加热器停止加热，随即进入过渡工况和供冷工况，变风量末端装置仅送冷风。

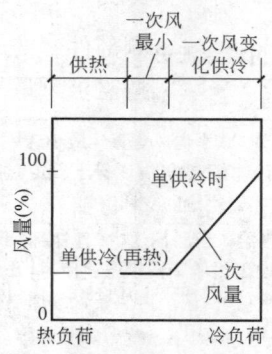

图 4-3　单冷型、单冷再热型变风量末端
装置送风量变化关系

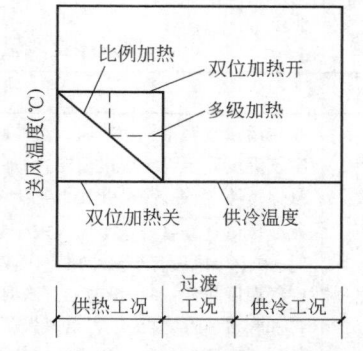

图 4-4　单冷型、单冷再热型变风量末端
装置送风温度变化关系

4.2.2　冷热型

冷热型变风量末端装置结构与单冷型相同，不配置热水再热盘管或电加热器，依靠空调机组送来的冷风或热风实现温度控制区的供冷或供热。该装置一般多用于不分内、外区的小型变风量空调系统或空调负荷变化趋势一致的外区空调系统。冷热型变风量末端装置夏季送冷风，冬季送热风。

冷热型变风量末端装置的风量变化关系见图 4-5。供冷时变风量末端装置的送风量随室温的升高（冷负荷增大）而增大；过渡季节以最小风量运行；与供冷工况控制逻辑相反，供热时变风量末端装置的送风量随室温的降低（热负荷增大）而增大。

冷热型变风量末端装置送风温度的变化关系见图 4-6，冬季供热工况下送热风，过渡和供冷工况下送冷风。冷风和热风的送风温度随空调机组的送风温度而定。

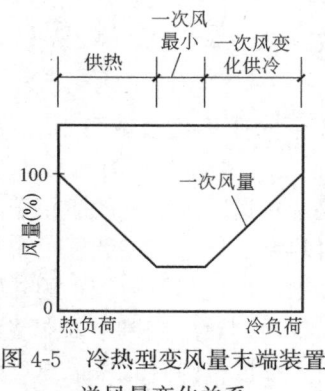

图 4-5 冷热型变风量末端装置
送风量变化关系

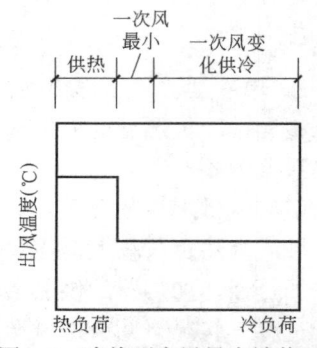

图 4-6 冷热型变风量末端装置
送风温度变化关系

4.2.3 定风量末端装置

专用于风量恒定控制的变风量末端装置称为定风量末端装置。定风量末端装置的构造与单冷型变风量末端装置相同。一般应用于新风、排风系统中的风量控制。

通过定风量末端装置的风量仅与设定值有关，不随室温的变化而变化。当末端装置上游风管内的背压发生变化时，自动调节其风阀的开度，起到稳定风量的作用，使通过定风量末端装置的风量保持恒定。

4.2.4 调节方式与使用场合

单冷型、单冷再热型、冷热型以及定风量型等常用的单风道型变风量末端装置的调节方式与使用场合的汇总见表 4-1。

单风道型变风量末端装置调节方式与使用场合汇总 表 4-1

末端型式	调节方式及使用场合
单冷型	变风量空调系统送冷风。温控区空气温度低于设定温度值时，减小送风量直至最小送风量；当温控区空气温度高于设定温度值时，增加送风量直至最大送风量；当温控区空气温度等于设定温度值时，送风量保持不变；系统不用时，可关闭调节风阀。适用于内区或常年需供冷的空调房间
单冷再热型	变风量空调系统送冷风。末端装置带有热水盘管或电加热器。当温控区空气温度低于设定温度值时，减小冷风量直至最小风量。在最小风量下温控区空气温度仍然低于设定温度值时，开启加热装置，空气温度越低，加热量越大。当温控区空气温度高于设定温度值时，调小再热装置的加热量直至关闭，再加大送风量，直至最大送风量。系统不用时，可关闭调节风阀。适用于冬季外围护结构热负荷较小的外区或有区域过冷需要再热的特殊区域
冷热型	变风量空调系统冬季送热风，夏季送冷风。供热工况下，温控区空气温度越低，送风量越大，直至供热最大风量；温控区空气温度越高，送风量越小，直至供热最小风量。供冷工况下，温控区空气温度越高，送风量越大，直至供冷最大风量；温控区空气温度越低，送风量越小，直至供冷最小风量。适用于负荷一致性的外区或进深不大，不分内外区的空调房间
定风量型	构造与单冷型相同，通过末端装置的风量与设定值有关，与空调区域空气温度无关。当末端装置上游风管内背压发生变化时，自动调节风阀开度，起到稳定送风量的作用。常用于新、排风系统风量控制

4.3　风机动力型末端

4.3.1 并联式风机动力型

并联式风机动力型变风量末端装置（FPBP）内置增压风机与一次风调节阀并联设置。

经变风量空调机组处理后的一次风只通过一次风调节阀,不通过增压风机。仅用于抽取二次回风的增压风机风量一般为末端装置一次风最大风量的 60%。有的并联式风机动力型变风量末端装置在出风口或二次回风入口增设热水盘管或电加热器,用于供热。供冷工况下,由于并联式风机动力型变风量末端装置的送风量始终处于变化中,该末端装置也被称为变送风量末端装置。

　　并联式风机动力型变风量末端装置在不同运行工况下的送风量变化关系见图 4-7,送风温度变化关系见图 4-8。

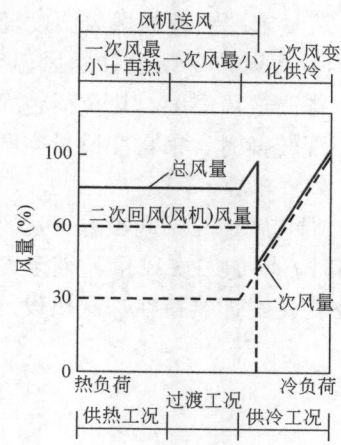

图 4-7　并联式风机动力型变风量末端
装置送风量变化关系

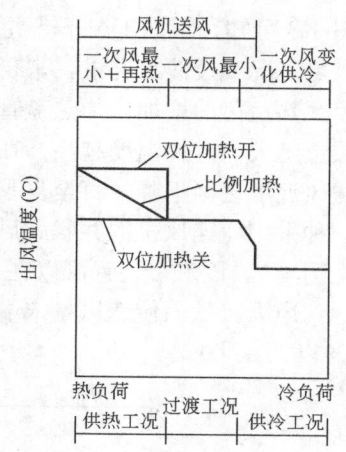

图 4-8　并联式风机动力型变风量末端
装置送风温度变化关系

　　由图 4-7 可知,并联式风机动力型变风量末端装置的风量调节有以下几种方式:

　　(1) 供冷工况下,送冷风且大风量运行时,增压风机不开启,风机出口处逆止风阀关闭。随着温控区冷负荷的变化,一次风阀自动调节一次风量,控制温控区空气温度。此阶段,并联式风机动力型末端装置的运行方式与单风道单冷型相同,为变送风量、定送风温度模式。

　　(2) 供冷工况下,送冷风且小风量运行时,为保证室内气流组织,末端装置的增压风机开启,风机出口处逆止风阀打开,抽取吊平顶内温度较高的二次回风,使之与温度较低的一次风混合,然后送入温控区。此阶段,并联式风机动力型变风量末端装置的运行方式为变送风量、变送风温度模式。

　　(3) 过渡工况下,一次风量保持最小风量。为保证室内气流组织,开启增压风机,风机出口处逆止风阀打开,抽取吊平顶内温度较高的二次回风,使之与温度较低的一次风混合,然后送入温控区。此阶段,并联式风机动力型变风量末端装置的运行方式为定送风量、定送风温度模式。

　　(4) 供热工况下,带加热器的并联式风机动力型变风量末端装置维持一次风最小风量,开启增压风机,使一、二次风混合送风。利用二次回风替代部分一次冷风用于加热,既增加了加热风量,降低了送风温度,保证了通风效率,又减小了冷热混合损失。同时,热水盘管或电热加热器对一、二次混合风或二次回风加热,根据温控区空气温度和设定温度值的偏差,比例、双位或多级调节加热量。此阶段,并联式风机动力型变风量末端装置的运行方式为定送风量、变送风温度模式。

采用风机动力型变风量末端装置抽取二次回风的另一个作用是"区域过冷再热"。有些区域（如内区独立的会议室）负荷不大但人员密集，新风需求使得变风量末端装置设计一次风最小风量不能太小（最小风量/最大风量的比值较高）。在并联式风机动力型变风量末端装置一次风调节到设计最小风量后该房间空气温度仍然低于设定温度（出现过冷现象）时，需提高送风温度（区域过冷再热）。变风量末端装置的二次回风利用了吊平顶内部分由照明装置产生的热量加热的空气（约高于室内 2℃），提升了送风温度，抵消部分一次风供冷量，减少了区域过冷加热量。

由图 4-8 可知，不同工况下，并联式风机动力型变风量末端装置的送风温度随各不相同。在供热工况和过渡工况下，来自变风量空调机组的一次风按冬季设计送风温度送出，随着温控区热负荷的增加，加热盘管或电加热器开启，提高送风温度。热负荷越大，加热器的加热量越大，送风温度越高。在过渡工况向供冷工况转换时，来自变风量空调机组的一次风送风温度逐渐下降，直至夏季设计送风温度。

有一种采用变速风机的并联式风机动力型变风量末端装置，其不同工况下送风量的变化关系见图 4-9。该末端装置可以在一次风量减小的同时，增加二次风量，直至内置风机的风量达到最大，从而使变风量末端装置的送风量基本稳定，即维持在一次风设计最大风量的 80％以上。

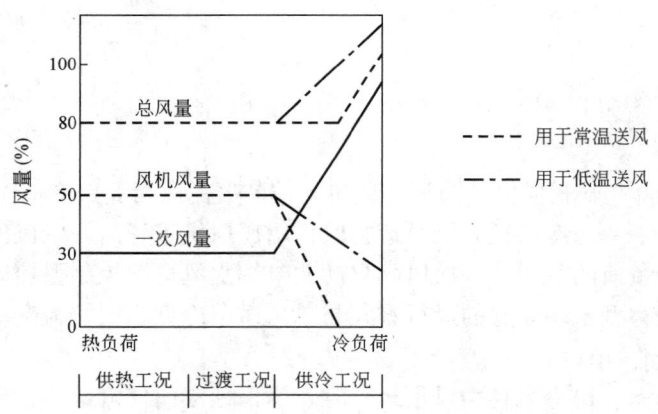

图 4-9　并联式风机动力型变风量末端装置内置风机变速运行

4.3.2　串联式风机动力型

串联式风机动力型变风量末端装置（FPBS）的内置增压风机与一次风调节阀串联设置。经变风量空调机组处理后的一次风先通过一次风调节风阀，再通过增压风机。串联式风机动力型变风量末端装置在出风口处可增设热水盘管或电加热器。

串联式风机动力型变风量末端装置根据温控区空气温度与设定温度值的偏差调节一次风量。内置风机的风量一般为一次风最大风量的 100％～130％。由于内置风机始终开启，末端装置以恒定风量送风。一次风量不足部分由抽取吊平顶内的二次风量补充。该末端装置也称为定送风量末端装置。与并联式相同，该末端装置的二次回风也具有"区域过冷再热"的作用。串联式风机动力型变风量末端装置送风量恒定，保证了室内气流组织的可靠性。

串联式风机动力型变风量末端装置在不同运行工况时的送风量变化关系见图 4-10，送风温度变化关系见图 4-11。

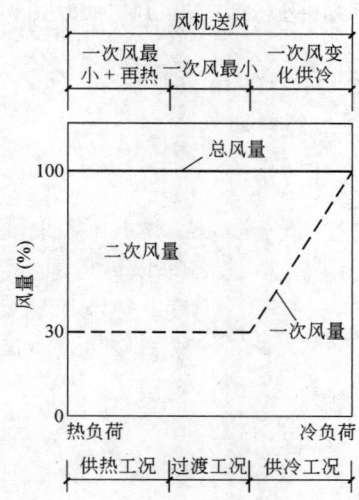

图 4-10　串联式风机动力型变风量
末端装置送风量变化关系

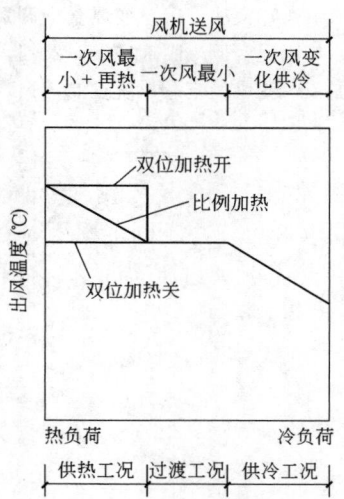

图 4-11　串联式风机动力型变风量
末端装置送风温度变化关系

由图 4-10 可知，串联式风机动力型变风量末端装置的风量调节有以下几种方式：

（1）供冷工况下，随着温控区冷负荷变化，一次风阀自动调节进入串联式末端装置的一次风量，控制室内空气温度。在增压风机作用下，末端装置内一、二次风混合后送入温控区。

（2）过渡工况下，末端装置的一次风量保持最小风量。在增压风机作用下，末端装置内一、二次风混合后送入温控区。

（3）供热工况下，带加热装置的末端装置保持一次风最小风量。在增压风机作用下，末端装置内一、二次风混合后送入温控区。

由图 4-11 可知，串联式风机动力型变风量末端装置的送风温度有以下方式：

（1）供冷工况下，随着温控区空调冷负荷的增加（减小），通过末端装置的一次风量增加（减小），末端装置内一、二次风混合后的混合温度随着一次风量的增加而降低（升高）。

（2）在过渡工况下，在增压风机作用下，末端装置内一、二次风混合后提高了送风温度且比较稳定。

（3）在供热工况下，二次回风替代部分一次冷风用于加热，增加了加热风量、降低了送风温度、保证了新风换气效率，又减小了冷热混合损失。同时，热水盘管或电加热器开启，对一、二次混合风进行加热。根据温控区空气温度与设定温度值的偏差，以比例、双位或多级调节加热装置的加热量。末端装置的送风温度随加热量变化而变化。

本章参考文献

[1]　TITUS 公司. TITUS 产品样本 [2]，1998.

［2］陆耀庆. 实用供热空调设计手册［M］. 北京：中国建筑工业出版社，1993.

［3］叶大法，杨国荣，等. 变风量空调系统设计与工程实践系列讲座：第二讲　单风道变风量空调系统设计与工程实例. 暖通空调，2004，34（B06）：1-11.

［4］杨国荣，叶大法，等. 变风量空调系统设计与工程实践系列讲座：第三讲　风机动力型 VAV 系统设计与工程实例. 暖通空调，2004，34（B07）：1-9.

［5］杨国荣. 变风量空调系统控制［J］. 暖通空调，2012，42（11）：15-19，66.

第 5 章　变风量空调系统选择

各种类型的变风量空调系统具有不同的技术特点，所谓系统选择就是要根据变风量空调系统设计的关注点，结合工程的具体情况选择最合理的系统。

5.1　系统选择的关注点

1. 系统内再热

现代办公建筑的内区负荷主要由内热负荷构成，一般表现为全年冷负荷且相对稳定。对此变风量空调系统比较容易跟踪处理，末端形式也比较单一。以围护结构负荷为主的外区负荷受外围护结构形式、朝向以及季节等影响，冷、热交替很不稳定，选择好外区空调方式是变风量空调系统设计的一个重点和难点。

冬季，风机动力型变风量空调方式是以系统空调箱供冷风、内区末端装置直接送冷风及外区末端装置一次冷风与二次回风混合再热送热风的方式实现内区供冷、外区供热，存在着系统内冷风再热产生的冷热混合损失。我国是一个资源相对贫乏的国家，舒适性空调大量采用再热方式有违国家节能政策，也是业内对变风量空调系统争议的焦点之一。避免或减少系统内再热是变风量空调系统设计的第一个关注点。

2. 室内冷热混合损失

大空间办公建筑冬季内区供冷，外区供热，很容易形成室内冷热混合损失。室内冷热混合损失并非变风量空调系统特有，冬季内区供冷、外区供热的其他空调方式（如：内、外区分设风机盘管＋新风系统）同样存在。避免或减少室内冷热混合损失是变风量空调系统设计的第二个关注点。

3. 末端风量调节范围

办公建筑内热负荷相对稳定，内区末端对风量调节范围要求不宽。然而在日射作用下，以外围护结构负荷为主的外区负荷变化很大，外区末端对风量调节范围要求较宽。理论上末端的一次风量调节范围应该在 30%～100%，实际工程中还可能达不到 30% 的下限，这也是某些变风量空调系统室温偏低、控制不好的原因之一。降低对末端一次风量调节范围的要求，允许适当提高一次风量调节下限，以提高变风量空调系统室温的实际控制质量是变风量系统设计的第三个关注点。

4. 新风分配

变风量空调系统新风以一定的新风比随一次送风量分配到房间或区域。由于内区负荷和内区末端送风量都比较稳定，新风量也易于保证。而外区末端则不然，夏季因围护结构负荷的加入，单位面积一次风量大于内区；冬季一次风以最小风量（约 30%）送风，单位面积一次风量小于内区。外区人均新风量夏季多、冬季少，新风分配不均匀显而易见。外区冷热式单风道末端在冬季供热工况下，与人员数量相关的内热负荷增加会减少热风送风量，新风量反而减少，也存在新风分配问题。尽可能使新风均匀分配是变风量空调系统设计的第四个关注点。

5. 气流组织

末端风量调小后，室内气流组织会变差，特别是低温送风系统小风量时冷风下沉更为严重。因此，保持基本的室内气流组织，是变风量空调系统设计的第五个关注点。

6. 水害与细菌、霉菌

末端和室内加热器的热水配管有泄漏风险；风机盘管、多联机系统室内机等冷热末端的冷热水、冷媒和冷凝水配管以及积水盘除有水害外，还有结露、孳生细菌和霉菌等问题，这些都是高端办公建筑的忌讳点。规避水害与孳生细菌和霉菌是变风量空调系统设计的第六个关注点。

7. 室内噪声

变风量空调系统室内噪声主要来自风机动力型末端的内置风机和调节风阀，通常串联式的噪声大于并联式，并联式大于单风道型。控制室内噪声是变风量空调系统设计的第七个关注点。

8. 内区过冷

办公建筑内、外区中的会议室等办公设备少但人员密集的区域，风量需求是矛盾的：一方面为保证新风量，末端装置的最小风量设定值不能太小，有时需达到最大风量的70%~80%，末端装置无法按负荷变化减小送风量；另一方面是空调负荷相对不足：内区会议室无围护结构负荷，主要是人体、照明负荷，设备负荷也较小；围护结构负荷减小时，外区会议室也会显得负荷相对不足。大风量对应小负荷，导致室温过低，控制这种"区域过冷"现象是变风量空调系统设计的第八个关注点。

9. 冬季内区过热

为了规避冬季系统内再热损失和室内冷热混合损失，有的变风量空调系统运行时取消内区供冷，造成内区过热，人员闷热感严重，影响室内舒适度。在尽可能节能的前提下，控制冬季内区过热现象是变风量空调系统设计的第九个关注点。

5.2 单风道型变风量空调系统

如图 5-1 所示，单风道型变风量空调系统（简称单风道系统）由单风道型变风量末端装置、配有变频装置的空调箱、风管系统及相关的控制系统组成。系统运行时，经空调箱处理后的送风，由风管系统输配到各末端装置。末端装置根据温度控制区内温度的变化自动调节送风量，以适应区内空调负荷的变化。

根据功能需要，单风道变风量系统可细分为单冷型、单冷加热型和冷热型。

5.2.1 单冷型

单冷型单风道变风量系统的末端装置全部由不带加热器的单风道型末端装置组成，系统全年送冷风。

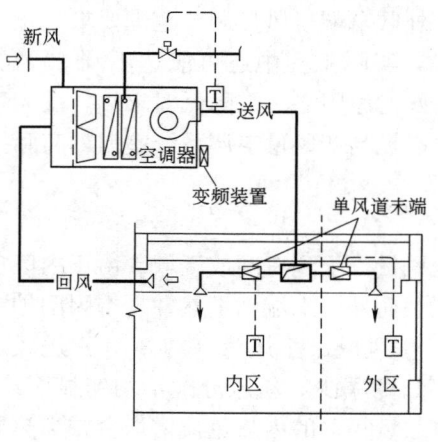

图 5-1 单风道型变风量空调系统

1. 末端装置风量

随温度控制区显热冷负荷由最大值逐步减小，经末端装置风阀调节，冷风从最大风量逐步减少，直至最小风量（图 4-3）。

2. 特点与适用性

单冷型单风道变风量系统适用于以下场合：

（1）办公建筑中需要全年供冷的内区；

（2）夏热冬暖地区冬季外区无需供热的办公建筑；

（3）与其他外区空调设施组成组合式单风道变风量系统，用于各种内、外分区的办公建筑；

（4）无外区的系统。近年来，建筑外围护结构包括外窗、外墙和屋顶的热工性能不断改善，构造形式越发多样。建筑师和设备工程师共同开发的各种新型外围护结构，部分解决了现代办公建筑立面通透化（大面积玻璃幕墙）和空调负荷之间的一些矛盾。这类新型外围护结构有：

1）空气屏障层（Air Barrier Window，ABW）；

2）通风窗（Air Flow Window，AFW）；

3）通风双层幕墙（Double Skin Facede，DSF）。

新型外围护结构通过遮阳、绝热、通风等方式，大大减少了外围护结构的冷、热负荷，使外围护结构的内表面温度接近于室内空气温度。受日射、传热和空气渗透影响的外区几乎被消除了，出现了"无外区（Perimeter less）"[①] 现象。外区的消失可简化甚至取消周边空调设施。内区一般设置单冷型单风道变风量系统，全年供冷，处理内热冷负荷兼供新风。

无外区单风道变风量系统的特点和适用性：

1）大幅度降低外围护结构冷、热负荷，节能效果明显。

2）外围护结构内表面温度接近室内空气温度，冷、热辐射减弱，窗边热舒适度提高。

3）靠外围护结构处冬季时无需供热。受残余热负荷影响，沿外围护结构处空气温度比内部区域略低约 2℃。在热压作用下少量热负荷与内热冷负荷混合，形成室内混合得益，彻底消除了室内混合损失的存在条件。

4）波动性较大的外围护结构负荷减小后，空调系统主要处理相对稳定的内热冷负荷。系统全年供冷，末端装置送风量相对稳定，有利于提高室温控制质量。

5）新风需求量和与人员相关的内热冷负荷成正比，当末端装置按内热冷负荷调节风量时，有利于使新风量分配与需求保持一致。

6）采用通风窗、通风双层幕墙等新型外围护结构涉及建筑立面等设计，施工难度大，整体投资高，实施时需与业主和建筑师充分协商，共同确定。目前国内仅有少数高标准办公建筑应用。

3. 局限性

单冷型单风道变风量系统存在一些固有的局限性：

（1）无加热功能，系统无法满足冬季外区供热要求。

（2）应对区域过冷问题的方法之一是通过再热提高送风温度。但无再热功能的单冷型

---

① 　见本章参考文献［1］第 14 页。

单风道变风量系统则无法通过再热手段提高送风温度。

5.2.2　单冷加热型

单冷加热型单风道变风量系统中既有无加热器的单冷型单风道末端装置，又有带热水加热盘管或电加热器的单冷加热型单风道末端装置。前者常用于需全年供冷的内区，后者多用于夏季供冷、冬季供热的外区或需要"过冷再热"的区域。

1.工况分析

系统全年供冷。夏季时，内、外区末端装置均送冷风；过渡季和冬季，外区的热负荷抵消了部分内热冷负荷，带加热器的末端装置减小冷风送风量。当末端装置达到最小风量，室温仍继续降低时，末端装置的加热器开始工作，提高送风温度。

需要"过冷再热"的某些区域，变风量空调系统也全年送冷风。当区域的冷负荷减小时，末端装置将冷风量调小，直至最小风量。此后，若区域冷负荷继续减小，则末端装置仍保持最小风量并启动加热器，通过提高送风温度，避免区域过冷。

单冷加热型末端装置运行可分为三种工况：供冷工况、过渡工况和供热工况：供冷工况运行和单冷型末端装置相同，送风量随冷负荷变化；进入过渡工况后，末端装置维持最小风量，送风温度不变；进入供热工况后，送风量与过渡工况相同，仍保持最小风量，同时启用加热器。热水再热盘管常采用单级双位或比例积分控制，电加热器则采用单（多）级控制（图4-4）。这种供热工况的控制方式也称为"风量单一最大值法"[①]，其控制、调节规律详见图5-2。

2.供热问题

本书第2.2.5节计算了各气候区单位长度外围护结构热负荷，需校验单冷加热型单风道变风量系统能否满足。

供热时，末端装置的送风温度是一个值得关注的问题。送风温度过高会使热空气上浮，积聚在吊平顶处，难以到达工作区，称为热空气"分层"（stratification）现象。聚集在高处的热空气还会很快"短路"，被吸入设置在吊平顶上的回风口，大大降低了通风效率。研究

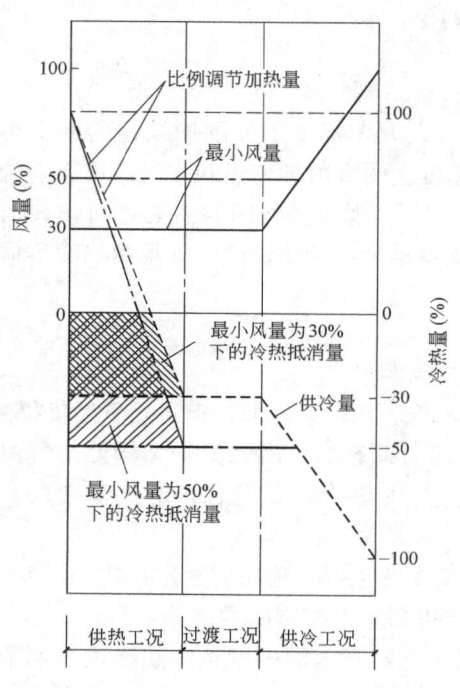

图 5-2　风量单一最大值法调节规律

表明[②]，送风温度与房间温度的差值越大，通风效率越低。因此，带加热器的末端装置的热风送风温度不宜高于室温8℃，如室温为22℃，则送风温度应≤30℃。

假定某办公建筑取外区宽1m、进深4m、净高3m；单冷加热型末端装置最大送风量（换气次数）为8次·h^{-1}，可算出末端装置在最小风量（最大风量的30%）时该区域的最大供热量 Q。

① 见本章参考文献 ［2］ 第58～60页。
② 见本章参考文献 ［2］ 第64～65页。

$$Q=1.01\times1.2\times\frac{0.3\times1\times4\times3\times8}{3600}\times(30-22)=0.078\text{kW}$$

式中 1.01 为空气的定压比热，kJ/(kg·℃)；1.2 为空气密度，kg/m³。

对照表 2-15 可知，上述供热量甚至无法满足夏热冬暖地区办公建筑单位长度外围护结构热负荷。单冷加热型单风道变风量系统加大供热量的方法有：

(1) 增加末端装置最小风量。如将最小风量从 30% 增大到 50%，则每米外围护结构的热负荷从 78W 提高到 130W，可以满足夏热冬暖地区的供热负荷。然而，再热冷热混合损失量与最小风量成正比，由图 5-3 可知，最小风量比由 30% 提高到 50%，再热的冷热混合损失量将增加 70%。此外，提高最小风量比也缩小了变风量末端装置的风量可调范围。当区域冷负荷减小时，会使一部分末端装置的风量无法从 50% 继续减小到 30%，使这些末端装置所服务的区域过早地成为需要"过冷再热"区域。因此，增加末端装置的最小风量并不可行。

(2) 采用"双重最大值法"[①]。此方法如图 5-3 所示，除了有供冷最大风量和最小风量外，还有一个供热最大风量。供热最大风量 G 可根据外围护结构热负荷 Q（kW）和送风温差 Δt（℃）由式（5-1）计算，一般不大于供冷最大风量的 50%。

$$G=\frac{Q}{1.01\times\Delta t}\ (\text{kg/s})$$

单冷加热型末端装置双重最大值法的特点为：

1) 在供冷工况下，与单冷型末端装置相同，送风量随冷负荷变化。

2) 在过渡工况下，末端装置保持最小风量。此时的最小风量和单冷型末端装置相同，不需考虑再热，只需满足风速传感器、室内新风供给和气流组织的需要。因此，在冷负荷小时有可能使某些外区末端装置的最小风量由 30% 进一步减小到 20%，有利于减少区域"过冷再热"现象。由图 5-3 可见，在 50% 最小风量时，双重最大值法所产生的阴影面积比单一最大值法（图 5-2）略小，说明冷热抵消量有所减小。

3) 在供热工况下，前半段与过渡工况一样，末端装置保持最小风量，同时根据室温要求逐步提高送风温度，直至最高送风温度（约 30℃）。在供热工况的后半段，末端装置保持最高送风温度不变，同时根据室温要求增大送风量，直至供热最大风量。

4) 单一最大值法中热水再热盘管采用单级双位控制或比例控制，根据室温要求调节热水阀开度，一般不关心也无法有效控制送风温度，因此难以避免热空气分层现象。采用双重最大值法时，热水再热盘管必须采用比例积分控制，以便在供热工况后半程通过调节热水阀较精确地维持最高送风温度，且同时调节送风量以适应热负荷变化。因此，它与单一最大值法的控制方法相比，无论控制稳定性还是避免热空气分层方面均有很大改进。

3. 特点与适用性

单冷加热型单风道变风量系统可用于：

(1) 夏热冬暖地区冬季外区需供热的办公建筑。

(2) 单冷型末端装置一般用于全年供冷的内区，单冷加热型末端装置一般用于夏季需供冷、冬季需供热的外区或某些需要"过冷再热"内区。

单冷加热型单风道变风量系统虽具备了完整的供冷、供热功能，可独立应用于夏热冬

---

① 见本章参考文献［2］第 58～60 页。

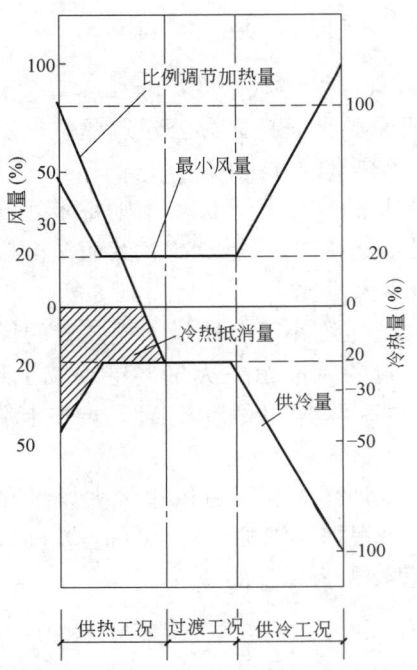
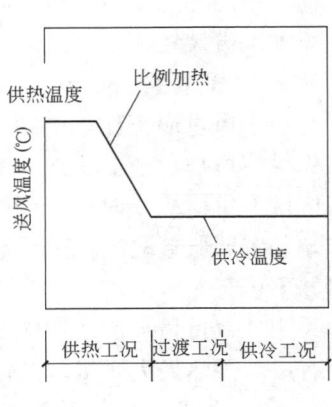

图 5-3 带加热器的末端装置双重最大值法调节

暖地区办公等建筑，但也有其缺点：

（1）受最小风量和送风温度限制，冬季外区的供热量有限，特别是在冬季外围护结构热负荷较大的夏热冬冷地区、寒冷地区和严寒地区；

（2）双重最大值法的控制要求较为特殊，并非所有自动控制厂商的末端装置直接数字式控制器都能支持这种控制方法，需作一些改变。市场上可编程序控制器用编程控制的方法可支持这种控制方法。

5.2.3 冷热型

1. 工况分析

冷热型单风道变风量系统有供冷、供热两种工况。根据冷热负荷需要，变风量空调箱送出冷风或热风。冷热型单风道变风量系统末端装置的结构与单冷型相同，其风量调节规律见图 5-4。在供冷工况下，系统存在着供冷和供冷过渡两个阶段，随着室内显热冷负荷减小，末端装置调小送风量；当达到并保持最小风量后，便进入供冷过渡阶段。供热工况也存在供热和供热过渡两个阶段。各末端装置随着室内热负荷的减小而调小供热风量；当达到并保持最小风量后，便进入供热过渡阶段。

2. 特点与适用性

冷热型单风道变风量系统具有下列特点：

（1）系统中空气的冷、热处理全部在空调箱内完成，作为完全的全空气系统，热水管不进入空调区域，真正消除了"水患"和"霉菌"等问题。此外，空调箱采用热水加热，系统节能性和安全性比采用末端电加热器的单冷加热型单风道变风量系统好。

（2）冷热型单风道变风量系统如用于外区空调时，应根据各外区冷热负荷的差异划分系统。例如，夏季东、西向房间的逐时冷负荷在时间上差别很大；冬季南向房间在强烈日照下可能需要供冷，北向房间此时仍需供热。因此，应按朝向划分系统，东、北向外区可

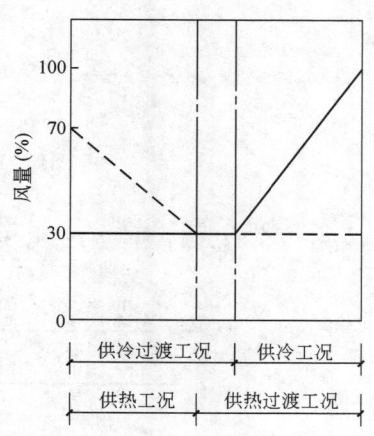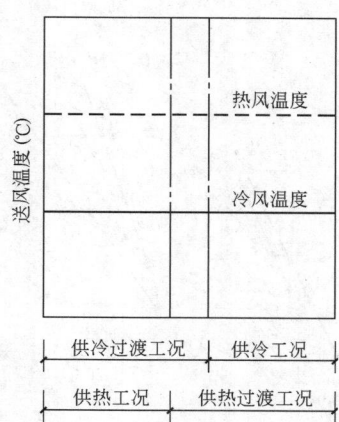

图 5-4　冷热型末端装置调节规律

合为一个系统，西、南向外区宜另设一个系统，两个系统采用不同的送风温度以满足不同的负荷需求。

根据冷热型单风道变风量系统的上述特点，该系统适用于以下场合：

（1）由于系统不能同时供冷供热，较适合典型办公建筑中进深小于 8m 的无内区的小型办公房间。夏季系统供冷；冬季当围护结构热负荷大于内热冷负荷时，系统供热；

（2）大、中型办公建筑的外区；

（3）不允许水管进入的空调区域。

3. 局限性

（1）房间内的新风量一般与送风量成正比，但在冷热型单风道变风量系统中，会出现新风需求量与供给量成反比的现象。如：冬季时，空调区域内人员减少，意味着新风需求量减小，内热冷负荷也减小，使净热负荷（即建筑热负荷与内热冷负荷之差）增大，送风量随之增加，新风量当然也将增大。反之，如人员增加，意味着新风需求量增加，但净热负荷减小，送风量随之减小，新风量当然也减小。可见新风需求量与供给量成反比，不尽合理。

（2）按外区的朝向划分系统会使系统小而多，增加了初投资和机房空间。

（3）控制方法较特殊，并非所有自控厂商都有现成的直接数字式控制器支持这种控制方法。

5.2.4　单风道变风量系统小结

各种单风道变风量系统的焓湿图分析详见图 5-5。

单风道变风量系统有许多优点，其末端装置构造简单、体积小、无需内置风机、价格便宜，系统运行噪声低，被广泛应用于各种办公建筑。

单风道变风量系统主要缺点：

（1）供冷时送风量变化幅度较大。如采用普通散流器送风，小风量时因出风速度减小，吊平顶的贴附效应弱化，易产生不舒适的冷风下沉现象。此现象随着送风温度的降低会更加突出，因此系统对送风散流器的性能有一定要求。用于低温送风时，不能采用普通散流器，必须采用低温送风口，以防风口结露。

（2）受末端最小风量和热空气分层现象限制，单风道变风量系统加热能力有限，且存在系统冷、热混合损失。

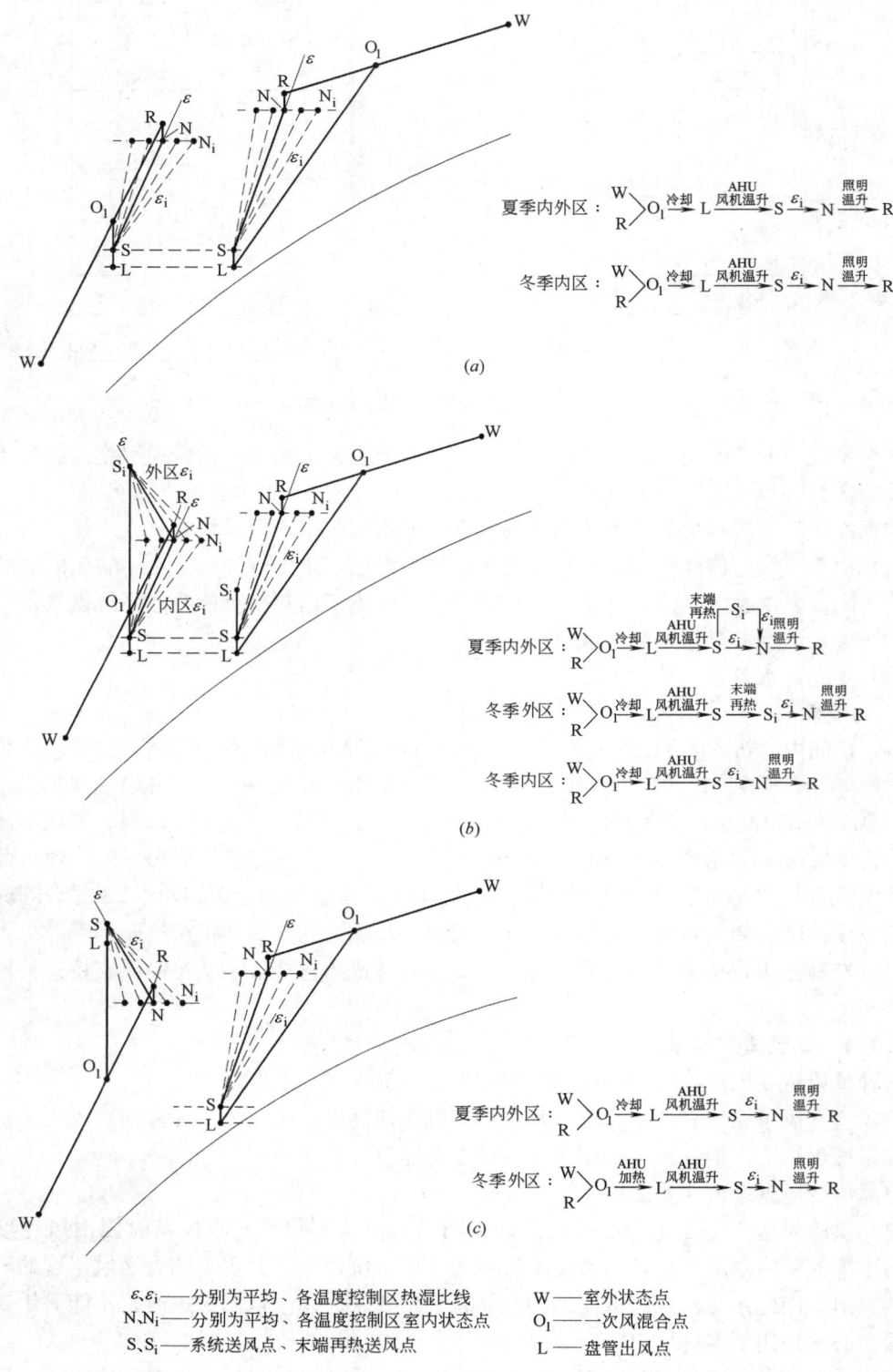

图 5-5 单风道系统焓湿图分析

（a）单冷型；（b）单冷再热型；（c）冷热型

为了克服单风道变风量系统的这些弱点，欧美国家开发了风机动力型变风量系统，日本则将单风道变风量系统与外区空调设施组合应用，两种系统形式体现了各自不同的技术途径与特点。

5.3　风机动力型变风量空调系统

风机动力型变风量空调系统源自单风道变风量系统，可细分为串联式和并联式两种类型。

5.3.1　串联式

配有串联式风机动力型变风量末端装置的变风量空调系统称为串联式风机动力型变风量空调系统（简称串联式系统）。

1. 工况分析

本书第 3、4 章已经介绍了串联式风机动力型变风量末端装置的构造特点和调节规律。在供冷工况下，一次风量随冷负荷变化；过渡工况与供热工况时，一次冷风保持最小风量。无论供冷工况、过渡工况还是供热工况，末端装置的内置风机均连续运行，抽取吊平顶内空气（二次回风）与一次冷风混合，将几乎恒定的风量送入空调区域。因此，串联式风机动力型变风量末端装置也称为"恒定送风量末端装置"。在供热工况下，末端装置出口处的热水再热盘管或电加热器采用双位或比例、单级或多级控制，以调节加热量满足区域热负荷需求（图 4-10、图 4-11）。

串联式系统的典型配置是：在外区和需要"过冷再热"的内区设置带加热器的串联式末端装置，在其他内区设置不带加热器的串联式末端装置。

系统全年送冷风，夏季内、外区均供冷，冬季内区继续供冷；当外区的外围护结构热负荷、内热冷负荷和含有新风的最小一次冷风量在冷热抵消后的余值为热负荷时，加热器供热；当余值为冷负荷时，则增加冷风送风量。图 5-6 表示了该系统的流程与焓湿图分析。

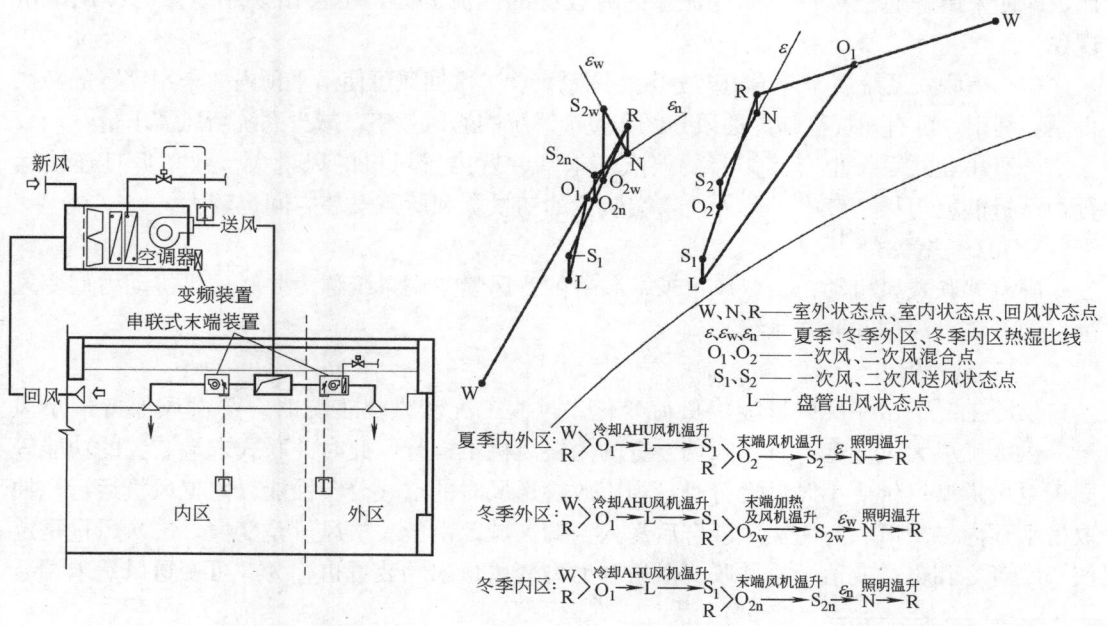

图 5-6　串联式系统流程及焓湿图分析

内区会议室等需要过冷再热的区域处于特殊情况：因新风量需求较大，使其需求的一次风量也大。而内区会议室没有围护结构冷负荷，办公设备也少，内热负荷相对较小，一次风量不会很大。为了保证新风量同时减少供冷量，需要在保证较大风量的同时提高送风温度。因此，无论冬季还是夏季都可能需要再热。为了避免夏季常备热水供应，也可采用电加热器。

2. 供热问题

串联式末端装置加热器的风量（即内置风机的风量）大于或等于一次风最大风量，比无内置风机的单风道型末端装置供热工况下的送风量（为一次风最大风量的 30%～50%）大很多。因此，在保持送风温差不大于 8℃ 以弱化热空气分层的限定条件下，供热量可大为提高。以下仍以第 5.2.2 节中的算例说明：

设加热风量（即内置风机的风量）为一次风最大风量 1～1.3 倍，则该区域的末端装置可提供的最大加热量为：

$$Q_s = 1.01 \times 1.2 \times \frac{(1.0 \sim 1.3) \times 1 \times 4 \times 3 \times 8}{3600}(30-22) = 0.259 \sim 0.337 \text{（kW）}$$

对照表 2-14 可知，可以满足严寒地区办公建筑单位长度外围护结构热负荷。

3. 特点与适用性

(1) 供冷时可提高送风温度。末端装置的风机风量为一次风最大风量的 100%～130%。一次风与二次风混合可适当提高末端装置的送风温度。若低温送风系统的一次风送风温度为 7℃，回风温度为 26℃，则末端装置的最低送风温度 t_s =(7×100＋26×30)/130=11.4℃。系统无需采用价格较贵的低温送风口，较适宜于采用冰蓄冷的低温送风变风量空调系统。

(2) 串联式系统为了避免过大的再热损失，在保持较小的一次风最小风量的前提下，能提供较大的加热风量和供热量，比较适合我国严寒与寒冷地区的供热需求。

(3) 末端装置内置风机全年连续运行，无论一次风量如何变化，它的送风量恒定。因此，即使采用普通送风口也能保证室内有较好的气流分布，不会出现小风量时冷风下沉现象。

(4) 串联式系统属于双通道多分区空调系统。二次回风可使吊平顶内"未用完"的新风再循环利用，可有效提高临界通风分区和整个系统的通风效率，减少系统新风需求量[①]。

(5) 串联式系统也有其固有的弱点：末端装置内置风机的风量大、效率低且连续运行，运行能耗与噪声较大。此外，末端装置的初投资和所需安装空间也较大。

5.3.2　并联式

配有并联式风机动力型变风量末端装置的变风量空调系统称为并联式风机动力型变风量空调系统（简称并联式系统）。

1. 工况分析

供冷工况下，一次风量随冷负荷变化。过渡工况和供热工况时，一次风保持最小风量。供冷工况大风量运行时，末端装置的内置风机不运行，此时并联式末端装置的功能等同于单风道型；供冷小风量运行时，为了改善送风时的空气分布性能，内置风机运行，抽取吊平顶内二次风，与一次风混合后送入空调区域。由于一次风量是变值，二次风量是定值，二者之和也是变值，故并联式风机动力型变风量末端装置也称为"可变送风量末端装

置"。并联式风机动力型变风量末端装置的调节规律详见图 4-7、图 4-8。

并联式系统的典型配置是：外区和需要"过冷再热"的内区设置带有加热器的并联式末端装置。由于该装置大风量供冷时风机一般不运行，所以常年供冷的内区可以采用单风道型末端装置替代。如小风量或最小风量供冷时需考虑改善送风气流分布，也可选用不带加热器的并联式末端装置，内置风机一直运行，末端装置的送风量可达最大风量的80%～90%。图 5-7 为该系统的流程和焓湿图分析。

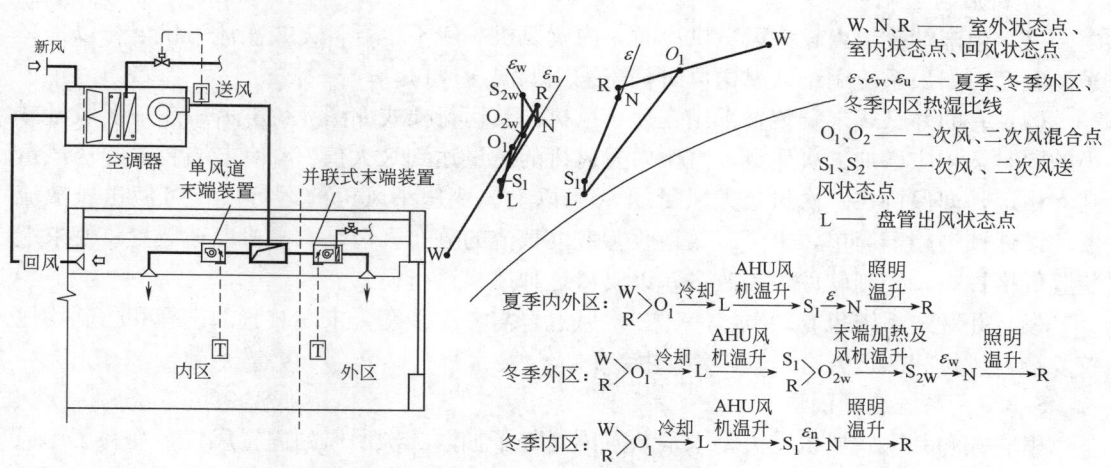

图 5-7　并联式系统流程及焓湿图分析

2. 供热问题

（1）末端装置加热器可供选择的安装位置有两处：一是设置在内置风机上游的二次风进口处；二是设置在末端装置的出口处。由表 5-1 可知，前者通过加热器的风量小、风侧平均温度较高、温升较大；后者通过加热器的风量大，风侧平均温度较低，温升较小。由于前者的一次风不经过加热器，末端装置的阻力比后者小，空调箱风机能耗较小。

并联式风机动力型变风量末端装置加热器安装位置比较　　　　表 5-1

末端装置形式	吸入式	吹出式
示意图	风机 / 风阀 / 加热器	加热器 / 风机 / 风阀
加热器位置	二次风入口处	末端装置出风口处
加热风量	风机风量（一次风最大风量的 60%）	风机风量加一次风最小风量（如一次风最大风量的 60%＋30%＝90%）
加热器进风温度	吊平顶内空气温度（如 26℃）	吊平顶内空气与一次风混合后的空气温度如（26×0.6＋13×0.3）/0.9＝21.7℃
加热器出风温度	较高，如（30×0.9－13×0.3）/0.6＝38.5℃	较低，如 30℃
风侧平均温度	较高，如（38.5＋26）/2＝32.3℃	较低，如（30＋21.7）/2＝25.9℃

（2）末端装置内置风机的风量一般为最大风量的 60%，与最小风量（约为最大风量的 30%）组成末端装置总送风量可达到最大风量的 90%。仍以第 5.2.2 节中的算例说明，该装置可提供的最大加热量为：

$$Q_s = 1.01 \times 1.2 \frac{0.9 \times 1 \times 4 \times 3 \times 8}{3600} (30 - 22) = 0.232 \text{ (kW)}$$

对照表 2-14 可知，可以满足严寒地区办公建筑单位长度外围护结构热负荷。

3. 特点与适用性

（1）当末端装置以较大风量供冷时，内置风机一般不运行，无二次风可供混合以提高送风温度。如果系统用于低温送风时，需采用低温送风口。

（2）有的并联式末端装置采用变速小风机，其运行模式如图 4-9 所示。在一次风量减小的同时，相应增加二次风量，直至内置风机的风量达到最大值[①]，使末端装置的送风量基本稳定，即保持在一次风最大风量的 80% 以上。变速小风机的运行模式可使送风散流器的设计选型趋于简单，也可有效地改善室内气流的分布。但是，电机变速装置将使末端装置价格提高，控制软件也需改进，以支持这种风机运行模式。

（3）并联式系统也有缺点：一、二次风混合需考虑平衡，末端装置的选择和控制均比较复杂，风机间歇运行有启动噪声干扰。

5.3.3 系统选择因素

串联式和并联式风机动力型末端装置因增加了抽取二次回风的内置风机，弥补了单风道型末端装置的一些缺点，但也带来一些新的问题。设计人员应在充分了解各种末端装置优缺点的基础上，结合工程实际，扬长避短，设计出最合适的系统。

1. 风机能耗

变风量空调系统使用两种风机：一种是空调箱（AHU）内使用的送、回风机，一般是前倾式或后倾式离心风机，电机输入功率在数千瓦至数十千瓦之间。电机效率为 0.8~0.9；风机效率为 0.55~0.75；综合效率在 0.44~0.68 之间。另一种是风机动力型末端装置的内置风机。一般为小型前倾式离心风机，配单相外传子电机，输入功率在 100W 至数百瓦之间。内置风机的效率较低（约为 0.5），电机效率仅为 0.3~0.35，综合效率为 0.15~0.175。内置风机能耗不容轻视，低效风机不仅消耗更多的电量，还增加了冷负荷。

串联式和并联式末端装置内置风机运行能耗不尽相同。在相同的一次风最大风量下，前者的风机风量为一次风最大风量的 1.0~1.3 倍，且风机全年运行；后者的风机风量约为一次风最大风量的 0.6 倍，风机一般仅在小风量和供热时运行。因此，前者的风机能耗比后者大很多。系统中各末端装置内置风机的总功率甚至高于空调箱送、回风机的功率。

为了减少末端装置内置风机的能耗，有的生产厂采用无刷直流电机（ECM），电机效率可达 70%。

2. 末端装置运行噪声

风机动力型末端装置有一次风阀的节流噪声，还有内置风机的运行噪声。串联式末端装置风机较大，风机运行噪声也较高，且为连续性噪声。并联式末端装置风机较小，风机运行噪声也较低，供冷时为间歇性噪声，供热时为连续性噪声。

---

① 见本章参考文献 [4] 第 951 页。

3. 末端装置的基本特点与适用范围（表 5-2）

末端装置的基本特点与适用范围　　　　　　　　　　表 5-2

末端装置形式	串联式	并联式	单风道型
风机	供冷、热期间连续运行	仅小风量供冷和供热期间运行	无风机
出口送风量	恒定	变化	变化
出口送风温度	供冷时因一、二次风混合可提高送风温度；加热时阶跃温升	大风量供冷时送风为一次风，故送风温度不变；小风量供冷和供热时，一、二次风混合，送风温度变化；辅助加热时阶跃温升	单冷型或冷热型送风温度不变；再热型供热时阶跃温升
风机容量	一般为一次风量设计值的 100%～130%	一般为一次风量设计值的 60%	无风机
箱体占空间	大	中	小
风机耗电	大	小	无
噪声源	风机连续噪声＋风阀噪声	风机间歇噪声＋风阀噪声	仅风阀噪声
适用范围	带加热器时可用于热负荷较大的外区和需要再热的区域；用于常温送风，且室内空气分布性能要求较高的内、外区；采用低温送风的内、外区	带加热器时，可用于热负荷较大的外区和需要"过冷再热"区域；用于常温送风系统且室内空气分布性能要求一般的外区；配置高诱导比风口时，可用于室内空气分布性能要求较高的外区；配置低温送风口时，可用于低温送风系统的内、外区；若采用内置风机变速运行方式，可用于常温送风且室内空气分布性能要求较高的内、外区或低温送风系统的内、外区	可用于常温送风系统且室内空气分布性能要求一般的内区；配置高诱导比风口时，可用于室内空气分布性能要求较高的内区；配置低温送风口时，可用于低温送风系统的内区；再热型可用于热负荷较小的外区和过冷再热区域；冷热型可用于建筑负荷变化较一致的外区
选择次序	并联式不满足要求时选择	单风道型不能满足要求时优先选择	符合条件时应首选

4. 系统选择原则

（1）冬季单位长度外围护结构热负荷小于 75W/m 的常温送风系统，不推荐采用风机动力型变风量空调系统。

（2）冬季单位长度外围护结构热负荷大于 75W/m 的常温送风系统，如室内空气分布性能要求一般，可采用并联式系统。外区和"过冷再热"区域采用带加热器的并联式末端装置；内区采用不带加热器的单风道型末端装置；内、外区选用普通型送风口。

（3）冬季单位长度外围护结构热负荷大于 75W/m 且室内空气分布性能要求较高的常温送风系统，可考虑以下几种选择：

1）选择并联式系统。外区和"过冷再热"区域采用带加热器的并联式末端装置；内区采用无加热器的并联式末端装置。末端装置内置风机在供冷、过渡和供热三个阶段变速运行，以保持风量基本稳定。内、外区选用普通型送风口。

2）选择并联式系统。外区和"过冷再热"区域采用带加热器的并联式末端装置；内区采用单风道型末端装置；内、外区均选用高诱导比送风口。

3）选择串联式系统。外区和过冷再热区域采用带加热器的串联式末端装置，内区采用无加热器的串联式末端装置，利用二次风保持送风量稳定，内、外区选用普通送风口。

（4）冬季单位长度外围护结构热负荷大于 75W/m 的低温送风系统，当其室内空气分布要求较高时，可考虑以下几种选择：

1）选择串联式系统。外区和过冷再热区域采用带加热器的串联式末端装置，内区采用无加热器的串联式末端装置，利用二次风提高送风温度，防止风口结露；内、外区选用普通型送风口。

2）选择并联式系统。外区和"过冷再热"区域采用带加热器的并联式末端装置；内区采用不带加热器的单风道型末端装置；内、外区均选用低温送风口，以防止风口结露。内区也可采用并联式末端装置，内、外区末端装置内置风机采用变速运行，利用二次风提高送风温度替代低温送风口，防止风口结露。

5.4　组合式单风道型变风量空调系统

外区窗边其他空调设施与单风道型变风量空调系统组合应用称为组合式单风道型变风量空调系统（简称组合式单风道系统），也是由单风道型变风量空调系统发展而来。

如前所述，变风量空调系统对应负荷的基本调节原理是：变风量空调箱全年以适当的送风温度向内、外区送冷风，末端装置根据负荷要求调节送风量。当某些区域冷负荷很小，末端装置将送风量调到最小风量仍过冷时，或当冬季某些外区出现热负荷需要供热时，通过调节末端装置的送风温度来满足空调区域的负荷需求。为此，单冷加热型单风道系统、风机动力型系统的末端装置均对冷风进行加热，系统中存在明显的冷、热抵消现象。虽然各类系统可以采用不同的调节方法，以减小加热过程中的冷热抵消量，但要完全避免此类因冷风再热引起的冷热抵消现象是不可能的。

组合式单风道变风量系统把外区冬季供热设备与送冷风的变风量空调系统分开，消除了系统中的冷风再热现象。对于区域的"过冷再热"问题，组合式单风道系统根据负荷特性划分系统，以不同的送风温度来满足不同区域的负荷需求，尽可能避免"过冷再热"现象出现。

组合式单风道变风量系统在日本得到了长足发展，近年来在我国也有一些工程应用。

5.4.1　风机盘管加单风道型

1. 基本构成

风机盘管加单风道型变风量空调系统如图 5-8 所示，外区靠窗边设置冷、热兼用的风机盘管机组（FCU），用于处理外围护结构产生的冷、热负荷。内、外区共用的单风道系统全年供冷。系统分别设置内、外区末端装置，外区末端装置处理外区的内热冷负荷兼向外区输送新风；内区末端装置处理内区冷负荷兼向内区输送新风。内、外区一般采用单冷型单风道末端，少数可能出现"过冷再热"现象的特殊区域（如会议室等），需设置单冷加热型单风道末端。单风道系统一般为常温送风系统，送风口多为吊平顶送风散流器或条缝风口，上送上回。外区风机盘管机组的温度传感器设在外墙侧，内、外区变风量末端装置的温度传感器分别设置在内、外区侧墙或内、外区吊平顶回风口处。

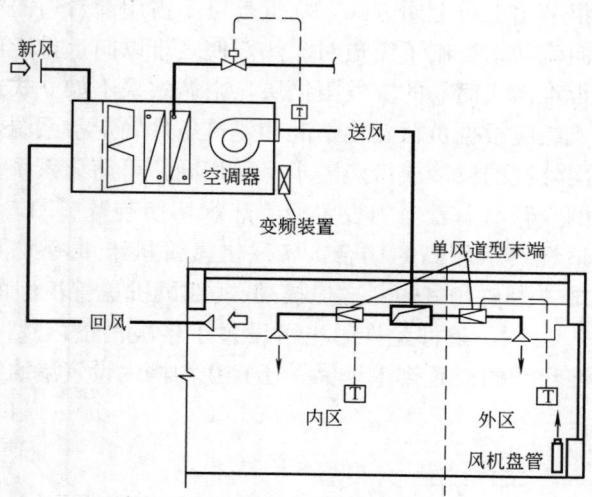

图 5-8　风机盘管加单风道系统

2. 外区风机盘管机组形式

外区一般设置暗装风机盘管机组，如图 5-9 所示。机组有立式、低矮式和卧式之分。立式机组向上送风是最基本的送风方式。夏季上吹的冷风卷吸窗边热空气向上并由吊平顶上的回（排）风口带走，形成简易的空气阻挡层（Air Barrier)[1]。此举不仅带走了部分外围护结构的对流热，还有效降低了外窗的内表面温度，减少了外围护结构的辐射热。冬季，上吹的热风卷吸窗边冷空气向上，阻止窗边的冷空气下沉，提高了外窗的内表面温度，减弱了外围护结构的冷辐射换热。

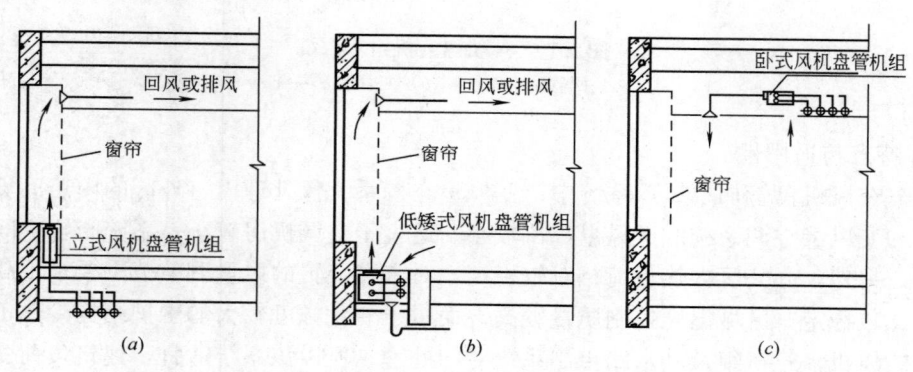

图 5-9　周边风机盘管机组设置

（a）立式；（b）低矮式；（c）卧式

低矮式风机盘管机组是立式机组的变形，其基本作用与立式相同。研究表明[2]，冬季时，立式、低矮式风机盘管有利于减小窗边上下的温度梯度，防止冷气流下沉。低矮式风机盘管机组的另一个优点是可以降低窗台高度，甚至可将其完全置于楼板沟槽内，从而确保外窗的通透性和美观性。

---

① 见本章参考文献［5］第 54～58 页。
② 见本章参考文献［6］第 72 页。

　　卧式风机盘管机组采用上送上回方式，优点是可不占用窗台边的空间。但是夏季下送冷风与窗边热气流反向流动，压制了窗边对流热，使之难以向上排走而进入使用空间。冬季热风又不易送下，很难形成简易的空气阻挡层，空调效果不如立式或低矮式好。

　　外区的风机盘管机组应根据负荷变化情况和建筑条件确定水系统形式。如按朝向设置立管时，由于同一朝向外区的供冷或供热需求一般相同，可简化系统，采用冷、热兼用的两管制系统，在系统的立管与总管之间设置冷、热水切换装置［图5-10（a）］。对于各朝向合用立管以及热舒适性要求较高的场合，各风机盘管机组供冷或供热工况可能会不一致，应采用四管制系统［图5-10（b）］。立式、低矮式风机盘管机组的水平干管一般置于下层吊平顶内［图5-9（a）］，条件允许时也可设置于楼板沟槽内［图5-9（b）］。当设置在楼板沟槽内时，应在沟槽内设置排水地漏，还宜在沟槽内设置漏水警报传感器。

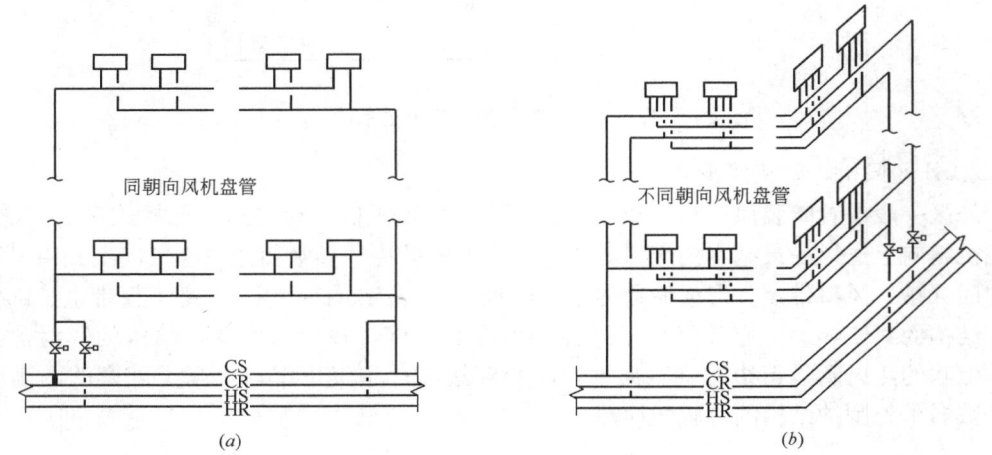

图 5-10　风机盘管机组水系统
(a) 两管制水系统；(b) 四管制水系统

3. 特点与适用性

　　（1）在风机盘管加单风道系统中，变风量空调系统仅处理内、外区的内热冷负荷，末端装置和变风量空调系统的送风量都比较小。适宜于空调机房较小、系统布置空间受限制的场合。另外，办公区内热负荷相对较稳定，对末端装置的风量调节范围要求不高，系统送风量比较稳定，区域温度控制质量较高。而对于变化幅度较大的围护结构冷热负荷则交由外区的风机盘管机组及其水路控制系统专门处理，所以该系统适宜于建筑负荷变化较大的办公建筑。

　　（2）内热负荷与由它决定的送风量通常与人员密度相关。以某新风比随送风进入温度控制区的新风量，通常也和与人员密度相关的新风需求量相一致，故区域内新风分布比较合理。

　　（3）冬季外区的风机盘管机组供热量较大，能满足外围护结构单位长度热负荷大于200W/m的场合，特别适宜于我国的寒冷与严寒地区。

　　（4）该系统的缺点是存在着由风机盘管机组引起的"水患"与"细菌及霉菌孳生"等问题。此外，冬季外围护结构热负荷可抵消部分内热冷负荷，形成混合得益，再热系统可同时减小内区供冷和外区供热量。如果冬季外区的冷、热负荷由变风量末端装置和风机盘管机组分别处理，外围护结构热负荷被风机盘管机组就近处理，就没有混合得益了，若处理不当还会增加室内的混合损失。另外，也应注意混合得益使末端装置的送风量减少，随之进入温度控制区的新风量也相应减少。

5.4.2 多联机加单风道型

近年来，变制冷剂流量多联式空调系统（多联机系统）广泛应用于中小型办公商务楼，其与变风量空调系统组合可以构成多联机加单风道型变风量空调系统。

1. 基本构成

多联机加单风道系统如图 5-11 所示，外区沿窗边设置冷、热兼用的多联室内机（VRF），用于处理外围护结构产生的冷、热负荷。与风机盘管加单风道系统类似，内、外区共用的单风道系统全年供冷。系统分别设置内、外区末端装置，外区末端装置处理外区的内热冷负荷并向外区输送新风；内区末端装置处理内区冷负荷并向内区输送新风。

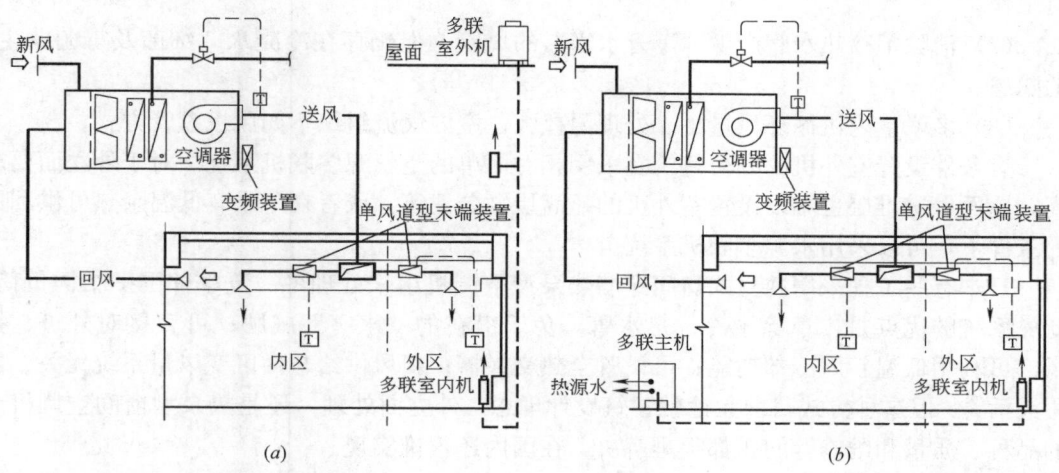

图 5-11　多联机加单风道系统

（a）空调源多联机系统；（b）水源多联机系统

2. 多联机系统

（1）系统选型

应根据外区冬季围护结构负荷变化情况和建筑条件确定多联机系统形式。如：冬季东、北向外区围护结构负荷性质趋向一致，需要供热；西、南向趋向也一致，但上午需要供热，下午在日射作用下则可能需要供冷。因此，东、北向和西、南向宜按冷热需求一致的原则分别设置普通的两管制多联机系统，根据负荷需求，系统供冷或者供热。如果东、南、西、北向全部合为一个系统，则供冷与供热无法兼顾。若投资允许，也可以合并选择热回收型三管制多联机系统。根据外区负荷需求，各温控区的室内机可以任意选择供冷或者供热，通过热回收还可以提高系统效率。

（2）多联室内机

与外区立式、卧式风机盘管机组相同，外区多联室内机也有立式暗装、卧式暗装之分，也具有第 5.4.1 节第 2 点所描述的利弊得失。冷媒管、凝结水管敷设方式：立式室内机宜敷设在本层架空地板内；卧式室内机宜敷设在本层吊平顶内。

（3）多联系统主机

多联系统主机有空气源和水源两种形式。

空气源主机也称为多联室外机，通常可布置在办公标准层的室外空间、避难层、裙楼或主楼屋面等区域，需保持通风良好，避免进、排风短路。系统冷媒管等效长度应满足对应制冷工况下满负荷的性能系数不低于 2.8；或不超过 70m[①]。

水源主机通常布置在办公标准层核心筒机房内，由中央水系统提供冷却热源水。当冷却热源水水温过高时通过冷却塔冷却，水温过低时由风冷热泵、锅炉或其他辅助热源加热。

3. 特点与适用性

多联机加单风道系统基本保持了风机盘管加单风道系统的特点和适用性（第 5.4.1 节第 3 点），与后者相比还具有下列优缺点和适用性：

（1）在夜间或节假日中央水系统停运时，外区空间仍可启用空调，方便用户加班或错时工作。

（2）消除了冷热水管产生"爆管水害"的风险，但仍存在冷凝水"细菌及霉菌孳生"的隐患。

（3）多联室内机循环风量小、处理温差大，室内气流组织不如风机盘管方式。

有条件设置室外机的办公建筑宜采用相对简单的空气源多联机系统。对于外立面要求高，屋面、避难层也难以设置室外机的超高层办公建筑，或者在冬季有低温余热可供利用的条件下，可以采用水源多联机系统。

日本有些工程采用独立式窗间穿墙热泵型空调机组来处理冬、夏季外围护结构负荷。此类系统的优点是：革除了冷、热水管，免于潜在的"水害"威胁；可直接对外进、排风；可利用低温新风冷却功能；可设置全热交换器；新风供给与内区变风量系统无关，使用灵活[②]。但这种方式目前无论就建筑设计理念、外立面处理，还是热泵型窗间空调机组的品种、质量和维修等问题都很难解决，在国内还很难实现。

5.4.3　水环热泵（加）单风道型

应用于中小型办公商务楼的水环热泵系统与变风量空调系统组合可以成为水环热泵加单风道型变风量空调系统。如果变风量空调箱也采用水环热泵空调机组，则组成了完整的水环热泵单风道型变风量空调系统。

1. 基本构成

如图 5-12 所示，外区沿窗边设置冷、热兼用的水环热泵室内机（WHP），用于处理外围护结构产生的冷、热负荷。与风机盘管加单风道系统类似，内、外区共用的单风道系统全年供冷。系统分别设置内、外区末端装置，外区末端装置处理外区的内热冷负荷并向外区输送新风；内区末端装置处理内区冷负荷并向内区输送新风。水环热泵单风道系统则以水环热泵空调机组作为变风量空调箱（图 5-13）。

2. 水环热泵系统

（1）热泵机组

与外区立式、卧式风机盘管机组相同，外区设置的水环热泵机组也有立式暗装、卧式暗装之分，也具有第 5.4.1 节第 2 点描述的利弊得失。水环热泵机组还有一体型与分体型

---

① 见本章参考文献 [7] 第 53 页。

② 见本章参考文献 [5] 第 60～64 页。

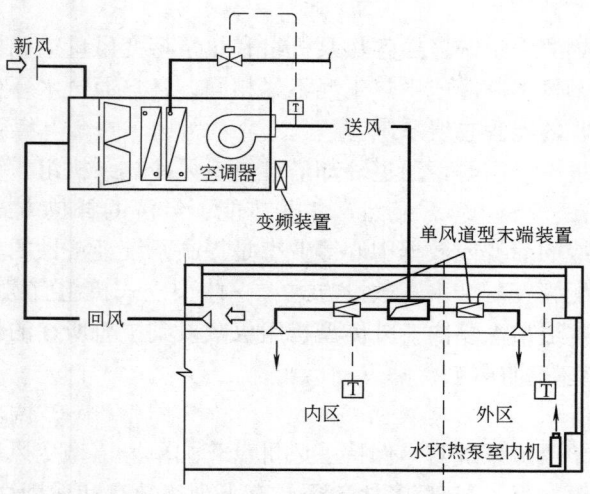

图 5-12　水环热泵加单风道型变风量空调系统

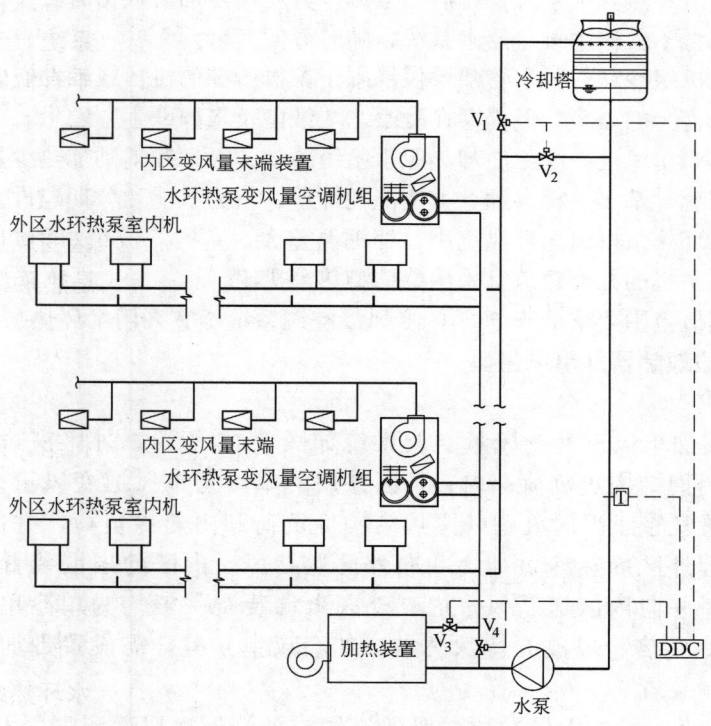

图 5-13　水环热泵单风道型变风量空调系统

两种形式：一体型机组是压缩机、冷凝器、蒸发器和风机整体组合，缺点是室内噪声较大，适用于小型机组；分体型机组分为末端与主机两部分，末端类似多联机系统的室内机，含风机、蒸发器或冷凝器；主机含压缩机和冷凝器或蒸发器，通常置于机房或辅助空间内。分体型机组的末端和主机之间采用冷媒管连接，优点是噪声可控，方便维修。

　　近年来已有厂商开发了变风量的水环热泵空调箱，其最小风量不能低于最大风量的 50%。

（2）水环系统

水环热泵的冷却热源水系统连接各热泵机组和热泵型变风量空调机组。由于各热泵机组和热泵型变风量空调机组制冷或供热工况不尽相同，各自通过水环系统放热或取热，形成了可实现冷凝热回收的能源总线系统。

当排热量和取热量不平衡时，通过冷却塔排热或风冷热泵机组、锅炉及其他辅助热源补热，保持系统水温在 $15\sim30℃$。显然，冬季节能、经济的补热方式十分重要，将水环热泵系统纳入常年供冷的商业或数据中心等业态是提高系统经济性的有效手段。

冷却热源水系统配管、凝结水管敷设方式：一体型立式机组宜敷设在下一层吊顶内；卧式室内机宜敷设在本层吊平顶内；分体型机组仅敷设到主机所在的机房或辅助空间。热源水立管通常设置在空调机房内。

3. 特点与适用性

水环热泵（加）单风道系统基本保持了风机盘管加单风道型变风量空调系统的特点和适用性（第 5.4.1 节第 3 点），与后者相比还具有下列优缺点和适用性：

（1）水环热泵加单风道系统在夜间或节假日中央水系统停运时，外区空间的热泵机组依靠全天运行的冷却热源水系统仍可启用空调，方便用户加班或错时工作；水环热泵单风道系统则可以完全不依赖中央冷热水系统，随时方便运行。

（2）分体型机组冷却热源水管敷设仅局限于主机所在的机房或辅助空间，消除了办公区间的"爆管水害"的风险，但仍存在冷凝水"细菌及霉菌孳生"隐患。

（3）水环热泵单风道系统除冷却热源水系统冷却、循环和辅助加热少量能耗外，不依赖中央冷热源系统，基本能耗自理，方便能耗计量、行为节能和分期建设。

（4）外区水环热泵机组循环风量小、处理温差大，室内气流组织不如风机盘管方式。有条件集中设置主机的办公建筑宜采用分体型热泵机组。

（5）风量调节范围要求低于 50% 的变风量空调系统不宜采用水环热泵单风道系统。

5.4.4 周边散热器加单风道型

1. 基本构成

周边散热器加单风道型变风量空调系统如图 5-14 所示。外区窗边设置的散热器仅处理冬季外围护结构热负荷；内、外区共用的单冷型单风道变风量系统全年供冷。外区的末端装置夏季工况时处理外围护结构冷负荷和内热冷负荷，并向外区送新风；冬季工况时处理外区内热冷负荷，并向外区送新风。内区的末端装置全年处理内区的内热冷负荷，并向内区送新风。内、外区末端装置一般均为单冷单风道型，少数可能出现"过冷再热"现象的特殊区域（如会议室）等，需设置带加热器的单冷加热型单风道末端装置。

单风道型系统一般采用吊平顶送风散流器或条缝形送风散流器、上送上回的送风方式。

周边散热器的温度传感器一般设置在外墙内侧，内、外区末端装置的温度传感器分别设置在内、外区侧墙或吊平顶的回风口处。

2. 周边散热器形式

周边散热器按供暖方式可分为对流型、辐射型和对流辐射型；按空气循环方式可分为带窗边风机的机械循环和不带窗边风机的自然循环；按热源方式可分为热水型和电热型。周边散热器布置方式见图 5-15。

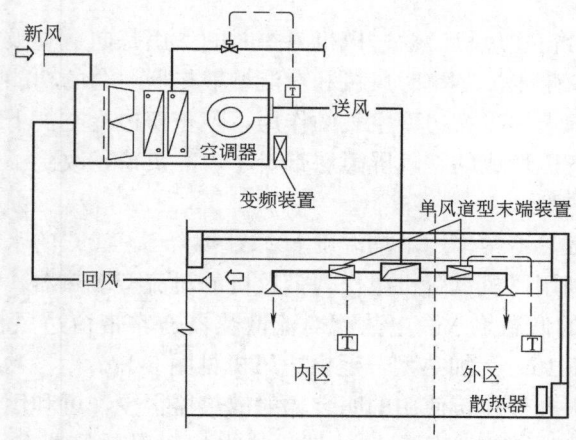

图 5-14 周边散热器加单风道系统

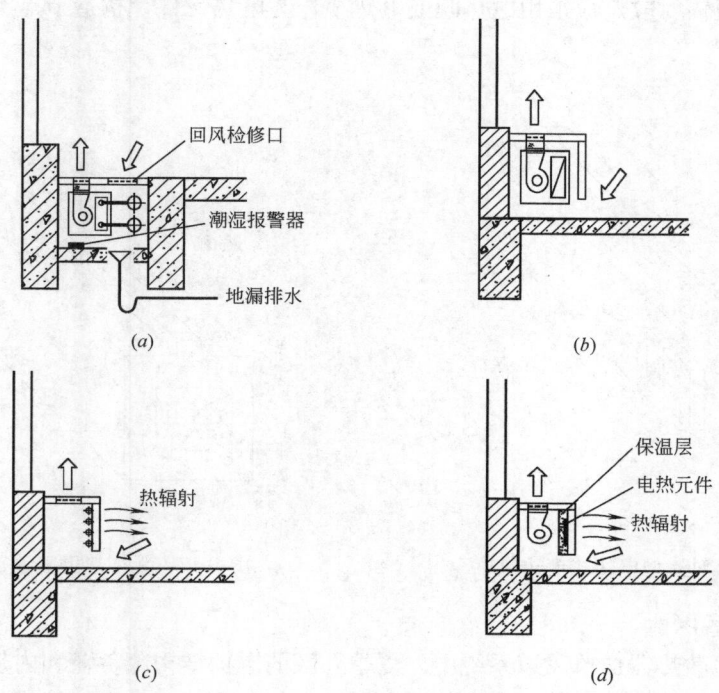

图 5-15 各种周边散热器布置

（a）对流/带风机/热水/沟内布置；（b）对流/带风机/电热/窗台布置；
（c）对流辐射/无风机/热水/窗台布置；（d）辐射/带风机/电热/窗台布置

（1）对流型、辐射型和对流辐射型

对流型周边散热器冬季加热，热空气向上卷吸窗边冷空气，阻止窗边冷气流下沉，提高了外窗的内表面温度，弱化了外围护结构的冷辐射。辐射型周边散热器的作用是增加热辐射，抵消外围护结构的冷辐射，从而提高外区的体感温度。与变风量空调系统组合使用的辐射型周边散热器，通常是指窗下踢脚板式热辐射散热器。对流辐射型散流器则两种功能兼具。

（2）窗边风机

各类散热器均可带窗边风机。窗边风机夏季时的作用是向上卷吸窗边热空气，并被吊平顶处的回（排）风口带走。冬季时风机和对流型散热器组合的功能与风机盘管机组供热相似，强化了热空气向上卷吸窗边冷空气的作用，阻止窗边冷空气下沉。无论是夏季还是冬季，窗边风机送出气流形成的空气屏障层带走了窗间负荷，改善了窗际热环境。

（3）热水型和电热型

国外热水对流型散热器常采用平均温度 80℃，温降 5～20℃ 的水系统。根据我国空调设备现状，也可直接利用风机盘管机组作为带风机的对流型散热器，它们与其他空调设备一样，采用 60℃ 以下的低温热水。电热型对流散热器通常带窗边风机，采用陶瓷电热元件，其基本形式见图 5-16。无加热型普通窗边风机见图 5-17。

目前国内适合高级办公建筑使用的明装辐射散热器很少，可利用窗台下的墙面，结合装修设置暗装辐射散热器或对流辐射散热器。热水型辐射散热器允许的最高表面温度为 43℃，热水温度在 55℃ 以下，温降 6～8℃，构造节点及选型计算方法类似热水型地板辐射供暖。电热型辐射散热板采用电热膜或电热缆作为电热元件，构造节点类似电热式地板辐射供暖。

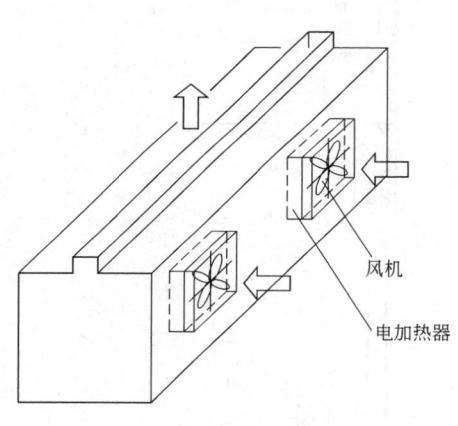

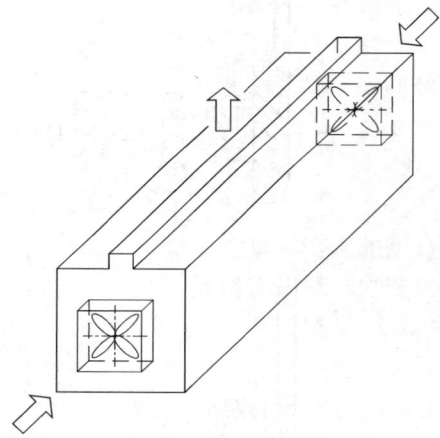

图 5-16　对流型电热式窗边风机　　　　　图 5-17　无加热型普通窗边风机

3. 特点与适用性

（1）在周边散热器加单风道系统中，夏季外区的围护结构冷负荷和内热冷负荷都由外区的变风量末端装置处理，此时末端装置风量较大；冬季外区的围护结构热负荷由周边散热器处理，外区的变风量末端装置仅处理内热冷负荷，此时末端装置风量较小。由于夏季外围护结构冷负荷的变化幅度较大，冬季又完全没有，因此要求外区的变风量末端装置的风量调节范围很大。当外区的变风量末端装置达到最小风量后，有些被控区域仍处于过冷状态，再热式变风量末端装置还需采用"过冷再热"措施。为了节能，常用的设计对策是根据朝向一致性原则分设变风量空调系统。显然，如果外区中与朝向有关的外围护结构冷负荷有相似的变化规律，则其末端装置的需求风量会趋于一致。这样，当出现较小负荷时，可提高系统的送风温度，使末端装置维持一定的送风量，避免在区域内出现过冷与过热现象。此外，按朝向设置空调系统，可避免末端装置大范围的风量调节，改善了区域温度控制质量，提高了风系统的稳定性，也使新风分布更加均匀。然而，变风量空调系统小型化、分散化会增加设备和投资，也会增加空调机房的面积。因此，这种系统适用于空调设计标准高，投资和机房空间比较宽松的工程。

（2）热水型周边散热器有较大的加热能力，可应用于外围护结构单位长度热负荷大于100W/m 的场合。与冷、热兼用风机盘管机组相比，消除了冷凝水引发的"细菌和霉菌滋生"问题。但是，热水系统仍要进入空调区域，漏水等隐患依然存在。电热型周边散热器加热能力有限，局限于外墙、外窗绝热性能良好，外围护结构单位长度热负荷 100W/m 左右的场合。电热的经济性差，且无法利用峰谷电价蓄热，仅适用于不希望水管进入空调区域的办公建筑。

（3）夏季时，外区变风量末端装置负担外区的全部冷负荷，送风量较大，所含新风量也较大，因而会多占内区的新风量，使内区新风不足。

（4）冬季时，外区的冷、热负荷由变风量末端装置和散热器分别处理，避免了再热型变风量空调系统的系统内再热损失。但是，再热型系统外围护结构热负荷、内热冷负荷与一次冷风最小风量混合处理的方法，外围护结构热负荷可抵消部分内热冷负荷，形成混合得益。若外围护结构热负荷被散热器就近处理就没有混合得益了，处理不当还会增加室内的混合损失。设计、施工、运行维护时需要注意减少混合损失。

周边散热器加单风道系统是一种有前途、在发展的系统，但目前国内采用的工程还不多，适合于现代化办公建筑的国产周边散热器设计、制造、安装和运行维护尚缺少经验。

5.5　双风道型变风量空调系统

双风道型变风量空调系统源于双风道定风量空调系统，是双风道方式与变风量方式相结合的产物。双风道型变风量空调系统依据其用途和末端装置的控制方式，又可区分为冷、热双风道型变风量空调系统（简称冷、热双风道系统）和强冷、弱冷双风道型变风量空调系统（简称强、弱冷双风道系统）。

5.5.1　冷、热双风道型[①]

1. 系统构成

冷、热双风道系统由供冷和供热两部分组成，可分别或同时向末端装置送冷风与热风，系统布置如图 5-18 所示。外区设置双风道混合型变风量末端装置（简称双风道末端）。当温度控制区需要供冷时，双风道末端关闭热风进风阀，单送冷风；当温度控制区需要供热时，双风道末端关闭冷风进风阀，单送热风；当温度控制区冷、热负荷很小且交替出现时，双通道末端同时开启冷、热风进风阀，调节冷、热风混合比例，以合适的送风温度和风量送到室内。

内区一般采用单风道末端，全年供冷。对因新风量需要较多（如会议室）而送风量很大的温度控制区，由于显热冷负荷相对较小，常出现区域过冷现象，也应采用双风道末端，保持末端装置最小送风量的同时通过冷、热风混合提高送风温度，以适合温控区较小的负荷。

---

① 见本章参考文献 ［6］ 第 130～133 页。

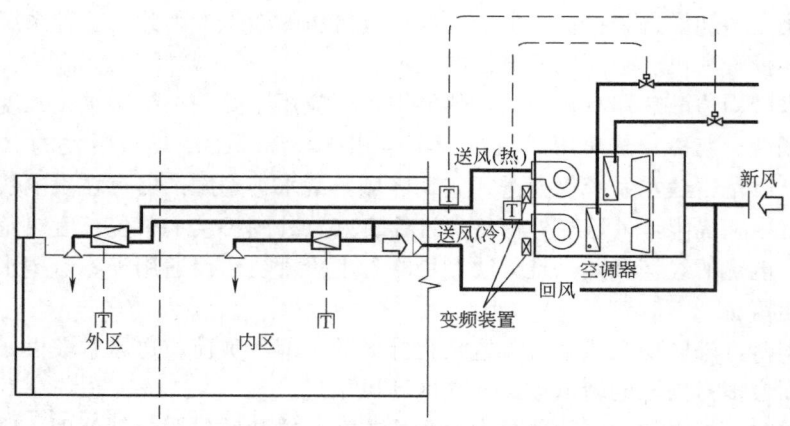

图 5-18　冷、热双风道型变风量空调系统

2. 空气处理[①]

冷、热双风道系统有冷、热两台空调箱组合方式（图 5-19）和一台带有供冷和供热两部分的冷、热组合式空调箱（图 5-20）。

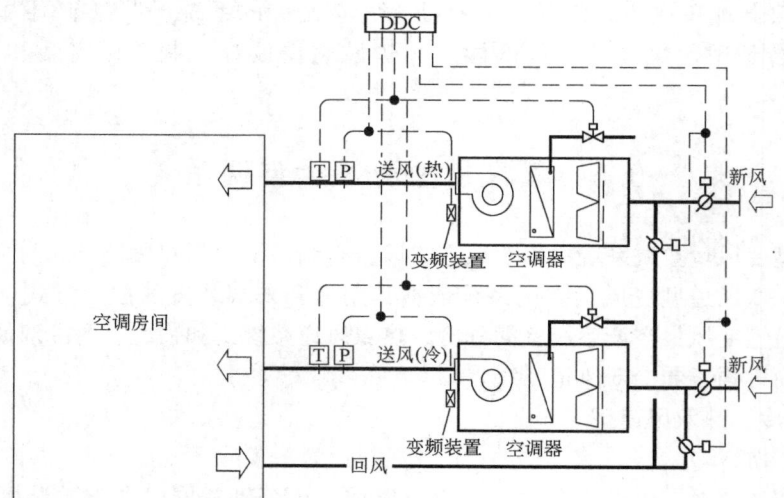

图 5-19　冷、热两台空调箱组合方式

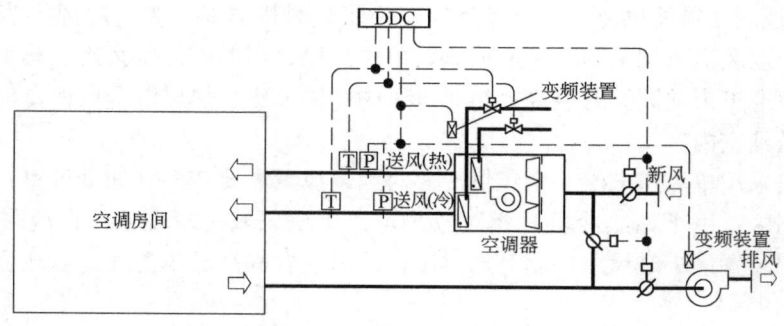

图 5-20　冷、热组合式单风机空调箱方式

---

① 见本章参考文献 [8] 2.10～2.11。

　　冷、热组合式空调箱有兼送冷风与热风的单风机方式（图 5-20）和分别送冷风与送热风的双风机方式（图 5-21）。单风机空调箱简单、价廉，但两者相比，双送风机空调箱有下述优点：

　　（1）单风机方式的风量调节如采用定静压控制方法，则冷风管和热风管上均需测量风管内静压值，用以调节风机转速。显然，当保证了两路风管的静压值都满足要求时，其中一路风管的静压值则必然偏大，只能依靠末端装置风阀节流。风机风压过大再节流无疑是一种浪费。双风机方式分别调节冷风与热风风机转速，冷风管与热风管的静压值只需满足自身的设计值即可，避免了某一路风管静压超压。

　　（2）单风机方式冷热部分只能采用一种新风比，而双风机方式可采用不同的新风比，该功能对冷风部分利用新风供冷很有帮助。

　　（3）单风机方式中风机的风量是冷、热最大风量之和，双风机方式中风机的风量则是冷、热风各自的最大风量。系统运行时，夏季仅送冷风，不送热风；冬季预热运行和值班供热时仅送热风，不送冷风。此时，单风机方式只能把风量调得很小，降低了风机效率。双风机方式可按需启停风机，有利于节能运行。因此，双风机方式被广泛应用在各种双风道型变风量空调系统中。

　　现代办公建筑的气密性较好，特别是当系统设计成全（变）新风自然冷却时，应设置排风机或回风机。双风道型变风量空调系统有冷风与热风两部分，而回风管、排风机或回风机一般都合用。变风量空调系统的送回风比对于维持空调区静压值十分重要，工程中可在冷风管、热风管及回风管上分别设置压差传感器，根据检测风量，调节回风机或排风机转速，使送、回风量达到一定的平衡度。

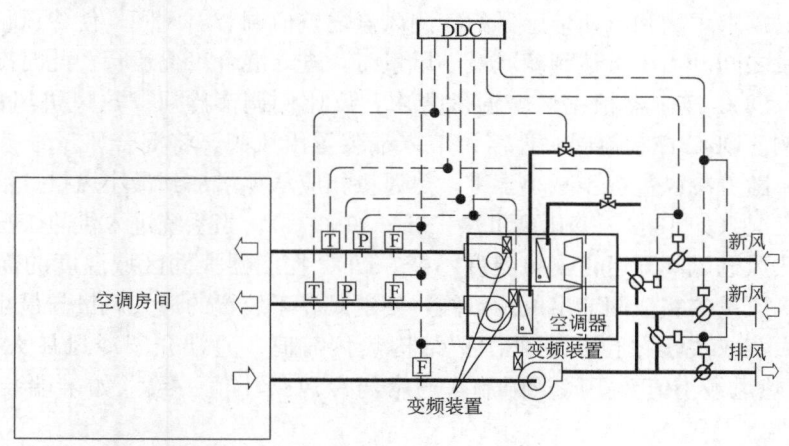

图 5-21　冷、热组合式双风机空调箱方式

　　由于冷、热双风道系统所用空调箱的构造和控制策略比较复杂，因此，一般不采用柜式空调器。

　　3. 双风道末端[①]

　　图 5-22 是一种压力无关型双风道末端的示意图，由 2 个进风口尺寸相同的平行通道组成，各带单板式风阀以调节冷、热风量。冷、热空气混合后，再经出风调节阀总风量调

---

　　① 见本章参考文献［4］第 941～942 页。

节后送至室内。末端装置的 DDC 控制器根据温度控制区内的温度传感器信号直接控制冷风与热风进口风阀开度。DDC 控制器根据末端装置出风口处风速传感器的信号和来自室内温度控制环路的风量设定值的比较，控制出风口调节风阀。双风道末端的风速传感器有多种设置位置（图 5-23），以适应不同的控制方法。

采用 DDC 控制器的双风道末端可实现下列控制：区域温度控制；最大、最小风量限制；预热、预冷控制。大多数 DDC 控制器都采用比例积分（PI）控制。

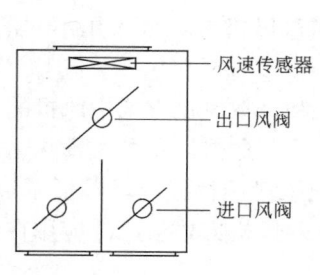

图 5-22　压力无关型双风道末端示意图

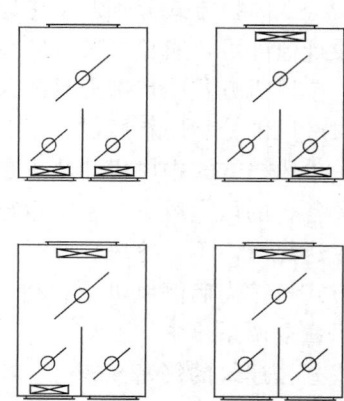

图 5-23　双通道末端风速传感器位置

末端装置全年运行可分为三种工况：供冷工况、混合工况和供热工况［图 5-24（b）］。

在供冷工况下，冷风进口阀全开，热风进口阀全闭，出风温度不变，DDC 控制器根据区域温度的需求风量和风速传感器的实测风量之差值调节出风阀，使冷风量介于最大风量与最小风量之间。当风量达到冷风最小风量时，进入混合工况运行。此时冷风、热风进风阀均开启，DDC 控制器根据区域温度要求，反比例调节冷风、热风进风阀，控制冷、热风量的比例。DDC 控制器同时还需调节末端装置出风阀，将混合风量维持在末端装置的最小风量。随着冷风量逐步减小至零，热风量相应从零增加到最小风量。混合风的送风温度从供冷工况（如 13℃）变化到供热工况（如 30℃）。当系统进入供热工况后，冷风进风阀关闭，热风进风阀开启，出风温度不变。DDC 控制器根据区域温度的需求风量和风速传感器实测风量的差值调节出风调节阀，使送风介于装置的最大风量与最小风量之间。

热风最大值取决于单位长度外围护结构热负荷值，通常介于冷风最大值的 50%～100% 之间。热风最小值受新风量限制，通常与冷风最小值一致（如末端装置最大风量的 30%）。

通过双风道型定风量末端装置［图 5-24（a）］和双风道型变风量末端装置［图 5-24（b）］的调节策略比较可知：双风道型定风量末端装置送风量不变，全年通过调节冷、热风混合比，控制送风温度，以适应温度控制区的负荷变化。因此，全年存在着严重的冷、热抵消现象。

冷、热双风道型变风量末端装置在供冷和供热工况下并不进行冷风与热风混合，呈现为单风道型变风量末端装置的功能。只是在混合工况下，为了保证末端装置最小风量和区域新风供给，才采用固定送风量，以冷风、热风混合调节送风温度的方法来处理温度控制区较小的冷、热负荷。因此，双风道型变风量空调系统与单风道再热型变风量空调系统一样，具有相对的节能性，以取代不节能的双风道定风量空调系统。

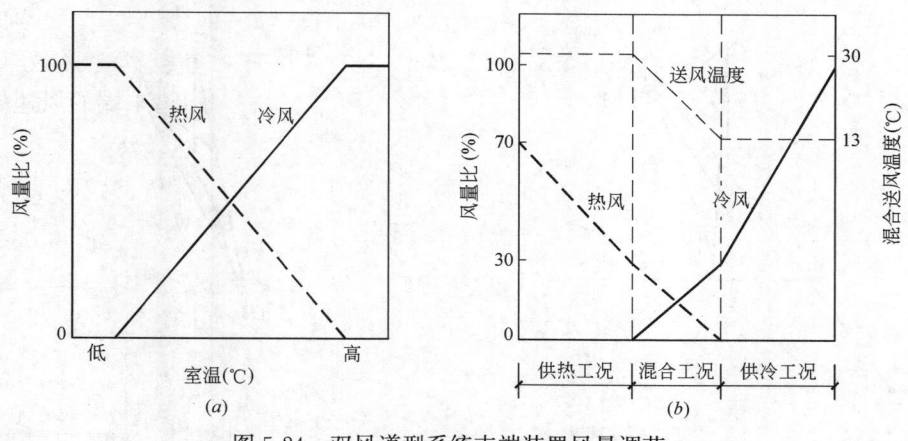

图 5-24　双风道型系统末端装置风量调节

（a）定风量末端装置；（b）变风量末端装置

4. 系统全年运行与送风温度

（1）全年运行

图 5-25 为冷、热双风道系统的全年运行焓湿图分析。

夏季时，冷、热双风道系统通过内区的单风道末端和外区的双风道末端送冷风［图 5-25（a）］。某些有过冷现象的内区可设置双风道末端。

过渡季时，系统的空气处理过程见图 5-25（b）。当湿热地区的室外空气焓值低于回风焓值，或干冷地区的室外空气干球温度低于回风温度时，有条件采用全新风供冷的双风道系统可全开供冷部分的新风阀，关闭回风阀，新风经冷却盘管处理到送风温度。系统的供热部分保持最小新风量，作为"过冷再热"区域的热源。随着气候变冷，外区双风道末端送出的冷风量逐步减少，当达到最小风量时，末端装置进入冷、热混合送风工况。

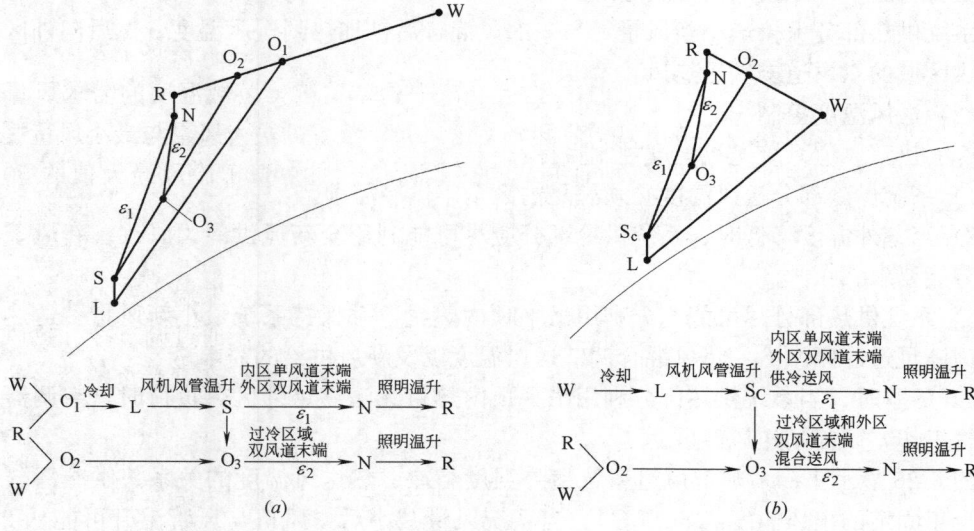

图 5-25　冷、热双风道系统全年运行焓湿图（一）

（a）夏季；（b）夏季—冬季过渡季；

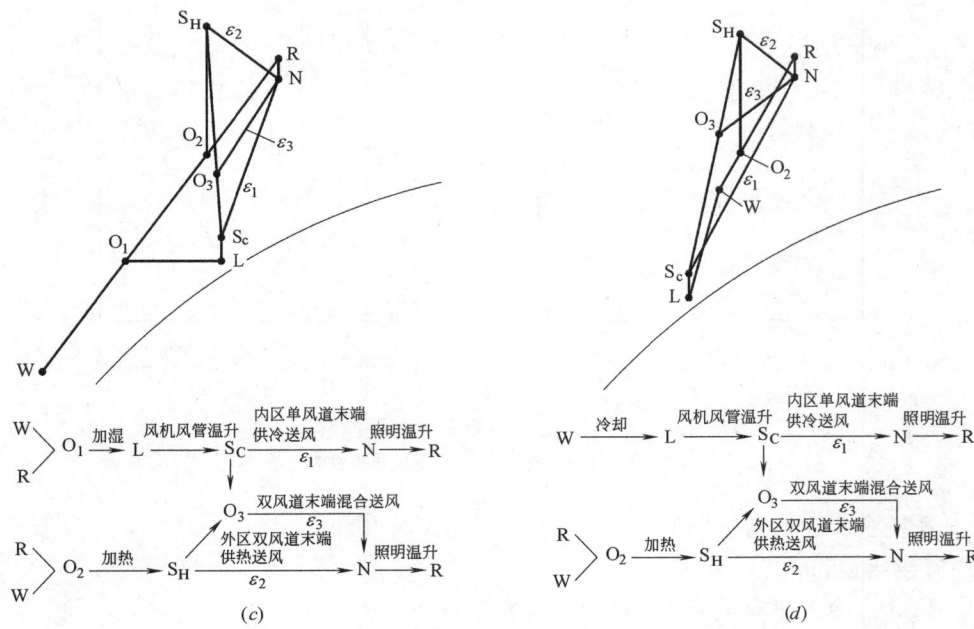

图 5-25　冷、热双风道系统全年运行焓湿图（二）

（c）冬季；（d）冬季—夏季过渡季

冬季时，系统的空气处理过程见图 5-25（c）。当室外空气温度低于冷却盘管出风温度时，系统供冷部分的新风、回风阀处于调节状态，以满足以下要求：

1）维持系统新风量不低于最小新风量；

2）将冷风调节到出风温度，向内区单风道末端送风。

当室外空气温度高于冷却盘管的出风温度时［图 5-25（d）］，供冷部分又可恢复到全新风运行状态，并把新风处理到送风温度。

系统供热部分保持最小新风量，与一次风混合后被加热到送风温度，然后向外区和过冷再热区域的双风道末端送热风。

（2）送风温度控制

冷、热双风道系统送风温度控制目标：

1）系统供冷部分送风温度必须满足内区全年供冷需求。

2）当室外温度降低时，系统供冷部分应尽可能利用全新风供冷，以改善新风条件和满足节能要求。

3）系统供热部分尽可能充分利用吊平顶内热量，并保持系统最小新风量。送热风主要是为满足过冷区域冷、热风混合调节送风温度以及新风供给的需求。

4）冬季时，当系统供热部分利用吊平顶内热量无法满足外区热负荷时，空调器的加热盘管工作，以提高送风温度。

图 5-26 显示了冷、热双风道系统室外温度与冷、热送风温度的关系。供冷部分一般保持全年固定的出风温度（如 11℃）。当系统风量减小后，风机与风管温升可能从 2.8℃提高到 5.6℃，末端装置的送风温度可能会在 13.8~16.6℃之间。

系统供热部分则相对复杂。春、夏、秋季供热部分主要为满足部分过冷区域的双风道末端冷热混合调节送风温度的需要。热风也是吊平顶内回风和最小新风的混合风，混合空气的温度随室外空气温度的下降而降低。当室外空气温度从 35℃ 降低到 15.6℃左右时，热风温度也会从 27.8℃ 降低到 24.4℃。当室外温度低于 15.6℃ 后，外区需要供热，但最大送风温差最好不大于 8.3℃，如果考虑风管热损失而造成热风的温降为 1.1℃，则系统最高送风温度不超过 22＋1.1＋8.3=31.4℃。

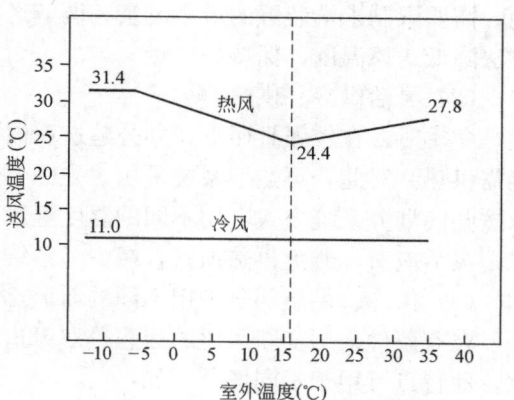

图 5-26　冷、热双风道型变风量空调系统供冷供热送风温度[1]

5. 特点与适用性

（1）混合调节送风温度处理较小冷负荷

春、秋季节室外气温较低，外区显热冷负荷大幅度减小，某些内部区域显热冷负荷也减小，二者都需要减少送风量。但受新风需求和气流组织制约，外区最小风量一般不能小于最大风量的 30%，人员密集的内区房间最小风量甚至不能小于最大风量的 70%。由于风量无法随负荷减小，上述区域的空调只有靠提高送风温度实现。然而为了满足其他温度控制区空调需求，系统送风温度很难较大幅度提高。对此，单风道系统只能采用末端再热的方法提高送风温度。风机动力系统的末端装置虽然可以通过内置风机抽取吊平顶内二次风和自身散热，少量提高送风温度，但满足低负荷需求的主要办法还是在保持送冷风量的同时再热调节送风温度。

冷、热双风道系统不再采用再热方法提高送风温度。现代办公建筑因照明灯具的散热，吊平顶中空气温度通常会高于工作区温度 2℃ 以上。冷、热双风道系统的供热部分可用吊平顶回风或吊平顶回风与新风混合的方法，向设置在"过冷区域"的双风道末端送风。由图 5-24（b）可见，末端装置内冷风与热风混合，冷风在减小的同时增加热风，既保证了一定的送风量，又有效地减小了供冷量。例如：室内设计温度为 24℃，吊平顶内空气温度为 26℃，室外空气温度为 34℃，新风比为 15%，一次风温度为 14℃，假如冷热风比例为 1:1，则系统供热部分的送风温度约为 26＋0.15(34−26)=27.2℃；双风道末端的送风温度为 (27.2＋14)/2=20.6℃，实际供冷量占最大供冷量的比例为(24−20.6)/(24−14)×100%=34%。

这种空气混合升温的调节方式不仅有效增加了变风量末端装置的低负荷可调性，其节能性体现在：

1）利用内热和新风的热量作为空气混合升温的热源，节省再热能量。

2）与热水再热方式相比，春、夏、秋三季无需启用热水系统。与电热方式相比，空调能效比和安全性大为提高。

需要注意的是，在夏季，吊平顶回风混合了新风后增加了送风的含湿量，使室内相对湿度有所提高。

冬季某些外区房间存在热负荷小、新风需求量大的情况，这与处理小冷负荷的情况相

① 见本章参考文献 [4] 第 944～第 945 页。

同，需要限制末端装置的最小风量，调节送风温度。双风道末端可采用冷风与热风混合的方法降低送风温度，保持送风量。

（2）灵活供冷、供热

冬季时，在较强日照下，办公建筑西向、南向外区可能要供冷，而东向、北向外区可能需供热。对此，再热型系统采用"先冷再热"的方式；冷热型单风道变风量空调系统采取按朝向划分系统方式，用不同的温度送风；而冷、热双风道系统则可采用冷、热分别送风，灵活应对，避免再热损失，减少了系统数量。

（3）供冷、供热部分采用不同的新风比

在有条件采用变新风比的冷、热双风道系统中，供冷和供热部分可以采用不同的新风比，此特点可用于不同场合，如：

1）系统供冷部分可在过渡季加大新风比，多利用低焓（温）新风。而系统供热部分如加大新风比反而会增加热负荷，因此，仍保持最小新风比。

2）系统供冷部分可在冬季调节新风比，利用低焓（温）新风作为冷源；系统供热部分仍保持最小新风比。加大新风供冷需用加湿方法来保持室内空气合适的相对湿度。

（4）局限性和适用性

尽管冷、热双风道系统有许多优点，但它仍存在着下列局限性：

1）需设置供冷与供热两组风管系统及组合式双风机空调箱，占用空间多，投资大。

2）双风道末端结构复杂、价格较高，且目前无国产产品。控制公司也无相应的控制软件，目前国内尚无应用实例。

3）仅适用于一些高标准、投资大、不允许水管进入空调区域，必须采用全空气系统的建筑物。

4）仅适用于采用常温空调系统的建筑物。

5）为了充分利用系统供冷、供热部分分别可调新风比的特点，建筑物应具有方便新风与排风进出机房的条件。

6）建筑物应有较高的层高，以及较宽裕的机房和吊平顶空间。

5.5.2　强冷、弱冷双风道型[①]

1. 问题由来

前述章节已多次提及变风量空调系统的新风分配、气流组织和区域过冷问题。由

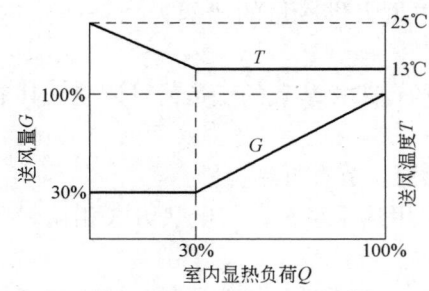

图 5-27　室内显热负荷、送风量和送风温度关系

图 5-27 可知，温度控制区变风量末端装置在设计风量到最小风量之间采用定送风温度、变送风量方式来应对室内显热负荷变化。由于新风分配、气流组织及末端装置风速检测等原因，末端装置送风量不能低于最小风量，应对室内显热负荷变化的唯一方法是在保持最小风量的同时改变送风温度，显然这对于某个变风量末端装置而言是难以实现的，所以就产生了区域过冷问题。解决区域过冷的方法有很多，平顶内二次回风作用有限，末端再热和冷、热双风道系统又有冷热抵消问题，于是就产生了强

冷、弱冷双风道型变风量空调系统（简称强、弱冷双风道系统）。

2. 系统构成

强冷、弱冷双风道系统也称为复式（Pair）风道变风量系统，外观上与冷、热双风道系统相似，但实际上有很大区别。双风道系统是冷风、热风组合双通道送风，在末端最小风量时，冷热风混合以调节送风温度。如图 5-28 所示，复式风道变风量系统是由单风道室内空调系统（强冷）和单风道基本空调系统（弱冷）组合的双通道送风，无冷、热混合现象。此外，周边外窗还需要设置加热器等辅助设施，用以处理冬季外围护结构热负荷。

（1）单风道基本空调系统

单风道基本空调系统承担新风供给、基本的换气次数和室内负荷。送风温度低于室温约 3℃，为 21～22℃，送风换气次数约 3～4h^{-1}。一般采用楼层定风量末端装置（CAV）控制送风量。由图 5-28、图 5-29 可知，在集中空调箱中，新风（W）与排风（N）全热交换（也可不设）后被冷却处理到室内等焓点（D），与回风（N）混合到盘管进风点（E），再经冷却盘管调节送风温度（也可不设），通过定风量末端装置（CAV）向楼层送风。

冬季工况与夏季工况相似，进入复式变风量系统的新风经与排风全热交换后，再与回风（N）混合到（E），加热到（F），绝热加湿到（G）后，通过定风量装置（CAV）向楼层送风。

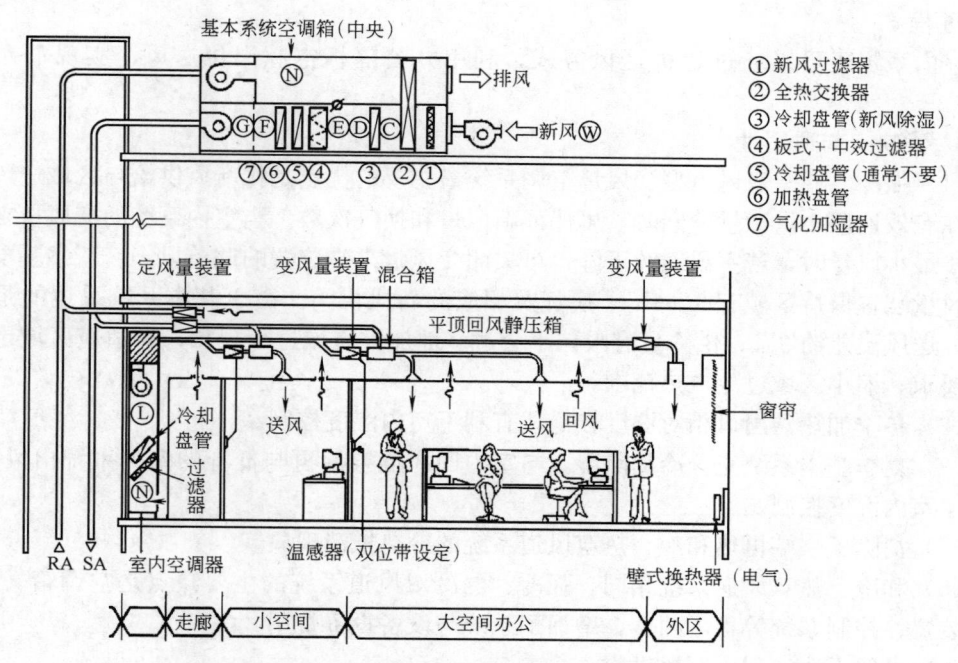

图 5-28 强冷、弱冷双风道型变风量空调系统

（2）室内空调系统

室内变风量空调系统仅处理室内负荷，送风参数（L）按通常方法计算，一般送风换气次数为 4～5h^{-1}，送风温度为 10～12℃。夏季工况下，系统把回风（N）处理到送风参数（L），通过各温度控制区变风量末端装置送风。定风量末端装置送风（E）与变风量末端装置送风（L）在末端下游混合箱内混合到 S 后，经送风口送到室内。

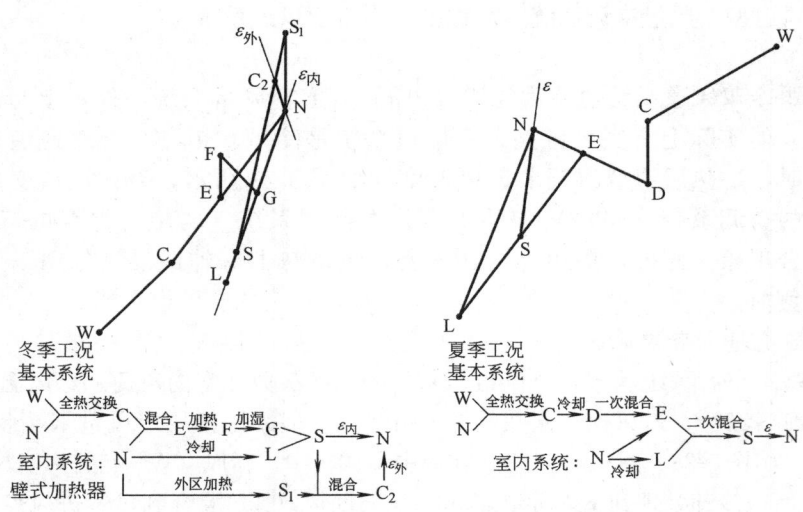

图 5-29　强冷、弱冷双风道型变风量空调系统焓湿图

冬季工况下，室内空调系统将回风冷却到 L，与基本空调系统的定风量末端装置送风（G）在末端下游混合箱内混合到 S 后，经送风口送到内区。此外，外区壁式散热器将室内空气（N）加热到 S_1，其与风口送风状态（S）混合到 C_2，构成外区室内热湿过程 $\varepsilon_{外}$。

室内系统还可以通过地板送风方式，利用办公隔板空腔岗位送风，实现个人空调控制。

3. 优缺点与适用性

（1）强冷、弱冷双风道型变风量空调系统最主要的优点是将新风供给与区域送风量分开，在有效地调小供冷量的同时，可保证新风量和换气次数。当室内系统的变风量末端装置处于最小风量时，若室温继续下降，可关闭变风量末端装置的调节风阀。依靠基本系统的定风量装置保持区域有 $3\sim4h^{-1}$ 换气及相应的新风供给。由于基本系统采用的是弱冷方式，送风温差约 3℃，供冷量有限，不会过多地加大区域过冷现象，可适应区域更小负荷的要求，缩小区域过冷再热范围。

（2）冬季加热器出口相对湿度较低，有利于室内湿度控制。

（3）夏季基本系统充分冷却除湿，与室内回风混合后再与低湿的室内系统出风混合，有利于室内湿度控制。

（4）消除了末端再热和冷、热双风道系统的冷热抵消现象。

（5）和冷、热双风道系统相同，强冷、弱冷双风道系统的主要缺点是空调箱、风管、末端装置、控制系统等均需两套，增加了系统与设备投资费用。

（6）一般无法实现变新风供冷。

（7）适用于保证新风量、气流组织要求较高，内热负荷变化较大的场合。

5.6　诱导型变风量空调系统

5.6.1　系统构成

诱导型变风量空调系统由一次风空调箱、诱导型变风量末端装置及风管系统等组

成。系统工作原理是：由系统空调箱处理后送出的一次风（有时为低温送风）经风
管系统分布到各诱导型变风量末端装置，末端装置根据负荷变化调节送入空调区域
的风量。在诱导型变风量末端装置内，一次风从喷嘴高速喷出，与吊平顶内被诱导
的二次风混合后送进空调区域，诱导作用既替代了风机动力型末端的内置风机，又
充分利用了吊顶内的照明发热量以提高系统的送风温度，从而代替了冷、热双风道
系统的冷、热风混合。

诱导型变风量空调系统可分直流式［图 5-30（a）］和回风式［图 5-30（b）］，回风式
系统将变风量末端装置与诱导器分开设置。还有大温差式诱导器（图 5-31）和带净化装
置的诱导器（图 5-32）。

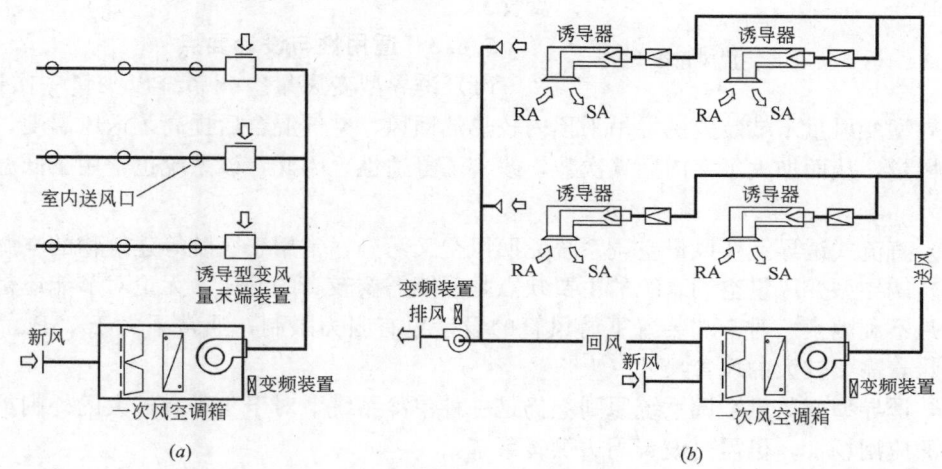

图 5-30　诱导型变风量空调系统
（a）直流式；（b）回风式[1]

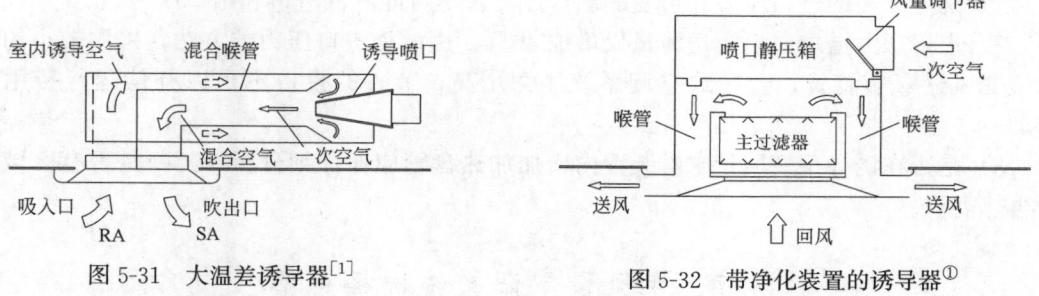

图 5-31　大温差诱导器[1]　　　　　　　图 5-32　带净化装置的诱导器①

5.6.2　诱导型末端

诱导型变风量末端装置的主要优点是可以在一次风量减少到不小于 50% 时，仍保持
总送风量几乎不变。除非诱导型末端的一次风量减小到很低的程度，一般仍能保持较大的
送风量。图 5-33 显示了当一次风量减小到设计风量的 20% 时，末端装置的风量仍可保持
在设计风量的 60% 左右。

诱导型末端通过一次风调节风阀和诱导风阀进行风量调节。满负荷时一次风阀全开，

---

①　见本章参考文献［1］第 47 页。

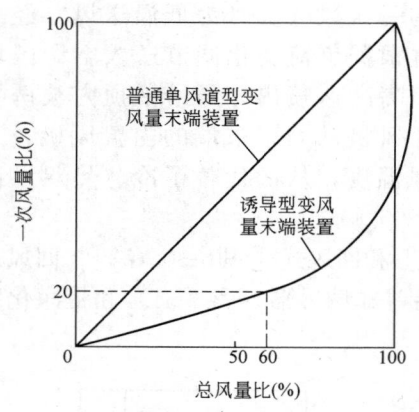

图 5-33　诱导型末端装置风量变化[9]

诱导风阀全关。随着温度控制区的负荷减小，一次风阀逐渐关小，诱导风阀逐渐打开。最小负荷时，诱导风阀全开，一次风阀关闭到 75%，此时末端装置可能达到最大诱导比。如最大诱导风仍不足以减小供冷量，则可在诱导风阀保持全开时进一步关小一次风阀。

诱导型变风量末端装置可带或不带再热盘管。当诱导风量达到最大，一次风量达到最小后，房间温度进一步下降，说明需要供热，于是可启用再热盘管。

5.6.3　适用性与设计要点

（1）诱导型变风量空调系统以少量一次送风，通过诱导型变风量末端装置诱导吊平顶内较热的回风，空气混合后提高了送风温度，也增加了送风量，从而加大了室内换气次数，改善了舒适性。因此，该系统也常用于低温送风系统。

（2）直流式诱导型变风量空调系统无回风交叉污染，常用于医院等建筑物的空调。

（3）诱导型变风量空调系统的主要缺点是系统需要较高的静压，无论对节能还是噪声控制均是不利因素。对末端装置下游风管的设计也有阻力限制，通常不大于 75Pa，事实上这意味着需要较大的风管尺寸。

（4）诱导型变风量空调系统原则上仍是一种单冷系统，对于冬季有较大的外围护结构热负荷的应用场合，仍需要设置周边供暖系统。

（5）随着风机动力型变风量空调系统的日趋成熟，诱导型变风量空调系统较少用于国内办公建筑。

（6）选择诱导型变风量末端装置应考虑下列因素：

1）确定必需的进口压力和可变的出口压力，尽可能降低进口和出口压力。

2）进口压力增加一倍，送风量仅增加 40%；用增加进口压力的方法，采用较小的诱导型变风量末端装置，会导致空调系统压力增高，节省的投资不足以补偿运行费用的增加。

3）是否在诱导型变风量末端装置内增加加热盘管应作仔细分析，判断是否有区域过冷再热需求。

5.7　变风量空调系统选择思路

对于第 5.1 节的系统设计关注点，系统选择时常很难全面顾及。然而我国是一个资源相对贫乏的国家，舒适性空调大量采用再热方式有违节能政策。尽量避免系统内再热是最主要的，选择时可以参照下列思路：

1. 用无外区或冷、热分别处理的方式避免空调系统再热损失

（1）围护结构是建筑负荷的门户，其热工性能对空调系统具有重要影响。近年来，国内外已采用很多新型、节能的围护结构，如：通风双层幕墙、通风窗等。如能采用这些节能型围护结构，或采用普通围护结构并有"空气阻挡层"等措施，就可形成"无外区"空

调系统。无外区单冷型单风道变风量空调系统通过改善窗际热环境方式处理外围护结构负荷，冬季外区不再供热，系统全年供冷处理内热冷负荷。不仅消除了系统内由于再热引起的冷热混合损失，还消除了由于内、外区同时供冷、供热产生的室内冷热混合损失，是节能的系统。因此，在可能采用改善窗际环境的优秀外围护结构的情况下，应首选无外区单冷型单风道变风量空调系统。

（2）如不具备无外区条件，根据工程具体情况可选用组合式单风道型变风量空调系统（周边冷热空调设施＋单冷型单风道变风量空调系统、周边散热器＋单冷型单风道变风量系统等），或周边冷热型单风道＋单冷型单风道变风量空调系统。以冷、热分别处理的方式避免空调系统内的再热损失。

2. 根据不同情况选择适当的再热系统

（1）当无法采用冷、热分别处理方式时，应根据不同情况合理选择适当的再热系统，这些情况包括但不限于：加热量大小；是否为低温送风；室内气流组织等。选择原则是：在满足需求的同时，尽可能减少再热损失，节省末端装置的风机用能，降低一次投资，减小安装空间和降低运行噪声。

（2）夏热冬暖地区，如冬季时单位长度外围护结构热负荷≤75W/m，可采用再热型单风道变风量空调系统。外区设置带热水再热盘管的单风道型末端装置，内区设置不带加热器的单风道型末端装置。单风道型变风量空调系统无内置风机能耗，运行噪声低，价格低廉，维修方便。

（3）当冬季时外区围护结构单位长度热负荷≥150W/m，可考虑采用并联式风机动力型变风量空调系统。外区设置带热水再热盘管的并联式末端装置，内区设置无再热盘管的单风道型末端装置。并联式末端装置风机小，间歇运行，能耗较低。

（4）只有在单位长度外围护结构热负荷≥150W/m，且采用低温送风或室内气流组织要求很高时，才考虑在内、外区采用串联式风机动力型变风量空调系统。串联式末端装置的风机大，连续运行，运行能耗较大。

（5）对于内区过冷现象，仍需采用带电加热器或热水再热盘管的单风道型末端装置进行局部供热。从节能和安全考虑，大型办公建筑外区的变风量末端装置的再热热源以热水为宜；为了避免非供热期启动热水系统，电加热方式更灵活方便。

3. 再热系统冬季节能运行方式

变风量空调系统全年供冷，冬季和过渡季如能实现自然冷却则避免了系统内再热混合损失问题。但是高层办公建筑空间受限，很多变风量空调系统无法实现全/变新风运行，为了达到节能效果，有些内热负荷不大的变风量空调系统冬季关闭人工冷源，仅以室外低温下的最小新风和室内回风的混合温度向内外区送风，外区末端装置再作加热。这种空调运行方式使内区过热，降低了舒适度，但也消除了系统内再热混合损失。由于内区室温高于外区，形成室内混合得益，还消除了室内混合损失，不失为一种节能的运行手段。

本章参考文献

［1］　空气調和・衛生工学会. 空气調和・衛生工学便覧/空气調和設備編［M］. 14 版. 东京：空气調和・衛生工学会，2011.

［2］　Hydeman et al. Advanced Variable Air Volume System Design Guide［M］. Sacramento：Galifonia

Energy Commission，2003.

［3］ ASHRAE． Ventilation for Acceptable indoor Air Quality：ANSI/ASHRAE Standard 62-2013 ［S］. USA：ASHRAE． 2013.

［4］ 汪善国著. 空调与制冷技术手册 ［M］. 李德英，赵秀敏，等译. 北京：机械工业出版社，2006.

［5］ 范存养，杨国荣，叶大法. 高层建筑空调设计及工程实录 ［M］. 北京：中国建筑工业出版社，2014.

［6］ 空気調和・衛生工学会. 空気調和・衛生工学便覧/第 5 编 ［M］. 13 版，东京：空気調和・衛生工学会，2002.

［7］ 中华人民共和国住房和城乡建设部、国家质量监督检验检疫总局. 民用建筑供暖通风与空气调节设计规范：GB 50736-2012 ［S］. 北京：中国建筑工业出版社，2012.

［8］ ASHRAE． ASHRAE HANDBOOK HVAC Systems and Equipment ［M］. 2004，Atlanta：ASHRAE，2004.

［9］ Steve Y. S. chen、Stanley J. Demster. Variable Air Volume Systems for Environmental Quality ［M］. New York：McGraw-Hill，2003.

［10］ Herb Wendes. Variable Air Volume Manual ［M］. Second Edition. Indian Trail：THE FAIRMONT PRESS，1994.

［11］ 柳井崇. 超高层建筑的空调设备 ［J］. 空气调和卫生工学，2003，VOL77NO3：21-32.

［12］ TITUS公司. 产品样本 1998. USA：TITUS，1998.

第6章 变风量空调系统设置

20世纪90年代,我国沿海大城市相继建成了一批境内外合作设计的现代化办公大楼。以变风量空调系统取代传统的风机盘管加新风系统,为国内空调界引进了新的设计理念。纵观这一时期的作品可以发现,同样都是变风量空调系统,在系统理念、设置规模、末端装置及控制方法等方面,北美和日本之间的技术风格差别很大。在此时期,有些工程在后续设计阶段没有深入理解系统概念、没有完整贯彻设计意图,常盲目地把不同风格的技术混合在一起,也得到了一些经验教训。时过境迁,当下我们仍应在充分解析和借鉴国内外各种技术特点的基础上,结合具体工程的气候环境、能源供给、投资能力以及管理水平等情况,提出适合我国国情的变风量空调系统设计方法。

6.1 系统设置理念与得失

6.1.1 北美国家的系统设置

北美国家早期办公建筑空调采用定风量再热系统,通过末端装置再热调节送风温度跟踪负荷变化。自从20世纪70年代石油危机后,节能受到人们的更多关注,变风量空调技术应运而生,并逐步得到了广泛的应用和发展。变风量空调系统在30%~100%范围内调节送风量代替再热调节送风温度,以适应负荷变化。与定风量再热方式相比,变风量技术既减小了多余的供冷量,又省去了不必要的再热量,从冷、热两方面节能,无疑是空调技术的一大进步。

北美国家的高层建筑空调设计常将整个建筑垂直划分为几个空调送风段,每段含较多层数并采用一套空气处理系统,图6-1为该种多层集中式空调系统的示意图。典型平面设计为主风管环形布置,外区设置带加热器的单风道型或风机动力型末端装置,内区设置不带加热器的单风道型或风机动力型末端装置,如图6-2所示。

采用这种大型空调系统有其深刻的技术、经济和历史原因:

1. 延续再热理念

在太阳辐射和温差传热的作用下,外区负荷瞬时变化。冬季某些朝向需要供热,而另一些朝向可能还需供冷。所以如何处理外区负荷和解决区域过冷问题历来是变风量空调系统的设计难点。然而,一旦末端装置采用了再热方式,上述难点和问题就变得十分简单。再热型末端装置从供冷到供热的调节过程是:送冷风→冷风从最大风量减小到最小风量→保持最小风量并再热调节冷风温度(低于室温,供冷)→保持最小风量再热调节热风温度(高于室温,供热)。可见,无论温度控制区处于何种负荷下或负荷有多大,再热型末端装置总有方法应对自如。而其缺点也十分明显:冷风再加热,存在着冷、热抵消问题。由于变风量空调系统是从100%的全风量再热的定风量系统演变过来的,所以北美国家对变风量末端装置从30%最小风量才开始再热的冷、热抵消现象不太在意。

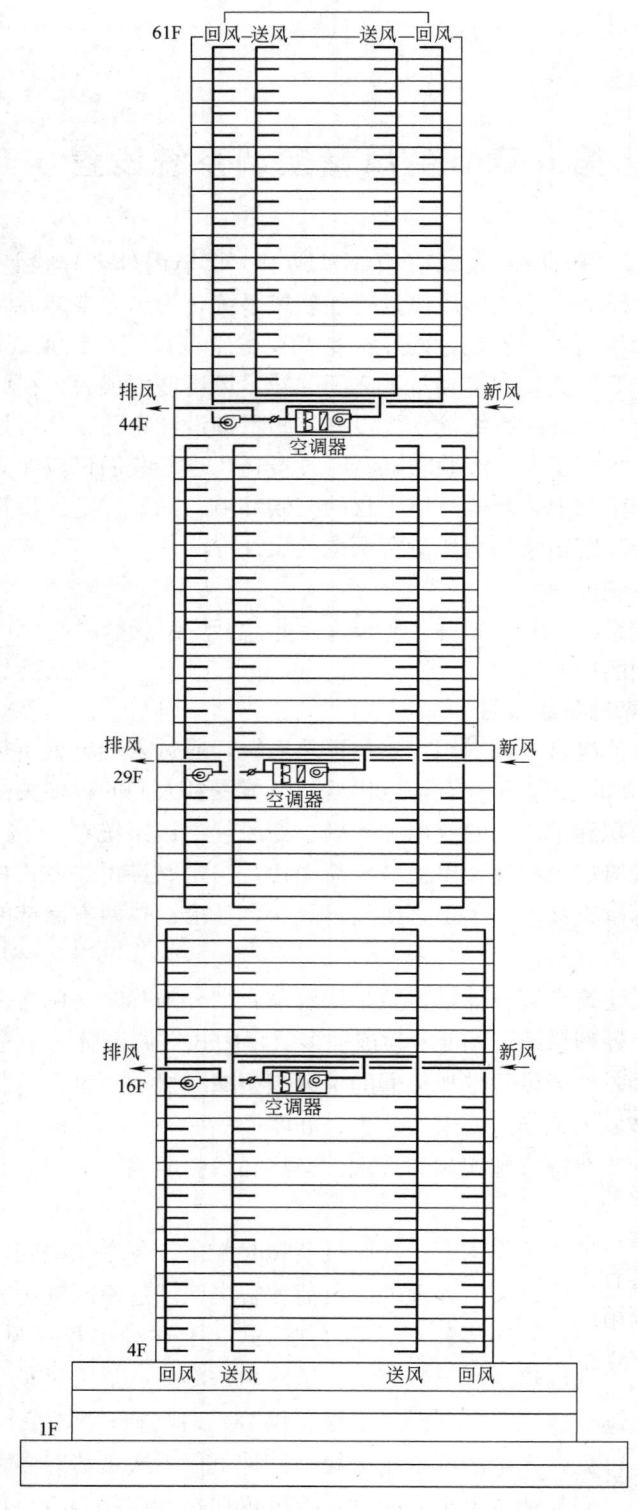

图 6-1 多层集中式空调系统示意图①

---

① 见本章参考文献［3］第 458～460 页。

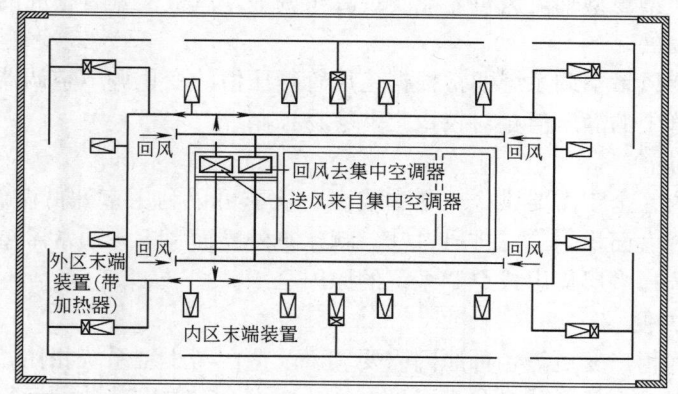

图 6-2 多层集中式空调系统平面①

2. 节省使用空间

早期美国建筑业为节省投资、增加使用空间，千方百计压低层高，减少设备占用面积。小型单层空调系统需要就地设置空调机房，占用一些有用的楼面空间，当然不受欢迎。多层集中式空调系统将空调箱等设备集中设置在地下室、屋顶设备层或中间设备（避难）层，节省了有用的楼面空间。多层集中式空调系统风量很大，为节省管道占用空间，风管系统向高速方向发展，风管设计采用静压复得法。对于这种高风速、大风量、长距离的送、回风系统，其风机显然要消耗更多的输送能量。

3. 采用低温送风

为了节省管井面积和吊顶空间，必须限制空调系统的送风量，系统向大温差、低温送风方向发展。低温送风系统需要低温冷水。美国的集中冷源设备以电动蒸气压缩式制冷方式（离心式和螺杆式冷水机组）为主，冰蓄冷系统也较普及，很少采用只适宜于供给 7～12℃常温冷水的溴化锂吸收式冷水机组。这些冷源方面的技术特点有利于发展低温送风空调系统。

低温送风空调系统的应用，促进了美国各类低温送风口及串联式风机动力型末端装置的发展，为低温送风空调系统达到良好的空气分布提供了保证。

4. 设备自身因素

空调系统大型化，无论是空调箱自身还是相关的风管、水管、配电、配管与控制设备，其单位容量投资都呈下降趋势。建筑负荷的参差性也对多层集中式空调系统有利，考虑了同时使用系数后，常可使系统总风量减小，有利于降低工程造价。

大风量风机常具有更高的效率，大型空调箱可以采用寿命更长的部件，多层集中式空调系统常由多台空调箱或多台风机组成，它们相互组合、互为备用，系统更为可靠。

此外，多层集中式空调箱一般远离使用区，运行时产生的噪声和振动较易处理，且对使用区域影响较小。

5. 控制系统因素

早期变风量空调系统送风量调节的主要方法有：风机出口风阀调节、风机进口风阀调节、大型翼型轴流风机翼角调节等。在风机变频调节普及之前，轴流风机翼角调节的节能

---

① 见本章参考文献［3］第 458～460 页。

性最好。因只有大型翼型轴流风机才能实现翼角调节，风机又具有很高的效率，促成了空调系统向大型化发展。

北美国家的变风量空调系统通常根据主风管静压值的变化调节空调器的总送风量。大型空调系统主风管中的静压值相对较稳定，容易控制。

6. 利用新风供冷

办公建筑的内区全年需要供冷，冬季或春、秋季可以利用室外低温新风供冷。为此，空调机房需要设置大面积的进、排风百叶。就建筑外立面考虑，通常希望能集中在屋顶或设备层，这也是选择多层集中式空调系统的原因之一。

7. 改造维修方便

办公建筑常因租户变更等各种原因需要装修改造。与小型系统相比，大型多层空调系统末端多、风量大，少量增减一些变风量末端装置不会对周围其他已运行的末端装置产生较大的影响。末端装置供冷再热的运行模式又使它们能自如地应对各种负荷变化。

在维保方面，空调机房集中于地下室、屋顶及少数设备层，便于工程人员进出，减少对使用房间的干扰。对物业管理者而言，也许更看重改造和维修上的便捷。

美国是世界上最大的能源生产和消费国家，其丰富而又廉价的电力是高层办公建筑中出现超大型多层集中式变风量空调系统的根本原因。它把简单、实用、方便、可靠放在首位，然后才是节能。与具有同等技术水平的日本相比，美国的单位国内生产总值（GDP）能耗是日本的2倍，原因也许就在于此。

能源是个全球性的问题。近年来，美国在空调节能方面也有了长足的进步。ASHRAE手册——应用篇（2003）中关于办公建筑部分的论述认为[①]：

（1）把外区加热系统从供冷系统中分离出来是可取的，因为这样末端送风装置就可以根据特定需要来选择，而不是在加热和冷却之间折衷；

（2）高层办公建筑外区可采用双风道型变风量系统、诱导型变风量系统、风机盘管机组、吊平顶辐射板或踢脚板式辐射板；内区则常为全空气变风量系统；

（3）虽然每层楼面上小型空调系统的安装和维修费用会多一些，但是因其无人使用时可以关闭，也不需要高压风管，运行能耗可降低。

ASHRAE手册——应用篇（2015）在比较了办公建筑空调方式后认为[②]：

（1）空调机房服务的楼层越少，楼层或租户需求变化的灵活性就越大；

（2）每层一个空调机房且完全消除垂直风管井方式，特别在小型空调机房层高与标准层相同时，与少数大型空调机房相比并不占用更多的楼面面积；

（3）每层一个空调机房虽然维护成本高一些，但设备可以更小一些；

（4）由于不用的区域可以关闭，也不需要高压送风，随着设备服务区域的减少，运行能耗成本可以减少；

（5）机房需要处理好隔热、隔声。

近十多年来，在国内设计院与欧美设计公司合作设计的现代化办公建筑中，除极少数采用大型多层集中式空调系统外，均采用单层中小型空调系统。

6.1.2 日本的系统设置

日本普遍采用的变风量空调系统的显著特点是：

---

① 见本章参考文献 [1] 3.7。
② 见本章参考文献 [2] 3.5。

（1）外区加热与变风量空调系统分开；

（2）系统规模小，每个标准层平面一般设置 2 个以上空调系统；

（3）一般均采用单风道型变风量空调系统，很少采用风机动力型变风量空调系统。

尚无专门文献系统介绍日本的变风量空调系统为何如此设置，但从以下一些分析似乎可以找到其深刻的技术、经济和国情方面的原因：

1. 否定再热理论

与美国不同，日本空调界不认为变风量末端装置在冬季最小风量时对外区进行再热和对过冷区域进行再热是合理的。有文献[4] 认为"用再热方法控制送风温度不是好技术……，一台空调器为办公室、研究室、会议室通用……在节能价值观不同的美国可能会见到，这仅是为了方便，与节能差得很远……"。因此，日本的变风量末端装置一般不设再热盘管。为了解决冬季外区供热问题，他们采用供热装置与变风量系统分置的方法，即在窗边设置风机盘管机组、加热盘管或辐射板等装置，或采用外区单独的变风量系统。这些方法的缺点是需占用一些窗边有用的空间。

2. 系统"化整为零"

对于夏季不同朝向外区的供冷问题，北美国家的应对方法很简单，即用相同的送风温度送冷风，末端装置根据负荷需求调节风量，当调节到最小风量后，若区域仍然过冷，则进行区域"过冷再热"。而日本的应对方法是"化整为零"，即不同朝向的外区采用各自独立的空调系统，用不同的送风温度送风，通过末端装置风量调节和系统送风温度调节的双重手段来适应不同朝向外区负荷的参差性。"化整为零"形成较小系统的方式避免了某些朝向的外区在末端装置输送最大风量时还过热，需要降低送风温度；而某些朝向的外区在末端装置输送最小风量时还过冷，需要再热。系统小型化启停灵活，不用的区域系统可随时关停，节能效果明显。日本空调设备制造业在产品耐久性、低噪声、高效率、小型化方面的特长支持了这种小型系统的发展。

系统小型化的缺点是占用较多的机房空间，在设备、配管、配线及自控方面增加了投资。

3. 低速送风方式

小型空调系统风量小，输送半径也小，没有必要为缩小风管尺寸而采用高速送风方式。低速送风系统空气阻力小，风机输送能耗也小。

为了减小末端装置的风压降，低速送风方式末端装置生产厂放弃了需要高风速的毕托管式风速传感器，开发出适合低风速要求的螺旋桨式、超声波涡旋式和热线热膜式等非压力式风速传感器。

4. 常温送风

由于空调系统小型化、低风量化，所以无需再追求低温送风。

此外，冷水温度也是一个重要因素。因能源结构的原因，日本的集中冷源设备以溴化锂吸收式冷水机组为主，供给空调系统 7～12℃ 的常温冷水。日本又是一个多地震国家，高层建筑常设有箱形基础，将箱基用作水蓄冷槽很常见，水蓄冷适宜采用常温冷水系统。当然，近年来随着冰蓄冷技术的进步，低温送风系统也得到长足发展。

5. 末端装置形式

风机动力型末端装置的主要特点是利用二次风来降低供热时的热风温度，提高供冷时的冷风温度，改善气流组织和提高通风效率。

日本采用的单风道变风量末端装置的主要特点是：供热与变风量空调系统分离；常温送风，不作再热提高冷风送风温度；系统采用变送风温度，使末端尽量保持较大的送风量，室内有较好的气流组织。

风机动力型末端装置内置风机的效率很低，风机产生的热量又耗用了部分冷量，被节能观念强烈的日本空调界认为很不经济，通常不被采用。

6. 自动控制

由于日本的变风量空调系统规模小、末端装置少，个别装置的调节会使系统静压有较大变化，因此，系统送风量一般不采用"定静压法"控制，而是根据各末端装置调节风阀的开度状况来控制空调器风机转速，即采用所谓的"变静压法"控制。

日本是一个资源匮乏的国家，又是一个能源消耗大国，对能源危机尤为担心，这使日本空调界在系统设计上总是不惜多动脑筋、多化投资、多用空间，千方百计节能降耗，这或许就是他们设计各种小型系统的技术背景。

6.2　系统设置方法

6.2.1　系统规模比较

在分析北美和日本的变风量空调系统设计思路时，可以发现系统规模是其中最显著的差异。从每小时几十万立方米风量的大系统到每小时几千立方米风量的小系统，孰优孰劣，表 6-1 给出了详尽的对比分析。

系统规模特点比较 表 6-1

比较内容	大型系统	中型系统	小型系统
系统规模	每十几层甚至整幢大楼设一套由多台空调箱组成的大型系统	每层设一套由单一空调箱组成的中型系统	每层设多套由单一空调箱组成的系统
系统风量	几十万(m^3/h)	2 万～4 万 m^3/h	1 万～2 万 m^3/h
送风温度	多采用低温送风	常温或低温送风	多采用常温送风
风道设计	采用高速风道、静压复得法计算	采用低速风道、等摩阻法计算	
占用空间	空调机房集中在地下室、屋顶层或设备层等空间，垂直风道占用少量可用空间	每层一个空调机房，占用楼层空间较小	每层多个空调机房，占用楼层空间较大
投资	系统数量少，设备和控制系统投资省	系统数量多、设备和控制系统投资多	系统数量最多，设备与控制系统投资最多
风机能耗	系统输送距离较远、高速风道阻力大，风机能耗大	系统输送距离中等，低速风道阻力小，风机能耗较小	系统输送距离较近，低速风道阻力小，风机能耗最小
再热能耗与风量范围	内外区合一系统在冬季供热和"区域过冷"情况下，为满足不同送风温度要求，末端常作再热处理，存在再热损失。受朝向负荷影响，风量调节幅度大		按负荷特点划分小型系统，并采用不同的送风温度应对负荷需要，无再热。风量调节幅度小，送风量稳定
不用空间能耗	对不用空间只能关闭末端装置，因末端有漏风，浪费能量大	不用空间可视情况关闭末端或系统，浪费能量较小	不用空间可按系统关闭，浪费能量最小

续表

比较内容	大型系统	中型系统	小型系统
节能手法	方便采用新风供冷和热回收	如为集中新、排风系统,只能采用热回收。如为就地新、排风,有条件采用新风供冷和热回收	
房间改造适应性	因系统大,增加或移动末端装置对附近区域影响小,适应性强	增加或移动末端装置对附近区域影响大,适应性弱	增加末端装置困难,适应性差
故障影响	多台空调箱互为备用,可靠性高	无备用,故障影响一个楼面	无备用,故障仅影响楼面部分区域
噪声振动	大,但远离使用区域,易处理	适中,但靠近使用区域,不易处理	较小,但紧靠使用区域,不易处理
系统设计调试维修	粗放复杂工作量小,难度高	一般一般工作量适中,难度中	精细简单工作量大,难度低
应用情况	北美多,国内采用较少	国内常用	日本多,国内有采用

6.2.2　适合我国国情的系统设置思路

通过对北美和日本的变风量空调系统的技术分析,可明显地察觉到二者不同的国情背景。对大、中、小型系统的性能对比,又可清楚地梳理出各自的技术特点。那么,根据我国国情和工程的具体情况,应该综合考虑能耗、投资、舒适性等因素,确定风系统规模。

前文已分析了大、中、小型系统的利弊,实际工程设计时应综合考虑满足舒适、控制投资、降低能耗和方便管理等因素,进行权衡并合理地确定风系统规模。

(1)《公共建筑节能设计标准》GB 50189-2015 规定,空调系统的作用半径不宜过大,并用风机的单位风量耗功率加以限制[①]。北美国家的多层集中式变风量空调系统虽有投资省、节省机房空间、房间分隔变动适应性好等优点,但从我国的能源利用状况看,鉴于下述原因一般不应采用:

1) 高速风管长距离送、回风,风机单位风量耗功率大。

2) 对不使用楼面系统无法灵活关闭,只能依靠末端装置关闭。而末端装置全关时泄漏量高达最大风量的 3%~7%。难以适应我国"不用就关"的行为节能理念。

3) 多层集中式风系统一般采用低温送风,又无法根据楼面负荷需要灵活调节送风温度,区域过冷造成的再热能耗损失可观。

4) 如采用土建风道,热惰性大,能量损失大,也不利于运行管理。

(2) 每层楼面设置多个小型空调系统可根据外区负荷的变化,灵活调节送风温度,末端装置风量调节范围无需很大,可控性提高;系统节能性好;气流组织得到保证,舒适性提高。但这种在日本得到广泛应用的系统设置方式,鉴于下述原因在我国应谨慎采用:

1) 系统设备与自控系统投资大。

2) 机房多,占用楼面有效空间大,影响业主投资效益。

3) 机房靠近使用空间,噪声处理难度较大。

4) 房间重新装修时分隔变动受限。

---

① 见本章参考文献[5]第 4.3.22 条。

5）维修工作量大。

（3）每层楼面设置多个小型空调系统在下述情况下可适当采用：

1）外区采用冷热型单风道系统，且系统需按朝向设置。

2）外区舒适性要求很高的区域，必须按朝向设置的内、外区合用的系统，各系统需要调节送风温度稳定送风量，以提高风口气流分布性能和室内舒适性。

（4）在具体工程设计时，应根据实际情况有侧重地考虑下述注意事项，合理选择和布置系统：

1）室内的一次送风量不宜过小，以保证气流均匀分布与风量调节效果。

2）尽可能使各区域新风分配较为均匀和稳定。

3）避免或减少风系统内因再热引起的冷热混合损失。

4）缩短风系统输送半径，减小风机用能。

5）取消或降低末端装置风机能耗。

6）避免或减少室内空气的冷热混合损失，增加混合得益。

7）在节能的前提下，减少空调系统数量，节省投资、少占机房空间。

8）创造条件尽可能利用室外低温新风供冷，回收室内排风能量。

9）确保室温控制和系统控制的精确性、稳定性与简便性。

10）能有效控制噪声与振动。

11）有利各房间压力平衡。

12）便于维修、管理、使用和局部装修改造。

6.2.3 典型系统布置方式

综合考虑能耗、投资和舒适性，每层设置1～2个中型系统较为合适，下文将详细介绍几个适合我国国情的典型设置方式。

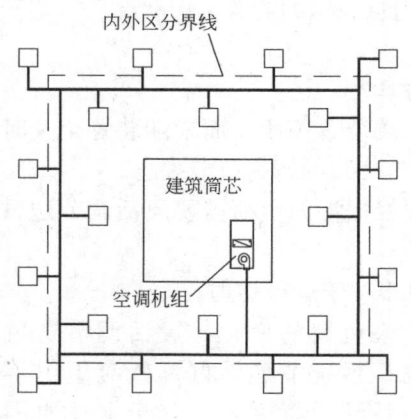

图6-3 每层设置一个内外区共用系统

1. 每层设置一个内、外区共用系统

（1）概况：如图6-3所示，每层设置一个系统，分别连接内、外区变风量末端装置。空调面积1000～2000m²；系统风量20000～40000m³/h。

（2）适用：外区末端装置带加热器的系统，如风机动力型系统、再热型单风道系统，内区采用单冷型末端；也可采用组合式单风道系统，如风机盘管机组加单风道系统和周边散热器加单风道系统。

（3）特点：

1）与每层多个系统相比，系统数量少，机房占用面积少，设备、安装与控制的投资节省，维修工作量少。

2）夏季时，在外区供冷工况下，除风机盘管加单风道系统由风机盘管机组处理外围护结构负荷，外区变风量末端装置仅处理内热冷负荷外，其他各类系统的外区变风量末端装置均以相同的一次风送风温度，处理各个朝向外区的全部冷负荷。由于围护结构负荷变化较大，要求外区末端装置有较大的风量调节范围。此外，除了串联式风机动力型末端装置具有稳定的送风量外，其他末端装置在风量较小时，都会影响气流分布，宜考虑一定的弥补措施。

3）外区冬、夏季运行时新风量将存在较大偏差，需注意修正。

4）与每层多个系统相比，不使用的区域末端较多，由于无法彻底关闭，漏风较大。

5）对于普通办公建筑，每层设置一个系统足以满足要求。

2. 每层设置多个内、外区共用系统

（1）概况：如图 6-4 所示，每层设置 2～4 个系统，分别连接内、外区变风量末端装置。各系统空调面积 500～1000m²，系统风量 10000～20000m³/h。

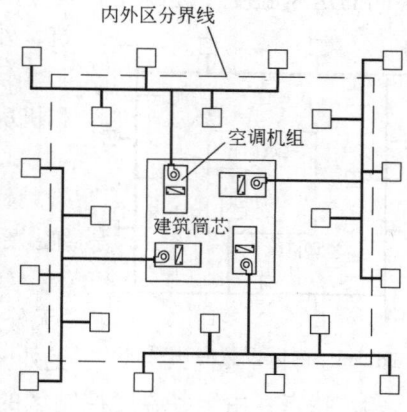

图 6-4　每层设置多个内外区共用系统

（2）适用：组合式单风道系统，如风机盘管加单风道系统和周边散热器加单风道系统；也可用于再热式变风量空调系统，如风机动力型系统、再热型单风道系统。

（3）特点：

1）与每层设置一个系统相比，每层多个系统的最大优点是可采用不同的送风温度处理不同朝向的外区冷负荷。在对送风温度进行调整、再设定控制时，可减小外区变风量末端装置需要的风量调节范围，提高调节质量，也可增加末端装置送风量，改善室内气流组织。

2）与每层设置一个系统一样，外区冬、夏季运行时新风量将存在较大偏差，需注意修正。

3）与每层设置一个系统相比，不使用的系统可彻底关闭。但系统数量多，机房占用面积大，设备、安装与控制投资增加，维修量增加。

4）一般宜用于对室内气流组织要求较高的高等级办公楼。

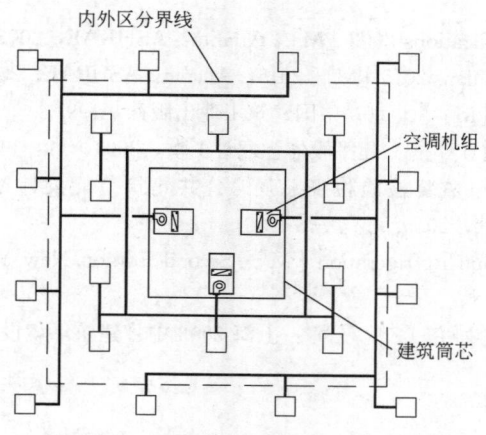

图 6-5　每层设置多个内外区分设系统

3. 每层设置多个内、外区分设系统

（1）概况：如图 6-5 所示，每层内、外区分别设置系统。一般为一个内区系统，多个外区系统，每个系统空调面积 500～1000m²，系统风量 10000～20000m³/h。

（2）适用：冷热型单风道系统；各种外区再热式变风量系统和组合式单风道系统。

（3）特点：

1）冷、热型单风道系统只能用于外区供冷或供热。冬季时东、北向区域一般需供热，但在日射作用下西、南向区域有时需供冷。因此，该系统必须按朝向设置，否则不能兼顾各朝向不同的冷、热要求。

2）对于各种再热型系统，如再热型单风道系统、风机动力型系统等，不管是冬季还是夏季，内区的送风温度和送风量变化不大。内、外区分设系统可实现内、外区采用不同的送风温度。冬季外区系统就可摆脱内区对送风温度的限制，适当提高送风温度，有助于减少末端装置的再热混合损失。内、外区分设系统的另一个优点是可以采用各自的新风比，消除外区在冬、夏季的新风量偏差。

3）对于再热式变风量系统和组合式单风道系统，外区按朝向分别设置系统有利于采用不同的送风温度，提高控制质量，加大送风量，改善室内气流组织。对于普通办公建筑，外区采用一个系统也可满足要求。

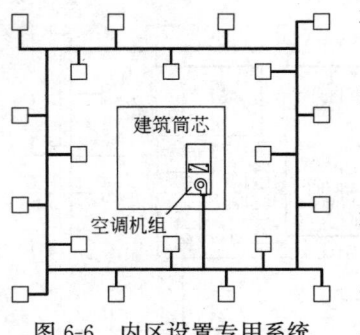

图 6-6　内区设置专用系统

4）内区中各温度控制区的负荷一般比较稳定，从投资和机房空间考虑，宜采用一个系统。

4. 内区专用系统

（1）概况：如图 6-6 所示，每层设置一个内区专用系统。系统空调面积 1000～2000m^2，风量 20000～40000m^3/h。

（2）适用：采用各种热工性能好的外围护结构，出现"无外区"现象，变风量系统仅服务于内区，该系统也称为无外区的内区专用变风量系统。

（3）特点：由于各温度控制区的负荷比较稳定，各末端装置的风量调节范围变化不大，新风量分配比较稳定、均匀。与其他系统相比，内区专用系统的自身投资和机房占用空间均不大，空调效果也较好，但采用各种新型的外围护结构，投资较大，设计难度较高，它仅适宜在一些高标准工程中应用。

6.3　系统设置实例

变风量空调系统设置实例详见本书第 18 章。

本章参考文献

［1］ ASHRAE. ASHRAE HANDBOOK HVAC Applications 2003 ［M］. Atlanta：ASHRAE，2003.

［2］ ASHRAE. ASHRAE HANDBOOK HVAC Applications 2015 ［M］. 2015，Atlanta：ASHRAE，2015.

［3］ 美国高层建筑与城市环境协会. 高层建筑设计 ［M］. 北京：中国建筑工业出版社，1997.

［4］ 杉原義文. フォルトを回避してVAVを正しく使う ［J］. 建築設備と配管工事，2004，11：14-19.

［5］ 中华人民共和国住房和城乡建设部、国家质量监督检验检疫总局. 公共建筑节能设计标准：GB50189-2015 ［S］. 北京：中国建筑工业出版社，2015.

［6］ SHAN K WANG. Handbook of Air Condition and Refrigeration ［M］. Second Edition. New York：McGraw-Hill，2001.

［7］ 陳向陽. 空調システム自動制御の改良に関する研究 ［Z］. 上海：上海 2003 中日建筑环境设备高级论坛，2003-11-3.

第 7 章　空气处理系统

7.1　组成分类与常用系统

7.1.1　组成分类

1. 功能部件

变风量空调系统的空气处理是以变风量空调箱为核心的一系列设备的总称，通常由完成下列功能的部件组成：

（1）热、湿处理功能：冷、热盘管，加湿器；

（2）空气过滤功能：粗、中效过滤器；

（3）空气循环功能：送、回、排风机；

（4）通风换气功能：新风、排风设施；

（5）控制调节功能：变频装置、自动控制装置；

（6）本体及其他功能：箱体、保温及消声隔振装置等。

2. 按风机组合分类

（1）单风机系统；

（2）送、回风机系统；

（3）送、排风机系统。

3. 按新风、排风处理方式分类

（1）集中新风、排风系统；

（2）就地新风、排风系统。

7.1.2　常用系统简介

1. 集中新风、排风式单风机系统

图 7-1 为集中新风、排风式单风机变风量系统的原理和机房布置平面。新风集中处理后送到各楼层空调机房。新风、回风混合后进入空调箱过滤及热湿处理，经送风机加压后通过风管输配到各末端装置。排风经集中排风系统汇集排放。系统的特点是：

（1）系统紧凑，机房面积较小；

（2）在高层办公建筑中，空调机房一般设置在核芯筒内，难以在当层的外围护结构上设置新风、排风口，一般采用集中新、排风处理方式，在机房设备层设置集中的新风、排风空调箱，统一对新风、排风进行过滤、热湿或排风热回收处理。受井道空间限制，新风、排风通常只能保证全年最小新风量，过渡季无法加大新风量实现自然冷却。为平衡各层的新、排风量，各层楼面需设置新、排风定风量装置（详见本书第 11.5.3 节）。运行时，定风量装置不仅可精确控制新、排风量，随时切断非使用楼层的新、排风输送，还可根据需要重新调整新、排风量设定值，在保证室内空气品质的同时实现节能运行。

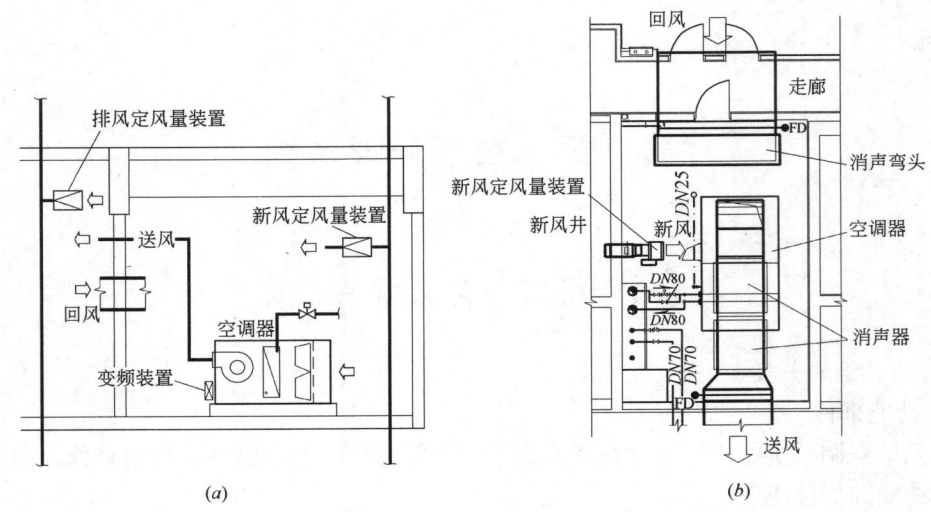

图 7-1　集中新风、排风式单风机变风量系统

（*a*）系统原理；（*b*）机房布置平面

（3）受空调箱内负压值限制，单风机系统的回风阻力不宜大于 150Pa[①]，宜采用吊平顶静压箱集中回风。系统输送半径不应太远，输送能耗较小。

（4）控制与调试比较简单。

（5）适用于高层办公建筑标准层的变风量空调系统。

2. 就地新风、排风式单风机系统

图 7-2 为就地新风、排风式单风机系统的原理和机房布置平面。新风从机房外墙百叶吸入。新风、回风混合后进入空调箱过滤与热湿处理，经送风机加压后通过风管输配到各末端装置。单独设置的排风机从回风管或直接从空调区域的吊平顶内抽取排风排至室外。该系统的特点是：

（1）空调箱紧凑、回风管阻力较小、系统输送能耗小。

（2）设置新风、排风定风量装置，保证系统的最小新、排风量。还可增设全热交换器进行排风热回收。全热交换器有一定的能耗，因此需要设置旁通措施，当室外新风参数变化到排风热回收得不偿失时，应开启热回收旁通阀 D_4 和 D_5，及时转入旁通工况（详见本书第 7.4 节）。

（3）春、秋季，系统利用室外低温新风辅助供冷（详见本书第 7.3.1 节）。如图 7-2（*a*）所示，当室外新风满足全新风运行条件时（详见本书第 7.3.2 节），开启新风阀 D_1 和排风阀 D_3，关闭回风阀 D_2，启动排风机实现全新风节能运行。冬季当室外空气温度低于送风温度时，全年供冷的系统可比例调节新风阀 D_1 和回风阀 D_2，控制送风温度，实现变新风供冷。全新风和变新风比运行需保持新、排风量平衡，以维持室内压力。

（4）冬季大量采集新风供冷时，会使室内空气过分干燥，可根据需要设置加湿装置。

（5）系统具有可观的节能潜力，但设计比较复杂，其难度还在于空调机房需靠近外墙，且外墙或外窗上需设置较大的进、排风百叶。

---

① 见本章参考文献［1］第 912 页。

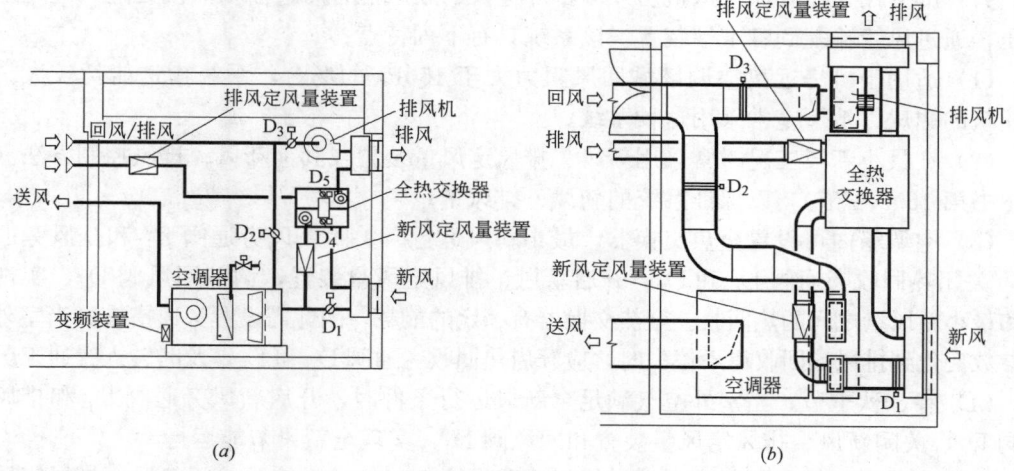

图 7-2　就地新风、排风式单风机系统

（a）系统原理；（b）机房布置平面

3. 就地新风、排风式送、回风机系统

就地新风、排风式送风、回风机系统亦称为双风机系统，图 7-3 为其系统原理和机房布置平面。经回风机吸入空调箱的回风被分为两部分：一部分作为排风从回风正压段排

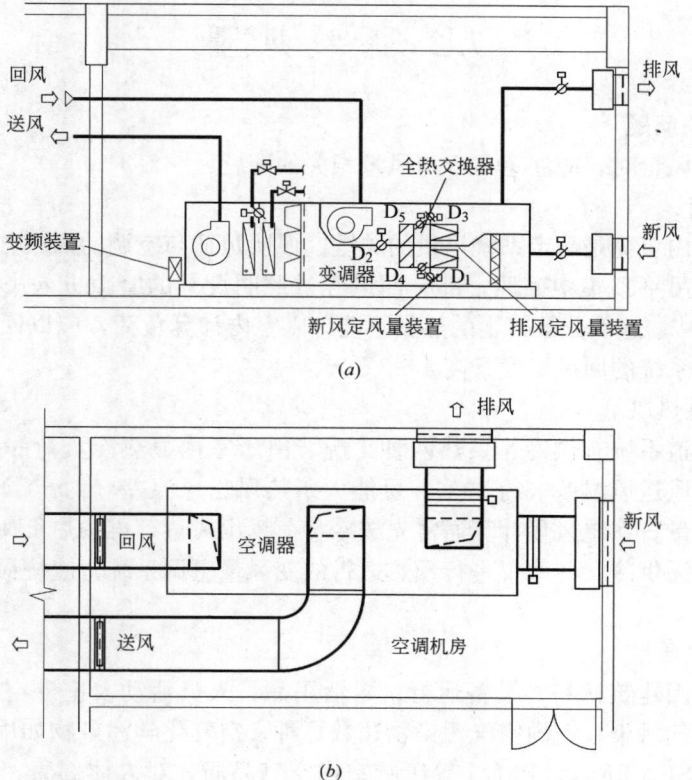

图 7-3　就地新风、排风式送风、回风机系统

（a）系统原理；（b）机房布置平面

出；另一部分作为循环风与从机房外墙百叶进入的新风混合后过滤与热湿处理，经送风机加压，通过风管输配到各末端装置。该系统具有下列特点：

（1）适用于机房远离空调区域回风阻力大于 150Pa 的场合，系统输送能耗较大。办公建筑的裙房、地下室常采用这种系统。

（2）在最小新风工况时常采用新风、排风定风量装置或其他新风、排风控制方法（详见本书第 15.5.1 节），以保证系统的新风、排风量。

（3）空调箱内可设置全热交换器，最小新风运行时关闭新风旁通阀 D_1 和排风旁通阀 D_3，关闭热回收旁通阀 D_4 和 D_5，开启新风、排风定风量装置，调节回风阀 D_2，实现排风和最小新风量之间的热回收。全热交换器有一定的能耗，因此需设置旁通措施。当室外新风参数变化到排风热回收得不偿失时，应开启热回收旁通阀 D_4 和 D_5，及时转入旁通工况。

（4）春、秋季节，当室外空气满足全新风运行条件时，开启新风旁通阀 D_1 和排风旁通阀 D_3，关闭新风、排风定风量装置和回风阀 D_2，实现全新风节能运行。

（5）冬季当室外空气温度低于送风温度时，全年供冷的系统可关闭新风、排风定风量装置，比例调节新风旁通阀 D_1、回风阀 D_2 和排风旁通阀 D_3，混合调节冷风送风温度。

（6）冬季大量采集新风供冷时，会使室内空气过分干燥，可根据需要设置加湿装置，控制回风相对湿度。

（7）双风机系统设计难度除了机房位置外，还需保持送风、回风机风量同步变化，以维持室内压力平衡。

7.2　系统风量

7.2.1　相关问题

在确定系统风量时，应注意几个与风量相关的问题：

1. 照明负荷

正确计算室内负荷是确定系统风量的关键。照明负荷与空调的回风方式有关，变风量空调系统常采用吊平顶集中回风，部分回风经过照明灯具的缝隙进入吊平顶，会带走约 30% 的照明负荷[①]。这部分被带走的热量不能计入室内计算负荷，应以回风温升的形式计入系统负荷，使系统的回风温度升高 1～2℃。

2. 供冷与供热风量

冷热型单风道系统有供冷、供热两种工况。由于室内显热冷负荷一般大于显热热负荷，虽然室内冷风送风温差（约 10℃）可能大于热风送风温差（约 8℃），但是冷风量一般还是大于热风量。系统风量计算通常先按冷负荷算出风量，再按热负荷校核其供热送风温度。对于全年需供冷、冬季仅进行预热运行的变风量空调系统，应按最大蓄热负荷校核其热风送风温度。

3. 室内空气质量

空调房间内因建筑材料、设备运行、生活用品、人员活动及室外空气污染的共同作用，造成室内空气污染。室内空气污染物达数百种，空气化学污染物如甲醛、VOCs 以及空气细颗粒物 TSP、PM_{10}、$PM_{2.5}$ 等影响室内空气品质，对人体健康、舒适性产生不良

---

① 见本章参考文献［2］3.6。

影响。国家现行的空气质量标准[3] 给出了上述污染物的限值。对于化学污染物，目前常用的应对方法还只限于通风稀释。关于细颗粒物俗称尘埃，目前明确提出需要控制 $PM_{2.5}$，为保证室内空气的清洁度，一般由空调箱内的粗、中效过滤器进行空气过滤，并维持一定换气次数。近年实施的国家行业标准给出了室内空气质量设计计算方法[4]：

（1）室内外 $PM_{2.5}$ 设计计算浓度

（2）洁净空气量与过滤效率计算

洁净空气量（Clean Air Delivery Rate ，CADR）是空气净化设备在额定状态和规定的试验条件下，针对目标污染物净化能力的参数，表示空气净化设备提供洁净空气的速率。洁净空气量计算需要在系统新风量和总送风量确定后进行。各类常用空气处理系统洁净空气量与过滤效率计算如下：

1）就地新风、排风方式

无论是单风机还是双风机，就地新风、排风式系统均仅在新风、回风混合段后设置粗、中效过滤器，其 CADR 与过滤器效率 η 可以分别按式（7-1）、式（7-2）计算：

$$CADR = \frac{\left[G + V a_1 P_1 C_o + V a_o C_o - V(a_1 + a_o)C \right]}{a_r C + a_o C_o} \times (a_1 + a_o) \tag{7-1}$$

按定义：

$$\eta = \frac{CADR}{(a_o + a_r)V} \tag{7-2}$$

式中　$CADR$——洁净空气量，m^3/h；

　　　　G——室内 $PM_{2.5}$ 源强（$\mu g/h$），人员密度＞0.4 人/m^2 取 $0.9\mu g/$（人·h），人员密度≤0.4 人/m^2 忽略不计；

　　　　V——房间容积，m^3；

　　　　C——$PM_{2.5}$ 室内设计浓度，$\mu g/m^3$，按表 7-1 取值；

　　　　C_o——$PM_{2.5}$ 室外计算浓度，$\mu g/m^3$，按表 7-2 取值；

　　　　a_1——渗透风换气次数，h^{-1}，可取 $0.1 \sim 0.6 h^{-1}$；

　　　　P_1——围护结构穿透系数，可取 $0.6 \sim 0.8$；

　　　　a_o——新风换气次数，h^{-1}；

　　　　a_r——回风换气次数，h^{-1}；

　　　　η——中效过滤器效率，%。

2）集中新风、排风方式

集中新风、排风方式在集中新风系统空调箱进风段设置粗、中效过滤器（当量穿透系数 P_{eo}），经过滤处理后的新风送到各楼层空调机房，另外在各楼层变风量空调箱新、回风混合段后再设置粗、中效过滤器（当量穿透系数 P_s），其洁净空气量与过滤器效率可以分别按式（7-3）、式（7-4）计算：

由细颗粒物 $PM_{2.5}$ 质量平衡式：

$$a_o C_o P_{eo} P_s + a_r C P_s + \left[\frac{G}{V} + a_1 P_1 C_o - (a_1 + a_o + a_r)C \right] = 0$$

考虑新风系统与楼层空调系统过滤器当量穿透系数相当，$P_{eo} = P_s$，则解得：

$$P_s = -a_r C P_s + \frac{\sqrt{(a_r C)^2 - 4a_o C_o [G/V + a_1 P_1 C_o - (a_1 + a_o + a_r)C]}}{2a_o C_o}$$

$$CADR = a_o V(1 - P_s^2) + a_r V(1 - P_s) \qquad (7\text{-}3)$$

按定义：

$$\eta = 1 - P_s \qquad (7\text{-}4)$$

式中　$CADR$——洁净空气量，$\mathrm{m^3/h}$；

　　　　G——室内 $PM_{2.5}$ 源强，$\mu g/h$，人员密度 >0.4 人$/\mathrm{m^2}$ 取 $0.9\mu g/($人·$h)$，$\leqslant$ 0.4 人$/\mathrm{m^2}$ 忽略不计；

　　　　V——房间容积，$\mathrm{m^3}$；

　　　　C——$PM_{2.5}$ 室内设计浓度，$\mu g/\mathrm{m^3}$，按表 7-1 取值；

　　　　C_o——$PM_{2.5}$ 室外计算浓度，$\mu g/\mathrm{m^3}$，按表 7-2 取值；

　　　　a_1——渗透风换气次数，$\mathrm{h^{-1}}$，可取 $0.1 \sim 0.6 \mathrm{h^{-1}}$；

　　　　P_1——围护结构穿透系数，可取 $0.6 \sim 0.8$；

　　　　P_{eo}——新风空调箱中效过滤器当量穿透系数；

　　　　P_s——楼层空调箱中效过滤器当量穿透系数；

　　　　a_o——新风换气次数，$\mathrm{h^{-1}}$；

　　　　a_r——回风换气次数，$\mathrm{h^{-1}}$；

　　　　η——中效过滤器效率，%。

公共建筑 $PM_{2.5}$ 室内设计浓度 C　　　　　　　　表 7-1

等级	$PM_{2.5}(\mu g/\mathrm{m^3})$	建议适用建筑类型
一级	25	幼儿园、医院、养老院
二级	35	学校教室、高星级宾馆客房、高级办公楼、健身房
三级	50	普通宾馆客房、普通办公楼、图书馆
四级	75	餐厅、博物馆、展览厅、体育馆、影剧院等其他公共建筑

$PM_{2.5}$ 室外计算日浓度 C_0　　　　　　　　表 7-2

城市	$PM_{2.5}$ $(\mu g/\mathrm{m^3})$	城市	$PM_{2.5}$ $(\mu g/\mathrm{m^3})$	城市	$PM_{2.5}$ $(\mu g/\mathrm{m^3})$	城市	$PM_{2.5}$ $(\mu g/\mathrm{m^3})$
北京	267	银川	154	杭州	230	海口	93
上海	192	西宁	235	深圳	110	石家庄	488
天津	273	青岛	212	珠海	112	郑州	302
重庆	173	济南	322	广州	128	哈尔滨	327
苏州	214	太原	221	合肥	286	武汉	290
南京	256	西安	418	厦门	78	长沙	225
南昌	175	成都	253	福州	100	长春	282
大连	168	拉萨	45	兰州	230		
沈阳	239	乌鲁木齐	280	南宁	152		
呼和浩特	159	昆明	87	贵阳	128		

4. 室内气流组织

室内循环风量过小，热风送风温度过高，会造成热空气上浮，加剧室内空气上热下冷的分层情况。送冷风时，又容易因送风卷吸不够，出现冷风直接下沉现象。近年来，为了降低风机能耗，有些系统采用低温送风，对气流组织影响更大，尤其当系统处于小风量运行时，问题格外严重。因此，在系统风量设计与送风散流器选择、布置时应充分考虑气流分布问题。

5. 送风温度（差）

送风温差与系统风量成反比，以上所述的室内负荷、空气过滤和气流组织都与送风温度（差）有关。在确定送风温度时，应综合考虑下列因素：

（1）风机输送能耗：降低送风温度可减小系统风量，降低风机输送能耗。

（2）设备、土建投资：减小送风量能降低空调设备、风管、吊平顶空间和设备机房等的初投资。

（3）冷源设备：较高的送风温度可采用较高的冷水温度，提高冷水机组的能效比。但会使冷水温差减小，冷水泵能耗增加。

（4）末端装置再热损失：受末端装置最小风量制约（详见本书第 8.1.2 节），再热型变风量系统在负荷较小而出现区域过冷时，采用再热方式提高送风温度，以抵消富余的供冷量。在相同负荷且末端装置处于最小风量运行时，系统送风温度越低，送入空调区域的富余冷量就越多，需再热的区域也会越多，总再热量也就越大，造成的再热冷、热损失量当然就越大。

（5）低温新风供冷：利用室外低温新风供冷是全年供冷的变风量空调系统最有效的节能运行手段之一。很明显，当新风温度（或焓值）低于系统回风温度（或焓值）时，可利用室外新风进行部分自然供冷，当然还需冷却盘管部分供冷。当新风温度低于系统送风温度时，可停止冷却盘管供冷，通过调节新风、回风比达到送风温度，实现完全自然供冷。系统送风温度越高，可利用的完全自然供冷时间就越多，系统全年运行能耗就越低。

然而，影响送风温度的各种因素是相互矛盾的，系统送风温度的高低各有利弊，需根据气候、工程和系统的具体情况进行综合分析后确定。

例如，我国南方地区全年供冷负荷大，"过冷再热"需求少；冬季、过渡季气温较高，有效利用低温新风供冷时间较少；采用较高的送风温度（如 15℃），虽然可以提高冷水机组的能效比，增加利用低温新风供冷时间。但较高的送风温度会加大系统风量，冷水机组和新风供冷所省下的能量有可能小于加大风机风量所增加的能耗。因此，南方地区宜采用较低的送风温度。

再如，我国北方地区全年供冷负荷较小，"过冷再热"需求多，冬季、过渡季气温较低，有效利用低温新风供冷时间较长。采用较低的送风温度（如 10℃），虽然可以减小系统风量，节省风机能耗，但是将增加再热损失，减少有效利用低温新风供冷的时间。低温送风需要较低的水温，也会降低冷水机组能效比。综合起来，风机风量降低所节省的能量，可能会小于因"过冷再热"、冷水机组能效比降低和新风供冷减少所增加的能耗。因此，北方地区宜采用较高的送风温度。

同一地区、同一系统在不同时间也可采用不同的送风温度。夏季冷负荷大时，降低送风温度可节省风机用能；冬季、春秋季负荷较小时，提高送风温度可增加利用新风供冷时间，减少"过冷再热"损失。

7.2.2　计算过程

1. 室内空气状态变化

变风量空调系统与定风量空调系统一样，风量计算需要在湿空气焓湿图（h-d 图）上作空气热湿处理分析计算。依据室内空气设计干球温度和初定的相对湿度以及室内热、湿负荷确定室内空气状态变化线 ε，即热湿比线。其计算公式为：

$$\varepsilon = \frac{Q}{W} \tag{7-5}$$

式中　Q——室内全热冷负荷，kJ/s；

　　　W——室内湿负荷，kg/s；

　　　ε——室内空气状态变化线，kJ/kg。

考虑到冷却盘管的除湿能力和风机、风管温升，一般将 ε 线与 85% 等相对湿度线的交点作为系统的送风参数。再由送风参数的等含湿量线与 90% 等相对湿度线的交点作为冷却盘管的出风参数。

2. 送风温度调整

由本书第 7.2.1 节分析可知，送风温度直接关系到变风量空调系统和末端装置的风量、室内换气次数、气流组织和运行经济性等。计算得到送风参数后，应校核送风温度是否合适。常温送风系统的送风温度通常为 12～15℃，低温送风系统的送风温度≤11℃，如不合适应作调整。对于一定的热湿比线，送风温度调整将导致室内空气设计参数发生变化。在舒适性空调系统中，室内设计温度是必须保证的主要参数，而相对湿度则可在一定范围内变化，故调整的结果通常是适当改变了室内空气的相对湿度和送风温差。

3. 风量计算

变风量空调系统的风量是指系统最大设计风量，它可根据系统所辖空调区域内室内全热冷负荷或室内显热冷负荷计算。

$$G = \frac{Q_T}{h_N - h_S} \tag{7-6}$$

或

$$G = \frac{Q_S}{1.01(t_N - t_S)} \tag{7-7}$$

式中　Q_T、Q_S——分别为室内全热冷负荷、显热冷负荷，kW；

　　　h_N、h_S——分别为室内设计状态点、送风状态点空气的比焓值，kJ/kg；

　　　t_N、t_S——分别为室内空气设计干球温度、送风温度，℃；

　　　　　G——系统送风量，kg/s；

　　　1.01——干空气定压比热，kJ/(kg·℃)。

4. 风机与风管温升

变风量空调系统一般需要对冷却盘管出风参数做仔细计算，还须考虑风机与风管的温升。风机引起的空气温升计算详见式（9-7）。

风管温升是因风管得热造成的，其温升 Δt_D 可按式（7-8）计算。

$$\Delta t_D = \frac{Q_D}{1.01 \times G} \tag{7-8}$$

式中　Q_D——风管得热量，kW，一般可按显热冷负荷的 2% 估算[①]；

---

① 见本章参考文献［5］第 81 页。

G——系统送风量，kg/s；

　1.01——干空气定压比热，kJ/(kg·℃)。

5. 冷却盘管除湿特性

冷却盘管在冷却空气的同时还可以除湿，其除湿特性与盘管排数有关。图 7-4 表示了冷水型冷却盘管的出风参数[①]。由图可见，根据盘管排数，除湿后空气的相对湿度可在 75%～95% 变化。冷却盘管出风相对湿度还可从表 7-3 查得。

经过 ε 线分析、送风温度调整及风机、风管温升计算后，得到离开冷却盘管所需要的空气温度、湿度。据此，可由图 7-4 或表 7-3 初步确定冷却盘管排数。对于舒适性空调系统，离开冷却盘管的出风的相对湿度为 92%～95%，采用 6～8 排的盘管较为合适。大型空调系统风机全压高、温升大，如初定的送风相对湿度为 85%，则盘管出风相对湿度需达到 95% 以上，需选用 10 排

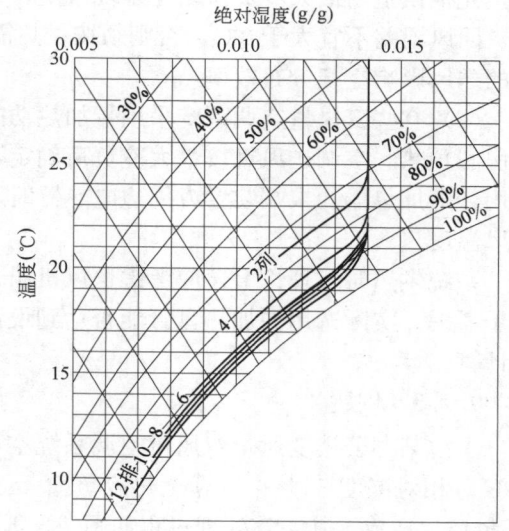

图 7-4　冷却盘管的出风参数

的盘管才可满足要求。盘管排数的增加会使盘管风阻及风机能耗升高，所以可适当降低初定的送风相对湿度。小型空调系统风机全压低、温升小，盘管出风的相对湿度可能低于 90%。如所选盘管的处理能力有富余，可适当提高初定的送风相对湿度。实际选用的冷却盘管能否达到设计要求的出风参数，还需由供应商进行盘管校核计算。

冷却盘管出风相对湿度　　　　表 7-3

盘管排数	2	4	6	8	10
出风相对湿(%)	76	86	92	95	96

6. 回风温升

回风温升是指回风进入吊平顶后因得热而引起的温升，得热主要来自灯具散热，也有未与室内空气充分混合而直接进入吊平顶内的其他热量，如室内发热设备等。进入吊平顶内的热量可按照明负荷的 15%～25% 估算，得到灯具散热量后可按式（7-8）计算回风温升。回风温升不仅与得热量还与系统回风量有关，一般也可按 1～2℃ 取值。

回风温升是吊平顶集中回风方式的特有现象，它不计入室内计算负荷，不增加空调送风量，但影响空调器的进风参数。在双风道变风量空调系统和风机动力型变风量空调系统中，温度升高的回风常被用作"过冷再热"的热源（详见本书第 5.5.1 节第 5 点）。

7. 热风送风温度计算

多数变风量空调系统供热是利用末端装置或其他周边空调设施加热实现的。变风量空调系统的空调箱通常不设加热盘管，但有两种情况例外：

---

　①　见本章参考文献 [5] 第 69 页。

（1）冷热型单风道系统。无论是用于外区的变风量空调系统，还是用于不分内、外区的变风量空调系统，必须在空调箱内分别设置冷却、加热盘管，或冷热兼用盘管。计算时，先根据室内最大冷负荷确定系统风量，再按最大热负荷校核热风的送风温度。热风的送、回风温差不宜大于 8℃，否则须按供热需要增加系统送风量或调整系统设计，以免过热的送风影响空气分布效率[①]；

（2）有些变风量空调系统采用带加热功能的末端装置，其空调箱也配备了加热盘管用于房间预热。空调送风量按最大冷负荷确定，再按最大蓄热负荷校核热风的送风温度。当采用带电加热器的末端装置或周边电热器时，由于加热能力有限，更需校核空调箱的热风送风温度。

系统供热时，理论上还应考虑送风机温升，但因风机的散热与风管的热损失相抵，可不予考虑。实际选用的加热盘管能否达到设计要求的出风参数，也需由供应商进行盘管校核计算。

7.2.3　例题

上海某办公楼变风量双风机空调系统空调面积约为 $1500m^2$；夏季室内设计干球温度 24℃、相对湿度 55%；计算全热冷负荷 148.26kW；散湿量 0.007093kg/s；计算显热冷负荷 124.1kW。其空气处理过程如图 7-5 所示。

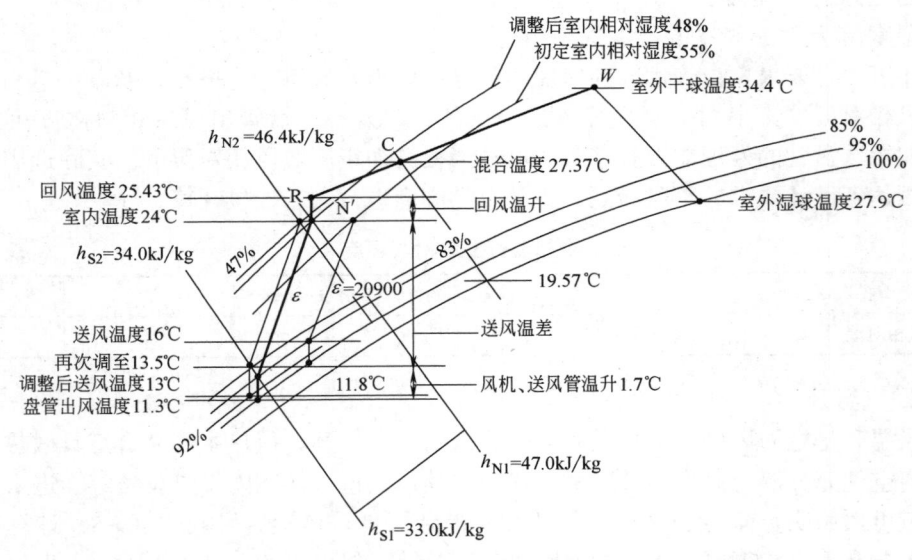

图 7-5　例题空气处理过程分析

（1）热湿比计算：

$\varepsilon=148.26/0.007093=20900kJ/kg$；过室内设计状态点作 ε 线并与 85% 等相对湿度线相交，所得送风温度 16℃ 偏高，送、回风温差偏小，系统风量偏大，需进行修正。先将送风温度调整到 13℃，使 13℃ 等温线与 85% 等相对湿度线相交得送风点 S，比焓 $h_{s1}=$ 33.0kJ/kg；过 S 点再作等值 $\varepsilon=20900kJ/kg$ 线，得到新的室内设计状态点：干球温度 24℃、相对湿度 48%、比焓 $h_{N1}=47.0kJ/kg$，该计算结果比较合适。

[①]　见本章参考文献［6］表 6-2。

（2）初步风量计算：

$$G=\frac{Q_{\mathrm{T}}}{h_{\mathrm{N}}-h_{\mathrm{S}}}+\frac{148.26}{47.0-33.0}=10.6\ (\mathrm{kg/s})$$

$$G=\frac{Q_{\mathrm{S}}}{1.01(t_{\mathrm{N}}-t_{\mathrm{S}})}=\frac{124.1}{1.01(24-13)}=11.17\ (\mathrm{kg/s})=33510\ (\mathrm{m^3/h})$$

（3）送风机温升计算：

风机全压 p_{T} 计算得 1200Pa，后倾式离心风机效率 η_{F} 取 0.75，电机效率 η_{m} 取 0.9，由（式 9-7）得：

$$\Delta T_{\mathrm{F}}=\frac{p_{\mathrm{T}}}{1212\eta_{\mathrm{F}}\eta_{\mathrm{m}}}=\frac{1200}{1212\times0.75\times0.9}=1.47\ (\text{℃})$$

风管得热量为 $0.02\times124.1=2.482\mathrm{kW}$；风管温升为：

$$\Delta t_{\mathrm{b}}=\frac{Q_{\mathrm{D}}}{1.01\times G}=\frac{2.482}{1.01\times11.17}=0.22\ (\text{℃})$$

风机与风管合计温升为 $1.47+0.22=1.7$℃。

（4）冷却盘管出风温度及盘管排数校核

冷却盘管的出风温度为 $13-1.7=11.3$℃；查 $h\text{-}d$ 图得出风相对湿度为 95％；对照图 7-4 或表 7-1 校核选用冷却盘管排数，此工况所用的盘管选为 8 排。考虑到 8 排盘管阻力较大，仍选 6 排较合适，送风点再次调整为 13.5℃/83％/34.0kJ/kg。冷却盘管出风温度调整为 $13.5-1.7=11.8$℃；查 $h\text{-}d$ 图得出风相对湿度为 92％，湿球温度为 11℃，出风相对湿度符合 6 排处理能力。按送风点和 ε 线再次反推室内设计点：24℃/47％/46.4kJ/kg

（5）调整风量计算

$$G=\frac{Q_{\mathrm{T}}}{h_{\mathrm{N}}-h_{\mathrm{S}}}+\frac{148.26}{46.4-34.0}=11.58\ (\mathrm{kg/s})$$

$$G=\frac{Q_{\mathrm{S}}}{1.01(t_{\mathrm{N}}-t_{\mathrm{S}})}=\frac{124.1}{1.01(24-13.5)}=11.7\ (\mathrm{kg/s})=35100\ (\mathrm{m^3/h})$$

（6）回风温升计算

本例题空调面积 1500m²；若每平方米照明负荷 30W、采用节能荧光灯，得照明负荷为 45kW；进入吊平顶的照明负荷为 $0.25\times45=11.25\mathrm{kW}$，按式（7-8）可算出回风温升：

$$\Delta t_{\mathrm{D}}=\frac{Q_{\mathrm{D}}}{1.01\times G}=\frac{11.25}{1.01\times11.7}=1\ (\text{℃})$$

按式（9-7）计算因回风机散热引起的回风温升：回风机全压 P_{T} 计算得 350Pa；后倾式离心风机效率 η_{F} 取 0.75；电机效率为 0.85：

$$\Delta t_{\mathrm{F}}=\frac{P_{\mathrm{T}}}{1212\times\eta_{\mathrm{F}}\eta_{\mathrm{m}}}=\frac{350}{1212\times0.75\times0.85}=0.45\ (\text{℃})$$

总回风温升为 $1+0.45=1.45$℃。

（7）冷却盘管进风参数计算

经计算该办公层有 250 人；系统最小新风量为 $30\mathrm{m^3/h}\times250=7500\mathrm{m^3/h}$；新风比为 $7500\div35100\times100\%=21.4\%$；室外空气状态点：干球温度 $t_{\mathrm{D}}=34.4$℃，湿球温度 $t_{\mathrm{S}}=27.9$℃；在焓湿图上作图，得冷却盘管的进风参数：干球温度 $t_{\mathrm{CD}}=27.37$℃，湿球温度 $t_{\mathrm{CS}}=19.57$℃。

（8）冬季送风温度计算

办公楼的窗墙比为 0.6，外墙传热系数≤1.0W/(m² · K)，房间进深 13m。冬季时，外围护结构热负荷由周边加热器承担，集中空调器加热盘管仅承担系统间歇运行时的蓄热负荷；房间预热时间为 1h。根据式（2-5）可计算冬季供热单位面积蓄热负荷：

$$Q = g \times C_K \times d \times w = 53 \times 1.04 \times \frac{10}{13} \times 1 = 42.4 \ (\text{W/m}^2)$$

系统需承担的蓄热负荷 $Q_r = 42.4 \times 1500 = 63.6\text{kW}$。

冬季室内空气设计参数：干球温度 22℃，相对湿度 40%。

热风的送风温差为：

$$\Delta t = \frac{Q_r}{1.01 \times G} = \frac{63.6}{1.01 \times 11.7} = 5.4 \ (℃)$$

如不考虑风机散热引起的空气温升和风管传热引起的空气温降，冬季时，系统预热最高送风温度为 22+5.4=27.4℃，送、回风温差小于 8℃，比较合适。

7.3 自然冷却节能

变风量空调系统有多种节能方法：变频变速调节系统风量、避免或减少系统再热损失、避免或减少室内混合损失增加混合得益、应用热回收技术及自然冷却节能等。本节将结合空气处理装置选型介绍自然冷却节能技术。

7.3.1 自然冷却概念与分类

系统的自然冷却也称为免费冷却（Free Cooling），其概念是利用室外低温、低焓空气直接或间接供冷，全部或部分替代人工冷源，达到节能目的。

系统的自然冷却主要有两种方式：

（1）利用室外低温、低焓空气直接向室内供冷。亦称空气节能器或空气经济器（Air Economizers）；

（2）利用室外低温空气冷却空调冷水，再通过冷却盘管间接冷却室内空气。亦称水节能器或水经济器（Water Economizers）。

1. 空气节能器

图 7-6 分析了空气节能器的空气处理过程：

夏季当室外空气比焓高于回风比焓（$h_{W_1} \geqslant h_{R_1}$）或室外空气温度高于回风温度（$t_{W_1} \geqslant t_{R_1}$）时（即图中的最小新风区），新风比越大，混合风的比焓（h_{c_1}）就越高，系统能耗亦越大。因此就节能而言，新风比越小越好。但为了满足卫生要求，系统须维持最小新风量。混合风（C_1）经冷却盘管冷却、去湿处理到盘管的出风状态（L_1）。

当室外空气比焓小于回风比焓（$h_{W_2} < h_{R_1}$），且室外空气温度低于回风温度（$t_{W_2} < t_{R_1}$）但又高于系统送风温度时（即图 7-6 中的全新风区），新风比越大，混合风的比焓就越低，空调能耗亦越低。若关闭回风全新风运行，并通过盘管冷却、去湿处理到盘管的出风状态 L_1，系统能耗最小。

对于全年供冷的系统，当室外空气温度低于冷却盘管的出风温度（$t_{W_3} < t_{L_1}$）时（即图 7-6 中的变新风区），室内状态调整到冬季设计点（N_2），相应地低于夏季室内空气的设计参数（N_1），即 $t_{N_2} < t_{N_1}$、$\varphi_{N_2} < \varphi_{N_1}$ 且 $h_{N_2} < h_{N_1}$。因室内温度降低、送风温差减小，

在相同风量下系统减小了对室内的供冷量。但由本书第 2.3 节可知，由于冬季的混合得益，外区热负荷抵消了部分内区冷负荷，使内、外区冷热负荷都有所减小，所以全年空调系统的送风温度仍可保持不变。空调系统可以调节新风比，使混合温度 $t_{C_2} = t_{L_2}$，并对混合风（C_2）等温加湿到出风状态（L_2）。如果采用等焓加湿，可以调节新风比使得 $t_{C_3} = t_{L_2} + 1.5$，并对混合风（C_3）等焓加湿到出风状态（L_2）。

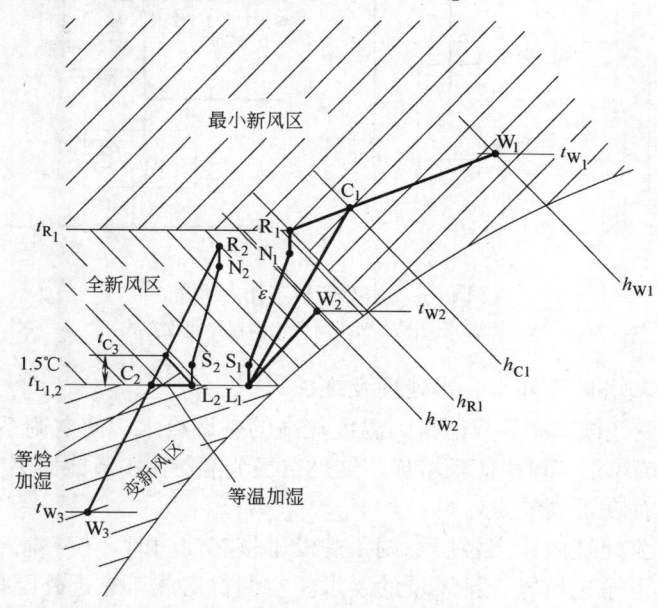

图 7-6　空气节能器空气处理过程分析

2. 水节能器

图 7-7 表示了两种水节能器的工作原理：图 7-7（a）利用冬季部分闲置的冷却塔和冷却水泵，通过板式换热器制备低于 15℃ 的空调冷水供空调箱使用。图 7-7（b）利用新风空调箱的预冷却盘管，让低温新风与空调冷水热交换，既冷却了水，又加热了新风，具有室内排热回收的效果。ASHRAE 标准 90.1-2001 指出[1]，水节能器应该可以在室外空气干球温度低于 10℃、湿球温度低于 7℃ 的条件下达到完全的自然冷却。当无法满足除湿需求时，则必须在室外空气干球温度低于 7℃、湿球温度低于 4℃ 下才能达到完全的自然冷却。可见水节能器要求的室外温湿度很低，大多数情况下需开启冷水机组进行人工制冷并与经自然冷却的冷水混合供水。有关水节能器的设计方法已超出变风量空调系统的范围，可参考有关空调水系统的资料。

3. 空气节能器与水节能器比较

全年运行的变风量空调系统，利用室外低温、低焓空气自然冷却具有显著的节能意义。采用节能器可降低总能耗 15%～40%[2]。空气节能器与水节能器各具特点，相对于水节能器，空气节能器具有下列优点：

（1）过渡季和冬季可加大新风量，有利于提高室内空气品质；

（2）变风量空调系统采用空气节能器时可多节能 20%[2]；

①　见本章参考文献〔7〕第 44 页。

②　见本章参考文献〔1〕第 922 页。

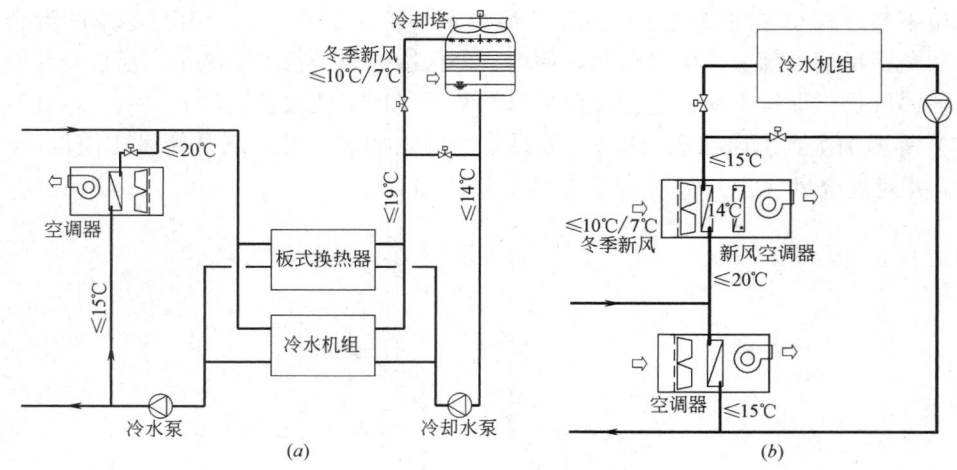

图 7-7　水节能器工作原理

（a）冷却塔方式；（b）新风空调器热回收方式

（3）无需对冷却塔进行补水、水处理及维护。

由于水节能器受气候限制，只能得到温度较高的空调冷水，使空调系统送风温度升高、送风温差减小、系统风量与风机能耗增加。这是空气节能器比水节能器更节能的主要原因。

空气节能器也存在下列缺点：

（1）在高层办公建筑内，当各层空调机房设于核芯筒内时，仅靠新、排风垂直竖井很难满足全新风工况下输送新风、排风量的要求。空调机房能否靠近外围护结构，外围护结构上能否留有满足全新风要求的进风、排风口是能否实现空气节能器运行的关键；

（2）随着室外气候突然变化，运行工况转变，系统新风量会产生剧烈变化，要求排风作瞬时跟踪变化，需要控制系统监控可靠，以免建筑内压力会产生较大波动；

（3）冬季时，大量采用室外低含湿量的新风，会使室内相对湿度过低，需进行有效的加湿处理；

（4）需增加回风机或排风机，其风量需达到新风量的 100%，增加的投资费用为普通空调箱的 25%～40%；而采用水节能器一般仅需增加普通空调箱投资的 10%；

（5）冬季时，在大新风比情况下，如盘管进口处空气温度低于 0℃，盘管有被冻结的危险，需采取盘管防冻措施；

（6）夏季以最小新风量运行并采用全热交换器，冬季、春季和秋季采用空气节能器的变风量空调系统［如图 7-3（a）］全年节能效果最好。但系统的空调设备、控制系统及空调机房非常复杂，系统初投资较高，运行管理复杂。

7.3.2　空气节能器控制方法

理论上，空气节能器根据室外空气焓值确定是否启用。但是即便在一日内室外空气状态也变化多端，依靠人工是无法判别跟踪，必须以空调自控系统进行实时检测监控，判别是否需要启动空气节能器模式。

1. 判别控制方法

ASHRAE 标准 90.1-2001 中列举了五种空气节能器的判别控制方法[①]，图 7-8 与图 7-9

分别为空气节能器判别控制方法的焓湿图分析与控制原理。

（1）焓差法（Differential Enthalpy）

比较新风比焓 h_{W_1} 与回风比焓 h_{R_1}。新风比焓和回风比焓一般是通过检测干球温度及湿球温度、相对湿度或露点温度求得。温度传感器 T_1、T_2 分别测得新风、回风温度 t_{W_1}、t_{R_1}；湿度传感器 H_1、H_2 分别测得新风、回风相对湿度 φ_{W_1} 与 φ_{R_1}，经 DDC 控制器计算并比较新风比焓 h_{W_1} 和回风比焓 h_{R_1}；当 $h_{W_1} > h_{R_1}$ 时，则不启动空气节能器模式：新风、排风阀 D_1、D_3 关闭，回风阀 D_2 全开，由新风、排风定风量装置控制最小新、排风量；当 $h_{W_1} \leqslant h_{R_1}$ 时，则启动空气节能器运行模式：新风、排风阀 D_1、D_3 全开，回风阀 D_2 和新、排风定风量装置关闭；室外新风经冷却盘管冷却、去湿处理到盘管的出风参数。焓差法是目前国内最常用的判别控制方法。

（2）固定焓法（Fixed Enthalpy）

固定焓法与焓差法的区别在于室外新风比焓 h_{W_1} 不与回风比焓 h_{R_1} 比较，而是与控制系统内设定的一个固定的比焓 $h_F = 47\text{kJ/kg}$（干球温度 24℃，相对湿度 50%，可以另设）比较，决定启动还是关闭空气节能器模式。

（3）电子焓法（Electronic Enthalpy）

在电子焓法控制中，室外新风状态与焓湿图上的"A"曲线比较，该曲线经过 24℃ 和 40% 相对湿度线的相交点。在低湿度区内，该曲线几乎与干球温度线平行；在高湿度区内，该曲线几乎与等焓线平行。如新风状态点落在"A"曲线以外（右上侧），将不启动空气节能器运行模式；如新风状态点落在"A"曲线以内（左下侧），则启动空气节能器模式。

（4）温差法（Differential Dry Bulb）

在温差法控制中，温度传感器 T_1、T_2 分别测得新风、回风温度 t_{W_1}、t_{R_1}；当 $t_{W_1} > t_{R_1}$ 时，不启动空气节能器模式；当 $t_{W_1} \leqslant t_{R_1}$ 时，则启动空气节能器模式。

（5）固定干球温度法（Fixed Dry Bulb）

在固定干球温度法中，温度传感器测得新风温度 t_{W_1}，根据所在地区气候条件，DDC 控制器将测得的新风温度与表 7-4 中某个固定温度作比较，以决定是否启动空气节能器模式。

固定干球温度法的控制思路是：新风温度高于室温（24℃）时，不启动空气节能器模式。

在相对湿度约为 50% 的干燥地区、约为 64% 的中等地区和约为 85% 的潮湿地区，空气节能器启动的临界温度分别为 24℃、21℃ 和 18℃。这三个状态点都靠近 47kJ/kg 等焓线。因此，24℃ 以上采用等温判别，24℃ 以下转为等焓判别。固定温度法的作用是把比焓检测问题转化为在不同相对湿度下的温度检测问题。

不同气候下的固定温度值　　　　　　表 7-4

气候	固定温度值	对应相对湿度下焓值
干燥地区	24℃	50%，焓值为 47kJ/kg
中等地区	21℃	64%，焓值为 47kJ/kg
潮湿地区	18℃	85%，焓值为 47kJ/kg

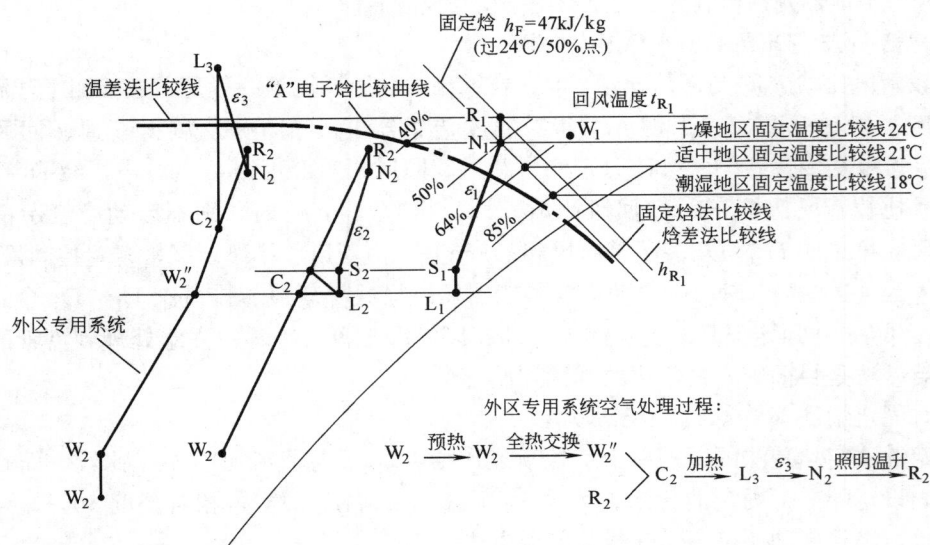

图 7-8　空气节能器判别控制方法

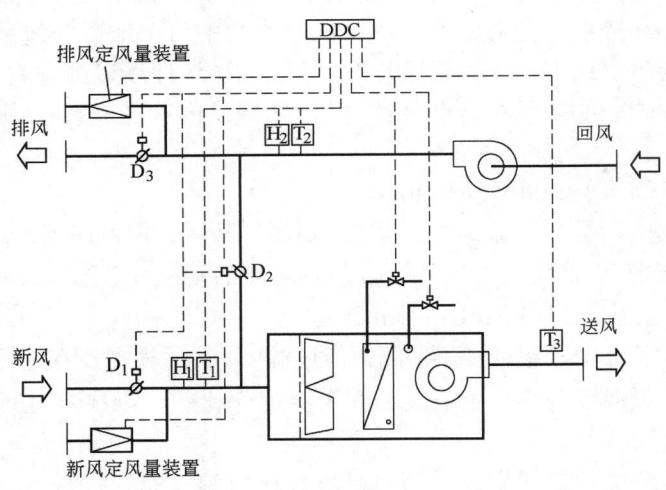

图 7-9　空气节能器控制原理

（6）变新风比控制

冬季变新风比控制的判别方法比较简单。当温度传感器 T_1 测得新风温度低于盘管的出风温度 t_{L2} 时，空气节能器模式进入变新风比控制。温度传感器 T_3 测得送风温度 t_{S2}；DDC 控制器根据实测送风温度与设定送风温度的差值，比例调节新、回、排风阀 D_1、D_2、D_3。相对湿度传感器 H_2 测得回风的相对湿度 φ_{R2}，DDC 控制器根据实测 φ_{R2} 与设定值的偏差值控制加湿器的加湿量。新风与排风定风量装置继续关闭。

2. 方法比较

表 7-5 归纳了最小新风工况与全新风工况（即空气节能器模式）转换的五种判别控制方法。工程设计中如何选用判别控制方法则需依据工程所在地气候、测量控制仪表精度和维护等多种因素确定。

（1）干燥地区全新风切换状态点常处于图 7-10 中的 A 区。当其逼近回风温度线 t_R 时，其焓值小于回风焓值 h_R。如用焓差法或固定焓法来判别，将启动全新风运行模式，但由于 A 区的空气温度明显高于回风温度，启动全新风运行模式将大大增加空调箱需处理的显热冷负荷。因此，在干燥地区，应采用固定温度法或温差法来判别控制较为合适。

（2）潮湿地区全新风切换状态点常处于图 7-10 中的 B 区。当其逼近回风等焓线 h_R 时，新风温度已低于回风温度 t_R。如用温差法来判别将启动全新风运行模式，但 B 区新风焓值明显高于回风焓值 h_R。启动全新风运行模式将大大增加空调箱需处理的潜热冷负荷。所以，在潮湿地区应采用焓差法或固定焓法来判别控制比较合适。

（3）为了兼顾湿空气的温度值与焓值，电子焓法采用了折中方法，其曲线靠近干燥地区（A 区）的一段接近于等温线，靠近潮湿地区（B 区）一段接近于等焓线。

（4）理论上，用焓差法控制系统节能性更好。但检测焓值需采用干球温度传感器和湿度传感器，或采用干球温度传感器和露点温度传感器。实际应用中湿度传感器误差较大，甚至高达 10％[1]，且需经常维护与保养。露点温度传感器比较"娇嫩"、昂贵且维修困难。因此，较为简单方便的方法是采用固定干球温度法取代各种焓值法[1]。

（5）国外一些研究成果表明，大多数湿度适中的地区，焓差法比固定温度法更节能些，但二者差异在 5％～10％以内[2]。因此，采用固定干球温度法作为全新风工况（即空气节能器运行模式）的判别控制法是合适的。当然，在潮湿地区，如采用固定干球温度法，则其固定温度的设定值需低一些。

最小新风工况与全新风工况（即空气节能器模式）判别控制方法　　　表 7-5

控制法	气候	控制上限(节能器关闭时)	
		判别	描述
固定温度法	干燥 中等 潮湿	$t_W>24℃$	新风温度高于 24℃
		$t_W>21℃$	新风温度高于 21℃
		$t_W>18℃$	新风温度高于 18℃
温差法	全部	$t_W>t_R$	新风温度高于回风温度
固定焓法	全部	$h_W>47kJ/kg$	新风比焓大于 47kJ/kg
电子焓法	全部	$(t_W/\varphi_n)>A$	新风温度/相对湿度大于"A"曲线值
焓差法	全部	$h_W>h_R$	新风比焓大于回风焓

3. 适用地区

ASHRAE 标准 90.1-2001 对于不同气候条件的地区给出了允许或禁止采用的空气节能器判别控制方法[3]，详见表 7-6 与图 7-10（b）。

气候分区与空气节能器控制法　　　表 7-6

气候条件	允许的判别控制方法	禁止的判别控制方法
干燥地区 $t_{wb}<21℃$或 $t_{wb}<24℃$且 $t_{db}≥38℃$	固定干球温度法 干球温度差法 电子焓法 焓差法	固定焓法

① 见本章参考文献 [1] 第 918 页。

② 见本章参考文献 [7] 第 920 页。

③ 见本章参考文献 [7] 第 45 页。

续表

气候条件	允许的判别控制方法	禁止的判别控制方法
适中地区 $21℃\leqslant t_{wb}\leqslant23℃$ $t_{db}<38℃$	固定干球温度法 干球温度差法 固定焓法 电子焓法 焓差法	
潮湿地区 $t_{wb}>23℃$	固定干球温度法 固定焓法 电子焓法 焓差法	干球温度差法

注：t_{wb} 是 1% 不满足的空调设计湿球温度，t_{db} 是 1% 不满足的夏季空调设计干球温度。

我国省会以上主要城市也可参照表 7-4 所规定的气候条件划分。具体结果见表 7-7。

从我国空调自控系统实际运行情况看，空气焓的检测和控制比较困难。工程应用中常年久失效、流于形式，而干球温度的检测与控制则相对稳定可靠。因此，采用固定干球温度控制法比较可行，无论干燥、适中还是潮湿地区都适用，区别仅在于干球温度的设定值不同。

我国主要城市气候划分表   表 7-7

气候条件	城　市
干燥地区	哈尔滨、呼和浩特、昆明、兰州、拉萨、太原、西宁、乌鲁木齐、银川
适中地区	北京、长春、大连、贵阳、沈阳、石家庄、天津、西安
潮湿地区	上海、长沙、成都、福州、广州、杭州、合肥、济南、青岛、澳门、南昌、南京、南宁、武汉、厦门、郑州、台北、香港、海口

注：数据取自 ASHRAE HANDBOOK 2001 FUNDAMENTALS 表 3B。

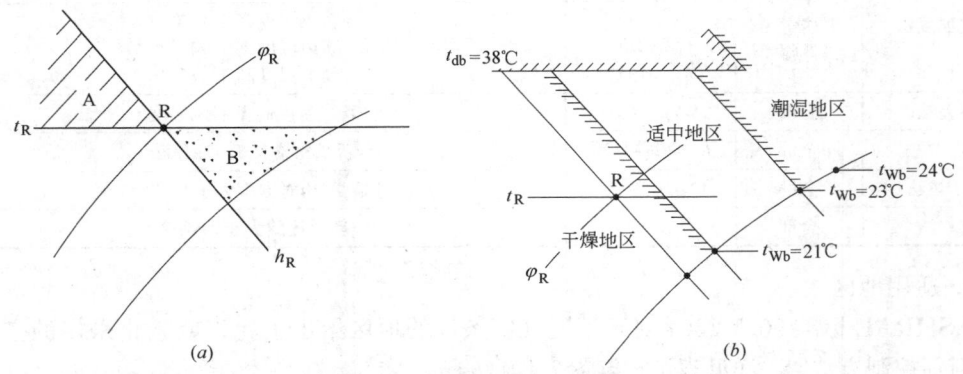

图 7-10　空气节能器运行模式与气候条件

（a）气候条件与判别方法；（b）不同气候条件地区

7.4　排风热回收节能

7.4.1　原理与效率

在变风量空调系统、变风量新排风空调系统中，采用全热或显热交换器回收排风中的排热量，可有效减少新风负荷，是常用的节能方法。全热交换器的芯材由不燃吸湿性材料或带吸湿性涂层的材料构成。夏季时，低温低湿的排风通过芯材，使芯材冷却。同时，由于水蒸气分压力差的作用，芯材释放出部分水分。当被冷却除湿后的芯材与高温高湿的新风接触时，吸收新风中的热量与水分，使新风降温减湿。因此全热交换器比显热交换器更为常用。全热交换器有转轮式和板式两类，在大型空调系统、新排风空调系统中，转轮式全热交换器使用较多，图 7-11 为转轮式全热交换器工作原理图。

全热交换器的性能用热交换效率 η 表示，它可分为显热效率 η_t、潜热效率 η_d 和全热效率 η_h，它们的关系可近似认为相等，因此 W、P、M 点在一条连线上（图 7-12）

$$\eta = \eta_t = \eta_d = \eta_h = \frac{t_W - t_P}{t_W - t_M} = \frac{d_W - d_P}{d_W - d_M} = \frac{h_W - h_P}{h_W - h_M} \tag{7-9}$$

式中　t——空气干球温度，℃；

　　　d——空气的含湿量，kg/kg干空气；

　　　h——空气的焓，kJ/kg干空气；

　下标 W——全热交换器新风进口；

　下标 P——全热交换器新风出口；

　下标 M——全热交换器排风进口。

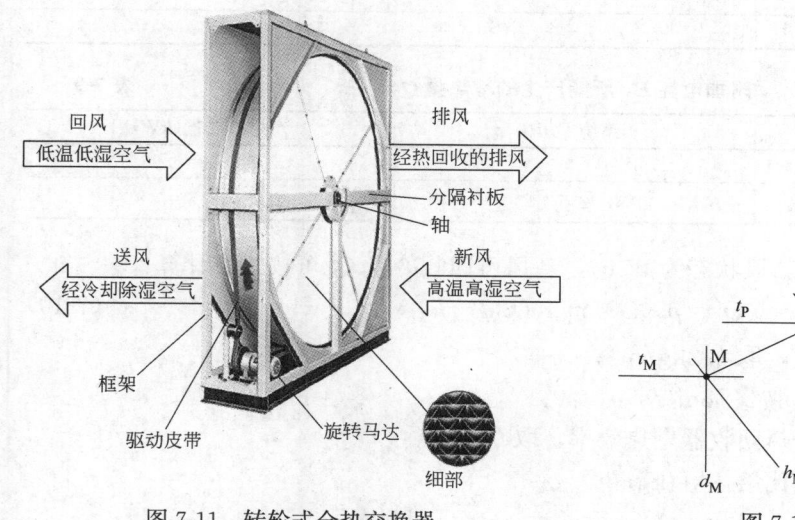

图 7-11　转轮式全热交换器

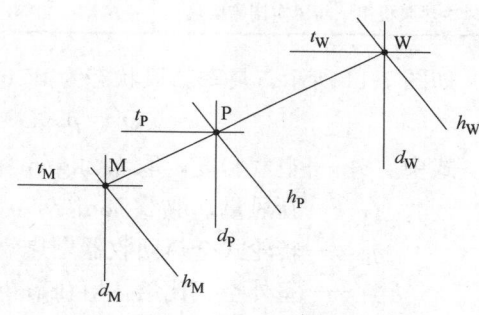

图 7-12　热交换效率

7.4.2　设计要点

采用排风热回收不是简单地在空调箱里设置一个转轮式全热交换器，设计和使用中应注意下列要点：

（1）过滤措施：为了保护全热交换器芯材，新风、排风入口处应设置计重效率约 70% 的粗效过滤器，且需经常清扫，以减少积尘；

（2）旁通措施：全热交换器工作需要消耗一定的电能 E_2，E_2 可以等效生产一定的热量 Q_2。全热交换器在一定效率下（如 60%），可以回收热量 Q_1'。如果 $Q_1' < Q_2$，就得不偿失，不应再热回收，应采取旁通措施。其中关键是热回收与旁通两种工况的转换点计算与控制。

（3）预热措施。在室外温度很低的严寒地区，当室内、外空气状态在焓湿图上的连线达到饱和线时（图 7-13），全热交换器芯材上可能会结露、结冰，甚至造成阻塞，应采取新风预热措施。

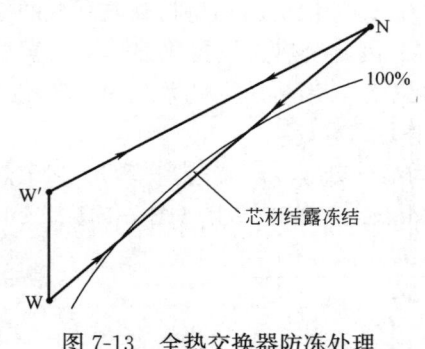

图 7-13　全热交换器防冻处理

7.4.3　工况转换点计算与控制示例

1. 工况转换点计算

本节以上海地区某变风量新排风空调系统为例，给出全热交换器热回收与旁通两种工况的转换点计算与控制方法。其他系统、气候条件及冷热源方式也可以参照该方法计算。

某 $10000\text{m}^3/\text{h}$ 的新排风空调系统，经设计计算得到采用全热交换器需要附加电耗 E_2 以及 E_2 所能产生的冷热量 Q_2，列于表 7-8、表 7-9。

全热交换器附加电耗 E_2 　　　　　　　　表 7-8

阻　　力	风机增加阻力 ΔP(Pa)	风机增加功率 ΔE(kW)
新风侧转轮阻力	150	0.56
排风侧转轮阻力	150	0.83
排风增加过滤器阻力	100	0.56
转轮驱动电耗		0.37
合计		2.32

附加电耗 E_2 所能产生的冷热量 Q_2 　　　　　　　　表 7-9

系统形式	系统 COP	产生冷热量(kW)
冷水机组＋新风空调箱供冷	3	2.32×3=6.96
风冷热泵机组＋新风空调箱供热	2.5	2.32×2.5=5.8

如图 7-14 所示，夏季新风状态为 W' 时，新风可回收冷量 Q_1' 可按式下计算：

$$Q_1' = \rho \times G \times \eta_h \times (h_{W'} - h_M) \tag{7-10}$$

式中　ρ——空气密度，取 1.2kg/m^3；

　　　G——新风量，取 $2.78\text{m}^3/\text{s}$；

　　　η_h——转轮式全热回收器全热效率，取 0.6；

　　　$h_{W'}$——室外空气比焓，kJ/kg；

　　　h_M——回风比焓，kJ/kg。

在回风温度 27℃、相对湿度 50％下，比焓 $h_M = 55\text{kJ/kg}$；令 $Q_1' = Q_2 = 6.96\text{kW}$；将已知参数代入式（7-10），解得 $h_{W'} = 58.5\text{kJ/kg}$。即当室外空气比焓 $h_{W'}$ 低于 58.5kJ/kg 时，该系统全热回收需要的附加电耗 E_2 产生的冷量大于热回收量，全热回收就没有意义了，应转入旁通工况。因此设计时需要计算求得 $h_{W'}$ 作为工况转换的判定值。

运行时，控制系统检测室外空气比焓与 $h_{W'}$，比较后进行工况转换。若测量比焓精度不够准，也可以根据当地情况设定相对湿度，以测室外温度 t_W 代替测量比焓。如上海地区夏季设定相对湿度为 80％，$t_W = 23℃$（58.5kJ/kg，80％），回风温度 $t_M = 27℃$；可见当室外温度 t_W 高于回风温度 t_M，或虽低于回风温度 t_M，但差值不大于 4℃时，热回收有价值，否则应转入旁通工况。

同理，作冬季新风状态判断。在回风温度 22℃、相对湿度 50％下，回风比焓 $h_M = 42\text{kJ/kg}$；令 $Q' = Q_2 = 5.8\text{kW}$，将已知参数代入式（7-10），解得 $h_{W'} = 39.1\text{kJ/kg}$。即比焓在 39.1kJ/kg 以上，该系统全热回收就没有意义了，应转入旁通工况。相类似，上海地区冬季若设定相对湿度 60%，$t_W=18℃$（39.1kJ/kg，60%）；回风温度 $t_M=22℃$；可见当室外温度低于回风温度，且差值大于 4℃，热回收有价值，否则应转入旁通工况。

2. 控制要求

（1）过滤器压差报警；

（2）夏季，检测新风温度，当新风温度比室内回风温度低，且差值大于 4℃时，打开旁通风阀，空调系统由热回收工况转入旁通工况；

（3）冬季，检测新风温度，当新风温度低于室内回风温度，且差值小于 4℃时，打开旁通风阀，由热回收工况转入旁通工况；

（4）全热交换器新风入口设温度传感器，新风温度低于设定值时，比例调节预热盘管水量电动调节阀，维持新风温度最低值。

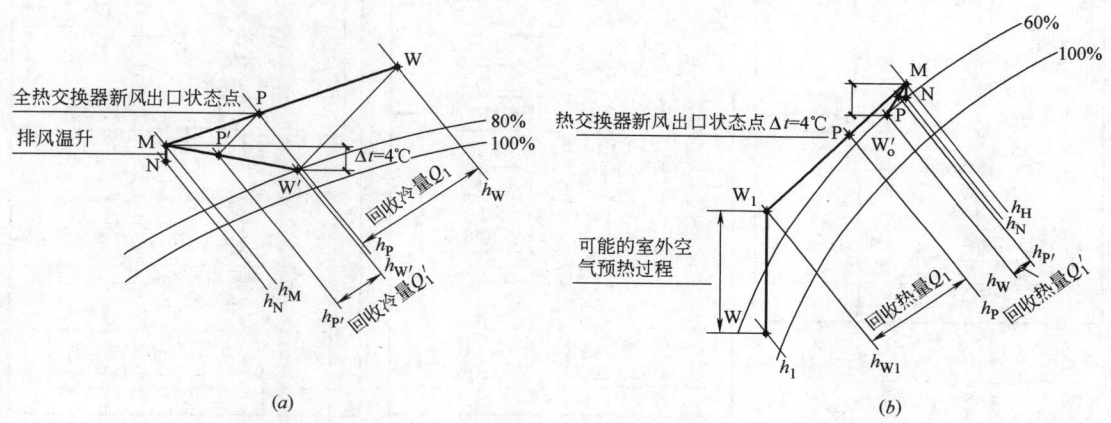

图 7-14　工况判别与控制

（a）夏季；（b）冬季

W—室外新风设计状态点；W′—热回收极限条件下室外新风状态点；P—全热交换器设计新风出口状态点；P′—热回收极限条件下全热交换器新风出口状态点

7.4.4　节能设计要点

变风量空调系统如同时采用最小新、排风热回收和变新风自然冷却节能技术，会使空调箱比较复杂，设计时应注意：

1. 机房与进排风口

变新风自然冷却节能技术需较宽裕的空调机房和外窗百叶，在方案与初步设计时就应与建筑师密切配合确定好空调机房位置，并协调好大面积百叶与建筑立面的关系。

2. 新排风量控制

图 7-2、图 7-3 分别表示了单风机与双风机变风量空调系统的原理与机房平面。它们采用了最小新、排风热回收和变新风自然冷却节能技术。从图中可知，当系统风量调小时，新风入口处的负压值减小，故新风与排风均需设置压力无关型定风量装置，或控制新、回风混合箱的负压值，以保证系统新风量并稳定排风量，保证空调区域压力平衡（详见本书第 15.5 节）。

3. 节能工况转换

仍以图 7-2、图 7-3 分析节能工况转换。

（1）转换逻辑

变风量空调系统的自然冷却与排风热回收节能设计运行可根据室外空气比焓（或转换为干球温度）区分各种工况。图 7-15 显示了各种系统在自然冷却与排风热回收时各种节能工况的转换逻辑。

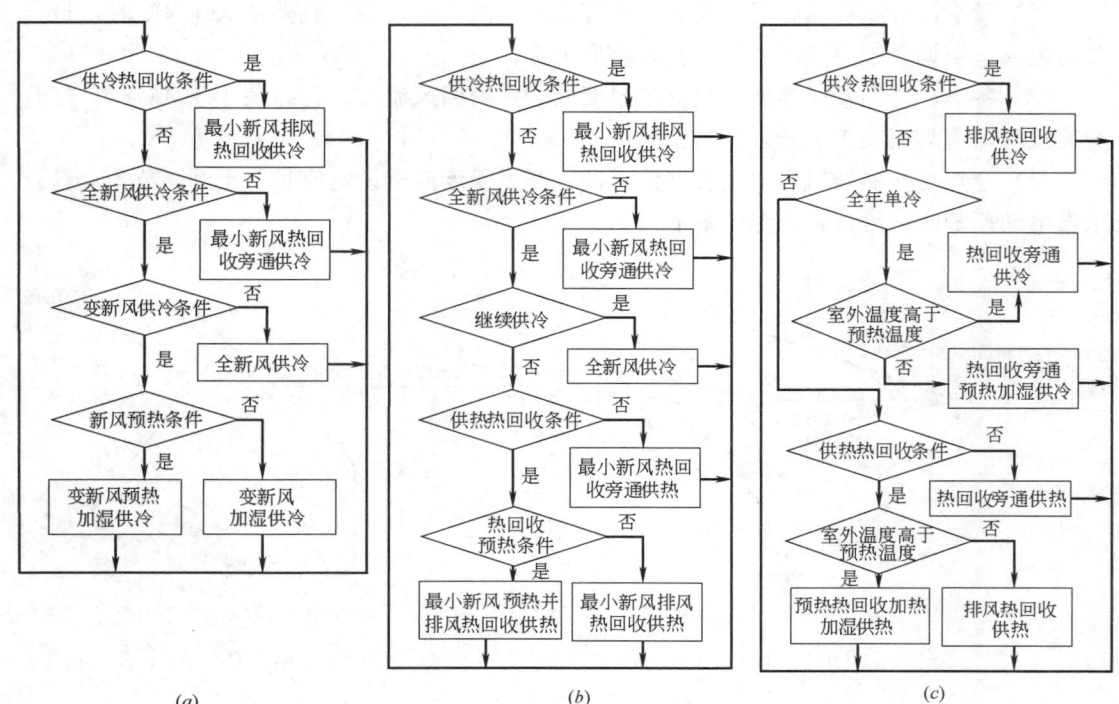

图 7-15　节能工况转换逻辑图
（*a*）全年供冷系统；（*b*）冷热兼用系统；（*c*）集中新排风系统

（2）空气处理系统控制

1）全年供冷系统（图 7-2、7-3）

排风热回收工况：当室外温度符合供冷排风热回收条件时，关闭新、排风阀 D_1、D_3，关闭新、排风旁通阀 D_4、D_5，比例调节回风阀 D_2 维持新排风混合段足够的负压，新、排风定风量末端 CAV 调节控制新、排风量，全热交换器运行热回收。

排风热回收旁通工况：当室外温度符合供冷热回收旁通条件时，关闭新、排风阀 D_1、D_3，开启新、排风旁通阀 D_4、D_5，比例调节回风阀 D_2 维持新排风混合段足够的负压，新、排风定风量末端 CAV 调节控制新、排风量，全热交换器停止运行。

全新风供冷工况：当室外温度符合全新风供冷条件时，开启新、排风阀 D_1、D_3，关闭新、排风旁通阀 D_4、D_5，关闭回风阀 D_2，全热交换器停止运行，全新风运行。

变新风工况：当室外温度符合变新风供冷条件时，关闭新、排风旁通阀 D_4、D_5，比例调节 D_1、D_2、D_3 开度，控制新、回风混合送风温度。由于风阀调节仅涉及温度控制，与系统变风量时的压力变化无关，故一般都不设风量检测反馈控制回路。冬季大量新风供冷会使室内过于干燥，需要适当加湿，控制回风相对湿度，室外温度低于预热控制温度时，还需要先行预热。

2）冷热兼用系统（图 7-2、图 7-3）

排风热回收供冷工况、排风热回收旁通供冷工况、全新风供冷工况与全年供冷系统相同。

排风热回收旁通供热工况：当室外温度符合供热排风热回收旁通条件时，关闭新、排风阀 D_1、D_3，开启新、排风旁通阀 D_4、D_5，比例调节回风阀 D_2 开度以维持新排风混合段足够的负压，新、排风定风量末端 CAV 调节控制新、排风量，全热交换器停止，预热盘管关闭。

排风热回收供热工况：当室外温度符合供热排风热回收条件且高于预热温度（如，5℃）时，关闭新、排风阀 D_1、D_3，关闭新、排风旁通阀 D_4、D_5，比例调节回风阀 D_2 开度以维持新排风混合段足够的负压，新、排风定风量末端 CAV 调节控制新、排风量，全热交换器运行热回收，预热盘管关闭。

预热排风热回收供热工况：当室外温度符合供热排风热回收条件且低于预热温度（如，5℃）时，在排风热回收工况基础上增加预热盘管运行，防止全热交换器冻结。

3）集中新排风冷热系统（图 7-16）

排风热回收供冷工况：当室外温度符合供冷排风热回收条件时，关闭新、排风旁通阀 D_4、D_5，全热交换器运行，预热盘管关闭。

排风热回收旁通供冷工况：当室外温度符合供冷排风热回收旁通条件时，开启新、排风旁通阀 D_4、D_5，全热交换器停止，预热盘管关闭。

排风热回收旁通供热工况：当室外温度符合供热排风热回收旁通条件时，开启新、排风旁通阀 D_4、D_5，全热交换器停止，预热盘管关闭。

排风热回收供热工况：当室外温度符合供热排风热回收条件且高于预热温度（如，5℃）时，关闭新、排风旁通阀 D_4、D_5，全热交换器运行，预热盘管关闭。

预热排风热回收加湿供热工况：当室外温度符合供热排风热回收条件、且低于预热温度（如，5℃）时，关闭新、排风旁通阀 D_4、D_5，预热盘管运行，防止全热交换器冻结，全热交换器运行，加热控制送风温度，加湿控制送风相对湿度。

4）集中新排风单冷系统（图 7-16）

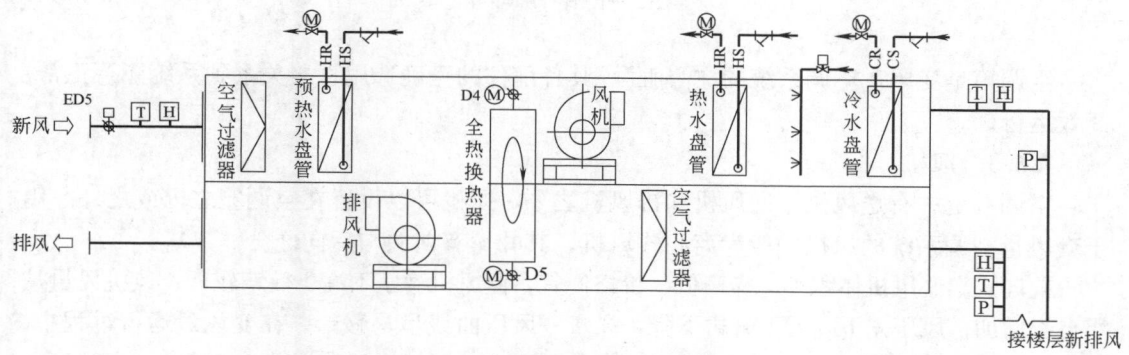

图 7-16　集中新排风单冷系统

排风热回收供冷工况、排风热回收旁通供冷工况与集中新排风冷热系统相同。

排风热回收旁通预热加湿供冷工况：当室外温度低于预热温度（如，5℃）时，预热盘管运行，加湿控制送风相对湿度。

空气处理装置节能联合工况控制如表 7-10 所示。

空气处理装置节能联合工况控制表　　　　　　　　表 7-10

系统	工况	新、排风阀 D_1、D_3	新、排风旁通阀 D_4、D_5	回风阀 D_2	新、排风定风量末端 CAV	全热交换器	预热盘管	加湿器
全年供冷系统 ［图 7-15(a)］	最小新风排风热回收供冷	关闭	关闭	调节	调节	运行	关闭	关闭
	最小新风热回收旁通供冷	关闭	开启	调节	调节	停止	关闭	关闭
	全新风供冷	开启	关闭	关闭	关闭	停止	关闭	关闭
	变新风加湿供冷	调节	关闭	调节	关闭	停止	关闭	调节
	变新风预热加湿供冷	调节	关闭	调节	关闭	停止	调节	调节
冷热兼用系统 （外区专用） ［图 7-15(b)］	最小新风排风热回收供冷	关闭	关闭	调节	调节	运行	关闭	
	最小新风热回收旁通供冷	关闭	开启	调节	调节	停止	关闭	
	全新风供冷	开启	关闭	关闭	关闭	停止	关闭	
	最小新风热回收旁通供热	关闭	开启	调节	调节	停止	关闭	
	最小新风排风热回收供热	关闭	关闭	调节	调节	运行	关闭	
	最小新风预热排风热回收	关闭	关闭	调节	调节	运行	调节	
集中新排风 冷热系统 ［图 7-15(c)］	排风热回收供冷	—	关闭	—	—	运行	关闭	关闭
	热回收旁通供冷	—	开启	—	—	停止	关闭	关闭
	热回收旁通供热	—	开启	—	—	停止	关闭	关闭
	排风热回收供热		关闭			运行	关闭	调节
	排风热回收预热加湿供热	—	关闭			运行	调节	调节
集中新排风 单冷系统 ［图 7-16］	排风热回收供冷	—	关闭	—	—	运行	关闭	关闭
	热回收旁通供冷	—	开启	—	—	停止	关闭	关闭
	预热加湿供冷		开启		—	停止	调节	调节

7.5　空调箱各部件选用

空调箱是变风量空调系统的"心脏"，其各部件的正确选用直接关系到系统能否正常、高效运行。

7.5.1　风机

空调系统中有送风机、回风机和排风机之分，风机可以设置在空调箱之内或之外。用于变风量空调系统的风机一般为离心式风机，其叶轮有前向与后向之分。

前向式离心风机体积小、噪声低、价格便宜，但风机静压不高、效率较低。风机风量从零点起增加，风压先下降后上升再下降，风量—风压曲线呈马鞍形，在变风量运行过程中，这种风机特性对系统压力稳定有一定影响。前向式离心风机多用于风量在 20000m³/h 以内、风压在 1100Pa 以下的中、小型空调系统，如立式或柜式空调箱等。

后向式离心风机风量大、风压高、效率高；但风机的体积较大、噪声较高、价格也略贵。后向式风机的风量—风压曲线平滑，较小风量时压力较高，随风量增大其风压平滑下降，在变风量运行时这种风机特性使系统压力比较稳定。后向式离心风机一般用于风量大于 20000m³/h、风压在 1100Pa 以上的大、中型空调系统的组合式空调箱。

　　近年来，有些空调箱采用无蜗壳风机。此类风机可使空调箱体积缩小，出风方向比较灵活。

　　混流风机亦称斜流风机，叶轮形状、风量和风压均介于离心风机轴流风机之间，此类风机体积小、风量大，效率较高，一般用于变风量系统排风。

　　各种风机性能比较见表 7-11 和图 7-17。

　　由图 7-18 可知，前向式风机的轴功率随流量的增加而增大；后向式风机的轴功率开始随流量增加，达到最大值后则逐渐降低，系统运行时不易超载。

常用风机比较表　　　　　　　　　　　　　　　　　　　　表 7-11

	前向离心式	后向离心式	混流式
叶形			
特性			
风量(m³/h)	600～120000	1800～150000	600～18000
静压(Pa)	100～1230	1230～2450	100～590
效率(%)	35～70	65～80	65～80
比噪声(dB)	40	40	35

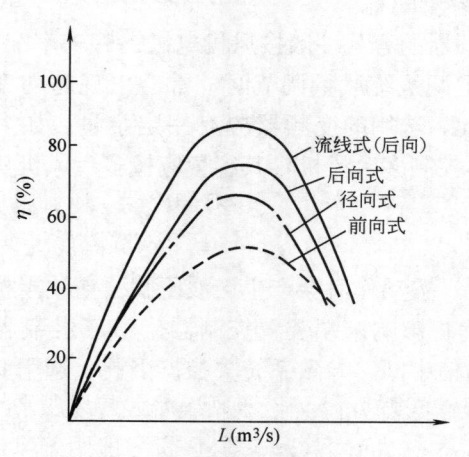

图 7-17　离心式风机效率与流量曲线

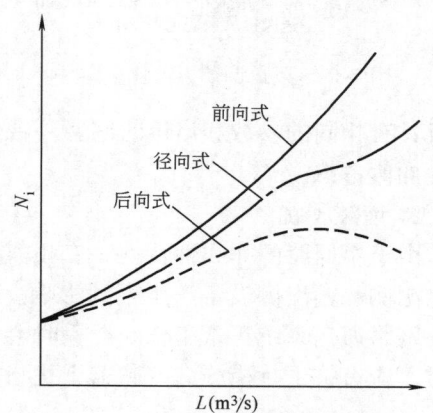

图 7-18　风机功率与流量曲线

空调箱送、回风机的设计风量应为系统最大风量；而最小风量约为设计风量的30％。风机的风量与风压特性曲线应比较光滑。风机选型时，宜以额定风量的80％作为风机最高效率选择点。风机静压值应为设计风量下空调箱机内阻力、风管系统阻力及末端装置压力降之和。风机铭牌上有的标有全压值，有的标有静压值。风机选型时应注意如下全压值与静压值的关系：

$$p_T = p_{TO} - p_{TI} = p_{SO} + p_{VO} - p_{SI} - p_{VI} \tag{7-11}$$

$$p_S = p_{TO} - p_{TI} - p_{VO} = p_{SO} - p_{SI} - p_{VI} \tag{7-12}$$

式中　p_T、p_S——风机全压值、风机静压值，Pa；

　　　p_{TO}、p_{TI}——出口全压值、进口全压值，Pa；

　　　p_{SO}、p_{SI}——出口静压值、进口静压值，Pa；

　　　p_{VO}、p_{VI}——出口动压值、进口动压值，Pa。

大、小两台离心风机，如其风量、全压相同，则小风机出口风速高、动压大、静压小；大风机出口风速低、动压小，静压大。理论上讲动压可复得为静压，但将造成一部分能量损耗。因此，风机选型时应确保其静压值大于空调系统的总压力降。

7.5.2　风量调节装置

变风量空调箱有多种风量调节控制方法：离心风机有风阀调节控制、风机入口导叶阀调节控制和变频调节转速；大型轴流风机也可采用翼角调节。图7-19为离心风机三种调节方法的耗能比较，其中最佳的调节方法是采用变频装置调节风机转速。传统的风阀调节使得系统静压过高、漏风量较大，还可能产生节流噪声。变频调速的关键设备是变频器。变频器通过改变电源的频率来调节电机转速，实现无级变速。近年来，变风量空调系统几乎都采用变频调速方式。

变频器选择涉及电气专业知识，设计时应注意以下几个问题：

1. 容量配置

变频器的容量一般按风机电机铭牌功率配置。变风量空调系统风量调节时，常会出现超功率现象。因此，选用的变频器应有一定余量。如多台风机具有相同的参数和启停时间，一台变频器可控制多台风机，其容量应按多台风机功率的叠加值考虑。

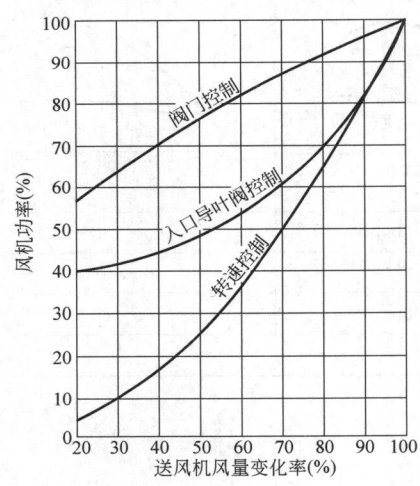

图7-19　风量调节方法比较①

2. 谐波干扰

由于主回路的非线性特性，变频器在进行开、关动作时会产生谐波干扰。谐波干扰将对电源侧和输出侧设备产生不利影响。这种干扰将影响末端装置控制器、DDC控制器及相关网络通信系统正常工作，严重时会使系统通信中断，导致系统失控。因此，选用变频器时。应有抗干扰措施。变频器干扰与抗干扰措施见表7-12。

---

① 见本章参考文献［5］第129页。

3. 其他问题

（1）装有变频器的控制柜，应尽量远离大容量的变压器或电动机，其控制电缆线路也应避开这些漏磁通大的设备；

（2）弱电压电流控制电缆不要接近易产生电弧的继路器和接触器；

（3）控制电缆建议采用 $1.25mm^2$ 或 $2mm^2$ 屏蔽绞合绝缘电缆；

（4）屏蔽电缆的屏蔽要与电缆导体同样长，电缆在与端子箱连接时，屏蔽端子要互相连接。

变频器干扰与抗干扰措施 表 7-12

干　扰	抗干扰措施
变频器主回路：	
高次谐波干扰	在下列情况下，宜采用输入交流电抗器： 1）变频器的电源容量与变频器容量之比大于 10：1 之处； 2）同一电源上接有闸管设备或带有开关控制的功率因数补偿装置； 3）三相电源的电压不平衡度较大（≥3%）； 4）因电抗器体积较大，成本较高，变频器功率＞30kW 时； 5）交流电抗器串联在电源与变频器输入侧，用于抑制输入电流的高次谐波，减少电源浪涌对变频器冲击，改善三相电源不平衡，将输入电源的功率因素提高到 0.75～0.85
变频器基本控制回路，DDC 控制器： 外部控制指令信号通过基本控制回路和控制器进入变频器，干扰源同时也在其回路上产生干扰电势，以控制电缆为媒体入侵变频器	
（1）静电耦合干扰： 控制电缆与周围电气回路的静电容耦合，在电缆中产生的电势	1）加大与干扰源电缆的距离，达到导体直径的 40 倍以上； 2）两电缆间设置屏蔽导体，并将其接地
（2）静电感应干扰： 指周围电气回路产生的磁通变化在电缆中感应出的电势，干扰大小取决于磁通大小、控制电缆形成的闭环面积和干扰源电缆与控制电缆间的相对高度	1）一般将控制电缆与主回路电缆或其他动力电缆分离敷设，分离距离通常在 30cm 以上（最小为 10cm），分离困难时，可将控制电缆穿铁管敷设； 2）将控制导体铰合，铰合间距越小，敷设的线路越短，抗干扰效果越好
（3）电波干扰： 控制电缆成为天线，外来电波在电缆中产生电势	同（1）、（2）所述，必要时将变频器放入铁箱内进行电波屏蔽，铁箱要接地
（4）接触不良干扰： 变频器控制电缆的电接点及继电器触点接触不良，电阻发生变化，在电缆中产生的干扰	1）采用并联触点或镀金触点继电器或密封式继电器； 2）对电缆连接点应定期拧紧加固
（5）电源线传导干扰： 各种电气设备用同一电源系统供电，由其他设备在电源系统直接产生电势	变频器的控制电源由另外系统供电，在控制电源的输入侧设线路滤波器，装设绝缘变压器，且屏蔽接地
（6）接地干扰： 机体接地和信号接地。对于弱电压电流回路及任何不合理的接地均可诱发意想不到的干扰	1）给定的控制电缆取 1 点接地，接地线不作信号通路使用； 2）电缆的接地在变频器侧进行，使用专设的接地端子，不与其他接地端子共用，并尽量减小接地端子引接点的电阻，一般小于 4Ω

7.5.3　冷、热盘管

变风量空调箱设有表面式冷却器（冷水盘管）。冷热型单风道系统和需要考虑冬季预热处理的变风量系统还需设置热水加热器（热水盘管）。冷热盘管的选型与校核计算一般由空调箱生产厂利用电脑选型软件进行，设计人员只需提供所选空调箱的技术参数：处理风量，盘管的进、出风参数，进、出水温，风、水侧阻力，盘管在空调箱内的位置以及材质要求。

（1）盘管的处理风量和进、出风参数是盘管选型与校核计算的依据，由设计计算确定。考虑到变风量空调系统和末端装置的设计余量，盘管出风温度在满足设计要求的基础上应考虑 0.5～1.0℃的送风温度余量。

（2）盘管进、出水温度也称盘管的水温差。它根据冷、热源形式与空调箱的类型确定。对于变风量空调系统，考虑供、回水温差时，还应注意下列因素：

1）风机盘管机组的进、出水温差一般较小；

2）新风空调箱的进、出水温差一般较大；

3）变风量空调系统风量较小时，盘管的进、出水温差也会减小。

为了避免出现大流量小温差现象，尤其对采用大温差的水系统，应综合考虑各空调箱、风机盘管机组的水温差。工程中不必将所有冷却盘管都取一致的温差，但要确保系统平均温差与冷水机组的处理温差相匹配。根据设计经验，变风量空调箱冷却盘管的进、出水温差宜大于水系统设计温差 0.5～1℃。

（3）盘管的风侧、水侧阻力。空气侧阻力直接影响风机能耗，盘管面风速一般在 2.5m/s 左右，不超过 2.75m/s。盘管的污染将严重影响室内空气品质，必须考虑清洗问题。为了便于盘管清洗，ASHRAE 标准 62 推荐盘管的空气阻力应小于 190Pa[①]，即在一定的面风速下，限制盘管的排数和翅片数。

（4）盘管水侧阻力影响水泵扬程的确定，对于常温空调系统，盘管水侧阻力一般在 30～50kPa 范围内。

（5）空调箱内盘管的设置取决于系统需要，设计时可参照下列要求进行：

1）单冷型且无空调箱内预热功能的系统，可仅设冷盘管；

2）冷热型系统季节性切换可设置两管制冷、热兼用盘管；冷热型系统按负荷变换需要有随时切换要求的，应采用四管制冷、热盘管；

3）单冷型且有空调箱内预热功能的系统，应设置四管制冷、热盘管；

4）变风量空调系统一般不在空调器内再热。考虑机组防冻问题，一般将热水盘管设在上游，冷水盘管设在下游，防冻开关设在两个盘管之间；

5）盘管上游应设检修门，对于两排以上的盘管，其下游也应设置检修门，便于定期检查和清洗盘管。

7.5.4　空气过滤器

我国舒适性空调的空气过滤一直是个薄弱环节，风机盘管机组与绝大多数简易空调箱仅设尼龙锦凸过滤网，过滤效果较差。变风量空调系统空调箱一般应采用粗、中效过滤器。表 7-13 列举了舒适性空调常用的一些过滤器的性能指标与过滤效率[②]。图 7-20 给出了空气过滤器规格和分类对比情况，其中也包括了与效率相关的测试方法。

---

① 见本章参考文献 [6] 第 5.12.2 节。
② 见本章参考文献 [8] 第 769 页。

常用过滤器的形式、滤材及性能　　　　　表 7-13

分类	形式	滤材	滤速 (m/s)	处理对象粒径 (μm)	效率范围 (%)	初阻力 (Pa)	备注
粗效	平板型稀褶式(25~100mm)卷绕式	锦纶尼龙编织,玻璃纤维,无纺布	1~2	＞5 的尘粒作为预过滤器	50~90 (计重效率)	≤50	预过滤器保护中效
中效	扁袋组合式	玻璃纤维无纺布	0.2~0.5	＞1.0 的尘粒	35~70 ＞1μm 的尘粒的(计数效率) 35~75 (比色效率)	30~50	普通民用建筑空调末级过滤器
高中效	扁袋组合式平板 V 形组合式	无纺布(涤纶)丙纶滤材	0.05~0.1	＞1.0 的尘粒	约95(计数效率) 75~92 (比色效率)	90~95	高级民用建筑空调末级过滤器

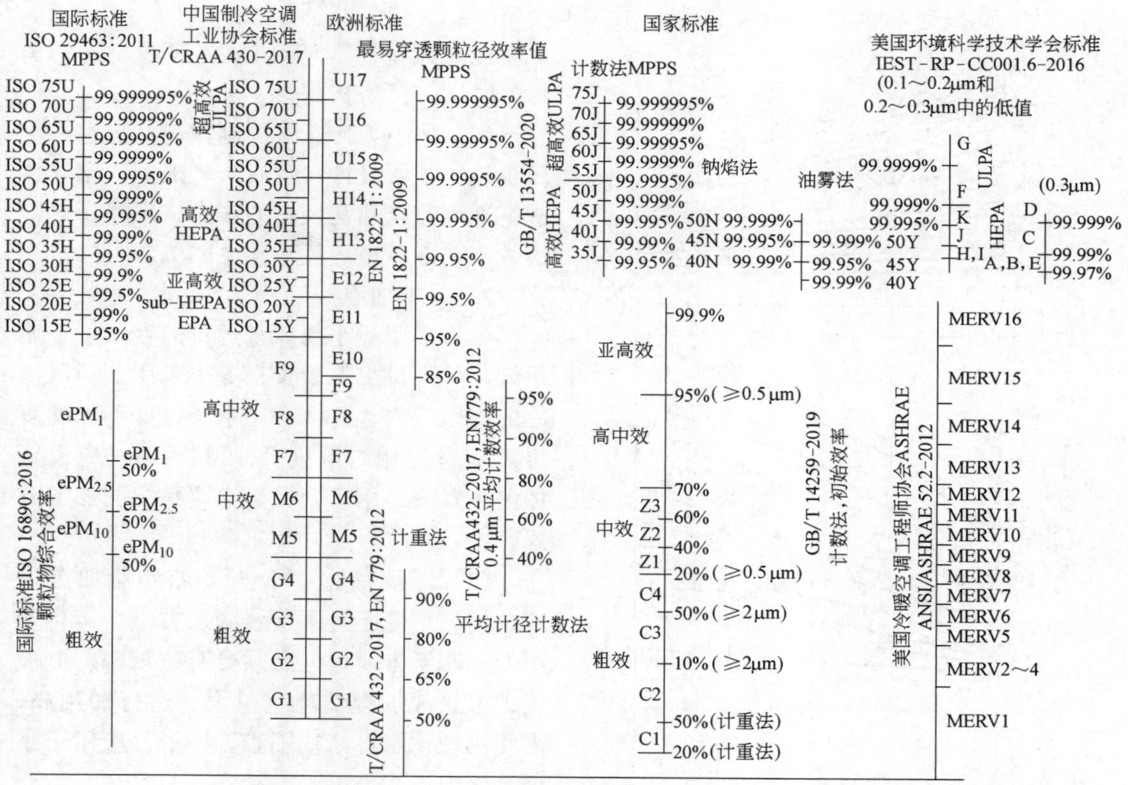

图 7-20　空气过滤器规格和分类比较

空气过滤器选用可参照表 7-14 进行。

空气过滤器选用数据　　　　　表 7-14

过滤器	用途	过滤效率	面风速	初阻力	终阻力	欧洲标准
粗效	预置过滤器	＞90%(计重法)	2.0m/s	≤50Pa	≤100Pa	G4
中效	普通民用建筑末级过滤器	＞65%(比色法)	2.0m/s	≤50Pa	≤100Pa	F7
高效	高级民用建筑末级过滤器	＞85%(比色法)	2.0m/s	≤80Pa	≤160Pa	F8

空气过滤器的阻力与容尘量有关，当过滤器的终阻力达到表 7-14 中的数据时，需清洗或更换过滤器。为此，空调控制系统都设有压差报警装置对过滤器的运行状况进行监测。由于变风量空调系统大多在部分负荷下运行，在一定的容尘量下当系统风量减小时，过滤器的压差值减小，可能出现漏报现象。为了防止出现上述现象，实际运行时需对实测压差值进行修正，以此确定压差报警设定值：

$$dp_X = dp_{100}(X)^{1.4} \tag{7-13}$$

式中　　dp_X——$X\%$风量下过滤器的终阻力（报警设定值），Pa；

　　　　dp_{100}——100%风量下过滤器的终阻力（报警设定值），Pa。

施工阶段如需使用空调系统，必须设置效率较低的空气过滤器。系统正式使用前，应将过滤器全部更换。

7.5.5　全热交换器

全热交换器的几个主要设计参数：

（1）面风速：通常为 3m/s 左右，不大于 4.5m/s；

（2）风量比：新风量/排风量，通常为 1.0 左右，不大于 1.4；

（3）风阻力：通常控制在 200Pa 左右。

确定主要设计参数后，可根据厂家样本进行选型，全热交换器的压力、风量、热交换效率与面风速的关系参见图 7-21[①]。

7.5.6　加湿器

冬季采用最小新风量运行的变风量空调系统，可不设加湿装置；冬季采用变新风供冷的内区或内、外区合用系统，如不加湿有可能使室内相对湿度低于 25% 时。应设置加湿装置。适用于变风量空调系统的加湿方式有：

（1）蒸汽加湿：干蒸气加湿器加湿迅速、均匀、稳定且不带水滴，省电、运行费用低、布置方便，但必须要有蒸汽源。电极式、电热式加湿器耗电量大、运行费用高，需使用软化水，清洗困难，一般仅应用于小型系统中。

（2）气化式加湿：简单节能，缺点是装置上易产生微生物污染，必须进行水处理，管理要求高，气化装置具有一定的空气阻力，会增加风机能耗。

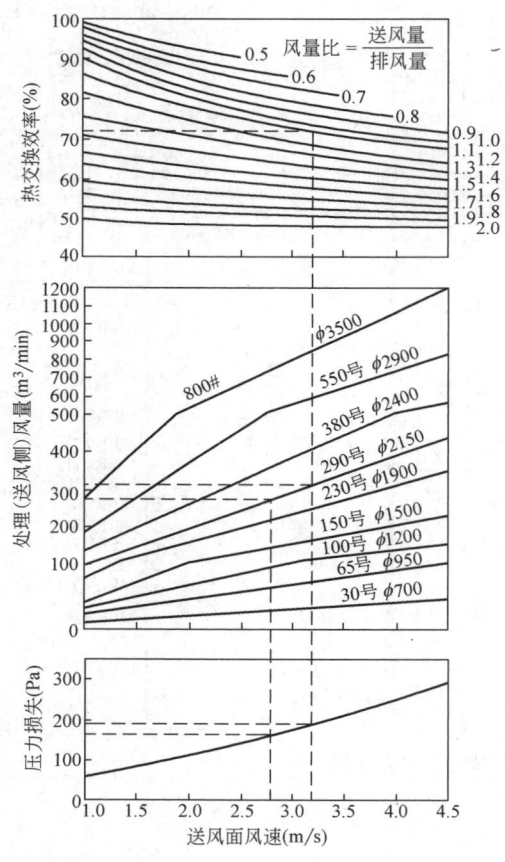

图 7-21　全热交换器设计参数

（3）水喷雾式加湿：有高压喷雾、离心式喷雾和高压微雾等形式。前两种喷雾加湿器雾化度较差，水气中易带菌，湿度控制精度不高，不宜用于高级民用建筑的变风量空调系统。

---

①　见本章参考文献 [9] 第 255 页。

7.5.7　旁通风阀

（1）变风量空调系统常有冷、热盘管关闭不用的情况，如在变新风运行模式下。因此，大、中型组合式空调箱应考虑设置旁通风阀，当冷、热盘管不用时可以开启旁通风阀，以降低空调器机内阻力和风机能耗。

（2）变风量空调系统在全新风和变新风工况下，定风量末端装置无需控制最小新、排风量，带排风热回收措施的系统全热换热器也不使用。为降低大、中型组合式空调箱内部阻力，通常需要采取旁通措施，在空调箱内设置新、排风旁通风阀 D_1、D_3 和回风阀 D_2（图 7-2、图 7-3），同时用以实现全新风或变新风工况风系统控制。

（3）变风量空调系统在最小新风排风热回收旁通工况下，新、排风无需再经过全热交换器。为降低大、中型组合式空调箱内部阻力，也需要采取旁通措施，在新、排风定风量末端装置与全热交换器之间设置热回收旁通阀 D_4、D_5（图 7-2、图 7-3）。

（4）空调箱内的各种旁通风阀要求自动手动调节灵活，关闭严密漏风量小，面风速 5～8m/s，面风速超过 7.5m/s 时，应采用翼型风阀片。

本章参考文献

[1]　汪善国著. 空调与制冷技术手册［M］. 李德英，赵秀敏，等译. 北京：机械工业出版社，2006.

[2]　ASHRAE. ASHRAE HANDBOOK HVAC Applications 2003［M］. Atlanta：ASHRAE，2003.

[3]　中华人民共和国国家质量监督检验检疫总局. 室内空气质量标准：GB/T 18883-2002［S］. 北京：中国标准出版社，2002.

[4]　中华人民共和国住房和城乡建设部. 公共建筑室内空气质量控制设计标准：JGJ/T 461-2019［S］. 北京：中国建筑工业出版社，2019.

[5]　空气调和・衛生工学会. 空气调和・衛生工学便览/第 5 编［M］. 13 版，东京：空气调和・衛生工学会，2002.

[6]　ASHRAE. Ventilation for Acceptable indoor Air Quality：ANSI/ASHRAE Standard：62.1-2004［S］. Atlanta：ASHRAE. 2004.

[7]　ASHRAE. Energy Standard for Buildings Except Low-Rise Residential Buildings：ANSI/ASHRAE/IES Standard：90.1-2001［S］. Atlanta：ASHRAE，2001.

[8]　尉迟斌　主编. 实用制冷与空调工程手册［M］. 北京：机械工业出版社，2003.

[9]　空气调和・衛生工学会. 空气调和・衛生工学便览/第 3 编［M］. 13 版. 东京：空气调和・衛生工学会，2002.

[10]　Hydeman et al. Advanced Variable Air Volume System Design Guide［M］. Sacramento：Galifonia Energy Commission，2003.

第8章 变风量末端装置选型

确定了变风量空调系统类型且完成了系统划分和设置后，便可着手进行变风量末端装置的选型。

变风量末端装置选型过程：

（1）选型条件准备：

1）划分内、外温度控制区；

2）各温度控制区冷、热显热负荷计算；

3）各温度控制区冷、热显热负荷分析；

4）确定需要再热的外区及"过冷再热"区域末端装置的加热方式。

（2）末端装置风量计算。

（3）风速传感器形式确定。

（4）末端装置选型。

（5）加热器选型。

8.1 变风量末端装置风量计算

变风量空调系统的风量可采用焓差法、温差法或含湿量差法进行计算，即：

$$G=\frac{Q_\text{T}}{h_\text{N}-h_\text{S}}=\frac{Q_\text{S}}{1.01\times(t_\text{N}-t_\text{S})}=\frac{W}{d_\text{N}-d_\text{S}} \tag{8-1}$$

式中　G——系统风量，kg/s；

Q_T、Q_S——室内全热负荷、显热负荷，kW；

W——室内湿负荷，g/s；

h_N、h_S——室内空气设计焓值、送风焓值，kJ/kg；

t_N、t_S——室内空气设计干球温度、送风干球温度，℃；

d_N、d_S——室内空气含湿量、送风含湿量，g/kg；

1.01——干空气定压比热，kJ/(kg·℃)。

变风量空调系统通常在焓湿图的系统热湿比线 ε 上求得最大送风焓差，计算出系统风量如图 8-1（a）所示。

8.1.1 一次风最大风量

变风量末端装置的最大风量通常按温差法计算，这是因为：

（1）每个变风量末端装置所服务的温度控制区的热湿比是不同的，它们在焓湿图上构成了一组热湿比线簇 ε_i［图 8-1（b）］。如采用全热—焓差法计算，必须先绘出各温度控制区的热湿比线 ε，求得各温度控制区的室内空气焓值 $h_{\text{N}i}$，显然过于烦琐了。然而由图 8-1（b）可发现，各温度控制区，只要室内空气设计干球温度 t_N 一致，末端装置的送风温差 $t_\text{N}-t_\text{S}$ 即相同，末端装置的一次风最大风量就是温度控制区显热负荷的线性函数，其关系式为：

$$1.01 \times (t_N - t_S) = \frac{Q_{S1}}{G_1} = \frac{Q_{Si}}{G_i} = \cdots \frac{Q_{Sn}}{G_n} \qquad (8\text{-}2)$$

$$G_i = \frac{Q_{S_i}}{1.01 \times (t_N - t_S)} \qquad (8\text{-}3)$$

式中，$i = 1, 2, 3, \cdots, n$；其他符号同式（8-1）。

利用式（8-3）可算出各末端装置的一次风最大风量。由式（8-1）可知，采用温差法与焓差法算得风量相同。

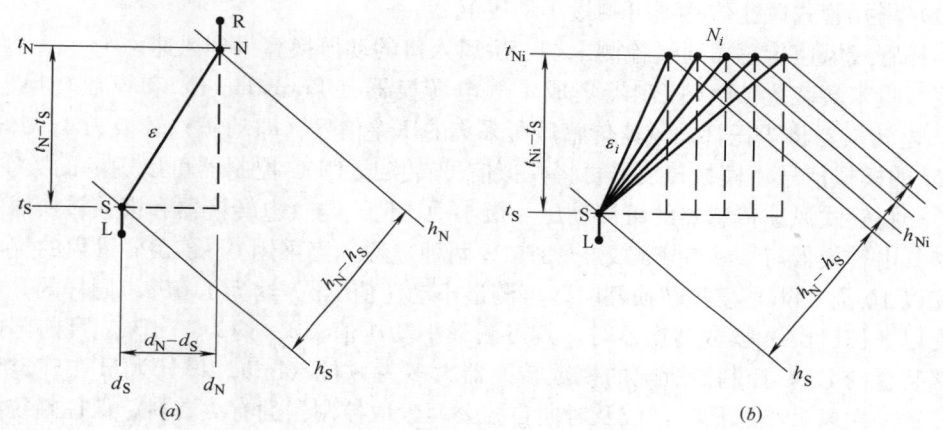

图 8-1　焓湿图分析
(a) 变风量空调系统风量计算；(b) 变风量末端装置风量计算

（2）变风量末端装置风量调节的目的是控制温度控制区（房间）的空气温度。作为舒适性空调，室内空气的焓值和相对湿度允许在一定范围内变化，且可以通过改变系统送风温度调节系统回风的相对湿度。在冬季，对于带加热器的末端装置，应按式（8-4）校核其供热送风温差：

$$t_{SH} - t_N = \frac{Q_{SH}}{1.01 \times G} \qquad (8\text{-}4)$$

式中　t_{SH}、t_N——供热送风温度和冬季室内空气设计温度，℃；

　　　　Q_{SH}——温度控制区显热热负荷，kW；

　　　　G——供热时末端装置的送风量，kg/s。

如果送风温差 $t_{SH} - t_N > 8℃$ 或 $t_{SH} > 30℃$，则应适当增加变风量末端装置的送风量。

8.1.2　一次风最小风量

一次风最小风量体现了变风量末端装置的有效调节能力或称为可控范围。对于再热型变风量空调系统，减小一次风最小风量还可减少因再热引起的系统内冷、热混合损失，并且可以降低系统风机能耗。

变风量末端装置的一次风最小风量通常可按一次风最大风量的 30%～40% 确定。在确定一次风最小风量时，应考虑下列因素：

（1）变风量末端装置风速传感器精度要求；

（2）温度控制区内新风分配均匀性问题；

（3）加热需求；

（4）气流组织要求。

1. 变风量末端装置风速传感器精度

本书第 3 章详细介绍了变风量末端装置所用的各类风速传感器。风速传感器一般可分为两类：一类是欧美常用的压力型毕托管式风速传感器；另一类是日本常用的非压力型风速传感器，如螺旋桨式、超声波涡旋式、热线热膜式等。非压力型风速传感器最小可测流速在 1m/s 左右，精度没有问题。本节将详细探讨压力型毕托管式风速传感器的风量检测精度。

（1）毕托管式风速传感器可测最小动压值 Δp_m

毕托管式风速传感器通过检测末端一次风入口的动压换算得到风速。

变风量末端装置 DDC 控制器集成了气电转换器（Transducer）和模数转换器（A/D）。气电转换器将毕托管式风速传感器所采集的压差信号（即动压）转换为 4～20mA 或 0～10V 的模拟信号。模数转换器再将模拟信号转换成 DDC 控制器可以理解的数字信号。因此，毕托管式风速传感器的可测动压（最小动压值）与气电转换器和模数转换器的精度有关。气电转换器有 0～250Pa 或 0～375Pa 两种量程，当采用 0～375Pa 量程的气电转换器并配以 10 位（bit）模数转换器时，可测最小动压值 Δp_m 约为 1.0Pa；同样的，气电转换器配以 8 位（bit）模数转换器时，其可测最小动压值 Δp_m 约为 7.6Pa。目前国内变风量末端装置的 DDC 控制器所配的模数转换器大多为 8 位（bit）。设计人员在确定变风量末端装置一次风最小风量时，应及时向自控公司索取控制器的有关资料，保证系统控制的有效性。

（2）放大系数 F

本书第 3 章式（3-2）给出了毕托管式风速传感器输出动压与测点风速的关系，该公式可转换为：

$$\Delta P_m = F\frac{\rho}{2}v_m^2 \quad \text{或} \quad v_m = \sqrt{\frac{2 \cdot \Delta p_m}{F \cdot \rho}} \tag{8-5}$$

式中　Δp_m——毕托管式风速传感器最小输出动压，Pa；

　　　　F——毕托管式风速传感器放大系数；

　　　　v_m——毕托管式风速传感器可测最小风速，m/s；

　　　　ρ——空气密度，1.2kg/m^3。

由式（8-5）可知，在毕托管式风速传感器的最小输出动压值 Δp_m 确定后，F 值越大，变风量末端装置可测最小风速就越小。因此，各变风量末端装置生产厂均在设法改进毕托管式风速传感器的结构，试图提高其放大系数 F，以获得更小的可测风速。

厂商的产品样本中通常会给出各变风量末端装置在 250Pa 动压下的风量（图 8-2），从而可以求得该末端装置风速传感器的放大系数 F。

$$F = \frac{2 \times \Delta p}{\rho \times v^2} = \left(\sqrt{\frac{2 \times 250}{1.2}}\frac{A}{G_{250}}\right)^2 = \left(20.4\frac{A}{G_{250}}\right)^2 \tag{8-6}$$

式中　A——变风量末端装置进风口断面面积，m^2；

　　　　G_{250}——动压为 250Pa 时末端装置风量，m^3/s。

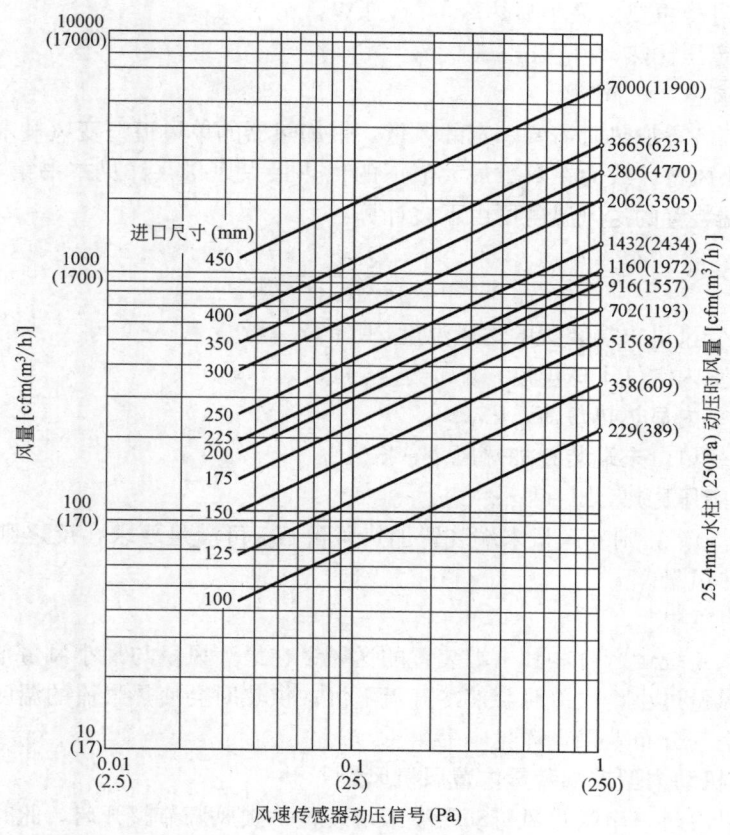

图 8-2　风速传感器动压信号

（3）最小风量

由变风量末端装置风速传感器精度要求所限的最小风速 v_m 和最小风量 V_m 可通过式（8-5）与下式计算：

$$V_m = v_m \times A \tag{8-7}$$

式中　V_m——变风量末端装置最小风量，m^3/s；

　　　v_m——变风量末端装置最小风速，m/s；

　　　A——变风量末端装置进风口断面面积，m^2。

2. 过冷再热

过冷再热问题是由各温度控制区新风分配均匀性问题引起的。某些人员密集而内热负荷不大的房间（如会议室），为了供给新风，变风量末端装置的最小风量有时可达设计风量的 80% 左右。当该房间的内热冷负荷较小时，会出现区域过冷现象，需进行再热。变风量末端装置的再热量可由下式计算：

$$Q_R = 1.01 \times G_m (t_N - t_S) - Q_m \tag{8-8}$$

式中　Q_R——变风量末端装置的过冷再热量，kW；

　　　G_m——变风量末端最小风量，kg/s；

　　　t_N——室内空气干球温度，℃；

　　　t_S——系统送风温度，℃；

Q_m——过冷再热区最小显热冷负荷，kW。

1.01——定压比热，kJ/(kg·℃)。

3. 加热需求

变风量末端装置加热时需要一定的风量。带加热器的单风道型变风量末端装置的供热风量为装置最小风量，或为在双重最大值下的供热最大风量（详见本书第5.2.2节）。加热时变风量末端装置的送风温度可由下式计算：

$$t_{SH} = \frac{Q_{SH}}{1.01G_R} + t_N \tag{8-9}$$

式中　t_{SH}——变风量末端装置的送风温度，℃；

t_N——室内空气干球温度，℃；

Q_{SH}——室内显热热负荷，kW；

G_R——变风量末端装置加热风量，kg/s；

1.01——定压比热，kJ/(kg·℃)。

如果 $t_{SH} \leqslant 30℃$，则变风量末端装置加热风量 G_R 可满足要求，反之则需加大变风量末端装置的加热风量。

4. 气流组织要求

变风量空调系统运行时，其末端装置的送风量在最大风量与最小风量范围内变化。如末端装置的送风量过小，供冷时会使冷气流下沉；供热时会使热气流的温度过高而出现分层现象，影响空气分布效果，详见本书第13章。

8.1.3 风机动力型末端装置内置风机风量

空调房间供冷时，串联式风机动力型末端装置一次风调节阀开启，此时进入空调房间的送风量等于一次风量加上增压风机从吊顶内抽取的二次回风量。随着空调房间的冷负荷逐渐减小，末端装置的一次风调节阀节流，一次风量减小，同时从吊顶内抽取的二次风量相应增加。因此串联式末端装置总的送风量恒定不变，常用于需要一定换气次数的场所，如民用建筑中的大堂、休息室、会议室、商场及高大空间等。而送入空调房间的空气温度则随着冷负荷的变化而变化。在冷负荷较小时，一次风量减至最小，若室温继续下降，串联式末端装置即转为供热模式，末端装置附带的辅助单/多级电加热器或热水再热盘管开始向空调房间补充热量，使室温维持在设计范围内。对于常温送风的空调系统，串联式末端装置内置风机的风量通常为其一次风最大风量的100%～130%。对于低温送风空调系统，末端装置内置增压风机的风量须计算末端装置出口处送风温度，确保风口表面不产生凝露现象。

串联式末端装置下游风管和送风散流器的阻力由内置增压风机承担，末端装置入口处静压只需克服一次风调节阀的阻力。因此变风量空调箱风机所提供的一次风入口静压值比并联式末端装置低约25～50Pa。串联式末端装置的增压风机连续运行，每年运行时间通常在3000～6000h之间。

并联式风机动力型末端装置内置增压风机仅在保持最小循环风量或加热模式时运行。风机风量可根据空调房间所需最小循环风量或按并联式末端一次风设计风量的50%～80%选择，通常为60%左右。

并联式末端装置内置增压风机需承担末端箱体、进口或出口加热器、末端装置下游风管和送风散流器的阻力，风机扬程125～170Pa。由于并联式末端装置一次风与风机并联，入口处也需要足够的静压，以克服一次风调节阀、箱体、出口加热器、末端装置下游风管和送风散流器的阻力。并联式末端装置内置增压风机每年运行时间在 $500\sim2500\mathrm{h}$ 之间，因此其风机能耗小于串联式末端。

总之在供冷工况下，变风量末端装置内置风机的主要作用是抽取吊平顶内的二次回风，提高送风温度，保证适当的空气循环和气流组织。如需要限定末端装置的送风温度，风机动力型末端装置内置风机风量可按式（8-10）和式（8-11）计算：

串联式末端装置内置风机风量：

$$G_{\mathrm{F}}=\frac{t_{\mathrm{R}}-t_{\mathrm{S1}}}{t_{\mathrm{R}}-t_{\mathrm{S2}}}G \tag{8-10}$$

并联式末端装置内置风机风量：

$$G_{\mathrm{F}}=\frac{t_{\mathrm{S2}}-t_{\mathrm{S1}}}{t_{\mathrm{R}}-t_{\mathrm{S2}}}G \tag{8-11}$$

式中　G——末端装置一次风最大风量，$\mathrm{kg/s}$；

$\quad\ t_{\mathrm{R}}$——吊平顶内二次回风温度，℃；

$\quad\ t_{\mathrm{S1}}$——系统一次风冷风送风温度，℃；

$\quad\ t_{\mathrm{S2}}$——末端装置送风温度，应根据室内气流组织要求与风口形式确定，℃。

供热时内置风机的作用是形成一定的加热风量，在合适的送风温差下，提供所需的供热量。因此，在按供冷需求计算得到末端装置内置风机风量后，需按式（8-12）校核供热时末端装置的送风温度 t_{S2}，该温度值不应高于 30℃。

$$t_{\mathrm{S2}}=\frac{Q_{\mathrm{SH}}}{1.01\times G_{\mathrm{D}}}+t_{\mathrm{N}} \tag{8-12}$$

式中　Q_{SH}——温度控制区显热热负荷，kW；

$\quad\ G_{\mathrm{D}}$——末端装置送风量：对于串联式风机动力型末端装置等于内置风机风量；对于并联式风机动力型末端装置等于内置风机风量加上末端装置一次风最小风量，$\mathrm{kg/s}$；

$\quad\ t_{\mathrm{N}}$——室内设计温度，℃；

$\quad\ 1.01$——定压比热，$\mathrm{kJ/(kg\cdot℃)}$。

8.1.4　计算例题

1. 一次风最大风量 G 计算

外区某温控区显热冷负荷 $5.56\mathrm{kW}$，室内设计温度 25℃，变风量空调系统一次风送风温度 15℃，求末端装置所需一次风最大风量 G。

$$G=\frac{Q_{\mathrm{S}}}{1.01(t_{\mathrm{N}}-t_{\mathrm{s}})}=\frac{5.56}{1.01(25-15)}=0.55\ (\mathrm{kg/s})(1651\mathrm{m}^3/\mathrm{h}\ 或\ 0.459\mathrm{m}^3/\mathrm{s})$$

2. 一次风最小风量 G_{m} 计算

初定末端装置的一次风最小风量为一次风最大风量的 30%，即 $G_{\mathrm{m}}=0.3G$（$495\mathrm{m}^3/\mathrm{h}$ 或 $0.165\mathrm{kg/s}$），根据下列计算校核该最小风量是否满足要求：

（1）风速传感器最小风量限制校核计算

末端装置采用毕托管式风速传感器，8 位模数转换器，$0\sim375\mathrm{Pa}$ 气电转换器，末端装置进风口直径为 $200\mathrm{mm}$。

8 位模数转换器所要求毕托管最小动压为 $\Delta p_{\mathrm{m}}=7.6\mathrm{Pa}$；

查图 8-2，$\Phi=200$mm 的末端装置在 250Pa 动压下，其风量 G_{250} 为 1557m³/h（0.433m³/s）；

末端装置风速传感器的放大系数 $F=\left(20.4\dfrac{A}{G_{250}}\right)^2=\left(20.4\dfrac{0.0314}{0.433}\right)^2=2.19$；

末端装置允许最小风速 $\nu_m=\sqrt{\dfrac{2\times\Delta p_m}{\rho\times F}}=\sqrt{\dfrac{2\times7.6}{1.2\times2.19}}=2.4$（m/s）；

末端装置允许最小风量 $G_m=\nu_m\times A=2.4\times0.0314=0.0754$（m³/s）；

最小风量比 $Y_m=\dfrac{G_m}{G}\times100\%=\dfrac{0.0754}{0.459}\times100\%=16\%\leqslant30\%$，传感器精度满足最小风量要求。

（2）"过冷再热"所需最小风量校核计算

某内区会议室使用面积 60m²，照明与设备负荷 3000W，人数 15 人，人员显热冷负荷 1050W，计算显热冷负荷为 4050W。

一次风最大风量 $G=\dfrac{Q_S}{1.01(t_N-t_s)}=\dfrac{4.05}{1.01(25-15)}=0.4$（kg/s）（1203m³/h）。

该会议室所需新风量为 0.075kg/s（225m³/h），系统新风比为 23.4%（计算方法参见本书第 11 章），末端装置所需最小风量 G_m 为 0.075/0.234=0.32（kg/s）（960m³/h），最小风量比为 0.32/0.4=0.8，可见该内区会议室的最小风量比不能按常规的一次风最大风量的 30%选取。

假定会议室在灯光关闭下作投影演示，且人员最少（如 2 人），为该区域最小显热冷负荷出现的时刻。如投影设备负荷为 20W/m²×60m²=1200W，人员显热冷负荷为 70W×2=140W，则该区域最小显热冷负荷为 1200W+140W=1340W（1.34kW）。

该会议室所需再热量为：

$$Q_R=1.01\times G_m(t_N-t_s)-Q_m=1.01\times0.32(25-15)-1.34=1.9\ (\text{kW})$$

（3）冬季加热所需最小风量校核计算

冬季外围护结构显热负荷 2.0kW，室内设计温度 22℃，如采用带加热器的单风道型末端装置，当最小风量 $G_m=0.3G=0.3\times0.55=0.165$kg/s 时，末端装置的送风温度为：

$$t_{SH}=\frac{Q_{SH}}{1.01G_m}+t_N=\frac{2.0}{1.01\times0.165}+22=34\ (\text{℃})$$

由于 $t_{SH}>30$℃，送风温度偏高，需作调整。加大末端装置风量，如最小风量加大到最大风量的 50%，即 $G_H=0.5G=0.5\times0.55=0.275$（kg/s），则：

$$t_{SH}=\frac{2.0}{1.01\times0.275}+22=29.2\ (\text{℃})$$

$t_{SH}<30$℃，所确定的最小风量满足要求。但是加大最小风量增加了系统内冷热混合损失，因此采用再热型单风道末端装置不合理。

3. 风机动力型末端装置风量计算

（1）串联式末端装置

上述外区温控区若采用串联式末端装置，一次风送风温度 10℃，要求末端装置送风温度≥13℃，吊平顶内二次回风温度 26.5℃。则末端装置一次风最大风量为：

$$G=\frac{Q_S}{1.01(25-10)}=0.367\ (\text{kg/s})(1101\text{m}^3/\text{h 或 }0.306\text{m}^3/\text{s})$$

末端装置内置风机风量为：

$$G_F = \frac{t_R - t_{S1}}{t_R - t_{S2}} \times G = \frac{26.5 - 10}{26.5 - 13} G = 1.22G = 0.448 \ (\text{kg/s})(1343 \text{m}^3/\text{h 或 } 0.373 \text{m}^3/\text{s})$$

（2）并联式末端装置

计算条件与串联式末端装置相同，则内置风机的风量为：

$$G_F = \frac{t_{S2} - t_{S1}}{t_R - t_{S2}} G = \frac{13 - 10}{26.5 - 13} G = 0.22G$$

如末端装置内置风机风量取 $0.6G$，则 $0.6G > 0.22G$。对于内置风机连续运行的并联式末端装置，送风温度满足要求。但是对于常用的供冷大风量下内置风机不运行的并联式末端装置，由于没有二次回风混合，末端装置出风温度与一次风温度均为 10℃，无法满足末端装置送风温度 ≥13℃，所以不能采用。

（3）加热风量校核计算

冬季外围护结构显热负荷为 2.0kW，室内设计温度为 22℃，如采用带加热器的风机动力型末端装置，其送风温度为：

串联式末端装置送风温度为 26.4℃，满足≤30℃的要求：

$$t_{SH} = \frac{Q_{SH}}{1.01 \times G_D} + t_n = \frac{2.0}{1.01 \times 0.448} + 22 = 26.4 \ (\text{℃})$$

并联式末端装置送风温度为 28.0℃，满足≤30℃的要求：

$$t_{SH} = \frac{Q_{SH}}{1.01 \times G_D} + t_n = \frac{2.0}{1.01 \times (0.6 + 0.3) \times 0.367} + 22 = 28.0 \ (\text{℃})$$

8.2　变风量末端装置选型

8.2.1　基本概念

变风量末端装置选型前，有必要了解几个基本概念。

1. 压力相关与压力无关

本书第 4.1 节详细介绍了压力相关型与压力无关型变风量末端装置。除少数变风量风口外，目前国内常用的末端装置几乎都是压力无关型末端装置。

2. 高速与低速末端

从装置入口风速来看，变风量末端装置可分为低速与高速两类，其技术特点对比见表 8-1。设计人员在确定末端装置类型时应充分了解所选末端装置的技术特点。

高、低速末端装置比较表　　　　　　　　　　　　　　　　　　表 8-1

末端装置	低速末端装置	高速末端装置
常用形式	单风道单冷型、单冷再热和冷热型	单风道单冷型、再热型和冷热型、风机动力串/并联型
风速传感器类型	超声波、热线热膜、风车等各种非压力型	毕托管型
一次风最大风速（m/s）	8～10	15
一次风最小风速（m/s）	1	3～5
最小静压降(Pa)	30～50	50

末端装置	低速末端装置	高速末端装置
最小全压降(Pa)		125～150
适用	中、小型系统,空调箱机外部静压小于 375Pa 的低压系统	大、中型系统,空调箱机外静压大于 375 Pa 的中压系统

3. 末端装置最小静压降和全压降

末端装置选型时，设计人员会遇到最小静压降和全压降的问题。末端装置最小静压降和全压降原理见图 8-3。所谓最小静压降是指在风阀全开状态下，风量通过末端装置（图中 I、O 两点）时所产生的静压降。生产厂技术样本上均给出各末端装置在不同风量下的最小静压降。所谓全压降是指一次风阀全开状态下，风量通过末端装置（图中 I、O 两点）时产生的全压降。

末端装置的全压降可用下式计算：

$$\Delta p_T=(p_{SI}+p_{VI})-(p_{SO}+p_{VO})=(p_{SI}-p_{SO})+(p_{VI}-p_{VO})$$

$$=\Delta p_S+\left(\frac{v_I^2\rho}{2}-\frac{v_O^2\rho}{2}\right)=\Delta p_S+\frac{\rho}{2}(v_I^2-v_O^2) \tag{8-13}$$

式中　Δp_T、Δp_S——末端装置全压降、静压降，Pa；

p_T、p_S、p_V——被测断面处空气的全压、静压、动压，Pa；

下标 I、O——末端装置进口处、出口处；

v_I、v_O——末端装置进口处、出口处风速，m/s；

ρ——干空气密度，kg/m³。

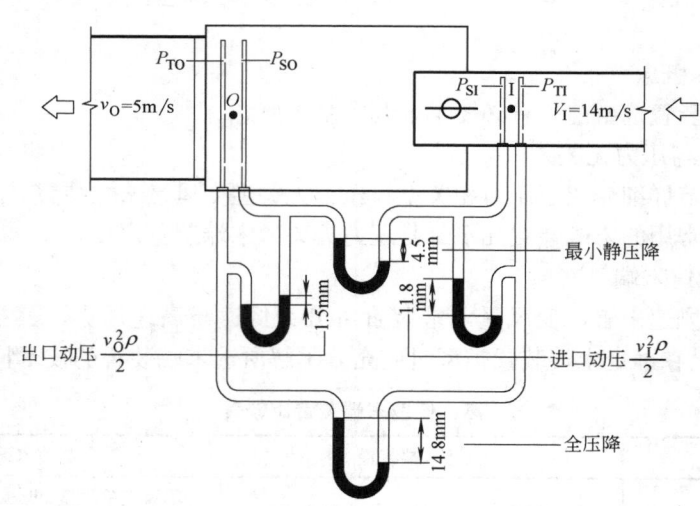

图 8-3　最小静压降和全压降测试原理图

全压降为静压降与动压降之和，它反映了空气通过末端装置时造成的压力损失，是计算系统风机输出总静压的重要依据。高速末端装置由于装置进口速度远高于出口风速，会出现静压复得的情况，它补充了部分静压消耗，所以静压降总比全压降小。末端装置产品样本中通常只给出最小静压降，其全压降可通过计算得到。

如某末端装置在一次风最大风量运行时其进口风速为 14m/s，出口风速为 5m/s，从产品样本中可查得其最小静压降 Δp_S 为 45Pa，末端装置的全压降则为：

$$\Delta p_T = \Delta p_S + \frac{\rho}{2}(\nu_I^2 - \nu_O^2) = 45 + \frac{1.2}{2}(14^2 - 5^2) = 148\ (\text{Pa})$$

同样风量下末端装置规格选择越小，全压降越大，噪声也越大。而末端装置规格选择越大，初投资越高，风量调节性能较差，还会扩大末端装置的最小风量，在低负荷工况下出现"过冷再热"现象，既增加再热能耗又增加空调器风机能耗。据国外有关变风量空调系统初投资与运行费用研究资料的分析，末端装置的最佳全压降为 125～150Pa。

8.2.2　选型注意要点

1. 末端装置风量设定范围

对于各种形式的变风量末端装置，生产厂都提供了风量设定范围，供空调设计工程师选型时使用。

每个变风量末端装置都有最小风量设定界限和最大风量设定界限，也可称为末端装置的机械最小风量和机械最大风量，这是生产厂根据末端装置所配的风速传感器、控制器等的精度要求以及空气流经节流风阀时所产生噪声大小确定的。实际使用时，变风量末端装置设计最小风量必须大于其最小风量设定界限；设计最大风量必须小于其最大风量设定界限。变风量末端装置设计最小风量和最大风量可通过检测电脑在工厂调试时设定好，也可在安装现场进行设定或修改。

2. 末端装置设计余量

定风量空调箱或风机盘管机组选型时，往往在计算风量的基础上增加 10%～15% 的余量。如将这种设计方法照搬到变风量末端装置选型，会步入误区。其原因是定风量系统的调节原理是固定风量、调节送风温度，其不受风量调节规律制约。而变风量系统的调节原理是固定送风温度、调节送风量，其控制质量受风量调节规律影响。

如某外区再热型末端装置的一次风最大风量为 2000m³/h，一次风最小风量为 0.3×2000=600（m³/h），该末端装置风量有效调节范围为 2000～600m³/h。如选用大一号的末端装置，则装置的一次风最大风量放大 20% 到 2400m³/h。一次风最小风量则变为 0.3×2400=720（m³/h）。由于温度控制区一次风最大风量仅需要 2000m³/h，该末端装置风量有效调节范围变成 2000～720m³/h，最小风量比变为 720/2000×100%=36%，显然缩小了末端装置的调节范围。冷风再热混合损失也从 30% 加大到 36%，既影响调节性能，又增加再热损失。很多温度控制区过冷的主要原因之一是末端装置选型过大。

设计人员可在选用空调箱的冷却盘管时留有一定余量，空调箱能达到的送风温度低于系统要求的送风温度 0.5～1.0℃，当系统负荷超过设计负荷时，可降低系统送风温度来满足温度控制区的设计余量需求。

3. 风机动力型末端装置内置风机电机

普通小型单相交流电机的效率很低，仅为 30%～40%。为了提高电机效率、减少风机温升，有些末端装置内置风机电机选用无刷直流电机（ECM 电机），其效率可高达 70%。国外有标准推荐所有小于 0.75kW 的电机都选用无刷直流电机。目前，国内电机生产厂也已推出无刷直流电机，并应用在洁净单元、风机盘管机组及风机动力型变风量末端装置中。

4. 末端装置的可关闭性

末端装置的可关闭性是指当某温度控制区不使用时，可通过室温控制器或 BA 系统中央工作站按时间控制程序关闭为其服务的末端装置的一次风调节风阀。末端装置的可关闭性对于整体开启与关闭的变风量空调系统似乎无关紧要，但对于仅有部分区域使用（如加班）的较大系统却十分很有用，它是一种有效的节能手段。

5. 零最小风量

零最小风量是指当末端装置调节到最小风量后，所服务的温度控制区仍然过冷，末端装置的控制器关闭一次风调节风阀，进入零最小风量状态。当所服务的温度控制区温度提高后，末端装置自动退出零最小风量状态，恢复送风。可见，零最小风量与末端装置的可关闭性虽然都是关闭末端风阀，其控制原理则不相同。零最小风量对于开敞式办公室的内区比较有用。一般情况下，当末端装置输送最小风量，而温度控制区仍然过冷时，说明温度控制区内人员很少，可利用零最小风量功能关闭内区的末端装置，而外区的末端装置继续工作。由于开敞式办公室的特点，内区末端装置关闭不会十分影响系统的新风供给。零最小风量是防止内区过冷、减少再热的一个有效方法。当然，对于内、外区有围护结构分割的办公室的变风量末端装置不合适采用零最小风量控制方法。

6. 末端装置噪声

末端装置选型时，应充分注意末端装置的噪声，详见本书第 14 章。

7. 风量调节风阀

变风量末端装置最主要的作用是调节风量，因此电动调节风阀是末端装置风量调节和控制的关键部件，风量调节阀流量特性的优劣将直接影响变风量末端装置的风量控制效果，所以末端装置选型时应考虑装置的调节特性。

早期变风量末端装置的风量调节依赖机械装置，追求调节阀的流量与开度的线性变化，如文丘里管型调节阀、皮囊式调节阀等，缺点是压力相关，空开时阻力较大。随着DDC 控制技术的发展，风量调节阀日趋简单，多采用单叶或多叶平板调节阀，也有采用多叶对开平板调节阀。

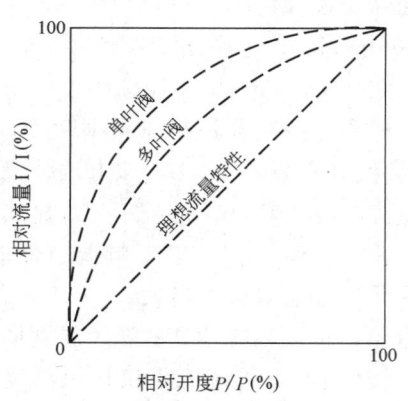

图 8-4　变风量末端风阀的流量特性

从风阀的流量特性来看（图 8-4），单叶与多叶对开平板风阀的流量特性基本相同，均属于快开流量特性。快开流量特性的特征是阀门小开度调节时风量变化大，大开度调节时风量变化小。多叶对开风阀比单叶风阀调节性能好，设计及制造良好的多叶对开调节风阀的流量特性较单叶风阀理想。多叶对开风阀的下游气流较均匀，风阀的噪声值较低。多叶对开风阀的阀体小于单叶风阀，使末端装置风阀长度减小，且风量越大，这种优势越显著。但是，多叶对开风阀的构造比单叶风阀复杂，增加了制造成本，关闭时泄漏也较大。此外，驱动多叶对开风阀的扭矩也比单叶风阀大一些，有可能增加电动执行机构的价格。

除了采用平板叶片风阀外，有些末端装置采用其他调节性能更佳的风阀。例如，日本协立空调技术公司的圆形多孔复层对开消声风量调节阀，气流稳定性大为提高（图 8-5）。日本新晃工业公司的 STU 系列变风量末端装置采用多叶对开翼形叶片。美国 Warren 公司的变风量末端装置采用以两片阀片的位移来调节风量的 ZEBRA 型风阀。这些风阀的调节性能均比平板叶片风阀好。

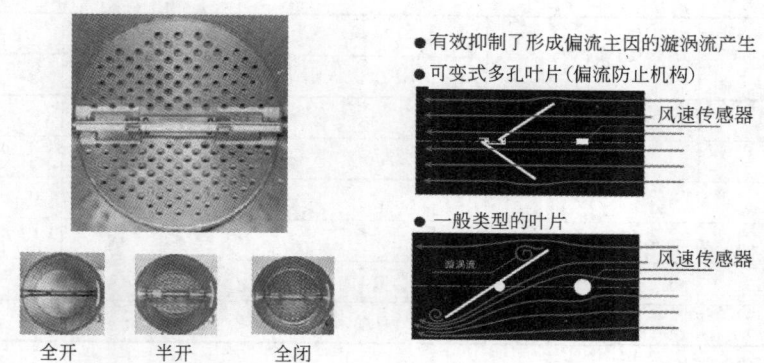

图 8-5　多孔对开式消声风量调节阀

8.2.3　选型实例

变风量末端装置实际选型应根据产品样本资料进行。

1. 串联式风机动力型末端装置选型[3]

（1）某内区选用串联式风机动力型末端装置，单冷无加热器，一次风最大风量 $G=2040\text{m}^3/\text{h}$，一次风送风温度 $t_{S1}=10℃$，一次风最小风量 $G_m=0.35G=714\text{m}^3/\text{h}$，末端装置送风温度 $t_{S2}=13℃$，系统回风温度 $t_R=26.5℃$，末端装置下游风管阻力为 80Pa，则末端装置内置风机风量为：

$$G_F=\frac{(t_R-t_{S1})}{(t_R-t_{S2})}G=\frac{26.5-10}{26.5-13}\times2040=2493（\text{m}^3/\text{h}）$$

（2）查图 8-6：选 No.2-4 号末端装置，该装置一次风入口直径为 250mm，一次风量为 2040m³/h，入口最小静压为 69Pa。串联型一次风出口尺寸为箱体断面尺寸为 920mm×435mm。

（3）查图 8-7：得 No.4 号风机风量 2493m³/h，出口静压为 84Pa，大于末端下游阻力，由电子调速器调至 80Pa。

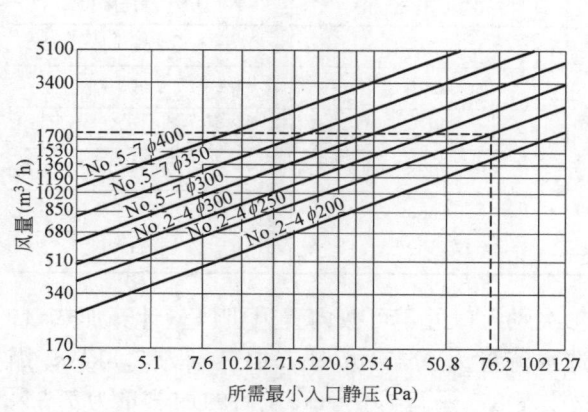

图 8-6　选型图

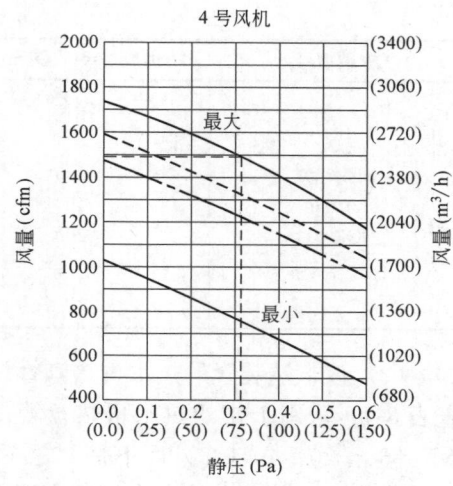

图 8-7　风机选型图

（4）查表 8-2：得 No. 4 号风机的电机输出功率为 249W，满负荷输入电流为 4.1A。

电气资料　　　　　　　　　　　　　　　　　　　　　　表 8-2

末端型号	电机(W)	120V	208V/240V	277V
		FLA	FLA	FLA
NO. 2	124	4.0	1.8	1.3
NO. 3	186	7.0	3.0	2.4
NO. 4	249	9.8	4.1	2.9
NO. 5	249	10.0	4.3	3.3
NO. 6	559	13.4	7.2	5.4
NO. 7	746	N/A	9.0	6.5

注：FLA——满负荷电流，A。

（5）一次风最大风量入口风速 $v_1 = \dfrac{2040}{\dfrac{0.25^2}{4} \times \pi \times 3600} = 11.5$ （m/s）。

一次风出口处风速 $v_o = \dfrac{2493}{3600 \times 0.92 \times 0.431} = 1.7$ （m/s）。

一次风全降压：$\Delta p_T = \Delta p_S = \dfrac{\rho}{2}(v_1^2 - v_o^2) = 69 + \dfrac{1.2}{2}(11.5^2 - 1.7^2) = 147$ （Pa）。

2. 并联式风机动力型末端装置选型[4]

（1）某外区采用并联式风机动力型末端装置，一次风最大风量 $G = 1700\text{m}^3/\text{h}$ （0.567kg/s），送风温度 $t_{S1} = 13℃$，一次风最小风量 $G_m = 0.4G = 680\text{m}^3/\text{h}$，内置风机风量 $G_F = 0.6G = 1020\text{m}^3/\text{h}$（0.34kg/s），末端装置下游风管阻力为 80Pa；热负荷 Q_{SH} 为 2550W；热水再热盘管供/回水温度为 60℃/50℃；冬季室内温度 $t_n = 20℃$。

（2）查表 8-3：选 NO. 0811 号末端装置，该装置一次风入口直径为 200mm，一次风量为 1700m³/h；入口最小静压 38.1Pa。出口尺寸为 279mm×178mm。

箱体选型表　　　　　　　　　　　　　　　　　　　　　　表 8-3

末端型号	进风口尺寸 Φ(mm)	一次风量(m³/h)	入口最小静压降(Pa)
NO. 0804 NO. 0806 NO. 0811	100 150 200	510	2.5
		680	7.6
		850	10.2
		1020	15.2
		1360	25.4
		1700	38.1

（3）该末端装置的热水再热盘管设在二次风入口处，可按内置风机风量计算加热量。查表 8-4；采用 1 排的热水再热盘管；试选水流量为 0.454m³/h，加热量为 7.3kW；因 $\Delta T = 60 - 20 = 40$ （℃）而不是 63.9℃，故按表 8-5 进行修正，修正后的加热量为 7.3× 0.65 = 4.73 （kW）；热水供、回水温差：4.73×860/454 = 9 （℃），基本满足要求。如不合适可调整水流量。加热器风侧阻力为 7.6Pa；水侧阻力为 1.1kPa。

热水再热盘管选型表　　　　　　　　　　　　　　　　表 8-4

风量 （m³/h）	风阻力 （Pa）	水流量 （m³/h）	水压降（kPa）		出风温度（℃）		出水温度（℃）		热量（kW）	
			1 排	2 排	1 排	2 排	1 排	2 排	1 排	2 排
1020	1 排：7.6 2 排：17.8	0.114	0.1	—	32.1	—	46.0	—	4.7	—
		0.227	0.3	0.08	36.4	43.3	58.3	49.2	6.2	8.6
		0.454	1.1	0.3	39.6	49.6	68.1	61.4	7.3	10.7
		0.681	2.2	0.6	40.6	52.4	72.2	67.1	7.7	11.7
		1.135	5.6	—	42.0	—	75.9	—	8.1	—

注：表中数据基于进水温度 82.2℃，进风温度 18.3℃，进水温度-进风温度（ΔT）=63.9℃。如实际温度不同可查表 8-5 进行修正。

热水盘管温差修正表　　　　　　　　　　　　　　　　表 8-5

ΔT	5.6	8.3	11.1	13.9	16.7	19.4	22.2	25.0	27.8	30.6	33.3	36.1	38.9	41.7	44.4
修正系数	0.15	0.19	0.23	0.27	0.31	0.35	0.39	0.43	0.47	0.51	0.55	0.59	0.63	0.67	0.71
ΔT	47.2	50.0	52.8	55.6	58.3	61.1	63.9	66.7	69.4	72.2	75.0	77.8	80.6	83.3	86.1
修正系数	0.75	0.79	0.83	0.88	0.92	0.96	1.00	1.04	1.08	1.13	1.17	1.21	1.25	1.29	133

（4）送热风温度复核：

$$t_{\mathrm{SH}}=\frac{Q_{\mathrm{SH}}}{1.01\times G_{\mathrm{D}}}+t_{\mathrm{N}}=\frac{2.55}{1.01\times(0.6+0.4)\times0.567}+20=24.5\ (℃)$$

送风温度＜30℃，选型合理。

（5）查图 8-8：NO.0811 号风机低速曲线风量为 1020m³/h，输出静压 120Pa≥80+7.6=87.6（Pa），可通过电子调速器调至 88Pa。

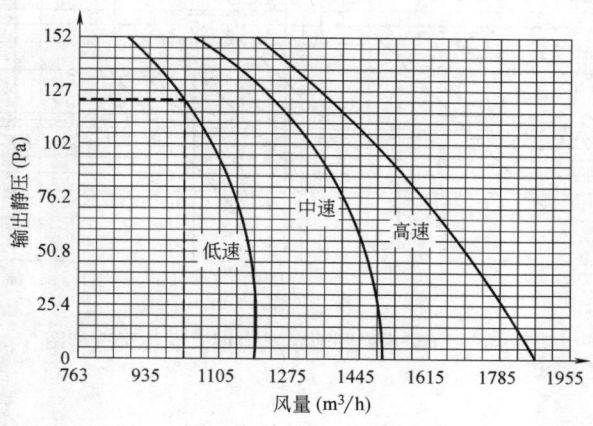

图 8-8　NO.0811 号末端装置性能图

（6）查表 8-6：NO.0811 电机输出功率为 93W，满负荷输入电流为 1.3A。

（7）一次风最大风量入口风速 $v_1=\dfrac{1700}{3600\times\dfrac{0.2^2\times\pi}{4}}=15$（m/s）。

一次风最大风量出口风速 $v_{\mathrm{o}}=\dfrac{1700}{3600\times0.279\times0.178}=9.5$（m/s）。

一次风全压降：$\Delta p_{\mathrm{T}}=\Delta p_{\mathrm{S}}+\dfrac{\rho}{2}(v_1^2+v_{\mathrm{o}}^2)=38.1+\dfrac{1.2}{2}(15^2-9.5^2)=119$（Pa）。

末端装置电气资料　　　　　　　　　　　表 8-6

末端型号	风机输入功率(W)			电流(A)					
				115V			277V		
	低速	中速	高速	低速	中速	高速	低速	中速	高速
NO. 0404，NO. 0504，NO. 0604，NO. 0804	13	29	57	0.7	0.9	1.1	0.46	0.48	0.50
NO. 0606，NO. 0806，NO. 1006	75	93	124	1.8	2.1	2.6	0.65	0.80	0.90
NO. 0811，NO. 1011，NO. 1211，NO. 1411	93	149	186	3.2	4.1	4.9	1.3	1.6	1.9
NO. 1018，NO. 1218，NO. 1418	186	249	373	6.9	7.9	8.8	2.7	3.2	3.6
NO. 1221，NO. 1421，NO. 1621	248	373	559	7.7	9.0	9.7	2.9	3.4	3.8
NO. 1424，NO. 1624	373	559	745	8.9	11.0	12.3	3.4	3.8	4.5

3. 单风道型末端装置选型[5]

（1）某内区采用单风道型末端装置，装置最大风量 $G=1700\mathrm{m}^3/\mathrm{h}$，送风温度为 13℃，最小风量 $G_{\mathrm{m}}=0.4G$，即 $680\mathrm{m}^3/\mathrm{h}$。

（2）查图 8-9：选 MW 系列圆形 3 号单风道末端装置，入口最小静压约 20Pa，进出风口尺寸 $\Phi250\mathrm{mm}$。

（3）最大风量时装置出入口风速：

$$v_1=v_2=\frac{1700\times4}{3600\times0.25^2\times\pi}=9.6\ (\mathrm{m/s})$$

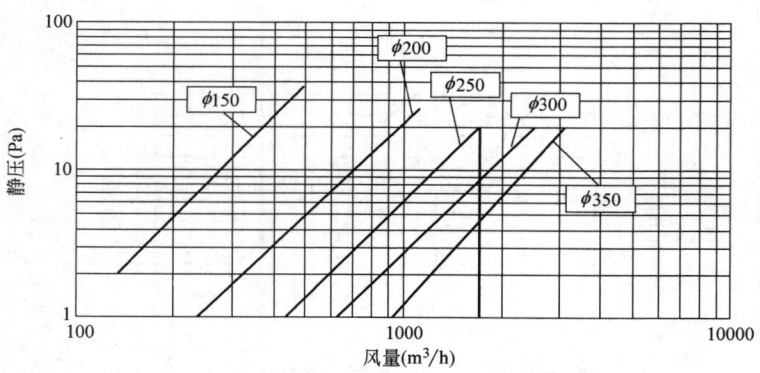

图 8-9　MW 系列圆形单风道型末端装置选型图

本章参考文献

[1]　Steven T. Taylor Jeff Stein. Sizing VAV Boxes [J]．ASHRAE Journal，2004，3.

[2]　Hydeman et al. Advanced Variable Air Volume System Design Guide [M]．Sacramento：Galifonia Energy Commission，2003.

[3]　TITUS 公司．产品样本 [Z]．TITUS，1998.

[4]　江森自控公司．产品样本 [Z]．江森，2007.

[5]　协立公司．产品样本 [Z]．协立，2005.

第 9 章　低温送风系统

9.1　概　　述

以送风温度划分，变风量空调系统可分为常温送风系统和低温送风系统。相对于送风温度在 12～16℃ 范围内的常温送风系统而言，低温送风变风量空调系统（以下简称低温送风系统）是指系统的送风温度≤11℃。

低温送风空调系统的概念首先由美国在 1947 年提出，随后又率先将此技术应用于住宅与小型商业建筑的改造工程。由于受到低温冷源、空气处理设备与控制技术等方面的制约，低温送风技术起步后发展比较缓慢。直至 20 世纪 80 年代，随着冰蓄冷技术的推广应用，将冰蓄冷与变风量空调技术相结合的低温送风系统才得到了快速发展。

在我国，除了一些需要进行空气湿度控制的工业建筑采用低温送风外，民用建筑中的应用较少。一些结合变风量空调技术的低温送风系统的成功设计与运行，为设计、安装、调试与运行积累了经验。随着越来越多的冰蓄冷工程为低温送风提供经济、实用的低温冷源，应用该项技术的工程也会增多，有关低温送风系统的设计方法将得到完善，相关设备和控制策略也将更成熟。

9.1.1　系统分类

根据送风温度，低温送风系统一般可分成三类，其分类形式及所需冷媒温度如表 9-1 所示。

低温送风系统分类及所需冷媒温度　　　　　　　　　　表 9-1

系　统　类　型		送风温度(℃)		进入盘管冷媒温度(℃)
		范围	名义值	
低温送风系统	高送风温度系统	10～11	10	4～6
	低送风温度系统	6～9	7	2～5
		≤5	4	≤2

9.1.2　系统优点

相对于常温空调系统，低温送风系统具有以下优点：

1. 减小系统设备投资，节省建筑空间

低温送风系统由于送回风温差及供回水温差增大，使送风量及循环水量减小，空气处理设备与循环水泵的规格、容量减小或数量减少，增加了建筑内部使用空间。风管尺寸与水管管径减小，还可提高吊平顶高度。在某些情况下，尺寸较小的风管甚至可穿桁架或梁布置，不占用梁下空间，使建筑层高降低，显著减小系统设备投资与建筑费用。

低温送风系统有利于应用在风管布置受到严格控制的工程中，如古建筑的空调改造。此外，它还可服务于供冷能力不够的常温空调系统改造工程。

2. 降低能耗与运行费用

低温送风系统的风量与循环水量同时减小，其系统输送能耗比常温空调系统降低30％～40％。

3. 提高热舒适性，改善室内空气品质

低温送风系统可使室内空气的相对湿度与露点温度比常温系统低。相对湿度约低10％，一般在40％左右，供冷房间的热舒适性有显著提高，如果房间内空气的干球温度保持不变，湿度降低些，人们会感觉到空气比较新鲜、凉爽，能潜在地提高工作效率。

研究表明，在保持相同的热舒适条件下，适当提高室内空气的干球温度，可减小房间的空调冷负荷。

低温送风系统大多采用高诱导比的高性能低温送风散流器，这种散流器的空气分布特性指标（ADPI）一般高于95％，表示室内人员对气流组织满意度很高。

9.1.3 系统适用性

对于一个新的工程项目，是采用常温空调系统还是采用低温送风系统，需对该建筑的功能要求、冷源供应等各种因素进行全面的技术经济论证后确定。

表9-2列出了一些适合与不适合采用低温送风系统的条件，可供方案设计论证时参考。

低温送风系统选择　　　　　　　　　　　　　　　　　表9-2

适合采用低温送风系统	不适合采用低温送风系统
有低温冷水可供利用； 要求显著降低建筑高度,降低投资； 要求空调区内的空气相对湿度在40％左右； 冷负荷超过已有空调设备及风管供冷能力的改造工程	无低温冷水可供利用； 空调区内的空气相对湿度大于50％； 房间要求保持较高循环风量（换气次数）； 全年中有较长时间可利用室外空气供冷节能运行

9.2 系统冷源

低温送风系统所用空调冷水可由蓄冷系统提供或由冷水机组直接制备，也可用直接蒸发式机组供冷。空调冷水经水泵与输配管道输送给为各空调房间服务的空调机组。

9.2.1 冷源形式与送风温度的关系

冷水机组或蓄冷系统能够提供满足低温送风所要求的空调冷水，冷水供水温度的高低应根据所需系统送风温度来确定。对于不同的送风温度可采用不同的制冷装置与不同的冷水供水温度。一般情况下，进入空调机组冷却盘管的冷水温度应比系统送风温度低3～4℃。冷源形式与送风温度的关系见表9-3。

冷源形式与送风温度关系　　　　　　　　　　　　　　表9-3

冷源形式	送风温度
冷水机组或水蓄冷系统	制备4～6℃冷水,送风温度≥8℃
直接蒸发式空调系统	送风温度>7℃
冰蓄冷系统	制备1～4℃冷水,送风温度≤7℃

9.2.2 冷水机组

低温送风系统用的冷水大多由冷水机组提供。冷水机组形式大多为离心式或螺杆式，冷水温度在 1～7℃ 范围内。当冷水温度低于 3℃ 时，需要采用乙烯乙二醇水溶液替代。

冷水机组与水蓄冷罐组合，也能获得低温送风系统所需的冷水。水蓄冷系统在用电低谷时段储存 4～5℃ 冷水，在用电峰值时段提取 5～6℃ 的低温冷水，可满足产生 8～11℃ 送风温度的要求。

9.2.3　冰蓄冷系统

当低温送风系统要求的送风温度低于 7℃ 时，制冷系统必须向空调机组提供 1～4℃ 冷水，冰蓄冷系统可满足此类空调系统对水温的要求。

冰蓄冷是利用冰融化成水时的潜热量，将能量储存在温度处于水的冰点的冰中。冰的相变潜热为 335kJ/kg，比水的比热容大 80 多倍。冰蓄冷系统的主要设备有冷水机组、蓄冰装置、换热器、水泵、管道及控制系统。用于制冰的载冷剂可以是制冷剂，也可以是二次冷媒。在冰蓄冷系统中最常用的载冷剂是重量比为 25% 的工业用抑制性乙烯乙二醇溶液。

工程中选用何种蓄冷系统，应根据蓄冷系统的释冷特性和低温送风系统所需冷水的供、回水温度等因素确定。

对于低温送风系统，在确定采用冰蓄冷方案后，必须根据空调系统所需供水温度和蓄冷系统的释冷速度确定冰蓄冷系统的蓄冷容量。如蓄冷容量不够，有可能会过早地用完所蓄冷量，造成电力非低谷时段冷水机组运行时间增加。

从冰蓄冷系统的释冷特性可见，在融冰过程的初始阶段和最终阶段，水温的变化比较明显，从而会引起空调系统送风温度的变化。因此，低温送风系统所用的蓄冰装置常与冷水机组串联配置，以确保稳定的冷水供水温度和较大的供回水温差。

蓄冰装置与冷水机组串联配置有两种方式：一种是冷水机组在蓄冰装置的上游；另一种是冷水机组在蓄冰装置的下游。这两种串联配置的特点比较见表 9-4。

蓄冰装置与冷水机组串联布置特点　　　　表 9-4

冷水机组设置在上游	冷水机组设置在下游
适用于蓄冰装置的释冷温度较低且温度比较平稳的系统； 冷水机组在较高的温度下运行，运行效率高； 蓄冰装置提供最终的低温冷水，要求蓄冰系统有更大的蓄冷容量	适用于蓄冰装置的释冷温度波动较大的系统； 冷水机组在较低的温度下运行，运行效率低； 蓄冰装置按较高的释冷温度确定蓄冷容量，蓄冷容量相应减小

9.3　设　计　方　法

9.3.1　冷负荷计算

1. 室内空气设计参数确定

低温送风系统室内空气设计参数见表 9-5。

低温送风系统室内空气设计参数　　　　表 9-5

内　　容	室内空气设计参数		备　　注
舒适性低温送风系统	干球温度（℃）	23～28	应根据冷源类型或冷水供水温度、室内冷负荷及湿负荷、系统形式、建筑层高、空调机房大小等确定；在满足舒适条件下，使系统初投资和运行费用最小
	相对湿度（%）	30～50 （常用 40）	

续表

内　容	室内空气设计参数		备　注
工艺性低温送风系统	干球温度(℃)	根据工艺要求确定	根据工艺要求的室内空气设计参数来确定冷源类型和冷水供水温度、系统形式、建筑层高、空调机房大小；在满足工艺要求的条件下，使系统初投资和运行费用最小
	相对湿度(%)		

注：1. 当室内空气设计相对湿度较低时，室内空气设计干球温度比常温送风系统可适当提高。

2. 室内空气相对湿度不宜太低，若低于30%，可能会导致皮肤和黏膜干燥。在露点温度低于4℃的情况下，会出现鼻子、喉咙、眼睛、皮肤干燥现象。

2. 空调冷负荷计算

低温送风系统冷负荷由基本冷负荷与附加冷负荷组成。基本冷负荷计算方法与常温系统冷负荷计算方法基本相同，本节主要介绍附加冷负荷计算方法。

（1）渗透空气引起的冷负荷

对于常温空调系统，室内空气能够通过维持足够的正压来防止室外空气的渗透。而对于低温送风系统，任何室外空气渗透都将对空调总冷负荷造成较大的影响，因此须仔细计算由于渗透空气而引起的冷负荷。一般来说，有外门的房间如大堂、门厅等不宜采用低温送风系统。

通过房间门、窗渗透的空气量，可按式（9-1）计算。

$$L = 0.28nV \qquad (9-1)$$

式中　L——通过房间门、窗渗透的空气量，L/s；

n——每小时换气次数，h^{-1}，可参照表9-6选取；

V——房间容积，m^3。

在工程设计时，应根据房间状况确定渗透空气量。对于全封闭的玻璃幕墙建筑，可不考虑渗透空气的影响；对于采用钢窗、铝合金窗的建筑物，可参照表9-6的数据计算渗透空气量；对于密闭性能较好的大中型混凝土结构建筑物，可参照表2-6的数据计算渗透空气量。为了简化计算，工程上常按$0.5h^{-1}$换气次数计算进入空调房间的室外空气渗透量。

渗透空气量 表9-6

房间容积(m^3)	换气次数(h^{-1})	备注
500 以下	0.7	
500～1000	0.6	
1000～1500	0.55	
1500～2000	0.5	本表适用于一面或二面有门、窗暴露面的房间。当房间有三面或四面门、窗暴露面时，表中数值应乘以系数1.15
2000～2500	0.42	
2500～3000	0.4	
3000 以上	0.35	

注：摘自《实用供热空调设计手册（第二版）》。

渗透空气引起的显热冷负荷可按式（9-2）计算。

$$Q_S = 1.2L(t_W - t_N) \qquad (9-2)$$

式中　Q_S——渗透空气引起的显热冷负荷，W；

t_W——夏季空调室外空气计算干球温度，℃；

t_N——夏季室内空气计算干球温度，℃。

渗透空气引起的潜热冷负荷可按式（9-3）计算。

$$Q_L = 3000L(d_W - d_N) \tag{9-3}$$

式中　Q_L——渗透空气引起的潜热冷负荷，W；

　　　d_W——室外空气的含湿量，g/g干空气；

　　　d_N——室内空气的含湿量，g/g干空气。

（2）湿传递引起的冷负荷

对于相对湿度较低的空调房间，尤其是那些要求湿度极低的工艺性房间，需考虑通过外围护结构湿传递引起的冷负荷。在对采用舒适性低温送风系统的房间进行冷负荷计算时，由于通过围护结构的湿传递量非常少，工程上一般不予计算。

湿传递的动力来自外围护结构两侧湿空气的水蒸气分压力差。材料阻止水蒸气通过的能力称为湿阻，其倒数是透湿率。它表示在一定的水蒸气分压力作用下通过单位面积外围护结构的水蒸气量。

当围护结构采用无接缝金属薄片防止湿传递时，可以不计该围护结构的湿传递负荷。

通过外围护结构的透湿率可由下式计算：

$$W = K_P \Delta p \tag{9-4}$$

式中　W——通过外围护结构单位面积的水蒸气量，g/(m²·s)；

　　　K_P——以水蒸气分压力差表示的透湿率，g/(m²·s·Pa)；

　　　Δp——围护结构两侧湿空气的水蒸气分压力差，Pa。

由湿传递而引起的空调冷负荷可按式（9-5）计算。

$$Q_W = 2500WA \tag{9-5}$$

式中　Q_W——通过围护结构湿传递引起的冷负荷，W；

　　　A——外围护结构面积，m²。

对于复合材料层，特别是防潮材料层，常采用基础材料加涂层或复面层的形式计算。复合材料层的湿阻可由各单层材料湿阻之和的方式求得。复合材料层的透湿率的计算可参照式（9-6）进行。

$$\frac{1}{K_{PT}} = \frac{1}{K_{P1}} + \frac{1}{K_{P2}} + \cdots + \frac{1}{K_{Pn}} \tag{9-6}$$

式中　K_{PT}——复合材料层的透湿率，g/(m²·s·Pa)；

　　　K_{Pn}——各层材料的透湿率，g/(m²·s·Pa)。

空气层和部分材料的透湿率可分别通过表 9-7 或表 9-8 查得，表中各透湿率的单位以 $\mu g/(m^2 \cdot s \cdot Pa)$（$1\mu g = 10^{-6} g$）表示。

空气层透湿率　　　　　　　　　　　　　　　　　　　表 9-7

气密空气层		透湿率
温度（℃）	厚度（mm）	[μg/(m²·s·Pa)]
0	10	16
10～20	10	17～19
0	20 以上	7.8
10～20	20 以上	8.6～9.4

注：本表摘自《日本空气调和卫生工学便览》。

部分材料的透湿率

表 9-8

材料名称	厚度 （mm）	透湿率 $[\mu g/(m^2 \cdot s \cdot Pa)]$	备 注
铝箔	—	0.010～0.012	摘自《日本空气调和卫生工学便览》
硬质橡胶	1	0.000025	
沥青毡	0.7	0.45	
沥青屋面料	—	0.0069	
灰浆	12.7	1.4～1.5	
	9.5	0.57	
	19.0	0.085～0.12	
胶合板	12.7	0.15～0.19	
	3.0	2.6	
	6.0	1.3	
木材（云杉）	12.7	0.11	
木材（松树）	12.7	0.10	
木材（柏树）	6.0	1.2～1.5	
石膏板	9.5	2.9	
木纤维板	9.6	4.1～4.4	
	25.4	1.0	
石棉（200kg/m³）	25～50	2.8～5.4	
混凝土（1∶2∶4）	100	0.046	
空洞混凝土	200	0.038	
砖墙	100	0.046	
瓷砖墙	100	0.006	
酚醛树脂泡沫	39.2	0.47	摘自《设备及管理的保冷与保温》
聚苯乙烯	26.5	0.13	
聚氨酯泡沫（37kg/m³）	25	0.29	
聚氨酯泡沫（64kg/m³）	25.2	0.18	
矿棉板	16	4.5	
玻璃棉毡（2950g/m²）	2.5	0.01	
玻璃纤维毡（3000g/m²）	2.0	0.004	
聚乙烯膜	0.1	0.03	
PVC膜	0.4	0.06	
环氧树脂	1.2	0.002	

（3）空调机组送、回风机散热引起的冷负荷

空调系统依靠风机实现空气循环。在压出式空调器中，送风机设置在冷却盘管的上游，风机散热直接被冷却盘管吸收，成为盘管冷负荷的一部分。在吸入式空调机组中，送风机设置在冷却盘管的下游，风机散热被空调机组送出的低温空气吸收，提高了送风温度。

由风机引起的空气温升可以根据式（9-7）计算。

$$\Delta t_F = \frac{p_T}{1212\eta} \tag{9-7}$$

式中　Δt_F——风机散热引起的空气温升，℃；

p_T——风机全压，Pa；

η——总效率，如电机在气流外，$\eta = \eta_F$；如电机在气流内，$\eta = \eta_F \eta_m$；

η_F——风机效率；

η_m——电机与驱动装置效率，电机效率见表 9-9。

电机效率　　　　　　　　　　　　　　　　　　　　　　　表 9-9

电机功率(kW)	0~0.4	0.75~3.7	5.5~15	20 以上
电机效率	0.60	0.80	0.85	0.90

风机散热引起的空气温升也可按表 9-10 和表 9-11 查得。在低温送风系统中，组合式空调机组所配离心式风机的电机功率大多在 5.5~15kW 范围内。表 9-10 及表 9-11 中电机效率按 0.85 选取。

风机散热引起的空气温升（电机在空调器外）　　　　　表 9-10

风机效率	风机全压(Pa)										
	500	600	700	800	900	1000	1100	1200	1300	1400	1500
	空气温升(℃)										
0.40	1.0	1.2	1.4	1.7	1.9	2.1	2.3	2.5	2.7	2.9	3.1
0.45	0.9	1.1	1.3	1.5	1.7	1.8	2.0	2.2	2.4	2.6	2.8
0.50	0.8	1.0	1.2	1.3	1.5	1.7	1.8	2.0	2.1	2.3	2.5
0.55	0.8	0.9	1.1	1.2	1.4	1.5	1.7	1.8	2.0	2.1	2.3
0.60	0.7	0.8	1.0	1.1	1.2	1.4	1.5	1.7	1.8	1.9	2.1
0.65	0.6	0.8	0.9	1.0	1.1	1.3	1.4	1.5	1.7	1.8	1.9
0.70	0.6	0.7	0.8	0.9	1.1	1.2	1.3	1.4	1.5	1.7	1.8
0.75	0.5	0.7	0.7	0.9	1.0	1.1	1.2	1.3	1.4	1.5	1.7
0.80	0.5	0.6	0.7	0.8	0.9	1.0	1.1	1.2	1.3	1.4	1.5

风机散热引起的空气温升（电机在空调器内）　　　　　表 9-11

风机效率	风机全压(Pa)										
	500	600	700	800	900	1000	1100	1200	1300	1400	1500
	空气温升(℃)										
0.40	1.2	1.5	1.7	1.9	2.2	2.4	2.7	2.9	3.2	3.4	3.6
0.45	1.1	1.3	1.5	1.7	2.0	2.2	2.4	2.6	2.8	3.0	3.2
0.50	1.0	1.2	1.4	1.6	1.7	1.9	2.1	2.3	2.5	2.7	2.9
0.55	0.9	1.1	1.2	1.4	1.6	1.8	1.9	2.1	2.3	2.5	2.6
0.60	0.8	1.0	1.1	1.3	1.5	1.6	1.8	1.9	2.1	2.3	2.4
0.65	0.7	0.9	1.0	1.2	1.3	1.5	1.6	1.8	1.9	2.1	2.2
0.70	0.7	0.8	1.0	1.1	1.2	1.4	1.5	1.7	1.7	1.9	2.1
0.75	0.6	0.8	0.9	1.0	1.2	1.3	1.4	1.6	1.7	1.8	1.9
0.80	0.6	0.7	0.8	1.0	1.1	1.2	1.3	1.5	1.6	1.7	1.8

获得空气温升后，可由下式计算风机的散热量：

$$Q_F = Gc_p\Delta t_F \tag{9-8}$$

式中　Q_F——空调器风机散热量，kW；

　　　G——风机所输送的空气量，kg/s；

　　　c_p——空气比热，取 1.01kJ/(kg·℃)。

变风量空调系统所用离心式风机的效率一般在 50%～70% 之间，平均约 65%。电机效率按表 9-9 选取。在得不到风机额定功率值时，可在估计风机效率的条件下，利用式（9-7）和式（9-8）计算风机引起的空气温升和风机散热量。

（4）风机动力型末端装置内置风机散热计算

低温送风系统常用的末端装置有单风道型和风机动力型。

并联式风机动力型末端装置的内置风机在送冷风时一般不运行，只有当末端装置送风量很小或送热风时才启用。因此，一般可不计算并联式风机动力型末端装置内置风机的散热量。串联式风机动力型末端装置不管送冷风还是送热风，其内置风机始终在运行。在这里，所谓风机动力型末端装置内置风机散热计算主要是针对串联式风机动力型末端装置而言。

风机动力型末端装置内置风机散热量可直接由其输入功率确定。一般来说，这类末端装置中的小型电机的效率较低，风机总效率则更低。

内置风机的散热量可以根据式（9-9）计算：

$$q = I \times V \tag{9-9}$$

式中　q——内置风机散热量，W；

　　　I——内置风机的输入电流，A；

　　　V——内置风机的输入电压，V。

式（9-9）中的 I 与 V 的数值可从各末端装置供应商提供的样本中查得。

根据式（9-9）计算出的得热量，可以计算出各风机动力型末端装置需要增加的低温一次风送风量。

风机动力型末端装置内置风机的效率较低，风机输入功率中有 65%～70% 的能量被低温空气吸收，使送风温度升高，剩余 30%～35% 的能量则转换成空气动能，它随着空气与末端装置下游风管壁面的摩擦而慢慢地全部转换成热量，也散发到送风气流中。

（5）风管得热与温升计算

低温送风空调系统风管的保冷层厚度比常温送风空调系统厚。因此，风管得热量可减小到常温空调系统的 40%～80%。但是，由于风管内输送的风量比常温系统小，故因风管得热而引起的送风温升仍相当于或稍大于常温送风系统的温升。

风管得热量和离开风管的空气温度可以根据 McQuiston 和 Spitler 给出的公式计算。

$$q_d = \frac{UPL_d}{C_1}\left(t_a - \frac{t_e + t_1}{2}\right) \tag{9-10}$$

$$t_1 = \frac{t_e(y-1) + 2t_a}{y+1} \tag{9-11}$$

$$y = C_2 A_{cs} V \frac{\rho}{UPL_d} \tag{9-12}$$

式中　A_{cs}——风管的横截面面积，mm²；

　　　V——平均风速，m/s；

　　　L_d——风管长度，m；

q_d——通过风管壁管内空气的得热量，W；

U——风管的总传热系数，W/（m^2·K）；

P——保冷后风管的外周长，mm；

ρ——空气密度，kg/m^3；

t_e——进入风管时的空气温度，℃；

t_1——离开风管时的空气温度，℃；

t_a——风管周围空气温度，℃；

C_1——常数，取 1000mm/m；

C_2——常数，取 2.01W·m·s/（mm·kg）。

利用式（9-10）~式（9-12），可以计算出离开某段风管时的低温空气温度，计算时将离开上一段风管的空气温度作为进入下一段风管的低温空气温度的输入参数，进行反复计算，直至计算出离开系统中最不利环路最末一段风管的空气温度。并用计算出的实际送风温度来修正各温度控制区的送风量。对于一般的低温送风空调系统，单位长度风道送风温度的升高值可按 0.03℃/m 估算，设计时可将 1.6℃ 作为低温送风系统最不利管段因风管得热引起的最大送风温升值。

在部分负荷时，由于低温送风系统送风量减少，送风温度相差可能达到 3℃ 以上。送风温度的上升，将迫使控制系统适当增加送风量，从而改善散流器在小风量工况下气流扩散性能，维持较好的气流组织。

在一个低温送风系统中，当系统中其他温度控制区的负荷变小，仍有一个温控区负荷较大，需要较大的送风量时，应按负荷较大的温控区需要的送风温升来计算该区域的送风量。

9.3.2 系统设计

1. 低温送风常用方式选择

低温送风系统是全空气系统的一种类型，按其末端装置形式的不同，可以组合成多种低温送风系统。

根据系统的初投资及运行经济性，低温送风系统可参考下列先后顺序择优选定末端装置类型：低温送风口、诱导型末端装置、单风道型末端装置、并联式风机动力型末端装置及串联式风机动力型末端装置。几种常用的低温送风系统方式见表 9-12。

几种常用低温送风系统方式　　　　　　　　　　　　　　表 9-12

内区空调方式	外区空调方式	备注
单风道 VAV 末端装置或并联型 FPB 末端装置＋低温送风口	风机盘管机组	风机盘管机组夏季供冷水,冬季供热水
	带电加热或热水再热盘管的并联型 FPB 末端装置＋低温送风口	外区并联型 FPB 的内置风机只在冬季送热风时运行,其他季节同单风道 VAV 末端装置运行方式一致
	夏季(单风道 VAV 末端装置＋低温送风口)＋冬季风机盘管机组	风机盘管机组只在冬季运行,冬季当每米长度外围护结构热损耗大于 200W 时推荐采用风机盘管
	夏季(单风道 VAV 末端装置＋低温送风口)＋冬季散热器	冬季当每米长度外围护结构热损耗在 100~200W 时推荐采用散热器
	夏季(单风道 VAV 末端装置＋低温送风口)＋冬季电加热器	冬季当每米长度外围护结构热损耗小于 100W 时可采用电加热器

续表

内区空调方式	外区空调方式	备注
串联型 FPB 末端装置＋普通送风口	带电加热或热水再热盘管的串联型 FPB 末端装置＋普通送风口	串联型 FPB 末端装置内置风机常年运行
	风机盘管	风机盘管机组夏季供冷水，冬季供热水
诱导型末端装置＋低温送风口（或普通送风口）	带电加热或热水再热盘管的诱导型末端装置＋低温送风口（或普通送风口）	可调节一次风阀和诱导风阀的开度，当房间需要充分供冷时，开大一次风阀，关闭诱导风阀

选择低温送风系统时应充分分析空调区域的负荷特点，合理划分内、外区，在确定变风量末端装置时，须兼顾系统新风分配均匀性和对气流组织的影响程度。若系统选择不合理，将导致各温度控制区之间存在新风分配的差异，且在过渡季会使这种差异更显著。

2. 低温送风新风设计

（1）新风布置方式及特点

低温送风的新风须经过空调机组或新风机组集中处理后送入空调区域。表 9-13 为几种低温送风变风量空调系统新风布置方式及特点。

几种低温送风空调系统新风布置方式及特点 表 9-13

系统方式	系统图式	系统特点及适用性
新风和回风在空调箱内集中处理后送到空调区域		新风由空调箱就近吸取或从集中的新风管道井中吸取； 系统新风比较常温系统大； 各分区所得新风量与该分区一次风量成正比，存在各分区之间新风分布的不均匀性； 外区空调系统应按朝向设置，内区系统中各房间功能应相同或相似
分别设置空调箱和新风机组，新风送至空调末端装置送风管		新风由独立的新风机组处理，且通过设在各分区内的定风量装置送至空调送风末端装置的出风管； 各分区所得新风量与该分区一次风量无关； 新风量可以按需分配且恒定，不随负荷变化而改变； 空调系统设置较灵活，风管较复杂，需要的吊顶空间高
分别设置空调箱和新风机组，新风送至各分区		新风由独立的新风机组处理，且通过设在各分区内的定风量装置直接送至空调区域内； 各分区所得新风量与该分区一次风量无关； 新风量可以按需分配且恒定，不随负荷变化而改变； 空调末端根据负荷变化运行，不用考虑新风不均匀性，系统设置灵活； 风管布置复杂，所需吊顶空间高

为了保持空调房间的正压值，防止室外空气向内渗透，低温送风系统的排风量一般应比新风量少 5％～20％。

与常温系统相比，低温系统送风温度低、送风量小、新风比大。当系统中各分区负荷相差较大、峰值出现时间不一致时，低温送风系统的新风分布不均匀性比常温系统更突出。

在表 9-13 所列的低温送风系统常用的三种新风分布方式中，第（2）种和第（3）种方式新风分布较均匀，而第（1）种方式存在新风分布不均匀性问题。本节中所讨论的新风分布均匀性问题主要是针对第（1）种系统而言。

（2）新风分布均匀性分析

表 9-14 分析了新风在空调器内集中处理的几种常用空调系统的设置及新风分布状况。

几种常用空调系统的设置及新风特点　　　　　表 9-14

系统设置方式	新风分布特点及对策
（1）每层设一个内、外区共用系统 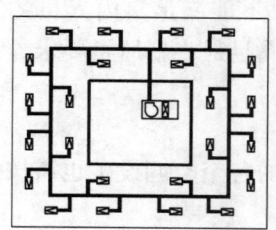	系统设置：每层设一个系统，内、外区共用； 夏季设计工况：单位面积冷负荷外区（尤其是东、西向）比内区大许多，外区送风量比内区大很多，会出现外区新风量过多且随时间而变化，内区新风可能不够的现象，这种差异甚至高达数倍； 冬季或过渡季空调工况：外区送热风或以最小一次风量运行，系统新风比增大，内区新风量增加，外区可能出现新风量不够的现象； 对策：如存在较大的新风分布不均匀性，则需加大外区进深，重新计算各分区负荷，选择末端装置型号，确定各分区最大送风量和最小送风量；适当提高系统送风温度，增加系统送风量或过渡季外区末端过冷再热；回风口位置可设置在新风分布较差的区域；增加系统新风量，使新风量分配最少的区域满足卫生要求
（2）每层设置多个内、外区共用系统 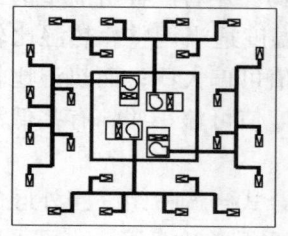	系统设置：每层设置多个按朝向或功能划分的系统，每个系统内、外区共用，根据外区负荷调整送风温度，新风的均匀性较方式（1）有所改善； 夏季设计工况：单位面积冷负荷外区比内区大，外区送风量比内区大，会出现外区新风量多、内区新风量少的现象； 冬季或过渡季空调工况：外区送热风或以最小一次风量运行，系统新风比增大，内区新风量增加，外区可能出现新风量不够的现象； 对策：如存在较大的新风分布不均匀性，则需加大外区进深，重新计算各分区负荷，选择末端装置型号，确定各分区最大送风量和最小送风量；适当提高系统送风温度，增加系统送风量或过渡季外区末端过冷再热；增加系统新风量，使新风量分配最少的区域满足卫生要求
（3）每层设置多个内、外区独立系统 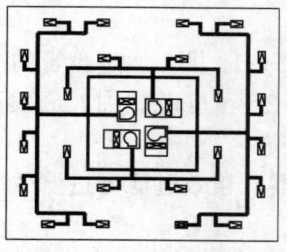	系统设置：每层按朝向各设置内、外区独立的空调系统； 系统运行：外区空调器把人员所需新风量送入相应的空调区域，内区空调器把人员所需新风量送入内部空调区域，各区域一般不存在新风不均匀问题； 对策：系统较多，新风需接至各空调箱，当过渡季外区空调系统负荷较小时，可适当提高系统的送风温度，增加系统送风量，保持空调区域的气流组织和新风分布的均匀性

在用一台空调箱服务多个温度控制区的低温送风系统中，由于新风分布的不均匀性，系统新风量一般应比常温送风系统多 2%～4%。

（3）新风分布设计要点

1）系统不宜过大，且应按朝向和功能划分。在可能条件下，内、外区应由不同的空调系统承担；

2) 当系统较大、不能根据朝向或内、外区分别设置空调系统时，宜采用独立的新风系统，把所需新风量直接送到各温度控制区或末端装置的送风管内；

3) 若不能满足上述要求，则需对空调系统内各分区按夏季、冬季和过渡季进行新风分布校核计算。如新风分布差异较大，可按以下方法进行修正：

① 调整内、外分区，加大外区进深，重新进行负荷计算及末端装置选型，使各分区的新风分布趋于均匀；

② 系统回风口设置在新风分布最不利的区域，以使其他区域空气中的过量新风为新风短缺区域所用；

③ 增加整个空调系统的新风量，使新风分布最少的区域也基本满足国家现行卫生标准，但此方法增加了系统处理新风的能耗；

④ 开启新风分布不利区域的末端装置的加热器。该过冷再热的方法可能导致冷、热抵消、系统运行能耗增加；

⑤ 对于人员密度较大、冷负荷较小的房间，当送风量太小不能满足室内人员的卫生要求时，需把送风温度重新调整到较高，以增加系统送风量，满足最小新风量要求。

3. 空调机组选型设计

（1）空调机组选型要求

低温送风水系统大多采用大温差，在整个水系统中所连接的各个空调设备也需按照大温差进行设计选型。

低温送风系统空调机组设计选型基本要求如下：

1) 室内设计参数：低温送风系统室内空气设计干球温度一般在 23～28℃之间；室内空气设计相对湿度在 30%～50% 范围内，比常温空调系统低 10% 左右。各房间室内设计参数应根据房间舒适性要求、空调房间热湿比线和冷水供水温度适当调整。热湿比较小（热湿比线较倾斜）的系统，室内空气设计状态点的相对湿度值可偏大些；而热湿比较大（热湿比线接近垂直）的系统，室内空气设计状态点的相对湿度值可偏小些。有些低温送风系统的室内空气设计相对湿度值可接近 30%。

2) 机组形式：低温送风系统所采用的空调机组基本是组合式空调机组。当外区的末端装置设有再热装置或采用其他周边加热措施时，空调机组可采用单冷盘管，也可采用四管制冷、热两组盘管，而热水盘管通常在建筑物热启动时或冬季间歇运行情况下每天早晨空调房间升温时使用。

3) 冷却盘管：低温送风空调机组冷却盘管的排数一般为 6～12 排，通过盘管的冷水的温升一般在 10℃ 左右或更大些。盘管的面风速一般在 1.8～2.3m/s 范围内，最大不超过 2.8m/s。

4) 空气过滤器：空调机组空气过滤采用粗效和中效过滤器。粗效过滤器过滤效率为计重法 90% 以上，中效过滤器过滤效率为比色法 60% 以上。

5) 机外静压：空调机组机外静压值应根据采用何种末端装置、送风散流器形式以及送、回风管沿程和局部阻力确定。当送风系统采用低温送风散流器时，应考虑低温送风散流器的阻力损失；当送风系统采用单风道 VAV 末端装置及并联型 FPB 末端装置加低温送风散流器时，应考虑末端装置和低温送风散流器的阻力。对于采用风车型、超声波型等风速传感器的单风道型 VAV 末端装置，装置本身的全开阻力可考虑 50Pa；对于采用毕托管型风速传感器的单风道 VAV 末端装置或并联型 FPB 末端装置，装置设计风量时入口压力需有 250Pa 左右；对于采用串联型 FPB 末端装置的系统，空调机组的余压只承担末端装置上游风管至末端装置入口风阀的阻力和系统回风管的阻力，末端装置下游风管及风口的阻力（80～100Pa）由串联型 FPB 末端装置的内置增压风机承担。

　　6）空气冷凝水滴水盘及水封高度：对于叠加式冷却盘管，需设中间空气冷凝水滴水盘。低温送风系统的空气冷凝水量可能比常温空调系统大 2 倍左右，空气冷凝水接管管径需比常温系统大 1～2 档。接出空调机组冷凝水管水封的高度应不小于冷却盘管安装处空调机组箱体内外压差值的 1.5 倍。

　　7）机组箱体：低温送风空调机组箱体保冷材料的厚度应比常温空调机组的保温层更厚，漏风量更小。对于采用压出式风机的空调机组，其箱体结构比常温空调器应更结实。

　　此外，空调机组的设计参数和技术要求必须在设计图纸中进行详细描述，便于设备选型和招标采购。

　　（2）空调器冷却盘管参数确定

　　低温送风空调机组冷却盘管的许多设计参数与常温空调机组的设计参数有较大差异。

　　1）低温送风空调机组冷却盘管具有下列特点：

　　① 进入盘管的冷水温度和离开盘管的空气温度较低，盘管的进水温度和出风温度比较接近，冷水（或二次冷媒）的温升较大；

　　② 冷却盘管排数和单位长度翅片数较多；

　　③ 通过冷却盘管的面风速较低；

　　④ 通过冷却盘管水侧和空气侧的压力降变化范围较大；

　　⑤ 在部分负荷条件下，尤其在进水温度和出风温度非常接近和大温差水系统中，冷水侧的流量小、流速低，有可能转变成层流。此时，盘管的传热性能会急剧下降，导致出风温度上升。与此同时，控制系统又使调节水阀开大，冷水流动状态又从层流转变成紊流，使出风温度降低，最终造成系统出风温度不稳定；

　　⑥ 盘管的空气冷凝水量较大，在叠放式盘管之间需设置中间冷凝水盘。因冷凝水量较大，具有一定清洗效果，减少了尘埃和污垢在盘管上积聚。

　　2）常温送风系统与低温送风系统冷却盘管性能及技术参数比较：

　　表 9-15 为常温送风系统与低温送风系统的冷却盘管性能及技术参数比较。

冷却盘管性能及技术参数比较

表 9-15

内　　容		常温空调系统	低温送风系统
盘管选型参数	离开盘管时的空气温度（℃）	12～16	4～11
	进入盘管时的冷水温度（℃）	5～8	1～7（低于 1℃时应采用乙二醇溶液或其他二次冷媒）
	盘管面风速（m/s）	2.3～2.8	1.5～2.3
	进水和出风温度接近度（℃）	5.5～7.5	2.2～5.5
	冷水温升（℃）	5～8	7～13
结构参数	盘管排数	4～6	6～12
	单位长度翅片数（片/mm）	0.32～0.55	约 0.55
	盘管传热率	可不修正	需进行修正
盘管压降	空气侧压降（Pa）	125～250	150～320
	冷水侧压降（kPa）	18～60	27～90

续表

内　容		常温空调系统	低温送风系统
部分负荷特性	冷水流量，出风温度	比较稳定	可能出现波动
	解决方法	—	采用较小管径铜管或分回路盘管，强化传热
凝水排放	上下式叠加盘管	无需设中间凝结水滴水盘	需设中间空气冷凝水滴水盘
	凝结水量	较少	较大

3）空调机组冷却盘管排数与冷水温差关系

低温送风空调机组冷却盘管的排数及冷水供、回水温差均与冷却盘管的出风温度、冷水进水温度有关。表 9-16～表 9-19 表明在不同的送风温度和冷水供水温度下，冷却盘管所需排数与冷水温差的关系。

4℃送风时冷却盘管所需排数与冷水温差的关系　　　　　　　　表 9-16

冷却盘管排数		进入盘管冷水温度				
		−2℃	−1℃	0℃	1℃	2℃
6 排	送风温度 4℃	☆	☆	☆	×	×
	冷水温差（℃）	△	△	△	♯	♯
8 排	送风温度 4℃	☆	☆	☆	×	×
	冷水温差（℃）	△	△	△	♯	♯
10 排	送风温度 4℃	☆	☆	☆	○	×
	冷水温差（℃）	△	△	△	5.3～6.1	♯
12 排	送风温度 4℃	☆	☆	☆	○	○
	冷水温差（℃）	△	△	△	6.1～9.5	7.1～8.2

注：表 9-16～表 9-19 中的技术数据由美国 TRANE 公司提供，表中各符号代表的意义如下：
☆表示需采用乙烯乙二醇溶液或其他二次冷媒；
×表示不能满足要求；
○表示可以满足要求；
♯表示无法得到所要求的冷水温差；
△表示经过冷却盘管的冷水温差需经空调器厂家专项计算。

7℃送风时冷却盘管所需排数与冷水温差的关系　　　　　　　　表 9-17

冷却盘管排数		进入盘管冷水温度				
		0℃	1℃	2℃	3℃	4℃
6 排	送风温度 7℃	☆	○	×	×	×
	冷水温差（℃）	△	3.6～4.2	♯	♯	♯
8 排	送风温度 7℃	☆	○	○	○	○
	冷水温差（℃）	△	3.2～9.4	3.2～7.9	4.6～6.3	2.9～5.7
10 排	送风温度 7℃	☆	○	○	○	○
	冷水温差（℃）	△	4.9～10.7	4.1～9.2	3.4～6.9	3.0～8.1
12 排	送风温度 7℃	☆	○	○	○	○
	冷水温差（℃）	△	7.3～16.5	6.0～7.0	4.5～6.2	4.5～10.0

9℃送风时冷却盘管所需排数与冷水温差的关系　　　　　　　　表 9-18

冷却盘管排数		进入盘管冷水温度				
		2℃	3℃	4℃	5℃	6℃
6 排	送风温度 9℃	○	○	○	○	○
	冷水温差（℃）	2.8～11.1	2.8～9.6	2.6～9.0	2.7～7.2	2.7～5.0
8 排	送风温度 9℃	○	○	○	○	○
	冷水温差（℃）	7.4～14.2	6.8～12.7	6.4～12.2	3.4～10.2	2.7～8.0
10 排	送风温度 9℃	○	○	○	○	○
	冷水温差（℃）	9.4～16.4	8.4～14.8	8.9～14.0	5.2～12.2	4.0～10.0
12 排	送风温度 9℃	○	○	○	○	○
	冷水温差（℃）	11.0～17.9	11.0～16.2	10.8～15.4	9.0～13.5	8.0～11.5

11℃送风时冷却盘管所需排数与冷水温差的关系　　　　　　　　表 9-19

冷却盘管排数		进入盘管冷水温度				
		4℃	5℃	6℃	7℃	8℃
6 排	送风温度 11℃	○	○	○	○	×
	冷水温差（℃）	9.5～15.8	8.0～15.1	9.5～14.2	9.5～12.2	#
8 排	送风温度 11℃	○	○	○	○	○
	冷水温差（℃）	12.9～18.6	10.5～17.9	11.9～17.2	10.5～16.3	10.5～13.9
10 排	送风温度 11℃	○	○	○	○	○
	冷水温差（℃）	12.6～20.3	14.9～19.7	14.3～18.9	13.6～18.1	11.4～17.1
12 排	送风温度 11℃	×	○	○	○	○
	冷水温差（℃）	#	16.7～20.7	16.0～20.1	15.2～19.0	14.3～18.5

低温送风系统冷却盘管的选择，可参照表 9-16～表 9-19 的数据。当选型数据超出表中数值时，应调整设计参数，重新在焓湿图上计算冷却盘管的各项技术数据，直到满足要求为止。此外，也可请生产厂进行盘管选型，选择经济、合理、可靠的空调机组。

4. 风管保冷和隔汽

（1）绝热材料

绝热材料应是一种轻质、憎水、绝热性能优良的材料。在工程上，通常把室温下导热系数低于 0.2W/(m·K) 的材料称为绝热材料。对于设备和管道的绝热，相关国家标准规定：当用于保温时，其绝热材料及制品在平均温度低于 623K（350℃）时，导热系数不得大于 0.12W/(m·K)；当用于保冷时，其绝热材料及制品在平均温度低于或等于 300K（27℃）时，导热系数不得大于 0.064W/(m·K)。

绝热材料的基本性能包括结构性能、力学性能、化学性能、物理性能。根据材料使用对象的不同，对其性能的要求会有所不同，但通常都以材料密度小、机械强度高、导热系数小、化学稳定性好、能长期承受工作温度为其必须具备的性能。其中导热系数是绝热材料最重要的性能指标。用作保冷时，如选用的绝热材料厚度相同，导热系数越小，冷损失就越小，则保冷效率就越高。

保冷材料的选择是决定保冷结构的基础，保冷材料的性能要求见表 9-20。

保冷材料的性能要求 表 9-20

名　　称	性 能 要 求
导热系数	在平均温度低于 27℃时，导热系数≤0.064W/(m・K)
密度	≤200kg/m³
抗压强度	硬质材料≥0.15MPa
质量含水率	≤1%
防火性能	不低于难燃 B1 级
耐腐蚀性能	化学性能稳定，对金属无腐蚀作用

（2）风管保冷计算

低温送风风管保冷的目的是减小风管内低温空气的得热量以及防止风管周围空气中的水汽在风管外表面结露。在低温送风风管系统中，由于送风的温度比常温系统低，风管内低温空气与周围空气的温差较大，从而对风管的保冷提出了更高的要求。

为了防止周围空气中的水汽在风管外表面结露，风管保冷必须满足以下条件：

1）保冷层厚度须确保风管保冷材料外表面温度高于周围空气的露点温度；

2）保冷层必须覆盖所有可能被冷却到低于周围空气露点温度的风管表面；

3）必须做好完整有效的隔汽防潮层，防止空气中的水汽渗入保冷材料，并在保冷材料中冷凝，使保冷功能降低甚至失效。

在给定条件下，为防止水汽在风管外表面结露所要求的保冷层厚度可以通过传热计算来确定。

保冷层厚度计算应按照下列要求进行：

1）对于设置在空调房间内的风管，保冷层厚度可依据限制风管得热量所需要的保温层厚度或经济厚度确定，同时还需校核风管保冷层外表面温度，使其高于周围空气的露点温度；

2）对于设置在非空调房间内的风管，保冷层厚度应根据可能遇到的最不利条件来确定；

3）对于设置在某些非空调、高湿度环境（如用室外空气通风的机房、经受较高湿渗透率的吊平顶）中的风管，应以该干球温度与相对湿度为 90％时的露点温度为设计露点温度来计算保冷层厚度；

4）回风管中的空气温度一般高于风管周围空气的露点温度，但预计到可能会低于周围空气的露点温度时，则也需要对回风管作保冷计算。

常温空调系统风管的保冷层厚度按限制风管得热所需的保温层厚度计算。所谓经济厚度，即风管绝热后年冷（热）损失费用与投资年分摊费用之和为最小值时的绝热层计算厚度。低温送风系统风管保冷层厚度可按保温层厚度或经济厚度的方法计算，但要对风管保冷层外表面温度进行校核计算，确保风管保冷材料外表面温度高于周围空气的露点温度，防止水汽在风管保冷材料外表面凝露。

低温送风管保冷层外表面温度可根据式（9-13）计算：

$$t_s = t_{sa} + \left[(t_a - t_{sa})\frac{R_i}{R_i + R_s}\right] \tag{9-13}$$

低温送风风管最小保冷热阻可以通过式（9-14）计算：

$$R_i = R_s \frac{t_{dp} - t_{sa}}{t_a - t_{dp}} \qquad (9\text{-}14)$$

根据计算出的风管最小保冷热阻可以由式（9-15）计算风管保冷层的最小厚度：

$$t_i = K_i R_i \qquad (9\text{-}15)$$

式中　t_s——风管保冷层外表面温度，℃；

　　　t_{sa}——送风温度，℃；

　　　t_a——风管周围空气的干球温度，℃；

　　　t_{dp}——风管周围空气的露点温度，℃；

　　　R_i——风管保冷材料热阻，$m^2 \cdot K/W$；

　　　R_s——表面对流换热热阻，$0.109 m^2 \cdot K/W$；

　　　K_i——保冷层导热系数，$W/(m \cdot K)$；

　　　t_i——保冷层厚度，m。

计算保冷层厚度时，除了要依据风管内的送风温度、风管周围的空气露点温度外，还应考虑保冷材料的使用年限，使保冷材料在整个使用年限内能保证其外表面不结露。

对于低温送风管，保冷材料的内外壁两侧始终存在着温差和湿度差，在水蒸气分压力差的持续作用下，水汽会缓慢地渗入保冷材料内部，随着使用时间的延续，材料的导热系数会逐渐增大，使按初始导热系数选定的保冷层厚度变得不足而结露。因此，应选用湿阻因子大、吸水性小的材料作保冷材料，并考虑材料导热系数的增大幅度，确保材料在使用年限内保持其应用性能。

工程中使用的保冷材料除了需有详细的热工性能参数外，还应具备国家有关材料标准的性能试验证明，如允许使用温度、不燃性、难燃性、吸水性、吸湿性、憎水性等，对硬质材料还需提供材料的收缩率数据。

选用保冷材料时，可按生产厂家提供的工程厚度进行选择，必要时应进行验算，在确保保冷效果的情况下尽可能节省材料用量。

保冷材料必须覆盖所有可能结露的风管和设备表面。采用硬质材料作保冷时，应考虑材料的热胀冷缩，保持保冷材料的连续性。风管法兰须作特殊的保冷处理。相应的吊架也应有绝热措施，防止出现冷桥现象。

低温送风系统风管的保冷材料大多采用加筋铝箔离心玻璃棉、酚醛泡沫、橡塑材料等，表 9-21 为在典型环境温度和不同送风温度下，上述三种材料的保冷层厚度。当实际工程应用中所使用的保冷材料及其性能参数、风管所处的环境温度与湿度、空调送风温度等与表 9-21 中所列的计算条件不同时，设计人员可以根据环境条件和送风温度，按式（9-13）～式（9-15）计算获得风管的实际保冷层厚度。

低温送风管保冷层厚度（mm）　　　　　　　　　　表 9-21

材料名称		加筋铝箔离心玻璃棉[①]				酚醛泡沫[②]				橡塑材料[③]			
典型送风温度		4℃	7℃	9℃	11℃	4℃	7℃	9℃	11℃	4℃	7℃	9℃	11℃
风管所处环境条件	37℃,90%	130	117	109	101	82	75	69	64	124	112	104	97
	36℃,90%	126	114	106	98	80	72	67	62	120	108	100	93
	35℃,90%	122	109	101	93	77	69	64	59	116	104	97	89
	34℃,90%	117	106	98	88	69	63	58	52	112	100	93	85

续表

材料名称	加筋铝箔离心玻璃棉①				酚醛泡沫②				橡塑材料③			
典型送风温度	4℃	7℃	9℃	11℃	4℃	7℃	9℃	11℃	4℃	7℃	9℃	11℃
风管所处环境条件 33℃,90%	114	101	93	85	72	64	59	54	108	97	89	81
32℃,90%	109	98	88	80	69	62	56	51	104	93	85	77
31℃,90%	114	101	92	84	72	64	59	52	107	96	87	79
30℃,90%	109	96	88	79	64	56	51	46	97	85	77	69
30℃,85%	74	64	58	52	52	46	42	38	84	73	67	60
28℃,85%	71	61	55	48	46	39	36	33	68	59	52	47
28℃,80%	44	37	34	29	28	24	21	19	42	36	32	28
27℃,85%	72	63	55	48	46	39	36	33	69	59	52	46
27℃,80%	44	37	32	29	28	24	21	19	42	36	32	38
27℃,75%	34	29	26	23	23	19	16	15	34	39	26	23
26℃,85%	69	60	52	45	43	38	33	29	65	56	50	42
26℃,80%	42	36	31	26	26	23	20	17	39	33	29	25
25℃,80%	40	34	31	26	29	24	21	19	52	45	39	33

① 加筋铝箔离心玻璃棉：密度 48kg/m³，导热系数 0.033W/(m·℃)，不燃材料；

② 酚醛泡沫：密度 50kg/m³，导热系数 0.0257W/(m·℃)，难燃 B1 级；

③ 橡塑材料：密度 40～95kg/m³，导热系数 0.0387W/(m·℃)，湿阻因子 3.5×10³，难燃 B1 级。

注：1. 保冷材料外表面计算温度确定：室内空气相对湿度大于等于 90%，露点温度加 0.5℃；室内空气相对湿度小于 90%，大于等于 80%，露点温度加 1.0℃，室内空气相对湿度小于 80%，大于等于 70%，露点温度加 1.5℃。

2. 保冷材料使用年限考虑 10 年，保冷层厚度应按 10 年后保冷材料的导热系数进行计算或按初始保冷材料计算的保冷层厚度乘一系数：酚醛泡沫和橡塑材料乘以 1.3，加筋铝箔离心玻璃棉乘以 1.6。

低温送风管道保冷层计算示例：

某低温送风系统新风通过空调机房外墙百叶进入机房，再被空调机组的新风口吸入，假如：机房内低温送风管道周围空气计算干球温度为 34℃、露点温度为 30℃；该低温送风空调系统的送风温度为 4℃；低温送风管道采用加筋铝箔离心玻璃棉板作为保冷绝热材料，该保冷材料密度为 48kg/m³、在平均温度为 24℃时材料的导热系数为 0.032W/(m·℃)；保冷材料外表面对流换热热阻为 0.109m²·K/W；则根据式（9-14）和式（9-15），材料的最小保冷热阻和最小保冷层厚度计算如下：

$$R_i = R_s \frac{t_{dp} - t_{sa}}{t_a - t_{dp}} = 0.109 \frac{30-4}{34-30} = 0.709 \ (m^2 \cdot K/W)$$

$$t_i = K_i R_i = 0.032 \times 0.709 = 0.023 \ (m)$$

根据上述计算式计算出的保冷层厚度是防止结露出现的最小保冷层厚度。设计人员在进行管道保冷材料选择时，可根据绝热材料生产厂家提供的实际工程厚度（必须大于最小保冷层厚度）确定实施的保冷层厚度。如计算最小保冷层厚度为 23mm，实际选用保冷层厚度可为 30mm 或 40mm 工程厚度的带铝箔密度为 48kg/m³ 的离心玻璃棉板材即可。

（3）保冷材料的隔汽防潮

为了防止水汽渗入保冷层并在其内部产生凝结，降低材料的保冷效果，对非闭孔的保冷材料必须设置隔汽防潮层。当风管进行内保冷时，风管壁面必须具有隔汽防潮层的作用，施工时必须将风管的所有连接和焊接处加以密封，防止水汽进入风管；当风管进行外保冷时，保冷绝热材料外表面上必须设一层连续、无破裂或穿孔的隔汽防潮层。

在空调机房内和防潮层损坏可能性比较大的场合，应选用对水汽的渗透不是很敏感的闭孔材料作风管或设备的保冷材料。

低温送风系统常采用带铝箔的绝热材料进行低温送风管的保冷。由于铝箔的蒸汽渗透系数约为 $1.63 \times 10^{-7} \text{g}/(\text{m} \cdot \text{s} \cdot \text{Pa})$，是一种理想的隔汽防潮材料。当采用铝箔做隔汽防潮层时，应尽量减少铝箔的接缝，接缝处必须用热敏胶带密封，不得产生任何缝隙。若在风管施工及设备安装时铝箔受到损坏，应及时修补，以免水汽渗入非闭孔的保冷材料内，造成保冷失效。

5. 变风量末端装置选用

变风量末端装置是低温送风系统的主要部件，一般设置在送风散流器前的送风支管上，用于调节房间送风量。低温送风系统常用的变风量末端装置主要有：单风道型、风机动力型和诱导型三种类型。

由于系统特性的差异，低温送风系统的末端装置选型与常温系统的末端装置选型有所不同，尤其应注意下列几点要求：

（1）一次风最大送风量按末端装置所服务区域的最大显热冷负荷计算。

（2）一次风最小送风量：单风道型末端装置可按最大送风量的 30% 确定；风机动力型末端装置可按最大送风量的 40% 确定。在实际设计时，需考虑空调区域的新风均匀性，尤其对于单风道型末端装置和并联式风机动力型末端装置，还需结合送风散流器的性能及室内气流组织确定装置的最小送风量。

（3）风机动力型末端装置的内置风机风量：串联型一般按一次风最大送风量的 130% 确定；并联型一般按不小于一次风最大送风量的 60% 确定。在实际设计时，需结合送风散流器的形式，校核送风温度，确保风口不产生凝露现象。

6. 散流器选用

（1）低温送风系统送风散流器分类

表 9-22 表示了几种适用于低温送风系统的送风散流器及其适合的送风温度和适用场合。

几种适用于低温送风系统的送风散流器及其适合的送风温度及适用场合　　**表 9-22**

散流器类型	适合的送风温度	适用场合
常温送风散流器	13℃以上	常温送风空调系统
高送风温度低温送风散流器	9～13℃	高送风温度（9～13℃）的低温送风系统以及室内空气设计干球温度较高、相对湿度较大的房间
高诱导比低温送风散流器	3～9℃	送风温度低于9℃的低温送风系统

（2）低温送风散流器的基本特征

低温送风系统散流器的出风温度低于室内空气的露点温度，送风量比常温空调系统小。因此，低温送风散流器应具有以下基本特征：

1）适用于较大的送风温度范围；

2）能有效防止结露；

3）诱导比大、射程长、射流贴附性能好；

4）风量变化范围大，满足变风量运行要求。

（3）低温送风散流器基本形式与参数

送风温度在 9～13℃的高送风温度的低温送风散流器有条缝形与方形两种。条缝形低温送风散流器主要是单条缝，送风口长度有 600mm 和 1200mm 两种。方形低温送风散流器可分为双向送风和四向送风两种形式。

送风温度低于 9℃的低温送风散流器一般是专门设计和制造的，在我国使用较多的是热芯高诱导比低温送风散流器。

热芯高诱导比低温送风散流器的关键部件是内部喷射核。喷射核四周均布小喷口，送风时，一次风通过风管直接送入喷射核，然后从喷口喷出形成贴附射流，并大量诱导室内空气。在离开散流器喷嘴约 115mm 处其混风比可达 2.35∶1。由于多个独立的圆截面射流具有较高的密度和风速，故在整个射流过程中能保持良好的诱导效果。低温送风在离开散流器十多厘米后，送风温度便可升高到室内空气的露点温度以上，避免产生低温空气在空调区下降的现象。典型的高诱导比低温送风散流器主要有平板形、孔板形及条缝形三种形式。

图 9-1 为某热芯高诱导比低温送风散流器原理图。

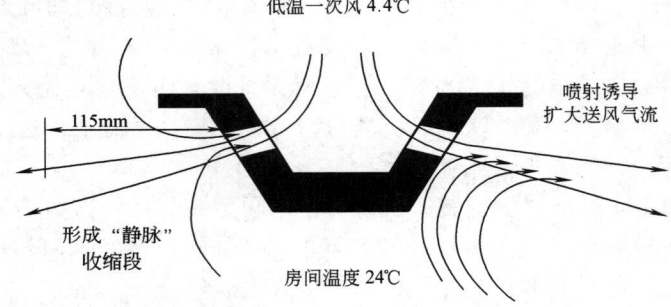

图 9-1　某热芯高诱导比低温送风散流器原理图

表 9-23、表 9-24 分别为某条缝形与方形低温送风散流器的技术参数。表 9-25 为某热心高诱导比低温送风散流器的技术参数。

某条缝形低温送散流器技术参数　　　　　　　　　　表 9-23

风量 (m³/h)	静压 (Pa)	全压 (Pa)	射程 (m)			0.75m/s 处诱导比	噪声指标 NC	有效送风面积 (cm²)	进风口尺寸 Φ(mm)
600mm 单侧出风									
85	17.43	17.43	2.74	3.66	5.18	16∶1	<20	38.09	150
128	42.33	44.82	3.66	4.27	6.40	24∶1	25	38.09	150
170	74.70	79.68	4.27	5.18	7.01	33∶1	33	38.09	150
196	107.07	107.07	4.57	5.49	7.32	37∶1	35	38.09	150
600mm 双侧出风									
85	2.49	2.49	1.83	2.74	3.66	8∶1	<20	76.18	150
128	9.96	9.96	2.44	3.35	4.27	12∶1	<20	76.18	150
170	17.43	22.41	2.74	3.66	5.18	16∶1	<20	76.18	150
213	29.88	37.35	3.35	3.96	6.10	20∶1	<20	76.18	150

续表

风量 (m³/h)	静压 (Pa)	全压 (Pa)	射程 (m)			0.75m/s 处诱导比	噪声指标 NC	有效送风面积 (cm²)	进风口尺寸 Φ(mm)
600mm 双侧出风									
255	42.33	44.82	3.66	4.27	6.40	24∶1	25	76.18	200
298	59.76	64.74	3.96	4.88	6.71	28∶1	29	76.18	200
340	74.70	79.68	4.27	5.18	7.01	33∶1	33	76.18	200
383	97.11	102.09	4.57	5.49	7.32	37∶1	35	76.18	200
1200mm 单侧出风									
85	2.49	2.49	1.83	2.74	3.66	8∶1	<20	76.18	150
170	17.43	22.41	2.74	3.66	5.18	16∶1	<20	76.18	150
255	42.33	44.82	3.66	4.27	6.40	24∶1	25	76.18	200
340	74.70	79.68	4.27	5.18	7.01	33∶1	33	76.18	200
391	102.09	109.56	4.57	5.49	7.32	37∶1	25	76.18	200
1200mm 双侧出风									
170	2.49	2.49	1.83	2.74	3.66	8∶1	<20	152.36	150
255	9.96	12.45	2.44	3.35	4.27	12∶1	<20	152.36	150
340	17.43	22.41	2.74	3.66	5.18	16∶1	<20	152.36	150
425	29.88	37.35	3.35	3.96	6.10	20∶1	<20	152.36	150
510	42.33	47.31	3.66	4.27	6.40	24∶1	25	152.36	200
595	59.76	67.23	3.96	4.88	6.71	28∶1	29	152.36	200
680	74.70	82.17	4.27	5.18	7.01	33∶1	33	152.36	200
765	97.11	107.07	4.57	5.49	7.32	37∶1	35	152.36	200

说明：
注：1. 射程中从左到右的三列数值是指射流末端速度为 0.76m/s、0.51m/s 和 0.25m/s 处的距离。
2. 诱导比为射流末端速度为 0.76m/s 处的总风量与一次风量之比。
3. 噪声指标 NC 值为考虑房间吸声 10dB，在第 2 至第 7 倍频程中最大声压指标。

某方形低温送风散流器技术参数 表 9-24

风量 (m³/h)	静压 (Pa)	全压 (Pa)	射程 (m)			气流 模式	0.75m/s 处诱导比	噪声指标 NC	有效送风面积 (cm²)	进口尺寸 Φ(mm)
85	14.94	14.94	1.52	2.13	3.35	双向	15∶1	<20	42.73	150
128	42.33	44.82	2.13	2.44	3.66	双向	22∶1	23	42.73	150
170	72.21	77.19	2.44	3.35	4.57	双向	29∶1	33	42.73	150
213	27.39	29.88	1.83	2.44	3.66	四向	18∶1	<20	85.46	200
255	42.33	44.82	2.13	2.44	3.66	四向	22∶1	23	85.46	200
298	54.78	59.76	2.44	2.74	4.27	四向	25∶1	28	85.46	200
340	72.21	77.19	2.44	3.35	4.57	四向	29∶1	33	85.46	200
383	54.78	57.27	2.74	3.05	4.27	四向	33∶1	32	85.46	255
425	69.72	72.21	2.74	3.35	4.57	四向	36∶1	35	85.46	255

注：1. 射程中从左到右的三列数值是指射流末端速度为 0.76m/s、0.51m/s、0.25m/s 处的距离。
2. 诱导比为射流末端速度为 0.76m/s 处的总风量与一次风量之比。
3. 噪声指标 NC 值为考虑房间吸声 10dB，在第 2 至第 7 倍频程中的最大声压值。

某热心高诱导比低温送风散流器技术参数 表 9-25

规格型号	面尺寸（mm）	送风方式	风量及选型参数					
			风量（m³/h）	静压（Pa）	射程	诱导比	噪声指标 NC
					0.25m/s 处（m）	0.75m/s 处	
RILT-1200×300	1200×300	双侧水平贴附	170	3	3.05	6∶1	<20
			900	63	8	29∶1	30
			1100	92	9.7	37∶1	35
RILT-600×300	600×300	双侧水平贴附	85	2.5	3.3	6∶1	<20
			400	66	8	29∶1	30
			550	99	9.7	36∶1	35
RCRD-1200×100	1220×95	单向直送型	80	2.5	3.05	6∶1	<20
			420	63	8.2	30∶1	30
			500	92	9.7	37∶1	35
RCRH	依据设计条件确定	单向直送型	1.6/孔	2.5	3.05	6∶1	<20
			8.6/孔	63	8.2	30∶1	30
			10.8/孔	92	9.7	37∶1	35
OMNI-LT-600×600	603×603	四向水平贴附	85	5	2.1	6∶1	<20
			350	70	4	30∶1	30
			420	75	4.5	36∶1	35
OMNI-LT-300×300	300×300	四向水平贴附	35	3.5	1.8	6∶1	<20
			150	63	3.9	29∶1	30
			170	72	4.5	29∶1	33
PSS-LT-600×600	603×603	四向水平贴附	80	5	1.7	6∶1	<20
			350	70	3.1	30∶1	30
			420	75	3.3	36∶1	35

注：RCRH 直送型散流器可选尺寸：300mm×100mm～1200mm×300mm，每个散流器最大适用风量达 5500m³/h，依据设计风量和每孔送风量具体确定散流器规格。

（4）低温送风散流器设计选型

低温送风系统送风散流器的形式应根据所采用的末端装置的类型确定。当系统采用串联式风机动力型末端装置和并联式风机动力型末端装置（风机常开）时，可采用常温送风散流器；当系统采用单风道节流型末端装置、并联式风机动力型末端装置（仅送热风或小风量时开启风机）时，需采用适合分布低温空气的低温送风散流器。

低温送风散流器一般布置在吊平顶上或接近吊平顶的侧墙上，有吊平顶式和墙置式两种类型。墙置式低温送风散流器向吊平顶射出多股高速射流，能使冷空气沿着吊平顶扩散。

低温送风散流器的选型方法与常温送风散流器的选型方法基本相同。目前存在几种低温送风散流器的选型方法，它们是：按噪声指标 NC 或 RC、低温射流分布图、射流分离点距离、舒适性标准（ADPI）以及综合分析法等。以下介绍 ASHRAE Handbook 基础篇（ASHRAE 2005）第 33 章"房间空气分布"所推荐的一种低温送风散流器选型方法。具体选型步骤与方法见表 9-26。

低温送风散流器选型步骤与方法

表 9-26

步　骤	方　法
1）确定最大与最小风量	房间最大送风量根据房间尖峰显热冷负荷、设计送风温差确定，其计算公式为：$Q=\dfrac{q}{C_1(T_r-T_o)}$；最小风量应按最小冷负荷计算，并校核该风量时系统新风量是否满足卫生标准
2）选择散流器类型及布置位置	根据室内装修情况以及房间形状确定低温送风散流器的类型；依据照明灯具的型式、外窗位置以及所选散流器的类型确定布置位置
3）确定房间特征长度 L	房间特征长度取决于散流器的位置和到墙面或对称面的距离。根据散流器的布置方式确定房间的特征长度（L）；间特征长度参照图 9-2 与表 9-27 选取
4）选择推荐的射程/特征长度比值（T/L）	根据选定的散流器类型与计算的房间负荷，参照表 9-28 确定所推荐的射程/特征长度（T/L）值
5）计算射程 T	根据步骤 3）求得特征长度 L，乘以步骤 4）确定的 T/L 值，求得所需的射程
6）选择散流器的型号	根据散流器厂家提供的散流器的射程和风量范围，确定某种规格的散流器。条缝型散流器的长度总和，应是安装散流器的墙面长度的 30%～70%
7）计算射流的分离点距离，并与房间特征长度比较	根据 $x_s=aC_sK^{1/2}\left(\dfrac{\Delta T}{T}\right)^{-1/2}Q^{1/4}\Delta P^{3/8}$ 计算最大风量和最小风量下的射流的分离点距离。将计算的分离点距离与散流器的房间特征长度比较，如最小风量时的分离点距离大于散流器的房间特征长度，则此散流器是可接受的
8）检查其他技术参数	根据所选的散流器的技术参数，检查其是否满足噪声指标和静压要求
9）如需要重新确定	散流器选择是一个反复迭代过程。一次计算难以使散流器的类型与数量与特定的房间负荷和通风要求相匹配

注：Q——房间送风量，L/s；q——房间显热负荷，W；C_1——空气密度与比热之乘积，1.23kJ/(m³·℃)；T_r——房间内空气的平均温度，℃；T_o——散流器出口空气温度，℃；x_s——射流分离点距离，m；C_s——分离系数，1.2；a——常数，0.0689；K——散流器速度衰减系数，无因次，见表 9-29；ΔT——射流温差，℃；T——房间平均热力学温度，K；ΔP——散流器静压降，Pa。

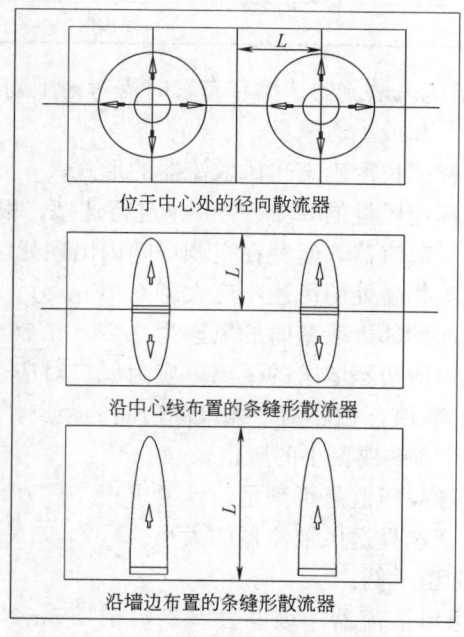

图 9-2　散流器的房间特征长度

房间特征长度 表 9-27

散流器类型	特征长度
条缝形散流器	至墙的距离或至风口之间中间面的距离
径向散流器	至最近的墙或相交射流的距离

散流器空气扩散性能指数选择表 表 9-28

散流器类型	末端风速 (m/s)	房间负荷 (W/m²)	最大 ADPI 时的 T/L 值	最大 ADPI	ADPI 应大于的数值	T/L 范围
条缝形	0.50	252	0.3	85	80	0.3～0.7
		189	0.3	88	80	0.3～0.8
		126	0.3	91	80	0.3～1.1
		63	0.3	92	80	0.3～1.5
	0.25	126	1.0	91	80	0.5～3.3
		63	1.0	91	80	0.5～3.3
圆形	0.25	252	0.8	76	70	0.7～1.3
		189	0.8	83	80	0.7～1.2
		126	0.8	88	80	0.7～1.5
		63	0.8	93	90	0.7～1.3
穿孔板	0.25	35～160	2.0	96	90	1.4～2.7
					80	1.0～3.4

散流器速度衰减系数选择 表 9-29

散流器类型	K 值	散流器类型	K 值
圆形	1.1	射流	7.0
条缝形	5.5	穿孔板	3.7～4.9

对于热芯高诱导比低温送风散流器选型和布置时需考虑下列几点：

1）确定温度控制区最大和最小送风量；

2）根据房间的形状和特征长度确定送风散流器的形式；

3）按低温送风散流器标定风量的 80%～100% 进行选型，根据需要可堵塞部分喷嘴；

4）均匀地布置低温送风散流器，避免在空调房间内出现死区；

5）与迎面风口送风气流相碰处的风速不应大于 0.76m/s；

6）散流器送出的气流遇到邻近墙壁时的风速为 0.25～0.76m/s；

7）散流器布置时，风口侧边至墙壁的距离，应为风口对应于射流速度为 0.25m/s 处的射程乘以 0.404 或更小的数值；相邻两个风口侧边间的距离，应为风口对应于射流速度为 0.25m/s 处的射程乘以 0.808 或更小的数值；

8）检查风口的噪声值和静压值是否满足设计要求；

9）如不满足要求，重新选择送风散流器的大小。

低温送风散流器设计选型示例：

为某办公室选择低温送风散流器。该办公室是一个 4.5m×9m 的房间。空调最大设计显热冷负荷为 4860W（120W/m²）（出现时间 12：00），最小设计显热冷负荷为 3300W

（出现时间 8：00）；需要新风量 180m³/h；室内空气设计干球温度 24℃；离开散流器的空气温度为 10℃。

低温送风散流器选择按表 9-26 的步骤进行：

步骤 1)：确定房间最大送风量与最小送风量

房间最大送风量按最大设计显热冷负荷计算：

$$Q_{max} = \frac{4860}{1.23 \times (24-10)} = 282 \text{ (L/s) } (1015\text{m}^3/\text{h})$$

房间最大送风量时房间新风比为 18%，当系统新风比小于计算房间新风比时，需增加房间最大送风量的数值，直至新风量满足设计要求。

房间最小送风量按最小设计显热冷负荷计算：

$$Q_{min} = \frac{3300}{1.23 \times (24-10)} = 192 \text{ (L/s) } (690\text{m}^3/\text{h})$$

房间最小送风量时房间新风比为 26%，若此时系统新风比小于房间新风比时，则增加房间最小送风量的数值，直至满足新风量设计要求。

步骤 2)：选择散流器类型及布置位置

根据房间平面布置及外窗位置，选择条缝形低温送风散流器。散流器布置在离内墙 300mm 处。

步骤 3)：确定房间特征长度

参照图 9-2 与表 9-27，本例中房间的特征长度 L 为 4.5m。

步骤 4)：选择推荐的射程/特征长度比值（T/L）

根据散流器类型与计算房间负荷，查表 9-28 得到推荐的射程/特征长度（T/L），其数值为 0.5～3.3。

步骤 5)：计算射程 T 范围

T=0.5～3.3L 即 2.25～14.85m。

步骤 6)：选择条缝形散流器型号与数量

根据低温送风散流器的样本，查某条缝形低温送风散流器。散流器的有效长度为 1200mm、单侧出风。采用三个散流器，每个散流器送风量为 338m³/h。散流器总有效长度 3.6m，占内墙面长度 40%。散流器最大风量时射程 7.01m，风口静压差为 74.7Pa；最小风量时射程 6.4m，风口静压差为 42.33Pa。参考步骤 5) 得到的推荐射程范围，计算结果满足要求。

步骤 7)：计算分离点距离

分离点距离与送风量的 1/4 次方成正比，风量越大，分离点距离越长。最短的分离点距离将发生在输送最小送风量时。因此，分离点距离为：

$$X_s = 0.0689 \times 1.2 \times 5.5^{\frac{1}{2}} \times \left(\frac{14}{297}\right)^{-\frac{1}{2}} \times (63)^{\frac{1}{4}} \times (42)^{\frac{3}{8}} = 7.6 \text{ (m)}$$

计算的分离点距离 7.6m 大于房间的特征长度 4.5m，所选散流器满足要求。

步骤 8)：校核其他参数

该散流器静压差为 74.7Pa，校核系统是否有足够的压头克服风口的阻力，如不满足则需重新进行散流器选型。

查表 9-23，当散流器输送最大风量时，其风口噪声指标为 NC33，可以满足办公室噪声要求。如噪声超标，需重新进行散流器选型。

9.4 机 房 布 置

空调机房布置宜靠近空调区域。就大多数办公建筑而言，空调机房常设置在建筑核芯筒内或靠近非主要立面的外区部位。当空调机房设置在建筑核芯筒内时，新风一般由设在技术层的新风机组集中处理后通过垂直风管送到各层空调机房，回风管从空调区域接到空调机房，空调器在机房内依靠负压吸取新风和回风的混合空气；当空调机房设置在所服务层面的外部区域时，新风从机房外墙百叶就地吸入，新风管和回风管必须直接连接到空调箱的新风和回风接口。新风风阀与空调机组连锁并直接连接，可防止在冬季室外空气温度低于0℃时使空调机房内管道冻裂，在夏季可以避免室外潮湿空气使机房内管道和空调设备外表面结露。空调机房四周应贴吸声材料，与空调区域相邻的隔墙上的送、回风道与预留洞口之间的缝隙用不燃材料密封，机房门为隔声门，消声器尽可能设在机房内。为空调箱提供新风的集中新风机组的送风状态点应视各空调系统要求而定。大多数情况下，新风机组将新风处理到室内空气状态的等焓值；当空调系统需要新风机组承担部分室内空调负荷时，可将新风处理到室内空气设计状态点的等焓值以下。空调机房布置应紧凑，留出维护保养和检修的空间，电动调节阀、防火阀执行机构等部件应设置在易于检修的位置。

9.5 系 统 运 行

低温送风变风量空调系统的运行方式与常温变风量空调系统的运行方式基本相同，但低温送风变风量空调系统对运行和控制的要求更高。

9.5.1 低温送风系统的软启动

空调系统初始运行时或者经过夜晚、周末、节假日等长时间停止运行后的重新启动，应考虑采用软启动。在空调系统停止运行期间，房间内温度和湿度的变化将取决于停机时间的长短、内外环境条件、围护结构的防潮隔汽性能和建筑物门窗的气密性等因素。较高的室内空气湿度在低温送风空调系统刚运行时易在风口表面结露。因此，低温送风系统开始运行时不应很快地降低送风温度，而应采用调节空调冷水流量或温度、设定冷风温度下调时间表、逐步减少末端装置加热量等措施实现软启动，使送风温度随室内空气相对湿度的降低而逐渐降低。

如果低温送风系统采用串联式风机动力型末端装置，当一次风与回风混合后的送风温度接近或高于常温空调系统的送风温度时，可以不采取软启动措施。

9.5.2 送风温度的再设定

变风量空调控制系统的一个主要控制参数是送风温度，低温送风系统更是如此。送风温度能够满足系统中任何一个变风量末端装置的空调要求。随着空调负荷的减少，送风量也相应减小，直至最小送风量。如果负荷再进一步减小，为了保证空调区的气流组织和新风要求，送风量就应保持在最小值。某些变风量末端装置需要启动再热装置，以补偿低温送风系统多送入该分区的冷量，造成冷热抵消，出现能量浪费现象。

为了降低能耗，低温送风系统要求系统的送风温度在运行中根据实际情况能重新设定。设定范围在低温送风设计温度到常温空调系统的送风温度之间，使末端再热装置开启时间最短、冷水机组的用能量降到最低。但低温送风系统的送风温度的提高有一个上限，以使系统对低负荷、高湿度的环境仍具有一定的除湿能力。

9.5.3　利用自然冷源节能运行

在空调系统运行过程中，当室外空气焓值低于回风焓值时，可将部分或全部室外空气送至空调房间，达到利用自然冷源进行节能运行的目的。由于低温送风系统所服务房间的空气干球温度和相对湿度都比常温系统低，也就是焓值较低。因此，在系统运行期间的某些时段，常温系统可以直接从室外空气中获得一些冷量，而低温送风系统却得不到。

低温送风系统利用自然冷源进行节能运行，需要采用焓值传感器或干球温度转换控制。

焓值控制是利用焓值传感器直接获得室外空气的焓值或者采用干、湿球温度传感器的测定值进行焓值计算。当室外空气的焓值低于回风的焓值时，控制系统可以利用室外空气进行节能运行。

所谓转换温度，就是与回风相同焓值时的室外空气干球温度。干球温度转换控制就是在大量统计各个地区的不同月份室外空气干球温度和湿球温度的关系，得出不同月份某些时段的室外空气湿球温度值等于室内空气的湿球温度值时相应的干球温度。当室外空气的干球温度值低于或等于相应的干球温度值后，低温送风系统便可进入节能运行状态。当然，焓值控制和干球温度转换控制方法也可实现对常温空调系统的节能运行控制。

本章参考文献

[1]　Allan T，Kirkpatrick，James S. 低温送风系统设计指南 [M]. 汪训昌 译. 北京：中国建筑工业出版社，1999.

[2]　空気調和・衛生工学会. 低温送風空調システム計画と設計 [M]. 东京：空気調和・衛生工学会，2003.

[3]　杨国荣，叶大法，霍小平，等. 变风量空调系统设计与工程实践系列讲座——第四讲　低温送风VAV系统设计与工程实例 [J]. 暖通空调，2004，34（B08）：9.

[4]　ASHRAE. Ventilation for Acceptable indoor Air Quality：ANSI/ASHRAE Standard 62-2001 [S]. Atlanta：ASHRAE，2001.

[5]　胡仰耆 译. Design Guide for Cold Thermal Storage [Z]. 上海：华东建筑设计研究院，2001.

[6]　杨国荣，任怡旻，魏炜 译. Cold Air Distribution Design Guide [Z]. 上海：ELECTRAC POWER RESEARCH INSTITUTE，2005.

[7]　中华人民共和国国家技术监督局. 设备及管道保冷技术通则：GB/T 11790-1996 [S]. 北京：中国标准出版社，1996.

[8]　中华人民共和国国家技术监督局. 设备及管道保温技术通则：GB 4272-1992 [S]. 北京：中国标准出版社，1992.

[9]　殷平. 设备和管道保冷层厚度的计算 [J]. 暖通空调，2004，34（10）：43-52，87.

[10]　李鸿发. 设备及管道的保冷与保温 [M]. 北京：化学工业出版社，2002

[11]　中华人民共和国建设部，国家质量监督检验检疫总局. 采暖通风与空气调节设计规范：GB 50019-2003 [S]. 北京：中国计划出版社，2003.

[12]　TITUS公司. THERMAL CORE 热芯高诱导低温风口样本 [Z]. TITUS，1998.

[13]　陆耀庆. 实用供热空调设计手册 [M]. 2 版. 北京：中国建筑工业出版社，1993.

[14]　清华大学，同济大学，等编. 高等学校试用教材 空气调节 [M]. 北京：中国建筑工业出版社，1981.

第 10 章　地板送风系统

早在 20 世纪 50 年代，地板送风系统就开始应用于计算机房、控制中心、实验室等空调负荷较大的房间。到了 20 世纪 70 年代，随着信息技术的飞速发展和智能化建筑的需求上升，为解决办公设备激增所产生的电缆布线与排热问题，地板送风被引入办公建筑。21世纪初，能兼容办公区分隔灵活性、人员舒适性和节能性的地板送风空调系统在美国和日本开始兴起，且占新建办公建筑内各种空调系统中的比率逐年增加。在我国，地板送风系统亦如二十多年前出现的变风量空调系统那样，在一些新建的高等级办公大楼如上海财富广场、华尔登广场二期等项目中采用。

对于暖通空调专业而言，地板送风技术是一项发展较晚的新技术。尽管目前国内外对地板送风系统已有大量的理论研究与实验分析资料可供查询，也有许多工程实践经验可供借鉴，但仍存在一些理论和技术问题需要解决。例如，空调负荷与空调风量计算方法的确认、热力分层理论的进一步验证、相应可供设计人员采用的设计规范与标准完善，以及许多现行适用于吊顶送风空调系统的规范和标准条文与地板送风要求相矛盾等。因此，需要研究人员与工程技术人员深入研究与实践。

地板送风系统中采用了大量的变风量末端装置或变风量地板送风口，这些空调设备的合理组合形成了变风量地板送风空调系统。本章主要介绍采用变风量末端装置或变风量地板送风口的地板送风空调系统的基本概念与设计方法。

10.1　概　　述

与传统的头部以上送风的变风量空调系统不同，所谓地板送风变风量空调系统是指利用结构楼板与架空地板之间形成的敞开空间布置送风管道或直接作为送风静压箱，并将经过空调机组处理后的空气通过设置在地板静压箱内的变风量末端装置或设置在架空地板上的变风量送风口送到各温度控制区内，送风与室内空气进行热湿交换后从房间上部的回风口/排风口回到空调机组或排至室外。

结构楼板与架空地板之间形成的空间除了布置空调送风管道和末端装置外，还可成为布置电力、语音、通信等服务设施的通道。

10.1.1　地板送风系统特点

与常规的头部以上送风的变风量空调系统相比，地板送风系统具有下列特点：

1. 改善热舒适性

在当今的工作环境中，由于人们的衣着、活动量（新陈代谢）以及个人偏爱方面的不同，对热舒适的要求有较大区别。地板送风系统的送风口设置在离室内人员很近的地板面、办公桌以及工作区的隔断上，伸手可及，形成了地板送风和岗位/个人环境调节系统。这些送风口具有调节送风量、改变送风方向甚至调节送风温度的功能。每位室内人员均可利用地板送风口的可调性对各自的局部热环境进行控制，以满足自身的热舒适要求，提高工作效率和劳动生产率。

2. 提高通风效率和改善室内空气品质

地板送风系统与置换通风系统相似。系统通过在地板上或靠近地板的送风口送出含有新风的空气，在吊平顶处或接近吊平顶的高处回风和排风，形成了与置换通风系统相类似的室内空气与污染气流向上置换的流态，使室内人员处于相对清洁、新鲜的空气环境中，改善了人员工作区的室内空气品质，提高了通风效率。室内产生的热量、尘粒和污染物等随着空气的热对流作用自然地向上，通过排风口有效地排出房间。地板送风系统由于受送风气流的影响，地板面的温度夏季稍低、冬季稍高，同时，结合个人局部环境的控制，可以提高室内工作人员的舒适性。

3. 减小用能

地板送风系统可以通过多种途径来节能。空调送风温度比头部以上送风的空调系统高，在过渡季节可利用室外新风供冷的时间较长，冷水机组运行时间较短；由于送风温度较高，冷水机组的蒸发温度也较高，机组的能效比较高；地板送风空调系统在空调房间内形成的热力分层，可以减小温控区的空调冷负荷，从而减小空调系统的送风量；地板送风系统不设或少设送风管，采用地板静压箱进行送风，系统阻力较小，空气输送能耗较低。此外，由于送风直接与地板和混凝土楼板相接触，可以利用混凝土楼板蓄热量大的特性，在晚上当室外空气温度较低时，用室外空气进行预冷，达到降低空调用能的目的。

4. 建筑物全寿命周期费用减少

在现代办公建筑中，因使用对象或使用功能的变化，导致内部格局的变动是建筑物使用期间内常见现象。美国 1997 年的调查发现，全美国建筑物内的平均分隔变动率达44%。地板送风系统具有很高的灵活性，可适应这样的变动。地板送风采用的架空地板块按模数铺设。地板送风口组合在地板块上，形成一个整体，便于移动和变更。而且，电力、语音与数据通信电缆也敷设在地板静压箱内，其模块化接线盒可以很容易地与地面插座相连接，这些地板插座几乎可以布置在架空地板格档的任何位置。当房间分隔变化时，维护人员只需采用简单的工具和标准化硬件便可进行重新配置，且费用大大降低。另外，随着办公自动化设备的增加，地板送风可以比较容易地增设下送风的柜式空调机组，以适应室内空调负荷的变化。地板送风系统的这种高度灵活性，可有效降低建筑物寿命周期费用。

5. 降低建筑层高

地板送风系统与常规头部以上送风空调系统相比，有降低建筑物层高的可能性。降低层高是通过降低服务设施静压箱的高度实现。头部上方送风系统用于容纳大规模送风管、喷淋管道、电缆桥架等建筑设施的单一吊平顶大静压箱，可由一个高度较小的吊平顶静压箱和地板静压箱代替。在较小的吊平顶静压箱内设置空调回风管和喷淋管道，而地板静压箱可用来直接送风，且容纳电力、语音与数据通信等管线设施。某些情况下，如能完全取消吊平顶静压箱，则层高可以降低更多。有资料表明，地板送风系统加混凝土平板结构与头部以上空调系统加钢梁结构相比，建筑层高降低 250mm 左右，从而降低了建筑造价。反之，如建筑层高一定，采用地板送风系统的建筑物可增加建筑层数，提高建筑空间的利用率。

6. 施工安装方便

地板送风系统一般不接风管或仅接少量风管，地板块与送风口结合在一起，主风管到风口之间无需用管道连接，省去大量风管制作、安装工作量，空调送风管与其他管线无空间上的矛盾，节省了协调工作量。

7. 便于清洗

地板送风系统由于无送风管（或少量风管），清洗工作量小。一般而言，除需定期对空调机组进行清洗外，仅需定期对跌落在地板送风口积污盆内的赃物进行处理即可。

由于地板送风空调系统具有许多优点，可以相信，该系统将被许多新建的高级办公建筑所接受，以代替传统的头部以上空调系统。

10.1.2　地板送风系统与置换通风系统的区别

地板送风系统与置换通风系统的送风方式有相似之处。供冷时，地板送风系统和置换通风系统均在地板处或接近地板处向空调房间输送冷风，在吊平顶处或接近吊平顶处回风或排风。但是，地板送风系统不是置换通风系统，两者不能相互混淆。地板送风系统与置换通风系统无论从概念方面还是从应用方面都存在较大的差别。表 10-1 为地板送风系统与置换通风系统的性能比较。

地板送风系统与置换通风系统的性能比较　　　　　表 10-1

比较内容	地板送风系统	置换通风系统
基本原理	冷空气以较大的速度从地板送风口射出并在上升过程中大量卷吸室内空气，进行热湿交换。送风气流在人员工作区达到设计温度后，从吊平顶处或接近吊平顶处排出	冷空气以极低的速度从房间下部的置换通风散流器送出，几乎没有动量，贴着地面进行扩散，送风气流遇到室内热源后，便随着热羽上升，较热、污染浓度较大的空气进入高分层区，然后从高处排出
气流状况	形成自下而上的垂直气流，热力分层现象不明显	形成自下而上的垂直气流，存在明显的热力分层现象
送风温度	送风温度较高，一般为 16~19℃（视室内空调负荷及地板送风口形式而定）	送风温度较接近室内温度，一般仅比室内温度低 3~5℃
风口送风速度	风速较大	风速较小
温控区送风量	送风量稍小	送风量较大
送风来源	利用部分室内空气（回风）与新风混合，经空调机组处理后送入空调区域（过渡季采用全新风除外）	一般不采用室内空气（回风），100％新风
风口性能与型式	风口湍流系数较大、混合性能好，大多采用旋流风口；风口数量多，风口尺寸小，可使室内人员对风口进行风量、风向甚至送风温度调节	风口湍流系数较小、扩散性能较好，大多采用孔板风口；风口面积较大、数量较少，一般采用墙角、窗台型置换通风送风口，风口设置需要与建筑装饰协调
适用性	主要适用于供冷工况，冬季也可送热风	仅适用于供冷工况，不适用于供热工况
地板静压箱	需要架空地板与地板静压箱。空调风管和变风量末端装置（如有）以及电力、语音、数据通信设施等置于地板静压箱内，风口设置在地板块上	无需架空地板，置换通风送风口可以从接近楼板处送出
室内空气流态	送风动量是室内空气流动的主要动力，由人员和设备等热源产生的上升热羽是次要的动力	室内人员和设备等热源产生的上升热羽是室内空气的主要流态
应用场合	可应用于冷负荷较大的现代办公建筑、高档商业楼、博物馆、展览馆等	可应用于层高较高，空调冷负荷较小，尤其是与污染物与热源相关的场合

地板送风系统与置换通风系统的主要差别在于空气送入房间的方式和送风速度。

10.1.3　地板送风系统室内气流分布简介

地板送风系统的室内空气分布性能直接影响室内热舒适、室内空气品质以及系统能耗。本节主要从室内空气分布模型、地板附近温度、热力分层等几个方面对室内空气分布进行简单介绍。

1. 室内空气分布模型

图 10-1 为办公环境下地板送风系统的典型气流流型图。图中有两条特征高度线：下面一条线是地板送风的射流高度线；上面一条线为热力分层高度线。

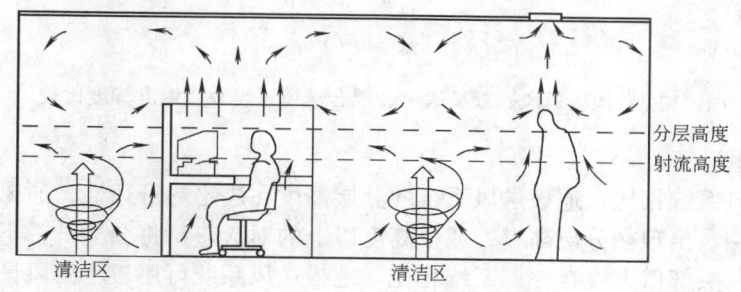

图 10-1　典型的地板送风系统气流流型

由图 10-1 可见，当地板送风口的送风速度较小时，其气流流型类似置换通风。分层高度线将室内空气分成高、低两个区域。低区存在着明显的垂直温度梯度和浓度梯度，高区的温度和浓度比较均匀，接近排风温度和排风浓度。当地板送风口的送风速度较大时，尤其当送风射流高度接近或超过热力分层高度时，有部分高区气流被卷吸到低区，使工作区空气温度与污染物浓度升高。若送风速度进一步增大，射流高度达到吊平顶，则室内气流接近混合系统的气流流型。

图 10-2 为地板送风、置换通风、混合送风系统的垂直温度梯度比较。图中 t 为室内空气温度，是高度的函数；t_S 是地板处的送风温度；t_E 是吊平顶处的排风温度。该图表示了这三种送风方式的温度比与房间高度之间的关系。对于地板送风系统，射流高度线和热力分层线将整个室内空间分成三个区域，即低混合区、中分层区和高混合区。在低混合区，由于地板送风口的送风速度较大，送风气流将卷吸周围空气并与之充分混合，该区域的上部边界是射流高度线，通常为射流速度衰减到 0.25m/s 时的断面高度。该区域的高度主要取决于地板送风口的射流及室内空调负荷与送风量的比值。中分层区是低混合区与高混合区之间的过渡区域。在该区域中，空气的流态的主要是室内热源造成的上升热羽，垂直温度梯度在此区域内达到最大，且接近于置换通风。中间分层区存在的条件是射流高度低于分层高度。在高混合区，空气充分混合，温度较高，污染物浓度也较大。该区域的下部边界是热力分层线，该区域存在的前提条件是地板送风量小于室内热源产生的热力浮升空气量。

2. 地板附近温度

与置换通风系统相比，在相同的送风温度与风量下，地板送风系统所采用的紊流送风口有较强的卷吸混合作用，从而提高了靠近地板处的空气温度。因此，在室内空调负荷大的情况下，地板送风系统比置换通风系统具有更好的热舒适性。

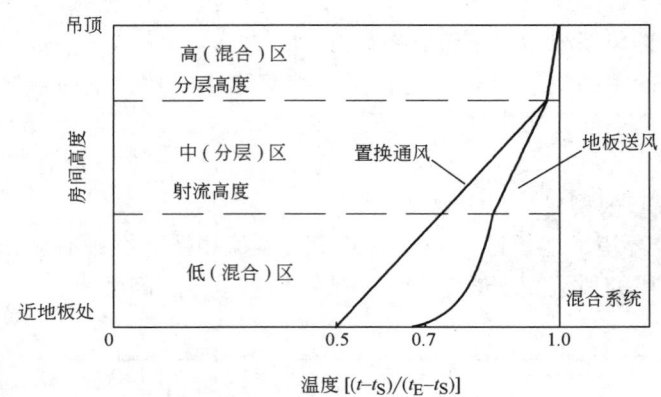

图 10-2 地板送风、置换通风、混合送风系统垂直温度梯度比较

3. 分层高度

与置换通风系统相比，地板送风系统的分层高度在决定热舒适性、通风和用能性能方面起着重要作用。出现在分层高度处或该高度以上的对流热量将会上升，不进入低混合区就离开房间。与头部以上混合空调系统相比，地板送风系统可用较小的风量来应对设计负荷。决定分层高度的主要因素是房间总送风量，而不是空调区域内的热源强度和地板送风口的垂直射程。如果垂直射程等于或低于分层高度，空气流型与置换通风相似；如果垂直射程接近或超过分层高度，则温度较低的送风将穿入温度较高的高区，然后再回落到低区，并将热空气带到低区。在极端情况下，如一股非常强劲的送风射流穿入高区很远距离时，有可能使室内稳定的分层流型处于混乱。当风机驱动的地板送风口以较大送风速度送出时，冷的送风射流可能达到吊平顶，从而使分层现象弱化到最小，并形成接近均匀通风的状况。为了避免地板送风系统稳定的分层空间被破坏，地板送风口的最大射程应限制在离吊平顶不小于 0.5~1.0m 的距离。为了获得最佳通风性能，建议地板送风口的射程高度接近于室内人员的头部高度。

在系统处理冷量恒定的条件下，减小送风量将增大分层现象，反之，增大送风量将弱化分层现象。良好的系统设计必须解决好保持热舒适性（避免过量分层）与改善用能效率（减小送风量）之间的关系。

10.2 架空地板体系与地板送风静压箱

10.2.1 架空地板体系

架空可检视地板体系是一个构建在结构楼板（一般为混凝土楼板）之上的高架平台。架空地板平台一般由 0.6m×0.6m 的地板块组成，这些地板块的四角被可调节高度的基座支撑。架空地板体系的构建营造了一个方便、易检视的空间，能以较好的性价比来配置建筑中电力、语音、数据通信、空调、火灾探测与灭火、安保等服务设施。

架空地板体系设计时要满足工作环境中集中性和周期性荷载要求。架空地板块一般采用镀锌钢板包裹的轻质混凝土板制作，具有刚性大、自重轻、挠度小和搬运方便等优点。高质量的制造工艺使地板块制作达到很小的尺寸误差，均匀的地板厚度、良好的边缘密封以及与嵌入式的地板送风口、电力与通信插口等综合在一起，形成了性能优良的架空地板体系。

架空地板体系除了架空地板块外，还包括地毯片。现代办公建筑中，绝大多数的架空地板体系都采用地毯片作为地板的饰面层。不同的制造商生产的地毯片会有不同的模数尺寸。地毯片铺设一般采用胶粘剂粘贴在地板块上。还有一些制造商可提供有磁性的或可以与地板块上开孔相匹配、有凹窝的地毯片。由于这些地毯片的尺寸正好与地板块相同，这使在任何地板上重新定位出风口具有极大的灵活性。

地毯片的排列一般有对缝排列与错缝排列两种形式。对缝排列是将地毯片与地板块一对一地匹配，这种排列的优点是可以很方便地重新布置地板块；错缝排列地毯片可以改善地板块之间的气密性，防止地板静压箱内的空气泄漏，同时，采用错缝排列还可以减弱地毯片边缘的磨损。

10.2.2 地板送风静压箱

地板送风静压箱是指混凝土结构楼板与架空地板下侧之间可开启的服务设施分布空间。地板静压箱作为电力、语音、数据通信电缆的维修通道已有多年，在静压箱内，电缆用模块件连接到位于地板块的引出盒上。它易于检视，能方便地更改模块化的电缆布线系统（临时移动地板块），通过把地板送风口布置在地板的任何地方（通过重新定位、移动或增加地板块），可以较经济地重新配置电缆设施。当空调送风系统加入到地板下的电缆管理系统时，形成了真正的集成化设施空间。这种提供给电缆系统的灵活性同样可被暖通空调系统所利用。

1. 地板送风静压箱分类

根据输配空气的方式来划分，地板送风静压箱可以分成三种类型：有压地板静压箱、零压或无压地板静压箱和设置送风管道与末端装置的地板静压箱。地板送风系统设计时，经常将上述三种地板送风静压箱综合使用。

（1）有压地板送风静压箱

在地板送风系统中，有压地板送风静压箱应用最为普遍。有压地板静压箱内的静压是通过控制集中空调机组的送风量来维持的。静压值通常保持在 $12.5 \sim 25$Pa，用以克服地板送风口的阻力。有压地板静压箱一般与被动式地板送风口相配套，能够在一个温度控制区域内保持非常稳定的静压箱压力值，使每个安装在该区域内规格相同、控制设定值（风阀开度）相同的被动式地板送风口向空调房间内输送相同的风量。

（2）零压或无压地板送风静压箱

所谓零压或无压地板送风静压箱，即在空调过程中，地板静压箱维持着几乎与空调房间相同的压力值。集中空调机组以非常类似于有压地板静压箱的送风方式向零压或无压地板静压箱输送空调机组处理过的空气。在国内外已建成的地板送风系统中，采用零压或无压地板静压箱的工程不多。零压或无压地板静压箱送风系统不能克服变风量末端装置以及末端装置到变风量地板送风口的风管与风口阻力。因此，必须配置主动型变风量地板送风口或风机动力型变风量末端装置。变风量地板送风口的阻力由内置的风机承担；变风量末端装置阻力、末端装置到地板送风口的风管阻力以及被动式地板送风口的阻力由设置在风机动力型变风量末端装置或风机箱内的内置风机承担。

与被动型地板送风口相比，采用与零压或无压地板送风静压箱相配套的风机动力型或主动型地板送风口改善了对送风量的控制，为室内人员提供了调节地板送风口（包括岗位送风口）的送风量、送风方向、甚至送风温度的可能性。

在零压或无压地板送风静压箱上移去地板块对地板送风气流特性的影响较小，也不会产生不受控制的空气渗透到空调区域、邻近区域或室外的危险。

（3）设置送风管道与末端装置的地板静压箱

所谓设置送风管道与末端装置的地板送风静压箱是将地板静压箱用作为空调系统风管与末端装置的布置空间。这种地板送风系统像一个置于地板下、接风道的头部以上空气分布系统，用大量风管将空气输送到在地板下被分隔、限定的温度控制区内。这种含有风管、隔断和其他设备的空调系统要求地板架空高度大，并且使地板静压箱变得很杂乱，同时，影响了地板送风系统应有的灵活性和服务设施检视的方便性。

2. 有压地板静压箱基本特性

地板静压箱的设计对地板送风系统至关重要，它关系到系统造价、送风均匀性、系统热力特性和各工种的配合。

地板静压箱的高度将直接影响整个地板静压箱内空气分布的均匀性。一般而言，分布良好的地板静压箱，其静压箱内空气分布比较均匀，引起地板送风口的气流分布差异可控制在 10% 以内。地板静压箱的高度不但与送风量有关，还与地板静压箱送风管的位置和数量有关。

空调机组处理后的空气被送入通畅的地板静压箱内时，其进风管入口位置与空气进入房间的送风口位置之间的距离取决于两个因素：空气流动到送风口所引起的热力衰减度以及空调机组处理后的空气在地板静压箱内滞留的时间。在地板静压箱设计时，应考虑限制送风温度的变化量，即热力衰减度，使设置在离静压箱进风管较远的地板送风口的送风温度变化在可接受的范围内。对于流过静压箱某段距离的空气温升范围为 0.1～0.3℃/m。从静压箱进风口到最远的地板送风口的最大距离应根据经验确定，一般控制在 15～18m。对于回风有可能再循环回地板静压箱的零压或无压地板静压箱，其解决方法是在整个静压箱内以更近的距离输送一次风，有研究资料表明，此间距一般不大于 9m。

地板静压箱事实上是一个综合的服务设施空间，这些服务设施对气流分布形成了障碍。大量的研究资料表明，只要在静压箱气流的垂直方向保持 75mm 以上的净高空间，静压箱内的静压变化为 10% 或更小。

对于有压地板静压箱来说，不受控制的空气渗漏将严重影响地板送风性能。不受控制的空气从静压箱渗漏主要是由于静压箱密封和施工质量差而引起的渗漏以及架空地板块之间的空气渗漏；第三种渗漏仅在检视地板静压箱而移去地板块时出现。地板静压箱的边角细部很容易造成空气渗漏，它包括窗墙与楼板的连接处、内墙、沿管道槽沟、楼梯平台、电梯以及项目施工阶段暖通空调用的竖井墙。大多数情况下，空气渗漏取决于施工质量。设计人员能预计到的空气渗漏量为 10%～30%。

地板块之间的空气渗漏取决于架空地板块形式、地毯片的排列以及静压箱的静压值。实验表明，空气渗漏量随静压箱内静压的平方根而变化。根据此关系，静压箱内静压值为 25Pa 时空气渗漏量的估算值见表 10-2。

通过地板块之间缝隙的漏风量 [L/(s·m²)]   表 10-2

静压箱压力	地毯片布置方式		
（Pa）	无地毯片	对缝排列	错缝排列
12.5*	3.5	1.5	0.7
25**	4.9	2.1	1.0

＊测试值；＊＊估算值

关于架空地板各种具体情况下的空气渗漏量数据，可以参阅地板制造商的测试资料。

10.3　地板送风口与末端装置

适用于地板送风系统的常用地板送风口及末端装置可归类为被动型地板送风口及末端装置和主动型地板送风口及末端装置两类。

10.3.1　被动型

以下为几种常用的被动型地板送风口及末端装置。

1. 带调节装置的变风量旋流型地板送风口

图 10-3 为一种专用于地板送风系统的地板送风口。这是一种被动式地板送风口，它可与有压地板送风静压箱配套使用，也可使用在地板下用风管送风的地板送风系统中。该地板送风口的详细结构如图 10-4 所示。

图 10-3　带调节装置变风量旋流型地板送风口

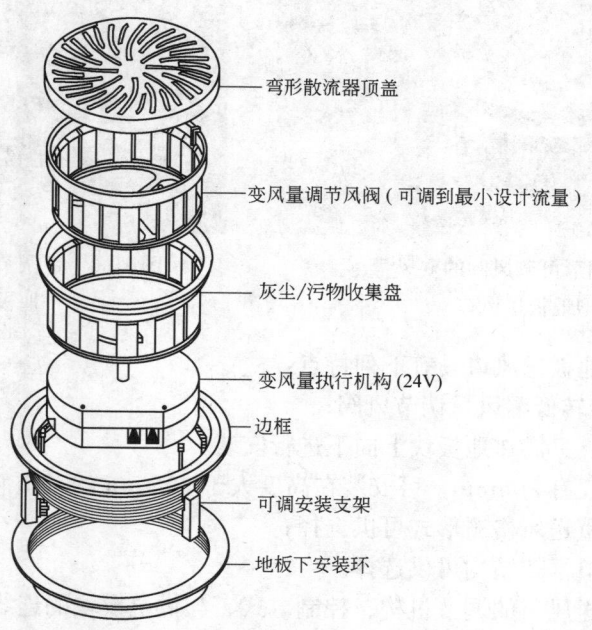

弯形散流器顶盖

变风量调节风阀（可调到最小设计流量）

灰尘/污物收集盘

变风量执行机构 (24V)

边框

可调安装支架

地板下安装环

图 10-4　带调节装置的变风量地板送风口基本结构

变风量地板送风口是旋流型地板送风口与变风量控制、调节机构相结合的产物。旋流型风口能以较大的速度"旋转"气流，在卷吸大量室内空气后进入空调区域，提供了很好的热舒适性。变风量控制、调节机构在供冷工况下，可进行变风量调节，精确控制区域温度。

变风量地板送风口主要由旋流散流器射流核心、变风量调节风阀、污物收集盘、集成式变风量调节机构及可调的安装支架等部件组成。

风口公称尺寸为 8in.（203mm）。调节装置采用组装式 24V 交流直接驱动比例调节器，利用温控器的 2～10V 直流控制信号对气流进行调节。每个变风量风口有两个 RJ12 端口可以方便地与其他风口相连，一个供电模块允许连接 12 个变风量地板送风口。一个温控器最多可控制 3 个供电模块。变风量地板送风口可以通过先进的微电脑和比例积分控制算法对室内空气温度进行精确控制，并根据控制信号的限制范围，使送风量控制在最大与最小值之间。

图 10-5 为另一种变风量旋流型地板送风口。这种地板送风口需要控制电源，用于自动调节风量控制阀。该地板送风口的送风格栅与普通旋流地板送风口相同，风口中的调节装置可将圆形风阀升高或降低，改变空气从地板静压箱进入的孔口高度，以调节送入空调房间的送风量。

2. 带调节机构的变风量线型地板送风口

图 10-6 为一种变风量地板送风口。这是一种线性格栅式风口，可送冷风，也可送热风。其线型散流器送风核心采用高强度铝合金制作，它与有压地板送风静压箱配套，使用时可接风管也可不接风管。

图 10-5　带圆形可调风阀的变风量
旋流型地板送风口

图 10-6　带调节机构的变风量线型
地板送风口

该变风量线型地板送风口具有下列特点：

（1）采用 90°旋转低漏风量调节风阀；

（2）安装方便，只需在地板块上向下进行安装；

（3）风口高度仅有 305mm，可安装在高度大于 305mm 的有压静压箱内；

（4）有五种承重送风格栅形式可供选择；

（5）有两种风口框架结构可供选择。

该变风量地板送风口的调节机构、控制方式、与供电模块的连线均与带调节装置的变风量旋流型地板送风口相同。

3. 被动式可变面积地板送风口

图 10-7 为一种被动式可变面积地板送风口，它是专为变风量空调系统而设计的。这种地板送风口采用一个自动或手动的内部风阀来调节散流器的可活动面积，以保持一定的送风速度。即使在送风量减小时，它也可维持几乎稳定的气流速度。当静压箱内的静压为 12.5Pa 时，送风口的最大送风量可达 $256m^3/h$。该地板送风口与有压地板静压箱配合使用，它不需要设置就地风机，但需要 24V 电源供给温控调节风阀所用的电机。空气通过正方形的地板送风格栅以射流的流型送出。室内人员可以通过改变格栅的方向来调节送风射流的方向，也可以通过区域温控器进行风量控制或由用户来调节送风量。

图 10-7　被动式可变面积地板送风口

4. 配旋流型散流器的变风量地板送风箱

图 10-8 是一种配旋流型散流器的变风量地板送风箱。图中所示的地板送风箱实际上是由一个圆形的单风道节流型变风量末端装置与一个可设置旋流地板送风口的静压箱的组合体。它安装在架空地板下面，地板面上安装圆形旋流散流器。位于地板送风箱入口处的圆形控制风阀可在 90°范围内旋转，使入口开度从全开调节到全闭。送风可直接从地板静压箱进入送风箱，也可接风管从地板送风空调机组输送到送风箱的节流型末端装置的进风口。

图 10-8　配旋流型散流器的变风量地板送风箱

5. 配格栅风口的变风量地板送风箱

图 10-9 是一种配格栅风口的变风量地板送风箱。该地板送风箱也是由一个圆形的单风道节流型变风量末端装置与一个可设置格栅式地板送风口的静压箱的组合体。它也安装在架空地板下面，地板面上安装矩形格栅式送风口。该末端装置配置 DDC 控制器、温控器、电动调节风阀和风量传感器。空调送风可直接从地板有压静压箱通过单风道节流型末端进入送风箱，也可接风管从地板送风空调机组输送到变风量地板送风箱的单风道末端的进风口。

6. 单风道节流型变风量末端装置

变风量地板送风空调系统中一种常用的末端装置是单风道节流型末端装置，该装置与头部以上变风量空调系统所采用的单风道节流型末端装置相同，典型形式见图 3-1 或图 3-2。该末端装置带有 DDC 控制器、电动调节风阀和风量传感器，可选配热水加热盘管或电加热器、送风管道消声器、多出口静压箱（俗称八爪鱼）以及金属内衬表面等可选配件。一般情况下，该末端装置通过风管与空调机组主送风管连接，并通过送风软管连接地板送风散流器。

10.3.2　主动型

主动型地板送风口及末端装置主要是指该末端装置带有增压风机。主动型末端装置一般使用在零压地板静压箱的变风量空调系统中，且带风机的末端装置大多使用在冷、热负荷大且变化迅速的外区和其他特殊区域。主动型末端装置尺寸通常大于被动型末端装置，因此它必须与架空地板体系相匹配，其长、宽、高必须被架空地板结构的模数尺寸所接受。

设计人员应根据所采用的地板送风系统形式、架空地板静压箱的类型以及空调负荷特点等选定地板送风末端装置的类型。

以下介绍几种常用的主动型地板送风末端装置。

1. 风机动力型变风量地板送风末端装置

图 10-10 为一种串联式风机动力型变风量地板送风末端装置，它一般应用在零压地板静压箱的空调系统中。

图 10-9　配格栅风口的变风量地板送风箱　　图 10-10　串联式风机动力型变风量地板送风末端装置

该末端装置的功能几乎与常规的风机动力型变风量末端装置相同。它有三种类型：无再热型、电热再热型与热水再热盘管型。采用毕托管式多点平均风速传感器和倾斜式对开调节风阀对通过装置的气流实现精确地检测与控制。高度很低的箱体结构能够放置在地板的支撑架之间。末端装置的内置风机采用效率较高的无刷直流电机（ECM），无刷直流电机的风机曲线与传统电机的曲线相似。恒定的风机风量在末端装置生产厂或在现场进行设定，其送风量不随地板静压箱内静压的改变而变化，电机可对任何末端装置之外的静压变化进行补偿。

串联式风机动力型变风量地板送风末端装置是压力无关型末端装置。集中空调系统启动后，末端装置内置风机自动运行。

当室内空气温度升高时，温控器发出信号使末端装置增加温度较低的一次风送风量，随着较多的冷空气送到风机箱，室内或地板静压箱内稍少的暖和空气被吸入末端装置。当房间温度超过温度设定点时，一次风保持在最大设定值。最大设定值与内置风机风量设定值相同。

当房间内空气温度下降时，温控器发出信号使末端装置减小温度较低的一次风送风量，随着较少的冷空气输送到风机箱，室内或地板静压箱内较多的暖和空气被吸入末端装置。如果房间空气温度和温控器输出信号达到了温控器的设定值，一次风风量达到最小值，此时风机吸入的室内暖和空气量最大。

如果房间内空气温度继续下降，末端装置上的再热盘管开始工作。

2. 风机型地板送风末端装置

风机型地板送风末端装置主要有两种：风机箱与热水型或电热型再热盘管组合；带热水盘管或电热器的风机箱与两个或多个变风量地板送风口的组合。

前者配有两台变速风机和一组热水再热盘管。该装置适用于零压地板静压箱的地板送风系统，为外区或特殊区域服务。供冷时，可利用变速风机调节送入空调区域的送风量；供热时，可启动热水再热盘管，对外区或特殊区域进行供热。

后一种风机型地板送风末端装置如图 10-11 所示，它由一台带热水或电热再热盘管的风机型地板送风箱与两个可变面积地板送风口组成。

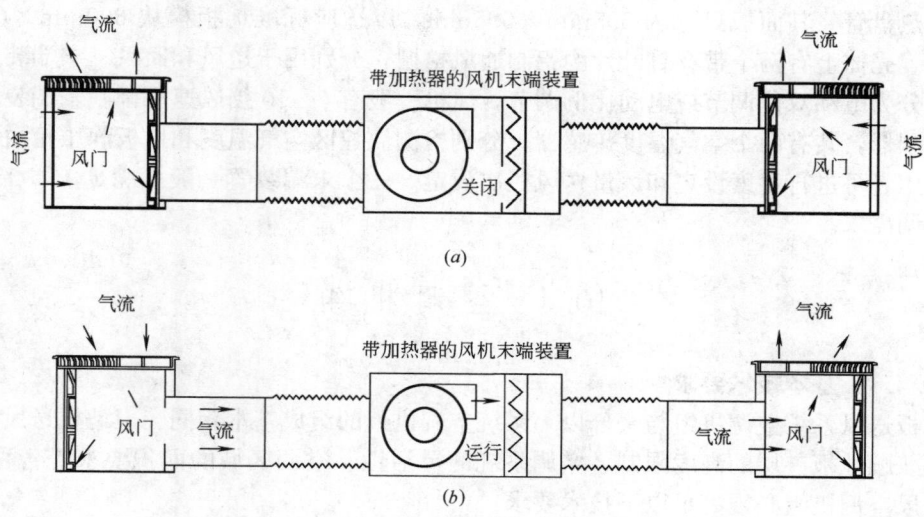

图 10-11　带变风量风口的地板送风末端装置
(a) 全供冷模式；(b) 全供热模式

该末端装置适用于有压地板静压箱的地板送风系统，可用于供冷和供热模式。在供冷模式下，风机型末端装置关闭，所有风口在正常的变风量模式下工作，向室内输送来自地板静压箱内的冷空气，如图 10-11（a）所示。在供热模式下，风机型末端装置被触发运行，通过一个地板风口吸入来自室内的回风，又通过另一个地板风口送风至室内。图 10-11（b）所示为地板风口调节风阀位于全供热的位置上。在实际运行中可设置一个调节风阀定位装置，以提供来自静压箱的最小通风量。在温控器的控制下，室内空气提供了第一阶段供热，然后触发和调节加热盘管。这种外区解决方案不需要在地板下设分隔。

3. 地台风机动力型地板送风末端装置

地台风机动力型地板送风末端装置也是地板送风空调系统中使用较多的一种末端装置，如图 10-12 所示。该末端装置一般用于零压地板静压箱地板送风系统的内、外区，也可用于有压地板静压箱的地板送风系统。

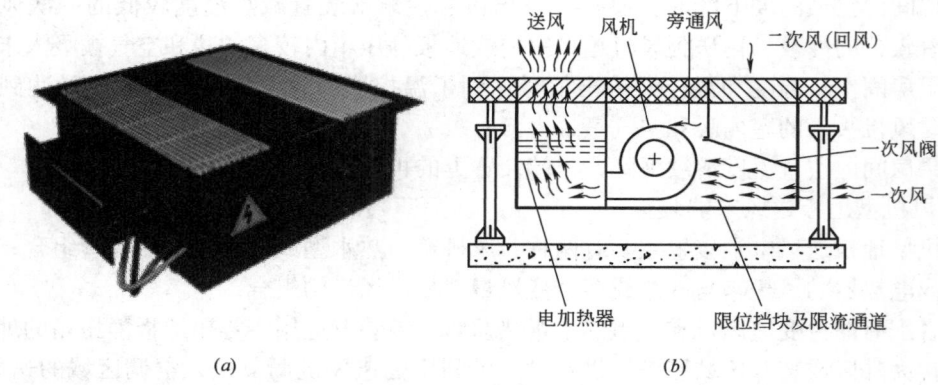

图 10-12　地台风机动力型地板送风末端装置
（a）外形；（b）结构形式

该末端装置由壳体、一次风阀、风机、控制系统与电源连接部件四个基本部分组成，可配加热盘管。其面板尺寸为 595mm×595mm，以适应标准地板模块 600mm×600mm 的大小。壳体上有两个带有直叶片的铝制通风格栅，分别用于送风和回风。末端装置的风阀调节分为电动双位调节或电动比例调节，风机一般有 5～10 挡风速可调。末端装置自带温度控制器，装有两个空气温度传感器，分别检测温控区空气温度和地板静压箱内空气温度。使用者可进行温度设定和风量送风栏次设定。一个末端装置一般可满足 10～15m² 区域的空调需求。

10.4　空调机组

10.4.1　基本技术要求

地板送风系统空调机组与头部以上系统空调机组的组成基本相同。但地板送风空调机组必须兼顾地板夹层的高度限制、空调系统的灵活性、空调区域的面积要求等各种因素。地板送风空调机组必须满足以下技术要求：

1. 系统送风压力较低

由于地板送风系统送风管道的减少和送风距离比头部以上空调系统短，对于有压地板静压箱，需求的静压值为 12.5～25Pa，所以集中空调机组送风机的风压较低，风机能耗与安装功率将显著减小。对于零压或无压地板静压箱的空调系统，静压箱内静压值非常接近于空调房间内的空气压力，集中空调机组送风机的风压更低。

2. 空调区域小、台数多、布置灵活

对于地板送风系统，空调机组出风口到最远的地板送风口的最大距离一般不超过 15～18m，每台空调机组所服务的空调区域较小，机组的循环风量也较小；对于相同面积的办公室，所需空调机组台数比头部以上空调系统多。

地板送风系统空调机组的形式与头部以上空调系统相类似。空调机组可以是卧式也可以是立式；机组进、出风口可以上接也可以下接；可以是常规型机组也可以是超薄型机组。超薄型机组一般有普通型与热回收型两种，普通型空调机组的送风量一般在 3000～4800m³/h，热回收型空调机组的送风量为 3000m³/h 左右，机外静压约为 100Pa，供冷能力约为 11.2kW。超薄型机组一般配置双风机，系统可采用变新风量运行，充分利用新风供冷。

地板送风空调机组可以设置在专用的空调机房内，也可设置在空调房间中。空调机组布置比其他空调系统灵活。

3. 需要处理好除湿与送风温度较高的关系

服务于地板送风系统的空调机组必须满足系统除湿与保证较高送风温度的要求。在进入空调机组的空气需要除湿的情况下，冷却盘管的出风温度一般为 10～13℃，而地板送风的空气温度要求为 16～18℃。尽管考虑到冷却处理后的空气在通过风机与地板静压箱时有一定的温升，但是离开空调机组的空气温度还是会比需要温度低一些。这就要求对空调机组进行非标设计，例如回风在空调机组内旁通冷却盘管，让湿度控制所需要的一部分空气通过冷却盘管进行去湿处理，剩余的空气旁通越过冷却盘管，与经过冷却盘管处理后的冷空气混合，在进入地板静压箱之前达到合适的送风温度。

地板送风系统也可采用普通空调机组加二次回风实现，重点是控制一次风量和旁通风量。

10.4.2　组合式空调机组

地板送风系统采用的空调机组一般为组合式空调机组，可分为：常规卧式空调机组、立式空调机组和模块式立式空调机组。

常规卧式空调机组：机组配置与组合方式与头部以上送风空调机组一致。机组采用下送上回或侧送上回方式，送、回风管上需设置消声装置，空调机组占地面积较大，送风管连接比较复杂。

立式空调机组：机组各功能段组合在立式机箱内，采用下送上回方式，空调机组内置消声装置，空调机房占地面积较小。该型空调机组生产厂家较少。

模块式立式空调机组：该空调机组为地板送风系统专用机组，一般设置在与房间或走道贴邻的空调机房内。机组采用下送下回、下送上回/侧回方式，冷热处理有水盘管型和直接蒸发型两种形式，机组最大风量不超过 9000m³/h，噪声较低。该空调机组生产厂家较少。

以下介绍的是一种低噪声地板送风专用空调机组，其结构形式见图 10-13，主要由上下两部分组成。上半部分设有新回风混合段、粗中效过滤段、表冷段、加热段、加湿段及风机段，下半部分设置阵列式消声器和下部送风口。该系列机组基本参数为：长为 3200mm，宽为 1400～1900mm，高为 2800～4200mm；机组额定风量为 11000～37000m³/h；机组机外静压为 250Pa；冷却盘管的排数为 4 排或 6 排；机组机外噪声低于 51.5dB（A）、回风口噪声低于 55.5dB（A）、送风口噪声低于 56.5 dB（A）。

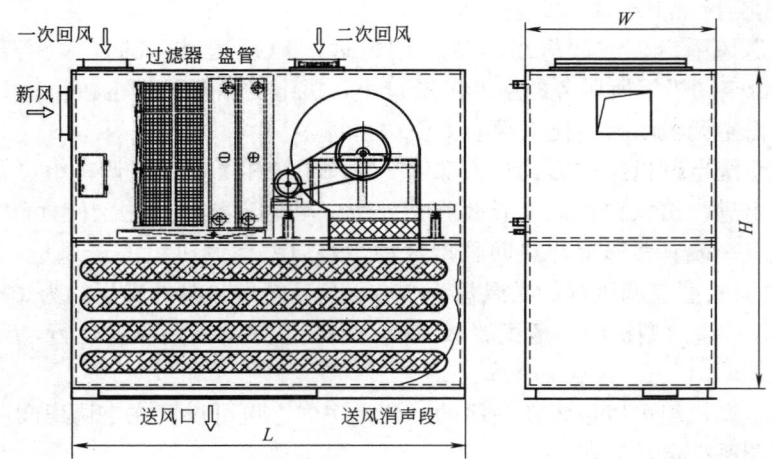

图 10-13　低噪声地板送风专用空调机组形式

<h2 align="center">10.5　设　计　方　法</h2>

10.5.1　冷、热负荷计算

地板送风系统室内冷负荷与热负荷的计算方法与头部以上送风的常规空调系统基本相同。由于地板送风系统中经空调机组处理后的空气是通过地板静压箱向上进入空调房间，因此，系统的空调冷负荷计算方法是基于空调区域内自下而上的气流流型与空气分层理论。

目前有关办公建筑地板送风系统的冷负荷计算方法有两种：一种是置换通风空调冷负荷计算方法；另一种是建立在空气分层理论基础上的地板送风冷负荷计算方法。

1. 置换通风冷负荷计算方法

置换通风冷负荷计算方法应满足下列条件：

(1) 建筑层高 2.4～5.5m；

(2) 换气次数 2～15h^{-1}；

(3) 房间单位面积冷负荷 21～120W/m^2；

(4) 人员与工作区的设备冷负荷与总冷负荷之比≤0.68；

(5) 顶部照明冷负荷与总冷负荷之比≤0.43；

(6) 围护结构冷负荷与总冷负荷之比≤0.92。

冷负荷计算时，先将冷负荷进行分类，即人员头部以下包括人员、台灯与其他办公设备引起的冷负荷 Q_{oe}；人员头部以上照明引起的冷负荷 Q_L；通过外墙、外窗传热与太阳辐射得热引起的冷负荷 Q_{ex}。然后，利用加权系数对各分类冷负荷进行综合，得到房间空调计算冷负荷。

房间冷负荷与空气之间的换热关系见式（10-1）。

$$\Delta t_{hf}\rho C_p V = \alpha_{oe} Q_{oe} + \alpha_L Q_L + \alpha_{ex} Q_{ex} \tag{10-1}$$

式中　Δt_{hf}——空调区域内脚部与头部之间的空气温差，℃；

ρ——空气密度，kg/m^3；

C_p——空气定压比热，$J/(kg \cdot ℃)$；

V——空调送风量，m^3/s；

α_{oe}——头部以下人员与设备引起的冷负荷加权系数，$\alpha_{oe}=0.295$；

α_L——头部以上照明引起的冷负荷加权系数，$\alpha_L=0.132$；

α_{ex}——通过外墙、外窗传热与太阳辐射得热而引起的冷负荷加权系数，$\alpha_{ex}=0.185$。

根据式（10-1），在确定空调区域内脚部与头部空气温差的情况下，可计算房间送风量，也可根据送风量计算空调区域内脚部与头部的空气温差。

该计算方法适用于建筑层高较高、地板送风口出风动量较小，房间气流组织与置换通风相类似的地板送风系统。

2. 以空气分层理论为基础的地板送风空调冷负荷计算方法

这种地板送风空调冷负荷计算方法的理论核心是空气分层。在地板送风系统中，从地板至吊平顶的送风气流流型使室内空气在垂直方向产生了温度梯度。除非送风量非常大之外，气流将在房间内形成一个分层面，将房间分成高区和低区。房间内下部的空气一旦突破分层面，上升到分层面以上的高度后，就不再回到分层面以下的低区，与分层高度以上对流热源形成的热羽一起在上部被直接排走，不成为空气侧负荷。

为了优化热舒适性、通风效果与节能性，分层高度一般应维持在呼吸区之上，接近人员活动区的上部（1.2～1.8m），具体高度取决于室内人员是坐着还是站着。

热源的位置有的在人员活动区内，有的不在人员活动区内。来自热源的热量不一定散发在热源所在的人员活动区或非人员活动区，因此须根据热源对流热与辐射热成分进行分析。地板送风系统空调负荷计算采用了两个不同性质的混合区的假设，一个在分层高度以上，一个在分层高度以下。

至于热源的性质，美国 ASHRAE 手册的基础篇给出了典型办公室内一些传热负荷中对流热与辐射热的比率，但是没有提供各种得热在人员工作区与非人员工作区的分配方法。美国 YORK 公司的一份负荷估算指南提供了地板送风系统空调显热负荷的粗略分配比率：照明为 20%；人员为 100%；计算机、复印机、打印机、桌面台灯及其他用电设备为 100%；围护结构显热冷负荷按 60% 分配在人员工作区，40% 分配在非人员工作区。Trox 公司 Kenneth J. Loudermilk 提出了有效显热得热系数的概念，具体数据见表 10-3。

办公建筑有效显热得热系数　　　　　　　　　　表 10-3

热源及其位置	对流得热百分数（总得热量）	有效显热得热系数 分层高度（m）				
		1.2	1.5	1.8	2.1	2.4
外墙与外窗						
通过墙或窗的传热	40.0%	0.77	0.82	0.87	0.91	0.96
太阳得热						
内遮阳（百叶窗）	40.0%	0.60	0.68	0.76	0.84	0.92
无内遮阳（百叶窗）	0.0%	1.00	1.00	1.00	1.00	1.00
空气渗透（仅显热）	100.0%	1.00	1.00	1.00	1.00	1.00
照明						
白炽灯（在人员工作区内）	20.0%	1.00	1.00	1.00	1.00	1.00

续表

热源及其位置	对流得热百分数	有效显热得热系数				
		分层高度（m）				
	（总得热量）	1.2	1.5	1.8	2.1	2.4
白炽灯（在非人员工作区内）	20.0%	0.80	0.85	0.90	0.95	1.00
荧光灯（在人员工作区内）	50.0%	0.90	0.95	1.00	1.00	1.00
荧光灯（在非人员工作区内）	50.0%	0.50	0.60	0.70	0.80	1.00
人员（仅显热得热）						
坐着（静止）	40.0%	0.70	0.85	1.00	1.00	1.00
站立或移动	40.0%	0.55	0.65	0.85	1.00	1.00
办公设备						
个人计算机（塔架式）	70.0%	1.00	1.00	1.00	1.00	1.00
个人计算机（台式）	70.0%	0.65	0.80	0.95	1.00	1.00
监视器（无格板直接上面）	63.0%	0.65	0.80	0.95	1.00	1.00
监视器（有格板直接上面）	63.0%	0.80	0.90	1.00	1.00	1.00
激光打印机（台式）	90.0%	0.75	0.90	1.00	1.00	1.00
复印机（落地式）	85.0%	0.75	0.90	1.00	1.00	1.00
传真机（台式）	90.0%	0.75	0.90	1.00	1.00	1.00

负荷计算时，应根据负荷分布特点，分别计算出空气分层高度以下的人员活动区冷负荷 $Q_{人员活动区}$ 和空气分层高度以上的非人员活动区冷负荷 $Q_{非人员活动区}$。按照人员活动区冷负荷 $Q_{人员活动区}$ 与设定温差，计算空调送风量，其计算公式见式（10-2）。

$$V = \frac{Q_{人员活动区}}{\rho C_{p}(t_{设定} - t_{送风})} \tag{10-2}$$

式中　$t_{设定}$——人员工作区内平均设定温度，℃；

　　　$t_{送风}$——离开地板送风口的空气温度，℃。

由于空气分层现象的出现，如靠近低区顶部的空气温度高于人员活动区内的平均设定温度，可采用较高的温度来代替平均设定温度，以增大低区空气温差，减少空调送风量。

按照空气分层高度以上非人员活动区冷负荷 $Q_{非人员活动区}$ 以及计算空调送风量，可以由式（10-3）计算回风或排风温度。

$$t_{回风} = \frac{Q_{非人员活动区}}{\rho C_{p}V} + t_{设定} \tag{10-3}$$

式中　$t_{回风}$——空调回风温度，℃。

以空气分层理论为基础的地板送风空调冷负荷计算方法适用于送风口的出风有一定动量，且形成一定的分层高度。当分层高度越高时，空调冷负荷越大，越接近头部以上空调系统的冷负荷。

3. 无空气分层的地板送风系统冷负荷计算方法

美国加利福尼亚大学伯克利分校建筑环境中心研究专家弗雷德·S·鲍曼（FredS. Bauman）和美国内华达州立大学拉斯维加斯分校研究教授谭良才博士分别在他们进行的地板送风课题研究中发现，没有出现空气分层现象，而且从地板到吊平顶之间空气的温度梯度不大。尽管室内空气仍然形成自地板至吊平顶自下而上的气流流型，但是从地板送风口送出的旋流空气与室内空气迅速混合，在整个空间内使送风温度迅速接近整个房间的空气温度，形成与头部以上空调系统类似的空调方式。

对于无空气分层的地板送风系统，由于不存在分层高度以下的人员活动区和分层高度以上的非人员活动区，其空调冷负荷计算方法与传统的头部以上空调系统的计算方法相同，进入室内的围护结构得热、人员、照明与办公设备散热引起的冷负荷将全部成为人员活动区冷负荷。在地板送风冷负荷计算时，应考虑减去室内空气通过地板块向地板静压箱内空气的传热量。

无空气分层的地板送风系统送风量，可按式（10-4）计算。

$$V = \frac{Q}{\rho C_\mathrm{p}(t_{回风} - t_{送风})} \tag{10-4}$$

式中　Q——空调房间冷负荷，W。

在进行地板送风系统设计时，应依据设计建筑的层高、冷负荷特点、空调系统形式以及送风方式来确定空调冷负荷的计算方法。

地板送风系统的热负荷计算方法与头部以上常规空调系统相同。在冬季，只有在建筑物外围护结构处需要供热，顶层一些内部区域在人员较少的时段如晚上与周末，也可能需要供热。

10.5.2　送风温度的确定

不管采用何种地板送风方式，为了避免在人员活动区的低处出现冷风感，地板送风口的出风温度不能太低，离开地板送风口的送风温度要求在 16～18℃ 范围内。

在确定离开空调机组表面冷却盘管的出风温度时，应考虑空气在地板静压箱内输送过程中的温升、风机动力型变风量末端装置内置风机散热引起的温升或风机型变风量风口风机散热引起的温升、吸入式空调机组风机散热引起的温升。

地板静压箱内空气得热主要有两部分。对于多层或高层办公建筑，热量从下面较热的回风通过楼板传递到地板静压箱以及从本层的人员工作区通过地板块传递给地板静压箱。地板静压箱内的空气得热量取决于下列几个因素：地板静压箱高度、送入建筑物内区与外区的风量以及楼板的热工特性等。

表 10-4 为美国 YORK 公司的负荷估算指南中提供的在标准地板送风条件下，不同架空地板与地毯布置情况下空气输送距离与空气温升的关系。

架空地板静压箱内空气输送距离与空气温升的关系　　　　表 10-4

空气温升(℃)	0.6		1.1		1.7		2.2		2.8		3.3	
地毯布置状况	有	无	有	无	有	无	有	无	有	无	有	无
基本配置[①]	6.4	6.1	10.7	9.8	14.3	13.4	17.7	16.8	21.3	20.1	25.6	23.5
基本配置加地板静压箱（45.7mm）	7.6	7	12.8	11.6	16.8	16.5	22	20.7				
基本配置加外区负荷（21.7W/m²）	5.8	5.2	9.4	8.5	12.8	11.9	16.1	14.9	19.2	18	22.3	21.3
基本配置,外区不送风	4.9	4.3	7.9	7.3	10.7	10	13.4	12.8				
基本配置加内区负荷（5W/m²）	6.1	5.5	10	9.1	13.7	12.8	17.1	16.1	20.4	19.5		

续表

空气温升(℃)	0.6		1.1		1.7		2.2		2.8		3.3	
地毯布置状况	有	无	有	无	有	无	有	无	有	无	有	无
基本配置加内区负荷(5W/m²)、外区负荷(21.7W/m²)	5.5	4.9	8.8	8.2	11.9	11.0	14.9	14.0	18.3	17.1		
基本配置加 12.8℃送风送入地板静压箱	16.2	12.8	24.7	21.3								
中等楼板影响的基本配置	12.2	10.1	18.9	16.5	24.4	21.9						

① 基本配置要求：从地板送风口送入房间的空气参数：15.6℃、80%；楼板下空气温度 26.7℃；人员工作区地毯表面温度 22.8℃；架空地板名义高度 30.5cm；静压箱高度 27.3cm；内部区域冷负荷 30W/m²；外围护结构冷负荷 41.8W/m；混凝土结构楼板厚度 15.2cm。

在地板送风系统设计时，可参考表 10-4 中的数据确定空气温升。地板静压箱内的空气平均温度通常比静压箱空气入口温度高 3℃左右。也可以粗略地按离静压箱送风入口每 10m 温升 1℃考虑。

对于应用在地板送风系统的风机动力型变风量末端装置内置风机散热引起的温升、风机型变风量风口风机散热引起的温升以及吸入式空调器风机散热引起的空气温升，可参照本书第 9 章中介绍的方法进行计算。

因此，地板送风系统的空调机组冷却盘管的出风温度应根据地板送风口的出风温度减去上述空气温升确定。

10.5.3　系统分区

为了优化地板送风系统性能，应尽量减少地板静压箱内设置分隔与其他形式的障碍物。但在设计时，有时还需对地板下区域的大小进行限制，以减小系统送风温升，提高供冷能力。

1. 内区

内区是离建筑物外围护结构有一定距离，空调负荷通常较小且比较稳定，几乎全年需要供冷的区域。虽然内区的空调负荷变化一般没有外区变化大，但由于现代办公设备的能效较高，室内人员变化的相对频率较大，内区空调负荷仍然有可能波动较大，故内区地板送风系统的设计和控制策略应考虑这种可变性。

2. 外区

外区靠近建筑物外围护结构处，受气候变化的影响，是供冷和供热需求变化较大的区域。外区地板送风系统的目的是：解决通过外围护结构传入的空调冷、热负荷，对负荷变化作出迅速反应。

3. 特殊区域

在地板送风空调区域内，常存在一些冷负荷较大且变化迅速的特殊区域，如：会议室、教室和其他人员密集的场所。在这些区域内，需对地板静压箱进行分隔，使地板送风系统既能满足峰值负荷时的空调要求，又能满足人员少或无人时段低负荷时的空调要求。

图 10-14 为一个典型的地板送风系统分区划分示意图。

在图 10-14 中，整个空调平面被划分成 9 个分区：四个边角区、四个外区和一个内区。内区仅有人员、照明及办公设备负荷；外区与边角区不但含内热冷负荷，也含周边围护结构负荷。区域划分主要依据建筑平面布置与房间用途，将整个平面划分成数个温度控制区域。合理划分温度控制区域的目的是使系统能正确应对负荷，便于控制与运行管理。

10.5.4　地板静压箱设计

1. 确定地板静压箱形式

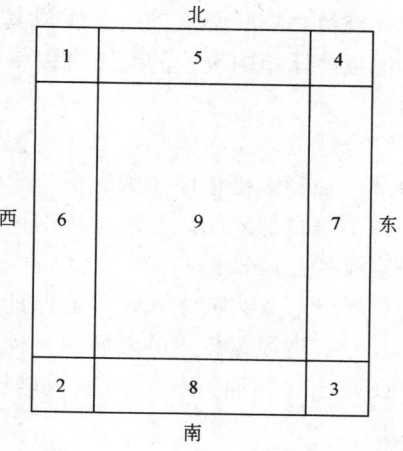

图 10-14　分区划分示意

地板静压箱主要有三种形式，即有压地板静压箱、零压或无压地板静压箱以及设置送风管与末端装置的普通架空地板静压箱。设计人员必须根据地板送风口的形式、数量与位置，地板送风末端装置的形式、空调方式、送风量及进入地板静压箱的送风立管位置与数量等因素确定地板静压箱的形式。

当采用与头部以上变风量空调系统相同的风管输送系统时，可采用普通架空地板静压箱；当采用带电动调节装置的被动型变风量地板送风口或末端装置时，可采用有压地板静压箱；当采用带风机的主动型变风量地板送风口、风机动力型变风量末端装置时，可采用零压或无压地板静压箱。

2. 确定地板静压箱高度

地板静压箱的高度随静压箱形式、空调系统方式、静压箱空气入口位置、数量及送风量的不同有很大差别。在许多已建成的地板送风系统中，地板静压箱高度范围为 150～650mm。

地板静压箱的高度还应考虑火灾探测与喷淋系统的设置。在确定地板静压箱的高度时，要综合考虑消防喷淋系统的费用。在美国，各地的防火规范有所不同，有些规范要求，当架空地板的高度超过 0.46m 时，地板静压箱内需设置喷淋系统，因此许多工程将地板静压箱的高度限制在 0.46m 以下。有些还要求在地板静压箱内设置火灾探测系统。在我国，对于地板静压箱尚无相应的消防条款可遵循。我国喷淋系统设计规范规定：净空高度大于 800mm 的闷顶和技术夹层内有可燃物时，应设置喷头；通风管等障碍物的宽度大于 1.2m 时，其下方应增设喷头。因此，在地板静压箱的设计中，只要其高度小于800mm，静压箱内送风管的宽度不大于 1.2m，可以不在地板静压箱设置喷淋系统。

对于容纳送风管与变风量末端装置的普通地板静压箱，其净高必须能够设置管道与末端装置。一般而言，布置送风管与变风量末端装置的普通地板静压箱净高不小于 500mm。设在地板静压箱内的水平送风管的宽度应不大于地板支架间距，水平风管内的最大风速应控制在 6～7.5m/s，支风管内的风速应限制在 4～5m/s。

对于采用被动式和主动式变风量地板送风口的地板送风系统，其地板静压箱高度一般为 150～350mm。地板静压箱的主要功能是作为空气分布通道，它没有风管，减少了空气流通障碍。当划分的温度控制区不太大，地板静压箱进风口较多或送风量较小时，其高度可以低些，反之，则应高些。

对于采用风机动力型变风量末端装置与其他变风量末端装置的地板送风系统，地板静压箱的高度应介于上述两种地板静压箱的高度之间。这类地板静压箱的主要作用是容纳变风量末端装置以及与装置连接的支管。

3. 地板静压箱隔断与风道设计

针对一个标准的办公室平面，设计人员应仔细分析各个温度控制区，根据系统运行和控制要求确定是否需在地板静压箱内设置隔断。地板静压箱内隔断的设置还必须满足相应的防火规范，隔断必须采用金属或其他不燃材料制作，且有一定的强度。如图 10-14 所示，地板静压箱内设置的隔断可以将整个静压箱的内、外区分开，将一般区域与特殊区域分开。

结合地板静压箱隔断也可使地板下的空间形成"空气通道"。它是以地板块下侧面作为顶部，混凝土楼板面作为底部，再以密封的隔断作为侧面而制作的矩形送风道。

在不是全部采用风管的地板送风系统中，有时需采用部分送风管。一般而言，下列情况下应设置送风管：

（1）分区太大或太长，不能保证送风被相对均匀地输送到地板上的各个位置；

（2）有送风量较大的外区或其他特殊区域；

（3）当送风通过畅通的地板静压箱时，因空气温升难以满足较远区域的送风温度要求；

（4）需将送风输送到有隔断的外区与特殊区域的变风量末端装置。

地板静压箱内的输配风管可以是矩形风管也可以是圆形风管，其最大宽度（直径）不得超过 560mm，使其能安装在架空地板下 600mm×600mm 的支座间距之间。在考虑地板块的厚度后，送风管的高度必须比完工后的地板高度低 50mm 以上。

在地板静压箱的进风入口处，进风速度不应超过 7.6m/s。当地板静压箱入口的进风量较大时，为了避免地板以上的空气通过地板送风口重新进入地板静压箱，地板送风口必须设置在离地板静压箱送风主管入口处 2m 以外。此外，必须为进入地板静压箱的送风管道设置检修口。

从集中空调机房到地板静压箱入口的主风管的设计与头部以上常规空调系统相同。在可能时，宜设多个空调机房，采用多台中小型的空调机组，以减小主送风管尺寸；空调机房应靠近空调房间。

10.5.5 末端装置及地板送风口选型

1. 变风量末端装置选择

地板送风变风量末端装置的选型原则与方法可参见本书第 8 章。在此，只针对地板送风一些特殊要求作一些论述。

在接风管的地板送风系统中，常用的变风量末端装置是单风道型与串联式风机动力型。

对于单风道型变风量末端装置，所选装置的宽度一般不超过 560mm，能够设置在架空地板支架之间。末端装置应按各温度控制区的负荷进行选型，装置的送风量能满足各温度控制区的最大负荷要求，最小风量能满足末端装置风速传感器的测量精度要求，还需保证区域内新风分配均匀。

当在接风管的地板送风系统中采用串联式风机动力型末端装置时，该系统可用于常温送风，甚至可用于低温送风。只要选型合理，符合系统保冷要求，常温或低温一次风与普通地板静压箱中的二次风在末端装置中混合到地板送风系统所要求的温度（16～18℃），然后通过地板送风口送入人员工作区内。串联式风机动力型末端装置可以选择与头部以上变风量末端装置相同的类型，但大多选择专用于地板送风的风机动力型末端装置。风机动力型末端装置的一次风最大风量和最小风量要求与单风道型末端装置类似，而其内置离心风机的风量应按照一次风送风温度与末端装置要求的送风温度确定。

2. 带调节装置的变风量旋流型地板送风口

带调节装置的变风量旋流型地板送风口的基本形式见图 10-3。这种地板送风口通常应用在采用有压地板静压箱的变风量空调系统。表 10-5 与表 10-6 为某公司生产的一种变风量旋流型地板送风口的性能参数和温差修正系数。

变风量旋流型地板送风口性能参数　　　　　　　　　　　　表 10-5

风量（m^3/h）		50	68	85	102	119	136	153	170	187	204
静压箱压力（Pa）		3.0	5.0	7.25	10.0	12.5	15.8	19.3	23.3	27.0	31.3
垂直射程（mm）	0.75m/s	30	122	244	366	488	671	945	1189	1402	1585
	0.50m/s	152	305	549	792	1036	1250	1402	1555	1676	1768
	0.25m/s	366	610	851	1066	1280	1463	1615	1768	1890	2012
水平扩散距离（mm）	0.75m/s	305	305	457	518	579	640	762	884	945	1005
	0.50m/s	305	305	549	884	1219	1250	1189	1158	1128	1907
	0.25m/s	457	610	823	1250	1676	1768	1737	1676	1646	1605
NC		—	—	—	—	—	—	—	—	15	18	20

温差修正系数　　　　　　　　　　　　表 10-6

送风温差 ΔT（℃）	3.3	4.4	5.6	6.7	7.8	8.9
垂直射程（mm）	1.33	1.11	1.00	0.96	0.92	0.91
水平扩散距离（mm）	0.87	0.94	1.00	1.06	1.11	1.16

表 10-5 中的性能参数是在吊平顶高度为 3.3m、地板送风口出风温度与人员工作区平均空气温度的温差为 5.6℃的工况下测得的。当该温差不等于 5.6℃时，须对该地板送风口的末端空气流速为 0.75m/s、0.5 m/s、0.25m/s 所对应的垂直射流高度和水平扩散距离进行修正。具体温差修正系数参见表 10-6。测试是在安装风口集污盆的情况下进行，风口的调节风阀全开，风阀的 A_k 系数为 0.104。

变风量旋流型地板送风口的选型可按下列步骤进行：

（1）确定地板静压箱的静压值。对于有压地板静压箱，静压值一般在 12.5～25Pa 之间。

（2）计算温度控制区的送风量。

（3）确定温度控制区空气分层高度。此高度一般在 1.2～1.8m，实际分层高度的确定需考虑人员工作状况（坐着还是站着工作）。对于没有空气分层的地板送风系统，就不考虑分层高度。

（4）参照表 10-5，根据有压地板静压箱的静压值、温度控制区空气分层高度，查得所对应的地板送风口的风量和送风口数量。

（5）根据风口温差修正系数，计算实际的风口垂直射流高度与水平扩散距离。

（6）比较射程高度与空气分层高度，保证射程高度低于分层高度。如果射程高度大于分层高度，按照第（4）步重新进行风口送风量选择和风口数量计算，直至满足设计要求。

（7）布置风口位置，确保人员的工作位置不在风口实际水平扩散距离范围内。

（8）校核风口噪声数据，使之不超过设计要求值。

3. 带调节机构变风量线型地板送风口

带调节机构变风量线型地板送风口的基本形式见图 10-6。由于这种地板送风口要求的地板静压箱的静压值比带调节机构变风量旋流地板送风口小，因此，它适用在地板静压箱内压力值稍低的地板送风系统。表 10-7 为某公司生产的带调节机构变风量线型地板送风口的性能参数。

带调节机构变风量线型地板送风口性能参数　　　　　　　　表 10-7

风量(m^3/h)		85	128	170	213	255
NC		—	—	—	—	18
叶片倾角 22°						
静压箱压力(Pa)		1.2	2.5	4.3	6.0	8.3
垂直射程 (mm)	0.75m/s	0	152	457	1219	1828
	0.50m/s	305	610	1372	1676	1981
	0.25m/s	610	914	1524	1981	2438
水平扩散距离 (mm)	0.75m/s	0	152	457	914	1219
	0.50m/s	305	457	762	1219	1524
	0.25m/s	457	762	1524	2286	3048
叶片倾角 45°						
静压箱压力(Pa)		1.2	2.5	4.3	6.2	8.7
垂直射程 (mm)	0.75m/s	0	305	305	914	1524
	0.50m/s	305	610	1067	1524	1829
	0.25m/s	610	914	1372	1676	1981
水平扩散距离 (mm)	0.75m/s	0	152	762	1524	1829
	0.50m/s	305	305	1219	1828	2286
	0.25m/s	457	1219	1524	2134	2743
叶片倾角 60°						
静压箱压力(Pa)		1.2	2.7	4.5	13.9	19.9
垂直射程 (mm)	0.75m/s	0	457	914	1219	1524
	0.50m/s	305	762	1219	1524	1676
	0.25m/s	457	1067	1524	1676	1829
水平扩散距离 (mm)	0.75m/s	0	152	762	1372	1981
	0.50m/s	305	305	1219	1829	2591
	0.25m/s	610	1372	1524	2438	3353

这种变风量线型地板送风口的测试条件与变风量旋流型地板送风口相同。由表 10-7 可见，该地板送风口送风量较大，所需地板静压箱的静压值稍小些。它的线型叶片倾角有 22°、45° 与 60° 三种。在同样的送风量下，叶片倾角不同，地板静压箱所需的静压值不同。

变风量线型地板送风口的选型可按下列步骤进行：

（1）确定地板静压箱的静压值。对于有压地板静压箱，静压值一般控制在 20Pa 以下。

（2）计算温度控制区的送风量。

（3）确定温度控制区空气分层高度。此高度一般在 1.2～1.8m，实际分层高度的确定需考虑人员工作状况（坐着还是站着工作）。对于没有空气分层的地板送风系统，就不考虑分层高度。

（4）参照表 10-7，根据有压地板静压箱的静压值、温度控制区空气分层高度，查得所对应的地板送风口的风量和线型地板送风口的叶片倾角，计算人员工作区地板送风口数量。

（5）比较射程高度与空气分层高度，保证射程高度低于分层高度。如果射程高度大于分层高度，按第（4）步重复进行，直至满足设计要求。

（6）布置风口位置，确保人员的工作位置不在风口实际水平扩散距离范围内。

（7）校核风口噪声数据，使之不超过设计要求值。

由于变风量地板送风口类型较多，各生产厂家都能提供能满足设计要求的详细技术参数，设计时应根据实际情况，通过性能比较进行选型，必要时，也可请生产厂家提供帮助。

10.5.6　系统设计

地板送风系统是全空气系统的一种类型，当它与变风量空调技术相结合后，形成了地板送风变风量空调系统。按照变风量末端装置和地板送风口形式的不同，可以组合成多种不同类型的地板送风系统。

1. 常用地板送风变风量空调系统方式

几种常用地板变风量送风空调系统方式见表 10-8。

几种常用地板送风变风量空调系统方式　　　　　　　表 10-8

分类	内区空调方式	外区空调方式	备注
普通地板静压箱（接风管系统）	单风道型末端装置或并联式 FPB 末端装置＋旋流型地板送风口	单风道型末端装置＋线型或旋流型地板送风口	内、外区空调器分别设置
		带电热或热水再热盘管的单风道型末端装置＋线型或旋流型地板送风口	再热盘管仅在冬季运行
		带电热或热水再热盘管的并联式 FPB 末端装置＋线型或旋流型地板送风口	FPB 内置风机仅在冬季送热风时开启，其他季节同单风道型末端装置运行方式相同
	串联式 FPB 末端装置＋旋流型地板送风口	串联式 FPB 末端装置＋线型或旋流型地板送风口	内、外区空调器分别设置
		带电加热器或热水再热盘管的串联式 FPB 末端装置＋线型或旋流型地板送风口	串联式 FPB 末端装置内置风机常年运行，再热盘管在冬季工作
零压地板静压箱（不接风管）	主动型地板送风口（定风量）或串联式 FPB 末端装置＋旋流型地板送风口（变风量）	带电加热器或热水再热盘管的串联式 FPB 末端装置＋线型或旋流型地板送风口	串联式 FPB 末端装置内置风机常年运行，再热盘管在冬季工作
		带电加热器或热水再热盘管的风机型末端装置＋线型或旋流型地板送风口	冬季再热盘管工作时，部分内区送风口切换成进风口，将内区室内空气加热后送至外区，避免冷热抵消现象
有压地板静压箱（不接风管）	被动型地板送风口（定风量）、被动型变风量地板送风口、可变面积变风量地板送风口	带调节装置的被动型变风量地板送风口	内、外区空调器分别设置
		可变面积变风量地板送风口	
		带电加热器或热水再热盘管的串联式 FPB 末端装置＋线型或旋流型地板送风口	串联式 FPB 末端装置内置风机常年运行，再热盘管在冬季工作
		带电加热器或热水再热盘管的风机型末端装置＋线型或旋流型地板送风口	冬季再热盘管工作时，部分内区送风口切换成进风口，将内区室内空气加热后送至外区，避免冷热抵消现象

地板送风变风量空调系统种类繁多，设计人员必须根据空调区域内各温度控制区的负荷特性、末端装置与地板送风口的类型等因素进行权衡，选择合理的系统形式。随着空调理念更新，更加节能和可靠的变风量新产品的不断出现，必将涌现出更多类型的地板送风变风量空调系统。

2. 地板送风变风量空调方式分析与比较

地板送风变风量空调系统与头部以上空调系统相同，主要由空调机组、送回风管、变风量末端装置与变风量地板送风口等组成。空气经空调机组处理后，通过送风管被送到地板静压箱，再经设置在地板静压箱内的变风量末端装置或设置在架空地板块上的变风量地板送风口送到空调房间。在空调区域内，送风与室内空气进行热湿交换，然后穿过空气分层面进入非人员工作区，再经非人员工作区内的热源加热后回到空调机组或者被排至室外。以下对典型的几种地板送风变风量空调系统的空气处理过程进行分析。

（1）不接风管、采用带调节机构的变风量旋流型地板送风口的空调系统。该系统的基本图式见图 10-15，空气处理过程的焓湿图见图 10-16。

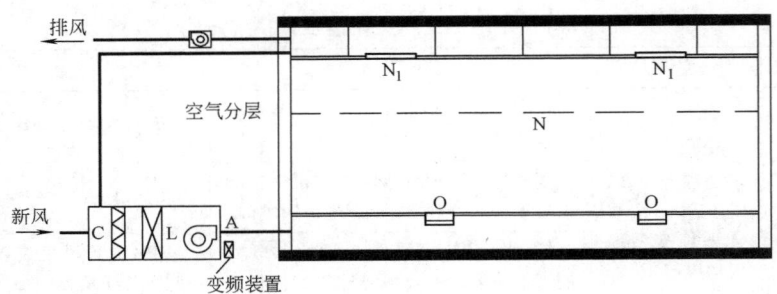

图 10-15　不接风管、采用带调节机构的变风量旋流型地板送风口的空调系统基本图式

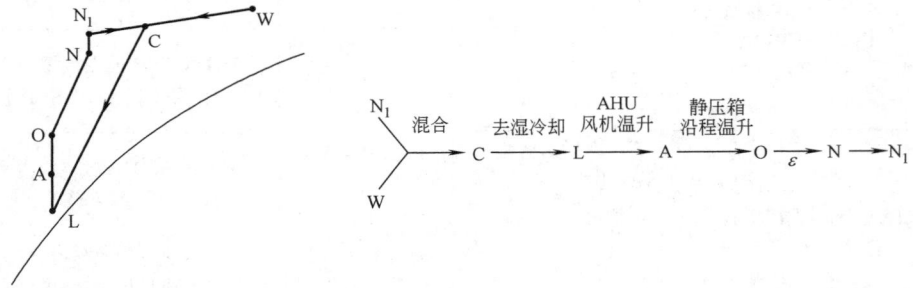

图 10-16　不接风管、采用带调节机构的变风量旋流型地板送风口的空调系统空气处理过程分析

这种地板送风系统比较简单，系统送风温度较接近常温头部以上空调系统，变风量地板送风口的扩散性能较好，可适用于室内空调负荷较大的场合。

（2）不接风管、采用风机动力型变风量末端装置加旋流型地板送风口的空调系统。该系统的基本图式见图 10-17，空气处理过程的焓湿图表示见图 10-18。

这种地板送风系统的送风温度较低。一般使用在冷负荷较大且变化比较迅速的外区。目前串联式风机动力型变风量末端装置的内置风机已开始采用无刷直流电机，该电机的效率较高，风机散热引起的空气温升比较小。当将串联式风机动力型变风量末端装置使用在外区时，在末端装置出风口处常设置电加热器或热水再热盘管。

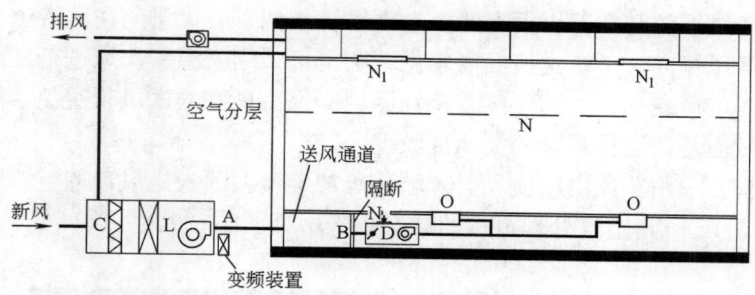

图 10-17　不接风管、采用风机动力型变风量末端装置加旋流型地板送风口的空调系统基本图式

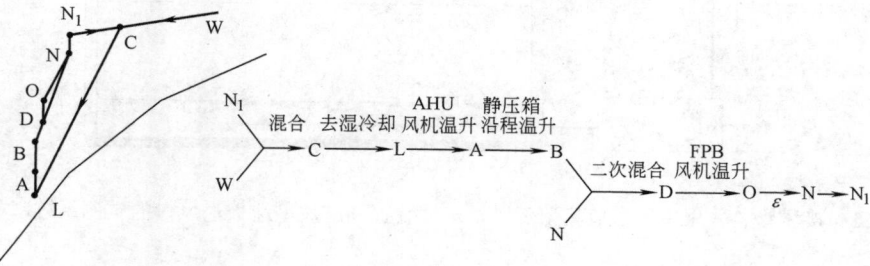

图 10-18　不接风管、采用风机动力型变风量末端装置加旋流型地板送风口的空调系统空气处理过程分析

　　如将风机动力型变风量末端装置换成单风道型变风量末端装置，则其空气处理过程同图 10-16。

　　（3）接风管、采用风机动力型变风量末端装置加旋流型地板送风口的空调系统。该系统的基本图式见图 10-19，空气处理过程的焓湿图表示见图 10-20。

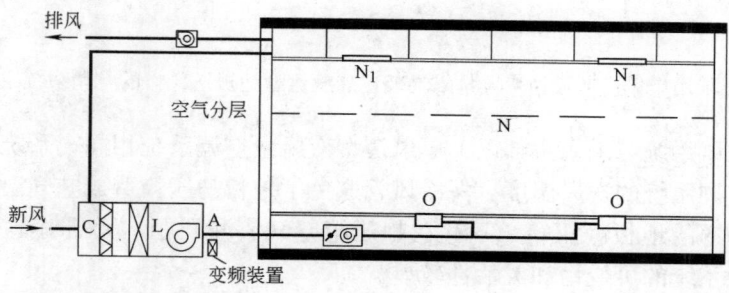

图 10-19　接风管、采用风机动力型变风量末端装置加旋流型地板送风口的空调系统基本图式

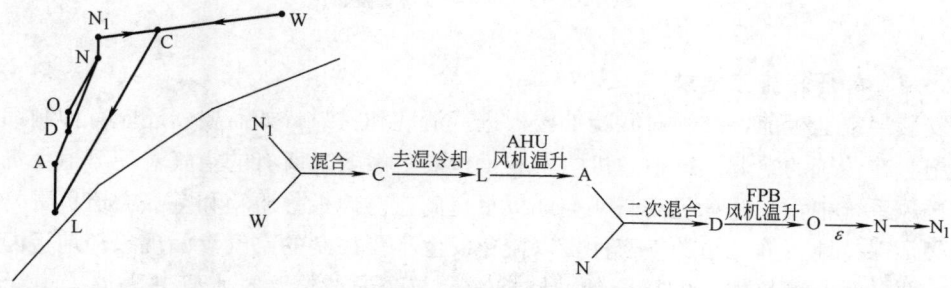

图 10-20　接风管、采用风机动力型变风量末端装置加旋流型地板送风口的空调系统空气处理过程分析

这种地板送风系统与头部以上变风量空调系统相似，有大量的送风管道与末端装置设置在架空地板静压箱内。系统送风温度较低，甚至可采用低温一次风进行送风。一般情况下该系统使用在负荷变化较大的外区或特殊区域。保冷良好的送风管避免了静压箱内空气温升和空气渗漏但是，这种系统的灵活性较差。

（4）接风管、采用单风道型变风量末端装置加旋流型地板送风口的空调系统。该系统的基本图式见图 10-21，空气处理过程的焓湿图表示见图 10-22。

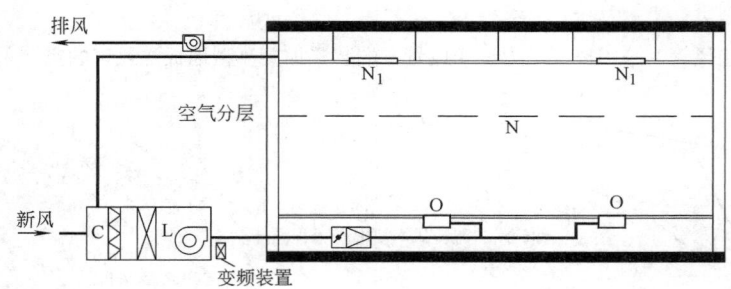

图 10-21 接风管、采用单风道节流型变风量末端装置加旋流型地板送风口的空调系统基本图式

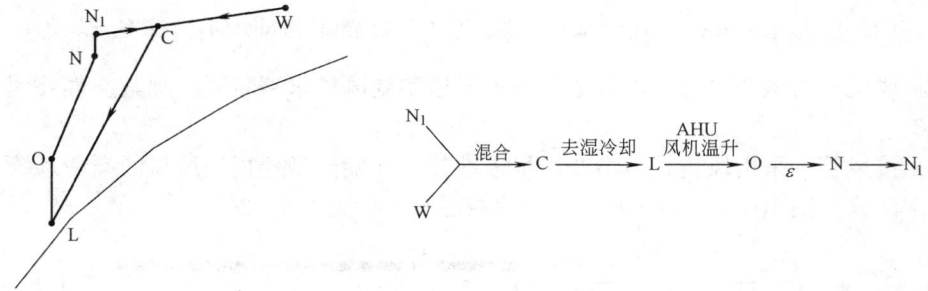

图 10-22 接风管、采用单风道节流型变风量末端装置加旋流型地板送风口的空调系统空气处理过程分析

这种地板送风系统与采用头部以上单风道型变风量空调系统相同，系统送风温度接近头部以上常温空调系统的送风温度。保冷风管避免了地板静压箱造成空气温升，架空地板静压箱可以是普通的地板静压箱，不存在静压箱空气渗漏问题，无需对地板进行密封处理。缺点是这种系统的可变性和灵活性较差。

10.6 施工与调试

10.6.1 静压箱施工要求

在安装架空地板前，必须对混凝土楼板进行清洗和密封，如需要，还应有抑制细菌生长的措施。在传统的空调系统中，机电安装承包商一般要对所有的空气输配风道负责，但在地板送风系统中，土建承包商与架空地板承包商应对地板静压箱和空气通道负责，在施工期间必须保持地板静压箱的气密性，以避免发生不受控制的空气渗漏现象。地板静压箱的密封，要针对窗墙与楼板的接合处、楼梯平台与暖通与给水排水管井隔墙等边缘细部处。在安装其他服务设施如电缆、卫生设备管道时，应防止地板下的金属隔断或空气通道被反复穿通而引起空气渗漏。地板静压箱除了在初次安装时需要密封外，在地板静压箱内进行所有后续作业过程中，甚至在建筑物使用后，也必须保持其良好的密封性。

10.6.2　系统调试

对地板送风系统工程进行细致的调试有助于整个系统正常运行。地板送风系统的调试是一个系统过程，它从设计阶段开始，一直延续到建筑物使用阶段。地板送风系统是一项空调新技术，该系统可以被认为是节能、绿色、舒适性很高的系统。因此，通过调试来验证系统运行状况非常重要。

地板送风系统正确、全面地调试要在系统处于峰值冷负荷和部分冷负荷的工况下进行。在建筑物投入使用前的初调时，可以根据设计估算来确定送风量与室内温度。在房间投入使用并测得实际冷负荷之前，很难验证系统是否能正常运行。在房间投入使用后，并获得了大量的实际冷负荷数值后进行调试，才能使系统正常运行，并能获得满足设计要求的最佳效果。

本章参考文献

[1]　Fred S, Bauman. 地板送风设计指南 [M]. 杨国荣，方伟，任怡旻，胡仰耆，译. 北京：中国建筑工业出版社，2006.

[2]　Vivian Lofyness et al. Energy Savings Potential of Flexible and Adaptive HVAC Distribution Systems for Office Buildings [R]. Underfloor Air Report. 21CR. 2002.

[3]　Chen and Leon Glicksman. System Performance Evaluation and Design Guideline for Displacement Ventilation [M]. Atlanta：ASHRAE，2003.

[4]　ASHRAE. Ventilation for Acceptable indoor Air Quality：ANSI/ASHRAE Standard 62. 1-2004 [S]. Atlanta：ASHRAE，2004.

[5]　叶大法，杨国荣，胡仰耆. 上海地区变风量空调系统工程调研与展望 [J]. 暖通空调，2000，30 (6)：30-33.

[6]　ASHRAE. ASHRAE HANDBOOK Fundamentals 2005 [M]. Atlanta：ASHRAE，2005.

[7]　范存养. 办公室下送风空调方式的应用 [J] 暖通空调，1997，27 (4)：10.

[8]　林忠平，范存养，徐文华. 办公楼地板送风技术的新进展 [C] //第 13 届全国暖通空调技术信息网大会文集，2005.

[9]　董海洋，张秀美，高春铃. 办公楼地板送风系统的应用及其设计要求 [C] //第 13 届全国暖通空调技术信息网大会文集，2005.

[10]　何焰等. 上海财富广场办公楼地板送风系统的设计和应用 [C] //第 13 届全国暖通空调技术信息网大会文集，2005.

[11]　马仁民. 地板送风技术条件和舒适条件的研究 [J]. 暖通空调，1995，26 (6)：3.

[12]　马仁民，连之伟. 地板送风工作区热分布系数计算方法的综合研究 [J]. 暖通空调，1994，24 (1)：11-13，46.

[13]　刘骏，李强民. 旋流风口的特性及在地板送风系统中的应用 [J]. 建筑热能空调，1999，18 (1)：4.

[14]　Hydeman et al. Advanced Variable Air Volume System Design Guide [M]. Sacramento：Galifonia Energy Commission，2003.

[15]　Tom Webster et al. Underfloor Air Distribution：Thermal Stratification [J]. ASHRAE Journal，2002，5.

［16］ Steven F. Bruning. A New Way To Calculate Cooling Loads ［J］. ASHRAE Journal，2004，2.

［17］ Steven T. Taylor. Sizing VAV Boxes ［J］. ASHRAE Journal，2004，3.

［18］ Jack Terrannova. Underfloor Ventilation Raised-floor Air Distribution for Office Environments ［J］. HPAC Engineering，2001，3.

［19］ Hans Martin Mathisen. Displacement Ventilation-the Influence of the Characteristics of the Supply Air Terminal Device on the Airflow Pattern ［J］. Indoor Air，1991，1：47-64.

［20］ Ming Xu et al. Vertical Profiles of Temperature and Contaminant Concentration in Rooms Ventilated by Displacement With Heat Loss through Room Envelopes ［J］. Indoor Air，2001，11：111-119.

［21］ Allan Dally. Underfloor Air Distribution：Lessons Learned ［J］. ASHRAE Journal，2002，5.

［22］ Nailor Industries Inc. 地板送风产品样本 ［Z］. Nailor Industries Inc，2003.

［23］ AET 灵活空间（香港）有限公司. 地板送风产品样本 ［Z］. AET，2010.

［24］ YORK. Application Data：Load Calculation Guidelines for Underfloor HVAC ［Z］. USA：YORK，2005.

第 11 章　新 风 系 统

新风系统是变风量空调系统设计的一个重点与难点，关键是处理好以下关系：

(1) 保证系统新风量与节省新风用能的关系；

(2) 各温度控制区风量需求与新风分配的关系；

(3) 系统风量变化与新风量稳定和分配的关系。

11.1　设计标准与概念

11.1.1　现行新风设计方法

1. 新风量计算

以往的通风理论认为，舒适性空调系统的室内污染物是由室内人员活动所引起的。因此，确定人均新风标准，以稀释室内污染物浓度，使之达到人员可接受的浓度标准。近年来，人们逐步认识到，室内污染物不仅来源于人体，还来源于室内建筑材料和各种设备，因此新风应稀释室内多种污染源所散发的污染物。2012 年 1 月发布的《民用建筑供暖通风与空气调节设计规范》GB 50736-2012 规定了我国现行舒适性空调系统新风设计标准[①]：

(1) 将稀释室内建筑材料与设备运行散发的污染物所需新风量按人员密度折算，加到人均新风量标准中，以人均需求方式给出了公共建筑主要房间的设计最小新风量（表 11-1）；

(2) 以每小时换气次数方式给出了医院建筑所需最小新风量（表 11-2）；

(3) 某些人员密度较高的通风分区按不同人员密度给出了高密人群建筑人均所需最小新风量（表 11-3）。

公共建筑主要房间的设计最小新风量　　　　　　　　表 11-1

建筑房间类型	新风量[$m^3/(h \cdot 人)$]
办公室	30
客房	30
大堂、四季厅	10

医院建筑设计最小换气次数　　　　　　　　表 11-2

功能房间	每小时换气次数(h^{-1})
门诊间	2
急诊室	2
配药室	5
放射室	2
病房	2

---

① 见本章参考文献 [1] 第 3.0.6 条。

高密人群建筑每人所需最小新风量 [m³/ (h·人)]　　　　表 11-3

建筑类型	人员密度 ρ_F（人/m²）		
	$\rho_F \leqslant 0.4$	$0.4 < \rho_F \leqslant 1.0$	$\rho_F > 1.0$
影剧院、音乐厅、大会厅、多功能厅、会议室	14	12	11
商场、超市	19	16	15
博物馆、展览厅	19	16	15
公共交通等候室	19	16	15
歌厅	23	20	19
酒吧、咖啡厅、宴会厅、餐厅	30	25	23
游艺厅、保龄球房	30	25	23
体育馆	19	16	15
健身房	40	38	37
教室	28	24	22
图书馆	20	17	16
幼儿园	30	25	23

2. 多房间系统新风计算

全空气系统设计中多房间存在不同新风比，考虑到如果采用新风比最大房间的新风比作为整个空调系统的新风比将导致系统新风比过大，浪费能量。2015 年 2 月发布的《公共建筑节能设计标准》GB 50189-2015 参照 ANSI/ASHRAE 标准 62.1-2001 第 6 章，给出了空气调节风系统负担多个使用空间时系统新风量的修正公式[1]：

$$Y = X/(1 + X - Z) \tag{11-1}$$
$$Y = V_{ot}/V_{st} \tag{11-2}$$
$$X = V_{on}/V_{st} \tag{11-3}$$
$$Z = V_{oc}/V_{sc} \tag{11-4}$$

式中　Y——修正后的系统新风比；

V_{ot}——修正后的系统总新风量，m³/h；

V_{st}——系统总送风量，m³/h；根据变风量工况分析，为预期系统最大的一次风总送风量。夏季工况可取系统设计风量，按式（7-6）、式（7-7）计算；冬季工况可取内、外区系统设计风量之和；需留意外区风机动力或其他再热型末端此时一次风为最小送风量，即最大风量的 30%～40%；

X——未修正的系统新风比；

V_{on}——未修正的系统新风量，m³/h，为系统中所有房间的新风量之和，按表 11-1～表 11-3 计算；

Z——新风比需求最大的房间的新风比；

V_{oc}——新风比需求最大的房间的新风量，m³/h，按表 11-1～表 11-3 计算；

V_{sc}——新风比需求最大的房间的送风量，m³/h；根据变风量末端装置工况分析，为最大新风比房间的预期需求最小送风量。

---

① 见本章参考文献 [2] 第 4.3.12 条。

3. 系统新风分布分析

由式（11-1）～式（11-4）可见，系统新风分布分析的关键是如何确定变风量系统最大新风比房间：

（1）无外区单冷式单风道系统（第 5.2.1 节）和周边冷热空调设施＋单冷式单风道系统（第 5.4.1～5.4.3 节）：围护结构负荷由围护结构自身或周边冷热空调设施解决，变风量空调系统仅处理内外区中较为稳定的内热冷负荷且负荷与滞留人数成正比，末端装置送风量能够基本保证人均新风量。因此可以认为，冬夏季工况下内、外各温控区新风比基本一致，Z 约等于 X，由式（11-1）可知系统新风量无需修正。

（2）风机动力型变风量空调系统（第 5.3 节）和周边散热器＋单冷式单风道型变风量空调系统（第 5.4.4 节）夏季工况：除了内热冷负荷外，外区变风量末端装置还承担围护结构冷负荷，需要多耗用一部分送风量，人均送风量较大，因此需求新风比较小。而内区变风量末端装置仅处理内热负荷，人均送风量较小，需求新风比大于外区，可能成为系统中最大需求新风比 Z 的房间。如果仍按系统总人数×新风标准来确定总新风量，内区新风量会相对不足。对于分隔成小房间的系统，因相互间空气不流动，对保证新风量更为不利。由于内热冷负荷比较稳定且负荷与滞留人数成正比，故除了会议室（另行分析）外，内区各温控区需求新风比 Z 基本一致且大于 X，由式（11-1）可知系统新风量需要修正。

（3）风机动力型变风量空调系统（第 5.3 节）冬季工况：外区变风量末端装置负荷处理逻辑是：

1）如果围护结构热负荷、内热冷负荷和一次风最小送风（冷风）的冷量在冷热抵消后余值为冷负荷，则末端装置增加送冷风量。由于围护结构热负荷抵消了一部分内热冷负荷，减少了一次送风量（冷风）。

2）若围护结构热负荷、内热冷负荷和一次风最小送风（冷风）的冷量在冷热抵消后余值为热负荷，则末端装置保持一次风最小送风量（最大风量的 30%～40%），同时末端装置加热器供暖。

3）可见，上述 1）、2）两种情况下人均一次送风量都会小于内区，需求新风比则会大于内区，可能成为系统中最大需求新风比的房间。如果仍按系统总人数×新风标准来确定总新风量，外区新风量会不足，由式（11-1）可知，系统新风量需要修正。

4）当然，由于冬季供暖时外区末端装置保持最小送风量；内区也有部分内热负荷混合到外区（混合得益），降低了内区送风量；两者都会使系统总风量降低，系统的新风比提高，有利于外区的新风供给。

（4）周边散热器＋单冷式单风道型变风量空调系统冬季工况：与周边冷热空调设施＋单冷式单风道系统相同，系统新风量无需修正。

（5）外区冷热单风道系统＋内区单冷单风道系统（第 5.2.3、5.2.1 节）：内、外系统分开设置有利于采用不同的新风比。但夏季外区送风量随建筑负荷变化，会影响新风分布；冬季外区冷热单风道系统分别用供冷风或供热风方式分别处理区域内冷热负荷抵消后的余下负荷，新风分布也会受到负荷的影响，因此，外区宜按朝向划分系统，尽量保持系统内各区域负荷的一致性。另外，冬季外区人员越多，经内热冷负荷抵消后余下的围护结构热负荷就越小，热风送风量和新风量也随之减少，所以宜通过变送风温度保持系统有较大风量。

（6）局部区域新风不足问题：有些内热负荷小，人员密集的内区（如会议室、阅览室等）会产生新风不足的问题。由于非长时间使用，一般不以此为最大的需求新风比 Z 来修正系统新风量。可通过加大末端装置最小风量比、局部增加加热器、提高送风温度等措施解决。

（7）加强空气循环：上述各点涉及的主要是新风分布问题，并非人均新风量不够。因此，也可以采取加强空气循环的措施，如设置循环小风机等。风机动力型末端装置的二次回风也具有一些循环作用，以促使新风量分布均匀。

4. 运行调节

按式（11-1）计算得到的冬、夏季工况下变风量空调系统修正后的新风比可能不同，运行时可以分别设定系统新风量，也可以根据 CO_2 浓度进行实时控制。

11.1.2 国外新风设计的概念与方法

美国 ASHRAE 在标准 62-2001[3] 中推荐的新风量计算方法基本上是在 1981 年形成的，它已在美国沿用了 40 多年，同时也暴露出一些问题。为此，ASHRAE 后又颁布了标准 62-2001 的补遗 62n。2005 年 1 月 15 日，ASHRAE 发布了标准 62 的最新版本：ANSI/ASHRAE 62.1-2004[4]，该标准从居住类别、新风量的组成与取得以及新风量的计算步骤与方法都作了根本性的调整、修改与补充，并用强制性的语言规定了最低新风要求，被美国空调界称为是对标准 62 动了一次"心脏移植"手术。对此，中国建筑科学院汪训昌研究员专门撰文作了详细介绍[5]。本节及后述的第 11.2～11.3 节将依据 ASHRAE 62.1-2004，介绍一些国外的变风量多分区空调系统新风设计的概念与方法（简称"62 新方法"）。

1. 通风分区

变风量空调系统可分为单通风分区系统和多通风分区系统（简称单分区系统和多分区系统）。所谓通风分区是指具有相似使用类别、使用密度、区域空气分布效率和单位面积一次风量的一个或若干个使用空间。变风量空调系统的大多数温度控制区可成为通风分区，但一个通风分区不一定是一个单独的温度控制区，能被合并进行负荷计算的一些温度控制区可归并为用以新风计算的通风分区。例如，一个大空间办公室的内区具有相同的使用性质、人员密度、送回风方式（影响空气分布效率）和负荷密度（影响单位面积一次风量），可作为一个通风分区，但为了控制区域温度，在变风量空调系统中该通风分区常被分为若干个温度控制区。有分隔内墙的不同房间通常被划为不同的通风分区。

2. 使用区与呼吸区

ASHRAE 62.1-2004 将 ASHRAE 62-2001 中的"使用区"改成"呼吸区"。所谓"呼吸区"是指使用空间内离地 75～1800mm，离墙或固定的空调设备 600mm 的区域。显然，它是一个人员活动的区域。

按以前"使用区"的概念，含有新风的一次风送入通风分区后就可以了。其实不然，由于室内空气分布方式（送、回风口设置）及送风温度的不同，常有部分含有新风的送风从送风口送出后，贴附着吊平顶流向回风口而被直接排走，未进入人员呼吸区。这部分新风没有起到稀释人员呼吸区污染物浓度的作用。只有那些进入呼吸区的新风才真正起到稀释污染物浓度的作用。可见"呼吸区"与"使用区"有很大区别。

3. 新风标准

"62 新方法"明确地将新风标准分为人均所需新风量 R_p 和单位面积所需新风量 R_a 两部分；利用 $V_{bz} = R_p \times P_z + R_a \times A_z$ ［见式（11-5）］计算呼吸区新风量；不同功能房间呼吸区的最小新风量见表 11-4。

不同功能房间呼吸区最小新风量

表 11-4

居住类型	人均新风量 R_P $[m^3/(h\cdot人)]$	单位面积新风量 R_a $[m^3/(h\cdot m^2)]$	备注	推荐值		空气级别
				使用区人员密度(注释4)(人/100m²)	综合新风量(注释5)$[m^3/(h\cdot人)]$	
教育场所						
日托(全部4岁)	18	3.2		25	31	2
教室(5~8岁)	18	2.2		25	27	1
教室(9岁以上)	18	2.2		35	24	1
演讲教室	14	1.1		65	15	1
演讲厅(固定席)	14	1.1		150	14	1
艺术教室	18	3.2		20	34	2
科学实验室	18	3.2	E	25	31	—
木结构/钢结构店铺	18	3.2		20	34	2
计算机实验室	18	2.2		25	27	1
媒体中心	18	2.2	A	25	27	1
音乐/戏剧/舞蹈	18	1.1		35	21	1
多用途厅	14	1.1		100	15	1
餐食服务						
餐厅	14	3.2		70	18	2
咖啡/快餐	14	3.2		100	17	2
酒吧/休闲	14	3.2		100	17	2
通用场所						
会议	8.5	1.1		50	11	1
走廊	—	1.1				1
贮藏室	—	2.2	B			1
宾馆、汽车旅馆、休养、宿舍						
卧室/起居室	8.5	1.1		10	20	1
营区寝室	8.5	1.1		20	14	1
门厅/前厅	14	1.1		30	17	1
多功能厅	8.5	1.1		120	10	1
办公楼						
办公区	8.5	1.1		5	31	1
接待区	8.5	1.1		30	13	1
电话数据中心	8.5	1.1		60	11	1
主入口门厅	8.5	1.1		10	20	1
综合空间						
银行金库/保管库	8.5	1.1		5	31	2
计算机(非打印)	8.5	1.1		4	36	1

续表

居住类型	人均新风量 R_P $[m^3/(h\cdot人)]$	单位面积新风量 R_a $[m^3/(h\cdot m^2)]$	备注	推荐值		空气级别
				使用区人员密度（注释4）（人/100m²）	综合新风量（注释5）$[m^3/(h\cdot人)]$	
综合空间						
药房（单位面积）	8.5	3.2		10	41	2
摄影工作室	8.5	2.2		10	41	1
商店/接待	—	2.2	B	—	31	1
候车、候船	14	1.1		100		1
试衣室	—	1.1	B	—	15	2
公共空间						
礼堂听众席	8.5	1.1		150	10	1
教堂	8.5	1.1		120	10	1
审判室	8.5	1.1		70	10	1
国会议院	8.5	1.1		50	11	1
图书馆	8.5	2.2		10	31	1
进厅	8.5	1.1		150	10	1
博物馆（儿童）	14	2.2		40	19	1
博物馆/美术馆	14	1.1		40	17	1
零售						
卖场（下列除外）	14	2.2		15	28	2
商场公共区	14	1.1		40	17	1
理发店	14	1.1		25	18	2
美容修甲沙龙	36	2.2		25	45	2
宠物商店（动物区）	14	3.2		10	46	2
超市	14	1.1		8	27	1
投币洗衣房	14	1.1		20	19	2
体育和娱乐						
体育场（运动区）	—	5.4		—		1
体育馆、运动馆（运动区）	—	5.4		30		2
观众区	14	1.1		150	14	1
游泳池区和岸区	—	8.6	C	—		2
迪斯科舞厅	36	1.1		100	37	1
健身俱乐部/有氧室	36	1.1		40	39	2
健身俱乐部/举重房	36	1.1		10	47	2
保龄球馆（坐席）	18	2.2		40	23	1
赌场	14	3.2		120	17	1
游戏机房	14	3.2		20	30	1

续表

| 居住类型 | 人均新风量 R_P $[m^3/(h \cdot 人)]$ | 单位面积新风量 R_a $[m^3/(h \cdot m^2)]$ | 备注 | 推荐值 | | 空气级别 |
				使用区人员密度(注释4)(人/100m²)	综合新风量(注释5)$[m^3/(h \cdot 人)]$	
体育和娱乐						
舞台、摄影棚	18	1.1	D	70	19	1
监狱						
单人牢房	8.5	2.2		25	18	2
日监室	8.5	1.1		30	13	2
狱警站	8.5	1.1		15	16	1
预约/等候	14	1.1		50	16	2

本表必须结合以下注释使用,脱离注释无效。

本表通用注释:

1. 关于需求:表中新风量满足 ASHRAE 62 所需各种需求。

2. 本表适用于无烟区,吸烟区的新风量必须用其他方法确定。吸烟区应比无烟区有更多新风并/或设置空气清洁装置。吸烟区特定的新风量需在政府主管部门确定了烟气可接受危害浓度后才可确定,来自吸烟区的空气不应再循环或渗透到无烟区。

3. 空气密度:表中空气体积流量基于空气密度 1.2kg/m³,对应于大气压力 101.3kPa 下的干空气且空气温度为 21℃。新风量应按实际密度调整。

4. 人员密度推荐值:当实际人员密度未知时,可采用人员密度推荐值。

5. 综合新风量推荐值(人均):综合新风量基于人员密度推荐值。

6. 未列出的使用类型:如某些空间或区域的使用类型未被列出,可选用人员密度、活动情况与表内已列出的类似使用类型。

7. 空气等级:1 级空气可再循环或输送到任何空间,2 级空气可在原地循环且可再循环于或输送到其他 2 级或 2 级以下空间,但不能再循环于或输送到 1 级空间。

本表内字符特别注释:

A—高校和学院图书馆采用公共空间中图书馆的值;

B—当贮藏东西时,包括有潜在的人员污染物,其新风量可能不够;

C—新风量没有考虑到湿度控制,要排除水汽需增加通风或去湿;

D—新风未考虑到舞台上对干冰蒸气、烟雾等进行特殊排风的情况。

4. 人数与平均人数

确定人均新风量后,人数确定便成为计算新风量的关键。通风分区的计算人数无疑应该是在一般使用情况下该区域最大预期人数 P_z。现行计算方法将各区域最大人数 P_z 累加起来作为系统计算总人数。实际上,室内人员是流动的,如办公室人员可能去会议室、休息室,也可能外出。因此,将各区域最大人数 P_z 的累加值作为系统计算总人数显然偏大,应考虑人员同时出现的可能性,即人员参差系数。

"62 新方法"采用 $V_{ou} = D \times \sum_{各区}(R_p \times P_z) + \sum_{各区}(R_a \times A_z)$ [见式 (11-6)] 计算系统需求新风量。式中, D 为人员参差系数,为系统计算总人数 P_s 与各通风分区人数累加值 $\sum_{各区} P_z$ 之比,即 $D = P_s / \sum_{各区} P_z$ [见式 (11-7)]。

对于人数变化不定的通风分区,可采用平均人数计算。在 ASHRAE 62 早期版本中,只有"间歇使用"的分区(分区内有最大人数的时间在 3h 以下)才需按平均人数(平均人数不能小于最大人数的一半）进行新风计算。"62 新方法"对任何人数有变化的区域都允许按平均人数进行新风计算。

"平均人数"是一个新概念："在某种情况下，如人员数量是变化的，则系统新风量就按一段特殊时间（平均间隔时间 T）内的平均人数，而不以峰值人数来计算"。给定区域的平均间隔时间 T 可按 $T=180V/V_{bz}$ ［见式（11-8）］确定。设空调区域体积 V 与呼吸区新风量 V_{bz} 的比值 τ（$\tau=V/V_{bz}$）为区域的时间常数。以"阶跃变化"的污染源浓度在区域中以指数形式增加，区域内污染物浓度在 3 倍时间常数后可达最终浓度的 95%。因此以 3 倍的时间常数为平均间隔时间：$T=3V/V_{bz}$（IP 制）。经单位转换为 SI 制，即得式（11-8）。如某通风分区的平均间隔时间 T 为 5h，取该区域中人员使用百分比连续最高的 5h 的累加值除以平均间隔时间 T，即可得该区的平均人员百分比，再乘以峰值人数 P_z 可算得平均人数。表 11-5 为平均人数计算示例。

各区域平均人数计算示例   表 11-5

通风分区	面积 A_z (m²)	人数 P_z (人)	新风量 V_{bz} (m³/h)	吊平顶高度 (m)	平均间隔时间 T (h)	各时间段人员使用百分比（%）										平均人数 (人)
						8~9	9~10	10~11	11~12	12~13	13~14	14~15	15~16	16~17	平均	
办公室（例）	150	10	238	3.0	5.7*	30	50	100	60	100	100	100	100	80	92**	9.2
北会议室	200	20	374	3.0	4.8	50	50	50	100	100	50	50	50	50	71	14.2
南会议室	300	30	689	3.0	3.9	50	50	50	100	100	50	50	50	50	76	22.8
艺术教室	200	40	1292	3.6	1.7	75	75	50	100	0	0	100	0	0	81	32.4
多功能区	300	300	4131	6.1	1.3	0	0	0	100	50	0	75	50	0	88	264

* $T=180×V/V_{bz}=180×150×3/238=340(\text{min})=5.7(\text{h})$。

**   在平均间隔时间 T 内，平均人数百分比为 $(0.7×60+4×100+1×80)/5.7×100\%=92\%$。

5. 区域空气分布效率与新风量

含有新风的送风进入空调区域后有多少能进入人员呼吸区？或者说向空调区域送多少新风，才能满足呼吸区的新风需求？这就引出了区域空气分布效率 E_z 的概念："在一定的送、回风方式及送风温度的条件下，实际到达呼吸区的空气量与送入房间的空气量之比"。表 11-6 列举了 10 种常用送、回风方式及送风温度情况下区域空气分布效率 E_z。

利用区域空气分布效率可以计算每个通风分区所需新风量：$V_{oz}=V_{bz}/E_z$［见式（11-9）］。提高区域空气分布效率可减小送往通风分区的新风量，有利于空调节能。

区域空气分布效率 E_z 表 11-6

空气分布形式	E_z
吊平顶送冷风	1.0
吊平顶送热风且地板处回风	1.0
吊平顶送热风，送风温度高于室内温度 8℃以上且吊平顶回风	0.8
吊平顶送热风，送风温度高于室内温度 8℃以下且吊平顶回风；距地 1.4m 处送风射流速度 0.8m/s。注：如送风射流速度较低，$E_z=0.8$	1.0
地板送冷风且吊平顶回风；距地 1.4m 以上送风射流速度 0.8m/s	1.0
地板送冷风且吊平顶回风，提供低速置换通风，形成单向流和温度分层	1.2

空气分布形式	E_z
地板送热风且地板回风	1.0
地板送热风且吊平顶回风	0.7
在排风口和/或回风口对面一侧送风	0.8
在排风口和/或回风口附近位置送风	0.5

注：1. "冷风"是指比室内温度低的空气。

　　2. "热风"是指比室内温度高的空气。

　　3. "吊平顶"是指包括呼吸区以上任何位置。

　　4. "地板"是指包括呼吸区以下任何位置。

　　5. 在上述数值选择中，除单向流外，其他情况下的空气分布效率 E_z 可被认为与 ASHRAE 129 确定的换气效率相等。

6. 新风系统分类

确定了送往每个通风分区的新风量后，需进一步计算整个空调系统的新风量，其与系统的分类有关。

按新风设计概念，系统可分为：单分区循环系统，专用新风系统，多分区循环系统。

（1）单分区循环系统[6,7]

单分区循环系统为一台空调箱仅向一个通风分区输送新、回混合风的系统。常见的无内墙分割的大餐厅、大会议厅、大商场等大空间空调都属于这类系统。单分区循环系统的新风量等于通风分区的新风量 $V_{ot}=V_{oz}$ ［见式（11-10）］，单分区系统一般不采用变风量空调方式。

（2）专用新风系统

专用新风空调箱向一个或多个通风分区送出 100% 的纯新风。专用新风系统常与风机盘管机组、直接蒸发式多联空调机组、水源热泵机组、冷吊顶、分体空调机组等配套使用。

和单分区循环系统相同，在不考虑系统漏风的情况下，专用新风系统的新风量等于各通风分区新风量之和 $V_{ot}=\sum_{各区}V_{oz}$ ［见式（11-11）］。专用新风系统的优点是确保了各通风分区的新风量。但是，通过后面对多分区循环系统的分析可看出，由于它不是再循环系统，无法对某些分区"未用完"的新风进行再利用，所以在某些情况下，专用新风系统实际上比多分区循环系统需要更多的新风量。

（3）多分区循环系统

多分区循环系统是指一台空调箱向两个或两个以上通风分区输送新、回混合风。常见的定风量末端装置再热系统和各种变风量空调系统均属多分区循环系统。

多分区循环系统可以再细分为单通道多分区循环系统和双通道多分区循环系统。

单通道多分区循环系统的特点是提供单源或称为单通道通风，无二次回风，它包括各种定风量多分区循环系统和单风道变风量系统等。单风机的双风道系统虽然利用两条不同的风道送风，但每条风道中含有相同比例的新风，单源（单风机）驱动相同的混合空气，所以也属单通道多分区系统。

双通道多分区循环系统的特点是提供双源或称为双通道通风，有二次回风。它包括串联式风机动力型变风量系统和双风机双风道系统等。并联式风机动力型变风量系统的末端装置内置风机通常间歇运行。风机运行时该系统为双通道多分区循环系统；风机不运行时为单通道多分区循环系统。

通过后文分析可知，双通道多分区循环系统比单通道循环系统具有更高的系统通风效率，系统新风量需求较小，节能性更好。

7. 多分区循环系统概念

多分区循环系统新风量计算时涉及几个重要概念：

（1）临界分区（critical zone）

变风量空调系统所辖各通风分区所需新风比是不同的，其中必有一个需求新风比最大的通风分区，称为临界分区。当系统以同一新风比向各通风分区送风时，其新风比必须满足临界分区新风比的要求，如果系统以临界分区新风比送风势必会使其他通风分区的新风比偏大。"62 新方法"承认多分区循环系统某些区域必须过量送新风，以保证临界分区的新风供给。它也承认来自过量新风的区域中"未用完"的新风可以再循环使用，以减小系统总新风量。

（2）系统通风效率 E_v

利用式（11-6）可计算系统需求新风量 V_{ou}，由于多分区循环系统各通风分区需求新风比的差异，系统按一个新风比送风，总有一些通风分区的新风量过剩，"未用完"的新风通过排风和渗透流向室外。因此，为了满足系统新风量需求，系统送出新风量 V_{ot} 必须大于需求新风量 V_{ou}，它们的关系为：$V_{ot}=V_{ou}/E_v$ ［见式（11-12）］，其中 E_v 被定义为系统通风效率。

"62 新方法"删除了原 ASHRAE 62 中多房间送风系统中新风量计算公式 ［见式（11-1）］，并利用概念更为明确的各通风分区一次风最大的新风比 $\max(Z_p)$ 与系统通风效率 E_v 的对应关系来确定系统的通风效率值 E_v。其中区域一次风新风比 $Z_p=V_{oz}/V_{pz}$ ［见式（11-13）］。

系统通风效率 E_v 可用多种方法确定。其一为推荐值法，它根据系统中各通风分区中一次风最大的新风比 $\max(Z_p)$，从表 11-7 中查出推荐的系统通风效率值 E_v；其二是使用更为准确的公式计算。本章将在多分区循环系统计算中详细介绍该算法。

多分区变风量空调系统新风分配问题的实质是新风量与送风量的耦合性问题：新风需求量与人员和建筑物污染程度成正比，而新风供给量与随负荷变化的送风量成正比，于是就出现了新风需求与供给的矛盾，表现为各分区新风比的差异。变风量空调系统在满足送风量分配的同时，必须满足具有最大新风比的临界分区的新风需求。然而，变风量空调系统的临界分区是变化的，譬如：

1）夏季时外区既有建筑负荷又有内热负荷，送风量较大。相比之下，具有相同人员密度和新风需求量的内区仅有内热负荷，送风量较小。根据式（11-13），内区需求新风比较大，可能成为临界分区。

2）冬季时内区供冷，风量较大。相比之下，外区供热时带再热器的末端装置的一次风量通常仅为末端装置的最小风量，外区的需求新风比较大，可能成为临界分区。

3）某些会议室等通风分区负荷相对较小，而人员较多，新风需求量和需求新风比较大，很有可能成为临界分区。

综上所述，在供冷、供热设计工况下，必须分别对内、外区及某些局部区域进行区域通风效率值 E_{vz} 的计算，将其中最小的区域通风效率值作为系统通风效率，并按该系统通风效率值计算系统新风量。

8. 公式与定义

为了便于理解和查寻，对本节中出现的一些公式与定义归纳如下：

$$V_{bz}=R_p \times P_z + R_a \times A_z \tag{11-5}$$

$$V_{ou}=D \times \sum_{\text{各区}} (R_p \times P_z) + \sum_{\text{各区}} (R_a \times A_z) \tag{11-6}$$

$$D=P_s / \sum_{\text{各区}} P_z \tag{11-7}$$

$$T=180V/V_{bz} \tag{11-8}$$

$$V_{oz}=V_{bz}/E_z \tag{11-9}$$

$$V_{ot}=V_{oz}（单分区循环系统） \tag{11-10}$$

$$V_{ot}=\sum_{\text{各区}} V_{oz}（专用新风系统） \tag{11-11}$$

$$V_{ot}=V_{ou}/E_v（多分区循环系统） \tag{11-12}$$

$$Z_p=V_{oz}/V_{pz} \tag{11-13}$$

以上各式中　A_z——区域的净使用面积，m^2；

　　　　D——人员参差系数，系统人数与各区域人数之和的比值；

　　　　E_v——系统通风效率，推荐值见表 11-7；

　　　　E_z——区域空气分布效率，推荐值见表 11-6；

　　　　P_s——系统人数，空调系统所服务的各分区中同时出现的最高人数（人）；

　　　　P_z——区域人数，在通常使用情况下，通风分区内预期出现的最高人数（人）；

　　　　R_a——单位面积新风量，由表 11-4 确定，$m^3/(h \cdot m^2)$；

　　　　R_p——人均新风量，由表 11-4 确定的人均需求新风量，$m^3/(h \cdot 人)$；

　　　　T——平均间隔时间，min；

　　　　V——通风分区体积，m^3；

　　　　V_{bz}——呼吸区新风量，通风分区中进入呼吸区的新风量，m^3/h；

　　　　V_{ot}——系统新风量，经人员参差系数和系统通风效率修正后的系统新风量，m^3/h；

　　　　V_{ou}——未经系统通风效率修正的系统新风量，m^3/h；

　　　　V_{oz}——区域新风量，在设计条件下送风系统必须送到区域的新风量，m^3/h；

　　　　V_{pz}——区域一次风量，空调箱送到通风分区的一次风量，它包括新风和回风，m^3/h；

　　　　Z_p——空调区域一次风的新风比，空调箱送到通风分区的一次风中新风的比例；对于变风量空调系统，Z_p 为预期一次风最小风量时的新风比。

系统通风效率推荐值　　　　　　　　　　　　　表 11-7

$\max Z_p$	$\leqslant 0.15$	$\leqslant 0.25$	$\leqslant 0.35$	$\leqslant 0.45$	$\leqslant 0.55$	>0.55
E_v	1.0	0.9	0.8	0.7	0.6	按公式法计算

注：1. $\max(Z_p)$ 为系统各区域中 Z_p 的最大值，Z_p 由式（11-13）算得到。

　　2. 当 Z_p 在 0.15～0.55 之间时，可采用插值方法确定对应的 E_v 值。

　　3. 表中 E_v 值是根据系统平均新风比为 0.15 确定的（即未经修正的新风 V_{ou} 与空调箱所服务的各区域的总一次风之比）。本表可能会使 E_v 值偏低，采用计算法可得到更确切的结果。

11.2　单通道多分区系统新风量计算[8]

单风道型变风量空调系统属于单通道多分区系统。多分区变风量空调系统历来存在着分区新风量与送风量的矛盾。

确定系统新风量最常用的做法是简单地把各分区的新风需求量叠加起来作为系统的新风量，以系统平均新风比向各通风分区送风。该方法将导致以临界分区为代表的一些具有高新风比需求的分区新风量供给不足。

确定系统新风量的另一种方法是走向另一个极端，它以各分区中最高新风比作为系统新风比。该方法仅考虑新风的一次利用，不考虑新风的再循环利用。很高的系统新风比使大多数通风分区的新风量偏大，增大了新风能耗，能量浪费很大。

如何既保证临界分区新风供给，又使多分区系统新风量最小，一直是变风量空调系统设计所追求的目标。本节以"62 新方法"为依据，介绍单通道多分区系统新风量计算。

11.2.1　概念与方法

1. 计算思路

（1）确定各分区的人均新风量和单位面积新风量；计算各分区的面积及人数或平均人数；准确计算各通风分区的新风需求量。确定人员参差系数；算出系统的新风需求量；

（2）根据呼吸区及区域空气分布效率等概念，区分区域新风量与呼吸区新风量的差异，准确计算区域新风量；

（3）根据区域通风效率、临界通风分区和系统通风效率等概念，准确计算多分区系统新风量。

2. 计算概念

（1）通风分区送风新风比 Z_d

通风分区送风中所需新风比为 $Z_d=V_{oz}/V_{dz}$ ［见式（11-14）］。对于变风量空调系统，V_{dz} 为分区中预期的最小送风量。值得注意的是，虽然对于单风道变风量空调系统，$Z_d=Z_p$，但在概念上送风的新风比 Z_d 不同于一次风新风比 $Z_p=V_{oz}/V_{pz}$。例如，在串联型风机动力型变风量末端装置中，$Z_p=$ 新风量/最小一次风量，而 $Z_d=$ 新风量/末端装置内置风机风量。

（2）系统平均新风比 X_s

系统平均新风比 $X_s=V_{ou}/V_{ps}$ ［见式（11-15）］。式中 V_{ps} 为系统一次风风量，它由下面两个方法确定：其一，由系统负荷计算确定；其二，由各通风分区一次风最大风量叠加值 $\sum_{各区}V_{pz}$ 乘以系统负荷参差系数确定，即 $V_{ps}=LDF\times\sum_{各区}V_{pz}$［见式（11-16）］。

（3）区域通风效率 E_{vz}

区域通风效率 $E_{vz}=1+X_s-Z_d$ ［见式（11-17）］。由式（11-17）可知，区域送风新风比 Z_d 越大，区域通风效率越低，临界分区送风新风比最大，区域通风效率最低。

（4）系统通风效率 E_v

多分区系统的系统通风效率取各通风分区通风效率的最小值 $E_v=\min（E_{vz}）$［见式（11-18）］。因此系统通风效率则为 $E_v=1+X_s-Z_{d(临界)}$［见式（11-19）］。表 11-7 推荐的系统通风效率值是在假定系统平均新风比 $X_s=0.15$ 的基础上，通过式（11-14）计算而得。由式（11-19）还可知，临界分区送风新风比 $Z_{d(临界)}$ 越接近于系统平均新风比 X_s，临界分区的通风效率就越高，它与各通风分区的通风效率也越接近，各通风分区"未用完"的新风量也越小，因而排出室外的新风也越少，系统通风效率也就越高。

（5）公式与定义

$$Z_d=V_{oz}/V_{dz} \tag{11-14}$$

$$X_s = V_{ou}/V_{ps} \tag{11-15}$$

$$V_{ps} = LDF \times \sum_{\text{各区}} V_{pz} \tag{11-16}$$

$$E_{vz} = 1 + X_s - Z_d \tag{11-17}$$

$$E_v = \min(E_{vz}) \tag{11-18}$$

$$E_v = 1 + X_s - Z_{d(\text{临界})} \tag{11-19}$$

以上各式中　Z_d——区域送风新风比，区域送风量与所需新风的比值；

V_{oz}——区域新风量，空调区域所需设计新风量，m^3/h；

V_{dz}——区域送风量，预期空调区域送风量，它包括一次风和就地回风，m^3/h；

X_s——系统平均新风比，即空调箱送出的一次风新风比；

V_{ou}——未经系统通风效率修正的系统新风需求量，m^3/h；

V_{ps}——系统一次风量，来自空调箱含有新风的系统各区域总送风量，m^3/h；

LDF——系统负荷参差系数；

V_{pz}——区域一次风量，来自空调箱含有新风的区域一次送风量，它包括空调箱中的新风和回风，但不包括渗透风和用其他方法再循环到空调区域的风量，m^3/h；

E_{vz}——区域通风效率；

E_v——系统通风效率。

11.2.2　计算示例

图 11-1 为某办公层平面，设计采用单风道再热型变风量空调系统。平面有东向、西向与南向各三个外区办公室；南向、北向两个会议室，南向、北向 1、北向 2 三个内区办公室。空调平面共划为 8 个通风分区。其中东向、西向、南向、北向 2 四个办公室通风分区各自再细划出 3 个温度控制区。

1. 区域新风量计算

第 1 步：计算各区域人数 P_z 和使用面积 A_z。根据使用类型，在表 11-4 中查得人均新风量 R_p 和单位面积新风量 R_a；按式（11-5）计算呼吸区新风量 V_{bz}；对于人数波动较大的会议室可参照第 11.1.2 节第 4 点所述方法计算平均人数。

第 2 步：根据系统的空气分布形式，在表 11-6 中查得各通风分区在供冷及供热工况下的区域分布效率 E_z。

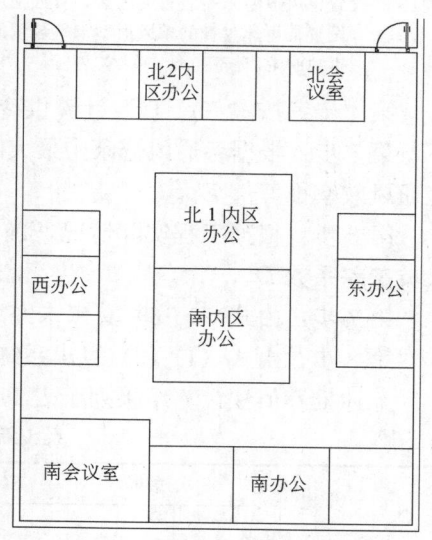

图 11-1　某办公楼层平面

第 3 步：按照式（11-9）算出供冷及供热工况下区域新风量 V_{oz}。

上述区域新风量计算结果列于表 11-8。

2. 系统新风量计算

（1）推荐值法

根据各通风分区显热负荷和系统送风温差，可求得各通风分区末端装置一次风最大送风量 V_{pz}。按第 8.1.2 节设计要点，参照末端装置样本中的参数，确定末端装置一次风最

小送风量 V_{pz-min}。如一个通风分区内设有多个末端装置，则通风分区的一次风量便是该通风分区内所有末端装置一次风量的总和。

区域新风量   表 11-8

步骤 通风分区	末端类型	R_p [m^3/(h·人)]	P_z (人)	R_a [m^3/(h·m^2)]	A_z (m^2)	供冷			供热	
						1	2	3	2	3
						V_{bz} (m^3/h)	E_z^*	V_{oz} (m^3/h)	E_z^{**}	V_{oz} (m^3/h)
南向办公	再热单风道	8.5	22	1.1	200	407	1.0	407	0.8	509
西向办公	再热单风道	8.5	24	1.1	200	424	1.0	424	0.8	530
南向会议室	再热单风道	8.5	60	1.1	300	840	1.0	840	0.8	1050
东向办公	再热单风道	8.5	25	1.1	200	433	1.0	433	0.8	541
南向内区办公	单风道	8.5	125	1.1	1000	2163	1.0	2163	—	—
北向1内区办公	单风道	8.5	125	1.1	1000	2163	1.0	2163	—	—
北向2内区办公	单风道	8.5	25	1.1	200	433	1.0	433	—	—
北向会议室	单风道	8.5	40	1.1	200	560	1.0	560		
$\sum$ 各区			446		3300					

* 设置单风道型末端装置的内区，有人使用时全年供冷（冬季早晨使用前预热）。

** 设置带再热盘管的单风道型末端装置的外区，有人使用时视季节确定送冷风或送热风。供冷时 E_z 为 1.0，供热时 E_z 降到 0.8。

第 4 步：按式（11-13）计算供冷与供热工况下区域一次风新风比 Z_p。

第 5 步：根据各通风分区中最大的一次风新风比 $\max(Z_p)$，在表 11-7 中插值求得系统通风效率推荐值 E_v。

第 6 步：根据工程实际情况，确定系统预期最大人数 P_s，并按式（11-7）算出系统人员参差系数 D。

第 7 步：由式（11-6）算出未经系统通风效率修正的新风需求量 V_{ou}。

第 8 步：由式（11-12）算出系统新风量 V_{ot}。

上述推荐值法计算结果列于表 11-9。

系统新风量计算表（推荐值法）   表 11-9

步骤 通风分区	一次送风		夏季供冷			冬季供热供冷			
				4	5		4	5	6~8
	V_{pz} (m^3/h)	V_{pz-min} (m^3/h)	V_{oz} (m^3/h)	Z_p (%)	E_v	V_{oz} (m^3/h)	Z_p (%)	E_v	
南向办公	3900	1170	407	0.35		509	0.44		
西向办公	4100	1230	424	0.34		530	0.43		
南向会议室	7000	2100	840	0.3		1030	0.49	0.66	
东向办公	4100	1230	433	0.35		541	0.44		
南向内区办公	15000	4500	2163	0.48	0.67	2163	0.48		
北向1内区办公	15000	4500	2163	0.48	0.67	2163	0.48		

续表

步骤\通风分区	一次送风		夏季供冷			冬季供热供冷			6~8
				4	5		4	5	
	V_{pz} (m³/h)	V_{pz-min} (m³/h)	V_{oz} (m³/h)	Z_p (%)	E_v	V_{oz} (m³/h)	Z_p (%)	E_v	
北向 2 内区办公	3300	990	433	0.44		433	0.44		
北向会议室	4700	1410	560	0.40		560	0.40		
系统	57100	17130							
第 6 步:D	$D = P_s / \sum_{各区} P_z = 346/446 = 0.78$(预期系统最大人数 $P_s = 346$ 人)								0.78
第 7 步:V_{ou}	$V_{ou} = D \times \sum_{各区} (R_P \times P_z) + \sum_{各区} (R_a \times A_z) = 0.78 \times 3791 + 3630 = 6587$								6587m³/h
第 8 步:V_{ot}	$V_{ot} = V_{ou}/E_v = 6587/0.67 = 9980$								9980m³/h

（2）公式计算法

第 4 步以前及第 6、7 步的各步骤与推荐值法完全相同。

第 8 步：由式（11-16）算出系统一次风量 V_{ps}，计算时，夏季和冬季的系统负荷参差系数分别取 0.75 和 0.8。冬季时，外区末端装置在一次风最小风量下再热，系统负荷参差系数不起作用。所以，冬季时系统的一次风量为 $V_{ps} = \sum V_{pz-min(外区)} + 0.8 \sum V_{pz(内区)}$。如外区末端装置所输送的一次风量所占比例较大，则 V_{ps} 值较小。

第 9 步：由式（11-15）算出冬、夏季系统一次风平均新风比。

第 10 步：由式（11-17）算出冬、夏季各区域通风效率 E_{vz}。由于该系统为单风道变风量系统，所以 $Z_p = Z_d$。

第 11 步：由式（11-18）算出系统通风效率 E_v。

第 12 步：由式（11-12）算出系统新风量 V_{ot}。

上述公式计算法计算结果列于表 11-10。

系统新风量计算表（公式计算法）　　　　　　表 11-10

通风分区	夏季供冷					冬季供热、供冷				11~12
			4	5~9	10		4	5~9	10	
	V_{pz} (m³/h)	V_{pz-min} (m³/h)	V_{oz} (m³/h)	Z_d (%)	E_{vz}	V_{oz} (m³/h)	Z_d (%)	E_{vz}		
南向办公	3900	1170	407	0.35	—	0.80	509	0.44	0.74	
西向办公	4100	1230	424	0.34	—	0.81	530	0.43	0.75	
南向会议室	7000	2100	840	0.3	—	0.85	1030	0.49	0.69	
东向办公	4100	1230	433	0.35	—	0.80	541	0.44	0.74	
南向内区办公	15000	4500	2163	0.48	—	0.67	2163	0.48	0.7	
北向 1 内区办公	15000	4500	2163	0.48	—	0.67	2163	0.48	0.7	
北向 2 内区办公	3300	990	433	0.44	—	0.71	433	0.44	0.74	
北向会议室	4700	1410	560	0.40	—	0.75	560	0.40	0.78	
系统	57100	17130								

续表

通风分区			夏季供冷			冬季供热、供冷			
			4	5～9	10	4	5～9	10	11～12
	V_{pz} (m³/h)	V_{pz-min} (m³/h)	V_{oz} (m³/h)	Z_d (%)	E_{vz}	V_{oz} (m³/h)	Z_d (%)	E_{vz}	
第6步：D	见表11-7		0.78			0.78			
第7步：V_{ot}	见表11-7		6587 m³/h			6587 m³/h			
第8步：V_{ps}	$V_{ps}=LDF×\sum V_{pz}=42825$ m³/h					36130 m³/h			
第9步：X_s	$X_s=V_{ou}/V_{ps}=6587/42825=0.15$					6587/36130=0.18			
第10步：E_{vz}	$E_{vz}=1+X_s-Z_d$；								
第11步：E_v	$E_v=min(E_{vz})$								0.67
第12步：V_{ot}	$V_{ot}=V_{ou}/E_v=6587/0.67=9831$								9831m³/h

通过多分区循环系统新风量计算可知，由于推荐值法把 X_s 固定在 0.15，系统最低效率出现在加热工况。如采用更为复杂、精确的公式计算法，由于冬季时加热情况下一次风量减小，X_s 增加，系统通风效率提高，系统的最低通风效率反而会出现在供冷工况。

此外，当局部区域（如临界分区）的一次风最小风量新风比 Z_p 要求较大时，将迫使整个系统提高新风量。该做法很不经济。实际上，如稍微增加临界分区一次风最小风量，降低一次风新风比 Z_p，即可有效减小系统新风量，有利于节能。但是要注意，提高一次风最小风量会降低末端装置的调节能力，甚至可能需要过冷再热。

变风量空调系统在部分负荷时能否保证各通风分区的新风量？由式（11-19）分析可知：临界分区在一次风最小风量下的新风比 $Z_{p(临界)}$ 是整个系统各通风分区一次风最小风量下新风比中的最大值。当系统风量减小时，系统一次风平均新风比 X_s 只会提高，系统通风效率 E_v 将随一次风量的减小而增加。在冬季加热工况下，一次风量减少，X_s 增加，系统通风效率提高，皆源于此。由于系统通风效率取自各区域通风效率的最小值，各通风分区的通风效率均高于系统的通风效率，因此，各通风分区的新风量是完全可以保证的。

11.3　双通道多分区系统新风量计算[9]

11.3.1　概念与方法

双风机双风道变风量空调系统和串联式风机动力型变风量空调系统都属于双通道多分区系统。双通道包括一次风通道和二次风通道。一次风通道输送由集中空调箱处理的新、回一次混合风，二次通道仅输送再循环风。二次再循环风可来自系统的集中回风，也可来自一个或几个通风分区的就地回风。

双风机双风道系统是带集中二次回风的双通道多分区系统，如图 5-18、图 5-25 所示，一台风机输送一次冷风，另一台风机输送二次循环风或热风，根据需要也可以掺入新风。

串联式风机动力型系统是带就地二次回风的双通道系统，典型系统如图 11-2 所示。对于并联式风机动力型变风量空调系统，当末端装置内置风机运行时，属于双通道多分区系统；当末端装置内置风机停止运行时，属于单通道多分区系统。

双通道系统的优点在于其新风不仅来自于集中空调箱的一次风，还来源于吊平顶内就地二次回风。除了临界分区，其他通风分区的通风效率理论上都高于系统通风效率，这些区域中有部分新风没有被充分利用。因此，在空调区域吊平顶回风静压箱内必有部分"未用完"的新风。双风机双风道系统的集中二次回风和串联式末端装置的就地二次回风使这些新风被再循环利用，改善了临界分区及系统的通风效率，与单通道系统相比可减小系统新风量。

　　双通道系统可以采用第 11.2 节中介绍的单通道系统设计方法计算。但这些简单的计算方法未考虑到二次风再循环对新风再分配的贡献，难以得出系统应有的较高的通风效率，也无法节省系统新风量，故必须采用较为复杂的双通道系统的计算方法。

　　由于串联式风机动力型变风量空调系统较为常用，且该系统设计计算比双风机系统更为复杂。因此，本节以串联式风机动力型系统为例，介绍双通道多分区系统的新风量计算。

1. 串联式风机动力型末端装置的空气循环

　　在图 11-2 中，串联式末端装置的送风量 V_{dz} 进入通风分区后，按空气分布效率 E_z 的比例被划分为两部分：一部分（$E_z \cdot V_{dz}$）进入呼吸区，另一部分 $(1-E_z)V_{dz}$ 贴附流过吊平顶，未进入呼吸区，旁通进入回风口。

　　在串联式末端装置的送风量 V_{dz} 中，一次风量为 $V_{pz} = E_p \cdot V_{dz}$，二次回风量为 $(1-E_p)V_{dz}$。其中 E_p 为区域送风量的一次风量比，$E_p = V_{pz}/V_{dz}$ [式 (11-20)]。在串联式末端装置的二次回风中，有一部分来自该通风分区之外经过充分混合的二次回风 $E_r(1-E_p)V_{dz}$，另一部分来自该通风分区之内的二次回风 $(1-E_r)(1-E_p)V_{dz}$，其中 E_r 为回风混合效率。E_r 值无法计算，须根据设计者的经验判断。对于风机动力型变风量空调系统，如末端装置二次回风口接近于集中系统的回风口，因各通风分区的回风被充分混合，则 E_r 接近于 1.0。反之，如末端装置的二次回风口接近于该区域的回风口，E_r 接近于 0。如末端装置的二次回风口直接接在该区域的回风口上，则 $E_r = 0$。ASHRAE 研究课题（RP-1276）中对应用在实际工程中的各风机动力型末端装置的 E_r 值进行了测定，其结果有助于设计人员选用 E_r 值。

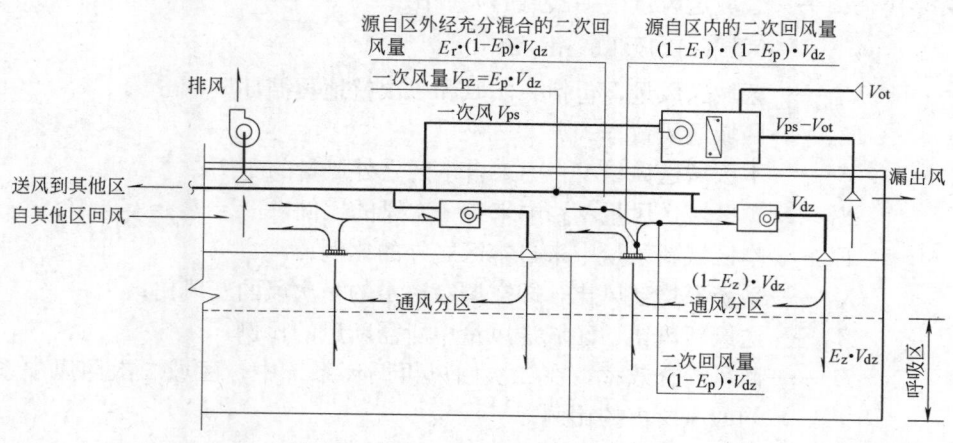

图 11-2　双通道（串联型风机动力）多分区系统流程

2. 区域通风效率通用公式

串联式风机动力型变风量空调系统等双通道系统因存在着一、二次风，所以各通风分区的通风效率必须采用更为通用的公式 $E_{vz}=(F_a+X_s\cdot F_b-Z_d\cdot F_c)/F_a$ ［式（11-21）］进行计算，其中 F_a 为本通风分区的送风量 V_{dz} 中来自于本分区之外风量的比例，由式（11-22）［$F_a=E_p+(1-E_p)E_r$］计算。单风道型末端装置的送风量因全部来自本分区之外的一次风，故 $F_a=1$。串联式风机动力型末端装置的送风量 V_{dz} 由一次风和二次回风组成，二次回风中有一部分回风来自本通风分区，故 $F_a<1$。

F_b 为本通风分区送风量 V_{dz} 中来自一次风的比例。对于单风道型末端装置，$F_b=1$。对于串联式风机动力型末端装置，$F_b=E_p=V_{pz}/V_{dz}$ ［式（11-20）］。

F_c 为本区域输送的新风量中来自本区之外新风的比例，可由式（11-23）［$F_c=1-(1-E_z)\cdot(1-E_r)\cdot(1-E_p)$］计算。对于单风道型末端装置，新风全部来自本区外的一次风，故 $F_c=1$。由图 11-2 可知，串联式风机动力型末端装置的新风包含在三部分风量中：

（1）一次风量 $V_{pz}=E_p\cdot V_{dz}$；

（2）来自本通风分区之外充分混合的二次回风量 $E_r(1-E_p)V_{dz}$；

（3）来自本通风分区内的二次回风量 $(1-E_r)(1-E_p)V_{dz}$。

前两部分风量中的新风来自本通风分区之外，其中来自本通风分区之外经充分混合的二次回风中含有部分从其他通风分区来的"未利用"新风。该部分新风的再循环利用是双通道系统提高"临界分区"通风效率，从而进一步提高系统通风效率的关键。来自本通风分区内的二次回风中也有部分"未用完"新风。这是因为一部分送风未进入人员呼吸区，直接从人员呼吸区上方进入回风口。对于单风道型变风量系统，$F_a=F_b=F_c=1$。代入式（11-21）即可得 $E_{vz}=1+X_s-Z_d$ ［式（11-14）］。所以式（11-21）为单、双通道多分区循环系统区域通风效率的计算通式。

3. 公式与定义

$$E_p=V_{pz}/V_{dz} \tag{11-20}$$
$$E_{vz}=(F_a+X_s\cdot F_b-Z_d\cdot F_c)/F_a \tag{11-21}$$
$$F_a=E_p+(1-E_p)E_r \tag{11-22}$$
$$F_c=1-(1-E_z)(1-E_r)(1-E_p) \tag{11-23}$$

上述各式中　E_p——区域送风量中一次风的风量比；

　　　　V_{pz}——区域一次风量，m^3/h；

　　　　V_{dz}——区域送风量，包括一次风和二次就地再循环风，m^3/h；

　　　　E_{vz}——区域通风效率；

　　　　F_a——本区域送风量 V_{dz} 中来自本区之外风量的比例；

　　　　F_b——本区域送风量 V_{dz} 中来自一次风的比例，$F_b=E_p=V_{pz}/V_{dz}$；

　　　　F_c——本区域新风量中来自本区之外的比例；

　　　　X_s——系统平均新风比，即空调箱送出的一次风的新风比；

　　　　Z_d——送风新风比，区域送风量中所需新风的比例；

　　　　E_r——回风混合效率，在二次回风再循环系统中，区域二次回风中系统平均回风所占的比例；

　　　　E_z——区域空气分布效率。

11.3.2　计算示例

设计条件同第 11.2.2 节示例，系统采用串联式风机动力型变风量空调系统，平面布置同图 11-1。

1. 区域新风量计算

区域新风量的计算同第 11.2.2 节示例。计算结果同表 11-8。表中末端装置类型由单风道型变为串联式风机动力型末端装置。

2. 系统新风量计算

（1）夏季供冷工况

第 1 步至第 3 步：各通风分区变风量末端装置的一次风最大送风量 V_{pz} 和最小送风量 V_{pz-min} 及夏季供冷工况下各通风分区的新风量 V_{oz} 同本章第 11.2.2 节示例。串联式风机动力型末端装置内置风机风量 V_{fan} 等于末端装置一次风最大送风量，所以 $V_{dz}=V_{pz}$。各步骤计算数据见表 11-11。

第 4 步：按式（11-14）计算 $Z_d=V_{oz}/V_{dz}$。

第 5 步：根据具体工程情况，确定系统预期最大人数 P_s，并按式（11-7）计算系统人员参差系数。

第 6 步：由式（11-6）计算未经系统通风效率修正的系统新风需求量 V_{ou}。

第 7 步：由式（11-16）确定供冷工况下系统一次风量 V_{ps}。夏季供冷工况下系统的负荷参差系数 LDF 取 0.75。

第 8 步：由式（11-15）计算夏季供冷工况一次风平均新风比 X_s。

第 9 步：E_p 为末端装置送风量 V_{dz} 中一次风比例，$E_p=V_{pz}/V_{dz}$。V_{pz} 是个变化值，E_p 越低则区域通风效率 E_{vz} 越低。为了将最低的 E_{vz} 作为系统通风效率 E_v，取 V_{pz} 为一次风最小风量，本示例取 $V_{pz-min}=0.3V_{pz}$。因 $V_{pz}=V_{dz}$，$E_p=0.3V_{pz}/V_{dz}=0.3$。

第 10 步：假定本示例中各区域的 $E_r=0.8$。

系统新风量计算表（夏季供冷）　　　　表 11-11

步骤							4	9	10	11a	11b	11c	12
通风分区	末端类型	V_{pz} (m³/h)	V_{fan} (m³/h)	V_{dz} (m³/h)	V_{pz} (min) (m³/h)	V_{oz} (m³/h)	Z_d	E_p	E_r	F_a	F_b	F_c	E_{vz}
南向办公	再热串联型	3900	3900	3900	1170	407	0.104	0.3	0.8	0.86	0.3	1	0.931
西向办公		4100	4100	4100	1230	424	0.103	0.3	0.8	0.86	0.3	1	0.933
南向会议室		7000	7000	7000	2100	840	0.120	0.3	0.8	0.86	0.3	1	0.913
东向办公		4100	4100	4100	1230	433	0.106	0.3	0.8	0.86	0.3	1	0.929
南向内区办公	串联型	15000	15000	15000	4500	2163	0.144	0.3	0.8	0.86	0.3	1	0.885
北向 1 内区办公		15000	15000	15000	4500	2163	0.144	0.3	0.8	0.86	0.3	1	0.885
北向 2 内区办公		3300	3300	3300	990	433	0.131	0.3	0.8	0.86	0.3	1	0.900
北向会议室		4700	4700	4700	1410	560	0.119	0.3	0.8	0.86	0.3	1	0.913
$\sum V_{pz}$		57100											

步骤	
第 5 步：D	$D=P_s/\sum_{\text{各区}}P_z=346/446=0.78$（预期系统最大人数 $P_s=346$ 人）
第 6 步：V_{ou}	$V_{ou}=D\times\sum_{\text{各区}}(R_p\times P_z)+\sum_{\text{各区}}(R_a\times A_z)=0.78\times791+3630=6587(\text{m}^3/\text{h})$
第 7 步：V_{ps}	$V_{ps}=LDF\times\sum_{\text{各区}}V_{pz}=0.75\times57100=42825(\text{m}^3/\text{h})$
第 8 步：X_s	$X_s=V_{ou}/V_{ps}=6587/42825=0.15$
第 13 步：E_v	$E_v=\min(E_{vz})=0.885$
第 14 步：V_{ot}	$V_{ot}=V_{ou}/E_v=6587/0.885=7743(\text{m}^3/\text{h})$

第 11 步：由式（11-22）计算本空调区域送风量 V_{dz} 中来自本区之外风量的比例 F_a；本空调区域送风量 V_{dz} 中来自一次风的比例 $F_b=E_P=0.3$。由式（11-23）可计算出本空调区域新风量中来自本区之外的比例 F_c。由于在夏季供冷工况下各区域空气分布效率 $E_z=1$，所以 $F_c=1$。

第 12 步：按式（11-21）计算出各通风分区的区域通风效率 E_{vz}。

第 13 步：将各通风分区中最小的区域通风效率确定为系统通风效率 E_v。

第 14 步：根据式（11-12）计算出系统新风量。

（2）冬季供冷供暖工况

系统新风量计算表见表 11-12。比较表 11-11 与表 11-12 可知，冬季工况有很多数据沿用了夏季工况的数据，但它们有下面两点区别：

1）由于外区末端装置冬季供热时一次风量保持最小值，故外区一次风量 V_{pz} 由最大值变为最小值（$0.3V_{pz}$）；

2）由于冬季供热空气分布效率低至 0.8，故外区的新风量较大，将 V_{oz} 改为冬季供热的数值。按第 4 步式（11-14）求得冬季供热时的 $Z_d=V_{oz}/V_{dz}$ 略大于夏季供冷时的数值。

第 5 步与第 6 步：同夏季供冷工况。

系统新风量计算表（冬季供冷供暖） 表 11-12

通风分区	末端类型	V_{pz} (m³/h)	V_{fan} (m³/h)	V_{dz} (m³/h)	V_{pz} (min) (m³/h)	v_{oz} (m³/h)	4 Z_d	9 E_p	10 E_r	11a F_a	11b F_b	11c F_c	12 E_{vz}
南向办公	再热串联型	1170	3900	3900	1170	509	0.130	0.3	0.8	0.86	0.3	0.972	0.916
西向办公		1230	4100	4100	1230	530	0.129	0.3	0.8	0.86	0.3	0.972	0.917
南向会议室		2100	7000	7000	2100	1030	0.147	0.3	0.8	0.86	0.3	0.972	0.897
东向办公		1230	4100	4100	1230	541	0.132	0.3	0.8	0.86	0.3	0.972	0.914
南向内区办公	串联型	15000	15000	15000	4500	2163	0.144	0.3	0.8	0.86	0.3	1	0.895
北向 1 内区办公		15000	15000	15000	4500	2163	0.144	0.3	0.8	0.86	0.3	1	0.895
北向 2 内区办公		3300	3300	3300	990	433	0.131	0.3	0.8	0.86	0.3	1	0.910
北向会议室		4700	4700	4700	1410	560	0.119	0.3	0.8	0.86	0.3	1	0.924
$\sum V_{pz}$		43730											

步 骤	
第 5 步：D	$D=P_s/\sum P_z=346/446=0.78$（预期系统最大人数 $P_s=346$ 人）
第 6 步：V_{ou}	$V_{ou}=D\sum(R_p\times P_z)+\sum(R_a\times A_z)=0.78\times3791+3630=6587$（m³/h）
第 7 步：V_{ps}	$V_{ps}=\sum V_{pz(外区)}+LDF\times\sum V_{pz(内区)}=5730+0.8\times38000=36130$（m³/h）
第 8 步：X_s	$X_s=V_{ou}/V_{ps}=6587/36130=0.18$
第 13 步：E_v	$E_v=\min(E_{vz})=0.895$
第 14 步：V_{ot}	$V_{ot}=V_{ou}/E_v=6587/0.895=7360$（m³/h）

第 7 步：冬季外区末端装置供热，其一次风量设定为最小值；内区末端装置理论上维持供冷工况时的最大风量，可由式（11-16）的变形 $V_{ps}=\sum V_{pz(外区)}+LDF\times\sum V_{pz(内区)}$ 求

得系统一次风量 V_{ps}。冬季内区系统负荷参差系数 LDF 取 0.8。

第 9 步与第 10 步：同夏季供冷工况。

第 11 步：F_a、F_b 计算同夏季供冷工况。因冬季外区供热时 $E_z = 0.8$，由式（11-23）计算得到的本区域新风中来自本区之外的比例 F_c，$F_c = 1 - (1-0.8) \times (1-0.8) \times (1-0.3) = 0.972$。冬季内区供冷时，$E_z = 1$，$F_c = 1$。

第 12 步与第 14 步：同夏季供冷工况。

11.3.3　其他双通道多分区系统

常用的双通道多分区系统还有并联式风机动力型变风量空调系统和双风机双风道变风量空调系统。

并联式风机动力型变风量末端装置的内置风机一般仅在供冷工况风量较小时或供热工况时运行，形成就地二次回风，使"未用完"的新风得到再循环利用。在供冷工况且风量较大时风机不运行，系统无二次回风，无"未用完"新风再循环利用的功能。

在供热工况下，由于二次回风使系统通风效率增加，新风需求量比供冷工况时小。因此，最不利通风情况（最高新风需求量）一般出现在供冷工况。可以按单通道多分区系统进行新风量计算，但无论供冷工况还是供热工况，空调区域新风需求量不会有较大的变化。

双风机双风道变风量空调系统的一个通道送一次风，另一个通道送二次再循环回风或热风。它与串联式风机动力型变风量空调系统二次再循环方式的主要差别在于二次回风混合比 E_r 不同，双风机双风道系统的二次回风全部是系统的平均回风，E_r 始终为 1.0。相对于串联式风机动力型系统，双风道系统的通风效率更高，系统新风量更少。在各种双风道多分区循环系统中，双风机双风道系统具有最高的系统通风效率。

再循环风机也是提高局部区域通风效率的有效方法之一。会议室是一个很难处理的通风分区，人员密度高，需要很大的新风比。低负荷时，为了满足会议室（通常已成为临界分区）的新风比，单通道系统必须把系统一次风新风比设定得很大。而双通道系统则无必要保持较高的系统一次风新风比，因为二次再循环可以提高其区域通风效率（E_{vz}）。局部采用再循环风机连续或间歇运行，将吊平顶内的风送入会议室，增加二次回风的再循环通道。此举可以增加送风量（V_{dz}），降低 $Z_d = V_{oz}/V_{dz}$，使区域 E_{vz} 提高。如果该分区是临界分区，系统通风效率 E_v 就可相应提高，减少系统新风量。

11.4　两种新风量计算方法比较

比较现行新风量计算方法和"62 新方法"，可给出一些启示。

（1）现行方法以分类的人均新风量计算新风需求量，如办公室人均 30m^3/h。"62 新方法"则将新风量分解成用于稀释人员污染物和建筑污染物两部分。计算结果表明，如按美国办公区平均人员密度 15m^2/人（空调面积）计，单通道系统人均新风量约 33m^3/h；而按我国办公区平均人员密度 7.5m^2/人（空调面积）计，单通道系统人均新风量约 22m^3/h。换言之，人员密度越大，人均新风量越小。现行方法比较适合美国低人员密度办公室的新风需求，而将人均 30m^3/h 的标准用于我国高人员密度办公室，人均新风量多了 10m^3/h 左右。因此，采用"62 新方法"可降低新风能耗近 30%。

（2）关于人员数量。现行方法一般按各通风分区最大人员数量累计值计算。"62 新方法"则引入了"平均人数"和"人员参差系数"等概念，比较适合办公建筑人员流动的实际情况。

（3）"62新方法"推出"呼吸区""区域空气分布效率"等概念，它告诉设计人员不能简单地将新风送入房间就结束了，还需考虑新风是否被送到人员呼吸区，是否有部分新风被旁通出去，排至室外，未起到稀释污染物作用。

（4）"62新方法"用"区域通风效率""临界分区""系统通风效率"等概念，建立起区域、最不利（临界）区域与系统等各通风效率之间的关系，以确保最不利区域的新风需求。同时也告诉设计人员要降低临界分区的新风比（提高其通风效率）。设计不当，会使系统新风量过大，新风过量的通风分区过多。

（5）变风量空调系统可分为单通道多分区系统和双通道多分区系统。双通道多分区系统因为有二次回风，可再循环利用新风过量分区中"未用完"的新风，提高系统通风效率。计算表明：双通道系统所需新风量仅为单通道系统的75%。但双通道系统也存在着缺点，如串联式风机动力型末端装置内置风机能耗大、装置价格高；双风机双风道系统管路复杂。采用何种系统形式，设计人员应进行综合比较后确定。

（6）对比式（11-1）、式（11-12）和式（11-19）可知，对于单通道多房间系统新风量计算，现行方法与"62新方法"的概念是基本一致的。但是对于双通道多分区系统新风量计算，因为前者未考虑二次回风中"未用完"新风再循环利用，存在概念差异。

（7）"62新方法"的基本特点是：按实际情况计算人数与新风量；按定量方法计算各种效率，充分利用二次回风提高通风效率；按临界分区效率决定系统效率。因此，可以认为，"62新方法"是对传统新风量计算方法的一次彻底的革新。

11.5　新、排风处理方式

变风量空调系统有多种新风处理方式，适用于不同的情况。

11.5.1　分散处理方式

新风分散处理方式很常用。变风量空调箱将新风从就近外围护结构上的进风口吸入，与系统回风混合并处理后送到各空调区域，系统原理见表11-13内的图式1和图式2。

新风分散处理方式可在最小新风量情况下采用全热交换器进行排风热回收节能运行。还可在保证新、排风平衡的前提下，通过增加新风量和排风量，减少回风量，实现全/变新风量运行。春、秋季或冬季，大型办公建筑的内区也需供冷。全新风或加大新风量运行，可利用低温新风调节空调箱进风温度，实现降低空调器进风焓值（可减少系统供冷量）或直接新风供冷，有利于空调系统节能。全新风或变新风运行需配置系统全风量的回风机或排风机，还需控制好新、排风量平衡，以保持空调区域微正压。

采用新风分散处理方式的困难之处是需要在合适的位置设置空调机房，并设置新、排风口。因此，新风分散处理方式常用于高层办公建筑裙房部分等能就地设置空调机房和新、排风口的场合。

11.5.2　集中处理方式

高层办公建筑标准层空调机房一般设在芯筒内，通常无法设置对外的新、排风口，因此多采用新风集中方式，系统原理见表11-13内的图式3和图式4。集中新、排风空调箱通常设置在屋顶层、设备中间层或地下层的设备机房，并且就近集中开设对外的新、排风进出口。新风经新、排风空调箱集中处理后送到各层楼面，在楼层空调箱内与楼层回风混合后进行热、湿处理。因受竖向管井尺寸的限制，集中新风系统分配到各层的新风一般只能满足最小新风量，很难大幅度增加。因此，楼面空调系统通常不采用变新风自然冷却节能运行。由于集中新风系统负担了大部分新风负荷，楼层空调箱的负荷比较稳定。

集中新、排风空调箱在室外空气状态合适的条件下，通过全热交换器进行排风热回收节能运行。

11.5.3　系统定新风量处理方式

新风分散处理方式的变风量空调系统，随着送风量减少，回风道压力降将会减小，新风进口处的负压值也会减小，可能导致新风量减少。同理，新风集中处理方式将新风管接至楼层空调箱进口，新风进口处负压值减小，也会导致新风量减少。这就是变风量空调系统的系统不定新风特性。

为了保证系统新风量，变风量空调系统需要对系统新风量进行控制，称为系统定新风量处理方式，系统原理见表 11-13 内的图式 2 和图式 4，常见有两种控制方法：

（1）新、排风定风量（CAV）装置控制

对于新风分散处理方式，在新、排风管上设置新、排风定风量（CAV）装置。另外，系统最小新风量和全新风量相差很大，应分别设置最小新风管和全新风管，使最小新风管内的风速控制在可测、可控范围内。

对于新风集中处理方式，在每一楼层的新、排风管支管上设置定风量（CAV）装置；集中新、排风空调箱采用变风量空调系统，送、排风机配置变频器，变频调节送、排风机风量。

采用新、排风定风量（CAV）装置的作用是：

1）消除分散的或各楼层空调箱变风量运行时对系统新风量的影响；

2）分散的或各楼层空调系统不使用时可随时方便地切断新、排风供给；

3）分散的或各楼层空调系统新、排风量可随时方便地再设定；

4）集中新、排风空调箱在保证送、排风静压的同时实现风机变频调速节能运行。

（2）新、回风混合箱负压控制（详见第 15.5.1 节）

11.5.4　末端装置定新风量处理方式

系统定新风量处理方式保证了系统的新风量，但区域新风需求量与人数成正比，区域新风供给量与送风量成正比，区域人数与送风量不一定成正比。在建筑负荷与内热负荷较大、人员较少的房间，新风供给量大于需求量；而在建筑与内热负荷较小、人员较多的房间（如会议室），以及冬季外区再热末端在最小一次风量下运行，系统新风供给量小于需求量，故变风量空调系统仍然存在多房间新风分配问题。

本章前几节详细介绍了国内外关于多房间新风分配的设计方法。本节介绍的末端定新风量处理方式将新风系统与空调系统分开，各自独立，也可顺利地解决区域送风量与新风需求量的矛盾，系统原理见表 11-13 中的图式 5。

图 11-3 是末端定新风量处理方式的变风量末端装置。实际上是两个变风量末端装置的组合：一个是单风道新风定风量末端，输送与控制新风量；另一个是房间变风量末端，输送与调节一次风量，控制房间温度。

末端定新风量处理方式的优点是彻底解决了多房间新风不保证问题。缺点是多了一套新风管和末端，系统设备控制更复杂，投资更大。此外，相比前述"62 新方法"，无法充分利用新风过量分区中"未用完"的新风，系统通风效率较低。

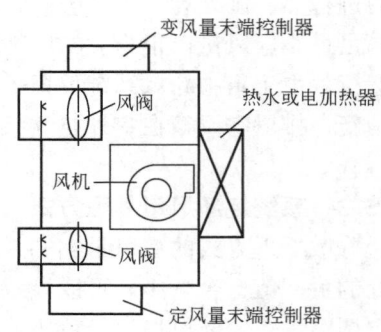

图 11-3　末端定新风量的变风量末端装置（江森）

11.5.5　新、排风处理方式汇总

新、排风处理方式	表 11-13

图　式	特点与适用性
1. 新、排风就地处理，系统不定新风量 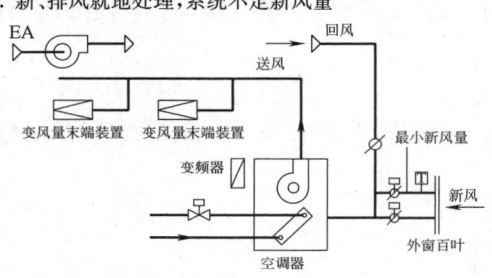 2. 新、排风就地处理，系统定新、排风量 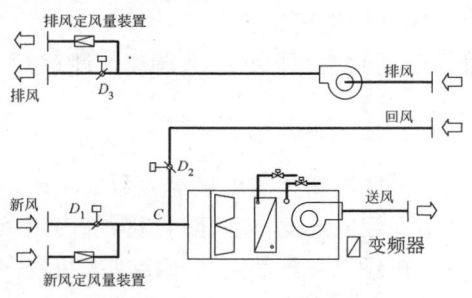	（1）单风机或双风机变风量空调箱就地采集新风。单风机空调箱需另设排风系统。机房外围护结构上需要有直接对外的进、排风百叶，供新、排风进出。 （2）在满足新、排风量平衡的条件下，可实现变新风比节能运行。由于最小新风量与全新风量相差甚远，需要分别设置新风管，以保证有效控制。 （3）当空调系统风量调小时，随着回风管阻力减小，新、回风混合处负压值减小；回、排风分离处正压值也降低，资用压差缩小导致系统新、排风量减少，所以称为系统不定新、排风量方式。 （4）为保证系统的新、排风量，在新、排风管上加设定风量装置CAV。当新、排风资用压差减小时，自动反馈调大风阀开度，维持系统设定的新、排风量，故称为系统定新、排风量方式
3. 新、排风集中处理，系统不定新、排风量 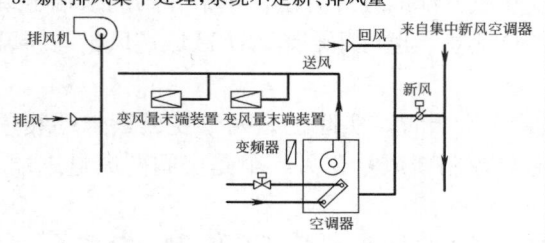	（1）高层办公建筑的空调机房多设于核心筒内，无直接对外的新、排风百叶，常采用集中新、排风处理方式。 （2）集中新风系统负担了大部分新风负荷，使楼层空调系统负荷比较稳定。 （3）楼层空调系统风量调小时，随着回风管阻力减小，新、回风混合处负压值减小，资用压差缩小导致新风量减少，所以称为系统不定新、排风量方式。 （4）为保证系统的新、排风量，在每个楼层设置定风量装置CAV。当新、排风资用压差减小时，自动反馈调大风阀开度，维持系统设定的新、排风量，故称为系统定新、排风量方式。

续表

图 式	特点与适用性
4. 新、排风集中处理,系统定新、排风量 5. 新、排风集中处理末端定新风量	(5)在集中新风空调箱和排风机上设置风机变频器,构成变风量集中新、排风系统。其特点有: 1)补偿楼层空调箱变风量对新风量的影响; 2)不使用的楼层新排风可以很方便地关闭; 3)各楼层新、排风量可由控制系统方便地再设定; 4)新风空调箱、排风机变频调速,在保证系统静压的同时实现风机节能。 (6)受送风量(负荷)的影响,系统定新风量仍不能保证各温控区域新风量均匀。在每个温控区域设一个新风定风量装置 CAV,保证了各个温控区域的新风量恒定,称为末端定新风量方式。由于设备与控制投资较大,仅适用于保证新风量要求较高,且小房间多的场合。 (7)受风道尺寸限制,集中新、排风系统难以实现较大幅度的变新风比,一般采用定新风比运行

11.6 变风量空调系统与新风系统的组合

上节介绍了各种新风处理方式及其特点,在实际工程中应采用何种新风处理方式,如何与变风量空调系统相匹配,设计人员可从以下方面予以考虑:

(1) 有条件设置贴近外围护结构的空调机房时,应考虑采用新风分散处理方式,可发挥其能够利用低温新风自然冷却的优势。如果对系统新风量保证要求较高,可加设系统定新风措施。

(2) 在高层建筑标准层无法贴近外围护结构设置空调机房的情况下,可采用新风集中处理方式。

(3) 对于大型集中式新风系统,如要考虑新风分配均匀性,不使用楼层可关闭,各层新风可再设定等问题,可在集中新风系统上采取系统定新风量措施。

(4) 对于大空间办公室和新风保证度要求不高的中小办公室的新风系统,采用上述某种集中或分散的新风处理方式与单通道多分区循环系统组合足以满足。但对于新风保证度要求高的中小空间,宜考虑采用双通道多分区循环系统,即串联式风机动力型系统或双风道系统,以便重复利用吊顶内二次回风中"未用完"的新风,提高系统通风效率,减小系统新风量，降低新风能耗。

（5）对于新风保证度要求较高的中小空间，如考虑采用并联式风机动力型系统或单风道系统等单通道多分区循环系统，由于不具备重复利用吊顶内二次回风中"未用完"新风的功能，可考虑采用末端定风量式新风系统。

（6）有些内热负荷较小、人员较密集的区域（如会议室、阅览室）新风需求量很大，如将其作为临界通风分区，会使整个系统通风效率很低，系统新风量很大，节能性差，为此可采取以下措施之一：

1）提高末端装置最小风量比，提高该通风分区（临界区）的通风效率。在末端装置上设置区域过冷再热装置，以保证室内空气温度在合适的范围内。

2）若系统是单通道多分区循环系统，可在某些局部区域单独设置双通道末端装置（串联式风机动力型末端装置），使其能利用二次回风中"未用完"的新风，提高区域和系统通风效率。

3）在局部区域内设置二次循环风机，可起到类似串联式风机动力型末端装置的功能。

本章参考文献

［1］中华人民共和国住房和城乡建设部. 民用建筑供暖通风与空气调节设计规范：GB 50736-2012［S］. 北京：中国建筑工业出版社，2012.

［2］中华人民共和国住房和城乡建设部. 公共建筑节能设计标准：GB 50189-2015［S］. 北京：中国建筑工业出版社，2015.

［3］ASHRAE. Ventilation for Acceptable indoor Air Quality：ANSI/ASHRAE Standard 62-2001［S］. Atlanta：ASHRAE，2001.

［4］ASHRAE. Ventilation for Acceptable indoor Air Quality：ANSI/ASHRAE Standard 62. 1-2004［S］. Atlanta：ASHRAE，2004.

［5］汪训昌. 62n 补遗对 ASHRAE 62-2001 标准修改的解读［J］. 暖通空调. 2005，7：39-46.

［6］Stanke D. Addendum 62n：Single-zone dedicated-OA system［J］. ASHRAE J，2004，46（10）：12-21.

［7］Stanke D. Addendum 62n：Changeover-bypass VAV system［J］. ASHRAE J，2004，46（11）：22-32.

［8］Stanke D. Addendum 62n：Single-path multiple-zone system design［J］. ASHRAE J，2005，47（1）：28-35.

［9］Stanke D. Standard 62. 1-2004：Designing dual-path, multiple-zone systems［J］. ASHRAE J，2005，47（5）：20-30.

第12章 风管系统

在空调工程中，风管设计的工作量很大，看似简单重复，其实技术含量颇高。如在设计时忽视了一些重要因素，会使系统的安装、调试与运行产生许多问题。

变风量空调风管系统设计与施工的优劣，对各末端装置的入口压力平衡、风速检测精度以及风量调节性能均有直接影响，因此，其风管设计要求比定风量空调系统更高。

12.1 风管系统分类

风管系统按其功能分类包括送风管、回风管、新风管与排风管。

风管系统按其工作压力则可分为低压系统、中压系统和高压系统。低压风管系统的工作压力 $P \leqslant 500\text{Pa}$；中压系统风管的工作压力 $500\text{Pa} < P \leqslant 1500\text{Pa}$；高压系统风管的工作压力 $P > 1500\text{Pa}$，所以变风量空调风管系统的工作压力一般在低压或中压系统范围。

风管系统按其管内风速又可分为低速风管和高速风管。低速风管的单位长度摩擦阻力为 $0.8 \sim 1.5\text{Pa/m}$，最高风速 $\leqslant 13\text{m/s}$；高速风管的单位长度摩擦阻力为 $1.5 \sim 5.0\text{Pa/m}$，最高风速 $\leqslant 20\text{m/s}$。

12.2 设计计算方法

空调风管可按全压或静压为基准设计计算，现行的计算方法大都以全压为基准。风管系统的全压损失为沿程阻力损失和局部阻力损失之和。

变风量空调系统风管设计计算方法包括：等摩阻法、静压复得法、摩阻缩减法和 T 最优化法等。

12.2.1 等摩阻法

中、低压的低速风管设计一般采用等摩阻法（也称流速控制法）。等摩阻法的基本规则是单位长度风管的摩擦阻力（比摩阻）相等，其计算要点如下：

(1) 根据确定的单位长度摩擦阻力 R（推荐值 1Pa/m 左右）或控制流速，在图 12-1 或其他风量计算表中查得各段风管在设计风量下的实际比摩阻 R_m。在确定比摩阻 R_m 时，需考虑空气温度、湿度、压力及风管粗糙度的影响，并作相应的修正。

(2) 流速控制法用流速控制摩阻，表 12-1 列出了中、低压低速风管系统各部位推荐风速和最大风速。由表可见，尽管各尺寸风管的比摩阻大致相同，但所对应的管内风速不同。

(3) 部件局部阻力计算需查取其局部阻力系数 ξ。某些部件局部阻力系数较大，风速较大时局部阻力很大，也易产生噪声，因此需限制其风速，限制风速值见表 12-2 与图 12-2。

(4) 系统最不利环路全压损失的计算可按式 (12-1) 进行：

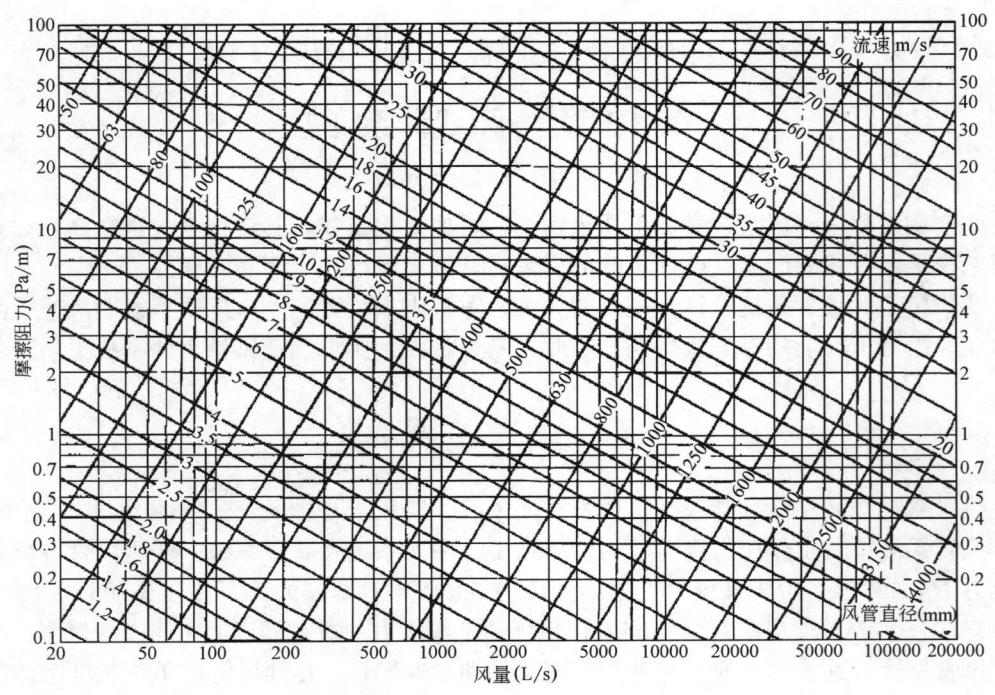

图 12-1　风管单位长度摩擦阻力线算图（$\rho = 1.20 \text{kg/m}^3$，$\varepsilon = 0.09 \text{mm}$）①

低速风管系统各部位推荐风速与最大风速②　　　　　　　　表 12-1

系统部位＼风速	推荐风速（m/s）			最大风速（m/s）		
	住宅	公共建筑	工厂	住宅	公共建筑	工厂
风机吸风口	3.5	4.0	5.0	4.5	5.0	7.0
风机出风口	5.0～8.0	6.5～10.0	8.0～12.0	8.5	7.5～110	8.5～14.0
主风管	3.5～4.5	5.0～6.5	6.0～9.0	4.0～6.0	5.5～8.0	6.5～11.0
支风管	3.0	3.0～4.5	4.0～5.0	3.5～5.0	4.0～6.5	5.0～9.0
支立风管	2.5	3.0～3.5	4.0	3.25～4.0	4.0～6.0	5.0～8.0

$$\Delta p_{\text{T}} = \sum (LR_{\text{m}}) + \sum \left(\xi \frac{\rho v_2^2}{2} \right) \tag{12-1}$$

式中　Δp_{T}——系统最不利环路的全压损失，Pa；

L——各管段长度，m；

R_{m}——各管段比摩阻，Pa/m；

ξ——各部件的局部阻力系数；

v——通过风管各部件风速，m/s；

ρ——空气密度，kg/m³。

---

① 见本章参考文献［2］35.8。
② 见本章参考文献［3］第312～314 页。

（5）估算法①

初步设计时，可采用下式对风管系统的全压损失进行估算：

$$\Delta P_{T}=LR_{m}(1+k) \tag{12-2}$$

式中　L——至最远送风口的送风管总长度加上至最远回风口的回风管总长度，m；

　　　k——局部阻力损失与摩擦阻力损失的比值；弯头、三通较少时，取 $k=1.0\sim$
　　　2.0；弯头、三通较多时，取 $k=3.0\sim5.0$。

风管系统部件限制风速② 表 12-2

部件名称	风速(m/s)	部件名称	风速(m/s)
进风百叶(小于 11880m³/h)	2	旋转型冲击粘着式过滤器	2.5
进风百叶(大于 11880m³/h)	按图 12-2	旋转型干式过滤器	1.0
排风百叶(小于 8700m³/h)	2.5	电气除尘器	0.8~1.8
排风百叶(大于 8700m³/h)	按图 12-2	加热盘管	2.0~2.5 (最小 1.0,最大 7.6)
板式过滤器(冲击粘着式)	1.0-4.0		
干型板式过滤器(粗效平板型)	与风管等速	冷却盘管	2.5~3.0
干型板式过滤器(中效多折型)	小于 3.8	喷雾型空气淋浴	1.5~3.0
干型板式过滤器(高效 HEPA)	1.3	喷雾型高速空气淋浴	6.0~9.0

12.2.2　静压复得法

高压高速风管可采用静压复得法计算。图 12-3 显示了静压复得法的基本原理：经过
三通分流后管内风速降低、动压减小，由此复得的静压用来克服下一段风管的损失。

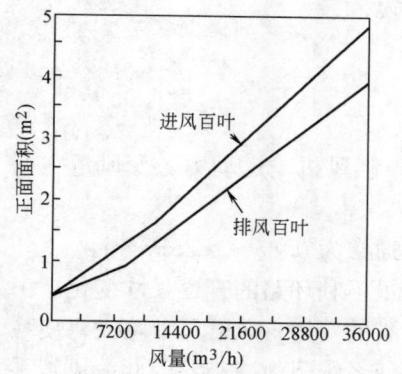

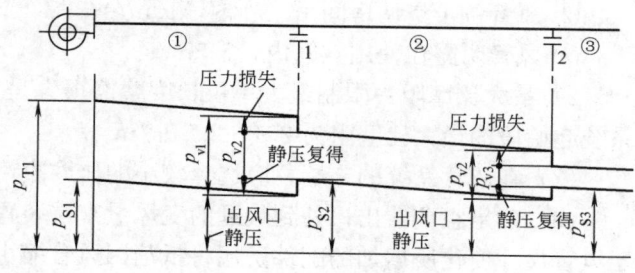

图 12-2　进排风百叶风速图③

注：有效面积 45%，进风百叶最大
　　损失 35Pa，排风百叶 60Pa。

图 12-3　静压复得法基本原理③

在图 12-3 中，风管①的风速为 v_1，动压值为 p_{v1}。经过三通 1 分流后下一段风管②
的风速减小为 v_2，动压减小到 p_{v2}。由于动压减小，风管②的入口处静压上升。如将这部
分复得的静压用于克服风管②损失，则风管①的出口处与风管②的出口处静压相等，其关

---

① 见本章参考文献 [1] 第 202 页。

② 见本章参考文献 [2] 35.8。

③ 见本章参考文献 [3] 第 312~314 页。

系式见式（12-3）：

$$\Delta p_t = \left(\frac{\rho v_1^2}{2} - \frac{\rho v_2^2}{2} \right) \tag{12-3}$$

式中　Δp_t——从三通 1 到三通 2 之间的全压损失，Pa；

　　　v_1——风管①的平均风速，m/s；

　　　v_2——风管②的平均风速，m/s。

实际上分流三通是有压力损失的，减小的动压不可能 100％转化成静压，其静压复得量应按式（12-4）计算：

$$\Delta p_t = R \left(\frac{\rho v_1^2}{2} - \frac{\rho v_2^2}{2} \right) \tag{12-4}$$

式中　Δp_t——静压复得量，Pa；

　　　R——静压复得系数。在 ASHRAE Guide & Data Book 中，$R=0.5\sim0.75$；在日本《空气调和卫生工学便览》中，$R=0.8$。

12.2.3　摩阻缩减法

变风量空调系统属中压风管系统，可采用相对简单的摩阻缩减法进行风管系统设计[①]，其设计计算步骤如下：

（1）从空调器起始段开始确定风管尺寸，并需满足以下两个限制条件：

1）最大风速：风速不是产生噪声的唯一原因，紊流所产生的噪声比风速更大。如光滑风管内高速气流产生的噪声可能比变径管处低速气流产生的噪声低。工程上，限制风速仍然是控制风管噪声的主要方法。风管系统风速限制值与所服务的空调房间的噪声标准和风管所处的位置有关。办公建筑送、回风管最大风速规定为：

① 风管位于机房或竖井等对噪声不敏感区域，18m/s；

② 风管位于空调房间吊平顶内，10m/s；

③ 风管明露在使用空间内，7.5m/s。

2）最大比摩阻：限制最大单位长度摩擦损失是为了限制风机输送动力。变风量空调系统起始段的最大比摩阻为 2.1~2.5Pa/m。

（2）在风管系统的末端，应选择较小的比摩阻，该值通常为 0.85~1.25Pa/m。

（3）确定空调器出口处到最远的变风量末端装置之间最不利环路的管道尺寸变化。由于风管尺寸变化所增加的配件费用将抵消因风管缩小所节省的费用；风管尺寸略大将使系统更适应末端装置数量或位置变化；减少风管变径配件也使系统阻力减小。因此，风管系统沿最不利环路的管道尺寸变化不应太多，一般设置 3~4 个变径配件。

（4）计算系统起始段比摩阻与最小比摩阻差值，且按变径配件数等分，得到比摩阻的减小量。例如：在图 12-4 中，最大比摩阻为 2.5Pa/m，最小比摩阻为 1.25Pa/m，该最不利环路有 3 个变径配件，其比摩阻的减小量为：(2.5-1.25)/3=0.42(Pa/m)。

（5）沿最不利环路以最大比摩阻开始设计风管，每到一个变径配件处按比摩阻减小量缩减比摩阻，直到最小比摩阻。图 12-4 中最不利环路各段比摩阻分别为 2.5Pa/m 、2.1Pa/m 、1.7Pa/m 和 1.25Pa/m。

（6）根据各段风管的比摩阻与设计风量，确定风管尺寸。摩阻缩减法模仿了静压复得

① 见本章参考文献［4］第 89 页。

法，使各管段静压近似相等，但不很准确。由于系统设计过程中的正常变化，风管阻力计算不可能很准确。变风量末端装置可大范围自动调节以平衡装置入口压力，精确的风管阻力计算并非十分必要。

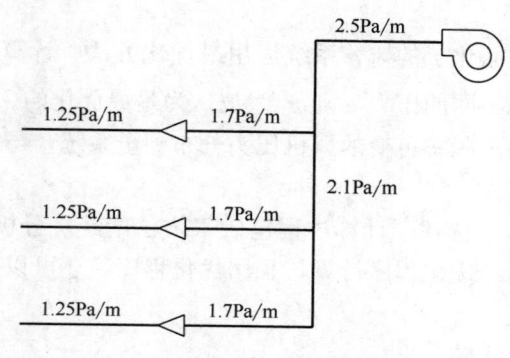

图 12-4　摩阻缩减法示意图

12.2.4　T 最优化法

ASHRAE 手册基础篇（2005）推荐了一种风管计算新方法——T 最优化法[①]。

T 最优化法是一种动态程序过程，它以 Bellman（1957）提出的树状分级理论为基础。T 最优化法需进行迭代计算。

T 最优化法是根据目标函数的最小化来确定风管尺寸，该方法的数学表达式为：

$$E = E_p(PWEF) + E_s \tag{12-5}$$

式中　E——目标函数，投资费用与运行费用之和；

$\quad\quad E_p$——第一年能耗费用；

$\quad\quad E_s$——初投资；

$PWEF$——当前价值升级系数，无因次量。

目标函数包括初投资与当前系统用能价格两部分。目标函数优化时还需考虑系统运行小时数、年度上涨率、利率及偿还期等因素。

1. 风管系统优化计算要求

（1）气流的连续性。每个计算节点上空气流进量等于流出量。

（2）压力平衡。各通路总压力降等于风机总压头，即对任一接合部，各通路的总压降相等；

（3）各义风管尺寸归整。风管一般采用不连续的标准尺寸制作，圆形风管的直径或矩形风管的高与宽将按国家标准尺寸归整。当计算出的风管尺寸介于两个标准尺寸之间时，如果选低一档标准尺寸，风管的初投资将减小，管道阻力损失将增加。相反，如果选高一档标准尺寸，则风管的初投资将增加，管道阻力损失将减小。因此，风管最优化设计须考虑风管尺寸的归整。

（4）风速限制。最大允许风速受空调房间噪声标准限制。

（5）建筑空间限制。建筑空间会限定风管尺寸。

2. 主要计算过程

---

① 见本章参考文献 [2] 35.18。

（1）系统简化。将多段风管简化成一个单一的、假想的、具有同等水力特性和同样价格的风管段，并作为一个完整的系统。两个以上的汇流段或分流段以及普通段在结合处可由简化段代替，且向着风机方向，逐一运用上述方法，将整个送风和回风系统简化成一段风管。

（2）风机选择。对被简化了的风管系统运用最优化方法，计算风机压头 P_t^{opt} 并选择风机。如风机选型时出现不同的压力，则 P^{opt} 被认为是最优化的。

（3）系统扩展。扩展过程将可变的风机压头分布到全系统。与简化过程不同，扩展过程从风机开始，到末端结束。

（4）经济分析。Tsal 等描述了计算过程包括 T 方法的经济分析。

T 最优化法必须采用最优化程序计算，采用优化程序，还可以对变风量空调风系统进行模拟计算。

12.2.5 各设计方法比较

变风量空调系统可采用低速风管系统，也可采用高速风管系统。

在相同风量下，高速风管系统的风管截面积较小，占用建筑空间较小，但风管阻力和风机压头较大，一般适用于风量较大、输送距离较长的大型变风量空调系统。

高速风管系统送风管初始管段的高全压中，很大部分以动压的形式出现，有足够的动压可供静压复得。如系统风管始、末段的风速分别为 20m/s 和 5m/s，其可供静压复得的动压差为 $\left(\dfrac{\rho v_1^2}{2}-\dfrac{\rho v_2^2}{2}\right)=\dfrac{1.2}{2}\times(20^2-5^2)=225(Pa)$，复得的静压用于克服下一段管道的阻力。因此，采用静压复得法，主风管初始段与最末段的静压值较接近，保证了管内各末端装置进口处的静压值也较接近。对于一个送风量为 30 万 m^3/h、送风管总长约 100m 的大型空调系统，如采用等摩阻法，主风管起始段与最末段的静压差可高达 300～500Pa，使变风量末端装置的调节难度增大。可见，高速风管系统应采用静压复得法进行风管设计。静压复得法的缺点是采用一个静压复得系数来计算局部阻力，计算结果不够准确。

对于送风量为每小时数十万立方米以上的大型高速变风量空调系统，理论上应采用 T 最优化法进行风管系统设计。但由于 T 最优化法比较复杂，过于理想化，未考虑其他因素对风管系统的影响，且每个风管配件都是独特的，据国外有关文献介绍，实际工程设计时也较少采用这种方法。

低速风管系统的风管截面相对较大，适用于中、小型空调系统。低速风管系统可供静压复得的动压差不大。如系统始、末段风管内风速分别为 10m/s 和 5m/s，两者的动压差仅为 $\dfrac{1.2}{2}(10^2-5^2)=45(Pa)$。因此，低速风管系统通常采用等摩阻法进行计算，主风管的起始段与最末段的静压差一般在 200～300Pa 之间。

无论风管系统采用何种方法计算，回风管及末端装置下游风管一般均采用等摩阻法计算。变风量空调系统通常不设回风变风量末端装置，各房间无回风调节功能。为使各房间回风均衡，应减小回风管阻力。设计时回风管的比摩阻可取 0.8Pa/m。

末端装置下游风管的阻力不宜过大，以免降低末端装置调节风阀的阀权度。该风管风速应控制在 4～5m/s。末端装置下游风管与送风口之间可采用软管连接。由于软管比摩阻较大，其长度不宜超过 2m，风速应控制在 3m/s 以内。

12.3　风管布置

12.3.1　送风管

1. 环形风管

定风量空调系统风管通常采用枝状分布，从空调箱到末端装置只有一条通道。而供水和供电系统多采用环网连接，从源头到用户之间有两个以上通道。这种环网技术也可用于变风量空调系统的风管设计，图 12-5 列举了四种环形风管方式。采用环形风管，从空调箱到末端装置，送风可经两条以上的通道流动，从而降低并均化了送风管的静压值，也可使末端装置的噪声减小。环形风管还具备将来增加或调整末端装置位置的灵活性。其主要缺点是增加了主风管的复杂性和投资费用。

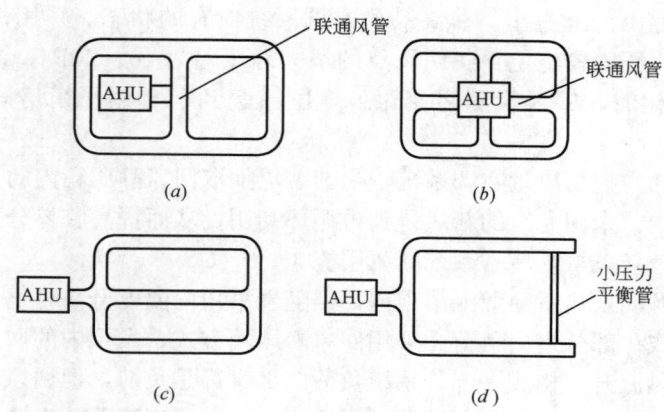

图 12-5　四种环形风管方式①
(a) 联通风管平衡风量；(b) 多重联通风管；(c) 多重风管减少主管尺寸；
(d) 当气流在末尾受限制时，采用较小的压力平衡管

2. 设计要点

风管设计是一门科学，也是一门艺术。要做好风管系统设计需具有流体力学知识并把握风管及配件的经济性，获得最低的寿命周期费用。总体而言，风管设计应注意以下几点：

(1) 主风管应尽可能走直线。风管越直，配件越少，初投资越低。同时，空气直线流动，局部阻力小，风机能耗也低。

(2) 不要片面强调节省风管造价，频繁收小管径。为了缩小风管尺寸而增加了风管配件，并不一定节省初投资，反而增加了风管阻力。风管变径次数应适当减少，一般情况下，主风管从头到尾的变径次数不应超过 3～4 次。

(3) 国内空调系统大多采用矩形风管，这是因为国内高层办公建筑大多为钢筋混凝土结构，矩形风管可节省吊顶内高度。而国外的办公建筑大多采用钢结构，空调系统采用圆形风管穿梁设置。圆形风管漏风量小、低频噪声低，直管段比较便宜，但配件较贵。矩形

① 参见本章参考文献 [5] 第 80 页。

风管漏风量大，但易于制作，配件也便宜；缺点是易传递低频噪声。

12.3.2 回风管

1. 回风静压箱

将吊平顶内空间作为回风静压箱是变风量空调系统常用的设计手法。变风量末端装置送风到各房间。回风通过吊平顶上设置的条缝型风口、格栅式风口或灯槽式风口进入吊平顶回风静压箱。空调箱通过接至回风静压箱的集中回风管回风，排风机也可通过接至回风静压箱的集中排风管排风。采用回风静压箱方式具有以下优点：

（1）平衡各房间压力。变风量空调系统末端装置的送风量随室内负荷变化，但回风管上一般不设回风末端，如回风管直接连接各房间回风口，系统总回风量按初调试时形成比例分配到各房间，构成各房间回风比，房间回风量＝系统总风量×房间的回风比，且不随房间送风量变化。当某房间负荷增大时，送风量可能会大于房间回风量，室内将呈正压状态。反之，当房间负荷减小时，送风量也可能会小于房间回风量，室内将呈负压状态。放任送回风量差自然地由门缝进出，非高品质空调系统应有的状态。采用吊平顶回风静压箱，因吊平顶的内静压比较稳定，各回风点的最大静压差为10～20Pa。当房间送风量改变引起室内静压变化时，回风量随之变化。静压箱起到了自然平衡房间送、回风量的作用。

（2）对于风机动力型变风量空调系统，末端装置抽取回风静压箱内的二次回风，可以使各通风分区回风中"未用完"的新风得到再循环利用，从而提高临界分区和整个系统的通风效率，减小系统新风量，节省系统新风用能。

（3）部分房间照明发热量会散入吊顶内，但随着吊顶内温度升高，仍然会通过无保温的吊顶传下来，构成一部分室内负荷。采用回风静压箱方式，吊顶内的回风可带走这部分照明负荷，形成回风温升，构成一部分系统负荷。尽管都是负荷，但回风静压箱方式可减少室内计算冷负荷和送风量，提高空调器进风温度，加大处理温差。对于串联式风机动力型变风量空调系统，二次回风利用回风温升可作为"过冷再热"区域的加热热源。

图12-6为吊平顶回风静压箱示意图。设计回风静压箱时应注意下列问题：

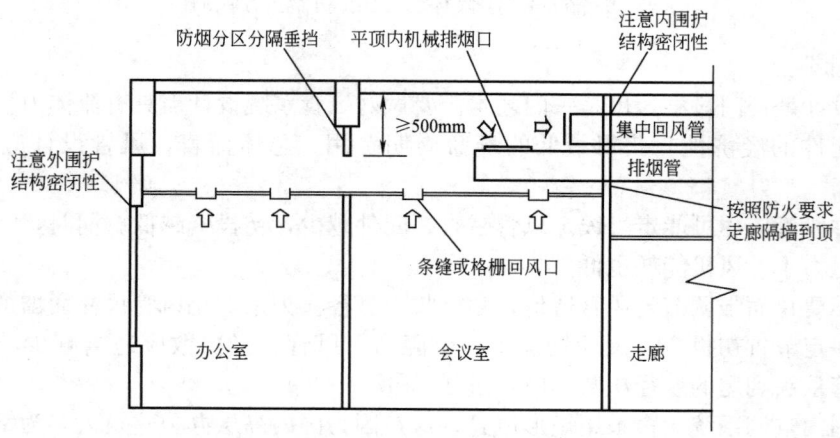

图12-6 吊平顶回风静压箱示意图

（1）空气渗漏。外围护结构的某些缝隙会使室外空气渗透到室内，增加系统新风负荷。内围护结构的某些缝隙，特别是管线穿越内围护结构处极易留下缝隙，会使厕所等处的污浊空气渗入空调房间，影响室内空气品质。因此，必须充分保证内、外围护结构的密封性。

（2）防火防烟。回风静压箱设计必须兼顾防火分区和防烟分区的分隔要求。火灾时回风静压箱可成为储烟仓。

（3）隔声要求。吊平顶回风静压箱在各房间之上相通，吊平顶材料对房间之间隔声和吊平顶噪声源的隔声十分重要，可参考 ARI 标准 885 推荐的吊平顶类型：16mm 矿棉纤维板，560kg/m^3。

2. 设计要点

回风系统形式较多，设计时应注意以下几点：

（1）当采用单风机系统或送风机加排风机系统时，为了保持新、回风混合处负压值不致过大（≤150Pa），回风管应选择较小的比摩阻（≤0.8Pa/m）。

（2）对于送、回双风机系统，回风管可采用等摩阻法设计，其比摩阻可取 1Pa/m。

（3）当回风管采用土建管井（图 12-7）时，管井的水力直径（或称当量直径）可按式（12-6）计算[1]。

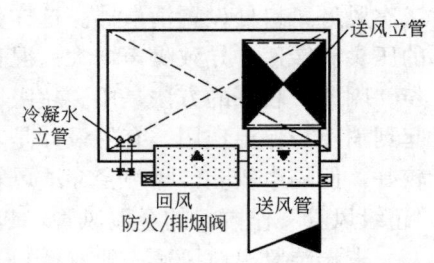

图 12-7　典型的土建回风井道[2]

$$HD = \frac{4A_f}{P_w}$$

（12-6）

式中　HD——土建管井的水力直径（当量直径），m；

　　　A_f——自由面积：管井断面面积减去井内其他管道包括水平支管阻挡的面积，m^2；

　　　P_w——湿周，管井断面内侧周长加上管井中其他管道的外周长，m。

（4）回风管井设计通常不采用等摩阻法，而直接采用流速控制法。管井内最大风速一般为 4~6m/s。回风管井需十分注意其密封性，为了严防渗漏，可采用密实的混凝土构造。回风管井的内表面应平整光滑，以减少回风阻力。此外，管井穿越非空调区域或室外时，应做好保温。

12.4　风管系统设计细部

12.4.1　末端装置连接风管

变风量末端装置进、出风接管设计的合理性对末端装置一次风量的测量和调节有很大影响，设计时应重视。

1. 进风支管

末端装置进风支管应采用镀锌钢板制作，并按末端装置进风口尺寸确定支管管径。采用毕托管式风速传感器的末端装置，进风支管的直管长度不应小于 4~5 倍支管直径。采用超声波式、热线热膜式等风速传感器的末端装置，进风支管的直管长度不应小于 2~4 倍支管宽度。进风支管段上不应设变径管和软接头，保持平直光滑，减少涡流，以提高风速检测装置的准确性；如考虑风机动力型末端装置隔振，可在进风支管与主风管之间设置

---

① 见本章参考文献［4］第 93 页。

② 见本章参考文献［4］第 28 页。

软接头。末端装置与主风管的连接节点示意见图 12-8。

2. 主风管与支风管连接

为减小支风管与主风管连接处的局部阻力，圆形风管应设置 90°圆锥形接管；矩形风管应设置 45°弧形接管。不宜采用分流调节风阀或固定挡风板，因为它将大大增加主风管阻力，并在主风管内产生涡流和噪声。

3. 出风支管

为了降低风机动力型末端装置内置风机的出口噪声，有的设计在末端装置的出风口和二次风进风口处设置消声器。这样会增加风管阻力，也要求内置风机在同样风量下有更高的压头和转速，导致噪声增大。况且，风机产生的噪声中还有消声器所不能消除的辐射噪声。因此，较好的方法是用"超级风管"（离心玻璃棉板加防霉涂层）作钢板风管的内衬，起到消声与保温作用。有的设计是末端装置的下游风管采用"超级风管"，这种风管消声较好，但隔声较差，噪声会穿透风管。因此，在靠近末端装置出风口处至少应采用一段由"超级风管"作内衬的金属风管，起到消声、隔声双重作用。

末端装置出口风速一般较低，为减小阻力，出风支管的风速不宜超过 3～4m/s。风机动力型末端装置与下游风管连接处应设置软接头。末端装置出风管到送风口静压箱一般采用消声软管连接。

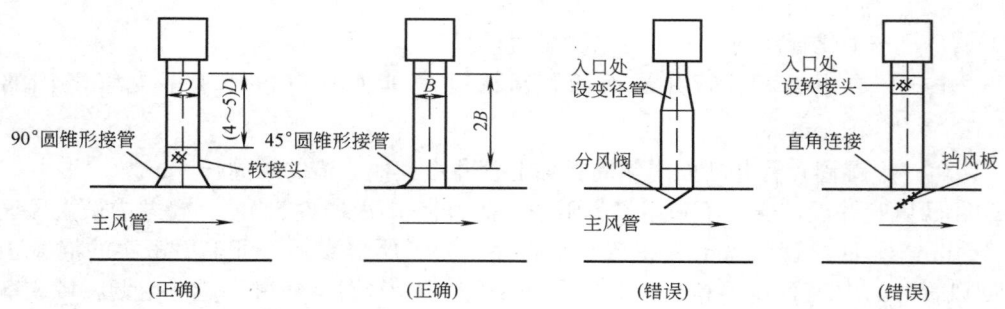

图 12-8　末端装置与主风管的连接节点示意图

4. 手动调节风阀

变风量末端装置的进风支管上是否需要设置手动调节风阀，设计人员存在不同意见。对于每层设一台空调箱的中型系统或每层设多台空调箱的小型系统，空调箱出口静压一般为 300～500Pa（全压 350～550Pa）。变风量末端装置完全可以在装置的调节范围内和设计允许的噪声范围内有效地进行风量调节。因此，在变风量末端装置进风支管上设置手动调节风阀不但不需要，而且对风量控制有害。因为变风量末端装置的调节性能与调节风阀在该送风环路上的阀权度有关，阀权度越大调节性能越好。

阀权度的概念是：空调送风系统中调节风阀全开下的压力降与送风系统全部压力降之比。如空调系统中某分支环路上不设末端装置内置调节风阀时的压力降为 Δp_2，设末端内置调节风阀且全开时该分支环路的压力降为 Δp_1，比值 $K=(\Delta p_1-\Delta p_2)/\Delta p_1=1-\Delta p_2/\Delta p_1$ 为阀权度。显然，比值 $\Delta p_2/\Delta p_1$ 越小，K 值就越大，装置的调节性能越好。如在末端装置进风管上另设置手动调节风阀，该分支环路上将增加一个压力降 Δp_3，比值变成 $(\Delta p_2+\Delta p_3)/(\Delta p_1+\Delta p_3)$；因 $\Delta p_1>\Delta p_2$，可以注明 $(\Delta p_2+\Delta p_3)/(\Delta p_1+\Delta p_3)>\Delta p_2/\Delta p_1$；所以阀权度 K 减小。因此，在末端装置进风管上设置手动调节风阀将减小变风量末端装置调节风阀的阀权度，使末端装置的调节性能变差。

在图 12-9 中，令 $\alpha=1/K=1/\left(1-\dfrac{\Delta p_2}{\Delta p_1}\right)=1/[1-1/(\Delta p_1/\Delta p_2)]$；$\Delta p_1/\Delta p_2$ 越大，$K=1-1/(\Delta p_1/\Delta p_2)$ 也越大，$\alpha=1/K$ 就越小，α 值表达了阀门的调节性能。

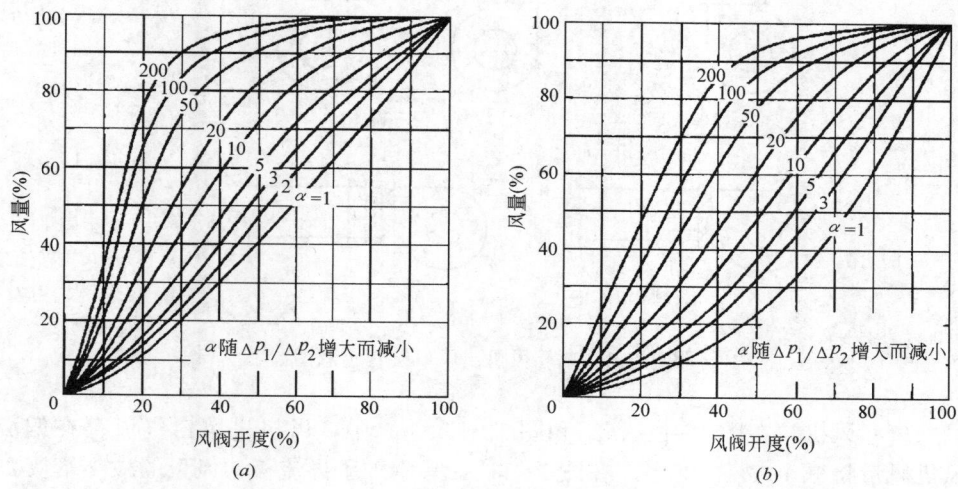

图 12-9　变风量末端装置调节风阀调节性能①
(a) 平行叶片风阀的流量特性；(b) 对开叶片风阀的流量特性

对于为多层服务的大型空调系统，如采用静压复得法或 T 最优化法计算时，由于系统可自动平衡各层静压，也无需设置手动调节风阀。当采用等摩阻法计算时，因各层分干管之间的静压差较大，在各层分干管上需设置手动调节风阀，以降低末端装置进风口静压值。如某大型系统的空调器出口风速为 12m，输出静压为 820Pa（全压为 900Pa），末端装置入口静压可能超过调节风阀的允许范围（样本上末端装置入口最高静压为 750Pa）。当然，也可设置自动调节风阀，通过控制系统动态调节各层分干管上的入口静压值。

然而，无论是什么系统，采用何种设计方法，手动调节风阀都不应设置在变风量末端装置的进风支管上。在进风支管上设置手动调节风阀是试图在系统调节困难时（如室温失控）能作为一种补救手段，但并不是正确、合理的设计。

12.4.2　风机连接

风机进、出风口接管与配件的安装对系统运行效率有很大影响。

1. 风机出风口

气流从风机出风口到基本稳定需要有约 10 倍管径的长度，这在工程上很难做到。为了减少风管内涡流的局部阻力损失，设计时应注意离心风机出风口弯头方向应与风机旋转方向一致；弯头的曲率半径应保证大于或等于风机出风口扩大后主风管管径的 1.5 倍；风机出风口如需设置风阀，阀片应垂直于叶轮轴安装（图 12-10）。如阀片平行于叶轮轴安装，气流会从少数阀片间高速流过，产生啸叫且不易扩散。

2. 风机进风口

风机进风口气流偏流和产生涡流是风机风量和风压损失的重要原因。

---

① 参见本章参考文献［3］第 311 页。

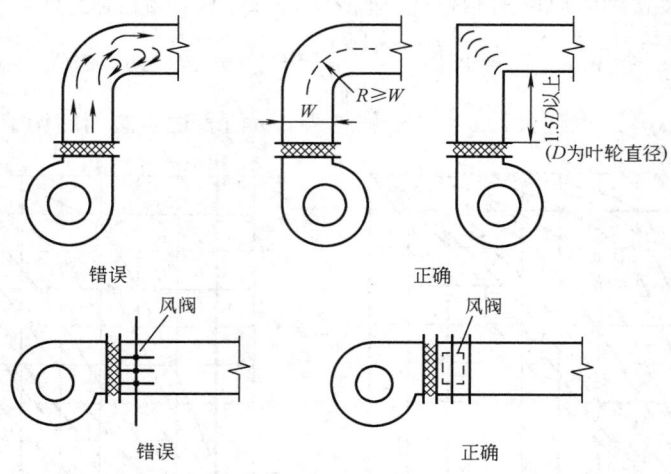

图 12-10　离心风机出风口接管示意图[1]

（1）离心风机：在图 12-11（b）和图 12-11（c）中，风机进风口气流存在偏流和涡流，风机风量将减小 5%～25%。在图 12-11（c）中加了导流板，风量的减小量从 25% 恢复到 5%。图 12-12、图 12-13 为离心风机进风口的几种错误连接方式及改进方法。

图 12-14 所示双进风风机通常置于箱体内，风机与箱体之间的距离应保持在 $0.75D$ 以上（D 为风机进风口尺寸）。如风机与箱体之间任何一侧间距小于 $0.75D$，风机两侧的吸入阻力会不同，影响风机平衡运行。

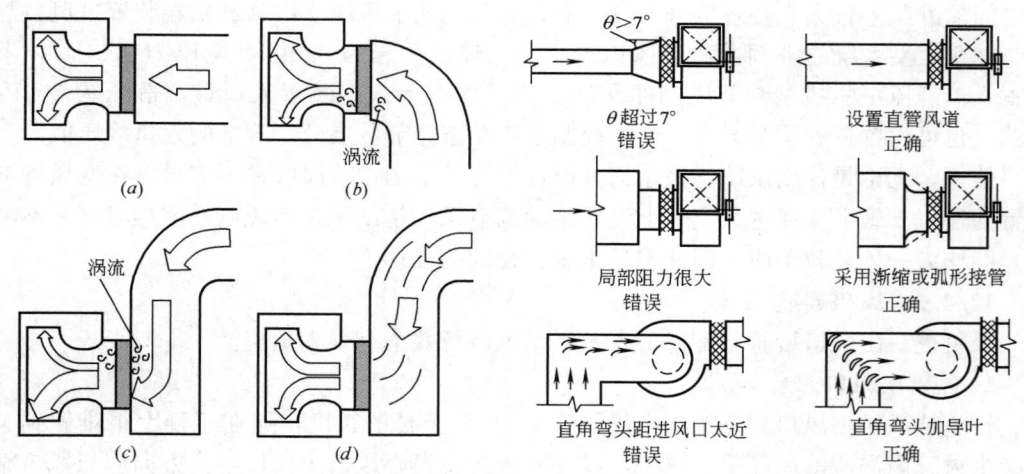

图 12-11　离心风机进风口接管示意图（1）[1]
（a）正确；（b）不良；（c）不良；（d）改进

图 12-12　离心风机进风口接管示意图（2）[1]

（2）轴流风机：如图 12-15（a）所示，轴流风机吸入口的气流偏流或涡流严重，叶浆端部将不起作用，风机全压效率较低，噪声较大。改进方法是增加弧型进风口［图

---

[1]　参见本章参考文献［3］第 327～328 页。

12-15（*b*）] 或加长吸入口长度 [图 12-15（*c*）]。进风接管的另一个要点如图 12-16（*a*）所示，使气流方向与叶浆旋转方向一致。

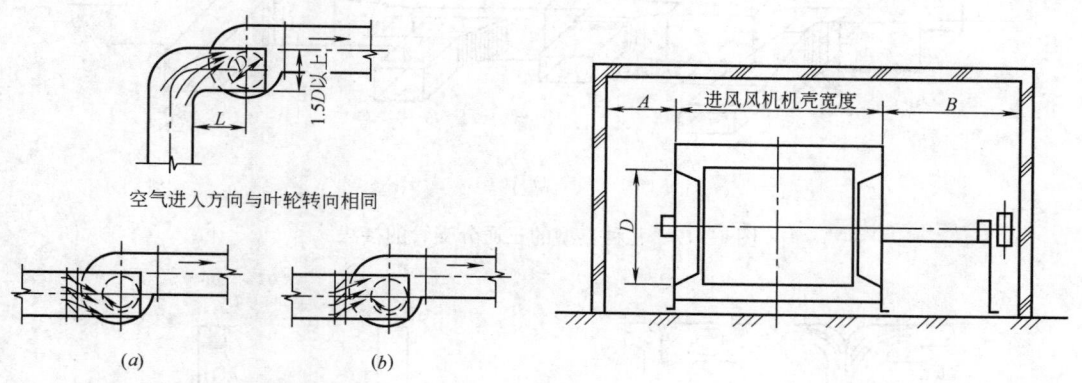

图 12-13　进风方向与进风风阀安装[①]
（*a*）不良；（*b*）正确

图 12-14　双进风风机进风间隔[①]

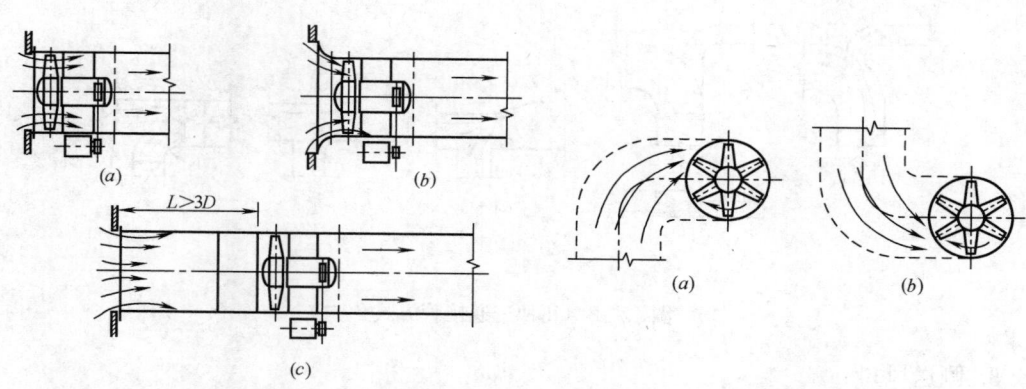

图 12-15　轴流风机吸入口接管示意图[①]

图 12-16　轴流风机侧进风接管示意图[①]

12.4.3　配件连接

1. 弯头

如空间允许，尽可能使用全弧弯头，少使用带导流叶片的直角弯头，虽然二者的压力降相似，但全弧弯头价格低且声学性能较好。导流叶片产生的紊流在高流速下会产生噪声。在中、高速变风量空调系统中，当全弧弯头无法使用时，可采用带一片或多片导流板的部分弧度弯头。对于低速送风系统，当全弧弯头无法设置时，可采用导叶片的直角弯头。

2. 三通

图 12-17 为几种典型的三通分支管的接法。图 12-17 中 a 型和 b 型是传统接法，分隔比等于其风量比 $W_2/W_3 = Q_2/Q_3$。从初次风量平衡看，这种接法较好。但变风量空调系统关心的不仅是初次风量比，还有运行时分支点的压力问题。此外，这种接法投资高，施工难度大，几层钢板交接处漏风严重。因此，工程上采用一般采用图 12-17 中 c 型和 d 型的接管方式。图 12-18 列举了几种三通正确与错误的接管方式。

---

① 参见本章参考文献 [3] 第 327～328 页。

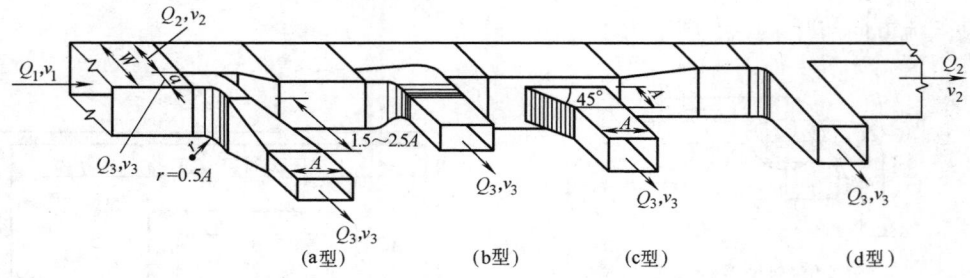

图 12-17　几种典型的三通分支管的接法[①]

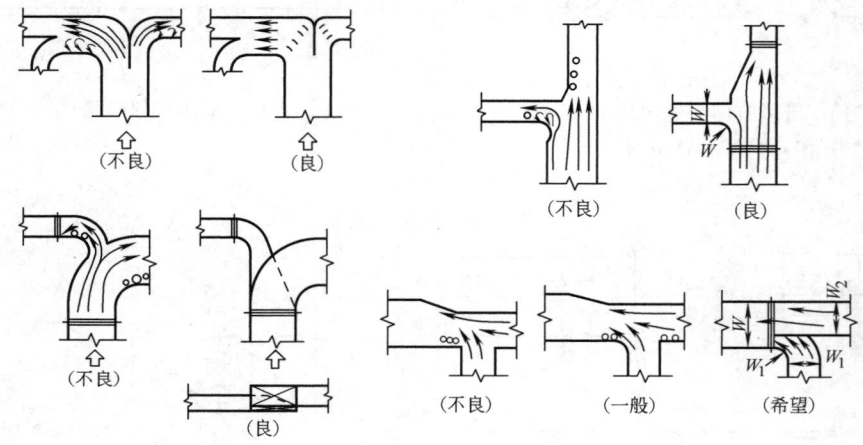

图 12-18　几种三通接管方式[②]

3. 侧送风口

侧送风口如过于靠近弯头会产生偏流，难以满足正常设计的气流分布要求（图 12-19）。

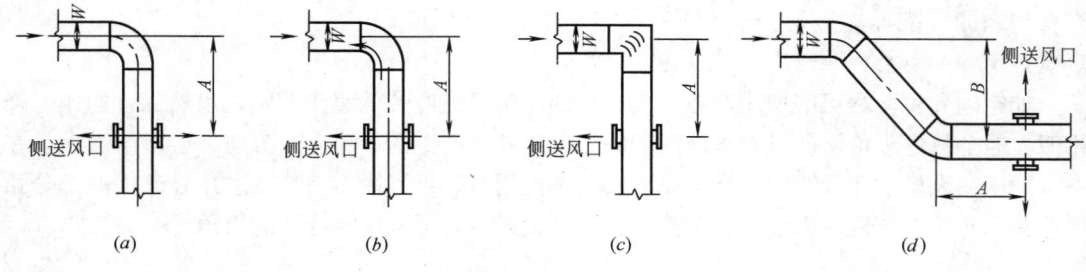

图 12-19　侧送风口安装位置[②]

（a）$A \geqslant 8W$；（b）$A = 4 \sim 8W$；（c）$A \geqslant 4W$；（d）$A > B$，$A \geqslant 8W$

4. 渐扩渐缩

风管变径时常用到渐扩渐缩管，为了减小阻力损失，应尽可能控制其倾斜角度。渐扩

---

① 参见本章参考文献［3］第 325 页。
② 参见本章参考文献［3］第 326 页。

管的倾斜角度应小于 15°, 渐缩管倾斜角度应小于 30°。如受空间限制难以做到, 渐扩管的极限倾斜角度为 30°, 渐缩管的极限倾斜角度为 45°。在某些特殊场合, 可增加放射形导流板 (图 12-20)。

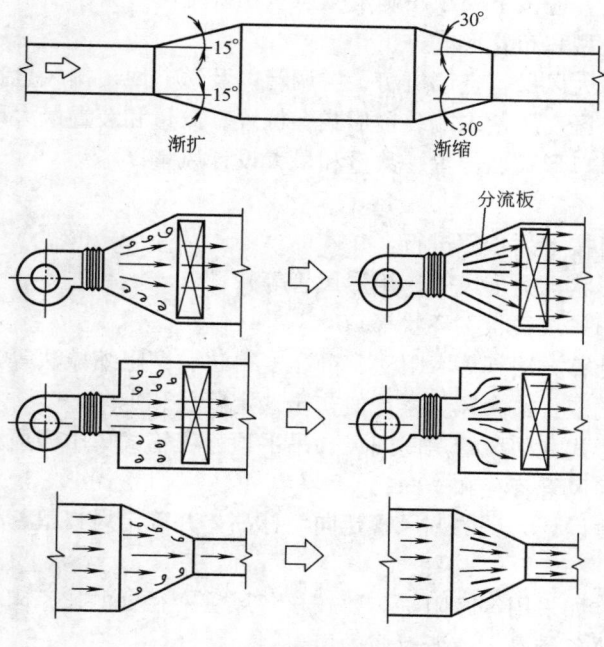

图 12-20　渐扩渐缩管①

5. 消声器

消声器的安装位置也很重要。如图 12-21 所示, 消声器如直接安装在风机出口, 由于风机出口偏流严重, 使大部分气流仅从消声器的一部分通道通过, 额定流量下风阻力会从约 64Pa 上升到约 300Pa。这样会使控制系统增加风机转速、提高风机压头, 使系统噪声增加。因此, 消声器距的安装位置应离风机出口远一些, 或设置导流板等均流措施, 使气流均匀地进入消声器。

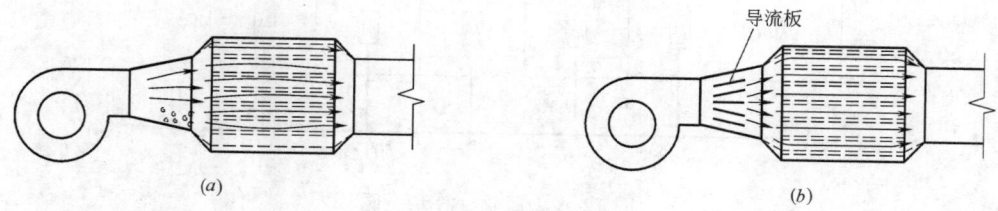

图 12-21　风机出口消声器安装

(a) 消声器偏流阻力大; (b) 加导流板均匀过流

设计时还应避免各风管配件连续安装, 因为它们会显著增加阻力. 两个连续的弯头会比两个被一段直管分开的弯头增加 50% 的阻力, 两个消声器之间也应设有一段直管段。

---

① 见本章参考文献 [3] 第 324 页。

这种设置无论对降低系统降力压还是对系统消声都有好处。

12.4.4　风管系统设计步骤

1. 设计前

风管系统设计前，应按下列顺序确定变风量系统基本参数：

（1）确定系统类型和布置形式；

（2）确定系统最大风量、空调机房、空调箱以及送、回、排风量和接口位置；

（3）确定内、外区变风量末端装置形式、位置、数量和装置最大风量；

（4）确定送回风口形式、位置、数量和最大设计风量。

2. 设计中

风管系统设计可按下列步骤进行：

（1）确定风管形状（圆形风管、矩形风管等）；

（2）确定风管形式（枝状、环状等）；

（3）确定风管计算方法（等摩阻法、静压复得法、摩阻缩减法等）；

（4）根据各末端装置最大风量累计值初步选定管径和走向；

（5）确定回风形式（回风管房间回风、吊平顶静压箱式集中回风）；

（6）初步确定回风管管径和走向；

（7）与其他专业设计人员协调风管走向与标高，并确定风口最终位置（亦可后阶段再深化）；

（8）计算管径，如采用等摩阻法，要校核各风管变径处的比摩阻，校核风量为该段风管所负担区域的显热负荷最大值所对应的风量；

（9）按末端装置最大设计风量和风速限制确定装置进风支管、装置下游风管、软管和送风静压箱；

（10）消声计算，如需要，增加消声器。

3. 例题

风管设计计算示例如图 12-22 和表 12-3 所示。

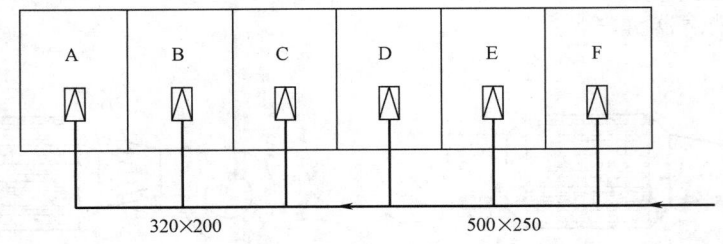

图 12-22　风管计算示意图

风管计算表　　　　　　　　　　　　　　　　　　　　表 12-3

瞬时显热负荷（W）						显热负荷叠加最大值（W）	对应风量（m³/h）	风管尺寸（mm）
A	B	C	D	E	F			
1000	1100	1200				3300（14:00）	985	320×200
1000	1000	1100	1400	1400	1300	7200（15:00）	2150	500×250

本章参考文献

［1］　赵荣义. 简明空调设计手册［M］. 北京：中国建筑工业出版社，1998.

［2］　ASHRAE. ASHRAE HANDBOOK FUNDAMENTALS. 2005［M］. Atlanta：ASHRAE，2005.

［3］　空气調和・衛生工学会. 空气調和・衛生工学便覧/第 5 编［M］. 13 版. 东京：空气調和・衛生工学会，2002.

［4］　Hydeman et al. Advanced Variable Air Volume System Design Guide［M］. Sacramento：Galifonia Energy Commission，2003.

［5］　Steve Y. S. chen、Stanley J. Demster. Variable Air Volume Systems for Environmental Quality［M］. New York：McGraw-Hill，1996.

［6］　SHAN K WANG. Handbook of Air Condition and Refrigeration［M］. Second Edition. New York：McGraw-Hill，2001.

第 13 章 气 流 组 织

变风量空调系统的气流分布（也称气流组织）设计是变风量空调系统的最后一个环节。在变风量空调系统各个环节中，只有气流分布是完全在空调区域内进行的，它直接影响温控区人员的热舒适性、声学环境以及室内空气品质。

环境温度、室内空气温、湿度、气流运动及人体表面潮湿程度等均与热舒适性有关。新风分布的均匀性、空气中有害物质与悬浮尘粒浓度又关系到室内空气品质。除热舒适性、室内空气品质外，声学环境也是评价室内气流分布的一项重要指标。在空调系统设计时，设计人员一般比较重视冷水机组、水泵、风机、空调机组等设备产生的噪声，对送风散流器等空气分布装置因空气流动所产生的再生噪声重视不够，导致在系统调试与运行时出现声学问题。因此，空调系统的气流分布必须同时满足以上三者的要求。

本章主要讨论上部送风变风量空调系统的气流分布，即吊平顶变风量风口或普通散流器送风、吊平顶或侧墙回风的空气分布系统设计。

13.1 概 述

13.1.1 合理选择送风散流器的必要性

对于采用串联式风机动力型末端装置的变风量空调系统，其送风散流器以恒定风量向各温度控制区送风。而对于采用其他类型末端装置的变风量空调系统，由于这些末端装置均有最小风量和最大风量设定值，变风量末端装置的风量将随着室内空调负荷在最大风量与最小风量之间变化。送风散流器也以变化的风量向所服务的温度控制区送风，散流器的射程相应地在最大值与最小值之间变化。

对于外区，冬季需要供热、夏季需要供冷。如果散流器的扩散性能较差、设计选型不合理，当系统供冷且散流器输送最大设计风量时，散流器的射程最大，在两个散流器的中点处两股射流相互碰撞，可能引起冷气流直接下沉到人员活动区；而在散流器下方，由于散流器的射流诱导作用，气流向上运动，空气温度可能较高。当系统供冷且散流器输送最小风量时，散流器的射程最小，难以产生必需的贴附效应，致使冷气流下沉，散流器下方的空气温度会过低，两个散流器之间的空气温度会过高，室内空气垂直分层加剧。当系统供热时，不管是外区空调机组直接送热风，还是末端装置再热，如散流器出风温度过高（高于41℃），散流器的送风量可能会小于供冷时最大设计风量的20%，通过散流器送出的空气浮力太大，无法与室内冷空气充分混合。送风将沿着窗玻璃向下流动，在房间中部地板以上 0.1～1.8m 的高度范围内形成 4～6℃温差，超过了美国标准 ANSI/ASHRAE 55"室内人员热环境条件"中的最低要求。此外，送风温度过高，送风浮力太大，易造成气流短路，部分送风未经混合，直接进入回风口，使空调区域的通风效率降低。当送风温度与房间空气温度之间的温差大于 ANSI/ASHRAE 62 中规定的8℃时，通风效率将下降25%，将严重影响热舒适性。

对于内区，除了在冬季早晨时系统需进行热启动供热外，常年需要供冷。因此，内区的空气分布主要是满足系统供冷要求。内区空调冷负荷主要由人员、照明、办公设备等散热引起的冷负荷组成。以前的办公设备如电脑、复印机、打印机等发热量比较稳定。而今，随着网络技术的应用，平板式液晶显示器代替了阴极射像管显示器、网络打印机代替了个人打印机，各类办公设备几乎全部具备了休眠功能，空调负荷也随设备运行状况出现波动。内区空调冷负荷具有高峰负荷强度比外区小、变化幅度大的基本特点。服务于内区的变风量末端装置也随着冷负荷的变化在最大风量与最小风量之间变化。由于峰值负荷强度比外区小，单位面积送风量比外区小，因此内区应采用小风量散流器，散流器之间的间距也应比外区散流器的间距小。如果内区采用与外区相同的散流器与布置方式，即使在最大风量时，也有可能射程不够，尤其当内区处于部分负荷时，散流器的气流扩散效果较差。所以，对于变风量空调系统，须依据变风量末端装置的最大与最小风量，合理选择送风散流器。

13. 1. 2　气流分布基本原理

1. 热舒适环境与室内空气品质

空调的目的是控制房间空气的有关参数，创造使室内人员工作与生活满意的热舒适环境。美国标准 ASHRAE 55 "室内人员热环境条件"对热舒适环境进行了定义：至少使80％的室内人员对热环境的判断是可接受的；当所有室内人员的衣着情况与工作强度相同时，则应获得90％的可接受率。《低温送风设计指南》一书中，对于静坐的办公环境，甚至建议需达到95％的可接受率。

ASHRAE 55-1992 与 ISO 7730-94 对空调房间内人员活动区的舒适性要求作了限制：

（1）温度应保持在23～26℃范围内；

（2）人员活动区（离地板0.15～1.8m、离墙0.6m）的最大气流速度：供冷时为0.25m/s；供热时为0.15m/s；

（3）从楼板到1.8m高度，最大温度梯度不超过2.8℃。

至于室内空气品质，美国标准 ASHRAE 62 "可接受的室内空气品质"中定义为：空气中没有一种已知污染物的浓度达到了权威机构确定的有害浓度，且不多于20％的室内人员对室内空气品质感到不满意或判断其不可接受。

判断热舒适环境与室内空气品质的最低可接受率可能不是一个较高的标准，但即使如此，这样的标准也常难达到。在实际调查中，即使满足了所有设计参数，但是在对室内人员调查的热舒适环境满意率仍低于80％和对室内空气品质的不满意率仍高于20％时，可能存在着其他一些影响因素，它包括室内人员的工作状况、照明、声学环境以及询问、调查的质量。

2. 有效通风温度

有效通风温度通常被用来评价空调房间内局部温度值与平均温度值的偏差，它反映了室内不同空气温度和气流运动共同作用的效果。室内空气的冷、热感觉是在空气速度约0.15m/s、楼板以上约0.75m处，在房间的中心部位空气干球温度控制在24℃上下时测得的。有效通风温度的计算式为：

$$\theta = (t_x - t_c) - 8(v_x - 0.15) \tag{13-1}$$

式中　θ——有效通风温度，℃；

t_x——特定位置气流干球温度，℃；

t_c——房间平均空气干球温度，℃；

v_x——特定位置的气流速度，m/s。

室内空气流速通常小于 0.25m/s，但是，对于某些人而言，较高的空气流速也是可以接受的，美国标准 ASHRAE 55 推荐在较高的空气温度下采用较大的气流速度。虽然当气流速度低于 0.1m/s 时通常不被接受，但对于舒适性来说，没有推荐最低流速。图 13-1 与图 13-2 为空调房间内人员的脚踝区与颈部区对通风状况不满意的百分数。

图 13-1 与图 13-2 表示了气流速度对舒适性的影响。舒适感是房间局部空气流速、局部空气温度与周围空气温度的函数。局部空气温度（T_X）是房间内给定点的空气温度；周围空气温度（T_A）为所期望的房间空气温度，该温度值可认为是温控器的设定值。图 13-1 和图 13-2 表示了脚踝区和颈部区对空气温度和速度变化时的舒适感觉，曲线表示了对特定室内空气温度与气流速度不满意人员的百分数。表 13-1 的数据来源于美国 Titus 公司产品手册，它表示了空气流速和温度对舒适性的影响。图 13-1、图 13-2 与表 13-1 中的数据是在假定室内人员静坐、轻度活动与合适衣着状况下获得的。

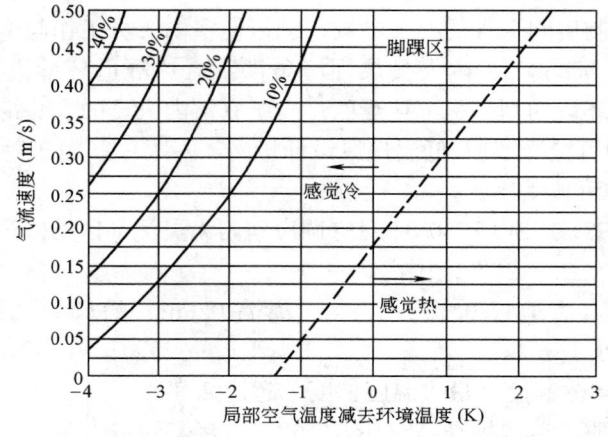

图 13-1　气流速度对舒适性的影响（脚踝区）

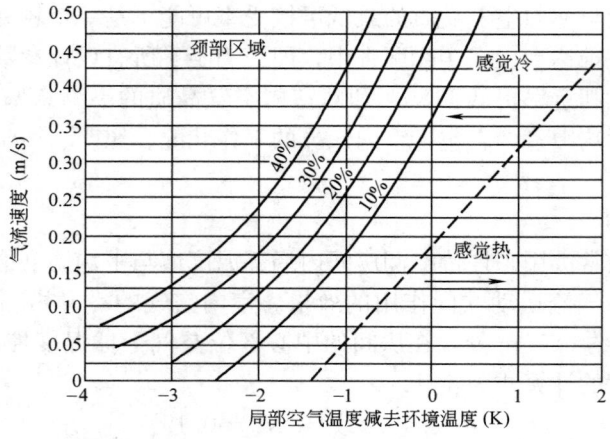

图 13-2　气流速度对舒适性的影响（颈部区域）

空气流速与温度对舒适性的影响

表 13-1

局部空气流速 (m/s)	空气温度 (℃)	温差 (℃)	反对人员百分数
0.40	23.9	0	20%
0.30	23.3	−0.6	20%
0.20	22.8	−1.1	20%
0.08	21.7	−2.2	20%
0.30	23.9	0	10%
0.20	23.9	0	5%
0.15	23.9	0	0%
0.08	23.9	1.7	暖和

在相同的风速下,若允许有 20% 的不满意率或 80% 的满意度,则从脚踝到颈部的局部空气温度允许偏差约 2.2℃。例如,局部空气流速为 0.41m/s、温度为 24℃ 的空调房间,可达到 80% 的满意度;当局部空气流速为 0.08m/s、温度为 22℃ 时,也可获得相同的满意度。表 13-1 下侧 4 行数据表示将室内空气温度维持在 23.9℃ 时,局部空气流速对房间舒适性的影响。它表明,在同样的温度下,局部空气流速为 0.15 m/s 时,满意度最高;局部空气速度增加时,不满意率开始升高;而当局部空气流速低到 0.08 m/s 时,室内人员会感觉热,不满意率也将上升。

3. 空气分布特性指标 $ADPI$

空气分布特性指标($ADPI$)是由 Nevins 与 Ward 提出的。

当有效通风温度 θ 在 $-1.7 \sim +1.1℃$ 之间、气流速度小于 0.75m/s 时,办公建筑中绝大部分静坐的室内人员会感到舒适。如果在整个人员活动区中对各个局部地点的空气流速与空气温度进行检测,就可得到空气分布特性指标 $ADPI$。该指标用来评估室内气流分布状况,用百分比表示,其表达式如下:

$$ADPI = \frac{N_\theta \times 100}{N} \times 100\% \tag{13-2}$$

式中　N_θ——测量区域内满足($-1.7℃ < \theta < +1.1℃$)的测量点个数;

　　　　N——测量区域内测量点的总个数。

$ADPI$ 值越大,室内人员感到舒适的比例越高,其最大值为 100%。

$ADPI$ 仅取决于气流速度与有效通风温度,与室内空气的干球温度和相对湿度无直接关系。

空调送风通过散流器以射流形式送出。就射流而言,其射程是气流离开送风散流器后,在到达给定的气流速度(1m/s、0.75m/s、0.5m/s、0.25m/s)时所经过的距离,以符号 T 表示。为了估算 $ADPI$,需要选择射流的末端速度。对于吊平顶上的条缝形散流器,其末端速度选择为 0.5m/s,对应的射程为 $T_{0.50}$;而对于其他所有的散流器,其末端速度选择为 0.25m/s,对应的射程为 $T_{0.25}$。表 13-2 为散流器的空气分布特性指标选择表,该表的数据主要取自于美国 ASHRAE 手册基础篇 2005 年第 33 章。

4. 房间特征长度 L

房间特征长度的单位是 m,它是从送风散流器到最近的垂直面的水平距离,或是从送风散流器到两个散流器在气流方向上中间面的距离，或是从送风散流器到多个散流器交叉点中最近一个的距离。射流的射程与房间特征长度的比值 T/L 与不同类型散流器的 ADPI 有关，这个比值是在气流分布设计过程中进行散流器选型时的一个重要参数。表 13-3 是几种散流器的房间特征长度的定义。图 13-3 为三种散流器布置形式下房间特征长度示意图。

散流器空气分布特性指标选择表　　　　　　　　　　表 13-2

散流器类型	末端风速（m/s）	房间负荷（W/m²）	最大 ADPI 时的 T/L 值	最大 ADPI	ADPI 应大于的数值	T/L 范围
高处侧墙格栅风口	0.25	250	1.8	68	—	—
		190	1.8	72	70	1.5～2.2
		125	1.6	78	70	1.2～2.3
		65	1.5	85	80	1.0～1.9
圆形吊顶散流器	0.25	250	0.8	76	70	0.7～1.3
		190	0.8	83	80	0.7～1.2
		125	0.8	88	80	0.5～1.5
		65	0.8	93	90	0.7～1.3
吊顶条缝形散流器	0.50	250	0.3	85	80	0.3～0.7
		190	0.3	88	80	0.3～0.8
		125	0.3	91	80	0.3～1.1
		65	0.3	92	80	0.3～1.5
	0.25	125	1.0	91	80	0.5～3.3
		65	1.0	91	80	0.5～3.3
灯槽式散流器	0.25	190	2.5	86	80	<3.8
		125	1.0	92	90	<3.0
		65	1.0	95	90	<4.5
穿孔板与百叶式吊顶散流器	0.25	35～160	2.0	96	90	1.4～2.7
					80	1.0～3.4

注：表中的符号 L 代表空调系统所服务房间的特征长度。

几种散流器房间特征长度定义　　　　　　　　　　表 13-3

散流器类型	房间特征长度 L
高处侧墙格栅风口	从风口沿射流方向到最近墙壁垂直面的距离
圆形吊顶散流器	从风口沿射流方向到最近墙壁垂直面的距离或到射流气流交叉点处的距离
窗台式格栅风口	沿射流气流方向的房间长度
吊顶条缝型散流器	从风口沿射流方向到最近墙壁垂直面的距离或到两个送风散流器气流方向上中间面的距离
灯槽式散流器	从风口沿射流方向到送风散流器之间的中间面的距离加上从吊平顶到人员活动区顶部的距离
穿孔板式吊顶散流器	从风口沿射流方向到最近墙壁垂直面的距离或到两个送风散流器气流方向上中间面的距离

5. 气流分布效率因素

空气分布效率可以采用气流分布效率因素来评价。而气流分布效率因素采用 ε_t 与 ε_c 来描述。ε_t 反映了空气温度的偏差，而 ε_c 反映了污染物浓度的偏差，ε_t 与 ε_c 均为无因次量，其表达式如下：

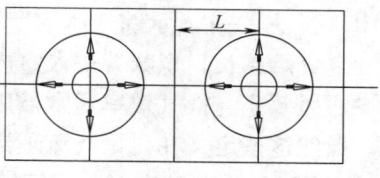

$$\varepsilon_t = \frac{t_{re} - t_s}{t_r - t_s} = \frac{t_{ex} - t_s}{t_r - t_s} \qquad (13\text{-}3)$$

$$\varepsilon_c = \frac{C_{ex} - C_s}{C_r - C_s} \qquad (13\text{-}4)$$

式中　t——空气温度，℃；

C——空气中污染物浓度，$\mu g/m^3$；

下标 re 表示回风，ex 表示排风，t 表示测量点的空气，s 表示送风。

$\varepsilon \geqslant 1$，表示气流分布被认为是有效的。$\varepsilon < 1$，表示有一部分空气未送到人员活动区就直接从回风口或排风口排出。

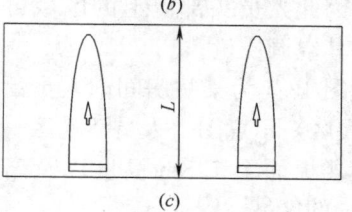

图 13-3　三种散流器布置形式下
房间特征长度示意

(a) 位于中心处的径向散流器；
(b) 沿中心线布置的条缝型散流器；
(c) 沿墙边布置的条缝型散流器

6. 通风效率与换气效率

ASHRAE 手册基础篇 2005 版中对通风效率与换气效率作了定义。

所谓通风效率，是空气分布系统具有将内部产生的污染物从一定的区域、空间或房间内排至室外的能力。而所谓换气效率，是空气分布系统将室外空气送入一定区域、空间或房间的能力。换气效率的定义式为：

$$\varepsilon_N = \frac{\tau_N}{\theta_{age,N}} \qquad (13\text{-}5)$$

式 (13-5) 中 τ_N 为名义时间常数，单位是 min 或 h，其计算式如下：

$$\tau_N = \frac{V_s}{V_r} \qquad (13\text{-}6)$$

式中　V_s——需要送入空调区域、空间或房间内空气的体积流量，m^3/h；

V_r——空调区域、空间或房间的体积，m^3。

换气效率等于 1.0 表示空气分布系统等同于使房间内空气完全混合的系统；换气效率小于 1.0 表示某种程度的空气不流动而比完全混合稍差；当室内气流型式如活塞式或置换式时，其换气效率将大于 1.0。

式 (13-5) 中 $\theta_{age,N}$ 为名义空气龄，它表示送入空调区域、空间或房间内空气的存活时间，单位是 h 或 min。

室外空气通过机械、自然或渗透进入室内的空气"最年轻"，在建筑物中某些地方或在排风处的空气"最年老"。对已有建筑，可以采用示踪气体方法来估算空气龄。区域平均或名义空气龄可通过对排风进行浓度测量来确定。就地空气龄可以对房间中任何地点（如工作台处）进行示踪气体测量估算。采用下式可以计算空气龄：

$$\theta_{age} = \int_{\theta=0}^{\infty} \frac{C_{in} - C}{C_{in} - C} d\theta \qquad (13\text{-}7)$$

式中　C_{in}——注入示踪气体浓度。

空气龄越长，意味着进入室内的室外空气的状态越不好。

通风效率与换气效率通常被用来描述进入建筑物内的室外空气到达人员呼吸区的百分数。虽然这些定义在讨论气流理论时很有用，但在设计室内气流分布系统时，其作用体现在 ASHRAE 推荐的空气分布特性指标 ADPI 方法中。

7. 人员活动区

室内无人员的区域，通常可不保证热舒适性和室内空气品质。例如，办公建筑中人员一般是坐着或站着工作，因此人员头部以上的区域可无需确保其空调质量。

图 13-4 为某一房间内人员活动区（呼吸区）示意图。人员活动区一般定义为楼板面至 1.8m 高度以及离墙壁 0.6m 的区域。

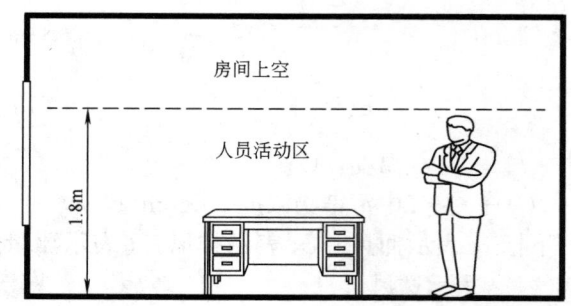

图 13-4　某一房间内人员活动区（呼吸区）示意图

ANSI/ASHRAE 62-2004 将人员活动区重新定义为呼吸区。

13.1.3　空气射流

空气射流是空气以较大速度从送风口射出，并沿着其中心线流动，直到该空气流的最终温度等于或接近周围环境的空气温度。由于空气分子的扰动作用，射流断面逐渐增大。射流通常可分为无限射流和有限射流、等温射流和非等温射流、轴向射流和径向射流几种类型。无限射流是理想射流，它的边界不受空调房间围护结构的限制；有限射流的边界受到空调房间的吊平顶、地板、墙壁、窗户或家具等限制。在变风量空调系统中，通过设置在吊平顶上的送风散流器向空调房间内射出的空气流一般是非等温射流（比射流周围的环境空气温度高或低）、轴向射流或径向有限射流。

图 13-5 为某非等温轴向有限射流示意图。

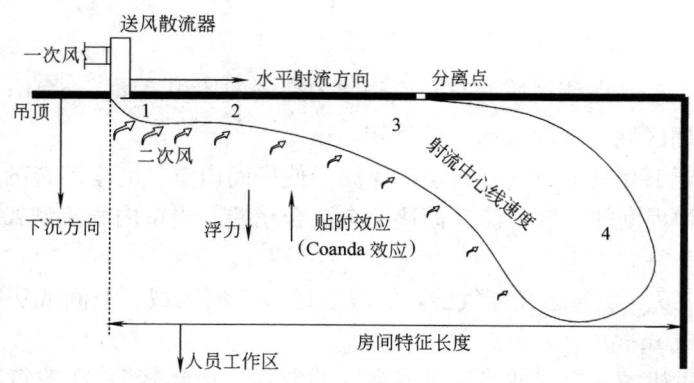

图 13-5　某非等温轴向有限射流示意图

射流离开送风散流器后，形成了明显的四个射流膨胀区：

（1）核心区或短区，如图 13-5 中 1 处。在该区域内，射流中心速度保持不变，该区域长度从送风散流器表面到 4 倍直径或宽度位置处。

（2）过渡区，如图 13-5 中 2 处。射流中心速度随离开送风散流器距离的增大而减小，其长度取决于送风散流器的型式、尺寸比、初始气流紊流诱导率及相似因素。

（3）完全紊流区，如图 13-5 中 3 处。在该区域内，紊流得到充分发展，最大速度随离开送风散流器的距离的增加而减小，射流长度可能达到 25～100 倍散流器的当量直径或条缝宽度。

（4）射流衰减区，如图 13-5 中 4 处。在这个区域内，最大气流速度迅速下降，温度接近环境温度。

在射流的核心区、过渡区和完全紊流区，具有一定速度的空气相互扰动，通过边界层传递动能，射流周围的空气会被卷入射流，使射流在水平和垂直方向上发散扩大。

由图 13-5 可见，当送风沿着吊平顶从送风散流器中射出时，它的速度明显高于周围空气流速，而且高速射流会产生一个将气流推向上方吊平顶的低压区，诱导周围的空气沿着吊平顶运动，此作用被称为贴附效应（Coanda 效应）。气流与吊平顶之间的摩擦力使有限射流的中心速度减小。由于贴附效应的影响，有限射流比无限射流射程长、水平方向的偏移小。随着射流速度的减小，贴附效应也相应减弱。

气流从送风散流器射出后，在受到贴附效应作用的同时，还受到因温差产生的浮力作用。当浮力效应大于贴附效应时，射流开始脱离吊平顶向下沉，气流脱离吊顶的位置称为分离点。

13.2　房间气流混合

在空调区域的人员活动区，空气流动与扩散方式决定了空气分布性能。空气流动与扩散方式主要与室内空气干球温度、相对湿度、室内空气品质、室外新风分布以及建筑物使用特性有关。

各空气分布系统中，最常用的是混合送风。除了地板送风变风量空调系统外，其他形式的变风量空调系统一般都采用混合送风方式。

所谓混合送风是指空调房间内的送风完全或几乎完全地与室内空气进行混合与扩散。在公共建筑尤其在办公建筑中，从送风散流器送出的空气温度一般为 12～16℃，速度为 2～4m/s，具有这种参数的空气不能直接进入人员活动区，它必须与房间内空气进行混合，使混合后的空气在到达人员活动区前，温度提高到 22～24℃，气流速度下降到 0.35m/s 以下。

混合送风的基本特点：

（1）通过送风散流器送出的空气射流诱导室内空气，使送风的温度与速度达到可接受的程度。

（2）在人员活动区内形成反向气流，使区域内空气温度与速度更加均匀。

（3）在人员活动区中不存在或存在少量的滞流区。

（4）回风口与排风口的位置不显著影响人员活动区内空气流动，但会比较明显影响空气分布的角系数。在气流分布良好的系统中，回风口与排风口应设置在靠近反向气流末端、热源的位置，或设置在滞流区内。

（5）送风散流器的类型与位置直接影响混合送风的气流流动和空气扩散的方式与效果。对于不同平面形式与不同使用要求的房间，应选用不同的送风散流器。

采用吊平顶送风散流器的混合送风空调系统可以获得较好的贴附效应、较低的气流速度以及在人员活动区内形成较均匀的温度分布。系统供冷时，冷空气射流保持了与吊平顶的贴附效应，使反向气流充满人员活动区；系统供热时，热空气射流的射程较短，可能产生滞流区，在垂直方向存在较大的温度梯度。在吊平顶高度 3m 左右的空调房间中，要求送风散流器送出的两股反向射流相遇时的速度应小于 0.6m/s，确保地板以上 1.5m 处的气流速度小于 0.25m/s。变风量空调系统所用的吊平顶送风散流器应具有较高的诱导比和较好的贴附效应，同时，在送风量减小时也应具备良好的空气扩散性能。

吊平顶条缝形送风散流器也适用于变风量空调系统。空气从条缝形送风散流器射出后，在垂直方向扩展较小，在水平方向具有非常好的贴附效应，即使系统送风量减小时，水平射出的冷气流仍会与吊平顶保持贴附，在人员活动区内，反向气流具有均匀的温度与速度分布。这种送风散流器的线形外观还易与灯具和吊平顶的装潢相协调。

13.3 吊平顶送风散流器与回风口

空调送风经空调机组处理后通过吊顶送风散流器送入空调房间，而回风则通过回风口离开空调房间。在变风量空调系统中，送风先通过变风量末端装置（单风道节流型、诱导型、风机动力型等），然后通过吊平顶送风散流器送入室内或者直接通过集变风量末端装置与送风散流器功能于一体的变风量风口送入室内。送风散流器与回风口必须满足外观、气流扩散、声学、防火安全等要求。

13.3.1 送风散流器

目前，有各种各样的送风散流器能够满足空调系统的空气分布要求。同时，风口制造厂家还在不断地推出新型送风散流器供设计人员选用。

美国 ASHRAE 手册基础篇 2005 版第 33 章"房间空气分布"中，采用了 Straub 等人及 Straub 与 Chen 送风散流器的分类方法。Straub 等人将送风散流器划分为 5 种类型：

A 类：安装在吊平顶上或接近吊平顶处的水平射流送风散流器；

B 类：安装在地板上或接近地板处的非扩散型垂直射流送风散流器；

C 类：安装在地板上或接近地板处的扩散型垂直射流送风散流器；

D 类：安装在地板上或接近地板处的水平出风送风散流器；

E 类：安装在吊平顶上或接近吊平顶处的垂直出风送风散流器。

满足变风量空调系统房间空气分布要求的是 A 类送风散流器，它主要包括条缝形或线形送风散流器、矩形送风散流器、带有自力式或直接数字控制装置的专用变风量风口以及用于低温送风变风量空调系统的高诱导比低温送风口等。下面将着重探讨上述几种送风散流器的基本特点与设计参数。

1. 卡爪式条缝形或线型百叶吊平顶送风散流器

（1）卡爪式条缝形送风散流器

卡爪式条缝形送风散流器外形美观，所占高度小，适合在吊平顶上安装。这种送风散流器有一条、两条甚至多条出风槽。它的诱导作用很强，可快速地衰减送风温差和送风速度，且在较小送风量时也具有良好的贴附性能。因此，条缝形散流器可应用在定风量或变风量空调系统中，尤其适合应用在变风量空调系统中。

卡爪式条缝形送风散流器的出风方向灵活，送风方式见图 13-6 与图 13-7。对于单

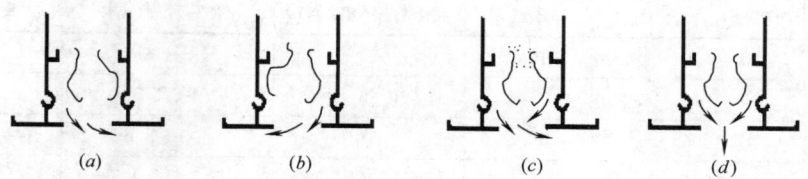

图 13-6 单出风槽条缝形送风散流器出风方式

条缝送风散流器,该风口可以进行水平送风 [图 13-6 (a)、(b)]、按某一角度下送风 [图 13-6 (c)]、垂直向下送风 [图 13-6 (d)]。对于双出风槽及多出风槽的送风散流器,可进行单向送风 [图 13-7 (a)]、反向送风 [图 13-7 (b)]、垂直与水平组合送风 [图 13-7 (c)]、反向不均匀送风 [图 13-7 (d)]。

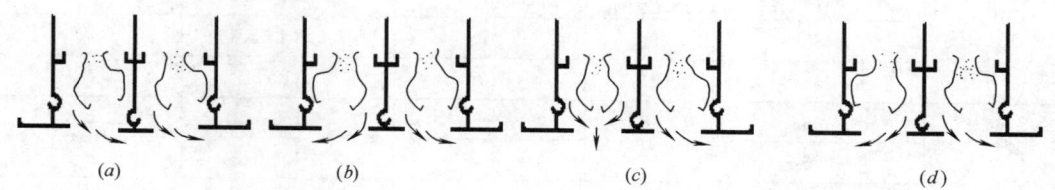

图 13-7 双出风槽条缝形送风散流器出风方式

卡爪式条缝形送风散流器的送风槽条数随各生产厂家而异,送风槽宽度又随型号有较大差别。德国某公司生产的某种条缝形送风散流器有 1～4 条送风槽。风口长度有 500mm、1050mm、1500mm 三种。该风口配有送风静压箱,如需要,在静压箱内可选贴保温吸声材料。静压箱侧面的进风口可选装风量调节部件。出风槽可选择宽边式或加插卡轨式,出风槽两边的封口有平面盖板与 L 形盖板两种。导风板在出厂前已调整好,安装完毕后可根据室内运行工况随时调整,联箱的接口槽高度可选,外壁有 4 个挂耳用于悬挂在楼板上。上海某公司生产的某条缝形送风散流器有 1～4 条送风槽,每组槽内有两个可调叶片,用以控制气流方向及风速大小。风口采用铝合金型材制作,表面进行静电喷塑、烤漆或阳极处理。风口配合静压箱安装,最大长度为 3m。送风散流器水平射程在射流末端速度为 0.5m/s、0.25m/s 时测得。风口测试长度以 1.2m 为基准,其他长度时应对噪声标准数据进行修正。美国某公司生产的某种型号的条缝形送风散流器有 3 种送风槽宽度、有 1～8 条送风槽。风口最长为 1800mm,当风口长度超过 1800mm 时,可采用多个条缝形散流器拼接。风口可采用螺丝连接或选用无螺丝的风道连接方式。表 13-4 为某公司生产的某条缝形送风散流器的性能参数,表 13-5 为该条缝形送风散流器不同长度噪声修正值。

某条缝形送风散流器性能参数 表 13-4

送风槽数量	送风量[m³/(h・m)]	静压(Pa)	噪声标准[dB(A)]	水平射程(m)	垂直射程(m)
	33	1	—	0.3-0.6-1.8	0.6
1 条送风槽	67	4	—	0.9-1.8-4.8	1.8
	106	9.2	14	1.8-3.6-6	3

续表

送风槽数量	送风量[m³/(h·m)]	静压(Pa)	噪声标准[dB(A)]	水平射程(m)	垂直射程(m)
1条送风槽	139	16.2	20	3.3-4.9-7	3.6
	173	25.4	26	4-5.5-8	4.3
	206	36.3	30	4.9-6-8.5	4.6
	240	49.5	34	5.5-6.7-9.5	4.9
	279	64.7	37	5.8-7-10	5.2
2条送风槽	67	1	—	0.3-0.9-3.3	1.2
	139	4	—	1.5-3.3-6.7	2.7
	206	9.2	17	3.3-5.2-8.5	4.3
	278	16.2	23	4.6-6.7-10	5.2
	346	25.4	29	5.8-7.9-11.3	5.8
	413	36.3	33	6.7-8.5-12.2	6.4
	485	49.5	37	7.6-9.1-13.1	7
	552	64.7	40	8.2-10-14	7.3
3条送风槽	106	1	—	0.6-1.5-4.3	1.8
	206	4	—	2.4-4.3-8.2	3.4
	312	9.2	18	4.3-6-10.7	5.2
	412	16.2	25	5.5-8.2-12	6.4
	518	25.4	31	7-9.7-13.7	7
	624	36.3	35	8.2-10.7-14.9	7.9
	725	49.5	39	9.4-11.6-16.2	8.5
	830	64.7	42	10-12.2-17.4	9.1
4条送风槽	139	1	—	0.9-1.8-4.9	1.8
	279	4	—	3.4-4.9-9.7	4
	413	9.2	20	4.9-7.3-12.1	5.8
	552	16.2	26	6.4-9.7-14.2	7.3
	691	25.4	32	7.9-11.3-15.8	8.2
	830	36.3	36	9.7-12.2-17.4	9.1
	970	49.5	40	11-13.1-18.6	9.7
	1104	64.7	43	11.6-14.0-20.1	10.4
5条送风槽	173	1	—	1.2-2.4-5.5	2.1
	346	4	—	3.7-5.5-10.7	4.3
	518	9.2	21	5.5-7.9-13.7	6.4
	691	16.2	27	7.3-10.7-15.8	8.2
	864	25.4	33	8.8-12.5-17.7	9.1
	1037	36.3	37	10.7-13.7-19.5	10
	1210	49.5	41	12.2-14.9-21.0	11
	1382	64.7	44	12.8-15.8-22.3	11.6

续表

送风槽数量	送风量[m³/(h·m)]	静压(Pa)	噪声标准[dB(A)]	水平射程(m)	垂直射程(m)
6 条送风槽	206	1	—	1.5-3.0-5.8	2.4
	412	4	12	4.0-5.8-11.9	4.6
	624	9.2	21	5.8-8.8-14.9	7.3
	830	16.2	28	7.9-11.9-17.4	9.1
	1037	25.4	34	9.7-13.7-19.5	10.1
	1243	36.3	38	11.9-14.9-21.3	11
	1449	49.5	42	13.1-16.2-22.9	11.9
	1661	64.7	45	14.0-17.3-24.7	12.8
7 条送风槽	240	1	—	1.8-3.0-6.4	2.4
	485	4	12	4.2-6.4-12.8	4.6
	725	9.2	22	6.4-9.4-16.2	7.3
	970	16.2	29	8.5-12.8-18.6	9.7
	1210	25.4	34	10.6-14.9-21.0	11
	1449	36.3	39	12.8-16.2-22.9	11.9
	1695	49.5	42	14.3-17.7-24.7	12.8
	1935	64.7	45	15.2-18.6-26.5	13.7
8 条送风槽	279	1	—	2.1-3.3-6.7	2.4
	552	4	13	4.6-6.7-13.7	4.6
	830	9.2	23	6.7-10.0-17.3	7.3
	1104	16.2	29	9.1-13.7-20.1	10.1
	1382	25.4	35	11.2-15.8-22.3	11.6
	1661	36.3	39	13.7-17.3-24.7	12.8
	1935	49.5	43	15.2-18.6-26.5	13.7
	2213	64.7	46	16.5-20.1-28.3	14.6

注：表中水平射程数据分别对应射流末端速度为 0.75m/s、0.5m/s、0.25m/s。垂直射程数据对应射流末端速度为 0.5m/s。

不同长度条缝形送风散流器噪声修正值　　　　　　　表 13-5

风口长度(mm)	600	1200	1800	2400	3000
修正值[dB(A)]	-3	0	+2	+3	+5

（2）线型百叶吊平顶送风散流器

线型百叶吊平顶送风散流器突出了线性设计特点，可与建筑装潢配合，组成变风量空调系统送、回风口。线型百叶送风散流器主要有两种基本形式，即单向出风与双向出风。风口采用铝合金型材制作，基本结构见图 13-8。

线型百叶送风散流器具有良好的气流分布特性，适用于供热与供冷的空调系统。该风口能适应较大的风量变化范围，当系统以较小风量运行时，也具有较好的贴附性能。线型百叶送风散流器外形美观，使用普遍，国内外几乎所有的风口生产厂都能提供此类风口。上海某公司生产的某种细叶形送风散流器的叶片固定，斜式送风，叶片倾斜 24°，风口表

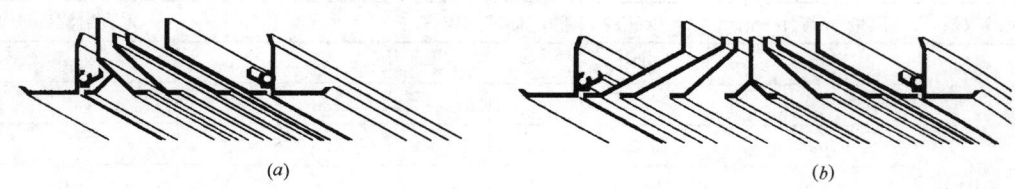

图 13-8 线型百叶送风散流器基本结构

（a）单向出风；·（b）双向出风

面采用静电喷塑、烤漆或阳极处理，最大长度为 3m，实际应用超过 3m 时，可采用两节对拼。该类风口颈部尺寸可以从 50mm 到 200mm 分八个档次，叶片从 2 片到 14 片。水平射程在射流末端速度为 0.5m/s、0.25m/s 时测得。根据需要，该线型百叶送风散流器可以配置风量调节风阀。美国某公司生产的某线型百叶送风散流器采用固定百叶，单向或双向出风，单向出风颈部宽度从 89mm 到 298mm 分八个档次，双向出风颈部宽度从 158mm 到 311mm 分五个档次。散流器的标准长度为 1.8m。单向出风散流器可以安装在吊平顶上也可以安装在接近吊平顶的侧墙上；双向出风散流器只有吊顶安装一种形式。射程数据是在射流末端速度为 0.5m/s、0.25m/s 时测得。当风口长度为非测试长度时，应对其射程与噪声标准数据进行修正。

（3）T 型与 N 型条缝形送风散流器

另有一种专门用于变风量空调系统气流分布的送风散流器是美国某公司生产的 T 型与 N 型条缝形送风散流器。这两种散流器的基本形式见图 13-9。

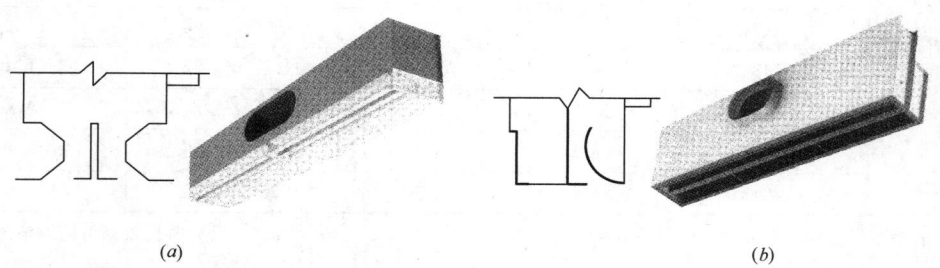

图 13-9 T 型与 N 型送风散流器基本型式

（a）T 型；（b）N 型

标准的 T 型条缝形送风散流器仅有 203mm 高，可应用在许多吊平顶空间受到限制的现代建筑中。此型送风散流器可在较低风口压力降与噪声级的情况下，向空调房间内输送较大风量。当该送风散流器应用在变风量空调系统时，不管输送最大风量还是输送最小风量，均可获得良好的气流分布性能。该送风散流器有双向双条缝、双向单条缝及单向单条缝三种基本形式。风口还可以选择保温型与非保温型；入口直径有 150mm 与 250mm；条缝宽度有 25mm 与 38mm；风口长度有 600mm 与 1200mm。

N 型条缝形送风散流器是一种静压箱式条形散流器。由于其具有较高的诱导比、优越的空气扩散性能，故适用在变风量空调系统中，尤其适合应用在变风量空调系统中的周边区域。N 型送风散流器的四种组合形式，其基本结构见图 13-10。图 13-10（a）为 N 型条缝形送风散流器；图 13-10（b）为结合回风口的 N-R 型条缝形送风散流器；图 13-10（c）为结合 D 型卡爪式下送风口的 N 型条缝形送风散流器，使用时 D 型卡爪式风口作为中间段，N 型风口作为外侧段进行组合；图 13-10（d）为 R 型回风口与 D 型下送风口结合的 N 型条缝形送风散流器，使用时，D-R 型组合风口作为中间段，N-R 型组合风口作为外侧段进行组合。

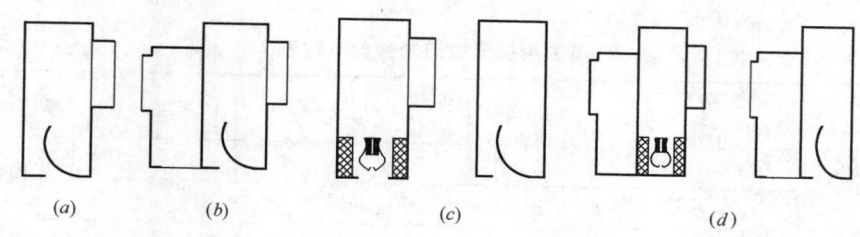

(a)　　　(b)　　　(c)　　　(d)

图 13-10　N 型条缝形送风散流器组合形式

N 型条缝形送风散流器完全是一种吊平顶安装型送风口，因组合不同，形成了 N 系列、N-R 系列、N-D 系列以及 N-D-R 系列四种类型。各系列 N 型送风散流器整齐的线条可以与室内装修实现完美地配合，且可满足供冷与供热要求。

N 系列条缝形送风散流器可向空调房间输送单向贴附射流，可以使用在进深不大、不分内外区的空调区域以及分内外区的内区空气分布系统。当 N 系列送风散流器用于内区时，主要输送冷风；当用于外区时，既可输送冷风，也可输送热风，尤其适用在供热量不太大的区域。

N-R 系列条缝形送风散流器将 N 型送风口与条缝形回风口组合在一起，一般使用在进深不大、不分内外区的空调区域以及分内外区的内区空气分布系统。从条缝形送风散流器中送出的空气，沿着吊顶射出，经过整个房间宽度，然后从人员活动区回流，回到条缝形送风口旁边的条缝形回风口，在人员活动区形成良好的气流循环。

N-D 系列条缝形送风散流器将 N 型送风口与卡爪式条缝形送风口组合在一起，成为一种组合型送风口。N 型送风散流器水平射流，卡爪式条缝形送风散流器向下射流，可调式卡爪，使送风从垂直方向到水平方向任意设置。这种送风散流器一般应用在分内、外区的外区变风量空气分布系统中。N 型送风口沿吊顶贴附射流，D 型卡爪式送风口向下偏外窗或外墙方向射流，可有效消除室外气候对室内空调环境的影响。

将 N-D 系列条缝形送风散流器再组合一个条缝形回风口，形成了 N-D-R 型系列组合风口。这种组合式送风散流器一般设置在外区靠外围护结构一侧，形成了向内贴附射流、向下偏外围护结构射流与条缝形回风的气流流型。

N 型条缝形送风散流器的静压箱入口规格有三种；标准条缝长度分别为：600mm、900 mm、1200mm 与 1500mm 四种。条缝形送风槽宽度为 19mm；回风槽宽度为 50mm。

2. 矩形或方形吊平顶送风散流器

矩形或方形散流器是变风量空调系统最常用的一种送风散流器。它们仅设置在吊平顶上，具体形式见图 13-11。

国内外风口生产厂都能提供矩形或方形送风散流器。21 世纪以前，由于大多数厂家缺乏气流测试装置，因此，给出的技术数据不够完全、准确，也无风口选型软件，难以提供强劲的技术支持。21 世纪开始，国内风口生产企业技术能力不断提

图 13-11　方形送风散流器

高，都基本建立起气流显示实验室或气流测试装置，产品样本中的技术数据日趋完善，为合理选择空气分布装置提供了条件。

矩形或方形送风散流器一般采用铝合金制作，表面采用喷塑、烤漆或阳极处理，根据要求可制作成一至四面吹风型式。表 13-6 为美国某公司生产的某方形送风散流器的性能参数表。

某方形送风散流器性能参数表 表 13-6

喉部风速 （m/s）	2.0	2.5	3.0	3.5	4.0	5.0	6.0	7.1
动压(Pa)	2.5	4.0	5.5	7.7	9.9	15.4	22.4	30.4

进风口喉部直径：100mm

风量 [m³/(h·m)]		60	75	88	104	119	150	179	207
全压 (Pa)	水平	3.98	4.48	6.47	8.71	11.45	17.92	25.89	35.35
	垂直	3.24	5.23	7.47	10.20	13.19	20.66	29.87	40.82
射程 (m)	水平	0.3-0.3-0.6	0.3-0.6-0.9	0.3-0.6-1.2	0.3-0.6-1.2	0.6-0.6-1.5	0.6-0.9-1.8	0.6-1.2-2.1	0.9-1.2-2.4
	垂直	0.3-0.3-0.6	0.3-0.3-0.6	0.3-0.3-0.9	0.3-0.6-0.9	0.3-0.6-0.9	0.3-0.6-0.9	0.6-0.9-1.2	0.6-0.9-1.2
噪声 [dB(A)]	水平	—	—	—	—	13	20	25	30
	垂直	—	—	—	—	—	6	21	26

进风口喉部直径：127mm

风量 [m³/(h·m)]		94	116	139	162	185	231	279	325
全压 (Pa)	水平	4.48	6.97	10.20	13.94	18.17	28.38	40.82	55.51
	垂直	5.47	8.46	12.20	16.43	21.41	33.60	48.29	65.96
射程 (m)	水平	0.3-0.6-0.9	0.6-0.6-1.5	0.6-0.9-1.8	0.6-0.9-2.1	0.6-1.2-2.1	0.9-1.5-2.7	1.2-1.8-3.3	1.2-2.1-3.6
	垂直	0.3-0.3-0.6	0.3-0.6-0.9	0.3-0.6-1.2	0.6-0.6-1.2	0.6-0.9-1.2	0.6-0.9-1.5	0.9-1.2-1.5	0.9-1.2-1.8
噪声 [dB(A)]	水平	—	—	—	14	18	25	31	36
	垂直	—	—	—	12	15	22	27	32

进风口喉部直径：152mm

风量 [m³/(h·m)]		133	167	201	233	267	333	400	466
全压 (Pa)	水平	6.47	10.21	14.69	19.91	26.14	40.82	57.75	79.90
	垂直	7.97	12.20	17.67	24.14	31.36	49.29	70.69	96.33
射程 (m)	水平	0.3-0.6-1.2	0.6-0.9-1.5	0.6-0.9-2.1	0.9-1.5-2.4	0.9-1.2-2.7	1.2-1.5-3.3	1.2-2.1-3.9	1.5-2.4-4.2
	垂直	0.3--.6-0.9	0.3-0.6-1.2	0.6-0.6-1.2	0.6-0.9-1.5	0.6-0.9-1.5	0.9-1.2-1.8	0.9-1.2-1.8	1.2-1.5-2.1
噪声 [dB(A)]	水平	—	—	14	19	23	30	36	40
	垂直	—	—	12	17	21	27	32	37

进风口喉部直径：178mm

风量 [m³/(h·m)]		182	228	272	318	364	454	544	635
全压 (Pa)	水平	8.96	13.94	19.91	27.38	35.60	55.52	80.15	109.03
	垂直	10.95	16.93	24.39	33.11	43.31	67.71	97.58	132.67

续表

射程 (m)	水平	0.3-0.6-1.2	0.6-0.9-1.5	0.6-0.9-2.1	0.9-1.2-2.4	0.9-1.2-2.7	1.2-1.5-3.3	1.2-2.1-3.9	1.5-2.4-4.2
	垂直	0.3-0.3-0.9	0.3-0.6-1.2	0.6-0.6-1.2	0.6-0.9-1.5	0.6-0.9-1.5	0.9-1.2-1.8	0.9-1.2-1.8	1.2-1.5-2.1
噪声 [dB(A)]	水平	—	12	18	23	27	34	40	44
	垂直	—	—	16	21	25	31	37	41

进风口喉部直径:203mm

风量 [m³/(h·m)]		238	298	355	414	474	593	712	831
全压 (Pa)	水平	11.70	18.17	26.14	35.60	46.55	72.68	104.79	142.64
	垂直	14.19	22.40	32.11	43.56	57.00	89.11	128.44	174.74
射程 (m)	水平	0.6-0.6-1.5	0.6-0.9-1.8	0.6-1.2-2.1	0.9-1.2-2.7	0.9-1.2-3.0	1.2-1.8-3.6	1.5-2.1-4.2	1.8-2.7-4.8
	垂直	0.3-0.6-1.2	0.3-0.6-1.2	0.6-0.9-1.5	0.6-0.9-1.8	0.6-1.2-1.8	0.9-1.2-2.1	1.2-1.5-2.1	1.2-1.8-2.4
噪声 [dB(A)]	水平	—	16	22	26	31	37	43	48
	垂直		15	20	25	29	35	41	45

注：表中水平射程数据分别对应射流末端速度为 0.75m/s、0.5m/s、0.25m/s。垂直射程数据对应射流末端速度为 0.5m/s。

3. 带控制机构的变风量送风口

带控制与调节机构的变风量送风口是变风量末端装置的一种形式，它将变风量末端装置的控制、执行机构与送风散流器组合在一起，因此具有所有送风散流器的作用和性能。

本节主要介绍某公司提供的两种变风量送风口的基本参数。表 13-7 为 TF 型四向送风变风量送风口的性能参数，表 13-8 为 TL 型双条缝双向送风变风量送风口的性能参数。

TF 型四向送风变风量送风口性能参数　　　表 13-7

名义入口直径	入口静压 (Pa)	最大风量 (m³/h)	最大风量时				25%最大风量时			
			气流射程(m)			NC	气流射程(m)			NC
			0.25m/s	0.5m/s	0.76m/s		0.25m/s	0.5m/s	0.76m/s	
06	12.4	170	1.83	1.22	0.91	15	0.91	0.61	0.30	15
	24.9	238	2.44	1.52	1.22	20	1.22	0.91	0.61	17
	37.3	297	2.74	1.83	1.52	26	1.52	1.22	0.91	21
	49.8	340	2.74	2.13	1.83	31	1.83	1.52	0.91	24
	62.2	374	3.05	2.44	2.13	34	2.13	1.83	1.22	27
08	12.4	272	2.44	1.83	1.22	15	1.52	0.91	0.61	15
	24.9	382	3.05	2.13	1.52	20	1.83	1.22	0.91	16
	37.3	467	3.35	2.44	1.83	25	2.13	1.52	0.91	21
	49.8	544	3.66	2.74	2.13	30	2.44	1.83	1.22	25
	62.2	603	3.96	3.05	2.44	34	2.74	1.83	1.22	28
10	12.4	442	2.74	2.13	1.52	15	2.13	1.83	1.22	15
	24.9	629	3.35	2.44	1.83	23	2.74	2.13	1.52	18
	37.3	765	3.96	3.05	2.44	27	3.05	2.44	1.83	22
	49.8	883	4.27	3.35	2.74	31	3.35	2.74	2.13	26
	62.2	985	4.57	3.67	3.05	34	3.66	3.05	2.13	29

续表

名义入口直径	入口静压（Pa）	最大风量（m³/h）	最大风量时				25%最大风量时			
			气流射程（m）			NC	气流射程（m）			NC
			0.25m/s	0.5m/s	0.76m/s		0.25m/s	0.5m/s	0.76m/s	
12	12.4	595	3.35	2.44	1.83	15	2.13	1.83	1.22	15
	24.9	799	3.96	3.05	2.44	23	2.74	2.13	1.52	19
	37.3	951	4.57	3.66	3.05	27	3.05	2.44	1.83	23
	49.8	1087	4.88	3.96	3.35	31	3.66	3.05	2.44	27
	62.2	1223	5.18	4.27	3.66	34	4.27	3.35	2.74	30

TL 型双条缝双向送风变风量送风口性能参数 表 13-8

名义入口直径	入口静压（Pa）	最大风量（m³/h）	最大风量时			25%最大风量时		
			气流射程（m）		NC	气流射程（m）		NC
			0.25m/s	0.5m/s		0.25m/s	0.5m/s	
TL-2422	12.4	119	1.22	0.61	15	0.91	-	15
	24.9	153	1.52	0.91	15	1.22	-	15
	37.3	204	2.74	1.22	21	1.83	0.91	20
	49.8	246	3.05	1.52	25	2.13	0.91	24
	62.2	280	3.96	2.13	30	2.44	1.22	29
TL-3622	12.4	136	1.22	0.61	15	0.91	-	15
	24.9	195	2.13	0.91	16	1.22	-	15
	37.3	255	2.74	1.52	23	1.83	0.61	22
	49.8	289	3.35	2.13	28	2.13	0.91	27
	62.2	314	3.96	2.44	32	2.44	1.22	31
TL-4822	12.4	255	2.13	0.91	15	1.22	-	15
	24.9	340	3.35	2.13	20	1.83	0.61	19
	37.3	408	3.96	2.74	25	2.44	1.22	25
	49.8	476	5.18	3.05	29	3.05	1.52	29
	62.2	527	5.79	3.35	33	3.66	1.83	32
TL-6022	12.4	289	1.83	0.91	15	1.22	-	15
	24.9	408	2.44	1.22	20	1.52	0.61	19
	37.3	493	3.05	1.52	26	2.13	0.91	25
	49.8	561	4.27	2.13	31	2.74	1.22	30
	62.2	629	5.49	2.74	34	3.35	1.52	33

4. 低温送风散流器

低温送风系统送风散流器的形式应根据所采用的末端装置的类型确定。当采用串联式风机动力型末端装置时，可使用常温散流器；当采用单风道型末端装置、并联式风机动力型末端装置或诱导型末端装置时，需采用适合低温送风的散流器。适用于低温送风的散流器主要有保温型散流器、电热型散流器及高诱导比低温散流器等多种形式。前两种散流器有时也被称为防结露风口，适用于送风温度较高的低温送风系统，也常用于室内干球温度较高、相对湿度较大的常温空调系统。

送风散流器的表面温度是处于送风温度与房间空气温度之间的某一中间温度。当送风散流器的表面温度等于或低于室内空气的露点温度时，散流器表面会出现结露现象。

采用金属制作的送风散流器的室内空气侧表面温度一般比送风温度高 2℃左右；而对于塑料制作的送风散流器，其两者温差可高达 6℃。高诱导比低温送风散流器的送风温度可以更低。对于常温定风量空调系统，可较容易地在夏季供冷设计工况下确保冷气流不很快下落；冬季供热设计工况下弱化热气流的上浮特性，使全年的室内气流组织得到保证。而对于低温送风变风量空调系统，既要保持比常温空调系统大的送风温差，又要节省空调系统送风机的用能。因此，低温送风变风量空调系统的气流组织比常温定风量空调系统复杂得多。低温送风散流器不但在输送最大风量时应使冷气流不下沉，而且在输送最小风量时也应有较好的气流分布，必须在较大的温度和风量范围内解决好低温一次风与空调区内空气的混合、气流的贴附长度和风口噪声等问题。

当变风量空调系统的送风温度低于 11℃时，布置在吊平顶上的送风散流器应选择低温送风散流器。能满足低温送风要求的散流器有多种，而在我国使用最多的是热芯高诱导比低温送风口。这种送风散流器除了有非常高的诱导比外，当空调房间内送风量发生较大变化时，也能保持良好的室内空气分布性能与通风效率。

热芯高诱导比低温送风口的关键部件是内部喷射核。喷射核四周均布小喷口，送风时，一次风通过风管直接送入喷射核，然后从喷口喷出形成贴附射流，并大量诱导室内空气，在离开风口喷嘴 115mm 处其混风比已达 2.35∶1。由于多个独立的圆截面射流具有较高的密度和风速，故在整个射流过程中能保持良好的诱导效果。低温送风在离开风口十几厘米后，送风温度便可升高到室内空气的露点温度以上，避免产生低温空气在空调区下降的现象。典型的高诱导比低温送风散流器主要有平板形、孔板形及条缝形三种形式。热芯高诱导比低温送风口的基本原理见本书第 9 章图 9-1。某条缝形与方形低温送风散流器的技术参数分别见本书第 9 章表 9-23、表 9-24。

5. 几种变风量送风散流器的性能比较

上述几种送风散流器均可应用在变风量空气分布系统中。设计人员在散流器选型时，应参照散流器的技术参数，分析其性能特点，以确定适当的形式和合理的规格。表 13-9 为上述几种送风散流器的性能比较。

几种送风散流器性能比较　　　　　　　　　　　　　表 13-9

名称	条形及线形送风散流器			方形或矩形送风散流器	变风量送风口	高诱导比低温送风口
	卡爪式	线形百叶式	T 形			
安装位置	吊平顶	吊平顶或墙	吊平顶	吊平顶	吊平顶	吊顶
送风方向	左、右、向下	单向、双向	单向、双向	一至四向	方形一至四向、条缝形单向与双向	方形双向与四向、条缝形单向与双向
连接方式	风道或静压箱连接	风道或静压箱连接	风道或静压箱连接	风道连接	方形风道连接、条形风道或静压箱连接	方形风道连接、条形风道或静压箱连接
与装修配合	良好	良好	良好	一般	一般	一般
气流分布	很好	较好	很好	一般	很好	很好

13.3.2　回风口

为了保证变风量末端装置的风量控制精度，减小各空调房间之间的静压差，公共建筑变风量空调系统，尤其是低温送风变风量空调系统，一般采用吊平顶静压箱直接回风。因此，变风量空调系统大多采用顶送顶回式顶送侧回的气流组织方式。

由于回风口可有效地从各方向抽吸空气，与送风散流器相比，回风口的位置对于良好的室内气流分布并不十分关键。回风口通常设置在气流迟滞区域比较有利。图 13-12（*a*）为在吊平顶安装的回风口，图 13-12（*b*）为在侧墙安装的回风口。对于顶送顶回变风量空调系统，每个空调房间的回风通过吊平顶回风口进入吊平顶回风静压箱。在静压箱内，回风以接近于零的风速流动，由于空气流动的动压极小，整个吊平顶空间内静压比较均匀，各房间之间的静压差可忽略不计，有利于设置在各温度控制区吊平顶内变风量末端装置的风量控制精度。此外，也因吊平顶静压箱内的气流速度极低，原已沉降的尘粒不会被气流扬起，在空调房间中形成二次污染，影响室内空气品质。

（*a*）　　　　　　　　　　　　　　　　　　　　　　　　　　　　（*b*）

图 13-12　吊平顶设置与侧墙设置的回风口

空调系统中最常用的回风口是方形或矩形回风口，但是，条缝形、线形甚至圆形散流器也可用作回风口。最普通的回风口有格栅式、蛋格式或穿孔板式，各种选择应与送风散流器相呼应，与室内装潢相匹配。

对于服务于多房间的变风量空调系统，要求在每个空调房间内至少设置一个回风口。回风口与送风散流器相比，一般面积较大、数量较少。回风口布置时要与送风散流器保持一定距离，避免发生气流"短路"现象。回风口还应与设置在吊平顶静压箱内的变风量末端装置保持一定的距离，避免末端装置箱体的辐射噪声通过回风口传到人员活动区。

在确定回风口的形式与规格时，还应考虑空调房间的压力要求。对于办公用房，应保持微正压；对于医院传染病房，应保持微负压。

13.4　室内气流分布设计

变风量空调系统室内气流分布设计的主要目的是确定合理的气流分布方式，选择和布置既与室内装修相宜，又能满足气流分布要求的送风散流器、回风与排风口，使送风与室内空气充分混合，在整个人员活动区内保持热舒适性与室内空气品质。

对于送风散流器，国外有几种选型方法：根据送风散流器外型、设计工况下风量、噪声标准进行选型的"NC 法"，以及射流分布图法、射流分离点距离法、综合分析法、和以空气分布特性指标（ADPI）为基础的舒适性标准法等。

在我国，《空气调节设计手册》《实用供热空调设计手册》以及暖通空调教材等专业书籍中均详细叙述了各种送风散流器的设计与选型方法。这些传统的方法都基于经典的等温与非等温射流数学模型，而且以定风量送风为基础。因此，当将传统的送风散流器设计选型方法应用于变风量空调系统时，应作相应变化。例如，传统的方法未考虑热舒适性与室内空气品质等因素。本章主要介绍美国 ASHRAE 手册基础篇（ASHRAE Handbook Fundamentals 2005）"房间空气分布"一章中所推荐的以 ADPI 为基础的舒适性标准送风散流器选型方法。

13.4.1　送风散流器选型基本过程

以 ADPI 为基础的舒适性标准送风散流器选型方法综合考虑了送风散流器的形式、人员活动区域的热舒适性、室内空气品质以及室内环境的声学要求。这种方法尤其适合变风量空调系统的气流分布。

送风散流器设计选型是一个反复选型与校核的过程。在选择一种送风散流器的型号之后，需校核其射程和噪声值。当其中任何一项指标不能满足要求时，需进行重新选型，直至全部满足要求为止。这种选择方法需花一定时间，当设计人员熟悉了送风散流器的性能参数且获得了选型经验后，可提高设计效率，缩短选型时间。

送风散流器选型可按如下过程进行：

（1）了解空调房间的类型与用途，确定所选送风散流器是仅送冷风，还是在冬季送热风、夏季送冷风。

（2）根据房间最大冷、热负荷，计算出房间最大送风量和最小送风量。同时，计算出房间的新风量、回风量、排风量以及从其他房间流入或流向其他房间的转移风量。

（3）从散流器样本中，寻找合适的散流器类型。

（4）在吊平顶上布置送风散流器和其他风口。

（5）根据所需送风量，选择散流器的具体型号。

（6）对于初选的散流器，校核其气流流型、射程、噪声值和静压损失。对于不同高度的吊平顶，校核冷气流的沉降高度；对于回风、排风或转移风口，也需校核其噪声值与静压损失。

（7）如上述所选送风散流器的各项参数中，有未达到设计要求的，应重新确定散流器位置，重选散流器的型号，并再次进行校核，直到所有参数满足要求。

13.4.2　送风量计算

变风量空调系统散流器最大送风量（设计风量）不但取决于房间供热、供冷设计负荷，还与所采用的变风量末端装置的类型有关。而系统最小送风量则与房间所需新风量、变风量装置传感器、模数转换器及控制器精度、冬季送热风时的送风温差以及送风散流器气流分布性能等因素有关。

1. 散流器最大送风量确定

当采用单风道型、旁通型、单冷并联式风机动力型变风量末端装置以及变风量风口时，通过房间送风散流器的最大送风量与通过变风量末端装置的一次风风量相等；当采用串联式风机动力型变风量末端装置时，房间送风散流器常年以末端装置内置风机的恒定风量向空调房间送风，串联式风机动力型变风量末端装置内置风机风量一般按照一次风最大设计风量或一次风最大设计风量的 1.3 倍确定。对于低温送风变风量空调系统，须校核变风量末端装置出口处送风温度，确保风口表面不产生结露现象；当采用冷、热并联式风机动力型变风量末端装置时，通过送风散流器的最大送风量等于末端装置最小一次风风量加上内置增压风机风量。内置增压风机可根据空调房间所需最小风量或按该装置一次风设计风量的 50%～80% 选型；当采用双风道型变风量末端装置时，如系统按变风量、最小风量为零（无冷、热抵消）方式运行，则通过房间送风散流器的最大送风量按供冷或供热末端装置设计风量中的大者确定。如系统按变风量、最小混合风量等于热风最大送风量（有冷、热混合）方式或系统按变风量、最小混合风量不等于热风最大送风量（有冷、热混合）方式运行，则通过房间送风散流器最大送风量按供冷、供热末端装置设计风量与混合送风量中的最大值确定；当采用诱导型变风量末端装置时，通过房间送风散流器最大送风量等于末端装置一次风设计风量加诱导风量。诱导风量可以通过计算也可以从产品样本上直接查得。

2. 变风量末端装置一次风设计风量确定

空调房间的一次风设计风量通常按照夏季或冬季最大冷、热负荷计算确定。按夏季最大冷负荷计算时，可采用式（13-8）。

$$L = \frac{3600 Q_{q}}{\rho(h_{n}-h_{s})} = \frac{3600 Q_{x}}{\rho c(t_{n}-t_{s})} \tag{13-8}$$

按冬季最大热负荷计算时，可采用式（13-9）。

$$L = \frac{3600 Q_{x}}{\rho c(t_{s}-t_{n})} \tag{13-9}$$

上两式中　L——空调房间一次风设计风量，m^3/h；

Q_{q}、Q_{x}——空调房间全热冷负荷和显热冷负荷，kW；

h_{n}——室内空气焓值，kJ/kg；

h_{s}——送风焓值，kJ/kg；

t_{n}——室内空气温度，℃；

t_{s}——送风温度，℃；

c——空气定压比热容，kJ/(kg·℃)，可取 1.01kJ/(kg·℃)；

ρ——空气密度，kg/m^3，在标准大气压下，空气温度为 20℃ 时，$\rho = 1.2kg/m^3$。

在我国大部分地区，一般按夏季最大冷负荷计算的一次风风量大于按冬季最大热负荷计算的一次风风量。

在以除湿为主的空调房间内，一次风送风量还需按照最大室内散湿量计算；在放散大量有害气体的空调房间，一次风中的新风量必须满足稀释室内有害气体浓度的要求，使浓度不超过规定值。

3. 散流器最小送风量确定

变风量末端装置将一次风量控制在最大送风量（设计风量）与最小送风量之间。除采用串联式风机动力型变风量末端装置的空调系统外，对于采用其他形式变风量末端装置的空调系统，送风散流器的送风量在最大风量与最小风量范围内变化。

变风量空调系统送风散流器最小送风量应考虑下列要求：

（1）满足各温度控制区内人员对新风的需求量，保持室内空气品质。

（2）满足各种变风量末端装置风速传感器的精度要求。如采用毕托管式风速传感器，通过风速传感器的平均风速不应低于 4m/s，最小送风量应不小于设计送风量的 30%。

（3）对于夏季送冷风、冬季送热风的变风量空调系统，应确保冬季送热风时，送风温度不应太高。如送风温度太高，散流器的送风量可能会低于供冷时最大送风量的 20%，通过散流器送出的射流浮力太大，无法与室内冷空气充分混合，造成气流短路，部分送风没有经过混合，直接进入回风口，使系统通风效率降低。

（4）满足送风散流器的空气扩散要求，不使冷气流直接沉降到人员活动区，影响热舒适性与室内空气品质。

13.4.3　送风散流器类型选择与设置要求

变风量空调系统送风散流器的主要类型为条形或线形散流器与方形散流器。在确定送风散流器类型时，应满足房间气流分布及建筑美学的要求。送风散流器的形状、颜色、类型应与整个房间室内装饰相适配。

条形或线形送风散流器属于扁平贴附射流，诱导室内空气能力较强，射程较短，射流温差与速度衰减较快。它适用于空调负荷较大、装修要求较高的高级民用建筑中，包括采用变风量空调系统的高级办公楼中。

方形送风散流器平送也可满足变风量空调系统气流分布要求。与条形与线形送风散流器相比，射流的射程与回流的流程较短。当送风从散流器送出后，沿着吊平顶贴附，射流扩散较好，使人员活动区处于回流区，区域内空气温度一般能满足设计要求。

送风散流器的选型还受建筑师、室内装修设计师和业主的影响。设计人员在风口选型时应与他们协调。送、回风口的类型还应与空调房间的形状相呼应。大多数建筑师偏爱条形或线形送风散流器。一般情况下，条形或线形送风散流器布置在空调房间较窄一边，以增加射流射程和回流流程。对于变风量空调系统，尤其对于低温送风变风量空调系统，条形或线形送风散流器长度应满足布置送风散流器一侧墙面长度的 30%~70%，确保送风散流器长度方向气流的均匀性；方形送风散流器应比较均匀地布置在吊平顶上。送风散流器一般设置在吊平顶的网格中心位置，且应与照明灯具、消防喷淋头等设施协调一致。同一空调房间可根据室内装修的要求采用不同类型和不同型号的送风散流器。

对于内、外分区的变风量空调系统，由于办公设备等具有"休眠"功能，故内区的空调负荷比外区小、变化幅度大。为了满足空气分布要求，内区应选用小风量、长射程的送风散流器。

在布置送风散流器时，应与照明系统与喷淋系统相协调，如果初选的散流器位置与其他建筑设备发生矛盾，可适当调整散流器的位置与数量。

13.4.4　送风散流器数量、风量的确定

确定送风散流器的形式后，应结合吊平顶装修图初步确定风口位置。空调房间内各温度控制区的送风量应满足该区域的负荷要求。在初步设置送风散流器之前，需确定送风散流器数量，可根据下式求得：

$$N = \frac{L_s}{l_s} \tag{13-10}$$

式中　L_s——空调房间或温度控制区的最大送风量（设计工况下总送风量），m^3/h；

l_s——每个送风散流器的最大送风量（设计工况下送风量），m^3/h；

N——送风散流器数量。

每个送风散流器的送风量应在综合考虑吊平顶高度与送风温差两个因素的基础上，根据设计人员的经验并结合散流器样本上的性能参数确定。表 13-10 为美国 ACCA（1992）依据以上两个因素提供的送风散流器最大送风量的经验数据。

送风散流器最大送风量经验数据（m³/h）（ACCA 1992）　　　　表 13-10

送风温差 (℃)	吊平顶高度(m)						
	2.4	2.7	3.0	3.3	3.6	4.2	4.8
5.6	1020	2550	6800				
8.3	722	1955	3820	7480			
11.1	425	1190	2380	4760	7650		
13.9	298	850	1658	3060	5100	10200	
16.6	170	340	935	1700	2550	5950	11050

13.4.5 冷风射流分离点

送风散流器送出沿吊平顶行进的冷风射流，由于其压力比房间内空气的压力低，因此有贴附在吊平顶表面上的倾向。但是，当射流与房间空气之间因温差产生的向下沉降力大于向上的射流贴附力时，冷风射流就会与吊平顶脱离。冷风射流分离点是指从送风散流器至送风射流离开吊平顶处的距离。送风温度越低，射流分离的可能性越大。当通过送风散流器送出的空气温度低于 11℃（低温送风温度）时，冷风射流可接受的分离点距离应大于空调房间特征长度。如果冷风射流在与周围空气充分混合前就与吊平顶分离，分离点的距离小于房间特征长度，则冷风射流将在人员活动区造成吹风感，影响了热舒适性。同时，过早分离的射流会在空调房间内形成空气滞留区域。

冷风射流的分离点距离与速度衰减常数、送风温度、送风量、静压降等参数有关。与条缝形与圆形送风散流器数据关联的送风散流器冷风射流分离点距离的计算公式见式（13-11）。

$$x_s = aC_s K^{1/2} \left(\frac{\Delta t}{t} \right)^{-1/2} Q^{1/4} \Delta p^{3/8} \tag{13-11}$$

式中　Q——房间送风量，L/s；

　　　x_s——射流分离点距离，m；

　　　C_s——分离系数，1.2；

　　　a——常数，0.0689；

　　　K——散流器速度衰减系数，无因次，见表 13-13；

　　　Δt——射流温差，℃；

　　　t——房间平均热力学温度，K；

　　　Δp——散流器静压降，Pa。

式（13-11）计算的射流分离点距离与送风量呈线性关系。散流器速度衰减系数由生产厂家根据速度分布测量确定，一般可以从散流器技术参数手册中获得。表 13-11 为《ASHRAE Handbook Fundamentals 2005》"房间空气分布"一章中推荐的各种送风散流器速度衰减系数值。

如果送风散流器的送风量一定，K 值小的散流器的射程将小于 K 值大的散流器。被冷风射流诱导的室内空气量与 K 值成反比，即随着 K 值减小，被诱导风量增加。对于低温送风来说，高诱导比的散流器，射流温度混合快，射程较短，K 值较小。

散流器速度衰减系数　　　　　　　　　　　　　　　　　　　　　表 13-11

散流器类型	K 值
圆形	1.1
条缝形	5.5
射流	7.0
穿孔板	3.7～4.9

13.4.6　散流器噪声标准校核

按照送风散流器的初步布置图，确定各散流器的房间特征长度。算出每个送风散流器所需输送的最大与最小送风量。

根据散流器生产厂提供的资料，查看所选类型的散流器的性能参数（表 13-4～表 13-8）。散流器的性能参数一般包括散流器型号、喉部面积、各档风量下对应的风口动压值、总压力损失、射流末端速度为 0.75m/s、0.5m/s、0.25m/s 时的射程以及系统运行时散流器的噪声值等数据。

送风散流器的噪声是由于散流器对送风进行节流而造成的。对于某一确定型号的散流器，送风量越大，风口产生的噪声越大。散流器选型样本上所提供的噪声指标（NC）一般在测试室内标定的。样本上提供的数据为已经减去了由于房间吸收而衰减 10dB 后的噪声值。每个送风散流器在各特定送风量下均对应一个噪声指标。当在一个较小的房间中设置多个送风散流器时，需对散流器的噪声进行综合计算。表 13-12 为 Nevins 在 1976 年提出的多个送风散流器噪声增加的近场（一般不大于 3m）经验估算值。

多个送风散流器噪声增加的近场经验估算值　　　　　　　　　　　表 13-12

送风散流器数量	1	2	3	4	5	6	8	10
附加噪声值(dB)	0	3	5	6	7	8	9	10

从表 13-12 可见，当在一个较小的房间内设置两个相同的送风散流器时，若根据其送风量，每个散流器噪声值是 30dB，则两个送风散流器的综合近场噪声值为 33 dB。

在设计过程中，要确保暖通空调设备噪声不超过各空调房间的背景噪声。送风散流器是空调系统中最后一个噪声源，因此，设计人员在选择送风散流器型号时，应对送风散流器的噪声值进行校核，使风口产生的噪声不超过各空调房间允许的噪声标准。

目前，评价空调房间背景噪声的标准有几种，它们是：传统的 A 声压级标准、NC 标准、RC 标准、NCB 标准以及较新的 RCⅡ标准等。不同标准都基于不同的应用情况而推出，因此，并不是所有的噪声标准都适用于对暖通空调设备的噪声评价。各空调房间噪声指标一般采用 NC 标准。在我国《民用建筑隔声设计规范》GB 50118-2010 中对住宅建筑中的卧室、书房、起居室，学校建筑中的各类教学、教辅房间，医院建筑中的病房、诊疗室以及旅馆建筑中的客房、会议室、多用途大厅、办公室、餐厅、宴会厅等规定了 A 声压级室内允许噪声指标。工程设计时，大多数设计人员一般习惯于采用 NC 标准。表 13-13 为美国 ASHRAE Handbook 应用篇"声音与振动控制"一章中推荐的各空调房间内允许的 NC 噪声指标。

当所选的送风散流器的综合噪声指标大于各空调房间允许噪声标准时，应重新进行送风散流器的选型。一般情况下，应选择风口喉部尺寸更大一点的送风口，直至满足要求时为止。

各房间允许的 NC 噪声指标 表 13-13

房 间 类 型		NC 范围
住宅、公寓		25～35
酒店/汽车旅馆		
1	客房或套房	25～35
2	会议室/宴会厅	25～35
3	走道、大厅	35～45
4	服务/辅助区域	35～45
办公建筑		
1	高级与个人办公室	25～35
2	大开间办公室	30～40
3	会议室	25～35
4	远程会议室	最大 25
5	走道和大厅	40～45
医院和诊所		
1	专用房间	25～35
2	病房	30～40
3	手术间	25～35
4	走道与公共区域	30～40
表演艺术场所		
1	剧场	最大 25
2	电影院	30～35
3	音乐教室	最大 25
4	音乐练习房	最大 35
5	录音室	15～20
6	电视演播室	20～25
实验室		
1	不演说的测试/研究房间	45～55
2	演说的测试/研究房间	40～50
3	分组教室	35～45
总装配车间		25～35
学校		
1	教室（70m^2 以下）	25～40
2	教室（70m^2 以上）	25～35
3	大型教室（有演讲扩音设备）	最大 35
图书馆		30～40
法庭		
1	无扩音设备	25～35
2	有扩音设备	30～40
室内体育馆、体操馆		
1	体操和游泳	40～50
2	有扩音设备的大型房间	45～55
餐厅		40～45

13.4.7 送风散流器压力降校核

送风散流器压力降校核是送风口选型中的最后一步。由风管输送的空气通过送风散流器向空调房间进行气流分布时，必然会产生压力降。从节能角度看，送风通过送风口的压力降越小越好，即选择更大型号的送风口。但是，若选用的送风口的喉部尺寸过大，将使送风散流器的射程太短，可能会出现冷气流下沉的现象。

风口阻力随着风口类型与型号的不同而变化，设计人员应根据样本上具体的风口型号与最大送风量查得该送风散流器的阻力损失。产品样本上的风口阻力一般以静压或全压的形式提供。送风散流器的动压值可由式（13-12）计算。

$$p_v = \left(\frac{v}{1.289}\right)^2 \tag{13-12}$$

流体的全压、动压与静压值三者的关系见式（13-13）。

$$p_T = p_v + p_s \tag{13-13}$$

上两式中　　p_v——通过送风散流器时的气流动压值，Pa；

　　　　　　p_T——送风散流器上游风管内的气流全压值，Pa；

　　　　　　p_s——送风散流器上游风管内的气流静压值，Pa；

　　　　　　v——通过送风散流器的气流速度，m/s。

在流体的全压、动压和静压中，只需知道任何两个数据，便可计算出第三个数据。散流器样本上给出的动压值是由送风通过风口喉部时产生的，而静压值与全压值则在散流器上游风道中测得。由于空调房间内的静压值（通常被称为表压）被认为是 0，从样本上查得或计算出来的静压值 p_s 就认为是送风通过散流器时的静压差 Δp_s。

送风散流器可接受的静压损失应根据系统所服务房间的声学要求确定。对于低速、安静的空调系统，采用方形散流器，则风口的静压差值通常在 5～25Pa 之间；采用条缝形散流器，风口的阻力损失较大，常高达 75Pa。变风量系统空调器送风机的压头除了需满足空调器本身的阻力损失外，还应满足送、回风道、消声器、风道配件、变风量末端装置以及送风散流器的阻力损失。反之，当空气分布系统末端压头确定后，应对所选用送风散流器的阻力损失进行校核。如果散流器的阻力损失超过了空气分布系统所能提供的压头，风口应重新选型，直至满足要求。

13.5　空调房间内风管与风口设置

完成房间送风散流器的选型，并不能确保空气分布系统正常运行。送风散流器上游的风量调节阀安装位置、送回风口风速以及散流器接管位置等都将对空气分布系统气流扩散效果和噪声指标产生直接的影响。

在暖通空调系统中，风机是主要的噪声源，但不是唯一的噪声源。风管系统、弯头、风阀、变径管、变风量调节装置等部件都可能再生出空气动力噪声。对于声学要求比较高的空调房间，送、回风管中的气流速度应根据风管所处位置和风管的形式确定。以办公建筑为例，吸声吊顶上面的矩形主风管内的风速不应超过 8.9m/s，圆形主风管内的风速不应超过 15.2m/s。当送风主管设置在人员活动区内时，矩形主风管内的风速不应超过 7.4m/s，圆形主风管内的风速不应超过 13.2m/s。各支管内的风速不应超过主风管内风速的 80%；与送风散流器相接的支管内的风速应等于或小于相应主管风速的 50%。考虑到风管系统中弯头、风阀等可能增加系统整体噪声量，设计时，主管与支管的风速需相应减小。

空调房间送、回风开口处的风速也会对室内声学环境产生影响，表 13-14 为美国 ASHRAE Handbook 2003 应用篇"声音与振动控制"一章中给出有声学要求的送、回风开口处最大推荐风速。

声学标准所要求的送、回风开口处最大推荐风速　　　　　　　　表 13-14

风口形式	设计噪声标准	"不受约束"开口风速（m/s）
送风口	45	3.2
	40	2.8
	35	2.5
	30	2.2
	25	1.8
回风口	45	3.8
	40	3.4
	35	3.0
	30	2.5
	25	2.2

如"不受约束"的送、回风开口与送风散流器或回风格栅相接，将少量或者极大地增加噪声，该噪声的增量主要取决于安装的散流器与格栅的数量、送回风口的设计与结构形式以及风口安装方式等因素。因此，在工程设计时，出风口或开口处的允许风速需相应降低。

为了平衡系统风量，设计人员一般习惯于在送风散流器上游风管上设置风量调节风阀或直接采用配调节风阀的送风散流器。设置风量调节阀有时会产生令人难以忍受的空气动力噪声，这种噪声可以通过风阀下游风管与送风口传到室内，也会通过吊顶空间向下传递到人员活动区。

表 13-15 为风量调节阀安装位置与风口噪声增加量的关系。

风量调节阀安装位置与风口噪声增加量的关系　　　　　　　　表 13-15

风量调节阀设置位置	风量调节阀的压力比					
	1.5	2	2.5	3	4	6
	加到散流器噪声指标上的值（dB）					
在线型散流器的喉部	5	9	12	15	18	24
在线型散流器静压箱的入口处	2	3	4	5	6	9
在离线型散流器静压箱入口至少 1.5m 处	0	0	0	2	3	5

表 13-15 中风量调节阀的压力比是指风量调节阀的节流压力降除以该风阀的最小压力降。风量调节阀的压力比越大，则风阀的开度越小，节流作用越大，风量调节阀产生的噪声就越大。

对于服务面积大、主风管比较长的空调系统，必须设置风量调节阀以平衡系统阻力，控制散流器的送风量。从表 13-15 可见，安装在散流器喉部处的风阀的再生噪声值最大，安装在散流器静压箱入口处的风阀其次，安装在离散流器静压箱入口至少 1.5m 处的风阀最理想，风量调节阀所产生的再生噪声对室内环境几乎没有影响或影响很小。

平衡风阀或其他部件也不应安装在太靠近散流器的风管上,它们必须被安装在离散流器 5～10 倍风管直径之外。此外,也可以采用送风静压箱,使风量调节阀与送风散流器保持一定距离。总之,风量调节阀离散流器越远,则风阀对空调房间所产生的噪声影响越小。

送风散流器的安装偏差也会影响噪声值。散流器生产厂家对散流器进行标定时,接管与散流器垂直相连。在实际工程中,常发生安装位置与测试状况不一致的情况。图 13-13 为送风散流器的两个安装实况图。图 13-13 (a) 显示了散流器接管的垂直偏差不超过 $D/8$,图 13-13 (b) 显示了接管的垂直偏差达 $D/2$。其结果是,前者的散流器噪声指标与散流器样本数据相符;后者的散流器噪声值可能会比样本值增加 12～16dB。

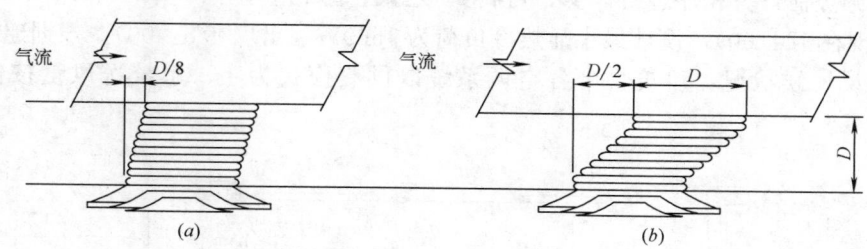

图 13-13　送风散流器接管偏差与风口噪声关系

13.6　热芯高诱导比低温送风散流器选择与布置要点

在低温送风变风量空调系统中,有一种散流器称热芯高诱导比低温送风散流器。它的设计选型和布置方法与其他散流器一样。但是,由于其结构形式的特殊性,设计人员应注意满足以下要求:

(1) 确定空调区最大和最小送风量;

(2) 根据房间的形状和特征长度确定送风散流器的形式;

(3) 按低温送风散流器标定风量的 80%～100% 进行选择,根据需要可堵塞部分喷嘴;

(4) 均匀地布置低温送风散流器,避免在空调房间内出现死角;

(5) 与迎面风口送风气流相碰处的风速不应大于 0.75m/s;

(6) 风口送出的气流遇到邻近墙壁时的风速为 0.25～0.75m/s;

(7) 风口布置时,风口侧边至墙壁的距离,应为风口对应于射流速度为 0.25m/s 处的射程乘以 0.404 或更小的数值;相邻两个风口侧边间的距离,应为风口对应于射流速度为 0.25m/s 处的射程乘以 0.808 或更小的数值。

(8) 检查风口的噪声值和静压值是否满足设计要求,如果不满足要求,重新选择与布置散流器。

13.7　送风散流器选用实例

本节主要描述两个变风量空调系统送风散流器选用实例。例一为常温变风量空调系统方形送风散流器的选用；例二为低温送风变风量空调系统条缝形送风散流器选用。

13.7.1 常温变风量空调系统方形送风散流器选用实例

1. 空调房间基本情况

图 13-14 为一常温变风量空调系统所服务的某办公室的送风散流器布置平面。房间长 6.0m、宽 3.6m，两侧邻室为同类办公室。房间一侧为内墙，与内走道相连；另一侧为外墙，墙上有两扇玻璃窗。吊平顶高度为 2.8m。该办公室内有 3 人办公，所需室外新风量为 90m³/h，采用一台单风道型变风量末端装置。由于房间进深较小，系统不分内外区。空调系统送风干球温度 14℃、回风干球温度 24℃，室内空气设计相对湿度 50%。

2. 负荷特点及冷负荷计算

用空调负荷计算程序进行计算，可得到该办公室峰值显热冷负荷为 2500W（116W/m²）（出现在 14：00），设计最小显热冷负荷为 1560W（出现在 8：00）。根据建筑物空调负荷特点及气候状况，建筑物中各空调系统以供冷模式为主，系统送风量按供冷负荷计算。

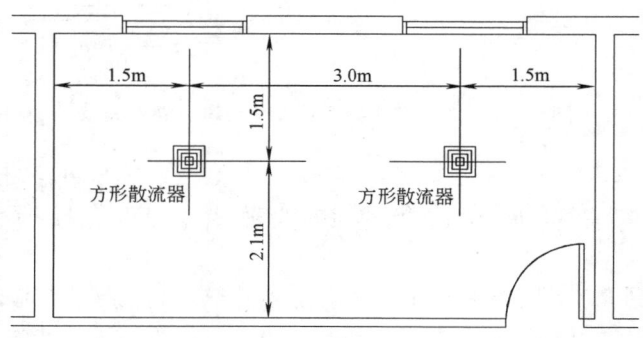

图 13-14　某办公室方型散流器布置平面

3. 空调房间一次风最大与最小风量确定

由于该办公室采用了一个节流型变风量末端装置，通过变风量末端装置的一次风最大和最小送风量就是房间内所有送风散流器的最大和最小送风量。房间的一次风最大送风量和最小送风量可按式（13-8）计算。

房间最大一次风送风量为：

$$L_{\max} = \frac{3600Q_{\mathrm{x}}}{\rho c(t_{\mathrm{n}} - t_{\mathrm{s}})} = \frac{3600 \times 2.5}{1.2 \times 1.01(24-14)} = 742 \ (\mathrm{m^3/h})$$

房间所需新风量占最大一次风送风量的比值为 12.1%，校核整个空调系统的新风比，如整个空调系统新风比小于 12.1%，则需加大房间最大一次风送风量，使之满足房间新风量需求。

房间最小一次风送风量为：

$$L_{\min} = \frac{3600Q_{\mathrm{x}}}{\rho c(t_{\mathrm{n}} - t_{\mathrm{s}})} = \frac{3600 \times 1.56}{1.2 \times 1.01(24-14)} = 463 \ (\mathrm{m^3/h})$$

当变风量末端装置以最小一次风送风量运行时，房间所需新风量占最小一次风送风量的比值为 19.4%。校核该运行状态下整个空调系统的新风比，如系统总新风比小于 19.4%，则需加大房间最小一次风送风量。此外，在确定房间最小一次风送风量时，还应满足变风量末端装置风速传感器的精度要求，使变风量末端装置始终在有效控制范围内运行。

4. 散流器类型与数量确定

根据该办公室的布置平面，可以确定设置两个方型四面出风送风散流器，其设置位置见图 13-14。

每个方形送风散流器的最大送风量（设计风量）为 $371m^3/h$，最小送风量为 $232m^3/h$。在确定散流器的最小送风量时，如果该送风散流器在冬季还需送热风，则应校核送风温度，若送风温度过高，则需加大散流器的送风量。

5. 确定房间特征长度

房间特征长度 L 可参照表 13-3 或图 13-3 确定。本实例中房间特征长度 $L=1.5m$。

6. 散流器性能校核

参照表 13-2 中关于穿孔板与百叶式吊顶散流器一栏，在最大 $ADPI$（96%）与射流末端速度为 $0.25m/s$ 时的 $T_{0.25}/L=2.0$；当 ADPI 为 80% 时，$T_{0.25}/L$ 为 1.0~3.4。

满足 80%$ADPI$ 时射流的射程范围必须在 1.0×1.5~3.4×1.5 即 1.5~5.1m 范围内，而满足最大 $ADPI$ 值时射流的射程应为 $2.0\times1.5=3.0$（m）。如散流器的射程小于 1.5m，则冷气流会在未与室内空气充分混合前下沉到人员活动区。如散流器的射程太大，将会使散流器的送风噪声超过房间噪声标准。

对于变风量空调系统而言，当散流器的送风量处于最小送风量（$232m^3/h$）时，散流器的射程必须达到 1.5m；而当散流器的送风量处于最大送风量（$371m^3/h$）时，散流器的射程最好为 3.0m 左右。

7. 散流器选择

根据送风散流器基本类型、最大送风量、最小送风量以及满足 80%$ADPI$ 时散流器的射程范围等参数，从散流器样本上查得满足参数要求的风口型号。本实例送风口将从表 13-6 某方形送风散流器性能参数表中选取。

若在表 13-6 中选取进风口喉部直径为 178mm 的方形散流器。当最大送风量为 $371m^3/h$、散流器射流末端速度为 $0.25m/s$ 时的射程约为 2.72m；当最小送风量为 $232m^3/h$、散流器射流末端速度为 $0.25m/s$ 时的射程约为 1.6m。可见，所选散流器的射程范围在 1.5~5.1m 范围内，可以满足 80%$ADPI$ 的要求。但是，该散流器尚未满足最大 $ADPI$（96%）的要求。

在变风量空调系统的应用中，方形散流器允许的射程变化范围较条缝形散流器或其他专用变风量送风口小，故适合于房间特征长度较小的空调房间，也适合设置在内区。当将方形散流器设置在内区时，应选用射程较短、风量较小的散流器。

8. 散流器噪声校核

考虑到该空调房间内空调送、回风管布置均满足设计要求，单风道变风量末端装置离散流器约 2m，且变风量末端装置与散风散流器之间用消声软管连接，变风量末端装置风量调节阀节流引起的噪声不影响室内环境。

本实例选用两个送风散流器，两个散流器的距离为 3m。该散流器输送最大送风量时，其噪声值为 27dB，输送最小送风量时，其噪声值为 12dB。根据表 13-12，当两个相同的散流器设置距离不大于 3m 时，应在最大风量所对应的噪声值上增加 3 dB，则本例所选散流器的实际噪声值为 30 dB，满足办公室噪声标准要求。

9. 散流器阻力校核

依据散流器的最大送风量，可从散流器样本上查得该散流器的动压损失为9.9Pa。计算散流器上游风管至集中空调器的阻力，确保空调器风机压头足以克服送风散流器的阻力损失。如果所选散流器的阻力太大，则需重新选择，降低散流器的阻力值，满足系统空气扩散要求，保证室内良好的气流组织。

当上述要求全部满足时，可以认为散流器选型结束，反之，需重新选择，直至全部满足要求。

13.7.2 低温变风量空调系统条缝形送风散流器选择实例

1. 空调房间基本情况

图13-15为一低温变风量空调系统所服务的某办公室的送风散流器布置平面。该房间长9.0m、宽4.5m，两侧邻室为同类办公室。房间一侧为内墙，与内走道相连；另一侧为外墙，墙上有若干扇外窗。吊平顶高度为3.0m。该办公室内有6人办公，所需室外新风180m³/h。室内空气设计干球温度24℃；散流器的送风温度为10℃。室内空气设计相对湿度为50%。

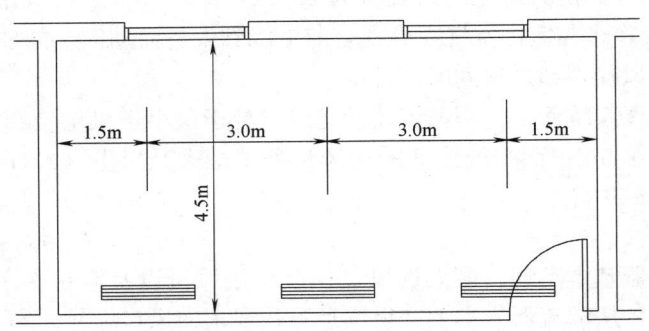

图13-15 某办公室条缝形散流器布置平面

2. 负荷特点及冷负荷计算

该办公室峰值显热冷负荷为4860W（120W/m²）（出现在12：00），设计最小显热冷负荷为3300W（出现在8：00）。由于该系统为低温送风空调系统，因此，系统送风量按供冷负荷计算。

3. 空调房间一次风最大与最小送风量确定

送入空调房间的一次风最大送风量和最小送风量可按式（13-8）计算。

房间最大一次风送风量为

$$L_{max}=\frac{3600Q_x}{\rho c(t_n-t_s)}=\frac{3600\times4.86}{1.2\times1.01(24-10)}=1031（m^3/h）$$

房间所需新风量占最大一次风送风量的比值为17.4%，校核整个空调系统的新风比，当整个空调系统新风比小于17.4%时，需加大房间最大一次风送风量，使之满足房间新风量需求。

房间最小一次风送风量为：

$$L_{min}=\frac{3600Q_x}{\rho c(t_n-t_s)}=\frac{3600\times3.3}{1.2\times1.01(24-10)}=700（m^3/h）$$

房间所需新风量占最小一次风送风量的比值为25.7%。当系统总新风比小于25.7%

时，需加大房间最小一次风送风量。同时，最小一次风送风量应满足变风量末端装置风速传感器的测量精度要求。

4. 散流器类型与安装位置

根据该办公室的布置平面，选择条缝形低温送风散流器。散流器布置在离内墙300mm 处。散流器的位置见图 13-15。

5. 确定房间特征长度

房间特征长度 L 可参照表 13-3 或图 13-3 确定。本实例中房间特征长度 $L=4.3$m。

6. 选择推荐的射程/特征长度比值（T/L）

根据散流器类型与房间计算冷负荷，查表 13-2 中关于吊顶条缝形送风散流器一栏，该类散流器在最大 $ADPI$（91%）与射流末端速度为 0.25m/s 时的 $T_{0.25}/L=1.0$；当 $ADPI$ 为 80% 与射流末端速度为 0.25m/s 时，$T_{0.25}/L$ 为 0.5~3.3。

7. 计算送风散流器射程范围

当 $ADPI$ 为 80% 时，所选低温送风散流器的射程范围为：$T=0.5L \sim 3.3L$ 即 2.15~14.19m；

当该型送风散流器在最大 $ADPI$（91%）时，其射程应为 4.3m。

8. 送风散流器型号与数量确定

根据低温送风散流器的样本或表 9-23 中的技术参数，可查得某型低温送风散流器。该散流器的有效长度为 1200mm、单侧出风。采用 3 个散流器，每个散流器的最大送风量（设计风量）为 343m³/h，最小送风量为 233m³/h。散流器总有效长度为 3.6m，占散流器布置墙面长度的 40%。散流器最大风量时的射程为 7.01m，风口静压差为 74.7Pa；最小风量时的射程为 6.2m，风口静压差约 30Pa。所选散流器的射程在 2.15~14.19m 范围内，可以满足 80%$ADPI$ 的要求。

9. 计算射流分离点距离

对于低温送风变风量空调系统而言，散流器的选择不但要确保散流器的射程满足要求，还需校核射流的分离点位置，使射流分离点大于房间的特征长度。

射流的分离点距离与送风量的 1/4 次方成正比。散流器的送风量越大，射流的分离点距离就越长。一般而言，最短的分离点距离应发生在输送最小送风量时。因此，该低温送风散流器的分离点距离为：

$$X_s = 0.0689 \times 1.2 \times 5.5^{\frac{1}{2}} \times \left(\frac{14}{297}\right)^{-\frac{1}{2}} \times (64.7)^{\frac{1}{4}} \times (30)^{\frac{3}{8}} = 8.94 \text{（m）}$$

计算的分离点距离（8.94m）大于房间的特征长度（4.3m），故所选散流器在最小送风量时也不会出现冷气流下沉到人员工作区的可能，满足设计要求。

10. 散流器的其他参数校核

依据散流器的最大送风量，可从散流器样本上查得该散流器的静压值为 74.7Pa。计算散流器上游管道至集中空调器的阻力，确保空调器风机压头足以克服送风散流器的阻力损失。如所选散流器的阻力太大，则需重新选择散流器，减小其阻力值，保证室内气流组织良好。

当该低温送风散流器输送最大风量时，其风口噪声值为 33dB，可满足办公室的噪声标准。

至此，散流器选型设计完成。

13.8 空气分布 CFD 模拟

空调房间的室内空气分布还可以通过计算流体动力学（Computational Fluid Dynamics，CFD）进行模拟计算。CFD技术的基本原理是将描述流体流动的微分方程进行离散化，利用数值计算及计算机计算其数值解，并显示出计算结果。

13.8.1 CFD 发展过程

CFD技术起源于欧洲和日本，早在20世纪60年代，国外一些研究人员就开始从实验测量与数值计算两方面对室内气流分布进行研究。1974年，丹麦P. V. Nielsen将CFD技术应用于空调工程，并结合模型试验研究室内空气流动。1988年，Chen Qingyan利用CFD技术对建筑能耗、室内空气流动以及室内空气品质等进行了研究。到了20世纪90年代后，随着人们对室内空气品质要求的提高，CFD技术才逐渐被暖通空调界应用在研究室内空气的微观流动以及各参数间的相互关系，以确定空调房间内送回风口位置、气流的速度、温度分布以及污染物浓度等的计算中。

CFD技术这一研究手段可在设计阶段对室内空气的分布状况进行数值预测与评估，节省了大量的实验费用，能获得实验无法测定的工况与参数，达到优化系统设计和运行的目的。

13.8.2 CFD 数学模型介绍

用CFD技术对室内气流组织进行计算时，必须采用合适的数学模型。本节将简略介绍几种常用的数学模型。

1. 混合长度零方程紊流模型

混合长度零方程紊流模型也被称为代数模型。在紊流数值计算理论中，混合长度属于零方程模型，其紊流黏度μ_t可以通过式（13-14）计算。

$$\mu_t = \rho l_m^2 S \tag{13-14}$$

式中　ρ——流体密度，kg/m^3；

l_m——混合长度，m；对于不同的流动形式，该值不同，其定义见式（13-16）；

K——von Karman 常数，$K=0.419$；

d——距壁面的距离，m；

d_{max}——距壁面最长距离，m；

$S = \sqrt{2S_{ij}S_{ij}}$，其中i，$j = 1$，2，3，S_{ij}为时均应变变化率张量：

$$S_{ij} = \frac{1}{2}\left(\frac{\partial u_i}{\partial x_j} + \frac{\partial u_j}{\partial x_i}\right) \tag{13-15}$$

$$l_m = \min(Kd, 0.09d_{max}) \tag{13-16}$$

利用混合长度理论可以预测剪切层流动、边界层流动等简单流动，但不适用于有回流流动的气流预测。

对于暖通空调中的室内空气分布，可采用Chen等人提出的一个简单的代数方程式来表示紊流黏度，即

$$\mu_t = 0.03874\rho v l \tag{13-17}$$

式中，v为当地时均速度。从式（13-17）可见，紊流黏度可被认为是当地时均速度与长度尺度的函数，其中长度尺度被定义为与最近壁面的距离。

2. 二方程（标准 K-ε）紊流模型

标准 K-ε 模型建立在紊流动能（K）及其耗散率（ε）的半经验流体输送公式的基础上，该模型在推导过程中采用了如下的假设：（1）流体的流动处于充分紊流阶段；（2）流体分子的黏性可被忽略。

标准 K-ε 模型的联立方程为：

$$\begin{cases} \rho\dfrac{\mathrm{d}k}{\mathrm{d}t}=\dfrac{\partial}{\partial x_i}\left[\left(\mu+\dfrac{\mu_t}{\sigma_k}\right)\dfrac{\partial k}{\partial x_i}\right]+G_k+G_b-\rho_\varepsilon & (13\text{-}18a) \\[4mm] \rho\dfrac{\mathrm{d}\varepsilon}{\mathrm{d}t}=\dfrac{\partial}{\partial x_i}\left[\left(\mu+\dfrac{\mu_t}{\sigma_\varepsilon}\right)\dfrac{\partial \varepsilon}{\partial x_i}\right]+C_{1\varepsilon}\dfrac{\varepsilon}{k}(G_k+C_{3\varepsilon}G_b)-C_{2\varepsilon}\rho\dfrac{\varepsilon^2}{k} & (13\text{-}18b) \end{cases}$$

式中　G_k——由于平均速度梯度所引起的紊流动能，G_k 的定义见式（13-19）；

$\quad\quad S$——时均应变变化率张量，定义式见式（13-15）；

$\quad\quad G_b$——紊流浮力的影响因子，其定义式见式（13-21）；

$\quad\quad v$——流体在重力方向上的流速分量，m/s；

$\quad\quad u$——流体在重力垂直方向上的流速分量，m/s；

$\quad\quad \mu_t$——紊流黏度，$N \cdot s/m^2$，该值可以通过 K 和 ε 进行计算，见式（13-23）。

$$G_k=-\overline{\rho u_i' u_j'}\frac{\partial u_j}{\partial x_i} \tag{13-19}$$

通过使用 Boussinesq 假设，G_k 简化为：

$$G_k=\mu_t S^2 \tag{13-20}$$

$$G_b=\beta g_i\frac{\mu_t}{Pr_t}\frac{\partial T}{\partial x_i} \tag{13-21}$$

式中　Pr_t——紊流能量的普朗特数，在标准 k-ε 模型中，该默认值为 0.85；

$\quad\quad \beta$——热膨胀系数，β 的定义式为：

$$\beta=-\frac{1}{\rho}\left(\frac{\partial \rho}{\partial T}\right)_P \tag{13-22}$$

$$\mu_t=\rho C_\mu\frac{k^2}{\varepsilon} \tag{13-23}$$

$C_{3\varepsilon}$ 由以下公式确定：

$$C_{3\varepsilon}=\tanh\left|\frac{v}{u}\right| \tag{13-24}$$

标准 K-ε 模型中的一些常数的取值见表 13-16。

标准 K-ε 模型中几个常数值　　　　　　　　　　　表 13-16

$C_{1\varepsilon}$	$C_{2\varepsilon}$	C_μ	σ_k	σ_ε
1.44	1.92	0.09	1.0	1.3

表 13-16 中的常数是通过对空气和水进行紊流剪切流实验研究后获得，并被证明适用于各种壁面受限流动和自由剪切流动。

3. 标准 K-ε 紊流模型中的换热模型

（1）对流换热模型

对流紊流换热模型是利用雷诺相似方法由紊流动量传递方程推导而来，其表达式如下：

$$\frac{\partial}{\partial t}(\rho E)+\frac{\partial}{\partial x_i}[u_i(\rho E+p)]=\frac{\partial}{\partial x_i}\left(k_{eff}\frac{\partial T}{\partial x_i}\right)+S_h \tag{13-25}$$

式中　E——总能量，J；

　　k_{eff}——有效传导系数，k_{eff} 由下式定义：

$$k_{eff}=k+\frac{C_p\mu_t}{Pr_t} \tag{13-26}$$

式（13-26）中紊流的普郎特数为 0.85。

（2）表面—表面辐射换热模型

离开物体表面的能量流包括两部分：物体直接发射的能量流和物体反射的能量流。反射的能量流的大小由周围物体发出的入射能量流确定。表面 k 的反射能量可以用下式表示：

$$q_{ok}=\varepsilon_k\sigma T_k^4+\rho_k q_{ik} \tag{13-27}$$

式中　q_{ok}——离开物体表面的能量流，W/m^2；

　　ε_k——发射率；

　　σ——黑体辐射常数，5.67×10^{-8} W/(m^2·K^4)；

　　q_{ik}——从周围物体表面入射到表面 k 的能量流，W/m^2。

其他表面到达研究对象表面的入射能量流是表面与表面之间视角因子 F_{jk} 的直接函数。视角因子 F_{jk} 表示的是离开表面 k 并入射到表面 j 的能量占离开表面 k 能量的总额。入射能量流 q_{jk} 可用离开其他表面的能量流的形式来表示：

$$A_k q_{ik}=\sum_{j=1}^{N}A_j q_{oj}F_{jk} \tag{13-28}$$

式中　A_k——表面 k 的面积，m^2；

　　F_{jk}——表面 k 和 j 之间的视角因子。

在两个相互辐射的表面的视角因子之间存在如下关系：

$$A_j F_{jk}=A_k F_{kj}\quad j=1,2,3,\cdots n \tag{13-29}$$

$$q_{ik}=\sum_{j=1}^{n}F_{kj}q_{oj} \tag{13-30}$$

$$q_{ok}=\varepsilon_k\sigma T_k^4+\rho_k\sum_{j=1}^{n}F_{kj}q_{oj} \tag{13-31}$$

$$J_k=E_k+\rho_k\sum_{j=1}^{n}F_{kj}J_j \tag{13-32}$$

式中　J_k——表面 k 的辐射率；

　　E_k——表面 k 的辐射能量，J。

以上算式最终可改写为矩阵：

$$\boldsymbol{KJ}=\boldsymbol{E} \tag{13-33}$$

式中　$\boldsymbol{K}$——$n\times n$ 矩阵；

　　$\boldsymbol{J}$——辐射矢量；

　　$\boldsymbol{E}$——辐射能量矢量，J。

13.8.3 数值计算方法

因用于模拟计算的数学模型是非线性的，故不能通过精确计算得到结果。在计算前，要确定合理的初始条件与边界条件，因为这些条件合理与否对计算结果影响很大。而且，数学模型中的速度、温度、压力等参数相互关联，需要采用数值计算方法进行计算。

数值计算一般采用有限元法、有限容积法或有限差分法等离散方法，对自然对流项、强迫对流项、压力梯度项等采用相应的离散方程和计算方法。

有限元法把需计算的区域划分为一组离散的容积或单元，然后通过对控制方程作积分来得出离散方程。有限元法对不规则几何区域的适应性好，但计算工作量大。

有限容积法将需计算区域划分成许多互不重叠的控制容积，并使每个网格节点都由一个控制容积所包围，从描写流动与传热问题的守恒性控制方程出发，在每一个控制容积上积分，并利用表示网格节点之间物理量变化的分段分布关系来计算所求的积分，得到一个包含一组网格节点处物理量的离散化方程。利用有限容积法得到的解，在任意一组可控制容积内，即在整个计算域内如质量、动量以及能量等物理量的积分守恒均可得到精确的结果。对任意数目的网格节点，这一特征都存在，即使是粗网格的解也照样能显示准确的积分平衡。

有限差分法是最早采用的数值计算方法，该方法对简单的几何形状中的流动与传热问题最容易实施。它是将求解区域用与坐标轴平行的一系列网格线的支点（节点）所组成的点的集合来代替。在每个节点上，在描写所研究的流动与传热问题的偏微分方程中，每个导数项用相应的差分表达式代替，从而在每个节点上形成一个代数方程，每个方程包含了该节点及附近一些节点上所求值的未知值，求解这些方程组便可获得所需的数值解。对于规则区域的结构化网格，有限差分法较为简便和有效，但缺点是对不规则区域的适应性较差。

CFD 计算需要采用计算机软件来完成。在实际应用中，有许多通用的数值计算软件，在我国暖通空调领域室内气流组织的模拟计算中，目前流行的大型商业化软件主要有 Fluent、Airpak、Phoenics、CFX、Flovent 和 Star-CD 等。

Airpak 是一个功能强大的专业计算软件，利用 Fluent 计算流体动力求解引擎进行传热和流动计算，可以用于室内空气品质、热舒适性、空气调节、污染物控制等领域的研究。

Airpak 包所含的主要软件有：

（1）Airpak；用于生成模型、网格生成和后处理；

（2）Fluent：求解引擎；

（3）过滤器：用于从 IGES 和 AutoCAD 等文件导入模型数据。

用 Airpak 软件进行模拟计算的主要步骤见图 13-16。

数值解法通常用于求解较复杂的工程问题。它是一种近似求解方法，首先将要研究的空间划分成网格，以每个网格节点上的基本参数值表示气流的分布特性；将时间也以一定的间隔进行分割，以时

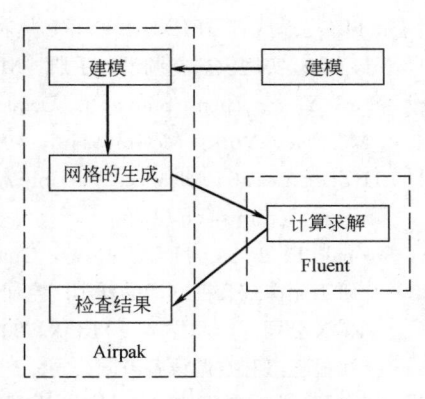

图 13-16 用 Airpak 软件进行
模拟计算主要步骤

间节点序列的气流分布特性反映气流的变化过程。要求解方程，需确定网格划分。一般而言，网格划分较小，则计算精度较高，计算时间较长，但要求的计算机内存容量较大。网格在计算空间上节点的基本参数值由给定的边界条件确定。一旦初始条件和边界条件被确定，各网格点在任意时间节点时的基本参数值都可算得。

13.8.4 计算与实验结果分析

采用通用 CFD 软件计算的结果大多以可视化形式提供。可视化输出是将复杂的计算数据以图、线形式直观地表达，便于阅读与分析。根据 CFD 模拟结果，可以分析室内气流组织情况，以指导空气分布系统设计，优化系统运行。

在暖通空调工程中，CFD 模拟并不能完全替代气流与传热的物理实验。设计人员还必须对实际工程的运行效果进行实测，检验系统设计的合理性与 CFD 模拟结果的准确性，使 CFD 技术成为工程设计中的一种辅助手段而得到广泛应用。

本章参考文献

[1] Brian A. Rock, Dandan Zhu. Designer's Guide to Ceiling-Based Air Diffusion [M]. Atlanta: ASHRAE.

[2] ASHRAE. ASHRAE Handbook Fundamentals 2005 [M]. Atlanta: ASHRAE, 2005.

[3] ASHRAE. Ventilation for Acceptable indoor Air Quality: ANSI/ASHRAE 62. 1-2004 [S]. Atlanta: ASHRAE, 2004.

[4] 空气调和・衛生工学会. 空气调和・衛生工学便覧/第 5 编 [M]. 13 版. 东京: 空气调和・衛生工学会, 2002.

[5] Allan T, Kirkpatrick, James S, Elleson. 低温送风系统设计指南 [M]. 汪训昌译. 北京: 中国建筑工业出版社, 1999.

[6] 空气调和・衛生工学会. 低温送風空調システム計画と設計 [M]. 东京: 空气调和・衛生工学会, 2003.

[7] 杨国荣, 任怡旻, 魏炜. Cold Air Distribution Design Guide [Z]. 上海: ELECTRAC POWER RESEARCH INSTITUTE, 2005.

[8] 中华人民共和国住房和城乡建设部. 工业建筑供暖通风与空气调节设计规范: GB 50019-2015 [S]. 北京: 中国计划出版社, 2015.

[9] TITUS 公司. THERMAL CORE 热芯高诱导低温风口样本. TITUS, 1998.

[10] 陆耀庆. 实用供热空调设计手册 [M]. 2 版. 北京: 中国建筑工业出版社, 1993.

[11] Steve Y. S. chen, Stanley J. Demster. Variable Air Volume Systems for Environmental Quality [M]. New York: McGraw-Hill, 1996.

[12] Hydeman et al. Advanced Variable Air Volume System Design Guide [M]. Sacramento: Galifonia Energy Commission, 2003.

[13] Donald E. Ross. HVAC Design Guide for Tall Commercial Buildings [M]. Atlanta: ASHRAE.

[14] 空研工业株式会社. 产品样本. 空研工业株式会社, 2004.

[15] TROX 公司. 产品样本. TROX, 2022.

[16] 上海显隆惠利空调设备有限公司. 产品样本. 显隆惠利, 2005.

[17] 汪善国 著. 空调与制冷技术手册 [M]. 李德英, 赵秀敏, 等. 译. 北京: 机械工业出版社, 2006.

[18] 电子工业部第十设计研究院主编. 空气调节设计手册 [M]. 北京: 中国建筑工业出版社, 1995.

[19] Per Erik Nilsson. Achieving the Design Indoor Climate Energy Efficiency Aspects of System Design [M]. The Commtech Group.

[20] Daniel Int-Hout. Best Practices Selecting Diffusers [J]. ASHRAE Journal, 2004, 7.

[21] Daniel Int-Hout. Protection Against Liability For Poor Diffuser Selection [J]. ASHRAE Journal, 2004, 9.

[22] Dan Int-Hout, Leon Kloostra. Air Distribution For Large Space [J]. ASHRAE Journal, 1999, 4

[23] C. Y. Evaluating Seven Diffuser Layouts Show Ventilation for Workstations [J]. ASHRAE Journal 2000, 1.

[24] ANSI/ASHRAE. Thermal Environmental Conditions for Human Occupancy. ANSI/ASHRAE 55-1992 [S]. Atlanta: ANSI/ASHRAE, 1992.

[25] ASHRAE. ASHRAE Handbook HVAC Systems and Equipment 2004 [M]. Atlanta: ASHRAE, 2004.

[26] 高明, 郭春, 赵洋. 对冬季空调房间室内气流的数值模拟研究 [J]. 山西建筑, 2005, 3: 112.

[27] 贾力, 解国珍, 陈向东. 室内气流模拟过程中计算流体力学 (CFD) 的紊流模型评价和选择 [J]. 制冷空调与电力机械, 2005, 2: 42.

[28] 张国强, LIN YI, HAGHIGHAT Fariborz. 室内气流模拟方法比较及一种新的 Zonal 模型方法研究 [J]. 应用基础与工程科学学报, 2000, 9: 291.

[29] 陈付莲, 沈毅. CFD 在空调室内气流组织设计中的应用 [J]. 制冷与空调, 2004, 4: 26.

[30] 陈晓春, 朱颖心, 王元. 零方程模型用于空调通风房间气流组织数值模拟的研究 [J]. 暖通空调, 2006, 8: 19.

[31] 吴伯谦, 於仲义, 袁旭东. 室内气流组织数值模拟及仿真软件 [J]. 制冷空调与电力机械, 2006, 4: 40.

第14章 噪声控制

本章将重点介绍变风量空调系统设计时所遇到的一些噪声控制的概念、思路和方法。

14.1 声学基础

14.1.1 基本知识[①]

1. 声功率级

声波辐射、传输或接收的功率称为声功率，符号 W，单位为瓦（W）。以基准声功率 $W_0 = 10^{-12}W$ 表示的声功率级 L_w（dB）为 $L_w = 10\lg(W/W_0)$。

2. 声强级与声压级

声音有强弱之分，描述声音强弱的物理量叫声强，用 I 表示。声强的定义是通过某一与传播方向垂直表面的声功率除以该表面的面积，单位为 W/m^2。以 $I_0 = 10^{-12} W/m^2$ 为基准声强。如某声波的声强为 I，则比值 I/I_0 的常用对数 $L_I = 10\lg(I/I_0)$ 为该声波的声强级（dB）。

声压是指在声场中，媒质中瞬时总压力与静压之差，用 P 表示，单位为 Pa。对于球面声波或平面声波，某一点的声强与该点的声压的平方成正比。直接测量声强比较困难，实际上均是测得声压，以空气的基准声压 $P_0 = 2.0 \times 10^{-5} Pa$ 来表示声压级：

$$L_p = 10\lg(I/I_0) = 10\lg(P/P_0)^2 = 20\lg(P/P_0) \tag{14-1}$$

3. 声功率级与声压级的转换

在空调系统的声学计算中，发声与消声可以用声功率级进行计算，但室内人耳接受到的声音强弱则是用声压级来表示。为此需要建立风口处或其他发声表面处的声功率级与室内受声点之间的关系，显然它与发声处与受声点的位置、风口的指向性因素以及室内各表面吸声频率特性等因素有关。

4. 噪声源叠加

当空调区域内有几个不同的噪声源时，其总声压级可用下式计算：

$$\sum L_p = 10\lg(10^{0.1L_{p1}} + 10^{0.1L_{p2}} + \cdots + 10^{0.1L_{pn}}) \tag{14-2}$$

式中　　　$\sum L_p$——各声源的声压级叠加的总和，dB；

L_{p1}、L_{p2}、L_{pn}——声源 1、2、……n 的声压级，dB；

当空调区域内有 M 个相同的声压级叠加时，其总声压级为：

$$\sum L_p = 10\lg(M \times 10^{0.1L_p}) = 10\lg M + L_p \tag{14-3}$$

如果两个声源的声压级不同，以 D 表示二者之差，即 $D = L_{p1} - L_{p2}$，则叠加后的声压级 L_{p3} 为：

---

① 参见本章参考文献［1］第 693 页，参考文献［2］第 303 页。

$$L_{p3} = L_{p1} + 10\lg(1 + 10^{-0.1D}) \tag{14-4}$$

5. 频率与频程

噪声是由很多不同频率的声音组成的，人耳可闻声的频率在 20～20000Hz 内。人们通常将宽广的声频范围用不同的方法划分成几个有限的频段，称为频程或频带。空调通风消声计算中采用两个相邻频率之比为 2∶1 的频程，即用倍频程的方式划分频段。声音的中心频率与频程划分见表 14-1。

声音的中心频率与频程划分   表 14-1

中心频率(Hz)	63	125	250	500	1000	2000	4000	8000
频率范围(Hz)	45～90	90～180	180～355	355～710	710～1400	1400～2800	2800～5600	5600～11200

14.1.2 室内噪声评价方法与标准

1. 声级

人对声音的感受不仅与声压有关，还与频率有关。在声级计中，为了模拟人对声音响度的感觉特性，设计了三种不同的计权网络（图 14-1）：C 网络对不同频率衰减较小，代表总声压级；B 网络对低频有所衰减；而 A 网络则对 500Hz 以下的低频段有较大的衰减，它与人耳对声音的主观感觉较一致。因此，在室内噪声测量时常以 A 网络测得的声级来代表噪声大小，称为 A 声级，记作 dB（A）。

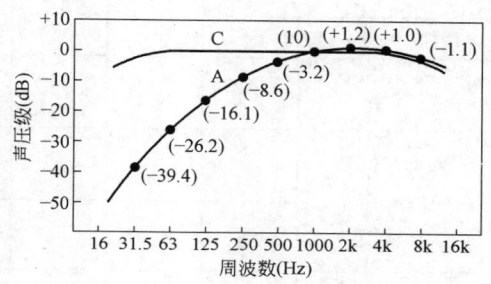

图 14-1 A 声级与 C 声级①

2. NC 曲线

采用 NC 曲线可评价剧场、音乐厅、会堂、电视台、电台演播室等受听场所室内噪声的影响，该曲线 1956 年由 Beranek 提出。NC 曲线采用拟合方法，将测得的各倍频程 A 声级值点到图 14-2 所示的 NC 曲线上，声压级值点集连线下方最接近的 NC 曲线就是该点的 NC 曲线，因此构成了一组 NC 曲线族，其中 NC 值最高的那根就是该房间的 NC 曲线当规定了 NC 值，可查出对应各倍频程频率的 A 声级值 dB（A）。表 14-2 为各类建筑的 A 声级和相对应 NC 曲线的噪声容许值。

3. RC 曲线

1981 年 Blazier 主持了 ASHRAE 的一个研究项目，他对 68 幢办公楼的空调噪声实测结果进行了整理（A 声级 40～50dB），提出了如图 14-3 所示的 RC 曲线的噪声评价方法。该方法未对听觉心理进行研究，评价对象主要限于办公室空调噪声，详见表 14-3。

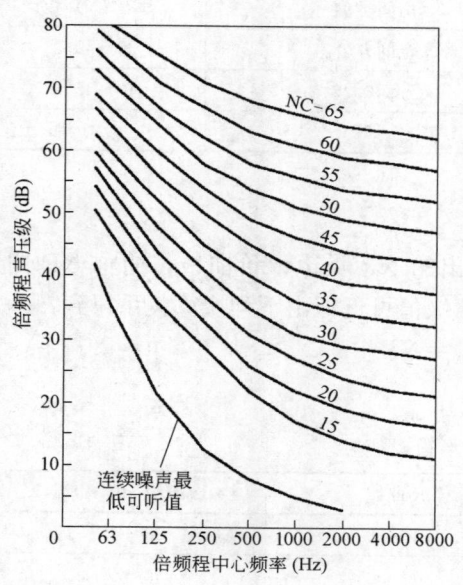

图 14-2 NC 曲线②

---

① 参见本章参考文献 [3] 第 289 页。
② 参见本章参考文献 [3] 第 293 页。

各类建筑的室内噪声容许值① 表 14-2

计权 A 声级[dB(A)]	20	25	30	35	40	45	50	55	60
NC 评价数	10～15	15～20	20～25	25～30	30～35	35～40	40～45	45～50	50～55
噪声感			无声感——非常安静——无特别感觉——感到有噪声——噪声难以忽略						
对谈话和打电话的影响			5m 内能听到——10m 内可开会——3m 内可普通谈话——3m 内要大声说话 低微的声音——打电话无妨碍——可以打电话——打电话有点困难						
广播电台	消声室	播音室	广播播音室	电视播音室	主调控室	办公室			
剧场大厅		音乐厅	中剧场	舞台剧场	电影院	球幕电影	大厅、门厅		
医院		听力实验室	特别病房	手术室病房	诊察室	检查室	等待室		
酒店、住宅				书房	卧室	宴会厅	大堂		
办公室				董事室大会议室	接待室	小会议室	普通办公室		打印电脑
公共建筑				会堂	美术馆博物馆	图书阅览	会堂兼体育馆	屋内体育设施	
学校、教堂				音乐教室	讲堂礼拜堂	研究室	普通教室	走廊	
商业					音乐茶室珠宝店	书店、美术品店	一般商店、银行、餐厅、食堂		

办公室相关的室内背景噪声② 表 14-3

房间类型	RC(N)	房间类型	RC(N)
总经理和个人办公室	25～35	大空间办公室	30～40
会议室	25～35	走廊和大堂	40～45
电子会议室	25(max)		

注：N 表示办公室的空态期望值。

4. NR 曲线

图 14-4 所示的是由国际标准化组织（ISO）提出的 NR 噪声评价曲线，简称 NR 曲线。我国也均采用此评价标准。NR 曲线相应的 A 声级值可近似由下列换算关系得到：

$$L_{\mathrm{A}} = 0.8NR + 18 \quad 或 \quad L_{\mathrm{A}} = NR + 5$$

各类建筑的室内允许噪声级见表 14-4。

各类建筑物室内允许噪声级③ 表 14-4

房间类型	NR 曲线	A 声级[dB(A)]
广播录音室、播音室	10～20	26～34
音乐厅、剧院、电视演播室	20～25	34～38
电影院、讲演厅、会议厅	25～30	38～42

---

① 参见本章参考文献 [3] 第 292 页。
② 参见本章参考文献 [5] 47.29。
③ 参见本章参考文献 [4] 第 1366 页。

续表

房 间 类 型	NR 曲线	A 声级［dB（A）］
办公室、设计室、阅览室、审判厅	30～35	42～46
餐厅、宴会厅、体育馆、商场	35～45	46～54
候机厅、候车厅、候船厅	40～50	50～58
洁净车间、带机械设备的办公室	50～60	58～66

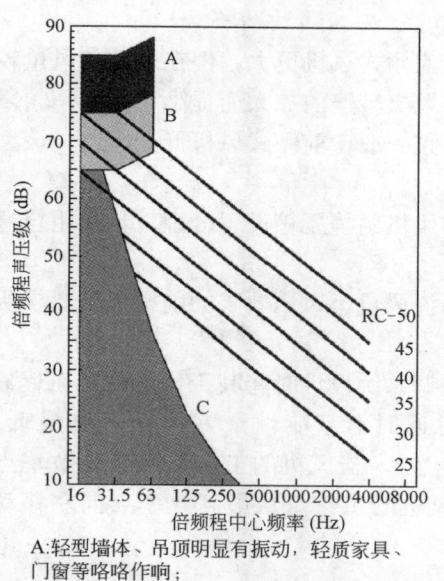

A:轻型墙体、吊顶明显有振动，轻质家具、
门窗等咯咯作响；
B:上述振动略有感觉，轻质家具、门窗咯咯作响；
C:最小可听值。

图 14-3　RC 曲线①

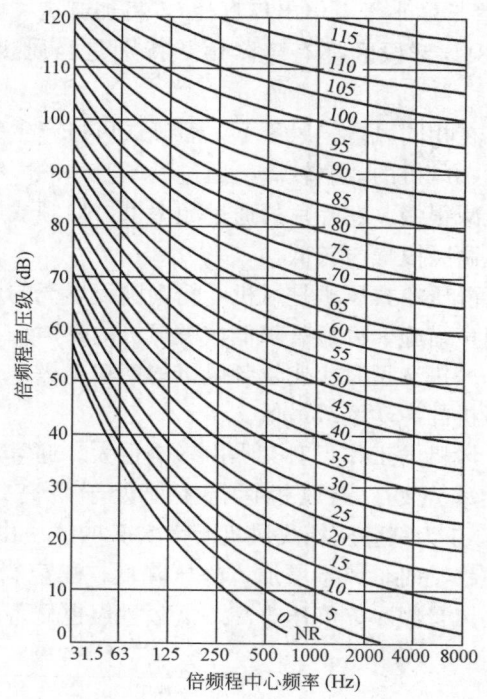

图 14-4　NR 曲线②

14.2　空调箱及风管系统噪声控制

14.2.1　空调箱风机

1. 风机

在空调通风系统中，风机是最主要的噪声源。风机噪声与其形式、功率和使用状况有关。即使型号相同，不同厂家生产的风机的噪声也不尽相同。因此，风机选型时应按照制造厂依据国家标准的实测声功率值进行风机噪声计算，如无法得到，也可查阅有关设计手册。

风机噪声与其叶片的通过频率有关。风机叶轮每秒通过静止线的叶片数称为叶片通过

---

① 参见本章参考文献［3］第 293 页。
② 参见本章参考文献［4］第 1365 页。

频率 f_{bp}，f_{bp}＝(叶轮转速×叶轮的叶片数)/60。风机在通过频率及其倍数时会产生一种音调（谐音），此音调因风机类型与工作点的不同而不同。

2. 选型

风机选型的第一步是确定风机类型。变风量空调器常用的风机类型有：前倾式风机、后倾式风机和静压箱式风机等。

前倾式风机被广泛应用在空调箱中。当气流通过此型风机的叶片时，风机产生的高频噪声不明显，但叶片边缘的湍流会使风机产生低频隆隆声。如风机出口处接管设计不合理（直管长度小于 5 倍出口直径），将加剧这种低频噪声。前倾式风机在整个 16Hz、31.5Hz 和 63Hz 频段区都有隆隆声，特别是当风机运行在最高效率点左侧时更可能产生这种现象。

在相同风量、风压下，后倾式风机产生的噪声比前倾式风机更大，但在风压与风量较大时，风机的效率较高。通过后倾叶片的声频通常随风机转速的加大而提高，在某一频段内衰减很慢。在叶片的通过频率下，后倾式风机的声频一般比前倾式风机低，因此，该型风机高频段噪声较低。

静压箱式风机是风机叶轮周围无蜗壳的风机。如风机的静压箱设置合理，且采用合适的消声措施，可显著降低该类风机的噪声。

风机选型时应比较各风机的声功率级，在满足系统风量、风压要求的前提下，要求所选风机的声功率级最低。

风机的工作点对其噪声影响很大。通常定风量空调系统设计时将其工作点确定在近最高效率点处。当风机运行工况处于最高效率点附近时，节能性最好，噪声也最低。图 14-5 为某静压箱式风机噪声实验曲线。由该曲线可知，当风机的工作点从最高效率点向右移动时，风量增加，静压降低，噪声增大。当风机的工作点从最高效率点向左移动时，风量减小，静压升高，低频噪声也显著增大。

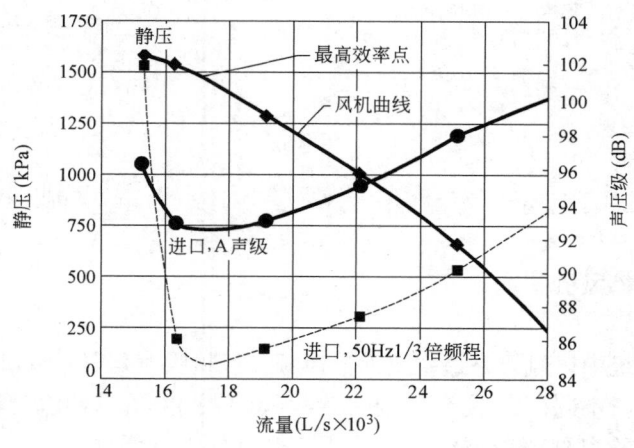

图 14-5　某静压箱式风机噪声实验曲线①

与定风量空调系统不同，变风量空调系统风机选型时应确保风机在整个风量变化范围内高效、稳定地运行。

---

① 参见本章参考文献［5］47.4。

　　图 14-6 为变风量空调系统风机选型曲线，由图可见，每台风机都存在不稳定区。如风机的工作点移动到不稳定区内，由于进入叶轮的风量不足，气流将在叶片上逆向流动，造成风机空气动力失速，低频噪声增加。变风量空调系统风机运行遵循风机—系统曲线变化，形成变风量运行范围。如将风机设计风量、风压工作点选定在最高效率点附近，风机风量减小时，只要工作点不移动到不稳定区，风机效率一般不会有明显下降。

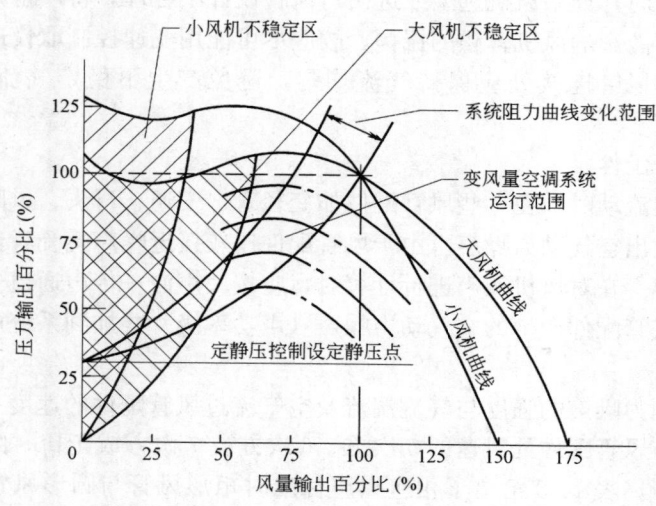

图 14-6　变风量系统风机选型曲线①

　　变风量风机设计风量、风压工作点的确定有下列三种方法：

　　（1）将风机设计风量、风压工作点选择在最高效率点处，当风机的风量大于设计风量的 50% 时，效率较高；当风机的风量小于 50% 时，工作点可能进入不稳定区，造成风机失速，低频噪声增加。

　　（2）将风机的 50% 设计风量、风压工作点选择在风机的最高效率点处，可能导致风机在 100% 风量运行时效率降低，高、低各频段噪声明显增大。

　　（3）将变风量风机的最高效率点选择在设计风量、风压工作点的 70%～80% 之间，对于变风量空调系统，也许是较好的选择，因为它在该区间运行的时间最长。此方法与第一种方法比较，所选风机可能会小一号。小风机在设计风量、风压工作点下运行时噪声将增大约 5dB，但比起大风机在小于 50% 设计工况运行时的风机失速和低频噪声以及在第二种方法时出现的风机长期低效和各频段的噪声，还是较容易接受的。

　　在确定风机型号后，应检查风机曲线和系统曲线的交点区（如图 14-6 中的风机运行范围），确定所选风机的风量调节范围是否满足要求。在系统风量最小时应避免风机工作点进入不稳定区。检查中应注意变频风机在零风量时，系统静压不能为零，此时系统的阻力曲线接近于定静压控制的设定点，该静压值一般为 250～370Pa。

　　由于风机振动会通过结构传递给空调房间，产生振动和噪声综合效应，设计时应进行风机的隔振计算。变风量空调系统风机隔振应根据风机最低实际转速计算，而不是最高实际转速。

---

　　① 参见本章参考文献 ［5］47.5。

3. 安装

风机噪声包括电机和调速装置噪声，与电机匹配的控制装置和电机绕组的质量决定了电机噪声。电机通常发出单频纯音，其振幅取决于线电流波形的光滑度，电机噪声的频率取决于电机的类型、绕组和转速。对于大型变风量空调系统，电机和变频器应分别设置在不同房间（如空调机房和电气房），使噪声对空调房间的影响最小。

风管系统设计时，如果风机选型或进出口风管设计不合理，将产生共振现象。风机进口风量调节阀也可能影响风机音频的振幅，故应尽可能用变速控制取代进口风量调节阀。

风机进、出口风管连接处应保持气流均匀，避免产生不稳定气流、湍流以及进口旋流。

14.2.2　风管配件

空气在风管内流动时，在一些风管配件如变径管、三通、弯头、风阀、消声器和风口处会产生湍流而发出空气动力噪声。由于风管配件比较接近噪声感受者，这类噪声的影响常会超过风机噪声。在对风机噪声进行计算时，应按"声源—传声通道—感受者"的顺序进行分析，并将风管配件产生的空气动力噪声（声功率级）叠加到系统声学计算中。

1. 风管风速

风管内空气动力噪声的强度与气流湍流及空气流过风管配件的速度有关。风管内空气动力噪声的振幅与风管配件处风速的5次方、6次方或7次方成正比。因此，减小风速能有效降低气流噪声。表14-5给出了相应噪声标准时矩形风管与圆形风管的最大风速，可见圆形风管比矩形风管的声学性能好，相同噪声标准时可采用较高风速。

满足特定噪声标准的风管最大风速[①]　　　　　表 14-5

主风管位置	设计声级值 RC(N)	最大风速(m/s)	
		矩形风管	圆风管
管井内或干墙式吊顶上	45	17.8	25.4
	35	12.7	17.8
	25	8.6	12.7
吸声吊顶上	45	12.7	22.9
	35	8.9	15.2
	25	6.1	10.2
明装风管	45	10.2	19.8
	35	7.4	13.2
	25	4.8	8.6

注：1. 支管风速应为表列值的80%。

2. 最终离开出口的风速应为表列值的50%或更小。

3. 不同类型的弯头及其他固定件会明显增加噪声级，因此管内风速应相应减小。

2. 风管接头

风管接头包括弯头、三通、变径管、分支管等，减少风管接头的再生空气动力噪声的有效方法是降低风速和减少空气湍流。空气通过风管接头时产生的压力降与风管接头的噪声有关，减小风管接头压力降的同时可降低噪声。设计时，尽可能不将多个接头连续相接，两个风管接头之间最好设置一段过渡直管，以减小阻力损失与空气动力噪声。

① 见本章参考文献 [5] 47.9。

3. 风阀

风阀包括风量调节阀、开关阀、防火阀、逆止阀等。风阀是风管内气流流动的障碍，当风阀关小时，风管内湍流加剧，空气动力噪声与全压降均增大。

风阀产生的空气动力噪声以两种途径传递：吐出噪声经风管和风口传至室内；辐射噪声穿过风管壁与吊平顶进入室内。工程设计时，为了方便调节与平衡风量，设计人员在散流器上或靠近散流器的送风管上设置调节风阀，调节风阀关小时会使风口噪声增大，计算送风口噪声时需考虑修正。因此，当风口的计算噪声接近房间噪声标准时，风量调节风阀应安装在距风口 5～10 倍风管当量直径处。风口与风阀之间、条缝形风口与圆形支管风阀之间设置消声静压箱，也可有效降低风阀噪声。

风阀调节时，其噪声值正比于压力比（全关风阀时的全压降与风阀最小压力降之比）。表 13-15 给出了确定条缝形散流器风阀对噪声等级影响的声级修正值。由表 13-15 可见，随着风阀压力比的增大，散流器应增加的分贝数也增大。当风阀的最小压力降一定时，影响风阀压力比的唯一因素是风管内的静压。因此，设法降低风管内的静压值可有效降低噪声。在变风量空调系统中，如系统最远处的调节风阀的开度为 20%，风机可能需要在更高的速度下运行，系统静压全面升高，各风口处调节风阀的噪声相应增大。因此，变风量空调系统中的风量与风压应动态变化，使风管系统内的静压值尽可能低些，具有节能和降噪的双重意义。

14.2.3　风口

风口包括送风口与排风口。风口噪声数据一般可从制造厂样本中查得。该噪声数据是在声学试验室的稳定气流条件下测得，实际工程中，风口处的接管常有弯头、急剧变径管或风量调节阀，与实验室条件不一致，气流湍动产生的噪声甚至可能比样本值大 10dB 以上。为了减少湍流，在风口的颈部设置一个均流格栅，可使实际噪声值接近样本值（图 14-7）。图 13-13 表明了散流器接管偏差与风口噪声的关系，表 13-14 给出了相应噪声标准下送、回风开口处最大推荐风速。

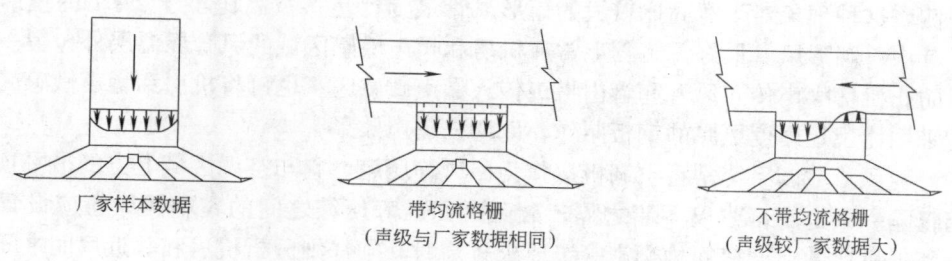

厂家样本数据　　　带均流格栅　　　　　不带均流格栅
　　　　　　　　（声级与厂家数据相同）　（声级较厂家数据大）

图 14-7　出风口合适与不合适的气流条件①

14.2.4　机房

设计空调设备房时须考虑控制噪声的措施。空调设备房设计应注意下列要点：

（1）噪声振动较大的机房，如制冷机房宜设置在地下室。地下室一般为钢筋混凝土结构，隔声性能好，离噪声敏感区较远。

（2）在建筑物裙房设置大型空调机房较常见，裙房内房间对消声、隔振有一定要求，

---

① 见本章参考文献 [5] 47.10。

因此，空调机房一般需要较大空间放置设备，使机房内风管能平滑转接与缓慢过渡，并且能设置必要的消声器。

（3）如在标准层的一侧设置空调机房，则与之相邻的空间应尽可能设置走廊、盥洗室、储藏室等作为缓冲区。如新风可以直接从外墙百叶处吸取，则节省了集中新风道所占用的空间，也有利于实现新风供冷。

（4）高层办公建筑的标准层一般在核心筒内设置空调机房。不合理的机房设置是机房被楼梯、前室、电梯井、电气与通信设备用房等不可能穿越风管的区域所包围，仅留一面墙进出风管。狭窄的空间压缩了风管断面和弯头半径，导致风管高风速、风机高静压、室内高噪声。

（5）机房位置确定后，要根据机房内噪声程度和邻近房间的噪声要求，核算机房围护结构隔声性能。混凝土、砖墙等较重、较厚的材料，可用于隔声，尤其是低频噪声。为降低机房噪声，隔墙和顶板内侧可采用穿孔板加矿棉等吸声材料，利用空腔作用保证吸声效果。

（6）当机房隔墙由于结构承重等原因无法采用混凝土或砖砌结构，只能采用轻钢龙骨石膏板等轻型构造时，为使低频噪声有足够的衰减量，墙体的空腔内须填充足够重量和厚度的矿物纤维材料，典型的做法是在带纤维的空腔墙体两边选用多层石膏板，石膏板错缝敷设，每条缝隙应充分堵实和密封。

（7）机房门的性能对机房隔声很重要。门四周的缝隙是噪声传递的主要途径。机房门应尽可能密闭，四周加垫圈，不设百叶或开口。当机房紧靠噪声敏感区域（人员活动区）时，可按上述构造设置两道机房门，中间间隔 $0.9 \sim 3m$。

（8）穿越机房墙体、楼板的风管、水管、电线管和电缆桥架等与墙体、楼板间有很多缝隙，机房噪声很可能通过这些缝隙传递。因此，这些缝隙应采用适当的材料进行密封处理。通常情况下，先用砖块填实，再用无机纤维填缝，最后用隔汽的弹性材料密封。风管穿过机房围护结构，即使风管上没有风口或其他开口，声音仍可穿透风管壁传到围护结构的另一侧。这种现象对于宽高比较大的矩形风管最为严重；宽高比小于 $2 : 1$ 的矩形或方形风管其次；圆形风管最好。工程上常在机房和噪声敏感区域的风管保温层外包覆一层钢板，以防止机房噪声传入风管和管内噪声传入噪声敏感区。也可将机房和噪声敏感区之间的风管采用比规定厚度更厚的钢板制作，以增强隔声效果。

（9）变风量空调系统常将空调机房作为回风静压箱，它与空调区域上方的吊平顶回风静压箱仅隔一条走廊，或仅一墙之隔，故两个回风静压箱之间的集中回风管应设置消声器。当邻近机房的空调房间的噪声等级要求较高时，须仔细分析机房和邻近房间之间的传声通道，并作相应处理。若采用吊平顶回风静压箱，则要求空调机房与空调房间有一定的间隔距离，例如相隔一条走廊；机房内墙面和顶面宜贴吸声材料；可降低机房内噪声值约 5dB。空调箱进风口或出风口应设置消声器，有助于降低机房噪声。空调系统送回风管都是传声通道，必须合理处置，避免顾此失彼。在设计良好的系统中，房间回风系统的噪声大约比相应房间送风系统的噪声低 5dB 左右。

14.2.5　管井

当管井中含有传递或产生噪声的风管、水管（水流速较高时）或设备时，噪声会影响到使用区并可能使其超出噪声标准，故也应和机房一样进行隔声处理。管井的墙、检修门均应按机房标准设计，尤其对设置在噪声敏感区域内的管井，须保证管井外侧获得符合设计标准的噪声级。

　　为防止管井上下串声，进入管井的风管、水管和电线管应予以隔振处理，以免因管道振动产生噪声。

14.3　变风量末端装置的室内噪声控制

　　本节将结合实例详细介绍一般空调设计计算中少见的变风量末端装置的声学数据与消声计算方法。

14.3.1　空调房间的噪声源及传递途径

　　在空调通风系统中，风机、水泵、冷水机组等是主要噪声源。对于变风量空调系统，除空调箱送、回风机为主要噪声源外，影响室内声学环境的主要是变风量末端装置内置风机、一次风调节阀以及风口等配件产生的噪声。

　　从声源到空调房间，有多种途径噪声传递途径（图14-8）。

　　1. 风管传播

　　（1）D_1：空调箱送回风机、变风量末端装置内置风机、调节风阀以及送风管中各配件产生的噪声经风管从送风口传至室内；

　　（2）D_2：空调箱送回风机以及回风管中各配件产生的噪声经回风管从回风口传至室内。如采用吊平顶回风静压箱，回风噪声先传至吊平顶内，再与吊平顶内其他声源产生的噪声叠加后从回风口、灯具与吊平顶的缝隙或直接穿透吊平顶传至室内。

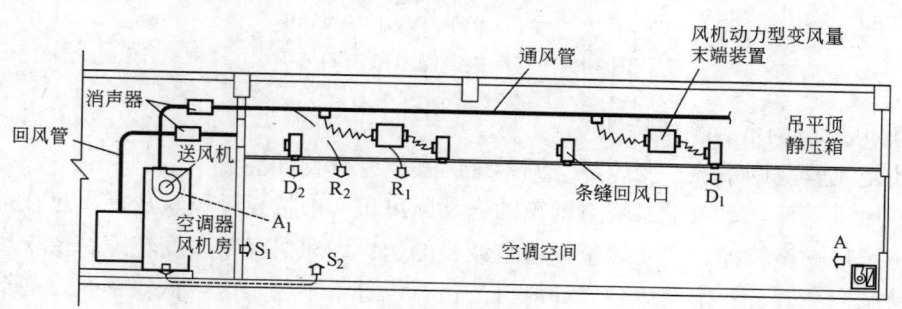

图14-8　空调系统噪声传播途径①

　　2. 辐射传播

　　（1）R_1：变风量末端装置内置风机或调节风阀产生的噪声，从箱体壁板辐射穿透吊平顶传递到室内。

　　（2）R_2：主风管内噪声从管壁辐射到吊顶内，和管道井内的辐射噪声、吊平顶内其他来源的噪声叠加后从回风口、灯具、吊顶板缝隙或直接穿透吊顶板传递到室内；管道辐射噪声直接穿透管道井传递到室内。

　　3. 结构传播

　　（1）S_1：空调机房内的设备噪声穿透机房隔墙传至室内。

　　（2）S_2：机房内设备的振动和噪声通过柱子、楼板、墙体等固体物传至室内，产生

---

　　① 参见本章参考文献［5］图19-1。

了振动和噪声的综合效应。

4. 空气传递

A：房间内空调设备产生的噪声，直接通过空气传递到邻近区域。

传入室内的各类噪声具有不同的频率特性和声压级，最后叠加成相应中心频率的总声压级。常见空调房间内的噪声范围见图 14-9。

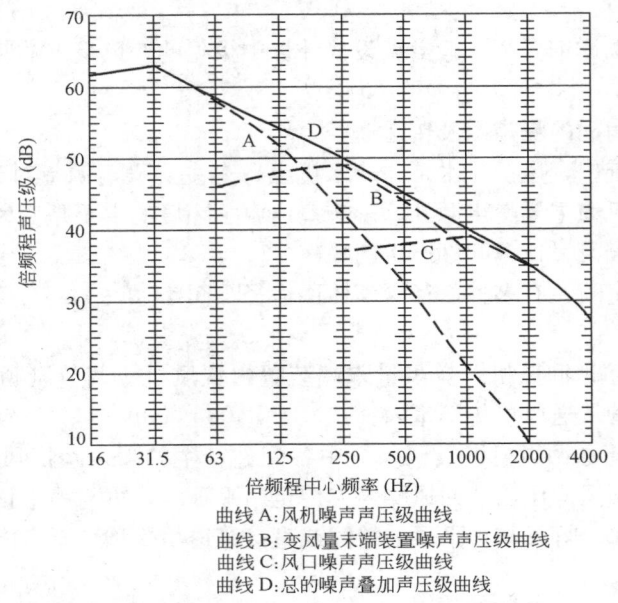

曲线 A：风机噪声声压级曲线
曲线 B：变风量末端装置噪声声压级曲线
曲线 C：风口噪声声压级曲线
曲线 D：总的噪声叠加声压级曲线

图 14-9　房间空调噪声范围图解①

5. 变风量空调系统噪声特性

相比定风量空调系统，变风量空调系统的噪声有其特殊性。

（1）风机噪声　定风量系统空调箱的送、回风机一般按设计风量选择，且在最高效率区运行，风机噪声较稳定。变风量系统空调箱的送、回风机经常改变转速，要求风机在整个工作范围内高效、稳定地运行。如风机的运行点进入不稳定区或低效率区，甚至风机转动频率与建筑物自振频率或其他设备的转动频率接近形成共振时，将产生很大的振动并辐射低频噪声。

（2）末端装置噪声　在高静压下，变风量末端装置的一次风调节阀将产生较大的节流噪声，风机动力型末端装置的内置风机也会产生噪声。这些噪声虽然不很大，但是很难处理。由于末端装置设置在空调房间内，且与人员比较接近，因此，变风量空调系统设计的要点之一便是处理好末端装置产生的噪声。

（3）回风噪声　变风量空调系统为了考虑系统风量平衡与新风再利用等因素，常采用吊平顶静压箱集中回风。当空调机房贴近空调房间时，集中回风管较难进行消声处理，回风管常成为传递机房噪声的捷径。此外，采用回风静压箱，吊平顶内各房间的间隔墙不延伸到楼板，使房间之间容易窜声，因此，需采用隔声效果较好的吊平顶材料。

变风量空调系统的特殊性对系统噪声控制提出了很高的要求，国内外常有变风量空调

---

①　参见本章参考文献 [5] 47.33。

系统噪声控制不成功的案例。

14.3.2　变风量末端装置噪声与控制

采用变风量空调系统的房间吊平顶内，存在着多种噪声源，其中主要有变风量末端装置内置风机运行和风阀节流产生的噪声以及送风管的辐射噪声。

1. 变风量末端装置噪声

变风量末端装置设置在空调区域内，噪声控制设计时应根据末端装置样本提供的声学数据进行计算和处理。

变风量末端装置有两个噪声源：末端装置调节风阀在气流作用下的空气动力噪声和风机动力型末端装置内置风机噪声。

变风量末端装置的噪声有两个传递途径：辐射噪声——穿透末端装置箱体，经吊平顶辐射至室内；出风噪声——由末端装置的出风口经风管、风口或经二次回风口、吊平顶回风口传递至室内。变风量末端装置样本上声学数据通常由制造厂按相关标准试验测得。

2. 噪声控制方法

当末端装置的噪声接近室内噪声标准时，应在完成装饰的条件下对室内噪声值进行实测，确认末端装置的噪声对室内声学环境的影响程度。

有些进口末端装置的产品样本上提供的风机噪声值基于 60Hz 电源。当电源为 50Hz 时，其噪声值会降低，设计时应采用 50Hz 的数据进行计算，也可根据实验室或现场实测数据进行计算。

对于贮藏室、走廊或打印复印室等声学要求不高的房间，末端装置箱体的辐射噪声可不考虑。若某些吊平顶材料对低频噪声的衰减很小，隔声效果不佳，则可将末端装置移至次要房间的吊平顶上，或改用隔声效果较好的吊平顶材料。一般情况下，风机动力型变风量末端装置不应设置在噪声要求低于 RC40（N）的空调房间的吊平顶上。

从节能角度看，可完全关闭的变风量末端装置应暂停向不使用的房间送风。但从系统稳定性和减少噪声与振动的角度分析，系统中如有较多末端装置同时关闭，会使空调箱风机的风量偏低，导致风机的工作点进入不稳定区，产生较大的低频噪声。因此，使一部分末端装置保持最小风量，另一部分末端装置可关闭或采用零最小风量控制策略将有助于防止这种情况发生。

风管内静压过高也是末端装置风阀产生噪声的原因。设计时应减小系统规模，控制策略上采用变静压法或变定静压法，至少让一个末端装置的风阀全开以减小风管静压是防止末端装置风阀噪声超标的主要手段。

14.3.3　末端装置引起的室内噪声计算

变风量末端装置产生的辐射噪声和出风噪声（声功率级）以及由此引起的室内噪声（声压级）计算一般可参照末端装置制造商样本。目前国内主流末端装置制造商分别采用美国、欧洲、日本不同标准下的声学测试数据，精准但复杂，不仅代理商甚至制造商销售工程师也难以提供技术支持。本节以美国 AHRI 标准为例，参考部分制造商的样本资料[7-9]。归纳梳理出与变风量末端装置相关的室内噪声计算方法。

1. AHRI 880/885 标准

（1）声功率值

有北美技术背景的末端装置制造商根据 AHRI 880 标准，测得末端装置在各种工况下的辐射噪声和出风噪声的声功率值（表 14-17、表 14-18）。某些末端装置制造商的末端装置部分声功率数据直接根据 AHRI 880 标准标定，由 AHRI 认定（表 14-17、表 14-18 阴影部分）。

（2）辐射噪声计算

末端装置产生的辐射噪声经下列衰减过程后进入室内，并由声功率级值转换为声压级值。各种噪声衰减值可参照末端样本或其他声学资料：

1）环境修正：一般情况下，末端装置制造商是按照 AHRI 880 标准测得末端声功率级数据的，AHRI 880 标准是基于参考噪声源的空旷区域校正的。在声学上，低频下的实际房间比开阔空间表现得更像交混回响房间，因此根据 AHRI 885-90，必须对制造商的声功率级数据进行环境修正，即减去环境修正衰减量（表 14-6）。

环境修正衰减量 （dB）①　　　　　　　　　　　表 14-6

倍频程（Hz）	63	125	250	500	1000	2000	4000
环境修正衰减量	4	2	1	0	0	0	0

2）吊顶空间和顶棚效应：吊顶空间和顶棚效应是末端装置产生的辐射噪声经吊顶空间吸收和顶棚传递损失的综合衰减效应。衰减量可参照表 14-7 或制造商样本。

吊顶空间吸收和顶棚传递损失的综合衰减量 （dB）②　　　　　　表 14-7

建筑构造	倍频程（Hz）						
	63	125	250	500	1000	2000	4000
16mm 石膏板吊顶	9	15	20	25	31	33	27
吊顶静压箱＋16mm 层状矿物纤维板（560kg/m³）	-	5	9	10	12	14	15
吊顶静压箱＋16mm 石膏灰胶纸夹板	10	15	21	25	27	26	27

3）房间效应：房间效应是末端装置产生的辐射噪声进入房间后由于吸收性物质表面、家具和空间容积引起的衰减效应，同时将声功率级值转换为声压级值。典型空间的房间效应可用 Shultz 方程[8]（式 14-5）计算，也可用现成的线算图计算（图 14-10～图 14-12）[10]。

$$S = 10 \lg r + 5 \lg V + 3 \lg f - 25 \qquad (14-5)$$

式中　S——各倍频称的房间效应衰减值，dB；

　　　r——从噪声源到室内接收者最短距离，ft；

　　　f——倍频带中心频率，Hz；

　　　V——房间容积，ft³。

（3）出风噪声计算

末端装置产生的出风噪声经下列衰减过程后进入室内，并由声功率级值转换为声压级值。各种噪声衰减值可参照末端装置样本或其他声学资料：

1）环境修正：同辐射噪声计算；

2）风管及带内衬玻璃纤维的风管衰减：声音沿风管传递时，具有一定的自然衰减量，带内衬的风管能更有效地吸收声音，表 14-8～表 14-11③给出了各种风管的噪声衰减量。

---

① 参见本章参考文献 [5] 47.33。
② 参见本章参考文献 [6] 表 19-14。
③ 参考本章参考文献 [5] 47.14～47.16。

无内衬矩形钢板风管噪声自然衰减量 （dB/m） 表 14-8

风管尺寸 (mm×mm)	P/A (1/cm)	倍频程（Hz）			
		63	125	250	＞250
150×150	0.26	0.98	0.66	0.33	0.33
305×305	0.13	1.15	0.66	0.33	0.20
305×610	0.10	1.31	0.66	0.33	0.16
610×610	0.07	0.82	0.66	0.33	0.10
1220×1220	0.03	0.49	0.33	0.33	0.07
1830×1830	0.02	0.33	0.33	0.16	0.07

矩形钢板风管 25mm 玻璃纤维内衬插入噪声衰减量 （dB/m） 表 14-9

内净尺寸 (mm×mm)	倍频程（Hz）					
	125	250	500	1000	2000	4000
150×150	2.0	4.9	8.9	19.0	24.3	14.1
150×250	1.6	3.9	7.9	16.7	20.0	12.1
150×300	1.6	3.9	7.5	16.4	19.0	11.8
150×460	1.6	3.3	7.2	15.4	17.1	10.8
200×200	1.6	3.9	7.5	16.4	19.0	11.8
200×300	1.3	3.3	6.9	14.8	16.1	10.5
200×410	1.3	3.0	6.6	14.1	14.8	9.8
200×610	1.3	2.6	6.2	13.1	13.5	9.2
250×250	1.3	3.3	6.9	14.1	15.4	10.2
250×410	1.3	2.6	6.2	13.1	13.1	8.9
250×510	1.0	2.6	5.9	12.5	12.1	8.5
250×760	1.0	2.3	5.6	11.8	10.8	7.9
300×300	1.3	2.6	6.2	13.1	13.5	9.2
300×460	1.0	2.3	5.6	12.1	11.5	8.2
300×610	1.0	2.0	5.6	11.5	10.5	7.5
300×910	1.0	2.0	5.2	10.8	9.5	7.2
380×380	1.0	2.3	5.6	11.8	10.8	7.9
380×560	1.0	2.0	5.2	10.8	9.5	7.2
380×760	1.0	1.6	4.9	10.2	8.5	6.6
380×1140	0.7	1.6	4.6	9.5	7.9	6.2
460×460	1.0	2.0	5.2	10.8	9.5	7.2
460×710	0.7	1.6	4.6	9.8	7.9	6.2
460×910	0.7	1.6	4.6	9.2	7.2	5.9
460×1370	0.7	1.3	4.3	8.9	6.6	5.6
610×610	0.7	1.6	4.6	9.2	7.2	5.9
610×910	0.7	1.3	3.9	8.5	6.2	5.2
610×1220	0.7	1.3	3.9	7.9	5.6	4.9
610×1830	0.7	1.0	3.6	7.5	5.2	4.6
760×760	0.7	1.3	3.9	8.2	5.9	5.2
760×1140	0.7	1.0	3.6	7.5	5.2	4.6
760×1520	0.7	1.0	3.6	7.2	4.6	4.2
760×2290	0.3	1.0	3.3	6.9	4.3	3.9
910×910	0.7	1.0	3.9	7.5	5.2	4.6
910×1370	0.3	1.0	3.3	6.9	4.3	3.9
910×1830	0.3	1.0	3.3	6.6	3.9	3.9
910×2730	0.3	0.7	3.0	6.2	3.6	3.6

内净尺寸	倍频程（Hz）					
（mm×mm）	125	250	500	1000	2000	4000
1070×1070	0.7	1.0	3.3	6.9	4.6	4.6
1070×1630	0.3	1.0	3.0	6.2	3.9	3.6
1070×2130	0.3	0.7	3.0	5.9	3.6	3.6
1070×3200	0.3	0.7	3.0	5.6	3.3	3.3
1220×1220	0.3	1.0	3.3	6.6	3.9	3.9
1220×1830	0.3	0.7	3.0	5.9	3.3	3.3
1220×2440	0.3	0.7	2.6	5.6	3.3	3.3
1220×3660	0.3	0.7	2.6	5.2	3.0	3.0

注：1. 内衬玻璃纤维密度为 $24\sim48kg/m^3$。
   2. 本表仅为玻璃纤维内衬插入增加的噪声衰减量，带内衬矩形钢板风管总噪声衰减量需再加上无内衬矩形钢板风管噪声自然衰减量（表 14-8）。

无内衬圆形钢板风管噪声自然衰减量（dB/m）　　　　　　　　　　表 14-10

风管直径	倍频程（Hz）						
（mm）	63	125	250	500	1000	2000	4000
$D\leqslant180$	0.10	0.10	0.16	0.16	0.33	0.33	0.33
$180<D\leqslant250$	0.10	0.10	0.10	0.16	0.23	0.23	0.23
$380<D\leqslant760$	0.07	0.07	0.07	0.10	0.16	0.16	0.16
$760<D\leqslant1520$	0.03	0.03	0.03	0.07	0.07	0.07	0.07

圆形钢板风管 25mm 玻璃纤维内衬插入噪声衰减量（dB/m）　　　　　表 14-11

风管直径	倍频程（Hz）							
（mm）	63	125	250	500	1000	2000	4000	8000
150	1.25	1.94	3.05	5.02	7.12	7.58	6.69	4.13
205	1.05	1.77	2.92	4.92	7.19	7.12	6.00	3.87
255	0.89	1.64	2.79	4.86	7.22	6.69	5.38	3.67
305	0.75	1.51	2.66	4.76	7.15	6.27	4.86	3.44
355	0.62	1.38	2.53	4.69	7.02	5.78	4.40	3.28
405	0.52	1.25	2.40	4.59	6.82	5.48	3.97	3.12
460	0.43	1.15	2.26	4.49	6.59	5.12	3.61	2.95
510	0.36	1.02	2.13	4.40	6.30	4.76	3.28	2.85
560	0.26	0.92	2.00	4.30	5.97	4.40	3.02	2.72
610	0.23	0.82	1.87	4.20	5.61	4.07	2.79	2.62
660	0.16	0.72	1.74	4.07	5.22	3.74	2.59	2.53
710	0.10	0.62	1.61	3.94	4.79	3.41	2.43	2.43
760	0.07	0.52	1.48	3.81	4.36	3.12	2.26	2.33
815	0.03	0.46	1.38	3.67	3.94	2.85	2.17	2.26
865	0	0.36	1.25	3.51	3.51	2.59	2.07	2.17
915	0	0.26	1.15	3.35	3.05	2.33	1.97	2.10
965	0	0.20	1.02	3.15	2.62	2.10	1.90	2.00
1015	0	0.10	0.92	2.99	2.23	1.87	1.80	1.90
1070	0	0.03	0.82	2.76	1.84	1.64	1.74	1.80
1120	0	0	0.75	2.56	1.48	1.44	1.67	1.71
1170	0	0	0.66	2.33	1.15	1.28	1.57	1.57
1220	0	0	0.59	2.07	0.85	1.12	1.48	1.44
1270	0	0	0.49	1.80	0.62	0.95	1.35	1.31
1320	0	0	0.46	1.51	0.43	0.82	1.21	1.12

续表

风管直径 (mm)	倍频程 (Hz)							
	63	125	250	500	1000	2000	4000	8000
1370	0	0	0.39	1.21	0.30	0.72	1.02	0.95
1420	0	0	0.33	0.92	0.26	0.59	0.82	0.72
1475	0	0	0.30	0.56	0.26	0.52	0.59	0.49
1525	0	0	0.26	0.20	0.33	0.46	0.30	0.23

注：本表为双层圆形钢板风管，内层为开孔率 25％的镀锌钢板。中间内衬 25mm 厚玻璃纤维密度为 12kg/m³。

3）支管声功率分流：由末端装置至出风口，声能会因风管分流而产生衰减，声功率一般按分支管面积比例分配给各分支管，由主管到支管的自然衰减值 ΔL_w 可由式（14-6）计算[①]：

$$\Delta L_w = 10\lg(F_i / \sum F_i) \tag{14-6}$$

式中　F_i——计算支管的截面积，m²；

　　　$\sum F_i$——三通分叉后全部支管总截面积，m²。

4）弯管衰减：矩形风管直角及圆弧形弯头的噪声自然衰减量可查表 14-12 得到。

矩形风管弯头自然衰减量[②]（dB/个）　　　　表 14-12

f_w	直角弯头				圆弧弯头
	无导叶片		有导叶片		无导叶片
	无内衬	有内衬	无内衬	有内衬	无内衬
$f_w < 48$	0	0	0	0	0
$48 \leqslant f_w < 96$	1	1	1	1	1
$96 \leqslant f_w < 190$	5	6	4	4	2
$190 \leqslant f_w < 380$	8	11	6	7	3
$380 \leqslant f_w < 760$	4	10	4	7	3
$f_w \geqslant 760$	3	10	4	7	3

注：$f_w = f \times w$；f—倍频程中心频率（kHz）；w—风管宽度（mm）。

5）内衬贴附物的柔性风管衰减：非金属保温软管可显著降低空气噪声，其插入噪声衰减量可参照表 14-13。推荐长度为 0.9～1.8m，软管应尽量保持平直，弯头应有较大的半径。虽然直角弯曲会得到一些额外的噪声衰减量，但是会有较高的再生噪声。

圆形内衬非金属软管插入噪声衰减量[③]（dB）　　　　表 14-13

风管直径 (mm)	长度 (m)	倍频程 (Hz)						
		63	125	250	500	1000	2000	4000
100	3.7	6	11	12	31	37	42	27
	2.7	5	8	9	23	28	32	20
	1.8	3	6	6	16	19	21	14
	0.9	2	3	3	8	11	11	7

① 参考本章参考文献［4］第 1368 页。
② 参见本章参考文献［5］47.16 表 13～表 15。
③ 参见本章参考文献［5］47.17。

续表

风管直径 （mm）	长度 （m）	倍频程（Hz）						
		63	125	250	500	1000	2000	4000
125	3.7	7	12	14	32	38	41	26
	2.7	5	9	11	24	29	31	20
	1.8	4	6	7	16	19	21	13
	0.9	2	3	4	8	10	10	7
150	3.7	8	12	17	33	38	40	26
	2.7	6	9	13	25	29	30	20
	1.8	4	6	9	17	19	20	13
	0.9	2	3	4	8	10	10	7
175	3.7	9	12	19	33	37	38	25
	2.7	6	9	14	25	28	29	19
	1.8	4	6	10	17	19	19	13
	0.9	2	3	5	8	9	10	6
200	3.7	8	11	21	33	37	37	24
	2.7	6	8	16	25	28	28	18
	1.8	4	6	11	17	19	19	12
	0.9	2	3	5	8	9	9	6
225	3.7	8	11	22	33	37	36	22
	2.7	6	8	17	25	28	27	17
	1.8	4	6	11	17	19	18	11
	0.9	2	3	6	8	9	9	6
250	3.7	8	10	22	32	36	34	21
	2.7	6	8	17	24	27	26	16
	1.8	4	5	11	16	18	17	11
	0.9	2	3	6	8	9	9	5
300	3.7	7	9	20	30	34	31	18
	2.7	5	7	15	23	26	23	14
	1.8	3	5	10	15	17	16	9
	0.9	2	2	5	8	9	8	5
350	3.7	5	7	16	27	31	27	14
	2.7	4	5	12	20	23	20	11
	1.8	3	4	14	16	16	14	7
	0.9	1	2	4	7	8	7	4
400	3.7	2	4	9	23	28	23	9
	2.7	2	3	7	17	21	17	7
	1.8	1	2	5	12	14	12	5
	0.9	1	1	2	6	7	6	2

注：63Hz 的衰减值是由高频衰减值推算的。

6）风管末端反射衰减：当声音从一个小的空间（如一个风道）通过，并进入一个大的空间（如一个房间）时，一部分声音被反射回风道，从而减少了房间内的低频噪声。风管端部连接吊顶散流器可视为终止于自由空间，侧送风口则为终止于墙壁齐平。二者的风管末端反射衰减量参照表 14-14。对于连接矩形风管的散流器或风口，其风管计算当量直径 $D=(4A/\pi)^{1/2}$（m），A 为矩形风管的面积（m²）。

风管端部反射噪声衰减量（dB）① 表 14-14

风管直径 (mm)	终止于自由空间（吊顶散流器）						终止于墙壁齐平（侧送风口）				
	倍频程（Hz）						倍频程（Hz）				
	63	125	250	500	1000	2000	63	125	250	500	1000
150	20	14	9	5	2	1	18	13	8	4	1
205	18	12	7	3	1	0	16	11	6	2	1
250	16	11	6	2	1	0	14	9	5	2	1
300	14	9	5	2	1	0	13	8	4	1	0
400	12	7	3	1	0	0	10	6	2	1	0
510	10	6	2	1	0	0	9	5	2	1	0
610	9	5	2	1	0	0	8	4	1	0	0
710	8	4	1	0	0	0	7	3	1	0	0
810	7	3	1	0	0	0	6	2	1	0	0
910	6	3	1	0	0	0	5	2	1	0	0
1220	5	2	1	0	0	0	4	1	0	0	0
1830	3	1	0	0	0	0	2	1	0	0	0

计算时应关注在末端装置样本给出的末端装置出风噪声声功率值中，是否已经包含了末端装置反射修正值（现有国内主流制造商样本中，二者都有）。另应注意的是：只有当末端装置与送风口之间的风管长度至少为 3～5 倍直风管直径时，末端装置反射的全部衰减才有效；如果末端装置下游送风管较短且其中无内消声措施，则应考虑一定的风管末端反射衰减值；如果末端下游风管较长且有内衬消声措施，因噪声被大幅降低，风管末端的反射作用较小。总之，应根据末端装置出风噪声声功率值和末端装置下游风管的具体情况酌情考虑。

7）房间效应：同辐射噪声计算。

（4）NC 曲线值计算

1）由房间声压级值计算 NC 曲线值：根据末端装置样本给出的辐射噪声和出风噪声的声功率值，经上述各项衰减值计算后可得到房间各倍频程的声压级值。在 NC 曲线图（图 14-12）上采用拟合方法标出各倍频程声压级值点，无论哪个倍频程，其声压级值点下方都有一根最接近的 NC 曲线，因此构成了 NC 曲线族，其中 NC 值最高的那根就是该房间的 NC 曲线，由此可得到该房间的 NC 曲线值。

2）由样本直接查取 NC 曲线值：国内各主流末端装置制造商样本一般会直接给出在 AHRI 885-90 给定条件（表 14-15）下，计算得到的由末端装置引起的室内辐射噪声和出风噪声的 NC 曲线值。如果项目情况接近于 AHRI 885-90 给定条件，可以直接取用。

AHRI 885—90 条件[7] 表 14-15

辐射噪声	出口噪声
吊平顶类型：矿棉纤维板 116mm，560kg/m³	风口反射：风管断部至风口 200mm； 柔性风管类型：聚乙烯软管； 风管：1.5m 长，内衬 24.5mm 厚玻璃纤维

注：房间尺寸：大于 85m³，距声源 3m。

最小静压（min△Ps）：为满足标定风量的最小静压。

---

① 参见本章参考文献［5］47.19 表 19、表 20。

2. 计算实例

某房间面积为 $70m^2$，表面积为 $240m^2$，工作区与声源的距离为 2m；末端装置下游风管阻力为 80Pa，主风管内静压值为 450 Pa，计算风量 $2000m^3/h$，噪声设计值 NC≤35。选择某公司[7] NO.3 串联式风机动力型变风量末端装置，该装置一次风进风口直径为 250mm。

（1）由样本直接查取 NC 曲线值

如果满足 AHRI 885-90 给定条件（表 14-15），可查样本（表 14-16），直接得到房间的 NC 曲线值：

1）辐射噪声：仅风机运行时，NC＝29；450Pa 静压下，NC＝35；

2）出口噪声：仅风机运行时，NC＜20；450Pa 静压下，NC＝20.5。

串联式风机动力型末端等响曲线（NC） 表 14-16

型号	末端装置数据				辐射噪声				出风口噪声			
	进口 (mm)	出口余压 (Pa)	最小静压 (Pa)	风量 (m^3/h)	AHRI 885-90（NC）				AHRI 885-90（NC）			
					仅风机	进口静压（Pa）			仅风机	进口静压（Pa）		
						127	254	508		127	254	508
2	200	63.5	9.1	510	—	—	—	22	—	—	—	—
			16.5	680	21	21	23	25	—	—	—	—
			25.7	850	25	25	26	30	—	22	22	22
			40.1	1063	29	29	30	34	22	24	25	25
			57.9	1275	33	33	33	37	25	27	27	27
3	250	63.5	18.3	1020	20	20	23	26	—	—	—	—
			28.4	1275	23	23	26	29	—	—	—	—
			50.5	1700	26	28	30	34	—	—	—	—
			72.6	2040	29	31	33	37	—	—	20	21
			99.0	2380	31	33	36	39	21	21	21	22

注：表中"（—）"表示该区域等响曲线小于 20（NC），阴影部分为选定值。

（2）由房间声压级值计算 NC 曲线值

如与 AHR1 885-90 给定条件不符，可按下列步骤计算（计算结果见表 14-19、表 14-20）：

1）末端装置声功率级值：由该公司按 AHR1 880 条件测试给出的表 14-17 与表 14-18 分别查出末端装置的辐射噪声、出口噪声的声功率级（主风管静压值系指末端装置附近主风管内的静压值 450Pa，取表中黑线框出部分 508Pa 值）。

2）辐射噪声计算：

① 环境修正：衰减量由表 14-6 查取；

② 吊顶空间和顶棚效应：设计吊平顶类型为常见的纸面石膏板 12mm，面密度为 $9kg/m^2$。综合衰减量由表 14-7 查取（取吊顶静压箱＋16mm 石膏灰胶纸夹板综合衰减量的 3/4 值）。

3）出口噪声：

① 环境修正：衰减量由表 14-6 查取；

② 风管衰减：末端装置下游有 630×320 无内衬风管 4m，取表 14-8 中 305×610 栏值；

③ 弯头衰减：末端装置下游矩形无内衬圆弧弯头自然衰减量按表 14-12（$w=630$）计算；

④ 内衬软管：末端装置下游软管直径 250mm、长 1.8m，由表 14-13 取值；

⑤ 送风消声静压箱：1000×200×400（h）按矩形钢板风管 25mm 玻璃纤维内衬（表 14-9）200×610 栏值计算插入噪声衰减量（长度 0.4m）；

⑥ 风管末端反射衰减：装置样本给出的末端装置出风噪声声功率值中，未扣除末端装置反射修正值；吊顶条缝形散流器带送风消声静压箱（1000×200），风管当量直径 $D=(4×1×0.2/\pi)^{1/2}=0.5\text{m}$；由表 14-14 终止于自由空间栏取值。

4）房间效应：$r=2\text{m}$（6.5ft），$V=210\text{m}^3$（8000 ft³），房间表面积 240m²。

① 计算法：由式（14-5）计算各倍频程衰减量（dB）：$10\lg6.5+5\lg8000+3\lg125-25=8.92$；$10\lg6.5+5\lg8000+3\lg250-25=9.82$；$10\lg6.5+5\lg8000+3\lg500-25=10.73$；$10\lg6.5+5\lg8000+3\lg1000-25=11.63$；$10\lg6.5+5\lg8000+3\lg2000-25=12.53$。

② 查图法：根据房间表面积 240m²，查图 14-10（取中度混响室）得房间常数为 20m²；根据 $r=2\text{m}$，由图 14-11 查得房间自然衰减量（即：风口声功率级与房间声压级的差值）为 6.3dB。

比较计算法和查图法，采用较为安全的查图法求得各倍频程下房间的声压级值。

5）NC 曲线值计算：在 NC 曲线图中（图 14-12）标出各倍频程声压级值点，辐射与出风口噪声分别为 NC35 和 NC35。可满足设计值。

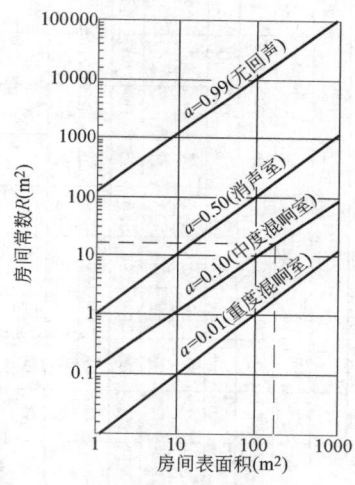

图 14-10　房间常数

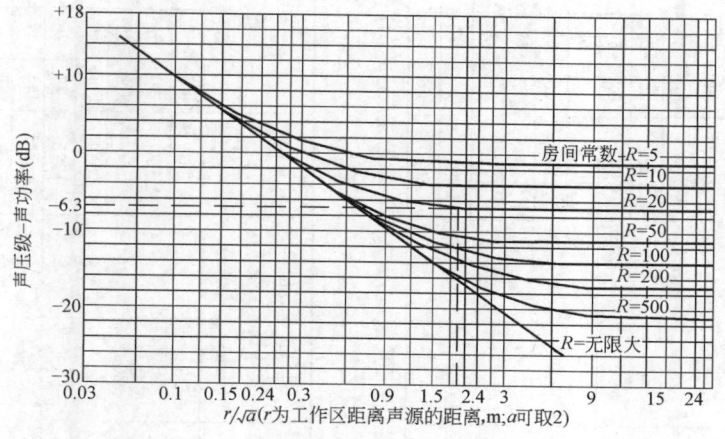

图 14-11　房间自然衰减量计算图（R 为房间常数）

辐射声功率级表（dB）　　表 14-17

型号	进口尺寸(mm)	出口余压(Pa)	风量(m³/h)	仅风机运行 声功率级倍频程						仅风机运行 主风管静压 127(Pa)						风机运行+100%一次风 主风管静压 254(Pa)						风机运行+100%一次风 主风管静压 508(Pa)					
				2	3	4	5	6	7	2	3	4	5	6	7	2	3	4	5	6	7	2	3	4	5	6	7
2	200	64	510	57	51	47	40	33	27	59	51	47	40	36	32	60	51	50	43	39	37	62	55	52	45	44	43
			680	61	56	51	44	38	32	61	56	51	44	38	35	63	56	53	46	42	39	65	60	55	48	46	44
			850	63	59	54	47	41	37	63	59	54	47	41	37	66	59	54	49	44	41	68	63	57	51	48	45
			1063	66	63	57	50	45	41	66	63	57	50	45	41	69	63	57	52	47	43	71	67	60	54	50	46
			1275	69	66	59	53	48	45	69	66	59	53	48	45	72	66	59	53	48	45	73	69	62	56	51	48
3	250	64	1020	57	53	50	43	35	30	61	53	50	43	37	32	63	53	53	47	42	36	66	59	54	49	44	40
			1275	60	55	53	46	38	33	64	55	53	46	38	33	66	55	55	49	44	37	69	61	56	51	46	41
			1530	62	58	55	49	41	36																		
			1700	64	59	56	50	43	38	69	59	56	50	43	38	69	59	56	52	45	40	72	64	59	54	48	43
			2040	66	61	58	52	46	40	72	61	58	52	46	40	72	61	58	52	46	42	74	66	61	55	50	45
			2380	68	63	60	54	48	43	74	63	60	54	48	43	74	63	60	54	48	43	76	67	62	57	52	46

注：表中阴影部分为 AHRI 880 标定点，由 AHRI 认定。

出口声功率级表（dB）　　表 14-18

型号	进口尺寸(mm)	出口余压(Pa)	风量(m³/h)	仅风机运行 声功率级倍频程						仅风机运行 主风管静压 127(Pa)						风机运行+100%一次风 主风管静压 254(Pa)						风机运行+100%一次风 主风管静压 508(Pa)					
				2	3	4	5	6	7	2	3	4	5	6	7	2	3	4	5	6	7	2	3	4	5	6	7
2	200	64	510	68	62	58	55	54	53	70	64	60	57	56	55	70	64	60	57	56	55	70	64	60	57	56	55
			680	70	64	60	58	57	57	73	66	62	60	59	59	73	66	62	60	59	59	72	66	62	60	59	59
			850	72	66	62	60	60	59	75	68	64	62	62	61	75	68	64	62	62	61	74	68	64	62	62	61
			1063	74	68	64	62	62	62	77	70	66	64	64	64	77	70	66	64	64	64	76	70	66	64	64	64
			1275	76	70	66	64	64	64	78	72	67	66	66	66	78	72	67	66	66	66	78	72	67	66	66	66
3	250	64	1020	65	57	55	51	50	47	65	57	57	53	52	50	68	60	60	54	52	50	68	60	57	54	52	51
			1275	67	60	58	54	53	51	67	60	60	56	55	54	71	63	60	56	55	54	71	63	60	56	55	54
			1530	69	62	60	56	56	55																		
			1700	70	64	61	58	58	57	70	64	63	59	58	59	73	66	63	60	60	59	73	66	63	60	60	59
			2040	72	66	63	60	60	60	72	66	65	60	60	60	75	68	65	62	62	62	75	68	65	62	62	62
			2380	73	68	65	62	62	63	73	68	67	62	63	63	77	70	67	62	65	63	77	70	67	62	65	63

注：表中阴影部分为 AHRI 880 标定点，由 AHRI 认定。

辐射噪声计算实例

表 14-19

序号	噪声计算(dB)	计算方法	仅风机运行						风机运行＋100%一次风					
			125	250	500	1000	2000	4000	125	250	500	1000	2000	4000
①	末端声功率级(dB)	表14-17	66	61	58	52	46	40	74	66	61	55	50	45
②	环境修正衰减量	表14-6	2	1	0	0	0	0	2	1	0	0	0	0
③	空间及吊顶衰减量	表14-7	11	16	19	20	20	20	11	16	19	20	20	20
④	房间效应衰减量	图14-11	6.3	6.3	6.3	6.3	6.3	6.3	6.3	6.3	6.3	6.3	6.3	6.3
⑤	房间声压级(dB)	①-(②+③+④)	46.7	37.7	32.7	25.7	19.7	13.7	54.7	42.7	35.7	28.7	23.7	18.7
⑥	房间等响曲线(NC)	图14-12	约30						约35					

出风口噪声计算实例

表 14-20

序号	噪声计算(dB)	计算方法	仅风机运行						风机运行＋100%一次风					
			125	250	500	1000	2000	4000	125	250	500	1000	2000	4000
①	末端声功率级(dB)	表14-18	72	66	63	60	60	60	75	68	65	62	62	62
②	环境修正衰减量	表14-6	2	1	0	0	0	0	2	1	0	0	0	0
③	风管衰减量	表14-8	2.6	1.3	0.6	0.6	0.6	0.6	2.6	1.3	0.6	0.6	0.6	0.6
④	弯头自然衰减量	表14-12	0	1	2	3	3	3	0	1	2	3	3	3
⑤	软管自然衰减量	表14-13	5	11	16	18	17	11	5	11	16	18	17	11
⑥	送风消声静压箱	表14-9	0.5	1.0	2.5	5.2	5.4	3.7	0.5	1.0	2.5	5.2	5.4	3.7
⑦	风管末端反射	表14-14	6	2	1	0	0	-	6	2	1	0	0	-
⑧	房间自然衰减量	图14-11	6.3	6.3	6.3	6.3	6.3	6.3	6.3	6.3	6.3	6.3	6.3	6.3
⑨	房间声压级(dB)	①-(②+……+⑧)	49.6	42.4	34.6	26.9	27.7	35.4	52.6	44.4	36.6	28.9	29.7	37.4
⑩	房间等响曲线(NC)	图14-12	约35						约35					

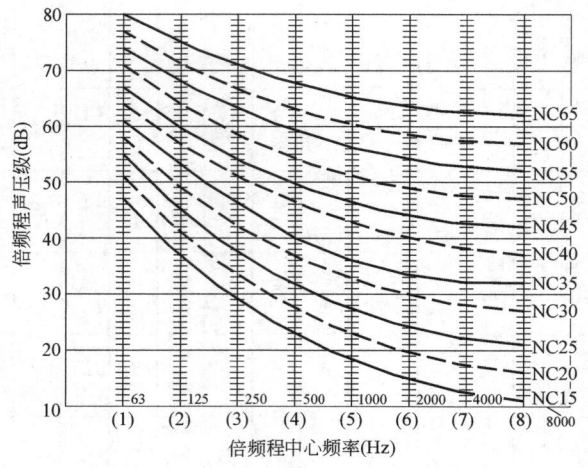

图 14-12　声压级—NC 换算图

14.4　吊顶内其他声源的室内噪声控制

14.4.1　风管噪声

大型全空气空调系统的主送风管常因表面振动而传出隆隆的低频噪声。这是由于空调风机向风管送风，在所构成的半封闭空间内由可压缩流体被输送时产生的。风机处产生的噪声与空气压力波动被传递到风管系统的其他部位。风管的隆隆声源于风管的共振频率。经现场测试，隆隆声的噪声级在 65～95dB 之间，频率在 16～100Hz 范围内。当皮带传动风机的隆隆声脉动频率为 2～10 次/s 时，其声级波动在平均值在 5～25dB。最常见的脉动频率出现在风机转速与皮带频率 2 倍之间（皮带转速＝风机槽轮直径×槽轮转速×π/皮带长度）。如图 14-13 所示，风管隆隆声大小取决于风管的振动程度。低频共振下产生的隆隆声的声波很长（3～20m），能长距离传播，也很容易使声源附近的轻型建筑构造如轻钢龙骨、石膏板墙一起振动，产生共鸣，并发出"格格"声。

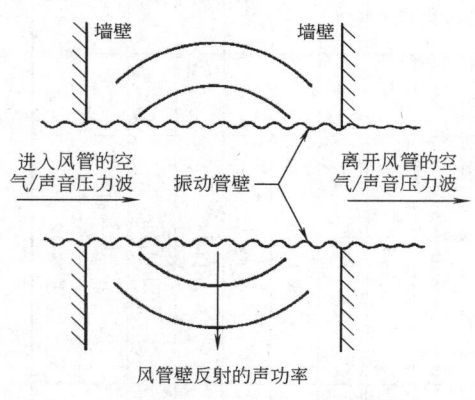

图 14-13　气流产生的风管隆隆声①

有关工程案例调查表明，当风机附近气流方向急剧改变时，风管隆隆声常见于风机附近未经加强的扁平风管表面（任一方向尺寸大于 1200mm）。如噪声很大，直径 460mm 以上的风管也会产生这样的噪声，因此，风机出风管的配置方式与风管噪声直接有关，如图 14-14 所示。风机出风管优化设计可降低风管隆隆声，但不能完全消除，因为从产生机理分析，此噪声很大程度上取决于风机叶轮上的湍流、风管的强度和共振特性。

降低和限制风管隆隆声的方法：

---

① 参见本章参考文献［5］47.20。

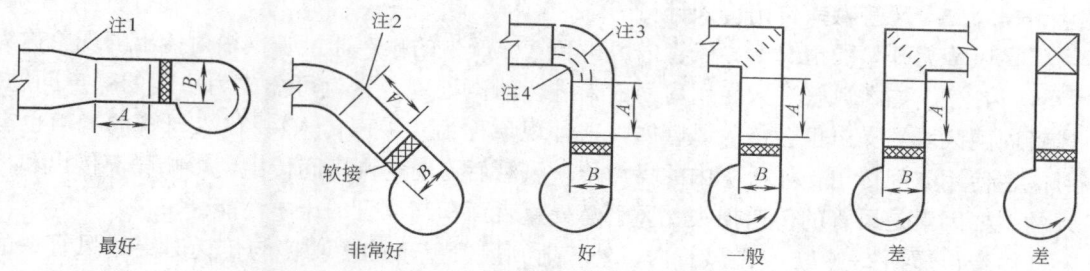

图 14-14　离心风机出口配管方式评价风管隆隆声①

注：1. 推荐变径斜率小于 1/7，当流速小于 10m/s 时，斜率允许取 1/4。

　　2. $A \geqslant 1.5B$，B 为风管长边尺寸。

　　3. 导流叶片须沿弯头径向均布。

　　4. 最小转弯半径为 150mm。

（1）改变风机转速，从而改变气流波动频率，使之错开风管系统的共振频率。采用变频调速的变风量空调系统，在测出风管系统的共振频率后，可通过控制系统实现这一目标。

（2）增加风管刚性，如采用加固法兰或外贴防火板，可直接改变风管系统的共振频率（图 14-15）。在 31.5Hz 和 63Hz 的频率段，该方法可降低噪声 5～10dB。

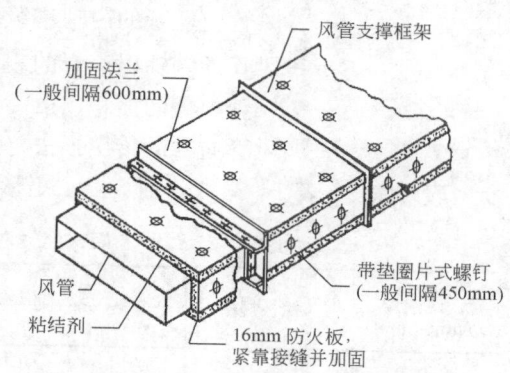

图 14-15　石膏板衰减风管隆隆声②

（3）采用密实材料和消声材料相结合时，如图 14-16 所示，应将两种材料与风管完全隔开，中间设置一个大于 150mm 的空气隔层。密实材料的面密度应大于 $20kg/m^2$，例如可用两层石膏板组合。对于频率高于 16～100Hz 的隆隆声，将密实材料直接贴在圆风管上也十分有效。

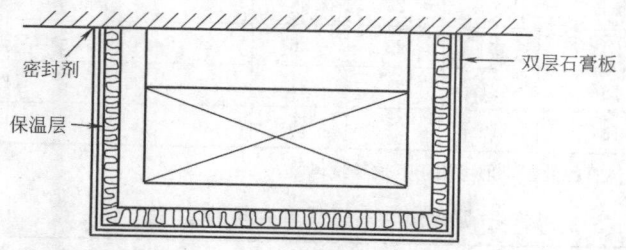

图 14-16　双层石膏板封闭风管隆隆声③

（4）采用明露风管的大型公共场所，应采用圆形风管。圆形风管挺括，弯曲较少，不易产生隆隆声。圆形风管存在一个共振"回响频率"，当离心或轴流风机的噪声频率划过共振"回响频率"时，将产生共振，偶尔会噪声很大。噪声大小取决于风管材料和直径。因此，设计时应尽可能在靠近风机处安装消声器。

①　参见本章参考文献 [5] 47.21。

②　参见本章参考文献 [5] 47.20。

③　参见本章参考文献 [5] 47.21。

14.4.2 风管噪声传出传入计算

在风管无开口的情况下，风管内风机和气流产生的噪声通过管壁辐射传出的现象称为"噪声传出"。如在风管进入使用房间前未进行消声处理，它就可能成为房间的噪声问题。风管周围区域的噪声也会传入风管内，这种现象称为"噪声传入"。传入风管的噪声也有可能在使用空间传出，如机房内的噪声传入风管后再向空调房间传出。影响噪声传出和传入的主要因素是风管的传递损失、风管总暴露表面积与风管的声学性能。

声音传递损失（TL）是风管内、外入射到风管壁上的声功率与传递时穿过风管壁的声功率的比值，它与噪声频率、风管形状、尺寸及壁厚有关。传递损失值越大，传出、传入风管的噪声越小。从风管壁辐射传出噪声的声功率级可由式（14-7）计算：

$$L_{W(out)} = L_{W(in)} + 10\lg\left(\frac{S}{A}\right) - TL_{out} \tag{14-7}$$

式中　$L_{W(out)}$——从风管壁辐射传出的声功率级，dB；

　　　$L_{W(in)}$——风管内声音的声功率级，dB；

　　　　　S——风管外侧辐射声音的表面积，m^2；

　　　　　A——风管内截面面积，m^2；

　　　TL_{out}——风管通常的传出损失（与 S 和 A 有关），dB。

表 14-21～表 14-23[①] 分别给出了矩形，圆形和椭圆形风管的 TL_{out} 值。

矩式风管对应频率的 TL_{out} 值　　　　　　　　　　表 14-21

风管尺寸 (mm×mm)	钢板规格	各频段中心频率(Hz)下的 TL_{out}（dB）							
		63	125	250	500	1000	2000	4000	8000
305×305	24	21	24	27	30	33	36	41	45
305×610	24	19	22	25	28	31	35	41	45
305×1220	22	19	22	25	28	31	37	43	45
610×610	22	20	23	26	29	32	37	43	45
610×1220	20	20	23	26	29	31	39	45	45
1220×1220	18	21	24	27	30	35	41	45	45
1220×2440	18	19	22	25	29	35	41	45	45

注：表中为 6.1m 长风管的数据，但可用于其他长度风管。

圆形风管对应频率实测 TL_{out} 值　　　　　　　　　　表 14-22

直径 (mm)	长度 (m)	钢板规格	各频段中心频率(Hz)下的 TL_{out}(dB)						
			63	125	250	500	1000	2000	4000
对缝管									
200	4.6	26	>45	(53)	55	52	44	35	34
350	4.6	24	>50	60	54	36	34	31	25
560	4.6	22	>47	53	37	33	33	27	25
810	4.6	22	(51)	46	26	26	24	22	38

---

① 参见本章参考文献［5］47.22。

续表

直径 (mm)	长度 (m)	钢板规格	各频段中心频率(Hz)下的 TL_{out}(dB)						
			63	125	250	500	1000	2000	4000
螺旋管									
200	3	26	>48	>64	>75	72	56	56	46
300	3.6	26*	52	51	53	51	50	46	36
350	3	26	>43	>53	55	33	31	35	25
610	7.3	24	51	53	51	44	36	26	29
	7.3	24*	51	51	54	44	39	33	47
660	3	24	>45	50	26	26	25	22	36
	3	16	>48	53	36	32	32	28	41
810	3	22	>43	42	28	25	26	24	40
915	7.3	20	51	51	52	46	36	32	55

* 管内贴 25mm 厚 24kg/m³ 玻璃纤维带 24 号穿孔金属板内衬。

注：1. 在背景噪声大于风管辐射噪声下，用">"标出 TL 的低限值。

　　2. 括号内测量值的背景噪声难以确定较测量值大多少。

椭圆形风管对应频率 TL_{out} 值　　　　　表 14-23

风管尺寸 (mm×mm)	钢板规格	各频段中心频率(Hz)下的 TL_{out}(dB)						
		63	125	250	500	1000	2000	4000
305×152	24	31	34	37	40	43	—	—
610×152	24	24	27	30	33	36		
610×305	24	28	31	34	37			
1220×305	22	23	26	29	32			
1220×610	22	27	30	33				
2440×610	20	22	25	28	—	—		
2440×1220	18	28	31	—				

注：表内为 6.1m 长风管的数据，但可用于其他长度风管。

从风管外传入风管的声功率级可由式（14-8）计算：

$$L_{W(in)} = L_{W(out)} - TL_{in} - 3 \tag{14-8}$$

式中　$L_{W(in)}$——传入风管，然后从进入点向上下游传递的声功率级，dB；

　　　$L_{W(out)}$——风管外入射的声功率级，dB；

　　　TL_{in}——风管传入损失，dB。

表 14-24～表 14-26[①] 分别给出了矩形、圆形和椭圆形风管的 TL_{in} 值。

在空调通风工程中，除了采用普通的镀锌钢板风管外，还采用无机玻璃钢和玻璃纤维风管。无机玻璃钢风管的隔声效果较差，且无确切的计算数据，设计时应在风管进入有噪声限制的使用区域前进行有效的消声处理。玻璃纤维风管消声性能较好，但和无机玻璃钢风管一样，隔声效果较差。在空调机房内，可先用玻璃纤维板材风管作为镀锌钢板的消声内衬，待风管内的噪声衰减到一定程度后，再单独采用玻璃纤维风管。

---

① 参见本章参考文献〔5〕47.35。

矩形风管对应频率的 TL_{in} 值 表 14-24

风管尺寸 （mm×mm）	钢板规格	各频段中心频率（Hz）下的 TL_{in}（dB）							
		63	125	250	500	1000	2000	4000	8000
305×305	24	16	16	16	25	30	33	38	42
305×610	24	15	15	17	25	28	32	38	42
305×1220	22	14	14	22	25	28	34	40	42
610×610	22	13	13	21	26	29	34	40	42
610×1220	20	12	15	23	26	28	36	42	42
1220×1220	18	10	19	24	27	32	38	42	42
1220×2440	18	11	19	22	26	32	38	42	42

注：表中为 6.1m 长风管的数据，但可用于其他长度风管。

圆形风管对应频率实测 TL_{in} 值 表 14-25

直径 （mm）	长度 （m）	钢板规格	各频段中心频率（Hz）下的 TL_{in}（dB）						
			63	125	250	500	1000	2000	4000
对缝管									
203	4.57	26	＞17	(31)	39	42	41	32	31
356	4.57	24	＞27	43	43	31	31	28	22
559	4.57	22	＞28	40	30	30	30	24	22
813	4.57	22	(35)	36	23	23	21	19	35
螺旋管									
203	3.05	26	＞20	＞42	＞59	＞62	53	43	26
356	3.05	26	＞20	＞36	44	28	31	32	22
660	3.05	24	＞27	38	20	23	22	19	33
660	3.05	16	＞30	＞41	30	29	29	25	38
813	3.05	22	＞27	32	25	22	23	21	37

注：在背景噪声大于风管辐射噪声情况下，用"＞"标出 TL 的低限值，括号内测量值的背景噪声难以确定较测
量值大多少。

椭圆风管对应频率 TL_{in} 值 表 14-26

风管尺寸 （mm×mm）	钢板规格	各频段中心频率（Hz）下的 TL_{in}（dB）						
		63	125	250	500	1000	2000	4000
305×152	24	18	18	22	31	40	—	—
610×152	24	17	17	18	30	33	—	—
610×305	24	15	16	25	34	—	—	—
1220×305	22	14	14	26	29	—	—	—
1220×610	22	12	21	30	—	—	—	—
2440×610	20	11	22	25	—	—	—	—
2440×1220	18	19	28	—	—	—	—	—

注：表内为 6.1m 长风管的数据，但可用于其他长度风管。

14.4.3　室内噪声计算

在空调房间吊平顶内，风机盘管机组、送回风管或通往机房的回风开口等产生的噪声，都有可能通过吊平顶向空调区域传递。表 14-27 列出了一般 T 型吊平顶系统的噪声衰减量。实验证明，影响房间噪声衰减量的主要因素是吊平顶的缝隙，灯具、风口等仅是局部影响。

1. 吊平顶的传声计算可按以下步骤进行：

（1）求得风机盘管机组或送回风管等声源各频段下辐射噪声的声功率级 dB；

（2）由表 14-6 查得环境修正衰减量 dB；

（3）计算接近吊平顶的声源底部表面积，m²；

（4）由表 14-28 查出按声源面积影响的调整值，dB；

（5）根据吊顶类型，由表 14-27 查出相关的吊平顶—静压箱—房间噪声综合衰减量；

（6）求得房间各倍频程声压级值，求得 NC 值；

（7）如吊平顶内有多个声源，可分别计算出每个声源所产生的房间声压级，再按式（14-2）～式（14-4）进行房间声压级叠加计算。

一般 T 型槽吊平顶系统吊平顶—静压箱—房间噪声综合衰减量 (dB)①　表 14-27

吊顶板类型	近似密度 (kg/m²)	板厚 (mm)	各频段中心频率(Hz)						
			63	125	250	500	1000	2000	4000
矿棉纤维板	4.9	16	13	16	18	20	26	31	36
	2.4	16	13	15	17	19	25	30	33
玻璃纤维板	0.5	16	13	16	15	17	17	18	19
	2.9	50	14	17	18	21	25	29	35
带 TL 衬垫的玻璃纤维板	2.9	50	14	17	18	22	27	32	39
石膏纤维板	8.8	13	14	16	18	18	21	22	22
密实石膏板吊顶	8.8	13	18	21	25	25	27	27	28
	11.2	16	20	23	27	27	29	29	30
双层石膏板	18.1	25	24	27	31	31	33	33	34
	22	32	26	29	33	33	35	35	36
矿棉纤维板、暗槽安装	2.4～4.9	16	20	23	21	24	29	33	34

声源面积的调整值②　表 14-28

面积范围(m²)			调整值(dB)
63Hz	125Hz	250Hz	
小于 2.6	小于 2.2		−3
2.8～4.9	2.4～4.6	小于 2.3	−2
5.1～7.2	4.9～7.1	2.7～6.3	−1
7.4～9.4	7.3～9.5	6.7～10.3	0
9.7～11.7	9.8～12.0	10.7～14.3	1

① 参见本章参考文献 [5] 47.24。
② 参见本章参考文献 [5] 47.33。

续表

面积范围（m²）			调整值（dB）
63Hz	125Hz	250Hz	
11.9～14.0	12.2～14.4	14.7～18.3	2
14.2～16.3	14.6～16.8	18.7～22.3	3
16.5～18.5	17.1～19.3		4
18.8～20.8	19.5～21.7		5
21.0～23.1			6

2. 计算实例：某风机箱底面积 1.3m²，已知其声功率级，吊平顶系统采用 T 型槽标准 16mm 厚矿棉纤维板，求房间声压级。计算过程与结果列于表 14-29。

实例计算结果　　　　　　　　　表 14-29

计 算 步 骤	倍频程频率（Hz）						
	63	125	250	500	1000	2000	4000
1. 风机箱声功率级（dB）	71	71	65	55	54	53	45
2. 环境修正衰减量（表 14-6）	4	2	1	0	0	0	0
3. 声源面积调整值（表 14-28）	3	3	2	0	0	0	0
4. 吊顶—静压箱—房间衰减量（表 14-27）	13	15	17	19	25	30	33
5. 房间声压级（1-2-3-4）（dB）	51	51	45	36	29	23	12
6. NC 值（图 14-12）	约 30						

本章参考文献

[1] 尉迟斌. 实用制冷与空调工程手册［M］. 北京：机械工程出版社，2003.

[2] 赵荣义. 简明空调设计手册［M］. 北京：中国建筑工业出版社，1998.

[3] 空气调和·卫生工学会. 空气調和·卫生工学便览/第 1 编［M］. 13 版. 东京：空气调和·卫生工学会，2002.

[4] 陆耀庆. 实用供热空调设计手册［M］. 2 版. 北京：中国建筑工业出版社，2008.

[5] ASHRAE. ASHRAE Handbook HVAC Applications 2003［M］. Atlanta：ASHRAE，2003.

[6] 汪善国. 空调与制冷技术手册［M］. 李德英，赵秀敏，等，译. 北京：机械工业出版社，2006.

[7] TITUS 公司. 产品样本［Z］. TITUS 公司，1998.

[8] 江森自控公司. 产品样本［Z］. 江森公司，2007.

[9] 美国皇家空调公司. 产品样本［Z］. 美国皇家空调公司，2020.

[10] 朱潮健. 上海国际航运金融大厦设计资料［Z］. TMP 公司，1998.

[11] Hydeman et al. Advanced Variable Air Volume System Design Guide［M］. Sacramento：Galifonia Energy Commission，2003.

第15章 自动控制

空调系统的正常运行很大程度上取决于其控制系统的良好工作。与其他空调系统相比，变风量系统更依赖于自动控制。空调自动控制是一个多学科交叉、机电密切配合的领域，特别是传感器、执行器、电气控制柜等机电结合部位是问题的多发点，直接影响空调系统的控制质量。我国变风量空调系统应用只有二十多年的历史，其自控系统从控制策略、系统设计到设备选型乃至系统安装、调试和运行，有许多难题有待攻克，工程经验有待积累。要使变风量空调系统合理、经济、安全运行，暖通设计人员应相当了解系统的自动控制。

15.1 自动控制系统组成

图 15-1 是典型变风量空调系统的控制原理图，由变（定）风量末端装置控制和空调箱控制两部分组成，各自配置 DDC 控制器，通过 BA 系统网络交互并与中央监控系统通信。其控制系统点位表见表 15-1。

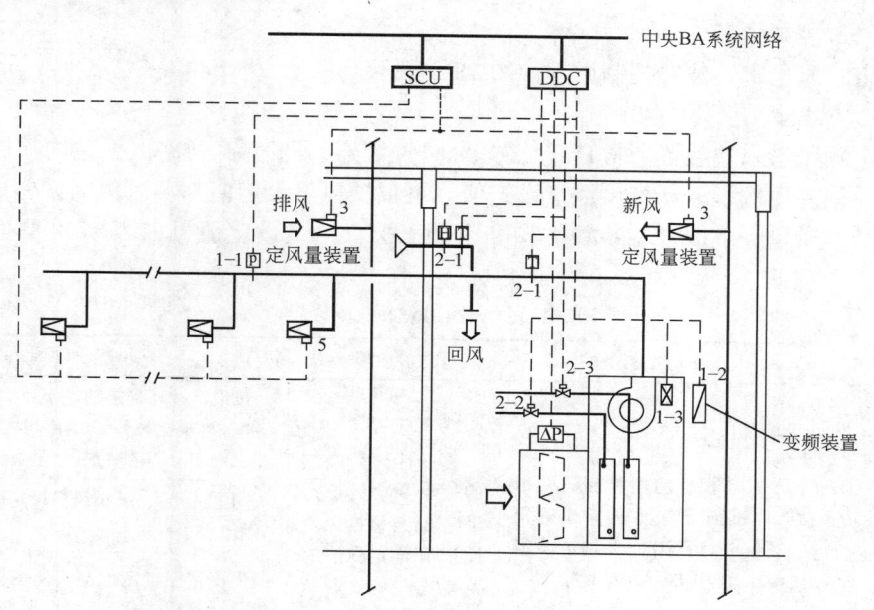

图 15-1　变风量空调控制系统原理图

变风量空调系统控制系统点位表 表 15-1

序号	控制内容及要求	DI	DO	AI	AO	备注
1	风机启停与变速控制					
1-1	检测送风管静压 P			1		变定静压控制

续表

序号	控制内容及要求	DI	DO	AI	AO	备注
1-2	根据设定静压与实测静压偏差比例调节变频器				1	
1-3	送风机启停控制及状态、报警、手动、自动信号	3	1			
2	送风温度控制					
2-1	检测送、回风温度和回风相对湿度 φ			3		
2-2	根据送风实测温度与设定温度偏差，比例调节冷水阀				1	
2-3	冬季预热时，比例调节热水阀以控制回风温度				1	
3	新、排风定风量装置自带控制器进行风量控制，除预冷预热外，与空调器启停联锁					点数归定风量装置控制器
4	空气过滤器淤塞报警 Δp	1				
5	变风量末端装置自带控制器进行室温控制，并与空调箱控制器及 BA 系统联网					点数归变风量末端装置控制器
	合计	4	1	4	3	$\Sigma=12$ 点

注：1. DI、DO 分别为系统 DDC 控制器的数字量输入、输出点；
　　2. AI、AO 分别为系统 DDC 控制器的模拟量输入、输出点。

15.2　变（定）风量末端装置控制

15.2.1　控制内容

变（定）风量末端装置控制原理如图 15-2 所示。

1. 一次风量控制

变（定）风量末端装置通常自行配置 DDC 控制器。DDC 控制器根据室内检测温度与设定温度的偏差比例积分计算出风量设定值，再根据风量设定值与实测值的偏差比例积分调节一次风送风量。依据末端装置类型和空调工况，风量设定值可由表 15-2 所述方法分别确定。

末端装置一次风量控制内容 表 15-2

		供冷阶段	过渡阶段	供热阶段
变风量末端装置	风机动力型	根据室内检测温度与设定温度的偏差比例积分计算出一次风量设定值，再根据风量设定值与实测值的偏差比例积分调节一次风送风量	按设计计算确定的最小一次风量为设定值，再根据风量设定值与实测值的偏差比例积分调节一次风送风量	按设计计算确定的最小一次风量为设定值，再根据风量设定值与实测值的偏差比例积分调节一次风送风量
	单风道单冷型			
	单风道再热型			同上或最大、最小风量设定值可变（第5.2.2节）
	冷热型			根据室温设定值与实测值偏差，比例积分计算出一次风量，再根据风量设定值与实测值偏差比例积分调节一次风送风量（第5.2.3节）
	零最小风量		末端装置达到最小一次风量后关闭调节风阀（第8.2.2节）	
	可关闭型	末端装置不使用时关闭调节风阀（第8.2.2节）		
定风量末端装置		按设计计算确定风量设定值再根据风量设定值与实测值的偏差比例积分调节风量（可再设定）		

2. 再热控制

单风道型末端装置和风机动力型末端装置可选用热水再热和电加热两种再热方式。末端装置 DDC 控制器根据室内温度设定值与实测值的偏差，比例积分调节或双位调节热水加热器，也可单级或多级调节电加热器。

3. 末端装置内置风机控制

末端装置的 DDC 控制器根据风机动力型末端装置类型及运行工况，连锁启停末端装置内置风机：

（1）串联式风机动力型末端装置内置风机连续运行；

（2）并联式风机动力型末端装置内置风机：

1）间歇运行：小风量供冷时或供热时运行，大风量供冷时不运行；

2）连续运行：小风量供冷时或供热时运行，大风量供冷时定速或变速运行。

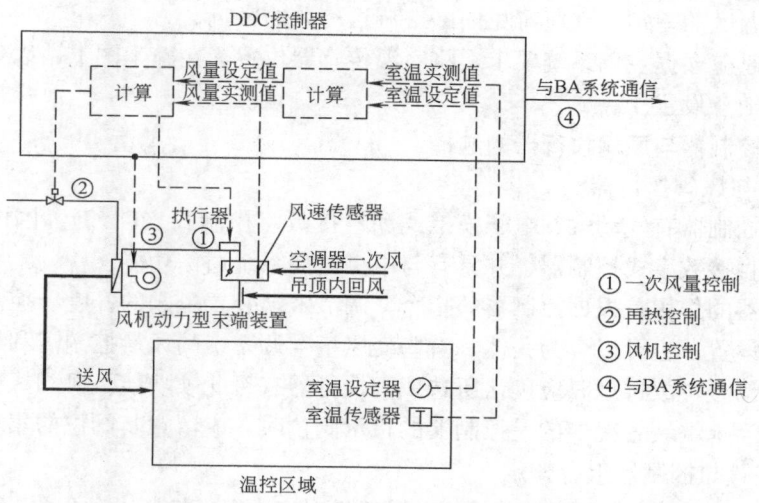

图 15-2　变（定）风量末端装置控制原理

4. 与中央监控系统通信

末端装置的 DDC 控制器根据需要可与中央监控系统实现下列通信：

（1）室内温度检测值与设定值输出，可用于中央监控系统管理；

（2）风量检测值与设定值输出，可用于中央监控系统管理和系统风量控制；

（3）末端装置运行状态输出，可用于中央监控系统管理；

（4）末端装置调节风阀阀位输出，可用于中央监控系统管理和系统风量控制；

（5）室内温度再设定输入，可用于中央监控系统调整室内温度设定值；

（6）末端装置运行状态变更输入，可用于中央监控系统启停末端装置。

15. 2. 2　室温传感器选择与设置

1. 室温传感器选择

室温传感器的功能是检测和设定室内温度，常见有两种形式：

（1）墙置式室温传感器：具有温度显示、设定、启动、操作等功能，能感测空调区空气温度，使用方便、灵活。缺点是易被非专业人员随意拨弄，使控制混乱，价格也较高。它适用于大、中、小型变风量空调系统。

（2）吊平顶式室温传感器：设置在吊平顶回风口上，仅有感温功能，温度设定、末端启停等功能则由 BA 系统统一操作管理，价格较便宜。缺点是只能感应吊平顶回风口处的空气温度而非工作区空气温度；无法显示使用区域的温度；无法就地进行温度设定、启停末端装置等操作。吊平顶式室温传感器适用于管理水平较高的大型变风量空调系统。

2. 室温传感器设置

室温传感器的设置位置对于提高控制质量，防止内、外区冷热混合损失，避免系统误动作十分重要，设置时需注意以下几点：

（1）必须设置在温度控制区内的通风、背阳处，切忌为图室内装修美观而随意设置在非常温控区内，或某个不通风的角落，也应避免受到附近发热体的影响。

（2）室温传感器如设置不当，可能会加剧内、外区冷热混合损失（第 2.3.2 节）。因此，应防止内区室温传感器设置在外区热风侵入处，外区室温传感器设置在内区冷风侵入处或窗边冷气流下降处。设置在吊平顶内回风口处的吊平顶式温控器应注意吊平顶内空气与工作区空气温度的差别，也应避免内区空调送冷风的影响。

（3）设计时应根据空调系统要求，将室温传感器位置标在施工图上，以免被室内装修或控制分包商随意设置。

15.2.3　控制器与风阀执行器的选择

1. 控制器与风阀执行器

末端装置控制器有气动式、电子模拟式和直接数字控制式（DDC）。国内变风量空调系统一般采用直接数字式控制器，并具有与中央监控系统通信功能。

风阀执行器的作用是根据控制器的指令，调节末端装置风阀的开度。控制器与风阀执行器可以分体设置，也可以合为一体。有些变风量空调系统的风量控制需利用末端装置调节风阀的阀位信号，故选型时应确认所选风阀执行器有否此项功能。风阀执行器最好能提供物理阀位，当末端装置提供的是控制器的指示阀位时，应留意其阀位的累积误差。

2. 末端装置与控制器组合整定

压力无关型变风量末端装置风量检测的准确性对室内温度控制十分重要。末端装置风速传感器的自身精度、安装位置，以及 DDC 控制器的气电转换器性能都将影响风量检测准确性。控制器应在末端装置生产厂组合在变风量末端装置上，并经调试整定，作为机电一体化产品送到现场，而不应在现场组装调试。本书第 3.8 节详细介绍了末端装置的整定和测试。

15.2.4　控制要求表

表 15-3 提供了变风量末端装置控制要求，可供设计人员准备技术数据时参考，也便于设计人员与自动控制供应商进行技术沟通。

变风量末端装置控制要求表　　　　　　　　　　　　　　　　　　表 15-3

设备代号：_____		数量：_____		
末端装置形式		□串联式 FPB	□并联式 FPB	□单风道型 VAV　　□其他类型
加热方式	□热水	□双位控制	进/出水温：___/___ ℃	水量_____ kg/h
		□比例控制	流量系数 C_v _____	调节阀口径 D_n _____
	□电热	□双位控制器多级控制	电压_____ V	功率_____ kW
风机运行方式		□连续	□仅加热	□供冷小风量或加热时
		□夜间值班供热	□其他_____	
风速传感器形式		□毕托管	□其他_____	
温感器形式		□墙置式	□吊平顶式	□其他_____

15.2.5　典型末端装置控制原理图

1. 变风量末端装置

典型变风量末端装置控制原理如图 15-3 所示。

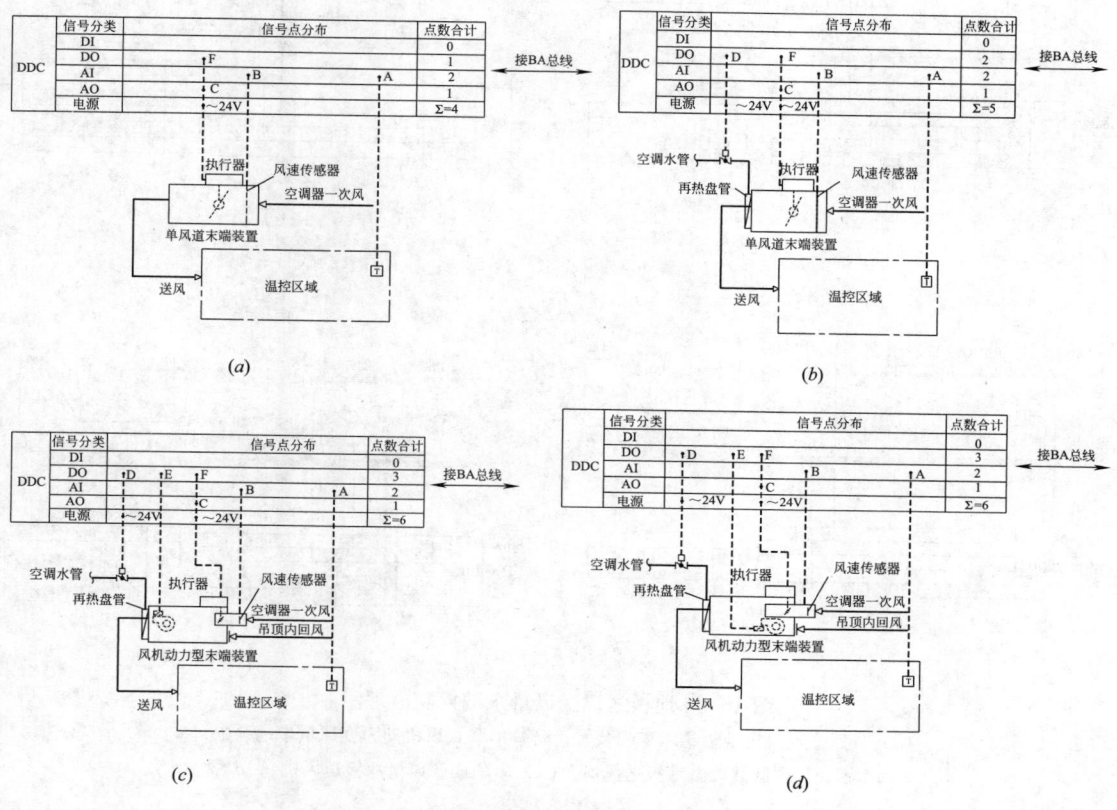

图 15-3　典型变风量末端装置控制原理图

(a) 单冷/冷热型单风道型；(b) 单冷再热型单风道型；(c) 串联式风机动力型；(d) 并联式风机动力型

A—室温检测；B—风量检测；C——次风流量控制；

D—电动调节阀开关控制；E—风机启停控制；F—末端启停控制

2. 地板送风变风量末端装置

地板送风变风量末端装置控制原理如图 15-4 所示。

3. 联网风机盘管机组和循环风机、窗边风机（图 15-5、图 15-6）

（1）风机盘管机组联网控制系统采用 DPSus 分布式并行总线。

（2）与风机盘管机组的交流电机配套，根据房间温度设定值与检测值的偏差双位调节水侧电动调节阀，控制室温。

（3）在水侧双位控制的同时，根据室温偏差调节风机高、中、低三档转速，实现最佳控制和风机节能。

（4）各风机盘管机组可以中央远程操作，实现统一启停、室温设定、风机调速、启停时间和冷热工况切换。

（5）各风机盘管机组可就地操作。

（6）手动冷热切换。

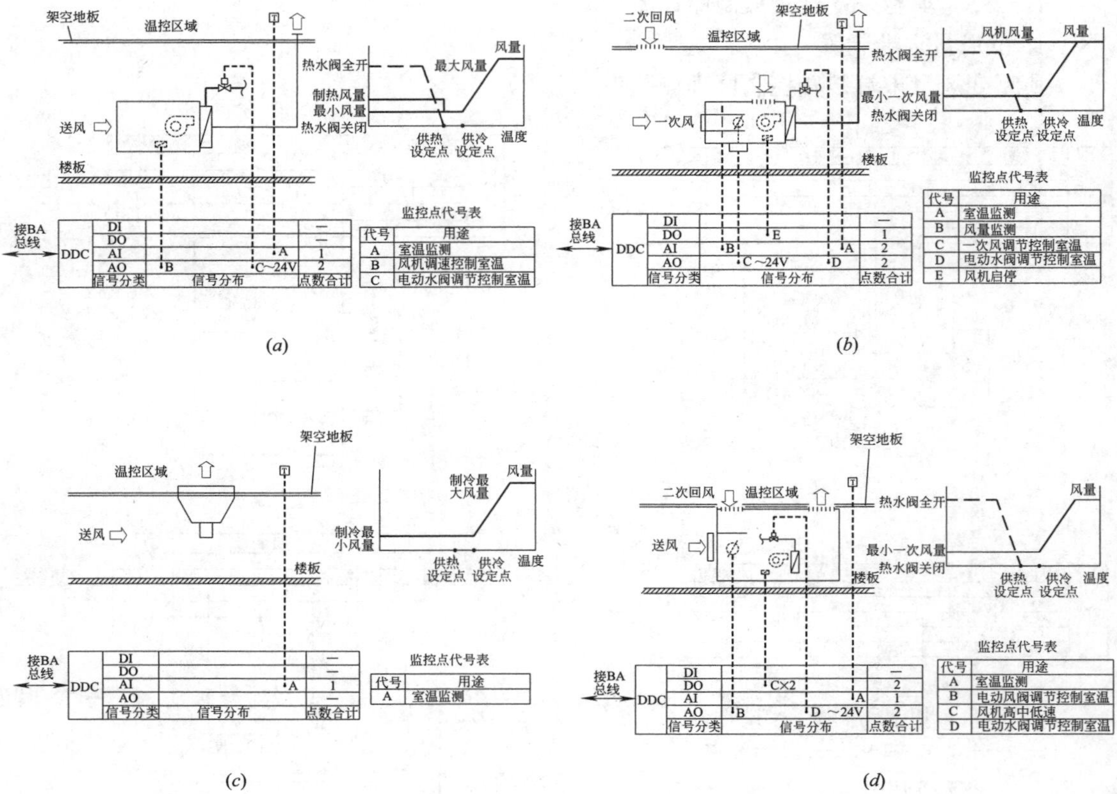

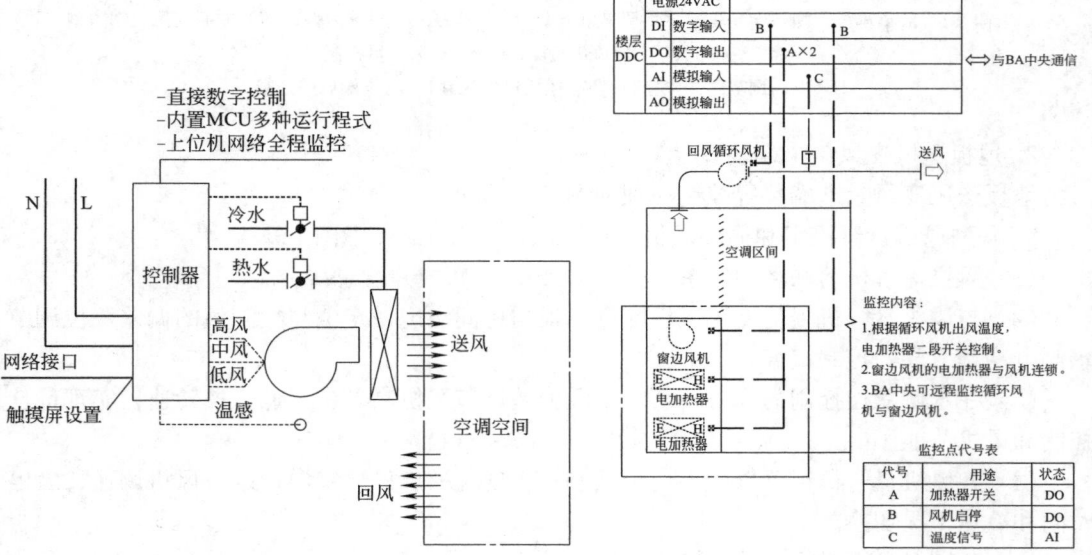

图 15-4　地板送风变风量末端控制原理图

（a）外区变速风机地板送风末端装置；（b）串联式风机动力变风量末端装置；
（c）内区温控型地板送风口；（d）串联式变风量地板送风机

图 15-5　联网风机盘管机组控制原理图　　　　图 15-6　循环风机、窗边风机控制原理

15.3　系统风量控制

空调箱（AHU）的风量控制是变风量空调系统主要的控制内容。当空调区域负荷减小、变风量末端装置一次风量减少时，控制器依照某种系统风量控制方法减小系统风量；反之，当空调区域负荷增加、变风量末端装置一次风量增加时，控制器将增大系统风量。变风量空调系统的风量控制方法主要有：定静压法、变定静压法、总风量法、变静压法。

15.3.1　定静压法

定静压法是变风量空调系统最经典的风量控制方法。

1. 控制原理

定静压法的基本思路是在送风管中的最低静压处设置静压传感器 P（图 15-7），由图 15-8 可见，当各温度控制区的显热负荷减小、变风量末端装置调节风阀调到较小风量时，管道的阻力曲线由 0-1 变化到 0-2，风机工作点由 a 点移动到 b 点。此时风机输出全压为 P_b，而实际需要全压仅为 P_c，超压值为 P_b-P_c，它使 P 点的静压实测值 P_m 远大于设定值 P_s。系统 DDC 控制器根据静压测定值 P_m 与静压设定值 P_s 的差值变频调节风机转速，使风机工作点由 b 点移动到 c 点，风机输出全压由 P_b 下降到 P_c，此时 P 点的静压实测值 P_m 接近设定值 P_s。由于主风管的静压降低，各变风量末端装置在同样的送风量下风阀开度增大，系统管道阻力曲线再由 0-2 变化到 0-5 后稳定下来。风机转速下降，使风机在较小风量时输出全压减小，运行功率也随之减小。根据国外文献记载[1]，当系统静压设定值为总设计静压值的 1/3、系统风量为设计风量的 50% 时，风机运行功率仅为设计功率的 30%。

2. 静压设定点

定静压法的难点在于如何找到稳定、合适的最低静压点，ASHRAE 90.1-2001 提出[1]："除了变定静压控制法外，设计工况下变风量空调系统静压传感器所在位置的设定静压不应大于风机总设计静压的 1/3"。如图 15-7 所示，某系统设计风量下风机静压值为 1000Pa，全压值为 1100Pa，空调器内部阻力为 500Pa，风管系统总阻力为 600Pa。其中，送风管阻力损失为 500Pa，回风管阻力损失为 100Pa；系统设定静压值为 300Pa，采用等摩阻计算法，系统静压设定点应设置在离空调器出口约 1/3 处的主送风管上。

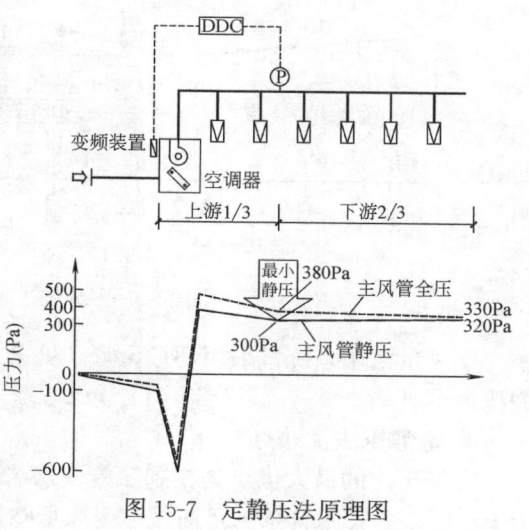

图 15-7　定静压法原理图

---

① 见本章参考文献 [1] 第 47 页。

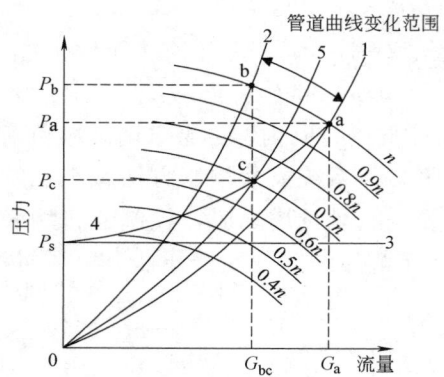

图 15-8 定静压法风量风压分析图

1—末端装置全开时管道曲线；2—末端装置关小时管道曲线；3—P 点静压设定值；4—定静压法控制下的风机工作点轨迹；5—定静压法控制下的瞬时管道曲线；a—设计点；b—末端装置关小，转速不变；c—末端装置关小，定静压调速

静压设定点为设计工况下系统的最低静压点（例如 300Pa），在静压设定点下游，因风速降低、动压减小、静压复得，风管内静压值会略有升高（见图 15-8）。理论上，系统控制保证了最低静压点的静压值就可以保证系统所有末端装置的静压需求。因此，设计时应分析系统在设计工况下的静压分布，确定静压最低点位置与静压设定值。

图 15-9 所示的多分枝系统较复杂：如上午 10：00，东侧空调负荷及送风量较大，静压损失也大，测出的 P_m 为 250Pa。由于该值小于 300Pa，风机转速需增加。而西侧空调负荷及送风量较小，静压损失也小，测出的 P_m 为 350Pa。由于该值大于 300Pa，风机转速需降低。如按西侧 P_m 控制，则东侧的静压值不满足要求。反之，在下午 15：00，西侧的 P_m 为 250Pa，东侧的 P_m 为 350Pa，按东侧 P_m 控制，西侧的静压值同样会不满足要求。因此，需在多分枝送风系统的每一分枝上设静压传感器，取它们中的最小值作为系统静压控制点。

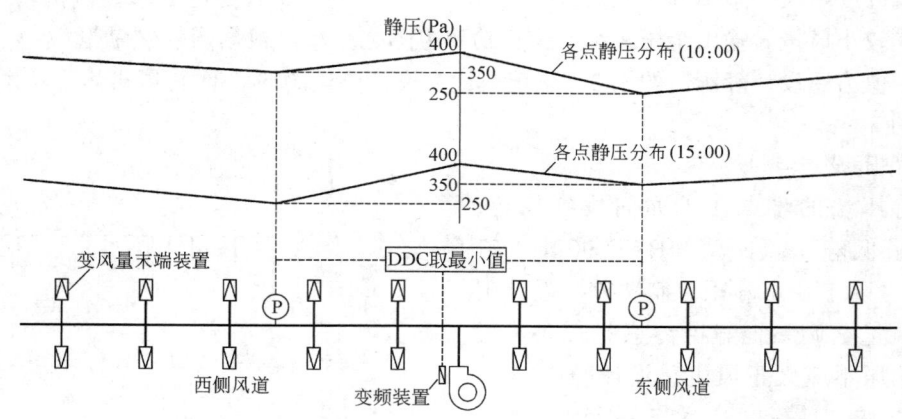

图 15-9 多分枝送风系统控制静压值确定

变风量空调系统常采用环形风管（见第 12.3.1 节），目的就是为了降低和均衡送风管静压。

3. 定静压法优缺点

定静压法的最大优点是控制简单。末端装置风量和系统风量可以分别控制，源自早期无 BA 网络的技术背景。目前很多变风量空调系统仍然采用这种控制方法。定静压法也存在下列缺点：

（1）静压波动影响：如果风机选型、风管系统设计或施工不合理，静压测定值会产生波动，使风机转速不稳定。设计时，应将静压测定点设置在气流稳定的直管段上，避免设置在产生湍流的风管三通、弯头等处。在中、小型系统中，变风量末端装置的风阀调节对静压测定值的稳定影响更大。

（2）静压设定值确定：静压设定值应如何选取？如图 15-10 所示[2]，当静压值小于 150Pa 时，调节风阀即使全开，末端装置也无法送出最大风量，静压设定值必须在 200Pa 以上。但在部分负荷、各末端装置风量减小的情况下，100Pa 静压值可使末端装置送风量达到 60%，150Pa 静压值可使末端装置送风量达到 90%。系统送风量达到 60% 时，如仍保持 300Pa 以上的设定静压值，末端装置一次风调节风阀的开度仅为 10%。风阀在高静压、低开度状态下，不仅使风机运行能耗增加，还会产生啸叫声。较好的办法是使静压值按风量需求自动再设定。

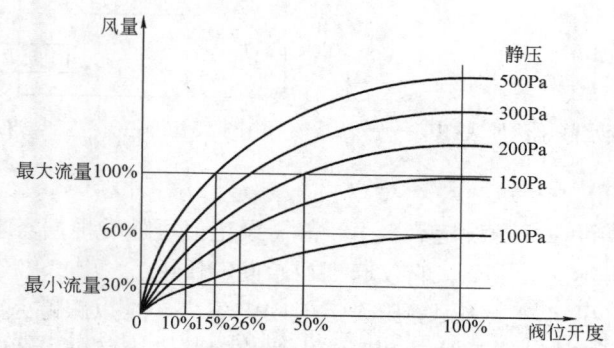

图 15-10 静压设定值对风阀节流范围的影响

15.3.2 变定静压法

为了克服定静压法中静压值不能重新设定的缺点，有些自动控制公司[2] 开发出了变定静压法。

1. 控制原理

ASHRAE 90.1-2001 描述了变定静压法的控制逻辑[1]：根据各独立分区的变风量末端装置控制器提供给中央监控系统的数据，按各分区最大静压需求值重新确定静压设定值。系统静压值尽可能设置得低些，直至某分区的末端装置调节风阀全开。

图 15-11 为变定静压法控制原理图，它与定静压法的区别在于：每个变风量末端装置的控制器将各自末端装置调节风阀的阀位通过控制系统网络传递到空调系统的 DDC 控制器，系统控制器根据图 15-12 描绘的控制逻辑对系统风量进行控制：

（1）确定每个变风量末端装置调节风阀的阀位。

（2）读取各末端装置调节风阀阀位的最大值 POS_{max}。

（3）如果 $POS_{max} > 90\%$，说明在当前系统静压下，具有最大阀位开度 POS_{max} 的末端装置的送风量刚够满足空调区域的负荷需求；如果此时风机转速不是最大，应增大静压设定值（例如 10Pa）。

（4）如果 $POS_{max} < 70\%$，说明在当前系统静压下，最大阀位开度 POS_{max} 太小，其他末端装置调节风阀的阀位则更小。说明系统静压值偏大，可减小静压设定值（例如 10Pa）。

（5）如果 $70\% < POS_{max} < 90\%$，则说明当前系统静压正合适，不需改变系统静压设定值。

---

① 参见本章参考文献［1］第 47 页。

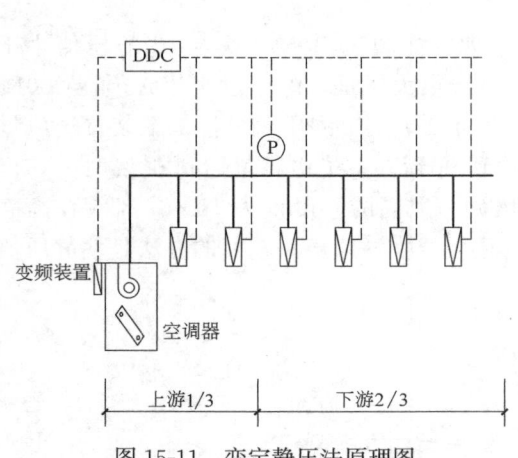

图 15-11　变定静压法原理图

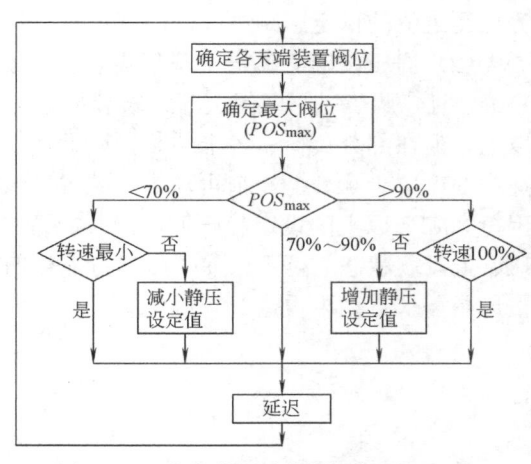

图 15-12　变定静压法控制逻辑图（江森）

2. 静压设定点

变定静压法仍需设置静压设定点。由于静压设定值可随时根据需求重新设定，静压设定值的大小似乎变得不那么重要，它仅起到初始设定作用。

变定静压法弥补了定静压法因静压设定值固定不变，难以跟踪系统静压需求的缺陷。但由于静压传感器还存在，静压波动和风管内湍流问题依然存在，设计人员仍须与自控公司密切配合，妥善处理。

15.3.3　总风量法

为了规避静压测定经常会遇到压力波动和风管内湍流等问题，某些变风量末端装置及自动控制厂商[3] 开发了总风量控制法（简称总风量法）。

1. 基本原理

总风量控制法的基本原理是建立系统设定风量与风机设定转速的函数关系，无需静压测定，用各变风量末端装置需求风量求和值作为系统设定总风量，直接求得风机设定转速，属于前馈控制法。

由图 15-13 可见，如果风管阻力曲线不发生变化，系统每一个设定风量都可通过风管阻力曲线 oad 找到对应的风机设定转速。用直线 ad 代替曲线 ad 可以得到式（15-1）。

$$N_s = N_d \frac{G_s}{G_d} \tag{15-1}$$

式中　N_s、N_d——分别为风机的设定转速和设计转速，r/min；

　　　　G_s、G_d——分别为系统的设定风量和设计风量，kg/s。

实际上，由于末端装置随时在调节风阀，风管阻力曲线也随时在 od 至 oc 间变化，同样一个系统设定风量 G_s 可有多个设定转速 N_s。当末端装置调节风阀的平均开度较小时，风管阻力曲线为 oc，所需风机转速可能是 N_{s2}，采用 N_s 将偏低，不能保证系统的风量需求。如果末端装置风阀的平均开度较大，风管阻力曲线为 ob，所需风机转速可能是 N_{s1}，采用 N_s 将偏高。过高的静压值使末端装置调节风阀关小，节能性较差。有关理论研究认为[4]，可用式 15-2～式（15-4）给出系统需求风量与风机需求转速的关系：

$$N_s = \frac{\sum\limits_{i=1}^{n} G_{si}}{\sum\limits_{i=1}^{n} G_{di}} N_d (1 + \sigma K) \tag{15-2}$$

$$\sigma = \sqrt{\frac{\sum\limits_{i=1}^{n} (R_i - \overline{R})^2}{n(n-1)}} \tag{15-3}$$

$$\overline{R} = \frac{\sum\limits_{i=1}^{n} R_i}{n} \tag{15-4}$$

式中　N_s、N_d——分别为风机设定转速和设计转速，r/min；

$G_{si}G_{di}$——分别为第 i 个末端装置的设定风量和设计的最大风量，kg/s；

σ——所有末端装置相对设定风量的均方差；

R_i——各末端装置的相对设定风量；

$\overline{R}$——各末端装置相对风量 R_i 的平均值；

n——末端装置个数；

K——自适应的整定系数，缺省值为 1.0，可在系统初调试时确定。

其中（$1 + \sigma K$）可以理解为对风管阻力曲线变化的修正。然而，空调系统 DDC 控制器却很难进行如此复杂的计算。

再用图 15-13 分析实际的变风量空调系统：在系统高负荷、大风量时，各变风量末端装置调节风阀的开度通常比较大，风管阻力曲线会比较靠近 od。在系统低负荷、小风量时，各变风量末端装置调节风阀的开度通常比较小，风管阻力曲线较靠近 oe。如以直线 fd 来建立需求风量与设定转速的关系［见式（15-5）］，既能保证风量较大时的设定转速，又能使风量较小时的风机转速不至于过大。

$$N_x = N_d - \frac{N_d - N_f}{G_d - G_f}(G_d - G_x) \tag{15-5}$$

式中　N_d、N_f——分别为系统风机最大、最小转速（设计确定），$\%$；

G_d、G_f——分别为系统最大、最小风量（设计确定），$\%$；

N_x——系统风机设定转速，$\%$；

G_x——系统需求总风量，一般取各变风量末端装置需求风量之和，$\%$。

2. 控制逻辑

图 15-14 为总风量法控制逻辑图，它通过对各变风量末端装置需求风量之和得到系统需求总风量 G_x，再按式（15-5）求得风机设定转速 N_x。

3. 总风量法优缺点

总风量法的优点是利用数据通信优势，直接从末端装置需求风量求取风机设定转速，规避了静压检测与控制中的诸多问题。它较适合风机选型不很恰当、风管系统设计不很合理或施工质量不太高的工程。

总风量法的缺点是控制相对粗糙，尤其当各温度控制区的负荷及末端装置调节风阀的开度差别较大时。如个别末端装置调节风阀的开度已达到 100%，而系统总需求风量还需减小，此时，就会使调节风阀全开的末端装置的风量无法满足要求。

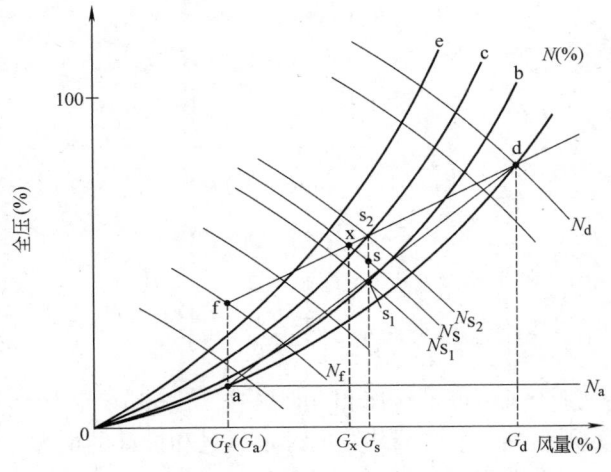

图 15-13　总风量法控制原理分析

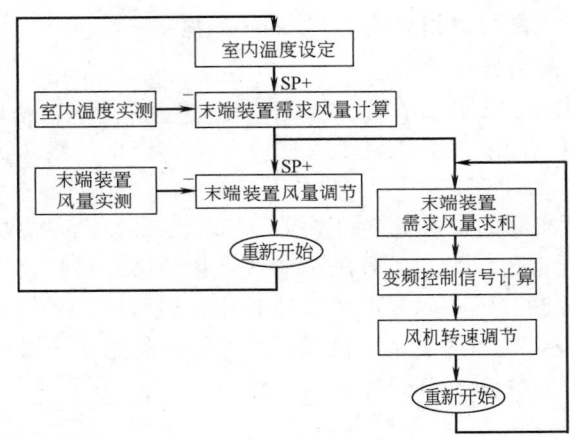

图 15-14　总风量法控制逻辑图（上海大智）

15.3.4　变静压法

变静压法是日本的自控公司[5] 开发的独特的变风量空调系统控制方法，也称为变静压变送风温度控制法，其核心是变静压控制（最小阻力控制）。图 15-15 为该控制方法的原理图，控制过程如下：

（1）由室内实测温度与设定温度的差值计算末端装置设定风量；

（2）由末端装置实测风量与设定风量的差值比例积分调节末端装置风阀，控制末端装置风量；

（3）按各末端装置需求风量之和预设系统风机转速 n_0；

（4）由各末端装置阀位状况微调系统风机转速 Δn；

（5）由系统送风温度、空调区空气温度和末端装置送风量，调整系统送风温度设定值；

（6）由送风温度设定值与实测值之差，比例积分调节冷水盘管水流量，控制送风温度。

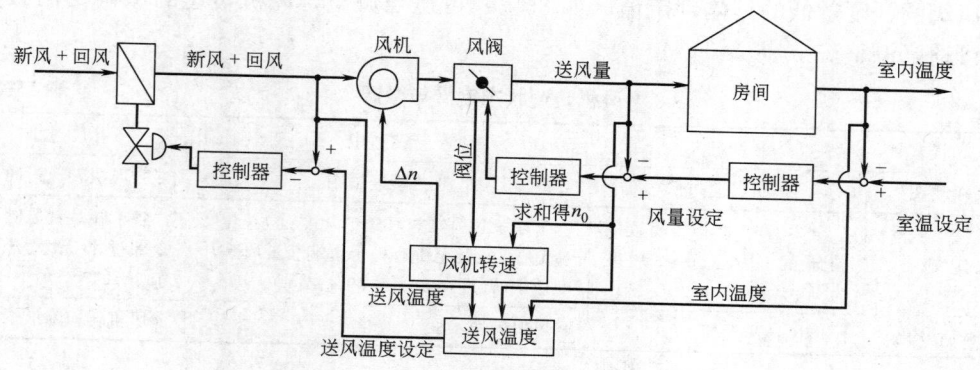

图 15-15　变静压法原理图①

1. 控制原理

BA 系统与每个末端装置控制器联网，读取末端装置需求风量与阀位开度（图 15-16、图 15-17），在末端装置调节风阀全开状况下求得空调器送风量与风机转速对照表。根据各末端装置需求风量累计值 G_0 及空调器送风量与风机转速对照表初步确定转速 n_0（前馈控制量）。

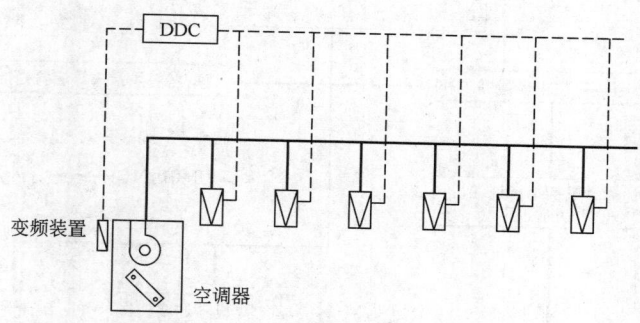

图 15-16　变静压法示意图

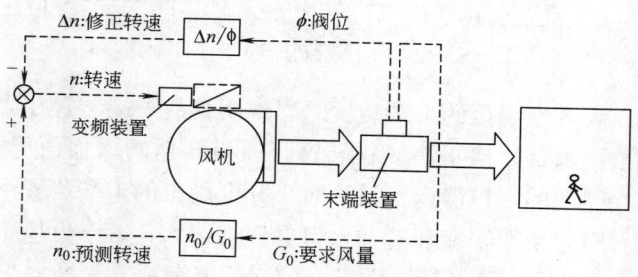

图 15-17　变静压法控制原理图（阿自倍尔）

根据表 15-4 中调节风阀开度定义，系统控制器对各末端装置调节风阀的最大开度阀位进行判别，根据开度过小、开度适中与开度过大三种状态，将风机状态区分为转速过低，转速适中与转速过高，同时相应给出转速微调变化值（反馈控制量）。根据工程情况，

---

① 　参见本章参考文献 [6] 第 363 页。

调节风阀的开度过低的具体判定值（如 85％）可适当调整，风机转速的微调变化值的步长也可适当调整。

风机转速状态定义与微调 表 15-4

风阀状态	开度过大	开度适中	开度过小
风机状态	风机转速过低	风机转速适中	风机转速过高
定义	至少有一个末端装置风阀开度过大（最大开度为100％）	末端装置风阀没有一个开度过大（开度为100％），且至少有一个末端装置风阀开度适中（开度在85％～99％之间）	各末端装置风阀开度全部过小（最大开度小于85％）
微调后变化	风机转速提高	风机转速不变	风机转速降低

图 15-18 所示为另一种变静压法的控制原理，其控制过程如下：

（1）统计变风量空调系统末端装置的开启数量 N，未开启的末端装置不计入内。

（2）读取各末端装置的需求风量并求和，利用厂商提供的风机特性曲线和初调试时获取的风管特性曲线，计算风机初始转速及电机初始频率。

（3）读取各末端装置当前阀位，相应统计出大开度阀位数 H 和小开度阀位数 L。阀位大、小开度的定义可根据系统调试情况确定（如大开度为 90％，小开度为 70％）。

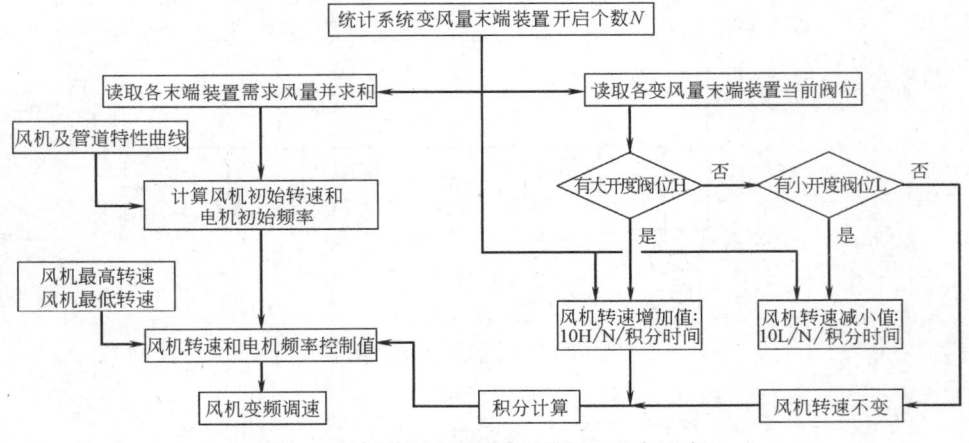

图 15-18 变静压法控制原理图（日本江森）

（4）如系统中有大开度阀位的末端装置时，说明某些末端装置在当前静压下已接近全开，装置送风量无法再增加，应提高风机转速，风机转速的增加值可按式（15-6）计算。为了确保大开度末端装置的入口静压，计算时小开度阀位的末端装置不予考虑。当没有大开度阀位的末端装置时，说明末端装置的入口静压均偏大，宜降低风机转速，风机转速的减小值可按式（15-7）计算。当系统既无大开度阀位末端装置，又无小开度阀位末端装置时，表明风机转速合适，无需调整。

$$\frac{10 \times H}{N \times T} \quad (\%/\text{min}) \tag{15-6}$$

$$\frac{10 \times L}{N \times T} \quad (\%/\text{min}) \tag{15-7}$$

式中 N——开启的变风量末端装置数量；

H——大开度阀位的变风量末端装置数量；

　　L——小开度阀位的变风量末端装置数量；

　　T——积分时间，分钟。

　　如某空调系统开启的变风量末端装置有 10 台，其中 5 台为大开度阀位，若积分时间取 10min，则设定值为（10×5）/（10×10）＝0.5％，即每分钟应增加转速 0.5％。

　　（5）综合系统风机的初始转速、风机转速增加（减小）值以及风机最低（最高）转速等参数，可算出风机转速和电机频率控制值。

　　2. 变静压法优缺点

　　变静压法利用 DDC 数据通信的优势，不仅可累计各末端装置的需求风量，确定风机初始转速，对总风量进行初步控制，而且可根据阀位情况对风机转速进行微调，确保每一个变风量末端装置风量需求。当末端装置的风阀开度较小时，还可不失时机地降低风机转速，实现风机节能运行。这是一种比较节能的系统风量控制方法。

　　由于变静压法依赖阀位反馈信号，系统调试工作量较大，信号采集量多，故较适用于中、小型变风量空调系统。

15.4　送风温度控制

　　早期的变风量空调系统控制"思路"是稳定系统送风温度，根据房间显热负荷的需要调节末端装置送风量。通过比例积分调节空调箱冷（热）盘管水流量控制送风温度。随着变风量空调技术与直接数字式控制技术的发展，又出现了多种变送风温度控制方法。变送风温度控制与变风量控制相结合，使系统在节能、降噪的同时，兼顾到系统送风量，保证室内气流分布与换气性能。

15.4.1　高低负荷法

　　高低负荷法[2]对系统风量、负荷状态的定义是：风机较长时间在最低频率下运行为低负荷状态，风机较长时间在最高频率下运行为高负荷状态，其他情况下为正常负荷状态。在正常负荷状态下，系统可按变定静压法控制。图 15-19 所示为高低负荷的判定方法、转换条件和相应的控制方法。

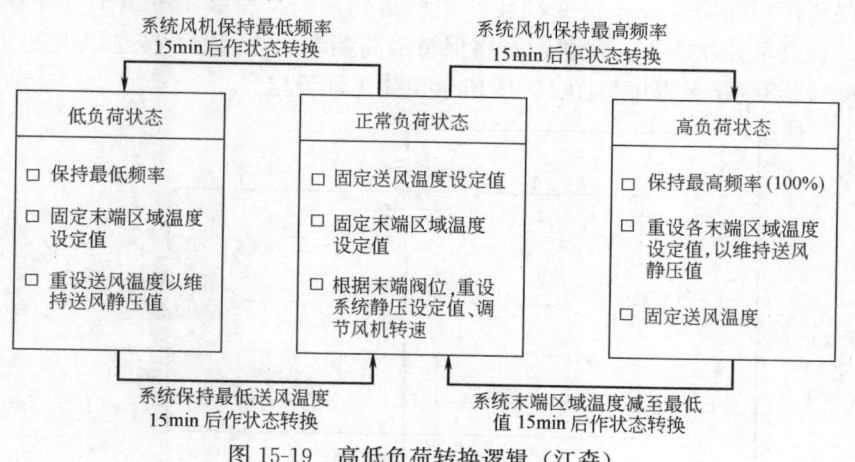

图 15-19　高低负荷转换逻辑（江森）

　　1. 低负荷状态

　　在正常负荷状态下，当系统负荷持续减小、风机变频装置频率达到最低（如 40％）

且持续 15min 时，系统就进入低负荷状态。在低负荷状态下，风机将保持最低转速，各温度控制区温度也维持不变，系统送风温度将按图 15-20 所示规律重新设定。

（1）系统静压传感器每 5min 检测一次系统静压值 SP_A，并计算其与最小静压设定值的比值 SP_A/SP_{min}。

（2）当 $SP_A/SP_{min} < 0.9$ 时，说明由于空调负荷增加、末端装置调节风阀开大、装置送风量增大与压力降减小。此时若系统送风温度未达到最小值，可降低温度设定值 0.1℃。

（3）当 $SP_A/SP_{min} > 1.1$ 时，说明由于空调负荷减小、末端装置调节风阀关小、装置送风量减小与压力降增大。此时若系统送风温度未达到最大值，可提高温度设定值 0.1℃。

（4）如送风温度达到最小值并持续 15min，说明空调负荷增加，系统将回到正常负荷状态。

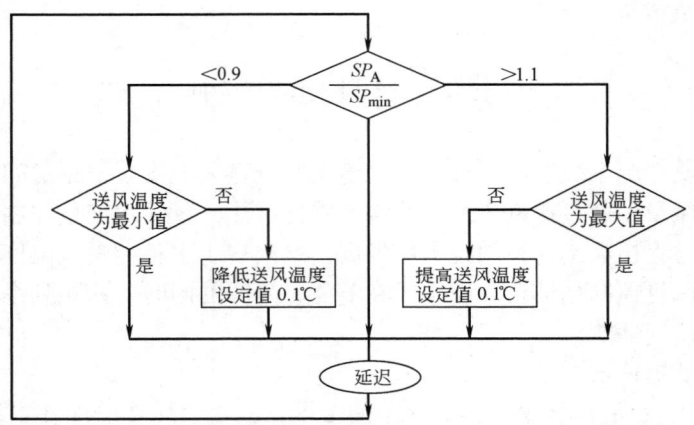

图 15-20　低负荷状态变送风温度控制逻辑（江森）

2. 高负荷状态

当空调负荷不断增大，风机变频装置频率达到最高且持续 15min 时，系统便进入高负荷状态。在高负荷状态下，风机运行将保持最高频率，并固定系统送风温度（一般为设计送风温度），系统送风温度按图 15-21 所示规律重新设定。

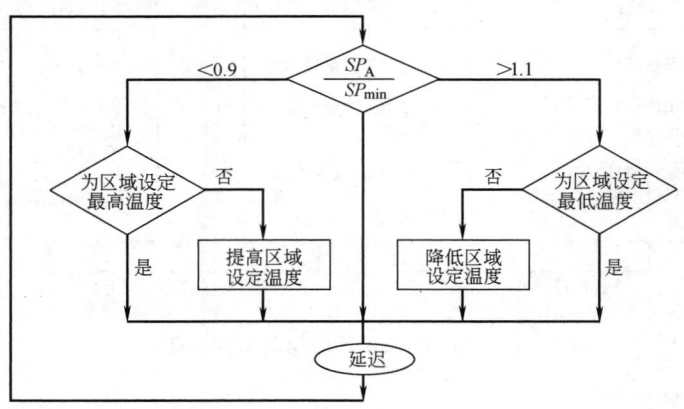

图 15-21　高负荷状态变区域温度控制逻辑（江森）

（1）静压传感器检测系统静压值 SP_A，并计算其与静压最小设定值之比 SP_A/SP_{min}。

（2）当 $SP_A/SP_{min}<0.9$ 时，说明由于空调负荷增加、末端装置调节风阀开大、装置送风量增大与压力降减小。此时风机转速最高，送风温度最低，系统供冷能力已到极限。如区域设定温度在允许范围内未达到最高值，可适当提高室内设定温度。

（3）当 $SP_A/SP_{min}>1.1$ 时，说明由于空调负荷减小、末端装置调节风阀关小，装置送风量减小与压力降增大。此时若区域设定温度处于允许范围内，且未达到最低值，可适当降低室内设定温度。

（4）区域温度再设定值可根据服务区域有所不同（表15-5）。

（5）如果室内区域温度降至最低值，且持续15min，则系统便回到正常负荷状态。

变风量末端装置区域温度再设定值　　　　　　　　　　　表 **15-5**

服务区域	变风量末端装置区域温度再设定值
小办公室	区域温度不变(高优先级)
内区	每次温度再设定提高/降低 0.1℃(中优先级)
大厅/走廊	每次温度再设定提高/降低 0.2℃(低优先级)

15.4.2　最大负荷法

采用最大负荷法求得送风温度最优设定值的控制逻辑见图15-22。

（1）读取各末端装置需求风量，计算各末端装置负荷率 $G=$ 要求风量/最大风量。

（2）选出其中最大负荷率 G_{max}，按图15-18分别计算出舒适优先和节能优先两种送风温度重置值 T_R。

（3）按式（15-8）计算送风温度设定修正值 t_R。

$$t_R=\frac{T_R}{T}\quad(℃/min)\tag{15-8}$$

式中　t_R——送风温度设定修正值，℃/min；

　　　T_R——送风温度重置值，℃；

　　　T——积分时间，min。

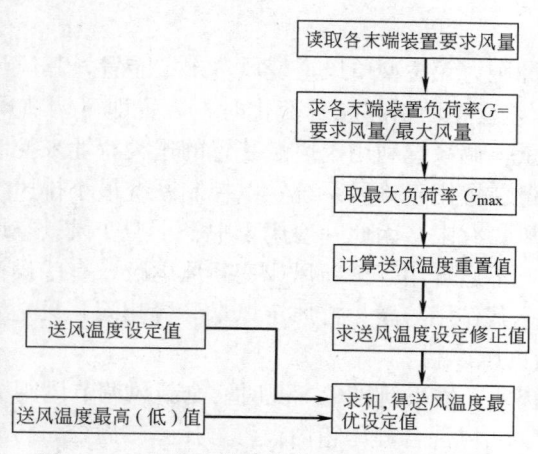

图 15-22　最大负荷法优化送风温度控制逻辑

例如，某末端装置最大负荷率为 $G_{max}=0.6$，重置值 $T_R=+5℃$，积分时间10min，则 $t_R=5/10=0.5$（℃/min）。

（4）各末端装置均具有不参与送风温度再设定功能，可将不希望计入送风温度计算的末端装置排除在外。

15.5 新 风 控 制

15.5.1 最小新风量控制

定风量空调系统最小新风量控制比较简单，仅需手动调节新风阀与回风阀的开度，满足系统最小新风量需求。这是因为定风量空调系统运行中风量固定不变，故新回风混合点压力也不变，保证了新风量稳定。而变风量空调系统则不然，运行中系统送、回风量在变化。由图 15-23 可见，当回风量减少时由于回风阻力减小，新、回风混合点（C 点）的负压值也随之减小。反之，系统送回风量增加时，新、回风混合点的负压值则会增大。新、回风混合点负压值的变化必然引起系统新风量的变化。因此，变风量空调系统必须进行最小新风量自动控制。

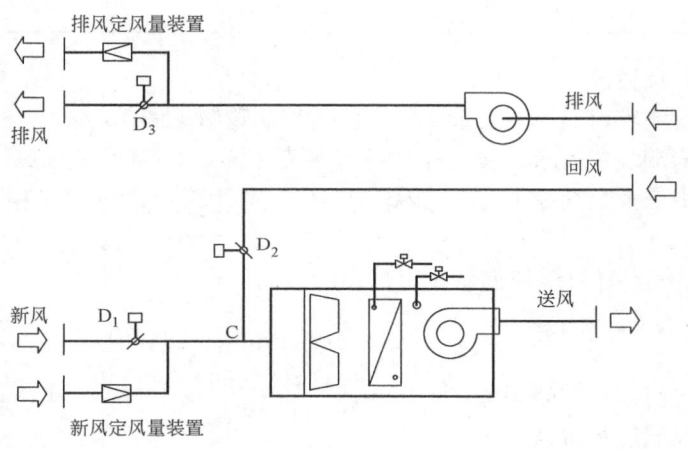

图 15-23 新排风定风量装置控制

1. 定风量装置控制

定风量装置也是一种压力无关型单风道变风量末端装置，其风量设定值固定（也可再设定），当装置前后因压差变化而引起风量变化时，装置即可调节风阀开度补偿，使流经装置的风量恒定。变风量空调系统利用定风量装置的这种特性来控制并保证系统最小新风量。很多场合还将定风量装置用于排风系统，以控制系统最小排风量。

定风量装置的额定风量有限，因此一般用于中、小型变风量空调系统，其作用也仅限于最小新、排风量控制，不适合用于全新风或变新风运行。有些设计人员在新、排风管上设置流量计和调节风阀，其作用与新、排风定风量装置相同，只是安装、调试较麻烦。

2. 新、回风混合箱负压控制

在图 15-24 中，系统处于最小新风量工况时，全新风调节风阀关闭，新、排风阀开启并作适当初调节。在新、回风混合静压箱内设置静压差传感器，传感器以室外空气的静压值为零点。系统变风量运行时，如风量增加或减少会使混合静压箱内的负压值增加（或减小），系统新风量也随之增加（或减少）。系统控制器如果自动调节回风阀开度，就可以维持新回风混合静压箱内的负压值（如－75Pa）。新、回风混合箱压差控制法比较适合大、

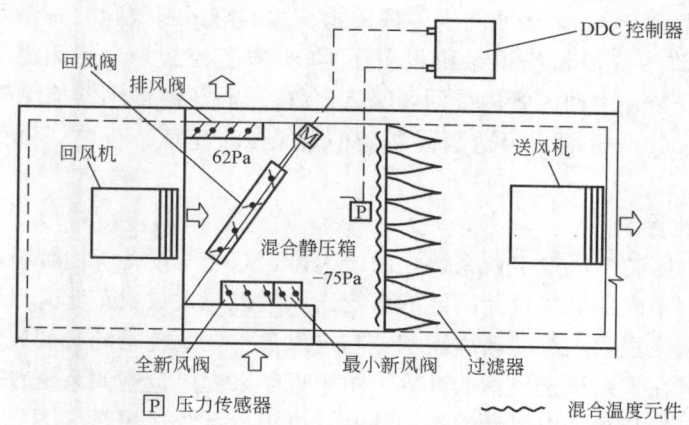

图 15-24　新回风混合箱压力控制①

中型变风量空调系统。

3. 新风管设计

在图 15-23 与图 15-24 中，最小新风管（阀）或定风量末端与全（变）新风管（阀）分别设置。因为最小新风量与全新风量相差甚大，若仅采用新风定风量装置，就难以满足系统全新风输送要求；即使按全新风量要求设置新风管（阀）或定风量末端，当系统在最小新风量工况下，流速也将低于 3m/s，无法满足风速测量精度，也不适合最小新风时的风量调节。

15.5.2　最小新风量设定值

最小新风量设定值一般是系统设计的最小新风量。如空调房间内人员减少，从节能考虑，能否减小最小新风量设定值？如可以，则如何减小？

1. CO_2 浓度控制

CO_2 并不是室内唯一的污染源，室内人员产生的 CO_2 只是与人体排泄物相关的污染物浓度的指示剂。如室内人员减少，CO_2 浓度会降低，它提供给控制系统的信息是系统最小新风量可适当减少。这种根据 CO_2 浓度适当减小最小新风量设定值，能满足空调房间卫生要求的污染物浓度控制称为需求新风控制（DVC），也称为 CO_2 浓度控制。

在需求新风控制系统中，有两种传感器用作指示器：

（1）空气质量传感器，也称为挥发性有机物（VOC）或混合气体传感器。与 CO_2 传感器相比，空气质量传感器能感应不同成分的混合气体，且价格便宜，不需较多维护。

（2）CO_2 传感器，它仅控制和显示室内空气中的 CO_2 浓度。CO_2 传感器具有如下优点：

1）CO_2 浓度直接反映了使用区域人体污染物浓度；

2）室外新风中 CO_2 浓度一般比较稳定，300～350ppm，每人 CO_2 排放量一般为 0.3L/min，因此，当新风量已知，检测出排风中的 CO_2 浓度可直接估算出系统所服务的人员数量。

ASHRAE 62-2001 建议②："在仅用稀释通风来控制室内空气品质的房间中，室内外

①　参见本章参考文献 [7] 图 23-4。

②　参见本章参考文献 [8] 第 6.2.1 节。

CO_2 浓度差不大于 700ppm，表明与人体挥发物有关的舒适（气味）标准可认为是令人满意的"。近年来，许多变风量空调系统设置了 CO_2 浓度控制。为了测得平均 CO_2 浓度，CO_2 传感器一般安装在主回风管内或回风吸入口处。当 CO_2 传感器检测到室内平均 CO_2 浓度高于设定值 1000ppm 时，可适当提高最小新风量设定值；反之，则保持或降低最小新风量设定值。

2. 固定新风比控制

对于服务于内区的变风量空调系统，由于人体、灯光、设备等内部显热负荷通常与室内人数成正比，故由内部显热负荷决定的系统送风量也与人数成正比。只要保证系统固定的新风比，就能满足室内人员的新风需求。与定风量空调系统不同，变风量空调系统固定新风比控制的关键在于系统送风量的计算。由于近年来变风量空调系统普遍采用了网络通信，利用变风量末端装置需求风量的累加计算，可求得系统送风量。图 15-25 为固定新风比控制的控制逻辑图。综合各变风量末端装置的开启状态和送风量比（送风量/最大风量）可以求得系统的总送风量，并按式（15-11）求得系统最小新风量设定值。

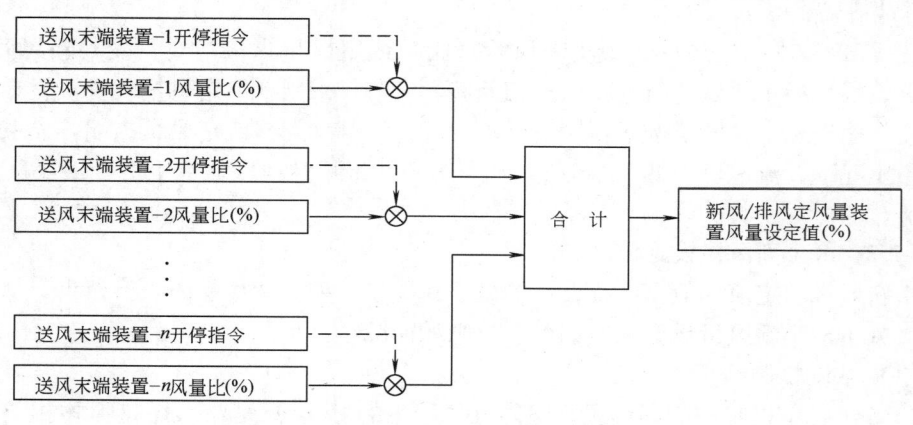

图 15-25 固定新风比控制逻辑图

$$G_o = X_c \times G_s \tag{15-9}$$

式中　G_o——系统最小新风量设定值，kg/s；

　　　X_c——系统设计新风比；

　　　G_s——系统送风量（由各末端装置需求风量累计），kg/s。

15.6　变风量空调箱控制示例

本节汇总了各类变风量空调系统空调箱的控制示例，表 15-6 为控制原理图监控点代号表。

15.6.1　集中新、排风式单风机变风量空调系统

集中新、排风式单风机变风量空调系统多用于高层办公楼塔楼标准层。单风道单冷型和单风道再热型系统、风机动力型系统及组合式单风道系统适用于全年供冷方式。不定新风控制简单；系统定新风可以保证系统新风量；末端定新风可以保证区域新风量。可变新风型可用于非夏季的自然冷却供能。

控制原理图监控点代号表　　　　　　　　　**表 15-6**

代号	监控点	类型	代号	监控点	类型
A	电动风阀比例调节控制信号	AO	K	变频器故障状态信号	DI
B	压差检测信号	AI	L	变频器启停控制信号	DO
C	室内外压差检测信号	AI	M	变频器频率反馈信号	AI
D	静压检测信号	AI	N	变频器频率控制信号	AO
E	相对湿度检测信号	AI	O	水过滤器压差报警信号	DI
F	温度检测信号	AI	P	水侧电动调节阀控制信号	AO
G	工作状态信号	DI	Q	空气过滤器压差报警信号	DI
H	故障状态信号	DI	R	CO_2 浓度检测信号	DI
I	手/自动状态信号	DI	S	加湿器控制信号	DO
J	启停控制信号	DO	T	电动风阀双位调节控制信号	DO

1. 集中新、排风式不定新风型单风机系统

该系统控制原理如图 15-26 所示。

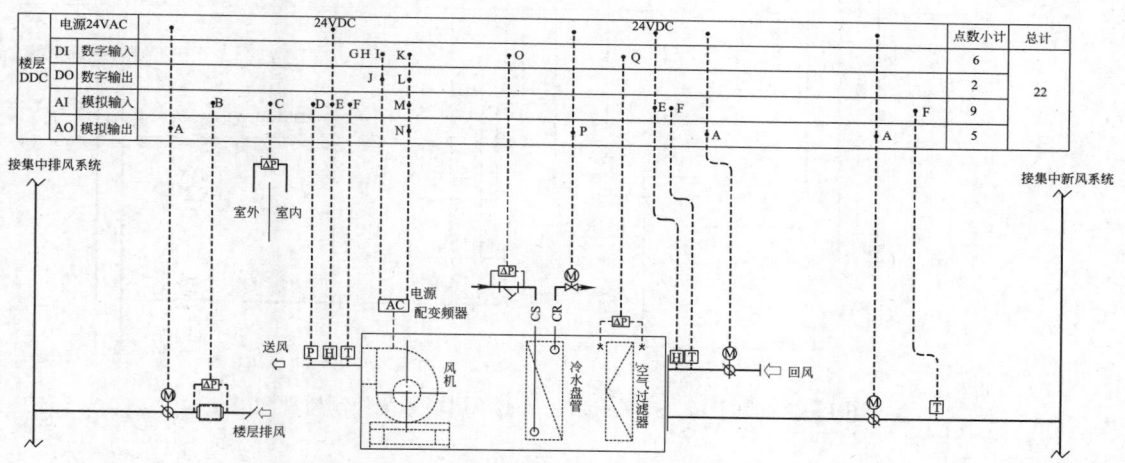

图 15-26　集中新、排风式不定新风型单风机系统控制原理图

（1）根据送风温度偏差，比例积分调节冷水盘管回水电动调节阀，控制送风温度。

（2）根据变风量空调系统风量控制方法（定静压、变定静压、总风量或变静压法），比例积分调节变频器频率，控制系统风量。

（3）根据室内外压差偏差比例积分计算排风量设定值，通过排风消声器检测压差并计算出实际排风量，再根据二者偏差比例积分调节排风量。

（4）根据运行时间表或中央监控系统指令，自动或远程启停空调系统。

（5）检测送、回、新风温度，送、回风相对湿度及送风静压值。

（6）水侧电动调节阀、风侧电动调节阀与风机连锁。

（7）风机、变频器、空气过滤器、水过滤器监视报警。

（8）DDC 控制器与中央监控系统通信。

2. 集中新、排风式定新风型单风机系统

该系统控制原理如图 15-27 所示。

（1）根据送风温度偏差，比例积分调节冷水盘管回水电动调节阀，控制送风温度。

（2）根据变风量空调系统风量控制方法（定静压、变定静压、总风量或变静压法），比例积分调节变频器频率，控制系统风量。

（3）系统新、排风定风量装置（CAV）自带 DDC 控制器，控制系统新、排风量。可根据 CO_2 浓度检测值与设定值偏差，比例积分调整新、排风量设定值；中央监控系统可远程实现新、排风定风量装置的设定和启停。

（4）根据运行时间表或中央监控系统指令，自动或远程启停空调系统。

（5）检测送、回、新风温度，送、回风相对湿度及送风静压值。

（6）新、排风定风量装置（CAV）、水侧电动调节阀与风机连锁。

（7）风机、变频器、空气过滤器、水过滤器监视报警。

（8）DDC 控制器与中央监控系统通信。

楼层 DDC	电源 24VAC		24VDC				24VDC				点数小计	总计
DI 数字输入			G H I K		O		Q				6	18
DO 数字输出			J L								2	
AI 模拟输入		D E F	M			E F		R		F	8	
AO 模拟输出			N		P						2	

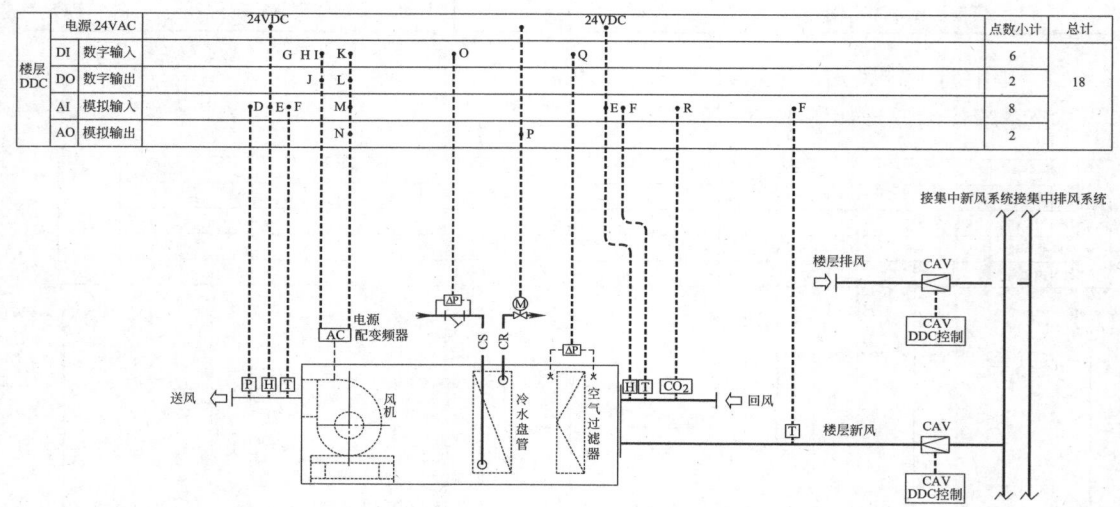

图 15-27　集中新、排风式定新风型单风机系统控制原理图

3. 集中新、排风式末端定新风型单风机系统

该系统控制原理如图 15-28 所示。

（1）根据送风温度偏差，比例积分调节冷水盘管回水电动调节阀，控制送风温度。

（2）根据变风量空调系统风量控制方法（定静压、变定静压、总风量或变静压法），比例积分调节变频器频率，控制系统风量。

（3）各温度控制区设末端新风定风量装置（CAV）自带 DDC 控制器，控制区域新风量；累计各区域新风量得到系统新风量，其 90% 为系统排风量设定值，通过排风消声器检测压差并计算出实际排风量，再根据二者偏差比例积分调节排风量；中央监控系统可远程实现新风定风量装置的设定和启停。

（4）根据运行时间表或中央监控系统指令，自动或远程启停空调系统。

（5）检测送、回、新风温度，送、回风相对湿度及送风静压值。

（6）新、排风定风量装置（CAV）、水侧电动调节阀、风侧电动调节阀与风机连锁。

（7）风机、变频器、空气过滤器、水过滤器监视报警。

（8）DDC 控制器与中央监控系统通信。

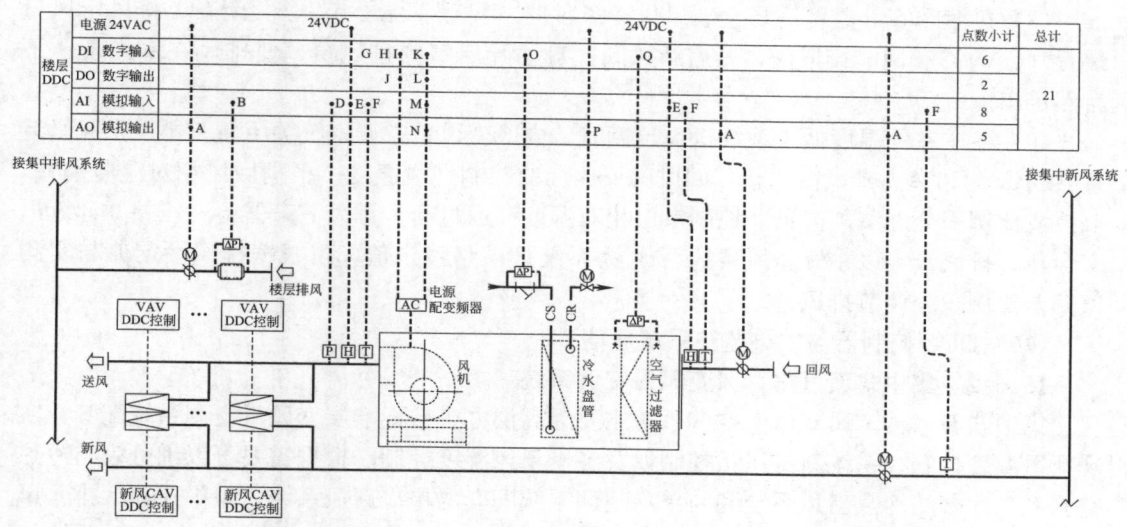

图 15-28　集中新、排风式末端定新风型单风机系统控制原理图

4. 集中新、排风式可变新风型单风机系统

该系统控制原理如图 15-29 所示。

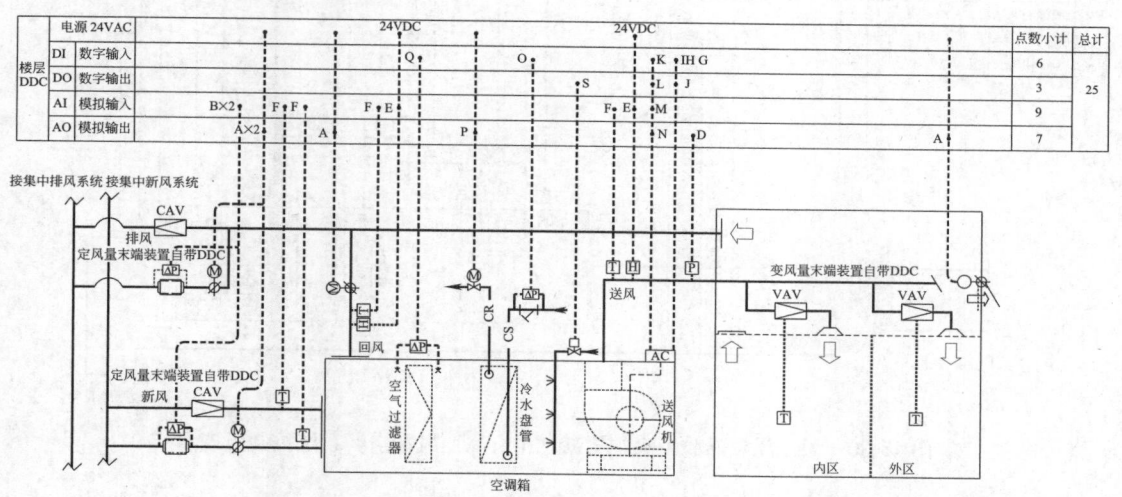

图 15-29　集中新、排风式可变新风型单风机系统控制原理图

（1）根据送风温度偏差，比例积分调节冷水盘管回水电动调节阀，控制送风温度。

（2）根据变风量空调系统风量控制方法（定静压、变定静压、总风量或变静压法），比例积分调节变频器频率，控制系统风量。

（3）系统新、排风定风量装置（CAV）自带 DDC 控制器，控制系统新、排风量；中央监控系统可远程实现新、排风定风量装置的设定和启停。

（4）根据运行时间表或中央监控系统指令，自动或远程启停空调系统。

（5）检测送、回、新风温度，送、回风相对湿度及送风静压值。

（6）新、排风定风量装置（CAV）、水侧电动调节阀、风侧电动调节阀与风机连锁。

（7）风机、变频器、空气过滤器、水过滤器监视报警。

（8）过渡季室外温度满足全新风供冷条件时（见第 7.3.2 节），关闭新、排风定风量装置（CAV）和回、排风阀，开启新风阀，自动开启室内排风窗，使排风在室内正压下自然排出。

（9）冬季室外温度低于系统送风温度时，内区变风量空调系统关闭新、排风定风量装置（CAV）和室内排风窗，新、回风阀反比调节控制送风温度；根据回风相对湿度偏差，双位或比例积分调节加湿量，控制室内相对湿度；通过新、排风消声器检测压差并计算出实际新、排风量，以系统新风量的 90％为系统排风量设定值，再根据排风设定值与实测值偏差比例积分调节排风量。

（10）DDC 控制器与中央监控系统通信。

15.6.2 集中式新（排）风变风量空调系统

集中式新（排）风变风量空调系统主要为高层办公楼标准层变风量空调系统配套，实现新风温度控制、系统新排风量控制以及冬季新风湿度控制。根据需要可以细分为与冷热空调系统配套的冷热新风系统和与单冷空调系统配套的单冷新风系统。集中式新（排）风变风量空调系统中无排风热回收型控制简单（图 15-30），带排风热回收型节能性较好（图 15-31）。

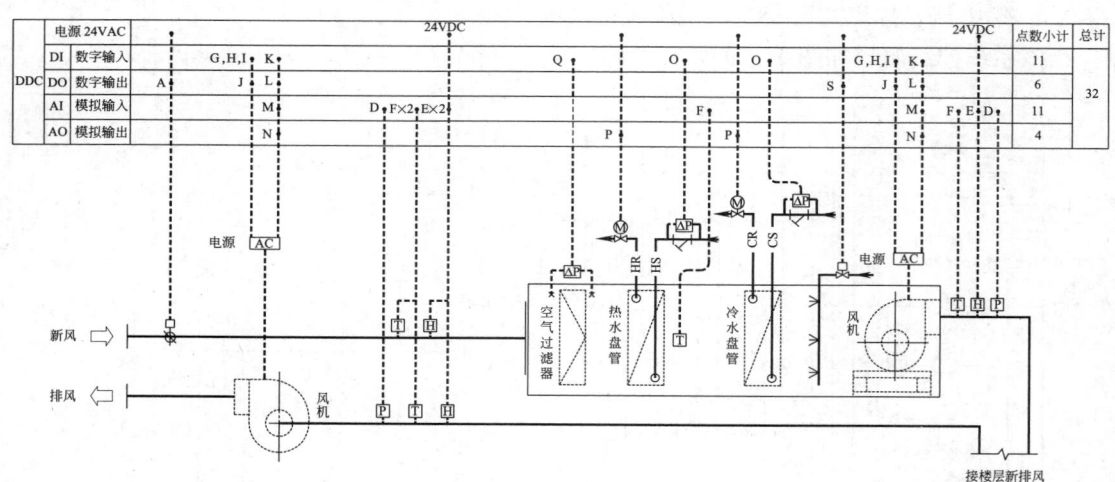

图 15-30　无排风热回收型集中式新（排）风变风量空调系统控制原理图

1. 无排风热回收型集中式新（排）风系统

（1）夏季、春秋季，根据送风温度偏差，比例积分调节冷水盘管回水电动调节阀，控制系统新风送风温度。

（2）冬季，单冷新风系统根据新风预热温度偏差、冷热新风系统根据新风送风温度偏差比例积分调节热水盘管回水电动调节阀，控制系统新风送风温度；同时，根据送风相对湿度偏差，双位或比例积分调节加湿量，控制送风相对湿度（双位调节适用于电极式、超声波、湿膜及高压喷雾加湿器，比例积分调节适用于蒸汽加湿器）。

（3）标准层系统新、排风定风量装置（CAV）自带 DDC 控制器与本系统控制器实现新（排）风量、定风量装置等数据通信；中央监控系统可远程实现标准层新、排风定风量装置的设定和启停。

（4）根据变风量空调系统风量控制方法（定静压、变定静压、总风量或变静压法），

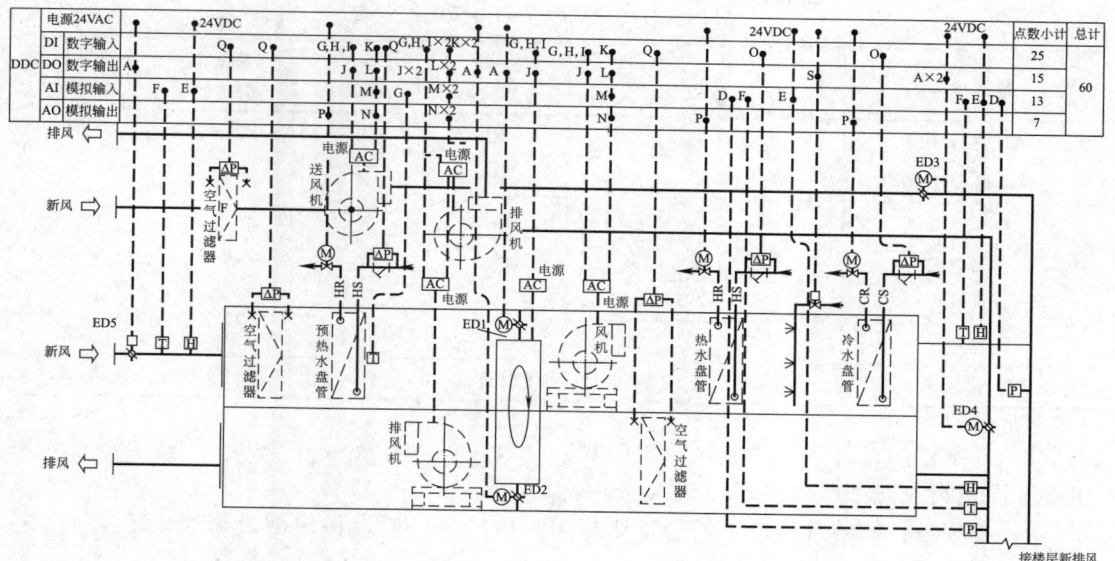

图 15-31 排风热回收型集中式新（排）风变风量空调系统控制原理图

比例积分调节变频器频率，控制集中新、排风系统风量。

（5）根据运行时间表或中央监控系统指令，自动或远程启停空调系统。

（6）检测送、排、新风温度和相对湿度及送、排风静压值。

（7）排风机、水侧电动调节阀、加湿电动控制阀、风侧电动调节阀与送风机连锁。

（8）风机、变频器、空气过滤器、水过滤器监视报警。

（9）热水盘管出风温度防冻监视报警，若低于 3℃，关闭新风阀，全开热水盘管电动调节阀。

（10）DDC 控制器与中央监控系统通信。

2. 排风热回收型集中式新（排）风系统

（1）根据送风温度偏差，比例积分调节冷水或热水盘管回水电动调节阀，控制系统送风温度。

（2）冬季预热控制：根据新风预热温度偏差，比例积分调节预热盘管回水电动调节阀，控制系统新风预热温度（如，5℃）。

（3）冬季加湿控制：根据送风相对湿度偏差，双位或比例积分调节加湿量，控制送风相对湿度（如，80%；双位调节适用于电极式、超声波、湿膜及高压喷雾加湿器，比例积分调节适用于蒸汽加湿器）。

（4）标准层系统新、排风定风量装置（CAV）自带 DDC 控制器与新风空调箱控制器实现新（排）风量、定风量装置等数据通信；中央监控系统可远程实现标准层新、排风定风量装置的设定和启停。

（5）根据变风量系统风量控制方法（定静压、变定静压、总风量或变静压法），比例积分调节变频器频率，控制集中新、排风系统风量。

（6）排风热回收转轮启停及切换风阀控制（表 15-7），分为单冷系统的热回收供冷、热回收旁通供冷、预热加湿供冷三种工况；冷热系统的热回收供冷、热回收旁通供冷、热回收旁通供热、热回收供热及热回收预热加湿供热五种工况（见第 7.4.4 节）：

排风热回收转轮启停及切换风阀控制表 表 15-7

控制对象	热回收供冷	热回收旁通供冷	热回收旁通供热	热回收供热	预热加湿供冷	热回收预热加湿供热
热回收转轮	开	关	关	开	关	开
旁通风阀 ED1、ED2	关	开	开	关	开	关
冷水盘管	调节	调节或关	关	关	关	关
预热盘管	关	关	关	关	调节	调节
热水盘管	关	关	关	调节或关	关	调节
加湿器	关	关	关	调节或关	调节或关	调节
送、排风机	变频调速	变频调速	变频调速	变频调速	变频调速	变频调速

1）夏季，当室外温度符合排风热回收供冷条件时（见第 7.4.3 节，下同），按热回收供冷工况运行（热回收→冷却→送风）；

2）春秋季，当室外温度不符合排风热回收供冷条件时，按热回收旁通供冷工况运行（热回收旁通→冷却或不冷却→送风）；

3）冬季，单冷新风系统室外温度 t_e 高于预热温度时，按上述热回收旁通供冷工况运行（送风）；室外温度 t_e 低于预热温度时，按预热加湿供冷工况运行（预热→热回收旁通→加湿→送风）；

4）冬季，当室外温度不符合排风热回收供热条件时，冷热新风系统按热回收旁通供热工况运行（热回收旁通→送风）；

5）冬季，当室外温度符合排风热回收供热条件且室外温度高于预热温度时，冷热新风系统按热回收供热工况运行（热回收→加热或不加热→加湿不加湿→送风）；

6）冬季，当室外温度符合排风热回收供热条件且室外温度低于预热温度时，冷热新风系统按热回收预热加湿供热工况运行（预热→热回收→加热→加湿→送风）。

（7）根据运行时间表或中央监控系统指令，自动或远程启停空调系统。

（8）检测送、排、新风温度和相对湿度及送、排风静压值。

（9）排风机、热回收旁通风阀 ED1、ED2、水侧电动调节阀、加湿电动控制阀、风阀 ED5 与送风机连锁。

（10）风机、变频器、空气过滤器、水过滤器监视报警。

（11）预热水盘管出风温度防冻监视报警，若低于 3℃，关闭新风阀，全开预热水盘管电动调节阀。

（12）DDC 控制器与中央监控系统通信。

15.6.3 就地新、排风式变风量空调系统

就地新、排风式变风量空调系统适用于可以直接从外围护结构进排风的裙房或塔楼标准层。单风道冷热型适用于全年夏冷冬热方式；系统不定新风控制简单，系统定新风可以保证系统新风量；排风热回收方式有利于冬夏季节能；可变新风型可用于非夏季的自然冷却供能，但冬季需要增加加湿措施及其控制；双风机系统还可采用二次回风方式。

1. 就地新、排风式系统不定新风型单风机系统

该系统控制原理如图 15-32 所示。

（1）根据送风温度偏差，比例积分调节冷、热水盘管回水电动调节阀，控制送风

温度。

（2）根据变风量空调系统风量控制方法（定静压、变定静压、总风量或变静压法），比例积分调节变频器频率，控制系统风量。

（3）根据室内外压差偏差比例积分计算排风量设定值，通过排风消声器检测压差并计算出实际排风量，再根据二者偏差比例积分调节排风量。

（4）根据运行时间表或中央监控系统指令，自动或远程启停空调系统。

（5）检测送、回、新风温度，送、回风相对湿度及送风静压值。

（6）排风机、水侧电动调节阀、风侧电动调节阀与送风机连锁。

（7）风机、变频器、空气过滤器、水过滤器监视报警。

（8）DDC 控制器与中央监控系统通信。

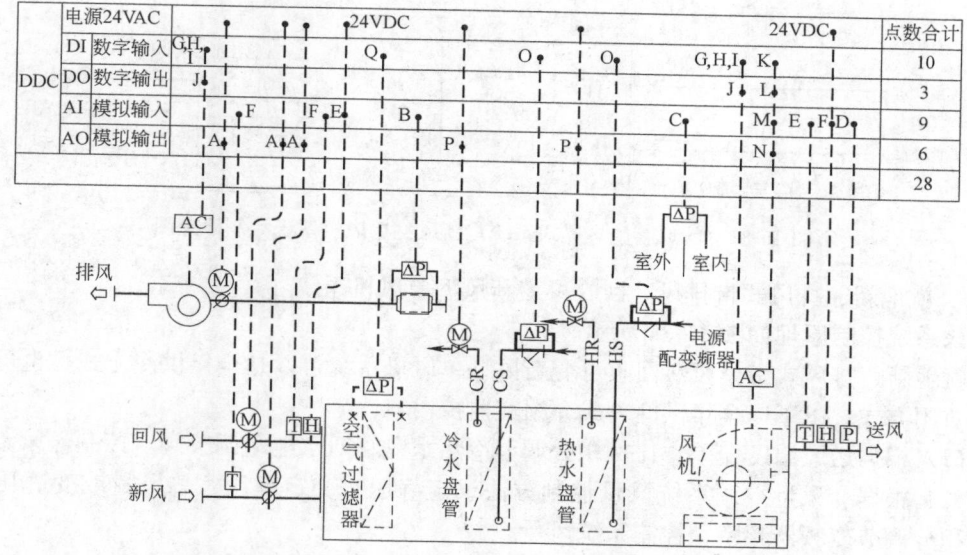

图 15-32　就地新、排风式系统不定新风型单风机系统控制原理图

2. 就地新、排风式系统定新风型单风机系统

该系统控制原理如图 15-33 所示。

（1）根据送风温度偏差，比例积分调节冷热水盘管回水电动调节阀，控制送风温度。

（2）根据变风量空调系统风量控制方法（定静压、变定静压、总风量或变静压法），比例积分调节变频器频率，控制系统风量。

（3）系统新、排风定风量装置（CAV）自带 DDC 控制器，控制系统新、排风量；可根据 CO_2 浓度检测值与设定值偏差，比例积分调整新、排风量设定值；中央监控系统可远程实现新、排风定风量装置的设定和启停。

（4）根据运行时间表或中央监控系统指令，自动或远程启停空调系统。

（5）检测送、回、新风温度，送、回风相对湿度及送风静压值。

（6）排风机、新、排风定风量装置（CAV）、水侧电动调节阀、风侧电动调节阀与送风机连锁。

（7）风机、变频器、空气过滤器、水过滤器监视报警。

（8）DDC 控制器与中央监控系统通信。

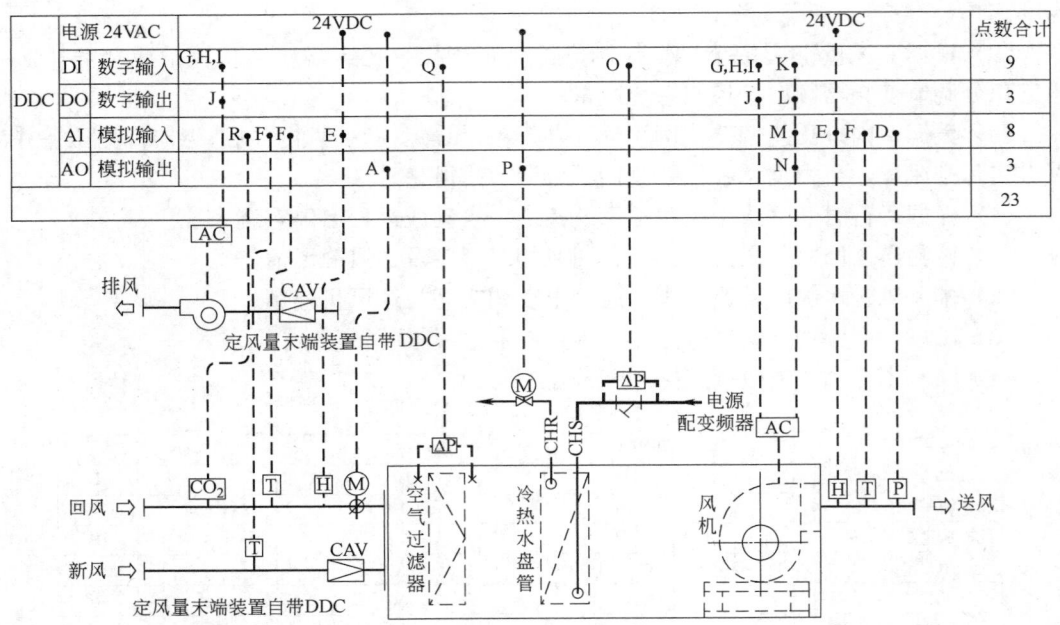

DDC	电源 24VAC		24VDC				24VDC		点数合计
DI 数字输入		G,H,I	Q		O	G,H,I K			9
DO 数字输出		J				J L			3
AI 模拟输入		R F F E				M E F D			8
AO 模拟输出			A	P		N			3
									23

图 15-33　就地新、排风式系统定新风型单风机系统控制原理图

3. 就地新、排风式带排风热回收可变新风型单风机系统

该系统控制原理如图 15-34 所示。

就地新、排风式带排风热回收可变新风型单风机系统可以是全年供冷方式，也可以是冷热兼用方式，以下以全年供冷方式介绍其监控内容：

（1）根据送风温度偏差，比例积分调节冷热水盘管回水电动调节阀，控制送风温度。

（2）根据变风量空调系统风量控制方法（定静压、变定静压、总风量或变静压法），比例积分调节变频器频率，控制系统风量。

（3）最小新排风热回收及热回收旁通工况：

1）夏季，当室外温度符合排风热回收条件时（见第 7.4.3 节，下同），按排风热回收工况运行，关闭全热交换器旁通阀 D_4、D_5（热回收→新回风混合→冷却→送风）；否则按热回收旁通工况运行，开启 D_4 D_5（热回收旁通→新回风混合→冷却→送风）；

2）系统新、排风定风量装置（CAV）自带 DDC 控制器，控制冬夏季系统最小新、排风量；中央监控系统可远程实现新、排风定风量装置的设定和启停。

（4）全新风供冷工况：

1）春秋季，当室外比焓低于室内排风比焓时（相当于室外温度 t_e 在潮湿地区低于 18℃、适中地区低于 21℃、干燥地区低于 24℃，详见第 7.3.2 节，下同），进入全新风供冷工况（全新风→冷却→送风）：

2）关闭新、排风定风量装置（CAV）、回风阀 D_2 和全热交换器旁通阀 D_4、D_5；开启排风机及新、排风阀 D_1、D_3，根据送风温度偏差，比例积分调节冷水盘管回水电动调节阀，控制送风温度。

（5）变新风加湿供冷工况：冬季，当室外温度低于系统送风温度时，关闭新、排风定风量装置（CAV），新、回风阀 D_1、D_2 反比例调节，控制送风温度。根据回风相对湿度偏差，双位或比例积分调节加湿量，控制室内相对湿度。当室外温度符合新风预热条件

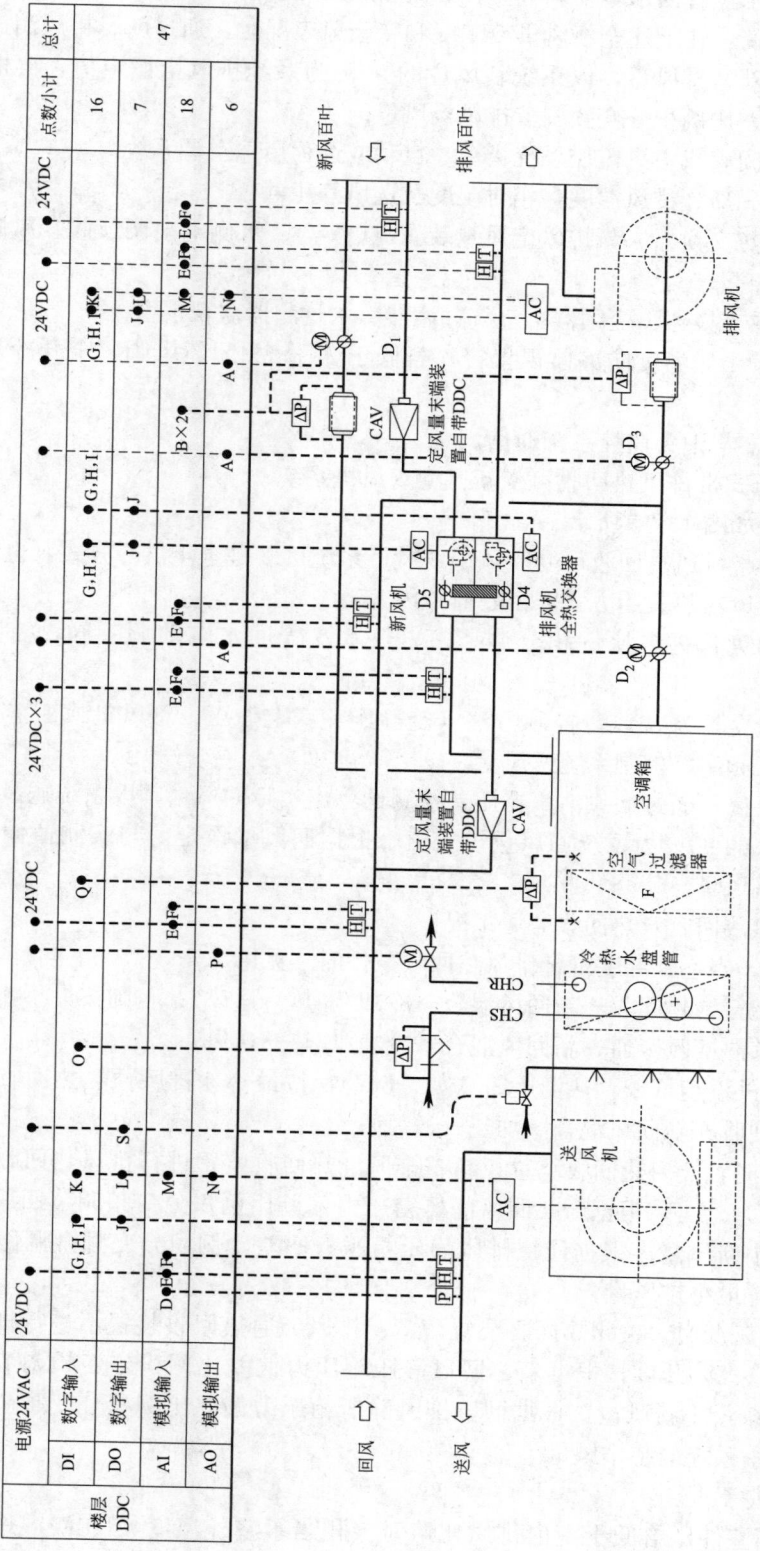

图 15-34 就地新、排风式带排风热回收可变新风型单风机系统控制原理图

时，比例积分调节热水盘管回水电动调节阀，控制新风预热温度。

（6）新排风量平衡：在上述全新风供冷工况和变新风工况时，通过新、排风消声器检测压差并计算出实际新、排风量，以系统新风量的 90％ 为系统排风量设定值，再根据排风设定值与实测值偏差比例积分变频调节排风机风量。

（7）根据运行时间表或中央监控系统指令，自动或远程启停空调系统。

（8）检测送、回、新、排风温度，相对湿度及送风静压值。

（9）排风机、全热交换器、新排风定风量装置（CAV）、水侧电动调节阀、风侧电动调节阀与送风机连锁。

（10）风机、全热交换器、变频器、空气过滤器、水过滤器监视报警。

（11）冷热水盘管出风温度防冻监视报警，若低于 3℃，关闭新风阀，全开冷热水盘管电动调节阀。

（12）DDC 控制器与中央监控系统通信。

4. 就地新、排风式带排风热回收可变新风型双风机系统

该系统控制原理如图 15-35 所示。

就地新、排风式带排风热回收可变新风型双风机系统可以是全年供冷方式，也可以是冷热兼用方式，以下以冷热兼用方式介绍其监控内容：

（1）根据送风温度偏差，比例积分调节冷、热水盘管回水电动调节阀，控制送风温度。

（2）根据变风量空调系统风量控制方法（定静压、变定静压、总风量或变静压法），比例积分调节变频器频率，控制系统送风量。

（3）送回风量平衡：通过回风消声器压差检测计算出实际回风量，以系统送风量（系统末端风量累计值）的 95％ 为系统回风量设定值，根据回风量设定值与实测值偏差比例积分变频调节回风机风量。

（4）最小新排风热回收及热回收旁通工况：

1）夏季或冬季，当室外温度符合排风热回收条件时（见第 7.4.3 节，下同），按最小新排风热回收工况运行（热回收→新回风混合→冷却/加热→送风）；否则按最小新排风热回收旁通工况运行（热回收旁通→新回风混合→冷却/加热→送风）；

2）冬季，当室外温度低于预热温度时（如，5℃），按最小新排风预热热回收工况运行（新风预热→热回收→新回风混合→加热→送风）；

3）热回收工况时，开启热回收装置，新、排风经热回收装置进行排风热回收。关闭热回收装置旁通阀 D_1、D_3，根据新、回风静压箱压力偏差比例积分变频调节回风阀 D_2，控制冬夏季系统最小新风量。根据回、排风静压箱压力偏差比例积分变频微调回风机风量，控制冬夏季系统最小排风量；

4）热回收旁通工况时，关闭热回收装置，新、排风旁通热回收装置不进行排风热回收。固定旁通阀 D_1、D_3 开度，根据新、回风静压箱压力偏差比例积分变频调节回风阀 D_2，控制冬夏季系统最小新风量。根据回、排风静压箱压力偏差比例积分变频微调回风机风量，控制冬夏季系统最小排风量。

（5）全新风供冷工况：

1）过渡季，当室外比焓低于室内排风比焓时（相当于室外温度 t_e 在潮湿地区低于 18℃、适中地区低于 21℃、干燥地区低于 24℃，详见第 7.3.2 节），系统进入全新风供冷

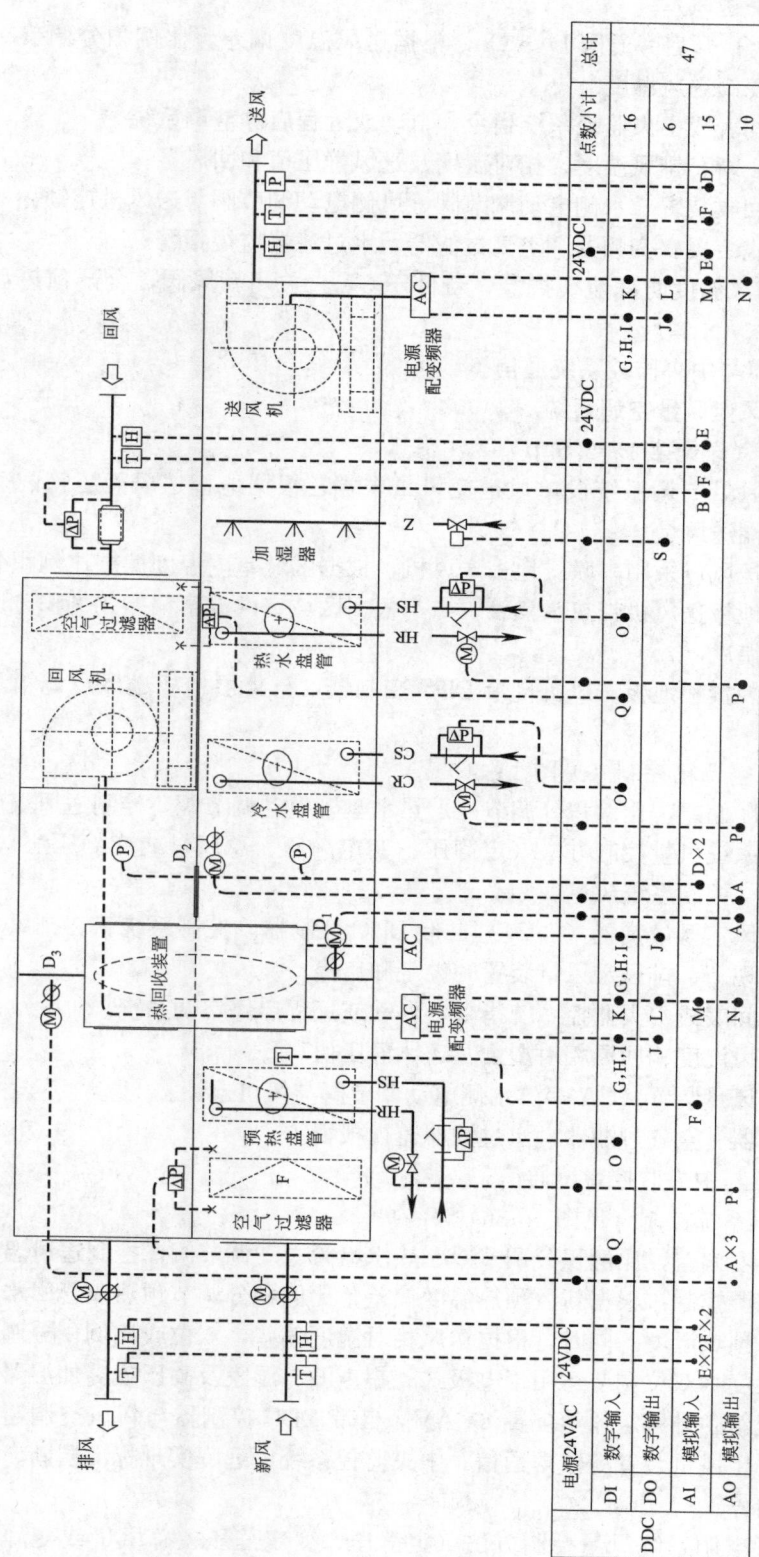

图 15-35　就地式带排风热回收可变新风型双风机控制原理图

工况（全新风→冷却→送风）；

2）关闭回风阀 D_2；开启旁通阀 D_1、D_3，根据送风温度偏差，比例积分调节冷水盘管回水电动调节阀，控制送风温度。

（6）根据运行时间表或中央监控系统指令，自动或远程启停空调系统。

（7）检测送、回、新、排风温度，相对湿度及送风静压值和回风量。

（8）回风机、热回收装置、水侧电动调节阀、风侧电动调节阀与送风机连锁。

（9）风机、热回收装置、变频器、空气过滤器、水过滤器监视报警。

（10）预热盘管出风温度防冻监视报警，若低于3℃，关闭新风阀，全开预热盘管电动调节阀。

（11）DDC 控制器与中央监控系统通信。

15.6.4 地板送风变风量空调系统

1. 室内末端控制（详见第 15.2.5 节）

（1）地板送风变风量空调系统设单风道变风量末端，根据地板送风静压箱内静压偏差，比例积分调节末端送风量。

（2）内外区地板送风口采用串联式地板送风机，根据区域室内温度偏差比例积分调节送风量。外区串联式地板送风机带热水盘管，冬季根据区域室内温度偏差比例积分调节电动调节阀，控制室内温度。

（3）变风量末端装置和地板送风机自带 DDC 控制器，与楼层地板送风空调箱及与中央监控系统通信。

2. 楼层地板送风空调箱控制（见图 15-36）

（1）根据送风温度偏差，比例积分调节冷、热水盘管电动调节阀，控制送风温度。

（2）根据变风量系统风量控制方法（定静压、变定静压、总风量或变静压法），比例积分调节变频器频率，控制系统风量。

（3）系统新、排风定风量装置（CAV）自带 DDC 控制器，控制系统新、排风量。中央监控系统可远程实现新、排风定风量装置的设定和启停。

（4）根据运行时间表或中央监控系统指令，自动或远程启停空调系统。

（5）检测送、回风温度、回风相对湿度及送风静压值。

（6）新、排风定风量装置（CAV）、水侧电动调节阀与风机连锁。

（7）风机、变频器、空气过滤器、水过滤器监视报警。

（8）DDC 控制器与中央监控系统通信。

3. 集中式新排风系统控制（见图 15-36）

（1）根据送风温度偏差，比例积分调节冷、热水盘管电动调节阀，控制送风温度。

（2）冬季预热加湿控制：根据新风预热温度偏差，比例积分调节预热盘管回水电动调节阀，控制系统新风预热温度。同时，根据送风相对湿度偏差，双位或比例积分调节加湿量，控制送风相对湿度（双位调节适用于电极式、超声波、湿膜及高压喷雾加湿器）。

（3）标准层系统新、排风定风量装置（CAV）自带 DDC 控制器与新风空调箱控制器实现新（排）风量、定风量装置等数据通信。中央监控系统可远程实现标准层新、排风定风量装置的设定和启停。

（4）根据变风量空调系统风量控制方法（定静压、变定静压、总风量或变静压法），比例积分调节变频器频率，控制集中新、排风系统风量。

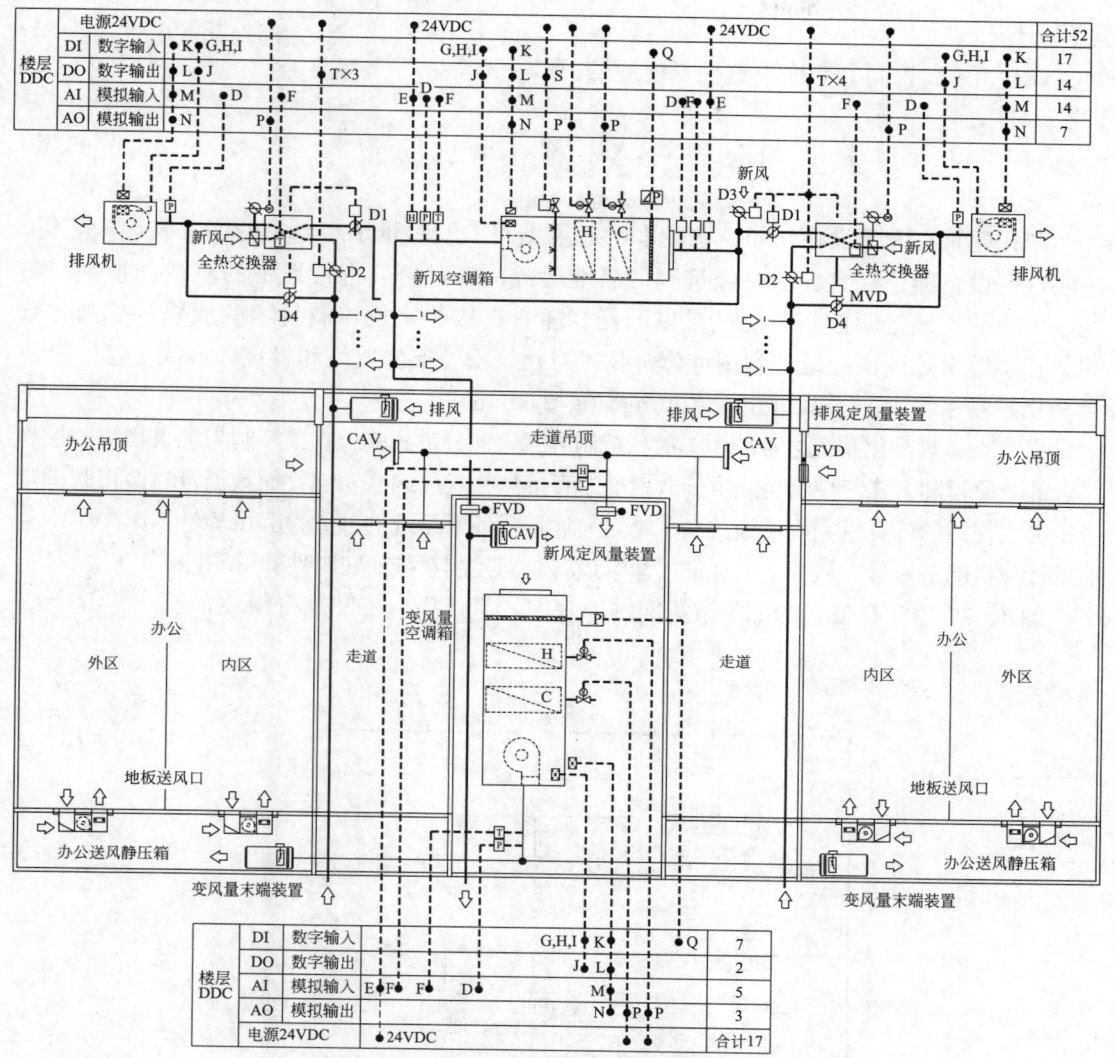

图 15-36　地板送风变风量空调系统控制原理图

（5）全热交换器启停及切换风阀控制：

1）夏季或冬季，当室外温度符合排风热回收条件时（见第 7.4.3 节），按夏季或冬季热回收工况运行（热回收→冷却/加热→送风）；否则按热回收旁通工况运行（热回收旁通→冷却/加热→送风）；

2）冬季，当室外温度低于预热温度时（如，5℃），按最小新排风预热热回收加热加湿工况运行（新风预热→热回收→加热→加湿→送风）；

3）热回收工况时，开启全热交换器、新排风阀 D_1、D_2，关闭新排风旁通阀 D_3、D_4；热回收旁通工况时，关闭全热交换器、新排风阀 D_1、D_2，开启新排风旁通阀 D_3、D_4。

（6）根据运行时间表或中央监控系统指令，自动或远程启停空调系统。

（7）检测送、新风温度和相对湿度及送、排风静压值。

（8）排风机、切换风阀 D1～D4、水侧电动调节阀、加湿电动控制阀与送风机连锁。

（9）风机、变频器、空气过滤器、水过滤器监视报警。

（10）热水盘管出风温度防冻监视报警，若低于 3℃，关闭新风阀，全开热水盘管电动调节阀。

（11）DDC 控制器与中央监控系统通信。

15.7 BAS 网络系统简介

现代建筑有大量设备，如空调冷水、通风供暖、给水排水、电力照明、安保消防等。为使这些设备能长期、安全、经济、可靠地运行，需对它们进行严密的监视和控制。对此，传统的就地自动控制系统已难以胜任。随着直接数字式控制技术的成熟，美国、欧洲、日本等发达国家和地区利用计算机技术对建筑设备实施监控和管理，形成了楼宇设备自动化控制系统 BAS（Building Automation System）。

楼宇设备自动化系统通常采用集散型控制方式，即分散式就地直接控制与中央集中监控相结合的分层控制方式。控制功能由分散就地的直接数字式控制器实现，而数据资料监视管理则由中央工作站的计算机完成。集散型系统大大加强了各子系统的独立性和可靠性，减少了中央监控计算机的工作量，从根本上保证了建筑设备自动控制系统的实时性和可靠性。

图 15-37 为江森公司的 BA 系统网络原理图，系统由以下几部分组成：

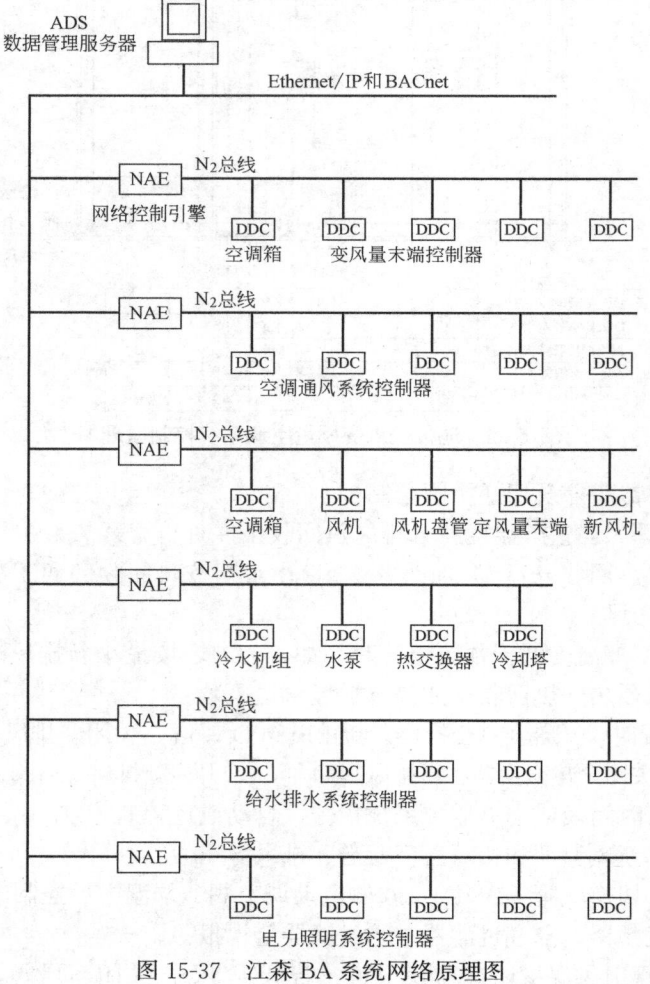

图 15-37 江森 BA 系统网络原理图

（1）ADS 数据管理服务器（中央操作站）：它是第一级，由个人电脑显示器、打印机等组成，运行系统软件并管理整个系统。

（2）网络控制引擎 NAE：它是第二级，其主要功能是实现网络匹配和信息传递，且有总线控制，I/O 控制功能。操作站级以高速通信方式与次一级网络控制引擎进行信息交换。

（3）现场直接数字控制器 DDC：它是第三级，其主要功能是接收各机电设备上的传感器、检测器发送的信息；按 DDC 内部预先设置的参数和执行程序，自动实施对相应设备监控，随时接受操作站发出的指令信息，调整参数或有关执行程序，改变对相应设备的监控要求。网络控制引擎与 DDC 控制器之间可通过 N2 总线 RS485 或 LON 方式进行通信。

图 15-38 为霍尼威尔公司的 BA 系统网络原理图，系统由下面几部分组成：

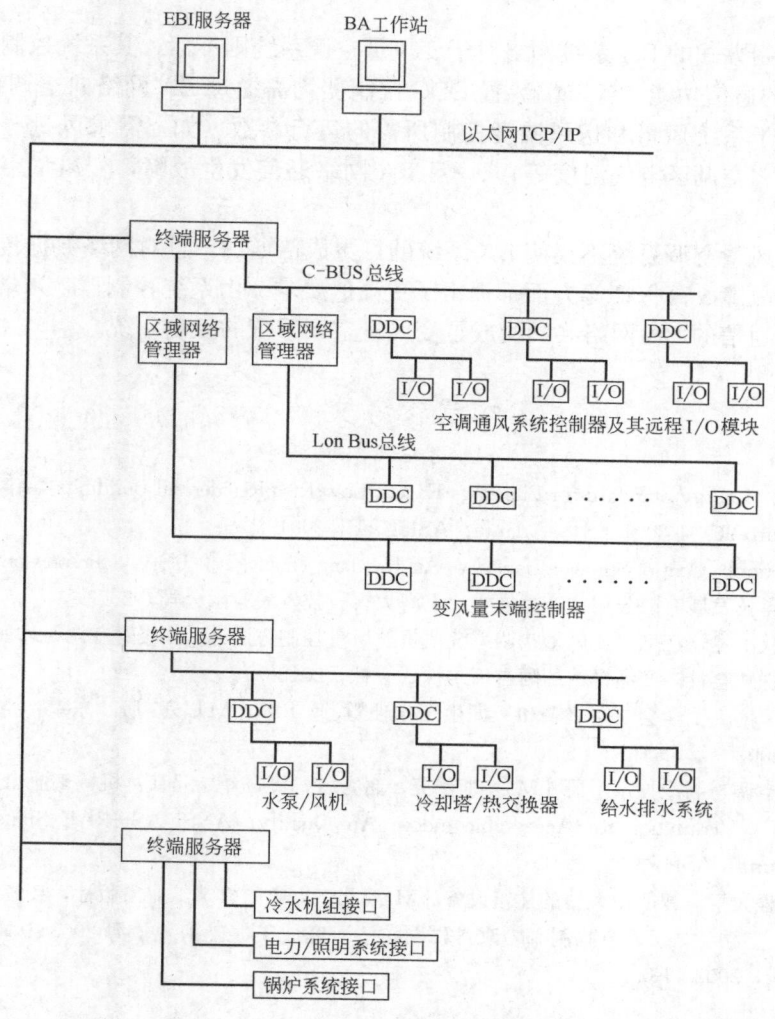

图 15-38　霍尼威尔 BA 系统网络原理图

（1）EBI 服务器和 BA 工作站由个人电脑、显示器、打印机等组成。它利用系统软件管理整个 BA 系统，并通过以太网和各终端服务器进行通信。

（2）各终端服务器通过 C-BUS 现场总线可与各 DDC 控制器及区域网络管理器实现通信，进行数据交换。也能以通信接口方式与冷水机组，锅炉的控制器连接，实现中央 BA 监控。

（3）C-BUS 现场总线下的 DDC 控制器可分为控制器 CPU 和邻近传感器和执行器的现场远程 I/O 模块。由于两者之间为数字通信，故仅需一对通信线，可大大减少现场的接线量和故障率。

（4）C-BUS 现场总线下的区域网络管理器通过 LON BUS 总线与各变风量末端装置控制器连接，实现数据通信。

综上所述，集散型控制方式的 BA 系统网络对于定风量空调系统、风机、热交换器、水泵、冷却塔等建筑设备通常仅起到启停、监视和报警等作用，系统温、湿度控制，压力、流量控制则由现场 DDC 控制器完成，即使 BA 系统网络通信中断也不会影响设备的就地控制。

集散型控制方式的 BA 系统网络对于变风量空调系统则不然，其系统控制本身依赖于 BA 网络系统的通信功能。各末端装置 DDC 控制器均需通过 BA 网络向空调系统的 DDC 控制器传递用于系统风量和送风温度控制所需的运行参数（如：需求风量、调节风阀阀位、启停状态、空调区空气温度等）。一旦 BA 网络通信发生故障，变风量空调系统将无法正常工作。

因此，变风量空调系统不仅使 BA 系统的点数成倍增加，且对网络数据传输速度、控制实时性、低故障、高保证等方面都提出了更高的要求。由系统控制器、末端装置控制器及其用于相互通信的 BA 网络共同构成了变风量空调系统的控制系统。

本章参考文献

[1] ASHRAE. Energy Standard for Buildings Except Low-Rise Residential Buildings：ANSI/ASHRAE/IES Standard 90. 1-2001 [S]. Atlanta：ASHRAE，2001.

[2] Johnson Control. Control Strategies for VAV Air Handling Units [D]. USA：Johnson Control，2005.

[3] 上海大智科技发展有限公司. 产品样本. 上海大智科技发展有限公司，2007.

[4] 戴斌文，狄洪发，江亿. 变风量空调系统风机总风量控制方法 [J]. 暖通空调，1999，29（3）：6.

[5] 阿自倍尔株式会社. 产品样本. 阿自倍尔株式会社，2018.

[6] 空气调和・衛生工学会. 空气調和・衛生工学便覧/第 1 編 [M]. 13 版. 东京：空气調和・衛生工学会，2002.

[7] 汪善国. 空调与制冷技术手册 [M]. 李德英，赵秀敏，等，译. 北京：机械工业出版社，2006.

[8] ASHRAE. Ventilation for Acceptable indoor Air Quality：ANSI/ASHRAE Standard 62.1-2001 [S]. Atlanta：ASHRAE，2001.

[9] 龙惟定，程大章. 智能化大楼的建筑设备 [M]. 北京：中国建筑工业出版社，1997.

[10] 陳向陽. 空调システム自动制御の改良に関する研究 [R]. 上海：上海 2003 中日建筑环境设备高级论坛，2003-11-03.

第 16 章 变风量空调系统运行管理

变风量空调系统投入使用后需良好地运行管理。系统安全、可靠、节能运行和及时维修、保养，不仅可提供良好的室内环境和空气品质，还可节省运行费用，延长使用寿命。

16.1 运行管理阶段的几个概念

16.1.1 寿命周期费用

现代办公建筑中的设备系统日趋大型化、自动化与机电一体化，在建筑初投资中所占比例也越来越大。表 16-1 所示为办公建筑中各项初投资比例。

办公建筑中各项初投资的比例（%）[①]　　　　　　　　　　　　　　　　　表 16-1

建筑类型	土建	给水排水	空调	电气	电梯
超高层	63.4	5.0	12.6	11.8	7.2
一般	67.8	4.5	13.1	10.1	4.5

然而，在建筑策划筹建到废弃拆除的整个寿命周期的总费用中，建设费用约占 15%，而设备维修、更新、能源消耗、管理等费用占 85%左右，成为寿命周期费用中的大部分，其各项费用的比例见图 16-1。

图 16-2 是一条故障曲线，它反映机电设备在整个寿命周期内发生故障的情况。故障曲线的形状像一个浴缸，亦称为"浴槽曲线"（Bath tub cure）。

在设备运行初期（也称初期故障期），由于设计、施工、设备和材料方面的缺陷，调试和管理尚未完善，故障率较高。随着各种设备走出磨合期，调试逐步完善和管理走上正轨，系统进入偶发故障期，设备的故障率下降到允许故障率之下。

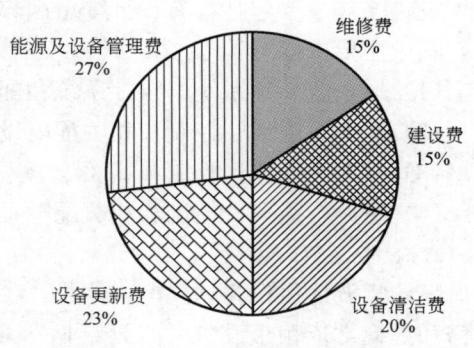

图 16-1　建筑物寿命周期费用
中各项费用的比例[①]

当设备和系统接近或达到各自的寿命时，系统进入磨耗故障期。由于维修保养质量的差异，会出现以下三种情况：

（1）只使用不保养：国内许多系统属于该种类型。在偶发故障期，使用多保养少，维修费、清洁费很少，造成系统不良运行，设备和控制系统年久失修，系统故障增加，设备

---

① 参见本章参考文献 [1] 第 151～152 页。

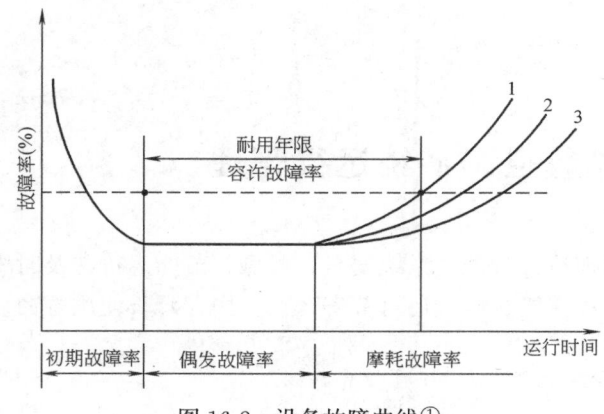

图 16-2 设备故障曲线①
1—只使用不保养；2—故障保养；3—预防保养

更新费上升，偶发故障期大大缩短。

（2）故障后进行保养：有些工程采用出故障后进行保养的方法。由于检测诊断和预防保养不够，出现一些本可避免的故障，使得偶发故障期缩短，不仅没有节省维修费用，反而增加了设备更新费。

（3）预防性保养：最好的方法是定期检测，进行预防性保养。它不仅可降低故障率，延长偶发故障期，减少设备更新费用，且能保持系统高效运行，节省能源费，使寿命周期总费用降低。

综合图 16-1 与图 16-2 可知，物业管理必须在维修费、设备清洁费上适当投入才能使系统高效、节能、无故障运行，才能节省能源费和设备更新费，使大楼寿命周期成本整体下降。

16.1.2 技术资料保管

变风量空调系统的运行管理必须妥善保管各种技术资料，它们主要是：

1. 设计文件

设计文件主要包括含有设计变更内容的竣工图以及系统更新改造和维修改造后的竣工图，其中主要内容有：

（1）风系统、水系统、自控系统和配电系统原理图；

（2）空调、通风、控制和相关配电设备的性能规格明细表；

（3）空调、通风、控制和相关配电系统的设计施工说明书；

（4）空调、通风、控制和相关配电系统的平面图。

2. 设备文件

随着空调通风设备的机电一体化，各种设备和自控仪器、仪表日趋复杂。虽然它们的维修和更换常依赖于设备厂商或专业公司，但运行管理人员仍应保管好这些设备的技术文件，以便正确地使用、维护和发现故障。这些文件包括：

（1）主要设备和材料的使用说明书、样本、出厂合格证明及进场检（试）验报告；

（2）自动控制等仪器、仪表的使用说明书、样本、出厂合格证书及校正记录。

3. 施工调试文件

各种施工、验收和调试记录，有助于了解变风量空调系统的性能和分析运行故障，这些文件主要包括：

（1）隐蔽工程检查、验收记录；

（2）设备、风管和水管安装、检验及试验记录；

（3）设备单机试运转记录；

（4）系统在无使用人员情况下联合试运转及调试记录；

---

① 参见本章参考文献 [1] 第 151～152 页。

（5）系统在有使用人员情况下综合调试及能耗测试报告。

4. 系统综合运行维护手册

合格的变风量空调系统设计，需包含系统在各工况下的控制与调试方法，并相应配置各种自动控制系统或手动控制的装置和仪器、仪表。随着空调系统日渐由季节性运行向全年性运行转变，空调调试及运行管理人员对系统的运行维护已不能单凭直觉。在现行工程体制下，设计、施工、调试、运行常由不同人员分别进行。许多设计意图很可能未在调试和运行中体现出来。因此，物业管理人员应委托设计人员或机电工程承包者在了解物业管理的基础上编制系统综合运行维护手册。手册中应详细说明系统的运行、维护过程与措施；各工况的设定控制、工况转换和使用方法；运行维护的要求、频率和时间表，以此作为系统调试、运行和维护的指导性文件，并在实践中不断完善。

根据系统综合使用说明书和物业管理的其他情况，运行管理人员应制定出具体的操作制度，并在执行过程中逐步充实。

5. 运行管理记录

各种运行管理记录应齐全，它包括：

（1）主要设备运行记录；

（2）事故分析及其处理纪录；

（3）巡回检查及运行值班记录；

（4）维护保养记录；

（5）设备和系统部件大修和更换情况记录；

（6）年度运行总结和分析资料等。

以上资料应填写详细、精确、清楚，填写者应署名。

16.1.3 运行管理人员

空调系统施工调试和运行管理人员对空调系统工作原理、设计理念以及节能知识和意识的理解和掌握程度对系统运行管理水平影响很大。规模较大、系统复杂、自控程度较高的变风量空调系统必须配备空调、电气等专业技术人员，所属的运行维修人员也必须具备制冷空调、电气专业技工水准。系统运行管理维保人员应经过专业培训，经考核合格后才能上岗。

运行管理人员的主要职责是经济、安全地运行系统，检查和发现故障，维护和保养设备。因此，应对复杂设备进行定期维护。对于自动控制系统元器件及各种仪器、仪表的检测、校正、维修和更换，应委托制造厂商或专业公司进行，以提高维护质量，降低专门技术的人力成本。

16.2 系 统 运 行

16.2.1 节能运行方法

1. 内、外区温度设定

当冬季外区供热、内区供冷时，为有效防止内、外区混合损失，外区设定温度应比内区低 1～2℃。变风量末端装置如采用墙置式温感器，为防止其设定值被误操作，应通过中央监控站巡视检查，确保该值在合适的范围内。对于设置在外区的风机盘管等系统，如仅设就地温控器，应张贴操作说明、经常巡视、纠正和限制室内人员再设定等，避免不恰当使用。

2. 系统送风温度再设定

采用定送风温度的变风量空调系统，在部分负荷情况下应提高系统送风温度、减小送风温差，保持足够的送风量和热舒适性。实际运行时，应处理好节能与舒适的关系。

3. 系统新风量再设定

人员密度及变化较大的场所，应采用新风需求控制。通常是根据 CO_2 浓度的偏差值调节新风量设定值。如系统未设置 CO_2 浓度自动控制或在该项控制发生故障时，应根据系统人流密度，手动调节新风量设定值。

4. 预冷、预热运行

在启动冷、热水盘管对变风量空调系统进行预热或预冷运行时，应由自控系统关闭新、排风定风量装置或新、排风阀门。当未设预热、预冷自动控制或该项控制发生故障时，应手动关闭新、排风定风量装置或新、排风阀。

5. 冷、热盘管运行

在设置冷、热四管制的变风量空调系统中，当季节性需要交替启用冷、热盘管的情况时，应相应关闭不用的那组盘管的手动调节阀，避免因自动调节阀泄漏而造成冷、热抵消的损失。对于每天需短时交替开启的冷、热盘管（如冬季早晨内区先预热后供冷），应经常检查自动调节阀的严密性，如有泄漏，应立即人工关闭手动阀，并及时进行维修。

6. 系统启停时间

对于间歇运行的变风量空调系统，应根据气候状况、空调负荷情况和建筑热惰性，合理确定开机、停机时间。

7. 全（变）新风供冷

有条件采用全（变）新风供冷的内区变风量空调系统，应由自动控制系统作工况判别与转换。如未设自控系统或在该项控制发生故障时，应根据室外空气温度作人工判别和手动工况转换。春、夏、秋季时大型办公建筑可利用空调送、排风系统进行夜间通风自然冷却。

16.2.2 安全运行要点

1. 空调机房管理

空调通风机房内应保持干燥清洁，不得放置杂物，严禁放置易燃、易爆和有毒、有味的危险物品。地漏等排水部位不应出现积水、漏水和霉变生菌现象。

2. 防冻管理

为防止盘管冻结，冬季集中新风处理系统和变新风比供冷的变风量空调系统一般需有防冻措施。系统运行时应注意盘管出风温度，防止自控失灵产生冻结。

系统不用时，尤其在春节长假停用期间，盘管容易冻结。为了安全，除需保证防冻报警系统有效外，还应关闭盘管的进水阀、放空存水。在寒冷和严寒地区，空调机房应开启值班供暖系统。

16.3 系统维护保养

16.3.1 例行检查

变风量空调系统在运行过程中会出现运行偏差、设备故障等问题，因此应进行例行检查。建筑设备的巡视检查可分为三类：

（1）政府主管部门对锅炉、压力容器、电气、消防等设备的定期例行检查；

（2）空调季节前、中、后对冷、热源设备和季节性空调设备进行例行检查；

（3）对全年常用的设备，如空调通风系统、自动控制系统、给水排水系统的定期检查。

变风量空调系统的定期检查属于第三类例行检查，检查项目、内容和周期应按工程综合运行维护手册进行。表 16-2 列举了变风量空调系统推荐的定期检查内容和周期，检查中如发现问题应及时维修保养。

变风量空调系统定期检查表　　　　　　　　　　　　　　表 16-2

项目	检查内容	检查周期			
		每日	每周	每月	半年
室内环境	温度和相对湿度是否合适	○			
变风量 末端装置	1) 室内温度设定是否合适 2) 末端装置风量情况是否正常 3) 风机动力型末端装置的过滤器积尘、破损情况 4) 加热器、风机和电机积尘情况 5) 自动控制系统工作是否正常 6) 风阀能否灵活转动 7) 毕托管风速传感器是否堵塞或接管脱落	○	○	○ ○ ○ ○	○ ○
空调箱	1) 空气过滤器积尘、破损情况 2) 温度设定值确定和调整 3) 风量调节阀调整 4) 箱体保温是否损坏 5) 自动控制功能是否正常 6) 空调器内及风管内积尘情况 7) 各种自控阀动作是否正常 8) 积水盘排水管是否淤塞 9) 盘管表面积尘程度			○ ○ ○ ○ ○ ○ ○ ○ ○	
风机	1) 电流值确认 2) 叶轮、外壳积尘情况 3) 振动、异常声、皮带打滑情况 4) 锈蚀程度 5) 皮带松紧度是否合适 6) 轴承温度是否正常	○		○ ○ ○ ○ ○	

注：部分节选自本章参考文献 [2] 第 575～578 页。

16.3.2　维护保养

变风量空调系统各部件的维护保养应根据工程综合运行维护手册进行，或参照各部件的使用说明书要求。

1. 空气过滤器

空调箱与末端装置的空气过滤器在以下情况之一时，应按产品使用说明书要求进行清洗或更换：

（1）空气过滤器达到终阻力，自控装置报警；

（2）例行检查中发现破损或严重污染；

（3）空气过滤器连续使用 1 个月。

2. 新、排风调节阀

新、排风调节阀及其执行器应每月目视检查并试动作，以确保其功能正常。

3. 加湿器

冬季运行期间，加湿器应每月检查一次并进行清洁和保养，以防止淤塞和滋生微生物。

4. 冷却、加热盘管

空调器的冷却、加热盘管应每月目检一次，其清洁工作应委托专业公司承担。

5. 凝结水盘

凝结水盘应每月目检一次，每年清洁一次，以减少微生物滋生。同时，应检查水盘外是否有水。如有水，应清洁，并找出产生的原因。

6. 新风进风百叶

新风进风百叶、防虫网及邻近区域应每半年目检一次，清除可见垃圾和微生物，并修复可能损坏的防虫网。

7. 自动控制装置

自控系统的各传感器、执行器每半年维护保养一次，去除积尘、试行动作、确认其有效性。如见失效或故障，应重新校准、维修或更换。自控系统的部件维护工作有相当的技术含量，宜委托专业公司进行。

8. 最小新风量测定

除了送风量在 $3400m^3/h$ 以下的系统，变风量空调系统最小新风量应每 5 年重新测定一次。如有变化（大于±10%）应重新调整，使最小新风量回复到设定值[①]。

9. 变风量末端装置

变风量末端装置的内置风机、加热盘管、风速传感器及调节风阀应每半年维护保养一次，去除积灰、试行动作、确认其有效性。

10. 其他

变风量空调系统中相关的其他维护项目列于表 16-3。

变风量空调系统定期维护项目表 表 16-3

项目	维修保养内容	作业周期				
		每月	每2月	半年	每年	按需
空调箱	1)空气过滤器清洗或更换	○				
	2)空调器内、外清扫			○		
	3)送、回风口清扫			○		
	4)风管内、外清扫				○	
	5)水管锈蚀、漏水、损伤检修				○	
	6)自动控制装置保养			○		
	7)盘管翅片清洗					○
	8)凝结水盘清扫				○	
	9)排水管道水试验				○	

---

① 参见本章参考文献 [3] 表 8-1。

续表

项目	维修保养内容	作业周期				
		每月	每2月	半年	每年	按需
风机	1)叶轮及外壳清扫				○	
	2)电气绝缘测定				○	
	3)轴承加油、皮带松紧度调整			○		
	4)更换油脂				○	
	5)皮带更换					○
室内环境	1)空气温、湿度测定			○		
	2)气流测定			○		
	3)二氧化碳浓度测定			○		
	4)一氧化碳浓度测定			○		
	5)尘埃测定			○		
变风量末端装置	1)风机动力型装置的空气过滤器清扫或更换	○				
	2)自动控制装置保养			○		
	3)末端装置内置风机、加热器、风速传感器及调节风阀清扫				○	

注：部分节选自本章参考文献［2］第583页。

16.3.3　故障分析

空调系统在运行、检查和维护时常会发现异常情况，如室内空气温度、湿度异常，系统送风量异常，这多半是因为与系统相关的设备有故障。表16-4列举了空调系统在各异常情况下可能存在的原因及应检查的项目。

变风量空调系统运行异常分析检查表　　　　　　　　　　　　　　　表16-4

出现情况	相关设备	可能的原因	检查项目
室温异常	供冷不冷或过冷 — 冷水机组	冷水进、出口温度异常	1)检查水泵流量是否正常 2)蒸发器管内是否很脏 3)制冷剂循环量是否正常 4)冷水机组油压有无异常
		冷却水进、出口温度异常	1)检查水泵流量是否正常 2)冷凝器管内是否很脏 3)冷却塔风机运转是否正常
	空调箱	1)送风温度异常 2)送风量异常	1)冷水调节阀的动作是否正常 2)水过滤器是否因堵塞使水量减少 3)通过盘管的空气是否畅通 4)温度传感器及温度控制是否异常 5)静压传感器及风量控制是否异常
	末端装置	送风量异常	1)送风静压是否不足 2)室温传感器及温度控制是否正常 3)风速传感器及风量控制是否正常 4)风量调节阀动作是否正常
	供热不热或过热 — 换热器	1)热水温度不正常 2)热水流量不正常	1)水泵流量是否正常 2)热水温度传感器及温度控制是否正常 3)热水调节阀动作是否正常 4)水过滤器是否堵塞

续表

出现情况	相关设备		可能的原因	检查项目
室温异常	供热不热或过热	空调箱	1)送风温度异常 2)送风量异常	1)热水调节阀的动作是否正常 2)水过滤器是否因堵塞使水量减少 3)通过盘管的空气是否畅通 4)温度传感器及温度控制是否异常 5)静压传感器及风量控制是否异常
		末端装置	1)送风量异常 2)加热器异常	1)送风静压是否不足 2)室温传感器及温度控制是否正常 3)风速传感器及风量控制是否正常 4)风量调节阀动作是否正常 5)加热器热水调节阀控制是否正常
相对湿度异常	供热	加湿器	送风加湿不正常	1)湿度传感器及湿度控制是否正常 2)加湿器调节阀动作是否正常 3)喷嘴、过滤器是否堵塞
风量不足	空气过滤器		空调箱内空气过滤器堵塞	根据堵塞情况及终阻力值,确定是否清洗或更换空气过滤器
			新风入口受阻,静压箱内粗效过滤器堵塞	拆下清洗
	送风系统		空调器风机及排风机不正常	检查皮带松紧、叶轮积尘、回转方向等
			冷水盘管翅片过脏	检查、清洗
			风阀等动作不良	检查风量调节阀、防火阀、自动调节阀动作情况
			风管风量平衡不好	检查再调整
			送风机静压不足	检查风机转速自控装置
	末端装置[4]		出风量过小	1)送风静压是否不足 2)室温传感器及温度控制是否正常 3)风速传感器及风量控制是否正常 4)风量调节阀动作是否正常 5)空气过滤器是否堵塞
噪声过大	末端周围[4]		1)风机振动 2)各部件连接不善 3)最大风量过大	1)风机叶轮间隙或平衡是否不当 2)是否有漏风或接管脱落 3)送风口和风阀是否颤动 4)风机压力是否过低

注：部分节选自本章参考文献[2]第573页。

本章参考文献

[1] 龙惟定，程大章. 智能化大楼的建筑设备[M]. 北京：中国建筑工业出版社，1997.

[2] 空气调和·卫生工学会. 空気調和·衛生工学便览/第10編[M]. 13版. 东京：空气調和·衛生工学会，2002.

[3] ASHRAE. Ventilation for Acceptable indoor Air Quality：ANSI/ASHRAE Standard 62.1-2004

［S］．Atlanta：ASHRAE，2004.

［4］ TITUS 公司．变风量末端安装运行维护手册［Z］．TITUS，1998.

［5］ 中华人民共和国建设部．空调通风系统运行管理规范：GB 50385-2005［S］．北京：中国建筑工业出版社，2006.

［6］ ASHRAE．Energy Standard for Buildings Except Low-Rise Residential Buildings：ANSI/ASHRAE/IES Standard 90.1-2001［S］．Atlanta：ASHRAE，2001.

第 17 章　设 计 实 例

　　本节以已使用多年的高层办公楼为设计实例，结合前述章节内容，详细举例介绍变风量空调系统设计的思路、步骤、方法以及注意事项。

　　近年来国内常用的变风量空调系统有单风道型（包括组合式单风道型）和风机动力型两大类。本书第一版给出了组合式单风道型变风量空调系统，因此本章将介绍风机动力型变风量空调系统设计实例。

17.1　设 计 条 件

17.1.1　工程概况

1. 建筑业态

上海浦东陆家嘴金融开发区某高层办公楼：地上 51 层、地下 3 层，建筑总高度 200m，总建筑面积 120000m^2，钢筋混凝土框架＋部分钢结构。六～二十八层为出租办公楼，三十～五十层为酒店。

2. 办公标准层（图 17-1）

（1）建筑面积 2300m^2，空调面积 1744m^2；层高 3.9m，室内吊平顶净高 2.7m；

（2）标准层空调机房冷水系统 5.6～14.4℃；标准层外区并联式风机动力末端加热盘管热水系统 60～50℃；

（3）标准层为大空间办公室，对新风分布及气流组织要求一般。

17.1.2　室内、外设计参数

1. 室外设计参数

（1）夏季空调计算干/湿球温度：34.4℃/27.9℃；

（2）冬季空调计算干球温度/相对湿度：－2.2℃/75％；

（3）冬/夏季室外平均风速 3.1m/s/3.0m/s。

2. 室内设计参数

本工程室内设计参数见表 17-1。

室内设计参数与指标　　　　　　　　　　　　　　表 17-1

项目	夏季		冬季		备注
	外区	内区	外区	内区	
空气温度(℃)	25	25	20	22	参照表 1-3
空气相对湿度(%)	50		40		
最小新风量[m^3/(h·人)]	30				
平均人员密度(m^2/人)	9				按空调面积计
CO_2 浓度(%)	≤0.1				参照表 1-3
照明负荷指标(W/m^2)	15				按空调面积计
设备负荷指标(W/m^2)	19				按空调面积计
噪声指标 NC	≤35				参照表 14-2

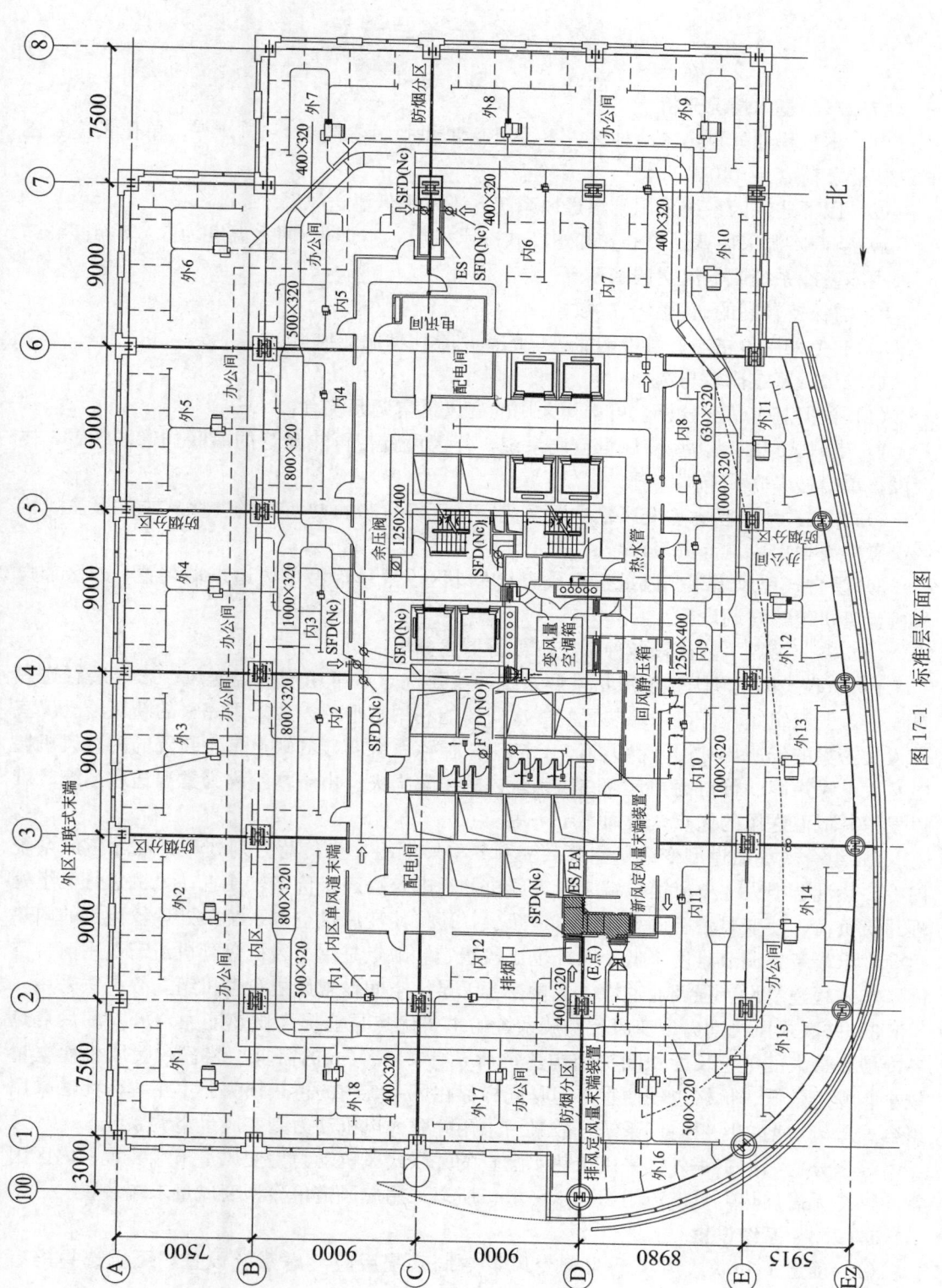

图 17-1　标准层平面图

17.2 系统选择与设置

17.2.1 基本情况分析

（1）本工程地处夏热冬冷地区，冬季外区需供热，参照表 2-15 计算，单位长度外围护结构热负荷 $q_h=140\text{W/m}$。

（2）因下述原因系统采用常温送风系统，不采用低温送风系统：

1）空调冷源采用普通离心式和螺杆式冷水机组，空调供/回水温度为 5.6℃/14.4℃，未采用冰蓄冷系统或低温空调水系统；

2）需保持较高的通风换气次数；

3）避免采用价格昂贵且可能需进口的高诱导比低温送风口。

17.2.2 系统比较与选择

（1）根据基本情况分析，可选择采用的变风量空调系统有：

1）串联式风机动力型变风量空调系统，外区设置带再热盘管的串联式末端装置，内区设置单冷型串联式末端装置；

2）并联式风机动力型变风量空调系统，外区设置带再热盘管的并联式末端装置，内区设置单冷型单风道末端装置。

3）组合式单风道型变风量空调系统，内外区设置单冷型单风道末端装置，外区加设风机盘管机组等空调设施。

（2）参照第 5.7 节比较各种系统，可得下述分析：

1）串联式风机动力型变风量空调系统的主要优点是可用于低温送风，末端装置送风量恒定，气流组织较好，末端装置的二次回风能利用吊平顶内"未用完"的新风给会议室等人员密集的场所再利用（参见第 11.3 节）。但该系统明显的缺点是：装置的内置风机耗电量大、噪声高、价格高，且存在风系统内的再热损失。由于本工程为常温送风系统，难以发挥其低温送风的优点，故而不予采用。

2）组合式单风道型变风量空调系统将冬季外区冷、热负荷分别处理，消除了风系统内冷、热混合损失；单风道末端装置无风机的耗电与噪声，价格较便宜；风机盘管机组处理建筑负荷，使变风量空调系统送风量减少，还可使变风量空调系统仅处理较稳定的内热负荷，末端装置调节难度降低，系统也比较稳定。缺点是周边风机盘管机组需占用窗台空间。本工程建筑设计强调通透性，低矮窗台无足够空间设置风机盘管机组，故无法采用。

3）并联式风机动力型变风量空调系统的主要优点是能提高供热能力，可以满足夏热冬冷地区最大的单位长度外围护结构热负荷 $q_h=140\text{W/m}$ 的需求。装置内置风机耗电量较小、噪声较低、价格也较便宜。但是同样存在风系统内的再热损失。本工程因无法采用组合式单风道型变风量空调系统，故最后采用并联式风机动力型变风量空调系统。

综上分析，本工程外区采用带热水盘管的并联式风机动力型变风量末端装置；内区因常年供冷无需加热，且气流组织要求一般，所以采用单风道单冷型变风量末端装置。

17.2.3 系统设置

（1）确定了并联式风机动力型变风量空调系统后应考虑系统设置，可供选择的有三种：

1）数层乃至整幢大楼组成的大型系统；

2）每层设一台空调箱的中型系统；

3）每层设多台空调箱的小型系统。

参照表 6-1 比较结果，北美地区应用较多的大型系统风量很大、送风半径很长、送风压力很高，需要采用高速送风系统，而且各层楼面也无法灵活关闭，末端装置漏风量较大，明显不宜采用。

本工程在主楼筒芯内设置一个空调机房，每层设一个内、外区末端共用的中型变风量空调系统（参见第 6.2.3 节第 1 点）。

（2）该系统布置的优点：

1）并联式风机动力型变风量空调系统冬季外区末端装置在最小风量下以再加热方式供暖，内、外区末端装置可以合用一个空调系统，比每层多套空调系统初投资较省；

2）低矮外窗台无空调设备，建筑通透性较好。

（3）该系统布置的缺点：

1）冬季外区末端装置在最小风量下再加热供暖存在系统内冷热混合损失；

2）冬季顶送热风室内空气分布效率不佳；

3）由于空调机房设置在筒芯内，集中新风系统无法满足秋、冬、春三季全（变）新风供冷需求。

17.3　系统设计计算

17.3.1　内、外分区

本工程设计于 20 世纪 90 年代中期，外围护结构热工性能不符合现行国家标准《建筑节能与可再生能源利用通用规范》GB 55015。参照本书第 2.2 节表 2-14 分析，判断本工程属于 B3 类型，外区进深分别为夏季 3m、冬季 4m，其余部分可确定为内区。将划分好的内、外分区再细分成若干个温度控制区（图 17-1）。

17.3.2　负荷与风量计算

计算结果见表 17-2。

标准层空调系统负荷风量计算表

表 17-2

1	2	3	4	5	6	7	8	9	10	11
参数	室内最大全热冷负荷 Q_T (kW)	室内最大散湿量 W (kg/s)	室内显热负荷 Q_s/kW	热湿比 ε (kJ/kg)	室内空气焓值 h_N (kJ/kg)	送风焓值 h_s (kJ/kg)	送风量 G (kg/s)	风机温升 Δt_F (℃)	风管温升 Δt_D (℃)	回风温升 Δt_L (℃)
计算公式或来源	软件			$\dfrac{Q_T}{W}$	查焓湿图		$\dfrac{Q_T}{h_N-h_S}$	$\dfrac{\dfrac{P}{1212\times\eta_1\times\eta_2}}{\dfrac{1000}{1212\times0.75\times0.855}}$	$\dfrac{0.02Q_s}{1.01G}$	$\dfrac{0.25Q_L}{1.01G}$
系统	113	0.00544	97.9	20772	50.2	37.6	8.97	1.3	0.2	0.69

1. 负荷计算

采用负荷计算软件对各空调区域的冷、热负荷进行逐时计算，并计算散湿量和室内热湿比。累计室内全热冷负荷、显热冷负荷、湿负荷列入表 17-2 第 2～4 列，室内热湿比列入第 5 列。

2. 风量计算

室内空气处理状态点确定：

（1）过室内设计状态点 N（25℃/50%）作 ε 线交于相对湿度 85% 线，得送风温度 15.5℃。在焓湿图上查得室内空气焓值 h_N 和送风焓值 h_S，列入表 17-2 第 6、7 列；

（2）计算送风量、风机温升、风管温升和回风温升，列入表 17-2 第 8～11 列，其中照明负荷 Q_L 为 25.2kW。

17.3.3 新、排风系统设计

1. 新、排风方式

本工程为高等级、高层办公楼，新风标准要求较高。空调机房设置在核心筒内，无直接对外的新、排风进出口。根据本书第 11.5 节分类，采用新、排风集中处理系统定新、排风量方式。在二十九层设置两套集中新、排风空调系统。标准层新、排风支管上设置定风量装置（CAV）控制各层空调系统的新、排风量。

2. 新风量计算

由本书第 11.1.1 节可知涉及多房间系统新风量计算。夏季工况下除了外区的内热冷负荷外，外区并联式风机动力型末端装置还承担围护结构冷负荷，它多耗用了一部分含有新风的一次送风量。由于单位面积一次送风量较大，单位面积新风需求一定，故需求新风比较低。而内区单风道末端装置仅承担内区的内热冷负荷，单位面积一次送风量较小，单位面积新风需求一定，则需求新风比较高，有可能成为系统各房间中最大的需求新风比。

冬季工况下，外区并联式风机动力型末端装置以一次最小风量送风（一次风最大风量的 30%），并有二次回风和再热供暖。由于单位面积一次送风量较小，单位面积新风需求一定，故需求新风比较高，有可能成为系统各房间中最大的需求新风比。

上述两种多房间新风分布问题都需要按式（11-1）进行系统新风量修正计算，并取较大值 7850m³/h 作为新风系统设计依据。计算结果见表 17-3，表中符号解释同式（11-1）。

系统新风量修正计算   表 17-3

最大新风比房间	参数	V_{on}	V_{st}	X	V_{oc}	V_{sc}	Z	Y	V_{ot}
	公式或数据来源	①	②	V_{on}/V_{st}	③	④	V_{oc}/V_{sc}	$X/(1+X-Z)$	$Y×V_{st}$
	单位	m³/h	m³/h		m³/h	m³/h			m³/h
夏季内区		6029	27108	0.222	3597	13131	0.274	0.234	6348
冬季外区		6029	17324	0.348	2433	4193	0.580	0.453	7850

① V_{on}——未修正的系统新风量，所有房间需求新风量之和：30×（外区 730+内区 1079）/9＝6029m³/h（数据引自表 17-1、表 17-5、表 17-6）；

② V_{st}——预期系统最大的一次风总送风量（m³/h）。夏季外区 13977+内区 13131＝27108m³/h；冬季外区 0.3×13977+内区 13131＝17324m³/h；（数据引自表 17-5、表 17-6）；

③ V_{oc}——最大新风比房间的需求新风量：夏季内区 30×1079/9＝3597m³/h；冬季外区 30×730/9＝2433m³/h（数据引自表 17-1、表 17-5、表 17-6）；

④ V_{sc}——最大新风比房间的预期最小需求送风量：夏季内区 13131m³/h；冬季外区 0.3×13977＝4193m³/h（数据引自表 17-5、表 17-6）。

3. 排风量

按人员密度、空调面积、新风标准及变风量空调系统多房间新风分布修正计算得：标准层系统新风量夏季为 $6348m^3/h$，新风比为 23.4%；冬季为 $7850m^3/h$，新风比为 45.3%。系统排风量按新风量扣除厕所排风量 $1500m^3/h$ 后的 90% 计，冬、夏季分别为 $5715m^3/h$ 和 $4363m^3/h$。

4. 新风空调系统出风参数

新风空调系统以变风量空调系统回风等焓值送风（$51.6kJ/kg$、$20℃$、85%），考虑 $1.7℃$ 风机与风管温升，冷却盘管出风参数为 $18.3℃$、92%。

17.3.4 空调箱选型计算

将上述系统和新风计算结果在焓湿图上绘制出空调系统空气处理过程线（图 17-2），并进行空调器选型计算：

（1）空调箱处理冷负荷：$Q=9.0×(51.6-37.5)=127$（kW）。

（2）冷却盘管进风参数：干球温度 $t_c=25.7-0.234×(25.7-20)=24.3$（℃），湿球温度 $t_{cs}=18.0$（℃）。

（3）冷却盘管出风参数：

1）干球温度：$t_L=$ 送风温度 t_S（15.5℃）-风机与风管温升（$\Delta t_F+\Delta t_D=1.5℃$）$=14.0$（℃）。

2）冷却盘管出风相对湿度校核：查焓湿图，得到离开冷却盘管的空气的相对湿度为 92%，对照表 7-3，冷却盘管选用 6 排。

3）在选择空调器时应考虑冷却盘管有一定余量，要求离开冷却盘管的空气干球温度再低 $0.5℃$，即为 $14.0℃-0.5℃=13.5℃$，湿球温度为 $13.0℃$。实际工程中须经供应商校核计算。

（4）风机选型：本工程采用单风机空调箱，根据系统风量、风压情况，考虑到噪声、体积等因素，参照本书第 7.5.1 节选择后向式离心风机。风机风量考虑 10% 设计余量：$1.1×27000=29700m^3/h$；风机全压 $1100Pa$，机外余压 $500Pa$。电机功率 N_P 应为：

$$N_P=\frac{1100×29700}{0.75×0.855×3600}×1.15=16.3\text{（kW）}$$

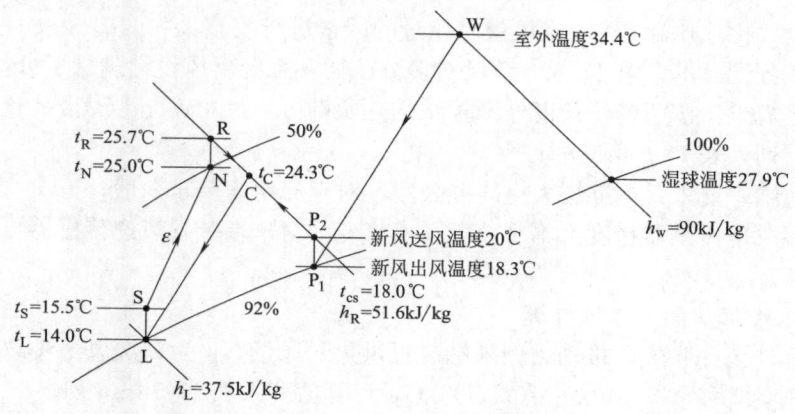

图 17-2 空气处理过程分析

本工程空调箱设计参数汇总如表 17-4 所示。

空调器参数汇总表 表 17-4

参数	总风量 (m³/h)	新风量 (m³/h)	机外静压 (Pa)	风机		表面冷却器							面风速 (m/s)
				电源 (V-Φ-Hz)	功率 (kW)	冷量 (kW)	水温 (℃)	进风参数		出风参数			
								干球温度(℃)	湿球温度(℃)	干球温度(℃)	湿球温度(℃)		
标准层数值	29700	7474	550	380-3-50	18.5	127	5.6/14.4	24.3	18.0	13.5	13.0		2.5

参数	表面冷却器			过滤器		单位风量耗功率 [W/(m³/h)]	噪声 [dB(A)]	减振方式	数量 (台)	备注
	工作压力 (MPa)	最大水压降 (kPa)	水量 (m³/h)	形式	效率					
标准层数值	1.6	≤40	12.4	板式粗效＋袋式中效	G4＋F7	0.22		弹簧	1	

17.4　变风量末端装置

17.4.1　末端装置计算

1. 区域一次风最大风量

根据各区域显热冷负荷，由式（8-3）计算出内外各区域的一次风最大风量 G_Z，将结果列在表 17-5、表 17-6 中第 4 列内。如外 1 区域一次风最大送风量为：

$$G_Z = \frac{Q_S}{1.01(t_N - t_S)} + \frac{3.226}{1.01(25 - 15)} = 0.319 \ (\text{kg/s})$$

2. 末端装置一次风最大风量

作为选型方法演示，外区带再热盘管的并联式风机动力型末端装置与内区单冷型单风道末端装置分别采用高、低速变风量末端装置。各变风量末端装置的一次风最大风量 G 计算列入表 17-5、表 17-6 第 6 列。比较第 4 列和第 6 列可见，末端装置一次风最大风量可以覆盖区域一次风最大风量。

3. 末端装置一次风最小风量

末端装置一次风最小风量按末端装置最大风量的 30% 计算，列入表 17-5、表 17-6 第 7 列。并对下列限制末端装置一次风最小风量的因素进行校核：

（1）新风分配：本书第 17.3.3 节已对多分区循环系统新风设计进行了分析计算；

（2）加热需求：按照单位长度外围护结构热负荷 $q_h = 140\text{W/m}$（表 2-15），计算外区末端加热量，列入表 17-5 第 9 列；

（3）气流组织要求：标准层大空间办公室，对气流组织要求一般；

（4）末端风速传感器精度：本小节第 5 点将专门对末端装置风速传感器可测最小风速进行校核计算。

4. 外区末端加热能力复核计算

（1）冬季外区并联式风机动力型末端装置供热送风量 G_R 为一次风最小风量 G_M 与末端装置风机风量之和（$0.3 + 0.6 = 0.9G$），G_R 计算值列入表 17-5 第 8 列；

（2）热风送风温度校核：为避免内外区冷热混合损失，外区室内温度宜比内区低 2℃（见本书第 2.3 节），故室温 t_N 取 20℃（表 17-1）。考虑到区域空气分布效率，末端装置供热送风温差 $t_{SH} - t_N$ 宜≤8℃（表 11-6），即 t_{SH} 应低或等于 28℃。以表 17-5 第 9 列中

D150、D200 两种外区末端装置的最大末端装置供热量校核计算说明：由末端装置一次风最小风量和末端装置风机风量组成的末端装置供热送风量 G_R 可以满足供热需求。

$$D200：t_{SH}=\frac{Q_{SH}\times3000}{1.01G_R}+t_N=\frac{2.43\times3000}{1.01\times1324}+20=25.5\ (℃)\leqslant28℃$$

$$D150：t_{SH}=\frac{Q_{SH}\times3000}{1.01G_R}+t_N=\frac{1.66\times3000}{1.01\times744}+20=26.6\ (℃)\leqslant28℃$$

（3）外区并联式再热型末端装置除满足围护结构热负荷外，还需要对一次冷风进行再热，因此末端装置热水盘管加热量按下式计算（以外 1 为例），并列入表 17-5 第 10 列。

$$Q_{PG}=Q_{SH}+\frac{1.01G_M(t_N-t_S)}{3000}=2.21+\frac{1.01\times441(20-15)}{3000}=2.95\ (kW)$$

5. 末端装置风速传感器可测最小风速

（1）外区并联式风机动力型高速末端装置风速传感器可测最小风速校核计算：外区高速末端采用毕托管式风速传感器；8 位模数转换器；0～375Pa 气电转换器，最小动压 ΔP_M 为 7.6Pa。查图 8-2 得 $\phi150$、$\phi200$ 和 $\phi250$ 三种末端装置在 250Pa 动压下的风量 G_{250}，列于表 17-7 第 3 列。按式（8-6）计算各末端装置风速传感器的放大系数 F（以 $\phi200$ 为例），列于表 17-7 第 4 列：

$$F=\left(20.4\frac{A}{G_{250}}\right)^2=\left(20.4\frac{0.0314}{0.433}\right)^2=2.19$$

按式（8-5）和式（8-7）计算各末端装置的最小风速 v_m 和最小风量 G_m（以 $\phi200$ 为例），列于表 17-7 第 5、6 列。

$$v_m=\sqrt{\frac{2\times\Delta p_m}{F\times\rho}}=\sqrt{\frac{2\times7.6}{2.19\times1.2}}=2.40\ (m/s)$$

$$G_m=v_m\times A=2.40\times0.0314=0.0754\ (m^3/s)(271m^3/h)$$

表 17-7 第 6 列与表 17-5 第 7 列比较可知，末端装置风速传感器可测得的一次风最小风量小于末端装置的一次风最小需求风量，因此一次风最小风量为一次风最大风量 30%的设定可满足末端风速传感器精度要求。

（2）内区末端和新、排风定风量末端装置采用的低速末端风速传感器最小可测风速可达 1m/s。表 17-8 第 6 列与表 17-6 第 7 列比较可知，末端装置风速传感器可测得的一次风最小风量小于末端装置的一次风最小需求风量，因此一次风最小风量为一次风最大风量 30%的设定可满足末端风速传感器精度要求。

外区空调区域负荷及高速末端装置风量计算表　　表 17-5

1	2	3	4		5	6	7	8	9	10
区域编号	区域面积 A (m^2)	显热冷负荷 Q_s (W)	区域最大需求风量 $\dfrac{Q_s}{1.01(t_N-t_s)}$ G_z		末端装置一次风入口直径 D (mm)	末端装置最大风量 $3600\dfrac{3.14D^2}{4}V$ G (m^3/h)	末端装置最小风量 $0.3G$ G_M (m^3/h)	供热送风量 $0.3G+0.6G$ G_R (m^3/h)	末端装置供热量 $q_h\times L$ Q_{SH} (kW)	盘管加热量 $Q_{SH}+1.01G_M$ $(t_N-t_S)/3000$ Q_{PG} (kW)
			kg/s	m^3/h						
外 1	48	3226	0.319	957	200	1471	441	1324	2.21	2.95
外 2	36	2419	0.239	717	150	827	248	744	1.32	1.74

续表

1	2	3	4		5	6	7	8	9	10
区域编号	区域面积 A (m²)	显热冷负荷 Q_s (W)	区域最大需求风量 $\dfrac{Q_s}{1.01(t_N-t_s)}$ G_z		末端装置一次风入口直径 D (mm)	末端装置最大风量 $3600\dfrac{3.14D^2}{4}V$ G (m³/h)	末端装置最小风量 $0.3G$ G_M (m³/h)	供热送风量 $0.3G+$ $0.6G$ G_R (m³/h)	末端装置供热量 $q_h\times L$ Q_{SH} (kW)	盘管加热量 $Q_{SH}+1.01G_M$ $(t_N-t_s)/3000$ Q_{PG} (kW)
			kg/s	m³/h						
外 3	36	2419	0.239	717	150	827	248	744	1.32	1.74
外 4	36	2419	0.239	717	150	827	248	744	1.32	1.74
外 5	36	2419	0.239	717	150	827	248	744	1.32	1.74
外 6	52	3203	0.317	951	200	1471	441	1324	2.43	3.17
外 7	52	3203	0.317	951	200	1471	441	1324	2.43	3.17
外 8	36	2016	0.200	600	150	827	248	744	1.66	1.74
外 9	52	3494	0.346	1038	200	1471	441	1324	2.43	3.17
外 10	36	2621	0.260	780	150	827	248	744	1.32	1.74
外 11	40	2621	0.260	780	150	827	248	744	1.32	1.74
外 12	40	2621	0.260	780	150	827	248	744	1.32	1.74
外 13	40	2621	0.260	780	150	827	248	744	1.32	1.74
外 14	40	2621	0.260	780	150	827	248	744	1.32	1.74
外 15	30	2184	0.216	648	150	827	248	744	1.32	1.74
外 16	40	2462	0.244	732	150	827	248	744	1.32	1.74
外 17	44	2464	0.244	732	150	827	248	744	1.32	1.74
外 18	36	2016	0.200	600	150	827	248	744	1.32	1.74
外区合计	730		4.659	13977						

注：t_N—冬季室温，取 20℃；t_S—一次风温度，取 15℃；v—末端进风速度，取 13m/s；L—末端对应的外区外围护结构长度 m，见图 17-1。

内区空调区域负荷及低速末端装置风量计算表　　　　表 17-6

1	2	3	4		5	6	7
区域编号	区域面积 A (m²)	显热冷负荷 Q_s (W)	区域最大需求风量 $\dfrac{Q_s}{1.01(t_N-t_s)}$ G_z		末端装置一次风入口直径 D(mm)	末端装置最大风量 $3600\dfrac{3.14D^2}{4}V$ (v 取 10m/s) G (m³/h)	末端装置最小风量 $0.3G$ G_M (m³/h)
			kg/s	m³/h			
内 1	149	6019	0.5959	1788	250	1766	530
内 2	81	3321	0.3288	986	200	1130	339
内 3	81	3321	0.3288	986	200	1130	339
内 4	81	3321	0.3288	986	200	1130	339

1	2	3	4		5	6	7
			区域最大需求风量			末端装置最大风量	末端装置最小风量
区域编号	区域面积 A (m²)	显热冷负荷 Q_s (W)	$\dfrac{Q_s}{1.01(t_N-t_s)}$ G_z		末端装置一次风入口直径 D(mm)	$3600\dfrac{3.14D^2}{4}V$ (v 取 10m/s) G (m³/h)	$0.3G$ G_M (m³/h)
			kg/s	m³/h			
内 5	101	4141	0.41	1230	250	1766	530
内 6	111	4551	0.4506	1352	250	1766	530
内 7	65	2665	0.2639	792	200	1130	339
内 8	41	1681	0.1664	499	150	636	191
内 9	56	2296	0.2273	682	200	1130	339
内 10	67	2747	0.272	816	200	1130	339
内 11	142	5882	0.5824	1747	250	1766	530
内 12	72	2952	0.2923	877	200	1130	339
内 13	32	1312	0.1299	390	150	636	191
新风				7850	400×2	4522×2	1357×2
排风				5715	450	5878	1763
内区合计	1079		4.377	13131			

外区高速末端装置最小风量校核计算表 表 17-7

	1	2	3	4	5	6
进口直径 D (mm)	进口面积 A (m²)	一次风最大风量 G ($v=10\sim13$m/s) (kg/s)	250Pa 动压下风量 G_{250} (m³/s)	放大系数 F	最小风速 v_m (m/s)	一次风最小风量 G_m (m³/h)
计算方法	$\dfrac{\pi D^2}{4}$	$1.2\dfrac{\pi D^2}{4}\times v$	查图 8-2	$20.4\dfrac{A}{G_{250}}$	$\sqrt{\dfrac{2\times\Delta P_m}{F\times\rho}}$	$3600v_m\times A$
$\phi150$	0.0177	0.212~0.276	0.243	2.21	2.40	153
$\phi200$	0.0314	0.377~0.490	0.433	2.19	2.40	271
$\phi250$	0.0490	0.588~0.764	0.676	2.19	2.41	425

6. 末端装置需求性能表

本工程标准层办公变风量末端装置需求性能如表 17-9 所示。

17.4.2 末端装置选型

1. 外区并联式风机动力型末端装置（参照江森公司产品样本）

按照表 17-9 要求，另外，末端装置（含过滤器和加热盘管）及下游风管、风口阻力 70Pa；热水盘管供/回水温度 60℃/50℃。

内区及新排风低速末端装置最小风量校核计算表 表 17-8

进口直径 D (mm)	进口面积 A (m²)	一次风最大风量 G ($v=8\sim10$m/s) (kg/s)	最小风速 v_m (m/s)	一次风最小风量 G_m (m³/h)
	1	2	5	6
计算方法	$\dfrac{\pi D^2}{4}$	$1.2\dfrac{\pi D^2}{4}\times v$		$3600v_m\times A$
$\phi150$	0.0177	0.170～0.212	1	63.7
$\phi200$	0.0314	0.301～0.377	1	113
$\phi250$	0.0490	0.470～0.588	1	176
$\phi400$	0.1256	1.206～1.507	1	452
$\phi450$	0.1589	1.525～1.907	1	572

标准层办公变风量末端装置需求性能表 表 17-9

设备代号	类型	进口口径 (mm)	用途	最大风量 [m³/h(kg/s)]	最小风量 [m³/h(kg/s)]	风机风量 [m³/h(kg/s)]	盘管供热量 (kW)	数量
FPP-1	并联式再热型	$\phi150$	办公室	827 (0.276)	248 (0.083)	496 (0.166)	1.74	14
FPP-2	并联式再热型	$\phi200$	办公室	1471 (0.490)	441 (0.147)	883 (0.294)	3.17	4
VAV-1	单冷单风道型	$\phi150$	办公室电梯厅	636 (0212)	191 (0.064)	—	—	2
VAV-2	单冷单风道型	$\phi200$	办公室	1130 (0.377)	339 (0.113)	—	—	7
VAV-3	单冷单风道型	$\phi250$	办公室	1766 (0.589)	530 (0.177)	—	—	4
CAV-1	单风道	400×400	新风定风量	4522 (1.507)	1357 (0.452)	—	—	2
CAV-2	单风道	400×600	排风定风量	5878 (1.959)	1763 (0.588)	—	—	1

注：1. FPP末端装置采用毕托管式风速传感器；VAV、CAV末端装置采用非气压型风速传感器。

2. 末端装置在最大风量下全开时的全压力降≤150Pa。

3. 末端装置噪声≤NC35。

（1）技术特点：采用毕托管式风速传感器、单板式风量调节阀，为高速变风量末端装置。

（2）箱体选型：根据末端装置最大、最小风量需求，查表 17-10，外区并联式风机动力再热型末端装置（FPP-1、2）选 TVS 标准型 0606、0808 箱体，风量范围列入表 17-11 第 6、7 列，各种风口、外形尺寸列入表 17-11 第 2～5 列。

TVS 流量范围 表 17-10

规格	流量范围(m³/h)	规格	流量范围(m³/h)
0606	100～935	1211,1218,1221	410～3900
0806,0808,0811	180～1670	1411,1418,1421,1424	570～5270
1008,1011,1018	280～2720	1621,1624	750～6970

TVS 并联式风机动力型末端装置选型表　　　　　表 **17-11**

0	1	2	3	4	5	6	7	8	9
设备代号	型号	进风口	出风口	回风口	外形	最大风量	最小风量	风机风量	风机风压
				(mm)			(m³/h)		(Pa)
见样本						表 17-11		图 17-3	
FPP-1	0606	Φ149	240×240	575 ×325	750×610 ×395	935	100	高档 496	70
FPP-2	0808	Φ200	307×247			1670	180	中档 883	90

10	11	12	13	14	15	16	17
加热风量	盘管排数	风压降	盘管水量	水压降	盘管加热量	输入功率	电流
(m³/h)		(Pa)	(L/s)	(kPa)	(kW)	(W)	(A/220V)
表 17-13、表 17-14						表 17-15	
510	1 排	2.7	0.06	2.09	2.46	68	0.32
850	1 排	5.5	0.13	8.58	3.55	178	0.81

（3）风机选型：根据风机风量、风压需求，查图 17-3 选择风机风量、风压列入表 17-11 第 8、9 列。查表 17-12 电气数据列入表 17-11 第 16、17 列。末端装置配电子调速器（SCR）供现场微调风机风量；

TVS 风机功率/电流　　　　　表 **17-12**

规格	输入功率(W)			电流(A. 220V)		
	高档	中档	低档	高档	中档	低档
0606,0806	68	54	46	0.32	0.25	0.24
0808,1008	254	178	131	1.15	0.81	0.59
1011,1211,1411	403	294	223	1.83	1.34	1.03
1018,1218,1418	409	354	252	2.27	1.65	1.22
1221,1421,1621	581	445	322	2.84	2.13	1.63
1424,1624	694	520	408	3.26	2.56	2.05

（4）加热盘管选型：根据表 17-9 中末端装置加热量需求，查表 17-13，对应风机风量和进出水温度，选 1 排盘管查得两种末端装置加热量分别为 2.5kW 和 3.6kW。因表中加热工况为 60℃进水、19℃进风，需根据 60℃进水、20℃进风的设计工况按表 17-14 进行修正，差值得修正系数 0.985。计算出修正后加热量及其他诸参数列入表 17-11 第 10～15 列。

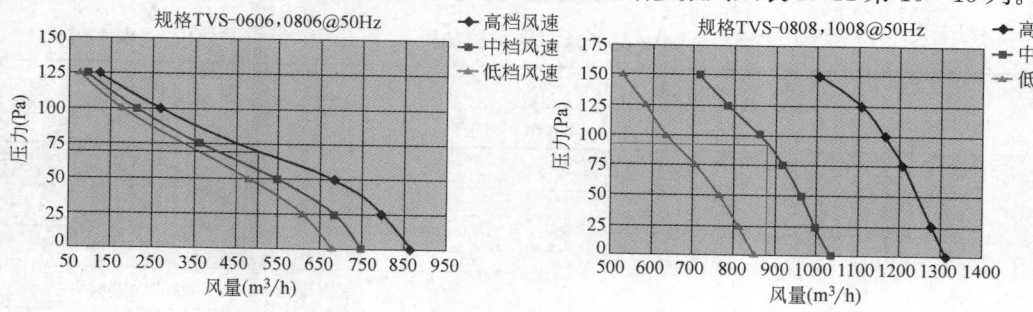

图 17-3　TVS 风机性能图

TVS 热水盘管性能表 表 17-13

风量 （m³/h）	风压降 （Pa）	水流量 （L/s）	水压降		出风温度		出水温度		换热量	
			1排	2排	1排	2排	1排	2排	1排	2排
			（kPa）		（℃）		（℃）		（kW）	
510	1排 2.7 2排 6.5	0.03	0.60	0.38	29.4	34.4	45.6	38.7	1.8	2.6
		0.06	2.09	1.33	33.4	40.3	50.0	45.2	2.5	3.6
		0.13	8.58	5.38	36.5	45.0	54.4	51.7	3.0	4.4
		0.19	17.33	10.78	37.7	46.8	55.8	53.9	3.2	4.7
		0.25	28.92	17.90	38.4	47.7	56.8	55.2	3.3	4.9
		0.32	46.03	28.33	39.0	48.7	57.4	56.1	3.4	5.1
850	1排 5.5 2排 13.1	0.03	0.60	0.38	25.8	29.5	44.2	35.7	1.9	3.0
		0.06	2.09	1.33	28.9	34.3	48.5	42.3	2.8	4.3
		0.13	8.58	5.38	31.8	38.6	53.2	49.5	3.6	5.6
		0.19	17.33	10.78	32.9	40.3	54.9	52.2	4.0	6.1
		0.25	28.92	17.90	33.4	41.1	56.0	53.8	4.1	6.4
		0.32	46.03	28.33	34.0	42.1	56.7	55.0	4.3	6.6

注：以上数据在工况为 60℃进水温度、19℃入口空气温度，海平面为基础。

进水与进风温差（ΔT）修正系数 表 17-14

ΔT（℃）	6	8	11	14	17	19	22	25	28	31	33	36	39	41	44
修正系数	0.23	0.29	0.35	0.42	0.48	0.54	0.60	0.66	0.72	0.78	0.85	0.91	0.97	1.00	1.09
ΔT（℃）	47	50	53	56	58	61	64	67	69	72	75	78	81	83	86
修正系数	1.15	1.22	1.28	1.35	1.42	1.48	1.54	1.60	1.66	1.74	1.80	1.86	1.92	1.98	2.05

2. 单风道型末端装置（参照协立公司产品样本）

（1）技术特点：采用叶轮式风速传感器、多孔对开消声式风量调节阀，为低速变风量末端装置。

（2）内区单冷单风道型末端装置（VAV-1～VAV-3）：根据表 17-9 中末端装置最大、最小风量需求，查表 17-15 选 MW 圆形末端，风量范围列入表 17-16 第 5、6 列，进出风口、长度尺寸列入表 17-16 第 2～3 列。末端装置全开压力损失查图 17-4，并列入表 17-16 第 7 列。

MW 圆形单风道末端装置 表 17-15

型号	进出风接口	长度	设定风量
	（mm）		（m³/h）
150	Φ147	500	70～630
200	Φ197		110～1130
250	Φ247		180～1760
300	Φ297	550	260～2540
350	Φ347		350～3460

单风道型末端装置选型表　　　　　　　　　表 17-16

0	1	2	3	4	5	6	7
设备代号	型号	进出风接口	长度	设计风量	最大风量	最小风量	压力损失
		(mm)		(m³/h)			(Pa)
表 17-9	表 17-15			表 17-9	表 17-15		图 17-4
VAV-1	MW150	Φ147	500	636	630	70	60
VAV-2	MW200	Φ197		1130	1130	110	24
VAV-3	MW250	Φ247		1766	1760	180	20
CAV-1	CW400/400	400×400	400	4522	4600	570	11
CAV-2	CW600/400	600×400		5878	6900	860	8.3

（3）新排风定风量单风道型末端装置（CAV-1、VAV-2）：根据 17-9 末端装置最大、最小风量需求，查表 17-17 选 CW 矩形单风道末端装置，风量范围列入表 17-16 第 5、6 列，进出风口、长度尺寸列入表 17-16 第 2～3 列；末端装置全开压力损失按下式计算（以 CW400/400 为例）并列入表 17-16 第 7 列。

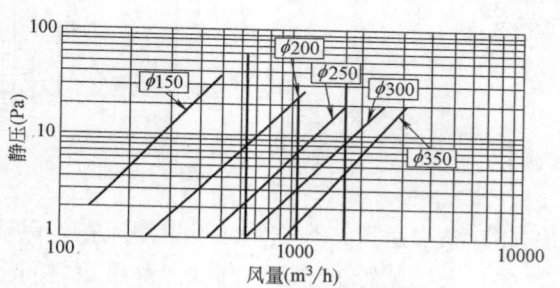

图 17-4　MW 圆形单风道末端装置选型图

$$\Delta P = \delta \frac{v^2 \rho}{2} = 0.3 \frac{\left(\frac{4522}{3600 \times 0.4 \times 0.4}\right)^2 \times 1.2}{2} = 11 \ (\text{Pa})$$

CW 矩形单风道末端装置　　　　　　　　　表 17-17

型号	进出风接口	长度	设定风量
	(mm)		(m³/h)
400/400	400×400	400	570～4600
400/500	400×500		720～5760
400/600	400×600		860～6910
400/700	400×700		1000～8060
400/800	400×800		1150～9200
600/600	600×600		1290～10360
600/700	600×700		1510～12090
600/800	600×800		1720～13820

17.5　风 管 设 计

1. 空调风管特点（图 17-1）

（1）本工程为钢筋混凝土、部分钢结构，变风量空调系统采用矩形送、回风管；

（2）根据平面条件，变风量空调系统送风管采用 8 字形环状布置，易于压力平衡；

（3）考虑到各房间回风的压力平衡，采用吊平顶静压箱集中回风；

（4）变风量末端装置一次风进口接管采用 4 倍直径长度的等径直管段管套接，直管段外套在末端接口上，胶带包扎密封，保证末端装置一次风进口处风速传感器气流稳定（图 17-5）；

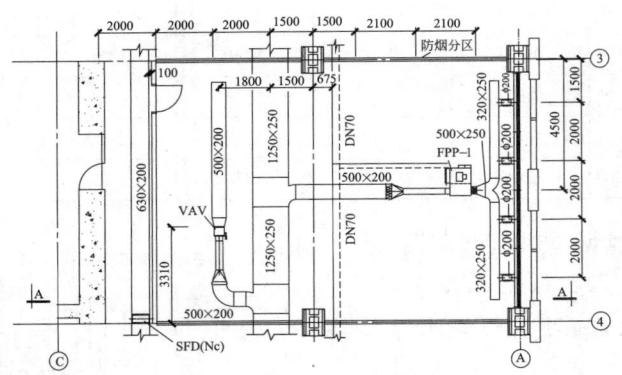

图 17-5　内、外区末端装置详图

（5）条形送风口与支管间设置静压箱，保证静压出风并起消声作用；

（6）末端装置下游支管与送风静压箱之间接 2m 左右消声软管，有消声和方便接管的作用，风口在安装时也可适当移位。

2. 风管管径计算

（1）由于空调系统较小，空调送、回风管采用等摩阻法进行风管设计计算；

（2）系统 8 字形送风管网分解成西南、西北、东北、东南 4 个支路，按支状管网计算，计算结果详见表 17-18、图 17-1；

风管管径选择表　　　　　　　　　　　　　　　　　　　表 17-18

末端	最大风量（m³/h）	计算管道	计算风量（m³/h）	管径（mm）	比摩阻（Pa/m）
西南支路					
外 8	600	外 8/内 6	600	400×320	0.15
内 6	1352	内 6/内 7	1952	400×320	0.68
内 7	792	内 7/外 9	2744	630×320	0.40
外 9	1038	外 9/外 10	3782	630×320	0.76
外 10	780	外 10/外 11	4562	630×320	1.03
外 11	780	外 11/内 8	5342	1000×320	0.52
内 8	499	内 8/内 9	5841	1000×320	0.58
内 9	682	内 9/外 12	6523	1000×320	0.7-
外 12	780	外 12/西总管	7303	1000×320	0.91
西北支路					
内 12	877	内 12/外 17	877	400×320	0.15
外 17	732	外 17/外 16	1609	400×320	0.44
外 16	732	外 16/外 15	2341	500×320	0.50

续表

末端	最大风量(m³/h)	计算管道	计算风量(m³/h)	管径(mm)	比摩阻(Pa/m)
西北支路					
外 15	648	外 15/外 14	2989	500×320	0.81
外 14	780	外 14/内 11	3769	800×320	0.44
内 11	1747	内 11/外 13	5516	800×320	0.88
外 13	780	外 13/内 10	6296	1000×320	0.68
内 10	816	内 10/西总管	7112	1000×320	0.86
		西总管	14415	1250×400	1.05
东北支路					
内 1	1788	内 1/外 18	1788	400×320	0.55
外 18	600	外 18/外 1	2388	500×320	0.53
外 1	957	外 1/外 2	3345	500×320	0.99
外 2	717	外 2/外 3	4062	800×320	0.50
外 3	717	外 3/内 2	4779	800×320	0.67
内 2	986	内 2/外 4	5765	800×320	0.93
外 4	717	外 4/内 3	6482	1000×320	0.72
内 3	986	内 3/东总管	7468	1000×320	0.93
东南支路					
外 7	951	外 7/外 6	951	400×320	0.15
外 6	951	外 6/内 5	1902	400×320	0.62
内 5	1230	内 5/内 4	3132	500×320	0.89
内 4	986	内 4/外 5	4118	800×320	0.50
外 5	717	外 5/东总管	4835	800×320	0.67
		东总管	12303	1250×400	0.82

（3）由于各支路主要为东西向负荷，各末端装置风量变化趋于一致，故按各末端装置的区域最大风量叠加作为风管的计算风量；

（4）风系统最不利环路沿程阻力和局部阻力计算与定风量系统相同，此处从略。

3. 空调机房

图 17-6 为本工程标准层空调机房，它具有下列特点：

（1）高层建筑核心筒内空调机房空间狭小，是变风量空调系统设计的难点；

（2）采用了立式空调箱、机房回风方式；

（3）主送风管二级消声；回风道较短，采用回风静压箱加机房静压箱二级消声；

（4）新排风定风量装置（CAV）设置了 4D 的直管段，以保证风量检测的准确性。

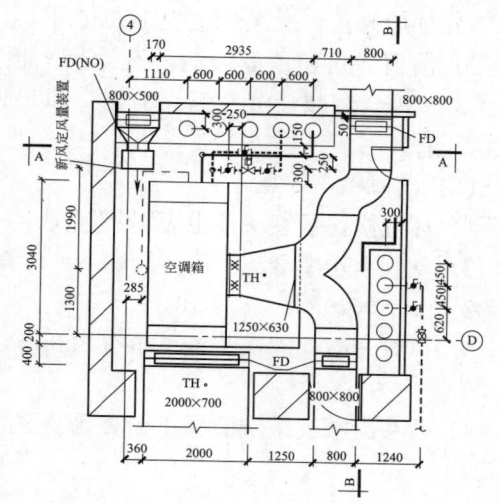

图 17-6　标准层空调机房平面图

17.6　末端装置噪声计算

变风量空调系统的噪声源主要是空调箱与末端装置两部分。变风量空调箱的噪声计算可参照有关手册进行，本实例主要介绍变风量末端装置的噪声计算。

17.6.1　外区并联式风机动力型末端装置[①]

1. 计算条件

以区域一次风量最大的外 9 区（FPP-2）为例：房间面积 $52m^2$；净高 3m；房间内表面积 $203m^2$；末端装置下游阻力 70Pa；主风管计算静压 400Pa，末端一次风进口直径 $\Phi200mm$；末端一次风最大风量 0.49kg/s（$1471m^3/h$）；风机风量 0.294kg/s（$883m^3/h$）；噪声设计值 NC≤35。

2. 由房间声压级值计算 NC 曲线值

由于计算条件不满足 AHRI 885-90 给定条件（表 14-15），无法查样本直接得到房间的 NC 曲线值，需按下列步骤计算（计算结果见表 17-22、表 17-23）：

（1）末端声功率级值

1）供冷工况：并联式末端装置供冷时风机不运行，取一次风最大风量时的末端装置声功率级值。由江森公司按 AHR1 880 条件测试给出的表 17-19 与表 17-20 分别查出末端装置的辐射噪声、出口噪声的声功率级（主风管静压值系指末端装置附近主风管内的静压值 400Pa；风量 $1471m^3/h$；取表中黑线框出部分 250Pa/750Pa 与 $1360m^3/h/1700m^3/h$ 的二次插值）；

2）供热工况：并联式末端装置供热时为一次风最小风量，风机运行，噪声为二者叠加。查表 17-19、表 17-20 可知，一次风最小风量下末端装置声功率级值比一次风最大风量低 10dB 以上，噪声叠加计算时可忽略，因此仅取风机噪声声功率级值。由江森公司测试给出的表 17-21 查出末端装置仅风机运行时的辐射噪声、出口噪声的声功率级（末端装置风机风量 $883m^3/h$，取表中黑线框出部分 $680m^3/h/1275m^3/h$ 的插值）。

（2）辐射噪声计算

1）环境修正：衰减量由表 14-6 查取；

2）吊顶空间和顶棚效应：设计吊平顶类型为常见的纸面石膏板 12mm，面密度为 $9kg/m^2$。综合衰减量由表 14-7 查取（取吊顶静压箱＋16mm 石膏灰胶纸夹板综合衰减量的 3/4 值）。

（3）出口噪声计算

1）环境修正：衰减量由表 14-6 查取；

2）支管声功率分流：由式（14-6）计算：$\Delta L_w = 10\lg(F_i/\sum F_i) = 10\lg[0.32 \times 0.25/(0.32 \times 0.25 \times 20)] = -3$（dB）；

3）风管衰减：末端装置下游有 320mm×250mm 无内衬风管 4m，取表 14-8 中 305×305 栏值；

4）弯头衰减：末端装置下游矩形无内衬圆弧弯头自然衰减量按表 14-12（$W=320$）计算：

───────────────

① 参照江森公司产品样本。

5）内衬软管：末端装置下游软管直径 200mm、长 1.0m，由表 14-13 取值；

6）送风消声静压箱：1000×200×400（h）按矩形钢板风管 25mm 玻璃纤维内衬（表 14-9）200×610 栏值计算插入噪声衰减量（长度 0.4m）；

7）风管末端反射衰减：末端装置样本给出的末端装置出风噪声声功率值中，未扣除末端装置反射修正值；吊顶条缝形散流器带送风消声静压箱（1000×200），风管当量直径 $D=(4×1×0.2/\pi)1/2=0.5$m；由表 14-14 终止于自由空间栏取值。

（4）房间效应计算：$r=2$m（6.5ft），$V=156$m^3（5460ft^3），房间表面积 203m^2；

由式（14-5）计算各倍频程衰减量（dB）：$10\lg6.5+5\lg5460+3\lg125-25=8.1$；$10\lg6.5+5\lg5460+3\lg250-25=8.9$；$10\lg6.5+5\lg5460+3\lg500-25=9.9$；$10\lg6.5+5\lg5460+3\lg1000-25=10.8$；$10\lg6.5+5\lg5460+3\lg2000-25=11.7$；$10\lg6.5+5\lg5460+3\lg4000-25=12.6$。

（5）求得房间各倍频程下的声压级值，查图 14-12 房间等响曲线均小于 NC35。

一次风阀辐射声功率级表（dB）　　　　　　　　　表 17-19

型号	进口尺寸 （mm）	风量 （m³/h）	主风管静压 125(Pa)						主风管静压 250(Pa)						主风管静压 750(Pa)					
			2	3	4	5	6	7	2	3	4	5	6	7	2	3	4	5	6	7
0606	150	340	47	40	37	32	27	28	51	44	41	35	29	28	57	51	48	41	34	32
		425	49	42	39	34	29	28	53	46	43	36	30	28	59	53	50	42	35	32
		510	52	45	41	36	30	28	56	47	44	38	31	28	62	55	51	43	36	33
		595	55	47	43	37	32	29	57	49	46	39	33	29	64	57	52	44	37	33
		765	59	51	46	39	33	29	62	53	49	42	36	31	67	60	55	47	40	35
		935	65	56	50	42	35	31	65	57	52	43	37	32	69	62	57	48	41	36
0806 0808	200	510	51	43	39	33	28	26	57	50	45	37	31	28	62	57	54	47	38	35
		680	53	45	40	35	29	27	58	51	46	39	32	29	65	61	57	49	40	36
		850	56	47	42	36	31	28	60	52	47	40	34	30	66	62	58	49	41	37
		1020	59	49	44	37	33	29	62	53	48	41	36	31	68	64	59	50	43	38
		1360	63	53	47	40	36	30	66	56	50	44	39	32	71	67	60	51	45	39
		1700	67	57	51	43	38	32	70	60	54	46	41	34	74	69	61	52	46	41

一次风阀出口声功率级表（dB）　　　　　　　　　表 17-20

型号	进口尺寸 （mm）	风量 （m³/h）	主风管静压 125(Pa)						主风管静压 250(Pa)						主风管静压 750(Pa)					
			2	3	4	5	6	7	2	3	4	5	6	7	2	3	4	5	6	7
0606	150	340	47	44	41	33	30	29	49	49	45	39	34	34	53	54	52	50	44	44
		425	49	47	42	35	31	30	51	51	46	40	34	34	56	57	54	51	44	44
		510	52	49	44	37	31	30	54	53	48	41	35	35	58	59	55	52	44	44
		595	55	51	46	38	34	33	57	56	50	43	37	37	61	61	57	52	45	45
		765	60	56	51	43	38	37	62	59	54	46	41	40	65	65	61	54	47	47
		935	64	59	54	47	41	40	67	64	58	50	45	44	69	68	64	57	50	50
0806 0808	200	510	49	46	41	38	33	31	53	52	48	44	38	37	58	57	58	58	49	48
		680	52	49	46	41	36	32	57	54	51	46	41	40	62	61	61	59	50	50
		850	55	51	48	43	38	35	59	56	52	47	43	41	64	63	62	60	51	51
		1020	58	54	50	45	40	38	61	59	55	49	45	43	67	66	63	61	53	52
		1360	63	58	54	48	43	41	66	63	58	52	48	47	70	70	66	62	56	55
		1700	67	63	58	53	47	46	70	66	61	56	51	50	73	74	69	65	59	58

仅限风机声功率级表（dB） 表 17-21

型号	风量（m³/h）	出口噪声						辐射噪声					
		2	3	4	5	6	7	2	3	4	5	6	7
0606 0806	408	60	50	46	38	32	27	60	54	47	42	40	35
0808 1008	600	63	54	49	44	40	38	63	59	52	47	45	42
1011 1211	680	65	57	50	48	45	45	65	63	55	50	49	47
1411	1275	71	63	57	55	49	49	69	67	61	57	57	55

辐射噪声计算实例 表 17-22

序号	噪声计算	计算方法	供热：一次风最小风量，风机运行						供冷：一次风最大风量，风机不运行					
			125	250	500	1000	2000	4000	125	250	500	1000	2000	4000
①	末端声功率级(dB)	表 17-11、13	66	64	57	52	52	50	69	60	54	47	42	35
②	环境修正衰减量	表 14-6	2	1	0	0	0	0	2	1	0	0	0	0
③	空间及吊顶衰减量	表 14-7	11.	16	19	20	20	20	11	16	19	20	20	20
④	房间效应衰减量	式 14-5	8.1	8.9	9.9	10.8	11.7	12.6	8.1	8.9	9.9	10.8	11.7	12.6
⑤	房间声压级(dB)	①-②~④	44.9	38.1	28.1	21.2	20.3	17.4	47.9	34.1	25.1	16.2	10.3	2.4
⑥	房间等响曲线 NC	图 14-12	约 25						约 30					

出口噪声计算实例 表 17-23

序号	噪声计算	计算方法	供热：一次风最小风量，风机运行(m³/h)						供冷：一次风最大风量，风机不运行(m³/h)					
			125	250	500	1000	2000	4000	125	250	500	1000	2000	4000
①	末端声功率级(dB)	表 17-12、13	67	59	52	50	46	46	68	66	61	56	51	50
②	环境修正衰减量	表 14-6	2	1	0	0	0	0	2	1	0	0	0	0
③	支管声功率分流	式(14-6)	3	3	3	3	3	3	3	3	3	3	3	3
④	风管衰减量	表 14-8	2.6	1.3	0.8	0.8	0.8	0.8	2.6	1.3	0.8	0.8	0.8	0.8
⑤	弯头自然衰减量	表 14-12	0	1	2	3	3	3	0	1	2	3	3	3
⑥	软管自然衰减量	表 14-13	3	5	8	9	9	6	3	5	8	9	9	6
⑦	送风消声静压箱	表 14-9	0.5	1.0	2.5	5.2	5.4	3.7	0.5	1.0	2.5	5.2	5.4	3.7
⑧	风管末端反射	表 14-14	6	2	1	0	—	0	6	2	1	0	0	—
⑨	房间自然衰减量	式(14-5)	8.1	8.9	9.9	10.8	11.7	12.6	8.1	8.9	9.9	10.8	11.7	12.6
⑩	房间声压级(dB)	①-(②~⑨)	41.8	35.8	24.8	18.2	13.1	16.9	42.8	40.4	33.8	24.2	18.1	20.9
⑪	房间等响曲 NC	图 14-12	约 25						约 30					

17.6.2　内区单风道型末端装置[①]

1. 计算条件

以区域一次风量最大的内 11 区（VAV-3）为例：房间面积 142m²；净高 3m；房间内表面积 450m²；末端装置下游阻力 70Pa；主风管计算静压 400Pa，末端一次风进口直径 Φ250mm；末端装置一次风最大风量为 0.589kg/s（1766m³/h）；噪声设计值 NC≤35。

2. 由房间声压级值计算 NC 曲线值（计算结果见表 17-25）

（1）末端声功率级值

协立公司依据《噪声水平测定方法》JIS Z8731 及《全无音实验室或半无音实验室内的声功率测定方法》JIS Z8732 测定给出末端装置辐射噪声和吹出（出风）噪声的合成噪声声功率级值。测定时对试验体（变风量末端装置）进行隔声（消声保温）处理后测出吹出（出风）噪声声功率级值。从测试数据看，辐射噪声基本上可以忽略。

内区单冷单风道型末端装置全年供冷，取协立公司样本一次风最大风量下的末端声功率级值。（末端装置附近主风管内的静压值 400Pa，扣去末端装置下游阻力 70Pa，末端装置压损约 330Pa；风量 1766m³/h；按表 17-24 中黑线框出部分风量 1770m³/h，压损 300Pa 取值）；

（2）出口噪声计算：

1）环境修正：衰减量由表 14-6 查取；

2）风管衰减：末端装置下游有 500mm×200mm 无内衬风管 4m，取表 14-8 中 305×610 栏值；

3）弯头衰减：末端装置下游矩形无内衬圆弧弯头自然衰减量按表 14-12（W=500）计算；

4）内衬软管：末端装置下游软管直径 200mm、长 1.8m，由表 14-13 取值；

5）送风消声静压箱：1000×200×400（h）按矩形钢板风管 25mm 玻璃纤维内衬（表 14-9）200×610 栏值计算插入噪声衰减量（长度 0.4m）；

6）风管末端装置反射衰减：末端装置样本给出的末端出风噪声声功率值中，未扣除末端装置反射修正值；吊顶条缝形散流器带送风消声静压箱（1000×200），风管当量直径 $D=(4×1×0.2/\pi)^{1/2}=0.5$m；由表 14-14 终止于自由空间栏取值。

（3）房间效应计算：r=2m（6.5ft），V=426m³（15000 ft³），房间表面积 203m²；

由式（14-5）计算各倍频程衰减量（dB）：10lg6.5＋5lg15000＋3lg63－25＝9.4；10lg6.5＋5lg15000＋3lg125－25＝10.3；10lg6.5＋5lg15000＋3lg250－25＝11.1；10lg6.5＋5lg15000＋3lg500－25＝12.1；10lg6.5＋5lg15000＋3lg1000－25＝13.0；10lg6.5＋5lg15000＋3lg2000－25＝13.9；10lg6.5＋5lg15000＋3lg4000－25＝14.8；10lg6.5＋5lg15000＋3lg8000－25＝15.7。

（4）求得各倍频程下房间的声压级值，查图 14-12 房间等响曲线均小于 NC35。

圆型单风道末端出口声功率级表（dB）　　　　　　表 17-24

装置尺寸	风量（m³/h）	压损（Pa）	八倍频程中心频率（Hz）								NC 值
			63	125	250	500	1000	2000	4000	8000	
ϕ250	355	1（全开）	36.1	21.8	12.4	12.8	15.2	17.5	19.7	18.3	15 未满
		100	38.0	38.4	34.7	29.1	25.5	25.9	22.9	18.8	16.0
		300	37.5	29.5	28.1	27.7	31.4	35.2	33.8	30.6	26.0
		500	37.4	29.2	29.8	29.8	33.5	38.8	41.1	37.3	32.5

[①]　参照协立公司产品样本。

（续）

装置尺寸	风量（m³/h）	压损（Pa）	八倍频程中心频率（Hz）								NC值
			63	125	250	500	1000	2000	4000	8000	
φ250	1060	6（全开）	35.7	33.3	29.8	29.6	33.1	24.7	20.6	18.4	20.5
		100	49.2	53.1	44.7	37.1	34.7	31.1	26.0	20.6	24.0
		300	51.3	57.8	55.5	48.4	42.3	42.1	39.5	33.9	35.0
		500	52.6	55.9	58.3	54.7	47.3	47.3	46.6	42.4	39.5
	1770	20（全开）	39.0	44.4	40.8	42.2	48.4	43.7	37.8	28.8	35.5
		100	52.2	58.0	50.4	44.6	41.2	38.9	37.8	31.1	31.2
		300	57.9	66.5	60.1	55.2	49.5	48.2	44.8	38.3	41.2
		500	57.5	66.1	63.1	57.4	52.9	51.8	49.8	44.5	44.8

出口噪声计算实例   表 17-25

序号	噪声计算	计算方法	一次风最大风量（m³/h）							
			63	125	250	500	1000	2000	4000	8000
①	末端声功率级（dB）	表 17-16	57.9	66.5	60.1	55.2	49.5	48.2	44.8	38.3
②	环境修正衰减量	表 14-6	4	3	1	0	0	0	0	—
③	风管衰减量	表 14-8	5.2	2.6	1.3	0.6	0.6	0.6	0.6	0.6
④	弯头自然衰减量	表 14-12	0	1	2	3	3	3	3	3
⑤	软管自然衰减量	表 14-13	4	6	11	17	19	19	12	12
⑥	送风消声静压箱	表 14-9	0	0.5	1.0	2.5	5.2	5.4	3.7	2.5
⑦	风管末端反射	表 14-14	10	6	2	1	0	0	—	—
⑧	房间自然衰减量	式 14-5	9.4	10.3	11.1	12.1	13.0	13.9	14.8	15.7
⑨	房间声压级（dB）	①-（②～⑨）	24.4	37.1	30.7	19.0	8.7	6.3	10.7	4.5
⑩	房间等响曲 NC	图 14-12	约 20							

17.6.3 排风单风道型定风量末端装置[1]

新风定风量末端装置位于嘈杂的空调机房内，故仅需对位于内 11、内 12 区域吊顶内的排风定风量末端作噪声计算（图 17-1）。

1. 计算条件

内 11、内 12 区域面积 214m²；净高 3m；末端装置最大风量 1.959kg/s（5878m³/h）；主排风管计算静压-330Pa，末端装置一次风进口 600×400mm；噪声设计值 NC≤35。

2. 由房间声压级值计算 NC 曲线值（计算结果见表 17-27）

（1）末端声功率级值：协立公司依据《噪声水平测定方法》JIS Z8731 及《全无音实验室或半无音实验室内的声功率测定方法》JIS Z8732 测定给出末端装置辐射噪声和吹出（出风）噪声的合成噪声声功率级值。测定时对试验体（变风量末端装置）进行隔声（消声保温）处理后测出吹出（出风）噪声声功率级值。从测试数据看，辐射噪声基本上可以忽略。

---

[1] 参照协立公司产品样本。

取协立公司样本一次风最大风量下的末端装置声功率级值（定风量末端装置附近主排风管内静压值－330Pa，末端装置压损约300Pa；风量5878m³/h；按表17-26中黑线框出部分风量5183m³/h/6910m³/h插值，压损300Pa取值）；

（2）出口噪声计算：

1）环境修正：衰减量由表14-6查取；

2）风管衰减：末端装置上游有600mm×400mm带内衬风管3m，取表14-9中380×560栏值；

3）风管末端装置反射衰减：末端装置样本给出的末端装置出风噪声声功率值中，未扣除末端装置反射修正值；风管当量直径 $D=(4×0.4×0.6/\pi)^{1/2}=0.56m$；由表14-14终止于墙壁齐平（侧送风口）栏取510/610mm插值；

4）吊顶空间和顶棚效应：排风定风量末端装置在吊顶内，出口噪声传递到室内还要经过吊顶空间和顶棚衰减。设计吊平顶类型为常见的纸面石膏板12mm，面密度为9kg/m²。综合衰减量由表14-7查取（取吊顶静压箱＋16mm石膏灰胶纸夹板综合衰减量的3/4值）。

（3）房间效应计算：$r=2m$（6.5ft），$V=642m^3$（22470 ft³），房间表面积491m²；

由式（14-5）计算各倍频程衰减量（dB）：$10lg6.5+5lg22470+3lg63-25=10.3$；$10lg6.5+5lg22470+3lg125-25=11.11$；$10lg6.5+5lg22470+3lg250-25=12.0$；$10lg6.5+5lg22470+3lg500-25=12.9$；$10lg6.5+5lg22470+3lg1000-25=13.9$；$10lg6.5+5lg22470+3lg2000-25=14.8$；$10lg6.5+5lg22470+3lg4000-25=15.7$；$10lg6.5+5lg22470+3lg8000-25=16.6$。

（4）求得各倍频程下房间的声压级值，查图14-12房间等响曲线均小于NC35。

矩型单风道末端出口声功率级表（dB）　　　　　　表 17-26

装置尺寸	风量（m³/h）	压损（Pa）	八倍频程中心频率（Hz）								NC 值
			63	125	250	500	1000	2000	4000	8000	
600(W)×400(H)	1728 2m/s	4(全开)	40.5	26.1	21.5	17.9	17.8	20.0	22.4	20.9	16.0
		100	60.9	56.6	51.8	47.4	50.0	64.1	46.3	32.9	55.0
		300	69.3	65.9	66.2	62.6	60.9	62.4	64.0	59.7	56.0
		500	72.6	68.2	70.5	68.7	70.1	70.2	70.9	66.3	63.0
	5183 6m/s	38(全开)	53.1	53.4	52.2	49.7	50.0	49.1	42.0	30.0	39.0
		100	67.5	64.6	62.7	57.0	55.2	55.8	51.0	41.5	46.0
		300	79.9	76.1	74.9	66.7	68.8	66.0	63.8	58.4	58.0
		500	79.4	80.6	80.7	73.9	72.0	70.8	67.0	63.2	64.0
	6910 8m/s	65(全开)	60.2	59.8	61.4	56.6	58.0	58.6	53.8	43.7	49.0
		100	65.2	67.1	70.0	60.4	58.5	59.4	54.9	46.8	52.0
		300	77.5	74.9	74.2	70.6	67.8	67.4	64.0	57.6	58.0
		500	83.7	82.5	81.7	74.8	77.1	73.6	69.4	65.2	66.0

出口噪声计算实例 表 17-27

序号	噪声计算	计算方法	最大风量（m³/h）							
			63	125	250	500	1000	2000	4000	8000
①	末端声功率级（dB）	表 17-16	78.9	75.6	74.6	68.3	66.6	63.9	58.1	58.0
②	环境修正衰减量	表 14-6	4	2	1	0	0	0	0	—
③	风管衰减量	表 14-9	2	3	6	15.6	32.4	28.5	21.6	10
④	风管末端反射	表 14-14	8.5	4.5	1.5	0.5	0	0	0	0
⑤	空间及吊顶衰减量	表 14-7	7.5	11.	16	19	20	20	20	20
⑥	房间自然衰减量	式(14-5)	10.3	11.1	12.0	12.9	13.9	14.8	15.7	16.6
⑦	房间声压级（dB）	①-(②～⑥)	46.6	44.0	38.1	20.3	0.3	0.6	0.8	11.4
⑧	房间等响曲 NC	图 14-12	约 25							

17.7 自 动 控 制

17.7.1 变风量末端装置控制

1. 控制说明

（1）各温度控制区变风量末端装置设墙置式温感器，外区设于外墙内侧，内区置于靠近内走廊的内墙上，用于检测室内空气温度并供用户操作。

（2）供冷工况下，内、外区变风量末端装置根据室内空气温度与设定温度的偏差，计算出变风量末端装置一次风量设定值，根据其与一次风量测量值的偏差，比例积分调节装置的一次风送风量。

（3）外区供热工况时，并联式风机动力型变风量末端装置根据室内空气温度与设定温度的偏差，双位调节热水盘管水流量，同时开启内置风机。

（4）变风量末端装置可就地启停，也可由系统空调箱连锁启停，或由中央 BA 系统远程启停。

（5）变风量末端装置控制采用 DDC 控制器。DDC 控制器在变风量末端装置生产厂逐台组合、调试并整定后作为机电一体化产品送到安装现场。

（6）变风量末端装置 DDC 控制器与中央 BA 监控系统实现下述信号通信：

1）室内温度检测值与设定值输出，用于 BA 系统中央管理；且可接受 BA 系统室温再设定；

2）风量检测值与设定值输出，用于 BA 系统中央管理和系统风量控制；

3）变风量末端装置运行状态输出，用于 BA 系统中央管理；且可接受 BA 系统启停信号输入或本系统空调箱连锁信号输入。

（7）按表 17-28 内容填写变风量末端装置的控制要求表。

变风量末端装置控制要求表 表 17-28

设备代号:FPP	名称:外区并联式风机动力型变风量末端		数量:18	
末端装置型式	□串联型 FPB	■并联型 FPB	□单风道型	□其他
风机运行方式	□连续	■仅加热时	□供冷小风量和加热时	
	□夜间值班供热	□其他_____		

续表

风速传感器类型	■毕托管型	□其他	
温感器形式	■墙置式	□吊平顶式	□其他
设备代号:VAV	名称:内区单风道型变风量末端		数量:11
末端装置型式	□串联型 FPB	□并联型 FPB	■单风道型	□其他
风速传感器类型	□毕托管型	■其他风车型	
温控器型类式	■墙置式	□吊平顶式	□其他
设备代号:CAV	名称:新、排风定风量末端		数量:3
末端装置型式	□串联型 FPB	□并联型 FPB	■单风道型	□其他
风速传感器类型	□毕托管型	■其他风车型	
温控器型类式	□墙置式	□吊平顶式	□其他

2. 控制原理及点数图

变风量末端装置控制原理及点数如图 17-7 所示。

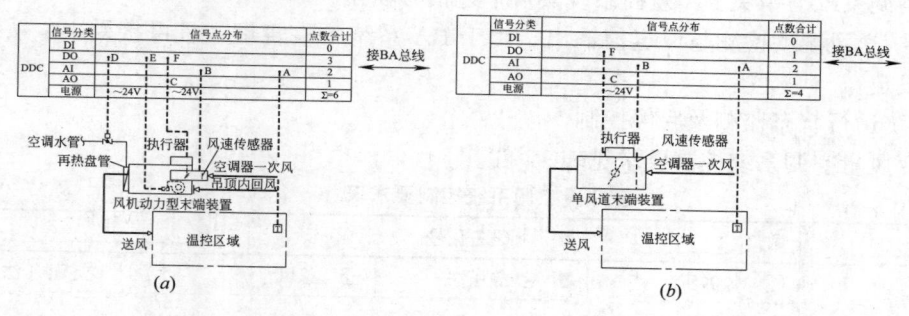

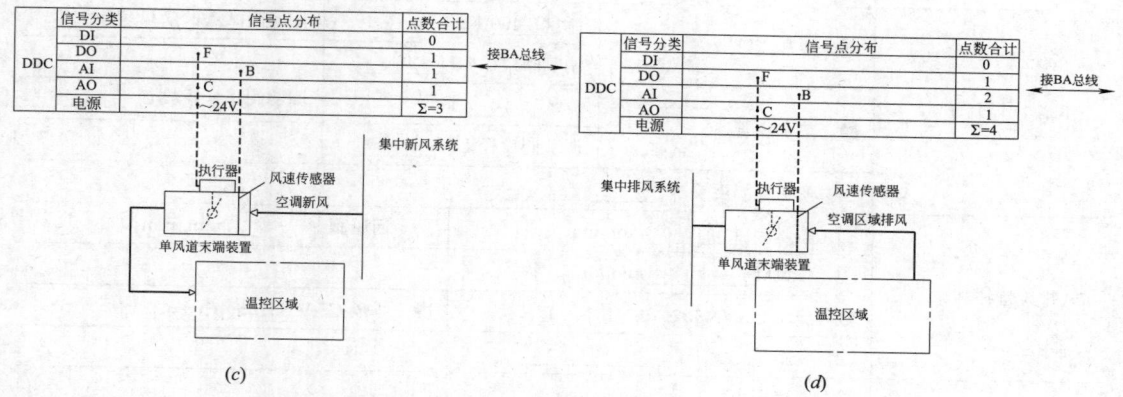

图 17-7 变风量末端装置控制原理及点数图

(*a*) 并联式风机动力型;(*b*) 单冷/冷热型单风道型;(*c*) 新风定风量单风道型;(*d*) 排风定风量单风道型

A—室温检测;B—风量检测;C——次风流量控制;D—电动调节阀开关控制;

E—风机启停控制;F—末端启停控制

17.7.2 变风量空调系统控制

1. 控制说明

(1) 系统风量采用变静压法控制 (见第 15.3.4 节):

1）根据各末端装置设定风量之和预设定风机转速；

2）根据各末端装置阀位状况微调系统风机转速。

（2）根据送风温度检测值与设定值的偏差，比例积分调节用于冷却盘管的电动两通阀。电动两通阀的流量系数为：

$$C_V=\frac{0.07\times W\times\sqrt{G}}{\sqrt{h}}=\frac{0.07\times 207\times\sqrt{1}}{\sqrt{0.4}}=23$$

式中 W——冷却盘管的最大流量，L/min（取自表 17-4，12.4m³/h，207L/min）；

G——流体的相对密度，水取 1；

h——两通阀全开时压力降，与冷却盘管的压力降相同，kg/cm²（取自表 17-4，40kPa）；

（3）空气过滤器淤塞压差报警。

（4）送回风温湿度及送风静压检测显示。

（5）空调箱风机与冷却盘管调节阀、新排风定风量装置连锁。

（6）空调系统与中央 BA 监控系统实现下述信号联系：

1）系统送风温度检测与设定值输出，用于 BA 系统中央管理，且可接受 BA 系统送风温度再设定；

2）系统运行状态监测及启停控制。

（7）变风量空调系统控制要求见表 17-29。

变风量空调系统控制要求表 表 17-29

设备代号AC-20	数量　1		设备代号＿		数量＿＿＿＿	
变风量控制	☐ 定静压法	■ 变静压法		☐ 总风量法		☐ 变定静压法
	☐ 送回风机同步					
送风温度控制	■ 冷却盘管		流量12400 kg/h		调节阀流量系数 C_v 23	
			调节阀口径 DN　40			
	■ 热水盘管		流量＿＿＿＿ kg/h		调节阀流量系数 C_v ＿＿	
			调节阀口径 DN＿＿			
	☐ 变送风温度要求：＿＿＿＿＿					
新、排风量控制	☐ 新风阀＿＿＿＿ mm/mm			☐ 回风阀＿＿＿＿ mm/mm		
	☐ 排风阀＿＿＿＿ mm/mm					
	■ 新风 CAV 4522　m³/h ×2套			■ 排风 CAV 5878m³/h		
	☐ 变新风比要求：＿＿＿＿＿					
加湿控制	☐ 蒸汽压力＿＿＿＿MPa			☐ 其他＿＿＿＿＿		
	☐ 加湿量＿＿＿kg/h			☐ 调节阀流量系数 C_v ＿＿		
	☐ 双位		☐ 比例		☐ 调节阀 DN ＿＿	
过滤器报警	☐ 初阻力　150　Pa			☐ 终阻力　300　Pa		

17.7.3　新风及排风系统控制

1. 控制说明

（1）系统风量控制采用定静压法，根据新、排风系统主风管内静压检测值与设定值的偏差变频调节新、排风风机转速。

（2）根据新风送风温度检测值与设定值的偏差，比例积分调节用于冷、热水盘管的电动两通阀。冷、热水电动两通阀的流量系数分别为：

$$C_V = \frac{0.07 \times W \times \sqrt{G}}{\sqrt{h}} = \frac{0.07 \times 1983 \times \sqrt{1}}{\sqrt{0.4}} = 220$$

$$C_V = \frac{0.07 \times W \times \sqrt{G}}{\sqrt{h}} = \frac{0.07 \times 959 \times \sqrt{1}}{\sqrt{0.4}} = 107$$

式中　W——冷却盘管的最大流量，L/min；

　　　G——流体的相对密度，水取 1；

　　　h——两通阀全开时压力降，与冷却盘管的压力降相同，kg/cm^2；

新风空调箱内空气过滤器淤塞报警。

（3）新、送、排风温湿度检测。

（4）冬季根据送风相对湿度偏差，双位调节高压微雾加湿器。

（5）新风空调箱风机与集中排风机，冷热水调节阀、新风进风阀连锁。

（6）当新风出风温度低于 5℃时，关闭新风进风阀，开启热水阀，实现防冻控制。

（7）新、排风系统与中央 BA 监控系统实现下述信号联系：

1）系统送风温湿度检测值与设定值输出，用于 BA 系统中央管理，且可接受 BA 系统送风温、湿度再设定输入；

2）系统运行状态监测及启停控制。

（8）集中新排风变风量空调系统控制要求见表 17-30。

集中新排风变风量空调系统控制要求表　　　　　　　　　表 17-30

系统代号AC- 50、51	数量＿＿2＿＿		系统代号EF-		数量＿＿2＿＿	
变风量控制	■ 定静压法	□ 变静压法		□ 总风量法		□ 变定静压法
	□ 送回风机同步					
送风温度控制	■ 冷却盘管	流量 119000kg/h			调节阀流量系数 C_v 220	
		调节阀口径 DN ＿＿125＿＿				
	■ 热水盘管	流量 57500　kg/h			调节阀流量系数 C_v 107	
		调节阀口径 DN ＿＿100＿＿				
	□ 变送风温度要求：＿＿＿＿					
新、排风量控制	■ 新风阀 1400×1400mm/mm×4 套			□ 回风阀＿＿＿＿mm/mm		
	□ 排风阀＿＿＿＿mm/mm					
	■ 新风 CAV 4522×2m^3/h×23 层			■ 排风 CAV 5878m^3/h×23 层		
	□ 变新风比要求：＿＿＿＿					
加湿控制	□ 蒸汽压力＿＿＿＿MPa			□ 其他＿＿＿＿		
	■ 加湿量 432＿＿kg/h			□ 调节阀流量系数 C_v＿＿＿＿		
	□ 双位	□ 比例		□ 调节阀 DN＿＿＿＿		
过滤器报警	□ 初阻力＿150＿Pa			□ 终阻力＿300＿Pa		

17.7.4　空调系统控制原理及点数图

本工程空调系统控制原理及点数如图 17-8 所示。

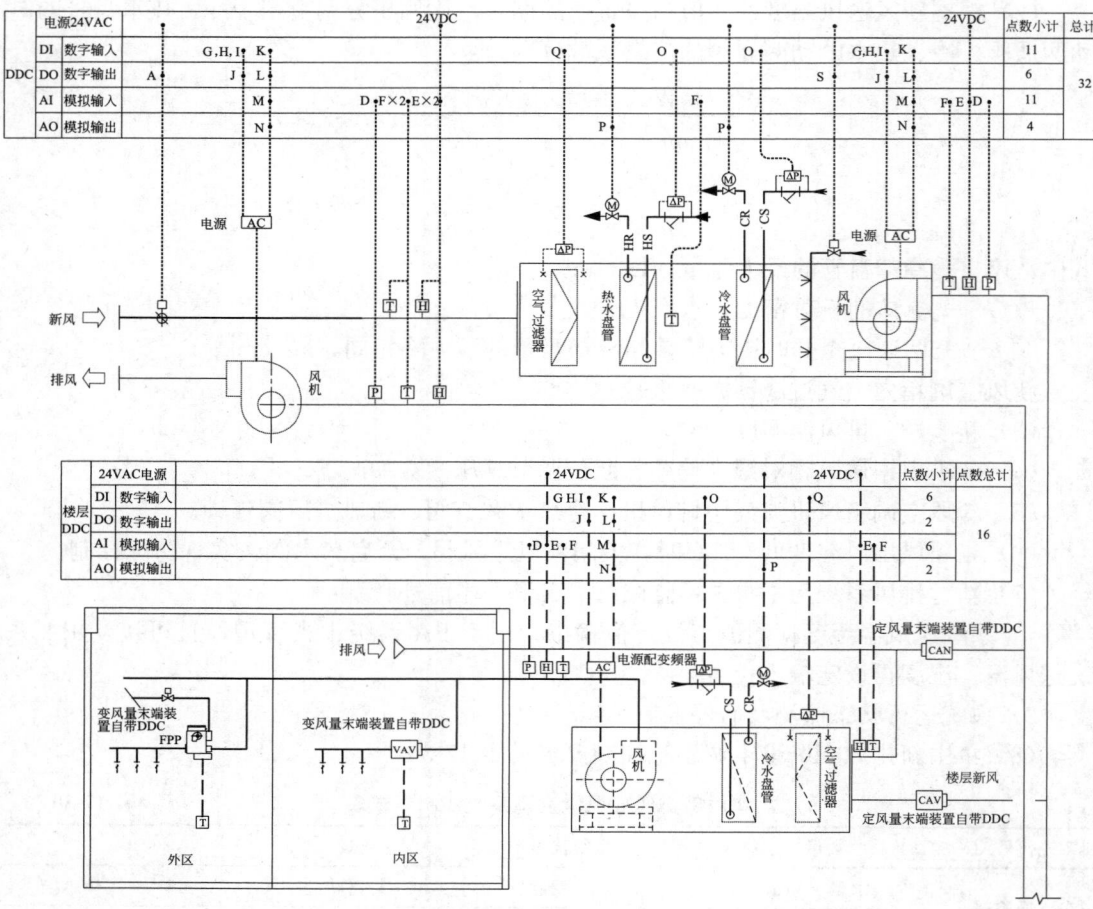

图 17-8　空调系统控制原理及点数图

第18章 工程实例

　　本章收集了各类变风量空调系统9例，均由国内或境内外合作设计，很多源自笔者供职的华东建筑设计研究院。项目竣工启用于2000～2015年间，基本代表了国内变风量空调系统的技术特点和水平。各工程实例控制原理图中的监控点代号见表18-1。

工程实例控制原理图监控点代号　　　　　　　　　　　表18-1

代号	监控点	类型	代号	监控点	类型
A	电动风阀比例调节控制信号	AO	L	变频器启停控制信号	DO
B	压差检测信号	AI	M	变频器频率反馈信号	AI
C	室内外压差检测信号	AI	N	变频器频率控制信号	AO
D	静压检测信号	AI	O	水过滤器压差报警信号	DI
E	相对湿度检测信号	AI	P	水侧电动调节阀控制信号	AO
F	温度检测信号	AI	Q	空气过滤器压差报警信号	DI
G	工作状态信号	DI	R	CO_2浓度检测信号	DI
H	故障状态信号	DI	S	加湿器双位控制信号	DO
I	手/自动状态信号	DI	T	电动风阀双位调节控制信号	DO
J	启停控制信号	DO	U	加湿器比例控制信号	AO
K	变频器故障状态信号	DI			

18.1　串联式风机动力型变风量末端装置，每层1套内外区共用系统

18.1.1　工程概况

　　浦东发展银行大厦[①]位于上海陆家嘴，是一幢现代化金融办公楼。建筑平面随地形呈北宽南窄的倒梯形。总建筑面积69440m²，地下3层，地上36层，建筑高度148.5m。大厦一～八层为裙房（高30m），九层以上为主楼，主要用途为银行办公，由银行营业大厅、银行办公区、租户办公区和辅助生活（餐饮等）区等组成。大厦于2002年竣工使用。

18.1.2　冷热源系统

　　冷源设备：离心式冷水机组：920RT×2台、565RT×1台，设置在三十五层制冷机房。螺杆式冷水机组：150RT×1台，设置在八层制冷机房。七层以上为一次水系统，供/回水温度5.6℃/15.6℃。七层以下为二次水系统，供/回水温度6.6℃/16.6℃。

　　热源设备：燃油蒸汽锅炉：4t/h×2台，设置在三十六层锅炉房。

18.1.3　空调系统

　　（1）办公标准层（图18-1）：风机动力型变风量空调系统，外区进深4m，设带加热盘管的串联式风机动力型变风量末端装置17台，内区设串联式风机动力型变风量末端装置12台（表18-2、表18-3、图18-2）。

――――――――――

　　① 华东建筑设计研究院叶大法提供资料，参见本章参考文献［2］第344～346页。

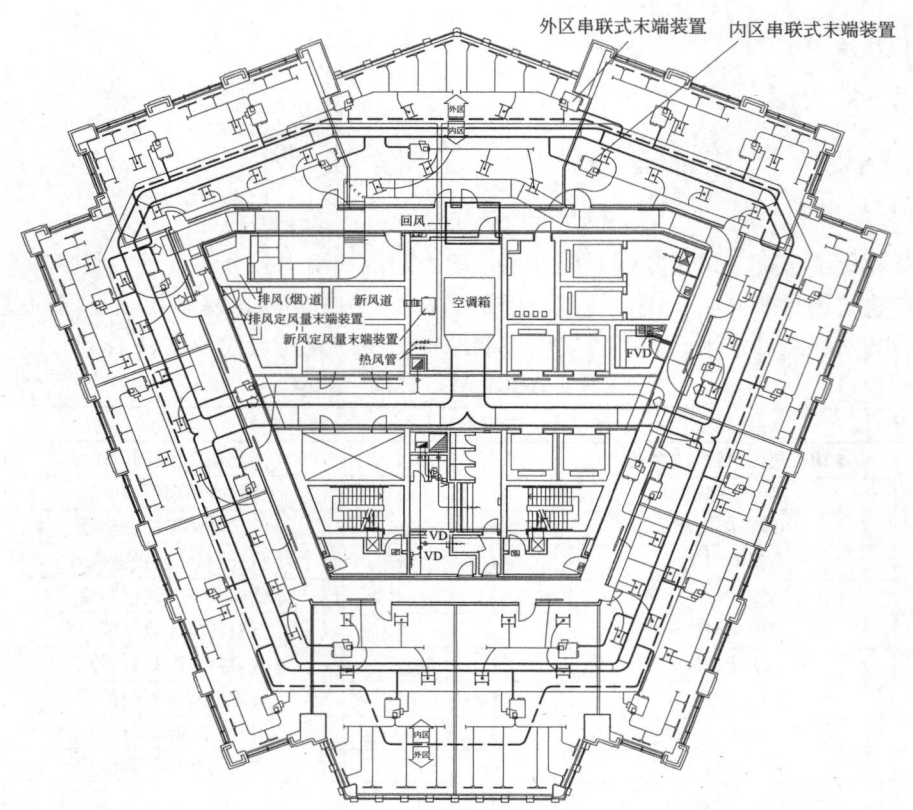

图 18-1 标准层空调平面图

变风量末端装置性能表 表 18-2

代号	末端装置名称	一次风最大风量 (m³/h)	一次风最小风量 (m³/h)	风机风量 (m³/h)	电机输出功率 (kW/2.20V)	出口静压 (Pa)	热水盘管加热量 (kW)	热水盘管水量 (m³/h)	备注
FPB-1		1000	200	1500	0.1		4.65	0.36	
FPB-2		1500	300	2250	0.25		6.40	0.5	加热型
FPB-3	外区串联式风	2000	400	3000	0.37		8.72	0.68	
FPB-4	机动力型末端	2500	500	3750	0.37	80	11.05	0.86	
FPB-5	装置	1000	200	1500	0.1		—	—	
FPB-6		1300	260	1950	0.25		—	—	
FPB-7		2000	400	3000	0.37		—	—	
CAV-1	新排风	2000	400	—			—	—	
CAV-2	单风道定	3000	600	—			—	—	
CAV-3	风量末端	4000	800	—			—	—	
CAV-4	装置	5000	1000	—			—	—	

（2）餐厅、中庭、营业大厅：双风机定风量空调系统。

（3）新排风处理：办公层设置集中新、排风系统，新风经新风空调箱集中处理后送至各标准层空调机房，集中排风，各层新排风均设置定风量装置控制各层新、排风量。

（4）系统设置：标准办公层空调面积约 1300m²，空调总送风量为 27000m³/h。每层

变风量空调箱性能表

表 18-3

系统编号	服务区域	风量 (m³/h)	机外静压(Pa)	风机功率 (kW)	冷盘管温度(℃)			热盘管温度(℃)		备注
					进出水	进风 DB/WB	出风 DB/WB	进出水	进出风	
CU-1	三层	42000		22.0	6.6/16.6		12.0/11.5			外区 FPB 加热
CU-2	四层	39000	550			22.0/16.5		—	—	
CU-5～28	九～三十二层	27000		18.5	7.2/11.8		11.5/11.0			
AHU-12、13	办公层新风	90000	650	45.0	11.8/15.6	34.0/28.2	20.2/19.6	20/15	4/14	预冷盘管
					5.6/7.2	20.2/19.6	14.7/14.0	57/46	—4/4	冷水/热水盘管

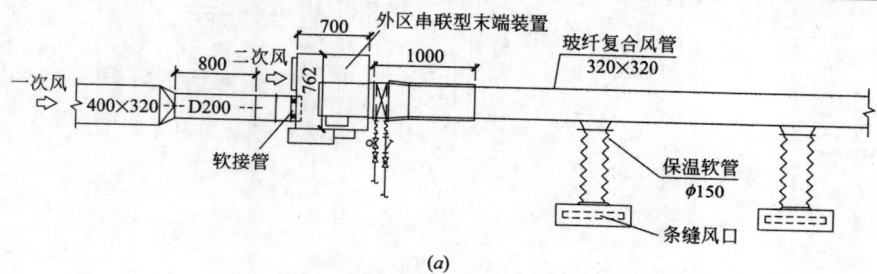

(a)

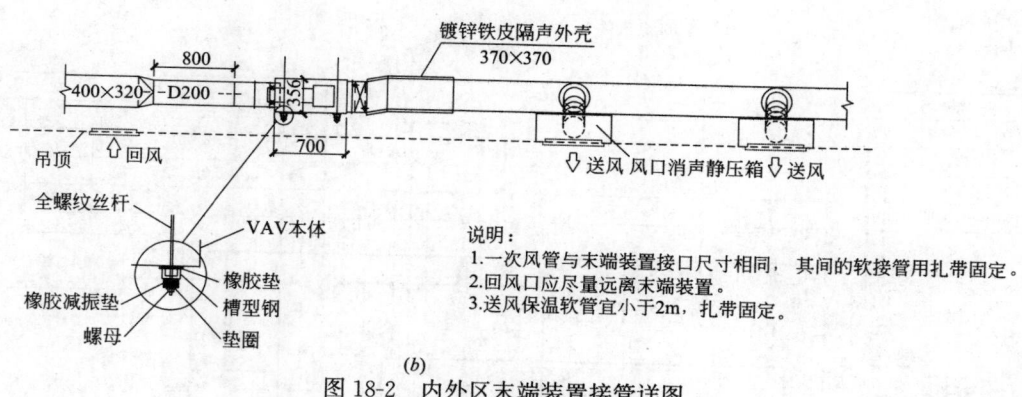

(b)

图 18-2 内外区末端装置接管详图

(a) 平面图；(b) 剖面图

设置一个内、外区共用系统。采用空调机房回风方式（图 18-3），新风与回风混合并经楼面空调箱处理后由环形管网分配到各温度控制区。送风采用吊平顶条缝形散流器，吊平顶内集中回风。

18.1.4 运行控制

设楼宇 DDC 自动控制系统（BAS），对分级控制站实施中央监控。

1. 大温差与自然冷却（图 18-4）

（1）集中新风空调箱设预冷盘管和冷水盘管。

（2）夏季工况时，D 阀关，冷水机组出水（5.6℃）经新风空调箱冷水盘管，由 A、B 阀调节到 7.2℃，进标准层空调箱，冷却后（11.8℃）再进新风空调箱预冷盘管，回水（15.6℃）进冷水机组。

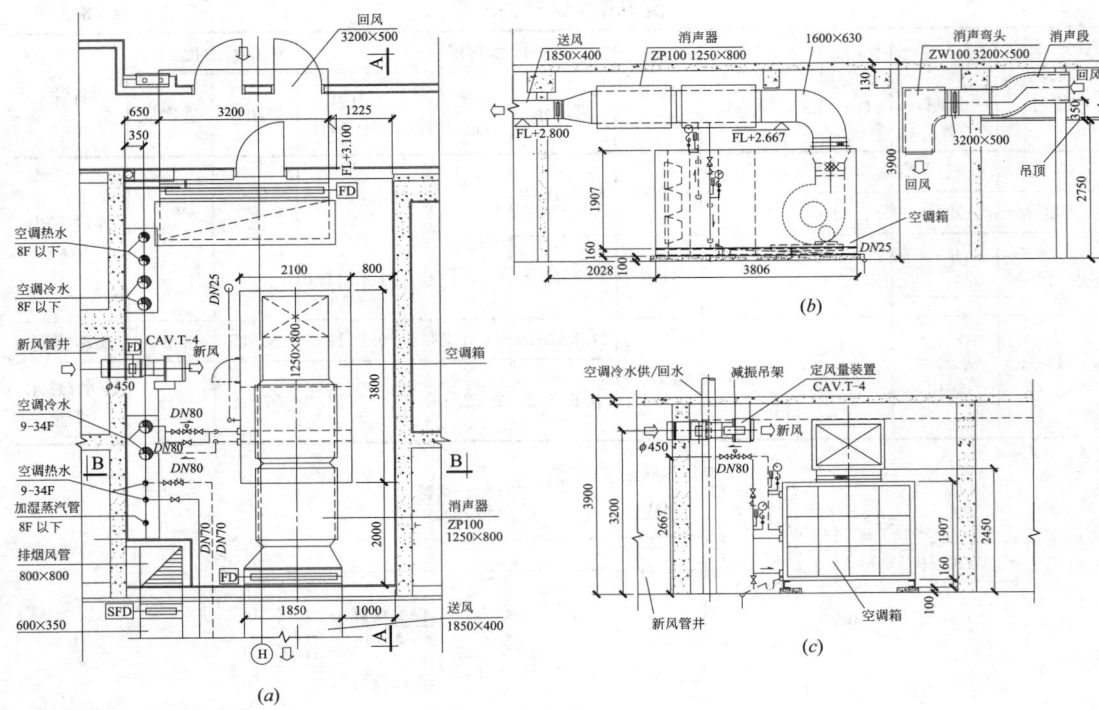

图 18-3　标准层空调机房平剖面图

(*a*) 平面图；(*b*) A—A 剖面图；(*c*) B—B 剖面图

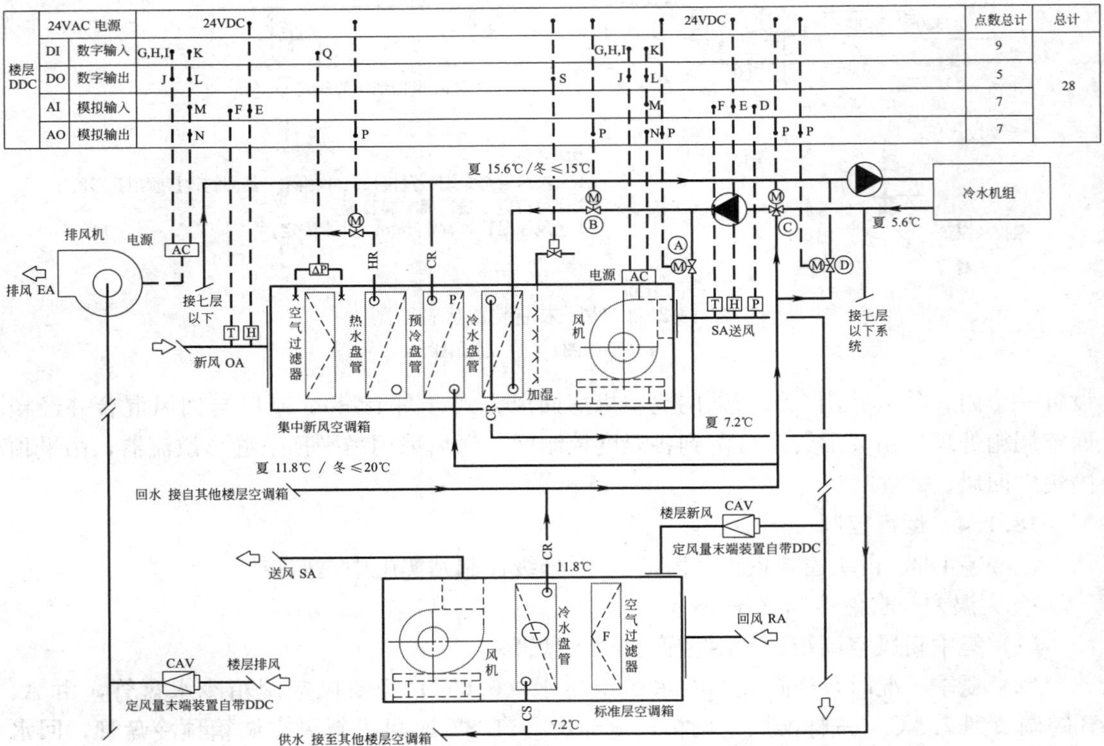

图 18-4　集中新排风、大温差兼自然冷却系统及控制原理图

（3）过渡季工况时，新风负荷减小，C 阀调节保持再冷盘管出水温度 7.2℃；D 阀调节预冷盘管出水温度 15.6℃。

（4）冬季自然冷却工况下，B 阀关、A 阀开，向标准层空调箱供冷。通过新风预冷盘管实现冷水系统自然冷却。标准层 20℃回水进新风空调箱预冷盘管冷却到 15℃，同时室外新风被预热升温至 14℃。另外，调节热水盘管电动阀，控制预热送风温度防止新风温度过低使盘管冻结。

（5）根据送风湿度检测控制加湿阀。

（6）根据定静压法变频调节风机转速，保持新排风系统风管内静压。

（7）检测连锁：室外新风、集中新风送风温湿度；空气过滤器压差报警；风机及变频器运行状态、故障报警及手/自动状态；电动控制水阀与送风机连锁。

2. 标准层空调系统（图 18-5）：

（1）标准层办公内区末端装置（FPB5～7），外区末端装置（FPB1～4），控制室内温度。

（2）比例调节冷水盘管电动调节阀开度，控制系统送风温度；根据定静压法调节风机频率，控制系统风量；系统最小新排风量由新排风定风量末端装置（CAV1～CAV4）调节控制。

（3）机组送风机与新排风定风量末端装置、冷水电动调节阀连锁启停。

（4）检测连锁：楼层新风和排风量；送风温湿度；空气过滤器压差报警；风机及变频器运行状态、故障报警及手/自动状态。

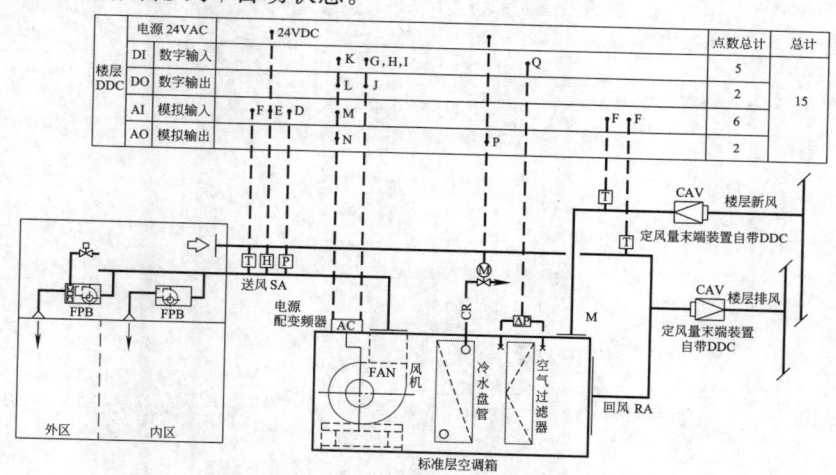

图 18-5　标准层空调系统及控制原理图

18.2　外区并联式风机动力型、内区单风道型变风量末端装置，每层 1 套内外区共用系统

18.2.1　工程概况

紫峰大厦①位于南京市鼓楼 A1 地块，是一幢集办公、酒店、商业的现代化综合办公大楼。大厦总建筑面积 261057m²，由一高一低两幢塔楼（主楼和副楼）组成，商业裙房将两幢塔楼联

---

① 华东建筑设计研究院苏夺提供资料，参见本章参考文献［2］第 409～412 页。

成一体。主楼 66 层，建筑平面呈北宽南窄的倒三角形。建筑有效高度 339m，主要功能为五星级酒店、高级办公楼；副楼 24 层，建筑有效高度 99.75m，主要功能为高级办公楼；裙房 6 层，建筑高度为 37m。地下 4 层，主要功能为商场、停车库及设备机房。

标准层办公使用面积 1830m²，层高 4.2m，净高 2.8m。大厦于 2013 年竣工使用。

18.2.2　冷热源系统

空调冷源按主楼与副楼分别设置、各自独立。主楼采用 4 台 2000RT（7032kW）与 1 台 750RT（2637kW）离心式冷水机组。副楼采用 2 台 500RT（1758kW）离心式冷水机组。主楼空调冷源系统另设两台冷却水—空调冷水板式换热器，实现免费冷却（水侧经济器运行）。冷水机组供/回水温度为 5/14℃。

空调热源采用 2 台 10t/h 和 2 台 4t/h 蒸汽锅炉。

18.2.3　空调系统

（1）主、副楼标准办公层（图 18-6、图 18-7、表 18-4）：空调平面内外分区，外区进

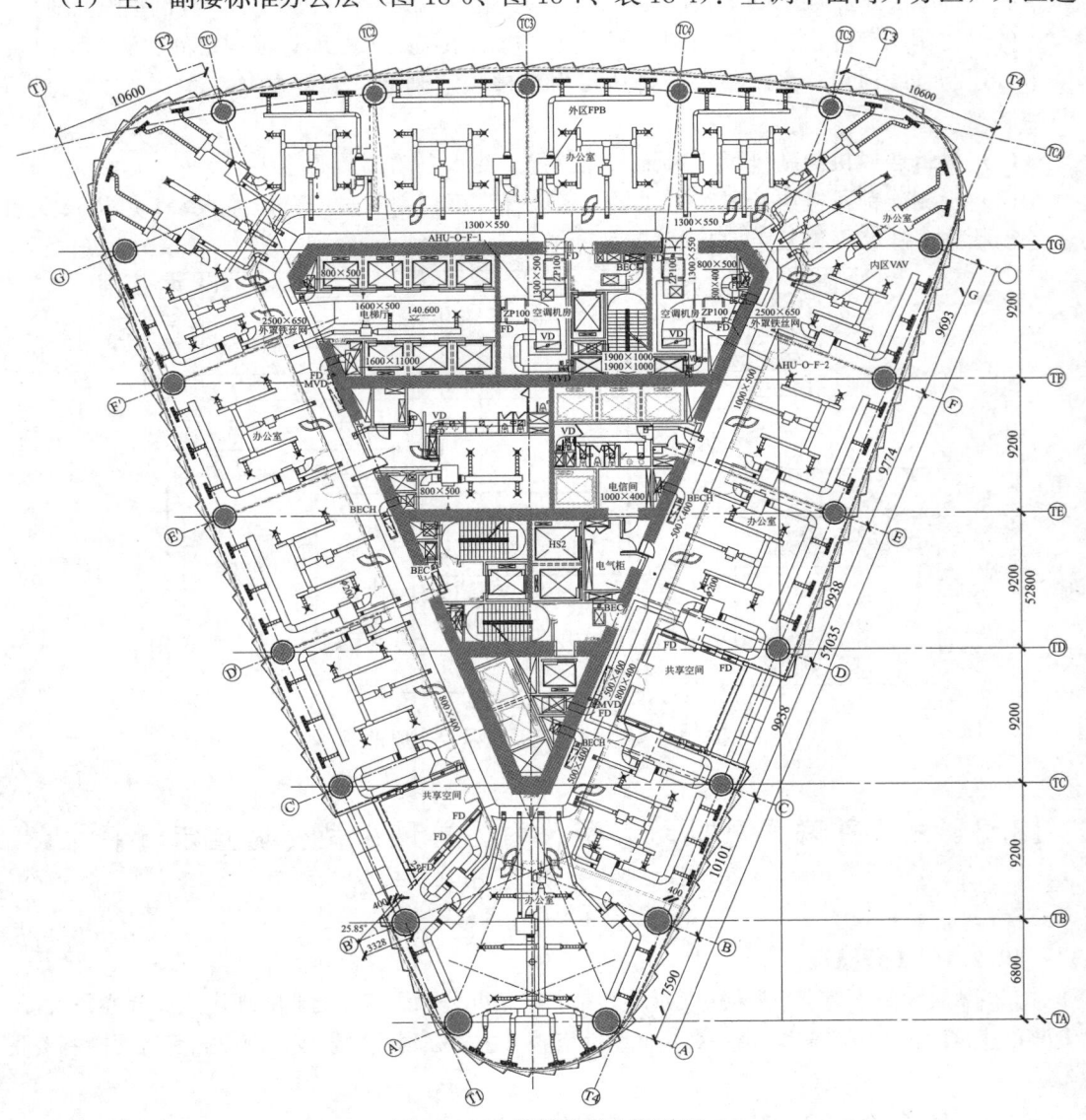

图 18-6　主楼标准层空调平面

深 3m。标准办公层采用全空气变风量空调系统。外区采用配热水再热盘管的并联式风机动力型变风量末端装置，内区设单风道型变风量末端装置。

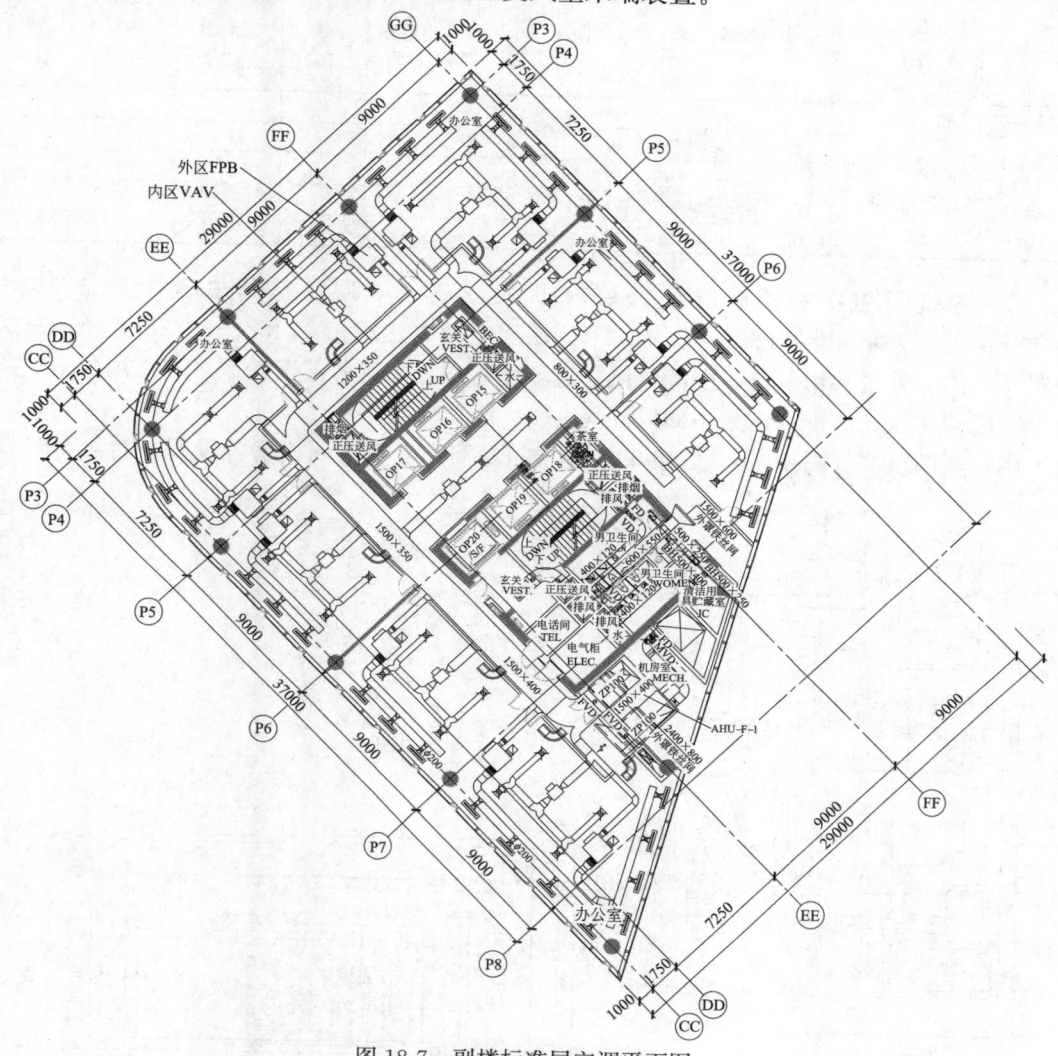

图 18-7　副楼标准层空调平面图

变风量末端装置性能表　　　　　　　　表 18-4

代号	末端装置名称	入口尺寸 (mm)	一次风最大风量 (m³/h)	一次风最小风量 (m³/h)	风机风量 (m³/h)	电机输出功率 (kW)	出口静压 (Pa)	热水盘管加热量 (kW)	热水盘管水量 (m³/h)	备注
FPB-1	主楼外区：并联式风机动力型	150	720～740	216～222	504～518	0.125	80	2.558	0.22	加热型
FPB-2		200	820～1170	246～351	574～819	0.125		3.953	0.34	
FPB-3		250	1700～1900	510～570	1190～1330	0.190		5.349	0.46	
FPB-4		300	2280～2350	684～705	1596～1645	0.250		6.395	0.55	
FPB-5	副楼外区：并联式	150	720～740	216～222	504～518	0.125	80	2.326	0.2	加热型
FPB-6		200	1080～1170	324～351	756～819	0.125		2.326	0.2	
FPB-7		250	1440	432	1008	0.190		2.326	0.2	
VAV-1	主楼内区：单风道型	125	400～500	120～150	—	—		—	—	
VAV-2		150	580～660	174～198						
VAV-3		175	720～980	216～294						
VAV-4		200	980～1220	294～366	—	—		—	—	
VAV-5		250	2100	630						

续表

代号	末端装置名称	入口尺寸(mm)	一次风最大风量	一次风最小风量	风机风量	电机输出功率(kW)	出口静压(Pa)	热水盘管加热量(kW)	热水盘管水量(m³/h)	备注
			(m³/h)							
VAV-6		100	320	96						
VAV-7	副楼内区：单风道型	125	480	144						
VAV-8		150	640	192						
VAV-9		175	800～880	240～264						
VAV-10		200	1000	300						

（2）系统设置：主楼标准办公层（十一～三十三层）空调总送风量 35170～48438m³/h。副楼标准办公层（二～二十三层）空调总送风量 12458～20828m³/h。每层设置一个内、外区共用系统，空调送风通过环形管网分配到各温度控制区。采用吊平顶条缝形散流器送风，吊平顶内集中回风。

（3）空调机房（图 18-8、表 18-5）：主楼核芯筒内 2 个空调机房各设置一台组合式变

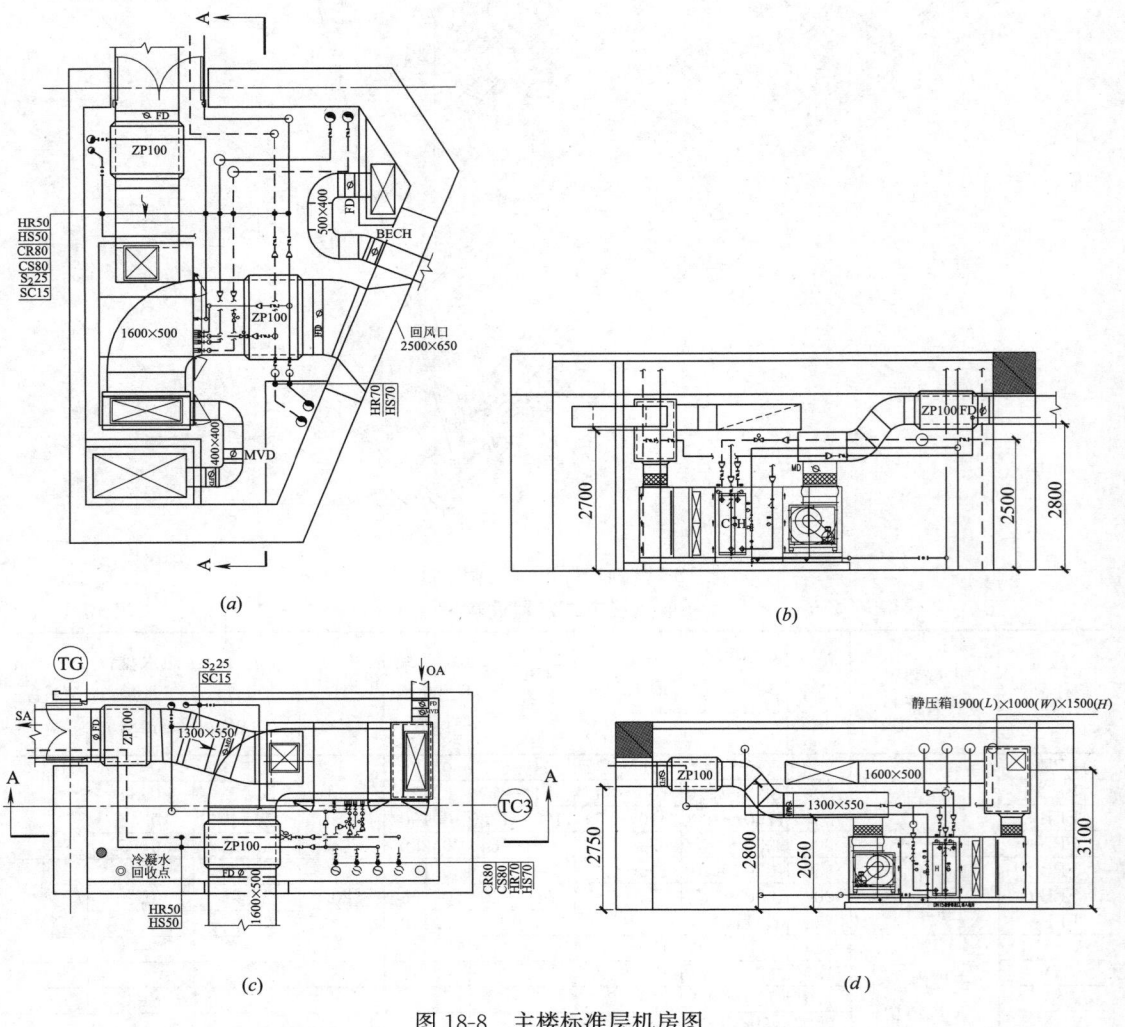

图 18-8 主楼标准层机房图

（a）东机房平面；（b）东机房 A—A 剖面；（c）中机房平面；（d）中机房 A—A 剖面

变风量空调箱性能表　　　　　　　　表 18-5

系统编号	服务区域	风量(m³/h)	机外静压(Pa)	风机功率(kW)	冷盘管(℃)			热盘管温度(℃)		备注
					进/出水	进风干球温度/湿球温度(℃)	出风干球温度(℃)/相对湿度(%)	进/出水	进/出风	
AHU-O-F-1 AHU-O-F-2	主楼十一～三十三层办公	17585～24219	500	11～15	5/14	27.0/20.3	11.5/95	60/50	16/27	热盘管用于冬季预热
AHU-A-F-1	副楼二～二十三层办公	12485～20828	500	11～15	5/14	26.2～26.9/18.3～20.2	11.5/95	60/50	16/27	热盘管用于冬季预热
OHU-O-F-1、2	主楼办公层新风	59261	500	45.0	5/14	35.0/28.3	19.0/90	60/50	-6/22	
OHU-A-F-1、2	副楼办公层新风	59261	500	45.0	5/14	35.0/28.3	19.0/90	60/50	-6/22	

风量空调箱，副楼核芯筒内一个空调机房各设置一台组合式变风量空调箱。楼面空调箱内经新回风混合、粗中效两级过滤（板式 G4/静电 F7）和热湿处理后送风，可以根据 CO_2 浓度改变新排风量。

（4）新排风处理（表 18-5）：新风由设置在设备层的集中新风机组处理后经管井送至各层空调机房。各层办公区平衡排风由设置在设备层的排风机集中收集，并通过转轮式全热回收装置热回收后排出建筑物。新排风系统在各楼层机房内设电动风阀，系统不定新风量。

（5）大空间办公区采用全空气定风量空调系统。

18.2.4　运行控制

大厦空调通风系统采用楼宇自动化（BA）系统进行集中监控。

1. 标准层空调系统（图 18-9）

（1）主/副楼标准层办公内区单风道型末端装置（VAV1～VAV5/VAV6～VAV10），外区并联式风机动力型末端装置（FPB1～FPB4/ FPB5～FPB7），根据该装置所服务的温度控制区内空气温度调节一次风送风量。

（2）全年比例调节冷水盘管电动调节阀开度，控制系统送风温度。冬季比例调节热水盘管电动调节阀开度预热运行。根据定静压法调节风机频率，控制系统风量。

（3）机组送风机与新排风系统的楼层电动阀、冷热水电动调节阀连锁启停。

（4）检测内容：楼层新风和排风量、送风温湿度、空气过滤器压差报警；风机及变频器运行状态、故障报警及手/自动状态。

2. 排风热回收型集中新、排风系统（图 18-10）

（1）根据送风温度偏差，比例积分调节冷水盘管电动调节阀，控制系统送风温度。

（2）冬季加湿控制：根据送风相对湿度偏差，双位或比例积分调节高压喷雾加湿量，控制送风相对湿度。

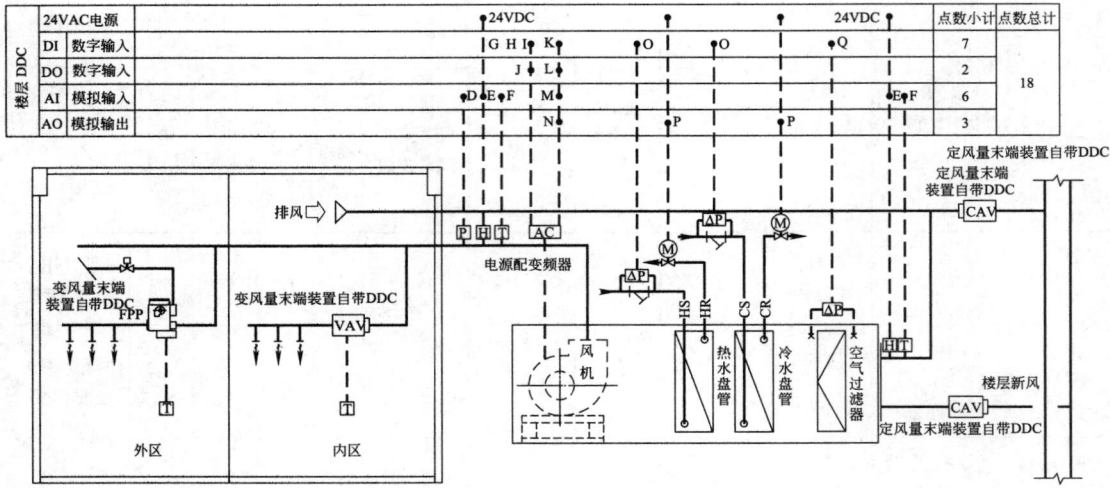

图 18-9　标准层空调系统及控制原理图

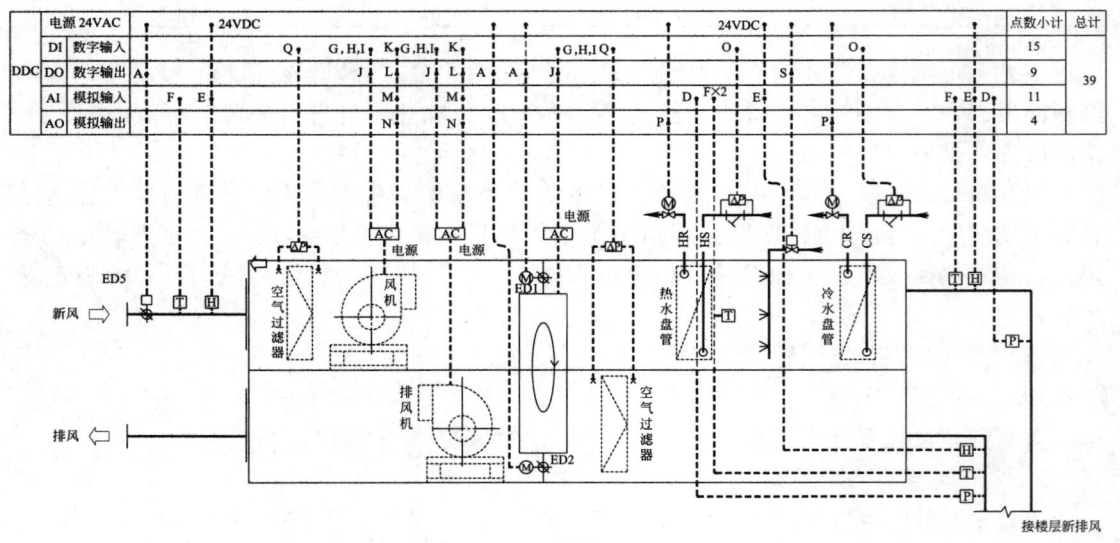

图 18-10　集中新、排风系统控制原理图

（3）根据定静压法比例积分调节变频器频率，控制集中新、排风系统风量。

（4）排风热回收转轮启停及旁通风阀控制详见本书第 15.6.2 节。

（5）检测送、排、新风温度和相对湿度及送、排风静压值。

（6）风机、变频器、空气过滤器、水过滤器监视报警；排风机、热回收旁通风阀 ED1～ED2、水侧电动调节阀、加湿电动控制阀、风阀 ED5 与送风机连锁。

（7）热水盘管出风温度防冻监视报警，若低于 3℃，关闭新风阀，全开热水盘管电动调节阀。

（8）DDC 控制器与中央监控系统通信。根据运行时间表或中央监控系统指令，自动或远程启停集中式新（排）风系统，远程实现标准层新、排风阀开关。

18.3　立式风机盘管+单风道型变风量末端装置，四角分区每层 4 套系统

18.3.1　工程概况

上海环球金融中心①北侧紧靠浦东世纪大道，东侧和南侧为绿化带，使上海的主导东南风能经过绿化带净化后吹向基地，西北朝向是陆家嘴中心绿地，西北、西南方向可见上海的母亲河——黄浦江。

该工程总建筑面积 381610m²，总高度 492m，其中地上 101 层、316186m²，地下 3 层、65424m²。分为塔楼和裙房两部分。塔楼由入口进厅，美术馆、七～七十七层办公（20.2 万 m²）；七十九～八十八层酒店（2.8 万 m²）及九十～一百零一层观光设施（1.4 万 m²）组成。裙房一层主要用于交通、防灾中心及其他辅助功能；二～三层为商业（2.6 万 m²）；三～五层为美术馆（0.8 万 m²）。地下一层有可以从世纪大道直接出入的下沉式花园和食街，地下二层为多功能厅和商店，地下部分有停车库（2.8 万 m²）和商业（1.3 万 m²）。

办公标准层使用面积 2200 m²，层高 4.2m，净高 2.8m。

18.3.2　冷热源系统

空调冷源：离心式冷水机组（6℃/13℃）5274kW×5 台，占 62.5%（另预留 2 台）；高效蒸汽吸收式冷水机组（6℃/13℃）5274kW×3 台，占 37.5%。

空调热源是油气两用蒸汽锅炉。

18.3.3　空调系统

（1）办公标准层（图 18-11、图 18-12）：空调面积约 2200m²，外区进深 3m。采用组合式单风道型变风量单风机空调系统，内外区合用单风道型变风量末端，辅以外区窗台下立式风机盘管机组。风机盘管机组在外窗内侧形成空气屏障，降低外围护结构的内表面温度。冬季热风上送也可遏止窗际冷风下沉现象。此法就近处理建筑负荷，改善了窗际热环境，避免了风机动力型末端装置在空调系统内的"再热"现象。

（2）系统设置：标准办公层设置 4 套内外区合用的单变风量空调系统（表 18-6）。适当地细分成小型化系统有利于减小空气输送半径，可以根据朝向负荷变化调节系统送风温度，以维持较大风量和气流组织，也适用于租赁办公楼中不使用的区域随时关闭，有利于管理和行为节能。标准办公层空调总送风量 50000m³/h。经空调箱新回风混合并热湿处理处理后，通过枝状管网分配到各温度控制区。组合吊平顶散流器送风，吊平顶内回风。由于结构钢梁阻断了吊顶内送回风的通路，故采用圆形送回风支管穿梁跨跃的做法。

变风量空调箱性能表　　　　　　　　　　　表 18-6

系统编号	服务区域	风量（m³/h）	机外静压（Pa）	冷却能力（kW）	冷水量（L/min）	加热能力（kW）	蒸汽量（kg/h）	蒸汽加湿（kg/h）	备注
AHU-F-1～4	标准层办公	12100～12500	300	97～100	198～205	56～58	93～97	11	

（3）末端装置设置：标准层变风量空调系统主要处理相对稳定的内部负荷，从投资角

---

① 华东建筑设计研究院叶大法提供资料，参见本章参考文献 [2] 第 369～373 页。

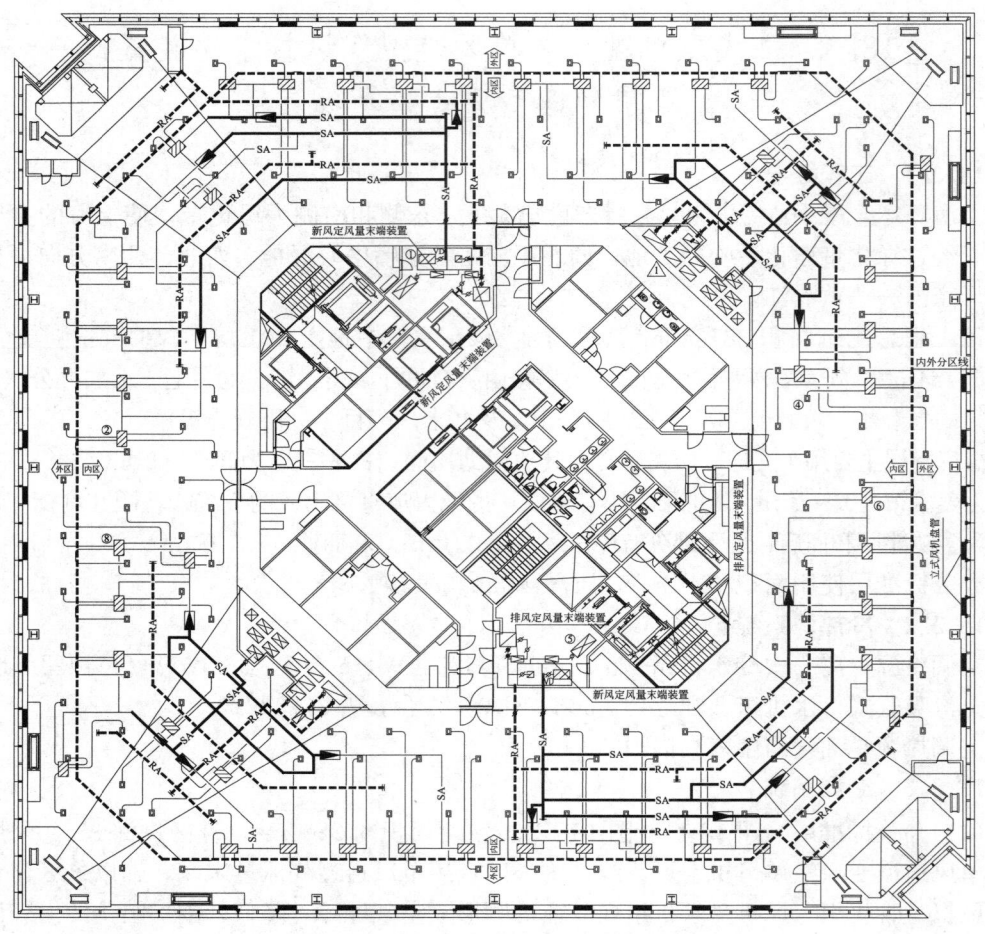

图 18-11 标准层空调平面图

度考虑，可适当扩大温控区面积（约 130 m²），每个系统设 4 个大风量单冷单风道型变风量末端装置（每个风量 3000～4000m³/h）。

（4）空调机房：受核心筒空间限制，2 个空调机房放在筒芯内，2 个置于避难设备层。

（5）新排风处理：办公层设置集中新、排风系统，新风经新风空调箱集中处理后送至各标准层和设备层空调箱，各层新排风均设置定风量装置控制新、排风量，排风集中排出。

18.3.4 运行控制

采用楼宇中央 BA 集中监视和 DDC 控制器就地控制的集散式系统，有如下特点：

1. 风机盘管机组变风量与大温差控制（图 18-13）

根据室温偏差自动调整风机转速，当室温偏差（供冷室温高于设定值，供热室温低于设定值）<0.5 或≥0.5/1.0/1.5℃分别对应低、中、高档风速。由于风机盘管机组多处于低档风速下，节省了运行能耗。与传统的双位控制不同，风机盘管机组采用热动力大温差比例控制阀，阀上设回水温度传感器，通过比较室温偏差和供回水温差后找出较不利状况，比例控制水流量。当室温偏差较大，控制阀暂且不顾及水温差即将缩小，先加大水流量；反之，当水偏差较大，则暂且不顾及室温差将增大，先减小水流量；如此反复比较控制，可适当改善中央空调水系统普遍存在的小温差、大流量现象。

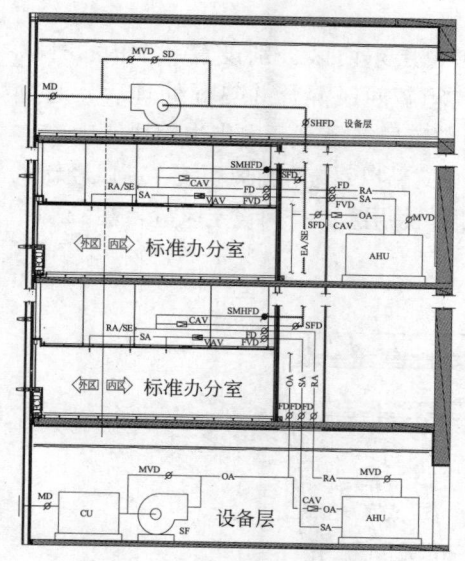

图 18-12 标准办公层空调概念图

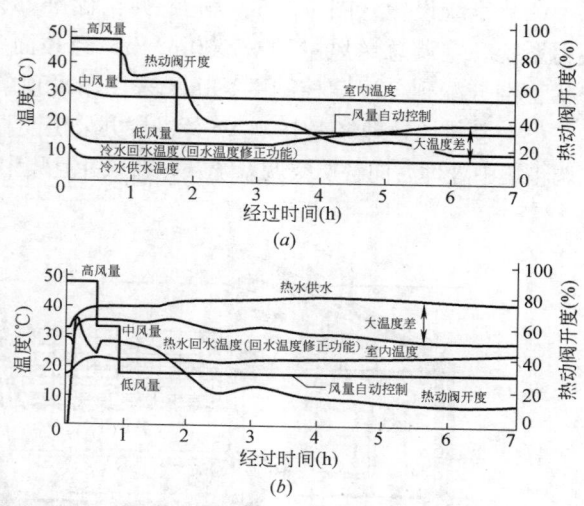

图 18-13 大温差控制阀
(a) 供冷模式；(b) 供热模式

2. 变静压变送风温度控制（图 15-17）

由于变风量空调系统规模小、末端装置少，个别末端装置调节对系统静压影响较大。因此系统风量不适宜采用定静压法控制，而采用了更为精准的变静压法控制：先按照各末端装置需求风量初定风机转速，再根据各末端装置调节风阀的开度状况，微调风机转速。同时可以根据系统负荷变化作变送风温度控制。

18.4 低矮式风机盘管机组＋单风道型变风量末端装置，东西分区每层 2 套系统

18.4.1 工程概况

高宝金融大厦[①]位于上海陆家嘴金融区，总建筑面积 70014m²，地上 40 层，地下 3 层，建筑总高度 178.5m。主要功能为办公，裙房中有少量商业。

18.4.2 冷热源系统

冷源设备：离心式冷水机组 3500kW（1000RT）×2 台，螺杆式冷水机组 1225kW（350RT）×2 台，设于地下一层制冷机房，向大楼提供 6℃/12℃冷水。

热源系统：燃油/气热水锅炉设于地下一层锅炉房，提供 95℃/70℃高温热水，经水-水板式热交换器制备 60℃/50℃热水。

18.4.3 空调系统

（1）办公标准层（图 18-14、图 18-15、表 18-7）：空调面积约 1465m²，层高 4.2m，吊顶净高 2.8m。内外分区，外区进深 3.5m。采用单风道变风量空调系统，周边区窗边沟槽内另设 4 管制低矮式风机盘管机组（表 18-8）。会议室等人员集中且短时间使用的空

---

① 华东建筑设计研究院梁韬提供资料，参见本章参考文献［2］第 361～362 页。

间，采用串联风机动力型变风量末端装置。

（2）系统设置（图 18-16、表 18-9）：标准办公层每层东西区分别设置一个内、外区共用系统。空调总送风量约 $35000\text{m}^3/\text{h}$，经楼面空调箱新回风混合并热湿处理后，通过枝状管网分配到各温度控制区。送风采用吊平顶条缝散流器，吊平顶内集中回风。

（3）新排风处理（表 18-10）：标准层办公层设置集中式新风系统和排风系统，新风经新风空调箱集中处理后向各层空调系统补充新风并且集中排风，每层新、排风设定风量装置。

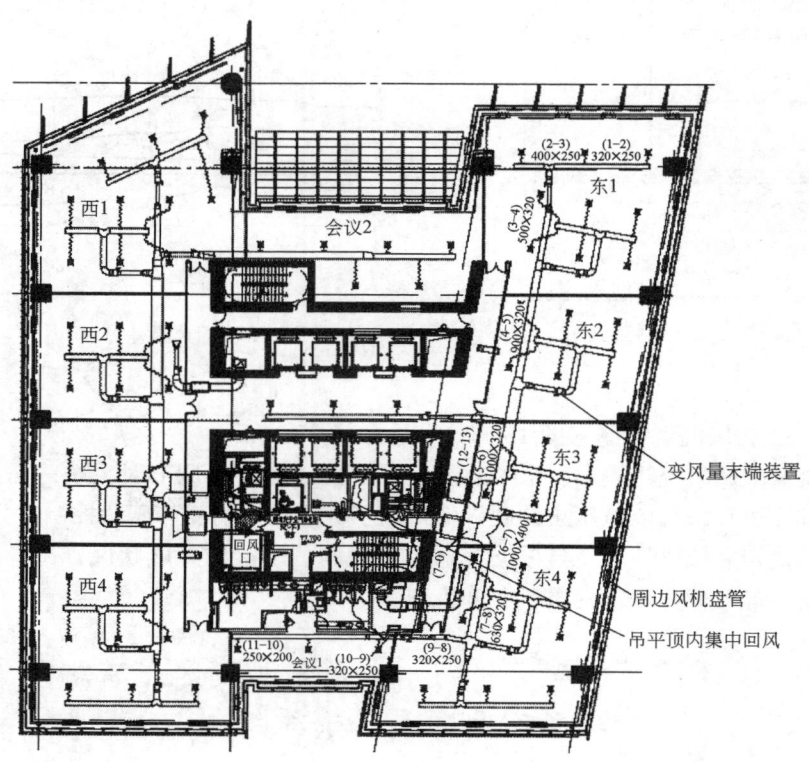

图 18-14　标准层空调平面图

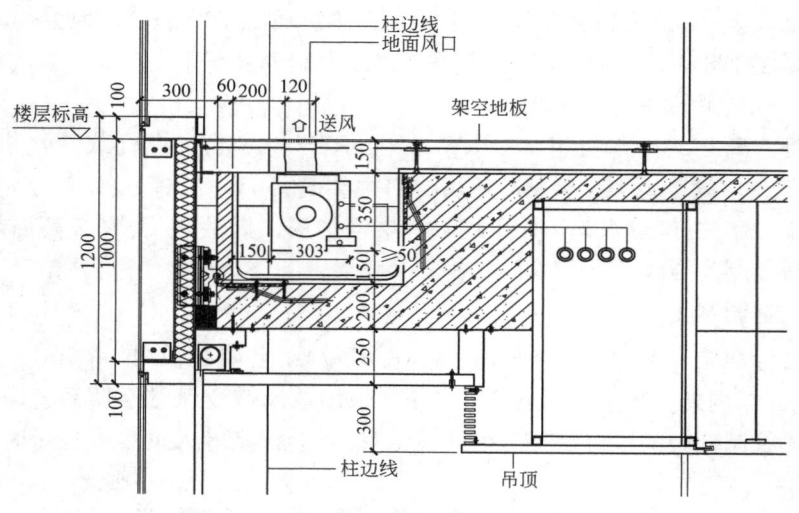

图 18-15　窗边沟槽内低矮式风机盘管机组

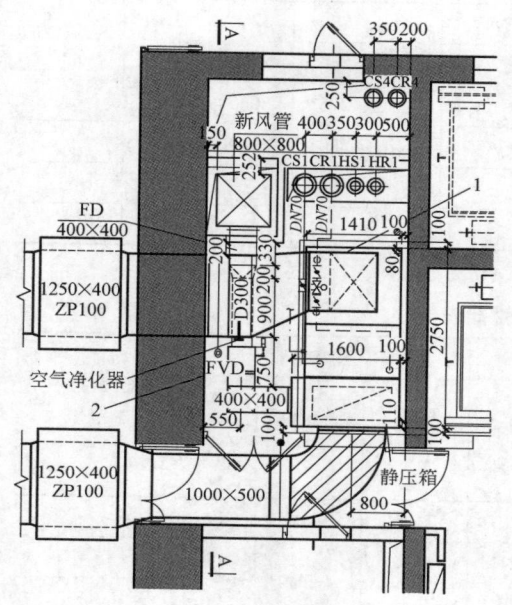

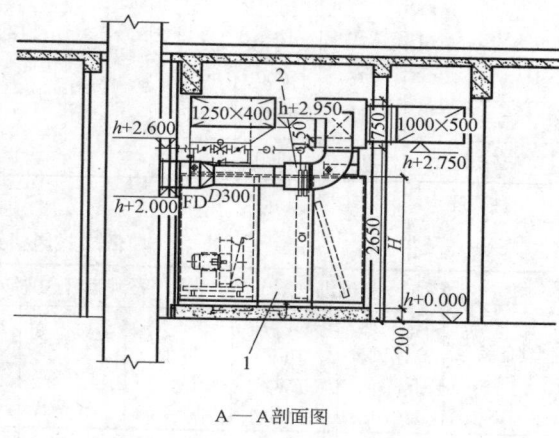

A—A 剖面图

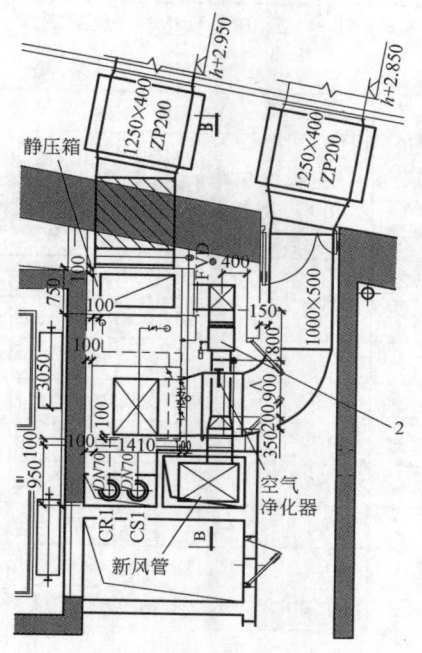

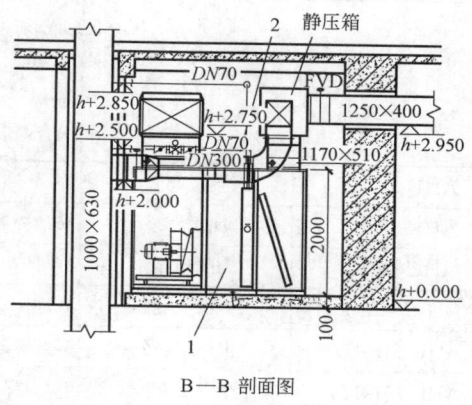

B—B 剖面图

图 18-16　标准层空调机房平剖面图

变（定）风量末端装置性能表　　　　　　　　　**表 18-7**

设备编号	类型	一次风入口 φ（mm）	最大风量	最小风量	最大全压降（Pa）	数量（台/层）	设备编号	类型	一次风入口 φ（mm）	设计风量（m³/h）	最大全压降（Pa）	数量（台/层）
			m³/h									
VAV-1		200	1400	420		177	CAV-1		250	1750		16
VAV-2	单冷单风道变风量	250	1700	510		41	CAV-2	单风道定风量	250	2100		60
VAV-3		250	2200	660	≤125	12	CAV-3		275	3000	≤125	60
VAV-4		275	2700	810		285	CAV-4		250	1950		9
VAV-5		275	3200	960		3						
VAV-6		300	3600	1080		1						

注：噪声≤NC35。

低矮式风机盘管性能表　　　　　　　　　**表 18-8**

设备编号	风机 高速风量（m³/h）	功率（W）	冷却盘管（中档）冷量（W）	进风温度（℃）DB/WB	水量（m³/h）	热水盘管 热量（kW）	进风温度（℃）	水量（m³/h）	备注
FCU-7	310	29	840		0.18	1190		0.12	
FCU-8	460	44	1270	25/18.7	0.24	1780	20	0.18	
FCU-9	660	50	1790		0.30	2490		0.24	
FCU-10	970	80	3320		0.48	3580		0.36	

注：冷水进/出水温度6℃/12℃，热水进/出水温度60℃/50℃，机外余压0，工作压力1.6MPa，电源220V。

空调箱性能表　　　　　　　　　**表 18-9**

设备编号	服务区域	总/新风量（×10³ m³/h）	机外静压（Pa）	风机功率（kW）	冷却盘管 水量（m³/h）	水压降（kPa）	进风温度（℃）DB/WB	出风温度（℃）DB/WB	数量
AHU-3F-1、2	三层办公	16.45/3	400	7.5	9.7	30	25/19.5	15.6/15.1	2
AHU-4F-1、2	四层办公	16.25/3	400	7.5	9.6	30	25/19.6	15.6/15.1	2
AHU-5F-1、2	五层办公	16.25/3	400	7.5	9.6	30	25/19.6	15.6/15.1	2
AHU-6～13F-1、2	六～十三层办公	16.65/3	400	7.5	9.9	30	25/19.1	15.5/15.0	16
AHU-14F-1、2	十四层办公	17.55/3	400	7.5	10.3	30	25/19.1	15.5/15.0	2
AHU-15F-1、2	十五层办公	16.9/3	400	7.5	10.9	30	25/19.0	13.9/13.5	2
AHU-16～17F-1、2	十六～十七层办公	17.1/3	400	7.5	10.1	30	25/19.1	15.5/15.0	4
AHU-18～27F-1、2	十八～二十七层办公	17.65/3	400	7.5	10.3	30	25/19.1	15.5/15.0	20
AHU-28F-1、2	二十八层办公	17.3/3	400	7.5	11.5	30	25/18.9	14.0/13.5	2
AHU-29F-1、2	二十九层办公	17.15/3	400	7.5	11.0	30	25/19.0	13.9/13.5	2
AHU-30～31F-1、2	三十～三十一层办公	16.4/3	400	7.5	9.8	30	25/19.6	15.5/15.0	4
AHU-32F-1	三十二层办公西	17.4/3	400	7.5	10.2	30	25/19.6	15.5/15.0	1
AHU-32F-2	三十二层办公东	18.75/3	400	11	10.7	30	25/19.6	15.5/15.0	1

续表

设备编号	服务区域	总/新风量 (×10³ m³/h)	机外静压 (Pa)	风机功率 (kW)	冷却盘管				数量
					水量 (m³/h)	水压降 (kPa)	进风温度(℃)	出风温度(℃)	
							DB/WB	DB/WB	
AHU-33F-1、2	三十三层办公	9.5/1.75	400	7.5	5.6	30	25/19.6	15.5/15.0	2
AHU-34F-1、2	三十四~三十九层办公	9.85/3	400	7.5	5.8	30	25/19.5	15.5/15.0	12
AHU-40F-1、2	四十层办公	11.6/3	400	7.5	7.5	30	25/19.5	15.5/15.0	2

注：冷水进/出水温度 6℃/12℃，粗效 G3、中效 F6，盘管水阻力 30kPa。

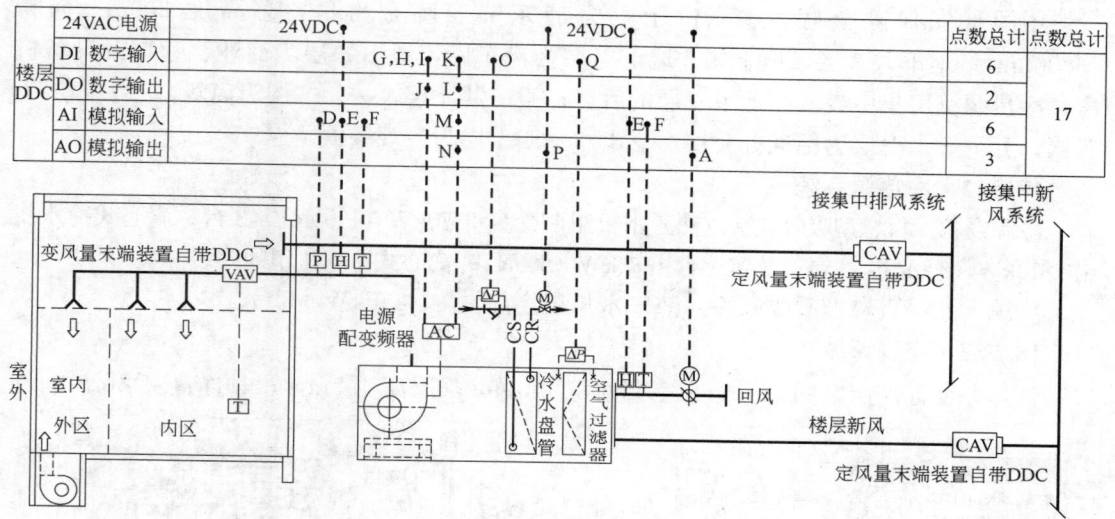

楼层 DDC	24VAC电源			24VDC		24VDC		点数总计	点数总计
	DI 数字输入			G、H、I K	O	Q		6	
	DO 数字输出			J L				2	17
	AI 模拟输入		D E F	M		E F		6	
	AO 模拟输出			N	P		A	3	

图 18-17　标准层空调系统及控制原理图

新风空调箱性能表　　　　　　**表 18-10**

设备编号	服务区域	风量 (m³/h)	机外静压 (Pa)	风机功率 (kW)	冷却盘管			加热盘管		湿膜加湿 (kg/h)	数量
					水量 (m³/h)	进风温度(℃)	出风温度(℃)	水量 (m³/h)	进/出风温度(℃)		
						DB/WB	DB/WB				
PAU-B1-1	二~八层办公	41800	700	30	45.7	34/28.2	23.5/22.3	34.2	-4/26.8	217	1
PAU-1R-1、2	九~二十一层办公	42900	450	25	46.7	34/28.2	23.5/22.3	34.2	-4/26.8	222	2
PAU-2R-1、2	二十二~四十层办公	51700	550	30	56.3	34/28.2	23.5/22.3	34.2	-4/26.8	267	2

注：冷水进/出水温度 6℃/12℃，热水进/出水温度 60℃/50℃，粗效 G3、中效 F6，盘管水阻力 30kPa。

18.4.4　运行控制

空调系统控制采用中央集中监视系统（BAS）与就地控制相结合方式（图 18-17）。

（1）单风道型变风量末端装置比例调节控制内区温度，周边风机盘管双位控制外区温度。

（2）调节冷水盘管电动调节阀开度，控制系统送风温度；根据变静压控制方法控制变频器频率实现系统风量控制和监视，同时降低部分负荷的风机能耗；系统最小新排风量由新排风定风量末端装置（CAV）调节控制。

（3）按照预先排定的工作程序表启停机组；机组的送风机和新/排风 CAV，冷水电动调节阀，单风道型变风量末端装置连锁启停。

（4）空气过滤器与水过滤器压差自动报警；风机、变频器运行发生故障时自动报警并停机。

18.5 窗边风机＋单风道型变风量末端装置，四角分区每层4套系统

18.5.1 工程概况

中国平安保险金融大厦① 位于上海浦东陆家嘴金融区，总高度 200m，面积 168000m²。地下共 3 层，地下二、地下三层为汽车库，地下一层为商业、管理及设备机房，冷热源机房集中设置在地下三层的后区；裙房共 4 层，一、二层为商场，三、四层为餐饮；五～三十七层为标准办公层，三十八～四十层为景观餐饮。

18.5.2 冷热源系统

冷源设备：直燃型吸收式冷（热）水机组制冷量 3870kW（1100RT）3 台；离心式冷水机组 2810kW（800RT）2 台；预留 1 台 1580kW（500RT）离心式冷水机组的安装位置。

热源设备：直燃型吸收式冷（热）水机组产热量为 3256kW、3 台。

18.5.3 空调系统

（1）办公标准层（图 18-18）：空调面积 1700m²，层高 4.2m，吊顶净高 2.8m。内外

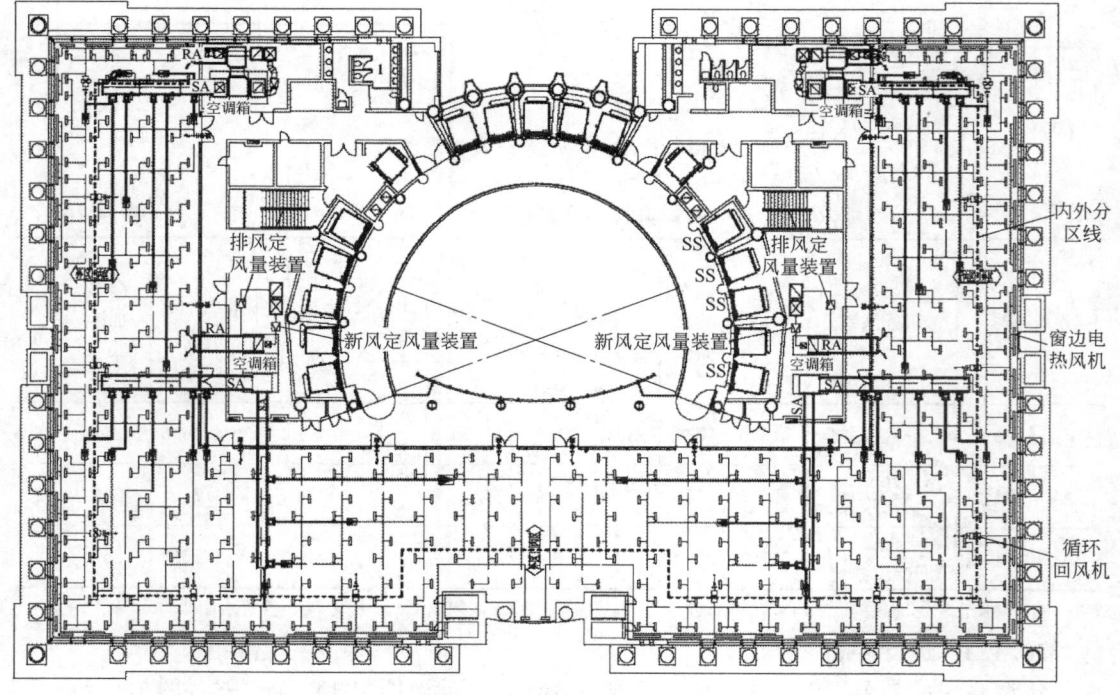

图 18-18 中低区标准层空调平面图

① 华东建筑设计研究院刘览提供资料，参见本章参考文献 [2] 第 386～389 页。

分区，外区进深 3.0m，采用单风道变风量空调方式（表 18-11）。外窗周边设置带陶瓷电加热器的窗边风机上送风，利用风机在玻璃幕墙与百叶外侧之间或在百叶室内侧形成空气屏障，夏季利用吊顶内的循环风机带走外窗与内遮阳百叶之间的热量，以改善窗际热环境；冬季则利用电加热热风循环，承担围护结构热负荷（图 18-19、表 18-12）。

变（定）风量末端装置性能表　　　　　　　　　　　　表 18-11

设备编号	类型	一次风入口 ϕ (mm)	最大风量 (m³/h)	最小风量	数量 (台)	设备编号	类型	一次风入口 ϕ (mm)	设计风量 (m³/h)	数量
VAV-1	单冷单风道变风量	150	≤380	350～380	34	CAV-2	单风道定风量	200	830～1470	16
VAV-2		200	830～1470	400～650	50	CAV-3		250	1470～2300	60
VAV-3		250	1470～2300	300～1100	459	CAV-4		300	2300～3310	60
VAV-4		300	2300～3310	380～1290	217	CAV-5		350	3310～4500	9
VAV-5		350	3310～4500	540～1410	182					

注：噪声≤NC35。

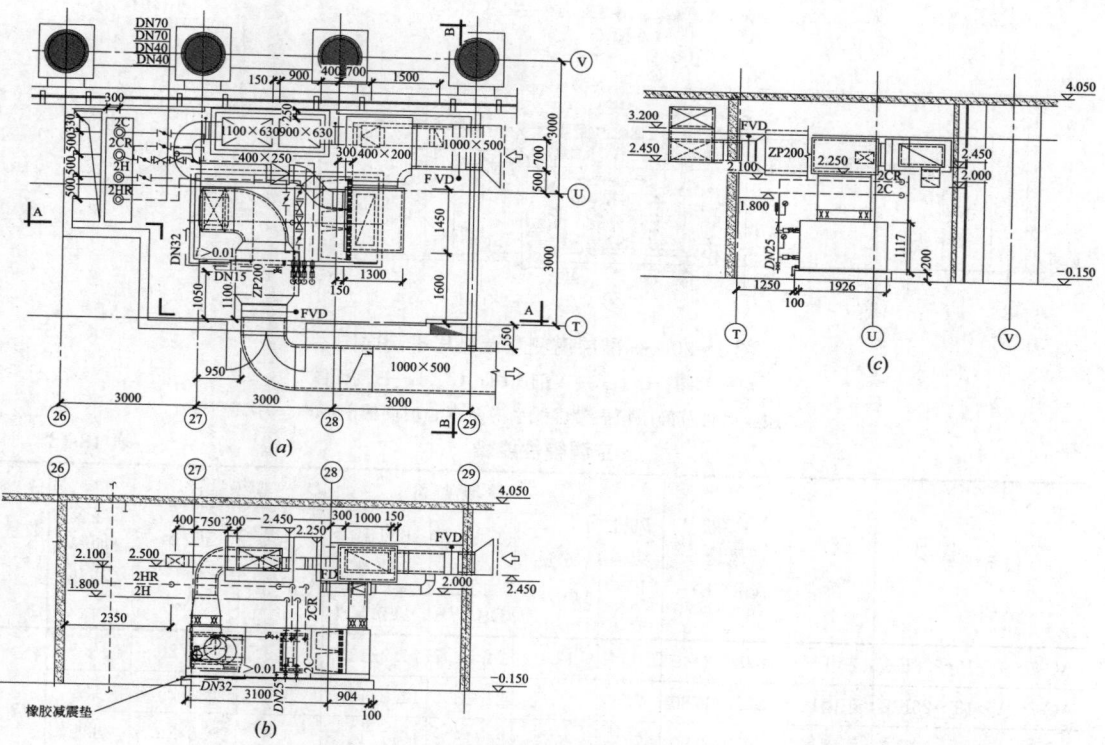

图 18-19　标准层北侧空调机房平剖面图

（a）平面图；（b）A—A 剖面图；（c）B—B 剖面图

注：风管及静压箱内带虚线系内贴离心玻璃棉消声。

窗边及管道风机性能表　　　　　　　　　　　　表 18-12

服务区域	形式	风量 (m³/h)	静压 (Pa)	电机功率 (kW)	机组噪声 [dB(A)]	减振方式	安装方式	数量(台/层)
办公层窗边	贯流风机	450	30	0.07	40		落地	50
		300	30	0.05				10
办公层吊顶	管道风机	1320	150	0.18		减振吊架	吊装	12

（2）系统设置（图 18-20、表 18-13）：办公层采用内外区合用的单风道变风量空调系统。面积较大的低区、中区每层按朝向设置 4 个空调系统；高区标准层面积较小，每层设置 2 个空调系统。经楼面空调箱新回风混合并热湿处理后，通过枝状管网分配到各温度控制区。送风采用吊平顶条缝形散流器，吊平顶内集中回风。

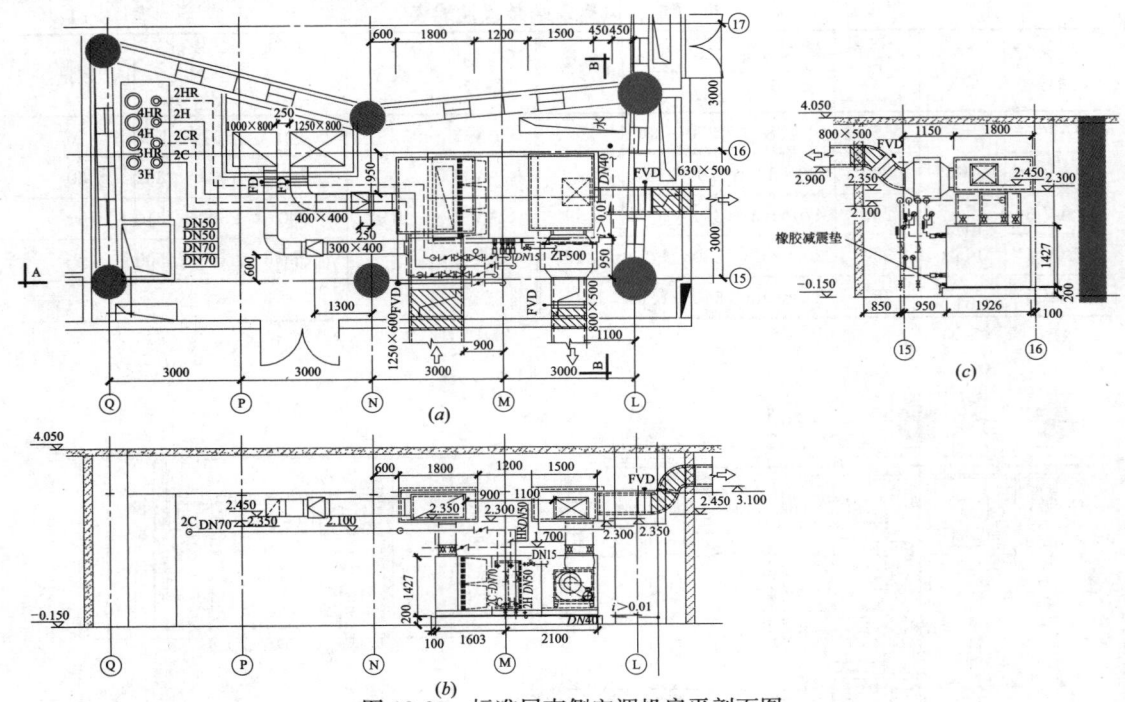

图 18-20　标准层南侧空调机房平剖面图

（a）平面图；（b）A—A 剖面图；（c）B—B 剖面图

注：风管及静压箱内带虚线系内贴离心玻璃棉消声。

空调箱性能表　　　　　　　　　　　　表 18-13

设备编号	服务区域	总/新风量 (m³/h)	风机功率 (kW)	冷却盘管 水量 (m³/h)	冷却盘管 进风温度 (℃) DB/WB	冷却盘管 出风温度 (℃) DB/WB	加热盘管 水量 (m³/h)	加热盘管 进/出风温度 (℃)	湿膜加湿 (kg/h)	数量 (台)
AC-7~15、19~26F-1	东北区	18780/3140	11	12.0	24/18.7	14.2/13.7	5.9	20.0/26.4	10.9	17
AC-7~15、19~26F-2	东南区	12230/1780	7.5	7.6	24/18.6	14.2/13.7	3.5	21.0/26.8	4.8	
AC-7~15、19~26F-3	西南区	12970/2190	7.5	8.3	24/18.8	15.7/14.3	3.6	20.8/26.5	8.1	
AC-7~15、19~26F-4	西北区	20080/3490	11	12.8	24/18.7	14.2/13.7	5.3	20.8/26.2	11.9	
AC-6、16、18、27F-1	东北区	23350/3140	15	13.9	24/18.6	14.3/13.8	8.6	21.1/28.6	9.2	4
AC-6、16、18、27F-2	东南区	15030/1780	11	8.9	24/18.5	14.3/13.8	5.9	21.2/29.2	5.0	
AC-6、16、18、27F-3	西南区	15830/2190	11	9.6	24/18.6	14.3/13.8	6.0	21.0/28.7	7.2	
AC-6、16、18、27F-4	西北区	24640/3490	15	14.8	24/18.6	14.3/13.8	8.9	21.0/28.2	11.4	
AC-29F-1	东区	26270/2960	15	15.2	24/18.5	14.3/13.8	10.3	21.2/29.3	7.2	1
AC-29F-2	西区	30310/4070	15	17.9	24/18.6	14.3/13.8	10.8	21.1/28.4	13.0	1
AC-30~34F-1	东区	22960/3750	15	14.5	24/18.7	14.2/13.7	8.1	23.4/30.6	17.8	1

续表

设备编号	服务区域	总/新风量 (m³/h)	风机功率 (kW)	冷却盘管			加热盘管		湿膜加湿 (kg/h)	数量 (台)
				水量 (m³/h)	进风温度 (℃)	出风温度 (℃)	水量 (m³/h)	进/出风温度 (℃)		
					DB/WB	DB/WB				
AC-30~29F-2	西区	26980/4510	15	16.8	24/18.7	14.3/13.8	7.4	20.8/26.4	17.0	1
AC-35F-1	东区	23040/3810	15	14.5	24/18.7	14.2/13.7	10.8	20.0/29.6	12.9	1
AC-35F-2	西区	24600/4630	15	15.9	24/18.9	14.3/13.8	9.9	20.7/28.9	17.1	1
AC-36F-1	东区	19350/2530	15	11.4	24/18.6	14.3/13.9	6.4	21.3/27.5	3.7	1
AC-36F-2	西区	25640//2530	15	13.7	24/18.3	14.4/13.9	5.1	21.3/27.4	8.3	1
AC-37F-1	东区	21520/2070	15	11.9	24/18.4	14.4/13.9	8.5	21.3/27.7	7.3	1
AC-37F-2	西区	27550/2900	15	14.7	24/18.3	14.5/14.0	7.1	21.2/26.9	10.5	1
AC-38F-1	办公	27120/2750	15	15.4	24/18.4	14.3/13.8	10.5	21.3/27.2	12.3	1

注：冷水进/出水温度 7℃/13℃，热水进/出水温度 54℃/48℃，盘管工作压力 1.0MPa，粗效 G4、中效 F7，机外静压二十七层以下 400Pa、二十九层以上 450Pa，盘管水阻力 30kPa。

（3）新排风处理（表 18-14）：标准层办公层设置集中式新风系统和排风系统，新风经新风空调箱预冷预热处理后向各层空调系统补充新风并且集中排风，每层新、排风设定风量装置。

新风空调箱性能表　　　　表 18-14

设备编号	服务区域	风量 (m³/h)	机外静压 (Pa)	风机功率 (kW)	冷却盘管			加热盘管		数量 (台)
					水量 (m³/h)	进风温度 (℃)	出风温度 (℃)	水量 (m³/h)	进/出风温度 (℃)	
						DB/WB	DB/WB			
OAC-5-1	6~16 层东北区	34490		22	38.0			31.6		1
OAC-5-2	6~16 层东南区	19490		15	21.5			17.9		1
OAC-5-3	6~16 层西南区	24080		15	26.6			22.1		1
OAC-5-4	6~16 层西北区	38360		22	42.3			35.2		1
OAC-17-1	18~27 层东北区	31350		22	34.5			28.8		1
OAC-17-2	18~27 层东南区	17710	500	15	19.5	34/28.2	24/22.75	16.3	-4/15	1
OAC-17-3	18~27 层西南区	21890		15	24.1			20.1		1
OAC-17-4	18~27 层西北区	34870		22	38.5			32.0		1
OAC-28-1	29~37 层东区	30380		15	24.1			20.1		1
OAC-28-2	29~37 层西区	36440		22	38.5			32.0		1

注：冷水进/出水温度 7℃/13℃，热水进/出水温度 54℃/48℃，粗效 G4、中效 F7，盘管水阻力 30kPa。

18.5.4　运行控制

空调系统控制采用中央集中监视系统（BAS）与就地控制相结合方式（图 18-21）。

（1）单风道型变风量末端装置比例控制内区温度，电热型窗边风机控制外区温度（图 18-22）。

（2）调节冷水盘管电动调节阀开度，控制系统送风温度，送风温度可优化再设定；根据变静压法控制变频器频率实现系统风量控制和监视，同时降低部分负荷的风机能耗；系

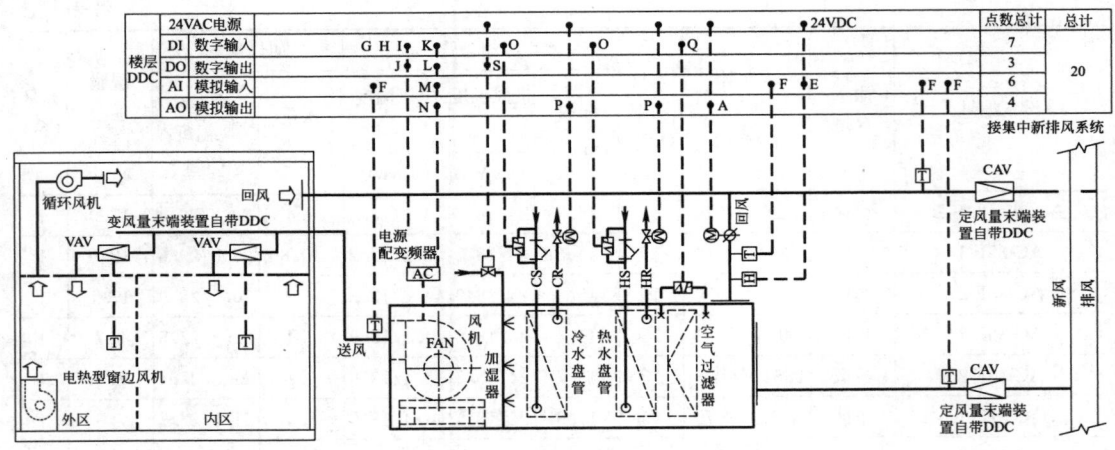

图 18-21　标准层空调系统及控制原理图

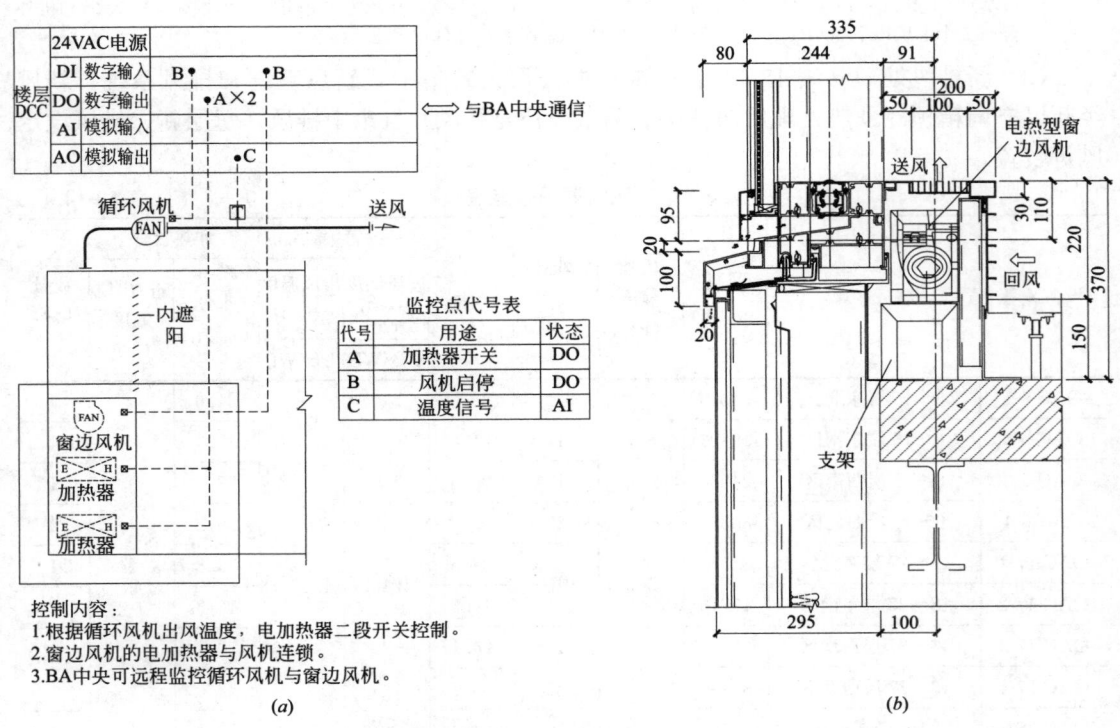

控制内容：
1.根据循环风机出风温度，电加热器二段开关控制。
2.窗边风机的电加热器与风机连锁。
3.BA中央可远程监控循环风机与窗边风机。

(a)

(b)

图 18-22　窗边风机安装及控制原理图

(a) 循环风机及窗边风机控制原理图；(b) 窗边风机安装详图

统最小新排风量由新排风定风量末端装置（CAV）调节控制。

（3）根据回风湿度双位控制湿膜汽化加湿器。

（4）按照预先排定的工作程序表启停机组；机组的送风机与新/排风 CAV，冷水盘管或热水盘管调节水阀、加湿控制阀、单风道型变风量末端装置连锁启停。

（5）空气过滤器与水过滤器压差自动报警；风机、变频器运行发生故障时自动报警并停机。

18.6 单风道型变风量末端装置，东西分区每层 4 套内外区分设系统

18.6.1 工程概况

大连期货大厦①位于辽宁省大连市，是一幢现代化办公、会议大楼。基地面积 70000m²，建筑总高度 243m；地下 3 层、地上 52 层，总建筑面积 211359m²，其中地上部分建筑面积约 108000m²。建筑群由 A、B 两座立面相同、功能相似的姐妹楼组成。

18.6.2 冷热源系统

A 座冷源设备：3 台 4219kW＋1 台 2109kW 离心式冷水机组设于地下三层制冷机房内，冷水进/出水温度 5℃/12℃，冷却水进/出水温度 32℃/37℃。

A 座热源和 B 座冷热源设备：采用大连市星海广场污水源和海水源热泵站房提供的 4℃冷水和 65℃热水经设于地下三层的板式换热器供能。其中：A 座热负荷 16080kW，二次热水进/出水温度 60℃/45℃；B 座冷负荷 14000kW，二次冷水进/出水温度 5℃/12℃；B 座热负荷 14140kW，二次热水进/出水温度 60℃/50℃。

18.6.3 空调系统

（1）办公标准层（图 18-23、表 18-15）：A、B 座标准层平面相同，呈四方形，中间为芯筒区，四周为办公区，空调面积 1330m²，层高 4.5m。受建筑平面布局限制，同一

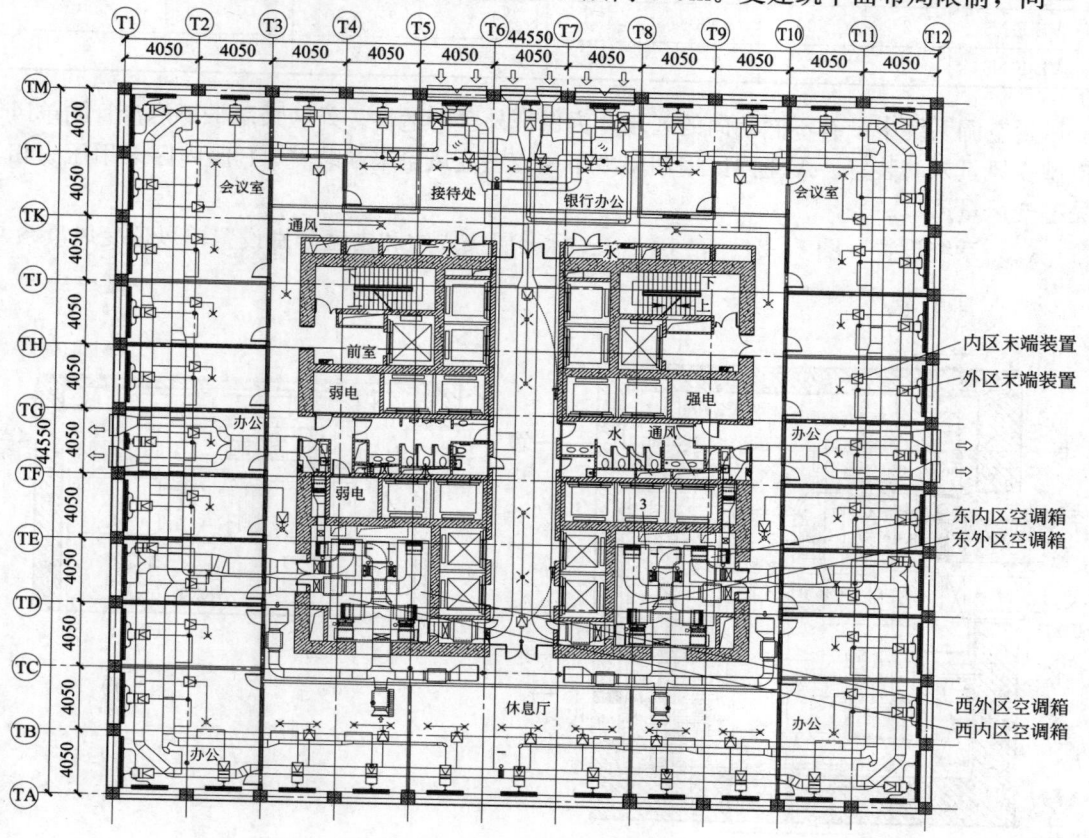

图 18-23 A 座标准层空调平面图

① 华东建筑设计研究院杨国荣提供资料，参见本章参考文献第 481～483 页。

单风道型变风量末端装置性能表 表 18-15

设备编号	数量（个）	设计风量（m³/h）	一次风风量（m³/h）		进风口口径 φ（mm）	进风支管尺寸（mm）	出风软管 φ（mm）	再热盘管（kW）
			最大	最小				
VB-F-W1	1	950	950	475	175	250×200	200×3	3.5
VB-F-W2	9	700	700	350	150	200×160	200×2	3.0
VB-F-W3	1	850	850	475	175	250×200	200×3	3.5
VB-F-W4	6	470	470	235	150	160×160	200×1	2.3
VB-F-W5	3	520	520	260	150	160×160	200×1	2.3
VB-F-W6	1	850	850	425	150	250×160	200×3	3.2
VB-F-W7	9	650	650	325	150	200×160	200×2	2.7
VB-F-W8	1	950	950	475	175	250×200	200×3	3.5
VB-F-W9	9	500	500	250	150	160×120	200×1	2.3
VB-F-N1	14	500	500	250	150	160×160	—	—
VB-F-N2	14	450	450	225	150	160×160	—	—
VB-F-N3	4	700	700	350	150	200×160	—	—
VB-F-N4	2	600	600	300	150	200×160	—	—
VB-F-N5	2	900	900	450	175	250×200	—	—
VB-F-N6	2	800	800	400	150	250×200	—	—

变风量空调系统中带有不同朝向的区域，为保证外区舒适性，外区采用带再热盘管的单风道型变风量末端装置，A座内区采用单冷单风道型变风量末端装置，B座内区采用压力相关型变风量风口。

（2）系统设置（图 18-24、表 18-16）：标准层按周边和内区分别设置单风道变风量系

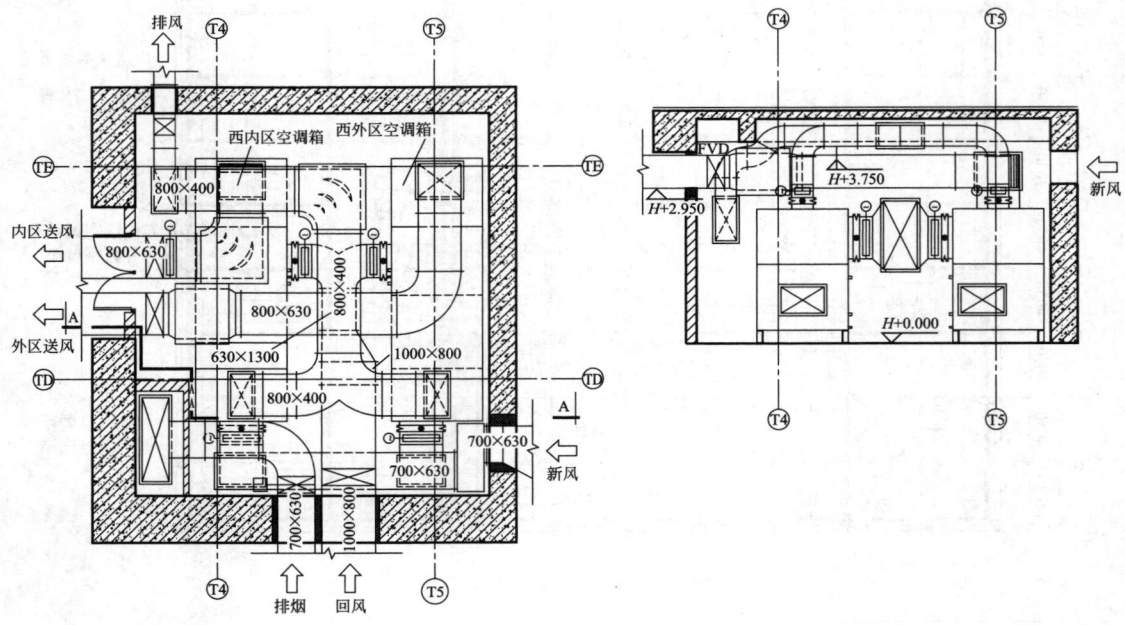

图 18-24 标准层西侧空调机房平剖面图

变风量空调箱性能表 表 18-16

设备编号	冷却盘管			加热盘管		风机风量（×10³ m³/h）	机外静压（Pa）	电机功率（kW）	热回收器效率（%）
	冷量（kW）	进风温度（℃）	出风温度（℃）	热量（kW）	进/出风温度（℃）				
		DB/WB	DB/WB				送风/回风		
AHU-F-1	80	25.4/20.2	13.5/13.0	70	9.8/28	10/10	650/350	11/4	≥60
AHU-F-1	60	24.7/18.5	13.8/13.3	70	14.9/33	10/8.5	650/350	11/4	—
AHU-F-1	55	24.7/18.8	14.4/13.9	75	14.9/34	10/8.5	650/350	11/4	—
AHU-F-1	80	25.4/20.0	13.513.0	70	9.8/28	10/10	650/350	11/4	≥60

注：冷水进/出水温度 5℃/12℃；热水进/出水温度 65℃/50℃；盘管面风速 2.5m/s；盘管最大水压降 45kPa；粗/中效过滤效率 G3/F6。

统，每个标准层分为东、西两区域共 4 台变风量空调箱就近设于本层空调机房内。为了确保末端装置进风管都有一定的稳定段，平面布置时将内区送风干管设置在外侧、外区送风干管设置在内侧，内外区送风系统分别采用环状和枝状管网，穿钢梁设置。为保证大楼以后任意划分单元使用的需要，每两个钢梁之间都设有变风量末端装置。

（3）新排风处理：新、排风就地处理，设置当层外墙新、排风百叶。采用双风机系统，过渡季可增大新、排风量。每台空调机组均设置全热交换器用以排风热回收。冬季加湿采用湿膜加湿。

18.6.4 运行控制

空调系统控制采用中央楼宇自动化监控系统（BAS）与就地控制相结合方式。

1. 变风量末端装置

（1）供冷工况下，单风道型变风量末端装置比例调节风阀，控制室内温度。

（2）供热工况下，再热型单风道型变风量末端装置双位调节热水阀，控制室内温度。

（3）压力相关型变风量风口冷热工况转换、比例调节，控制室内温度。

2. 组合式双风机变风量空调箱（图 18-25）

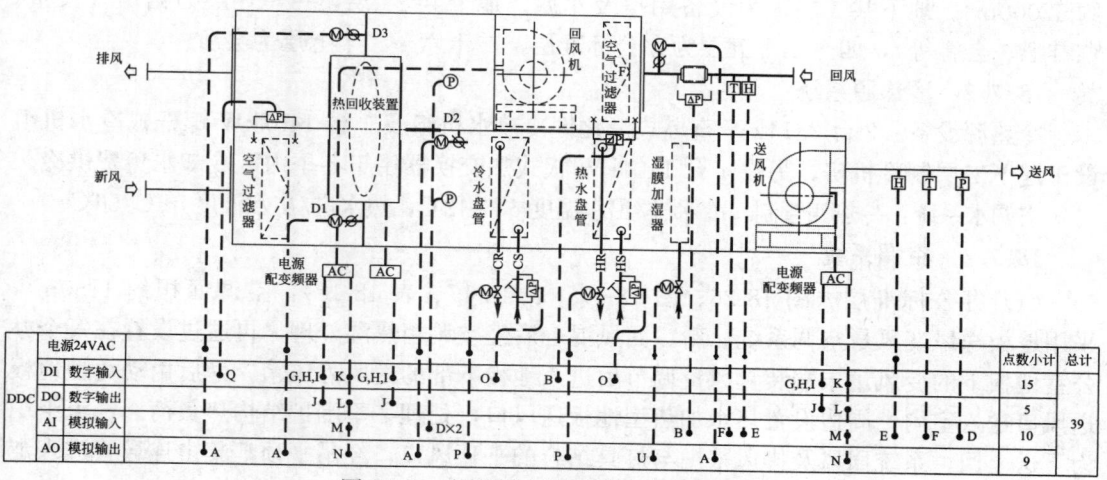

图 18-25 标准层空调系统及控制原理图

（1）静态平衡阀＋电动调节阀组合，全年比例积分调节冷、热水盘管流量，控制送风温度。

（2）采用变静压法调节送风机变频器频率，控制系统风量。根据回风管压差检测（B）计算回风量，变频调节回风机，保持回风风量为送风量的 90%。

（3）根据新回风静压箱压力偏差调节回风阀 D2，控制最小新风量。同时根据排风静压箱压力偏差，微调回风机转速，控制最小排风量。

（4）冬季比例调节加湿调节阀，控制回风相对湿度。

（5）夏季室外温度（t_e）高于或虽低于室内温度（t_c）但 $t_c-t_e<4℃$，冬季 $t_c-t_e>4℃$ 进入热回收工况：关闭热回收装置旁通阀 D1、D3，开启热回收装置；夏季 $t_c-t_e≥4℃$，冬季 $t_c-t_e<4℃$，进入热回收旁通工况：固定旁通阀 D1、D3 开度，关闭热回收装置。

（6）室外空气比焓低于排风比焓时进入全新风供冷工况：关闭回风阀 D2，全开新排风阀 D1、D3。

（7）冬季室外空气温度低于送风温度时进入变新风供冷工况：关闭冷水调节阀，开启排风阀 D3，新、回风阀反比调节控制送风温度。

（8）检测送、回、新、排风温度，相对湿度和送风静压值。风机、变频器、空气过滤器、水过滤器监示报警。

（9）各种变风量末端装置、调节风阀、冷热水及加湿调节阀、回风机与送风机连锁。

（10）DDC 控制器与中央楼宇自动化监控系统通信，根据时间程序或指令远程启停空调系统。

18.7 地板送风型单风道变风量末端装置，每层 1 套内外区共用系统

18.7.1 工程概况

上海港务国际大厦[①]地处上海市北外滩地区，是一幢高标准的办公大楼，总建筑面积约 57000m²。地下共 3 层，为设备用房及车库。地上共 27 层，一～三层为裙房（大堂、咖啡吧、会客等），四～二十五层为办公标准层，二十六～二十七层为会所。

18.7.2 冷热源系统

冷热源设备：2 台 2814kW 直燃式溴化锂冷热水机组及 1 台 1407kW 螺杆式冷水机组设于地下二层制冷机房，另设 1 台 1400kW 板式热交换器用于冬季内区冷却水免费供冷。

空调水系统：冷热四管制，冷水进/出水温度 6℃/12℃，热水进/出水温度 61℃/56℃。

18.7.3 空调系统

（1）办公标准层（图 18-26、图 18-27、表 18-17、表 18-18）：空调面积约 1150m²，采用地板送风变风量空调系统。新、回风混合后经空调箱热湿处理，再通过设置在每个办公室地板下的变风量末端装置风量调节后进入地板下部的送风静压箱，最后由动力型地板送风口送入室内。周边设置热水加热型地板送风口，处理冬季围护结构热负荷。气流组织为下送上回，系统回风及排风采用与灯具结合的平顶风口，经吊平顶汇集由连通管进入走道吊顶，通过集中回风进入空调机房。

---

① 华东建筑设计研究院杜立群提供资料，参见本章参考文献 [2]，第 375～377 页。

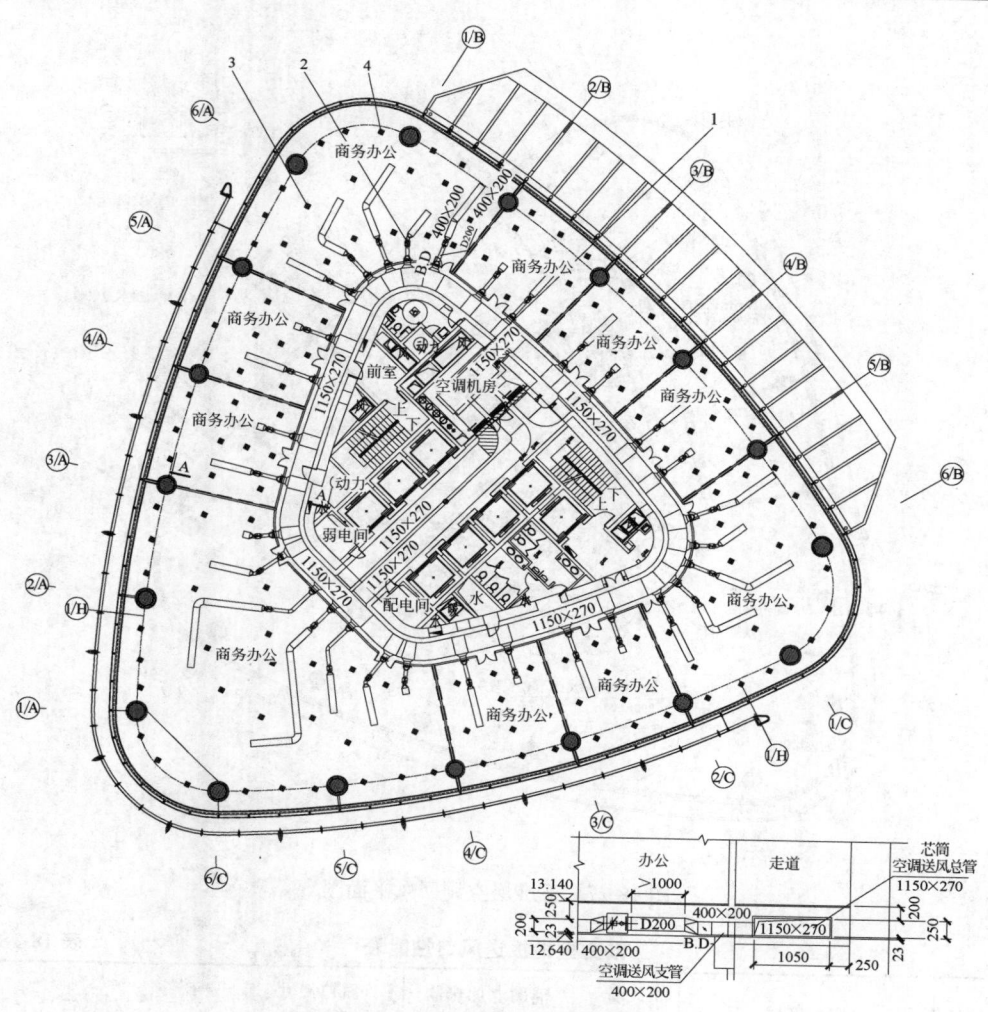

图 18-26　标准层空调送风平面图

单风道变（定）风量末端装置性能表　　　表 18-17

设备代号	服务区域	进风口 φ (mm)	风量(m³/h) 设计	风量(m³/h) 最大/最小	数量 (台)	设备代号	服务区域	进风口 φ (mm)	风量(m³/h) 设计	风量(m³/h) 最大/最小	数量 (台)
VAV-2	三层	φ250	1580	1580/790	8	VAV-2	十五、十七、二十六层	φ200	1090	1090/545	18
		φ200	1392	1392/696	7			φ200	1445	1445/723	21
	四～十四层、十八～二十五层	φ200	1237	1237/619	190	CAV-1	三层新风	400×300	2250	4536/1134	1
		φ250	1479	1479/740	152	CAV-2	三层排风	400×200	1600	3024/756	22
		φ200	1006	1006/503	114	CAV-3	四～十五层、十七～二十六层新风	400×400	4000	6048/1512	1
		φ200	1335	1335/668	133	CAV-4	四～十五层、十七～二十六层排风	400×200	1000	3024/756	22
	十五、十七、二十六层	φ200	1340	1340/670	30	CAV-5		400×300	2000	4536/1134	1
		φ250	1600	1600/800	24						

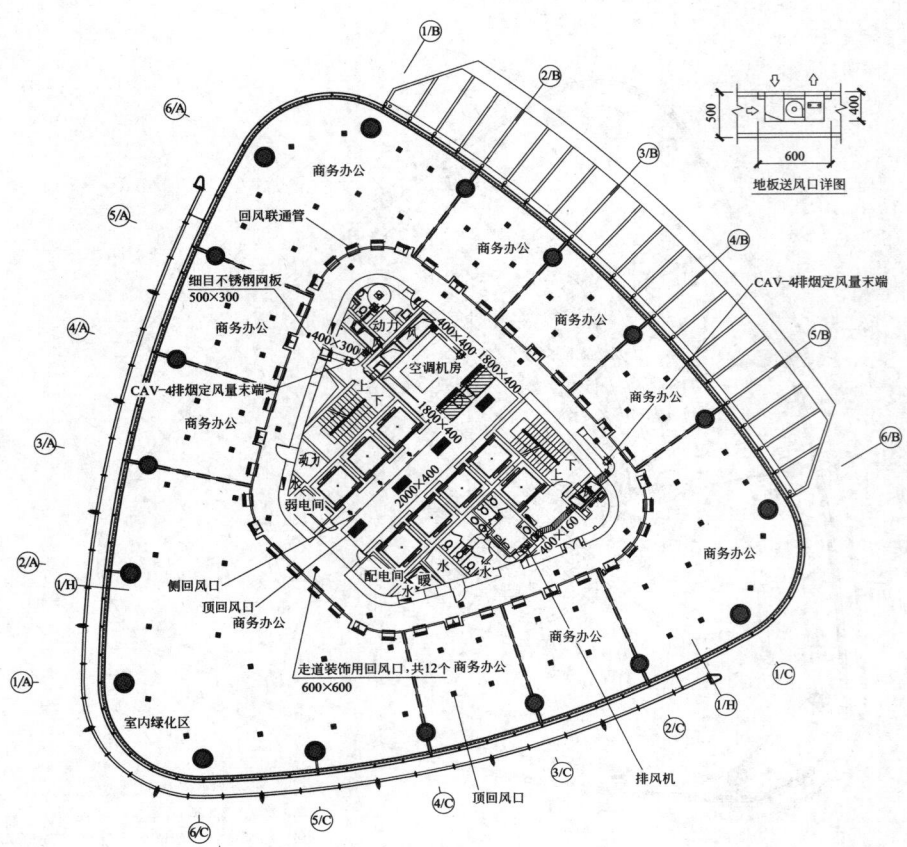

图 18-27　标准层空调回风平面图

动力型地板送风口性能表　　　　　　　　　**表 18-18**

设备编号	服务区域	风量 （m³/h）	辅助电加热器 （W）	风口尺寸 （mm）	数量（台）
FA-4	三层办公		1000		27
FA-3			—		44
FA-4	四～十四层、十八～ 二十五层办公	450	1000	600×600	54×19＝1026
FA-3			—		77×19＝1463
FA-4	十五、十七、 二十六层办公		1000		54×3＝162
FA-3			—		81×3＝243

（2）系统设置（图 18-28、表 18-19）：每个标准层设一个内外区合用的空调系统，均设一台空调箱，空调系统送风量 36000m³/h。送风管为环形风道系统。

（3）新、排风处理（表 18-20）：十六层设新风、排风（部分）热回收装置。利用排风预冷（热）新风，最大限度利用能源。新风集中处理后分送到各层空调箱。各层新风、排风均由定风量装置控制。

18.7.4　运行控制

空调系统控制采用中央楼宇自动化监控系统（BAS）与就地控制相结合方式，详见本书第 15.6.4 节。

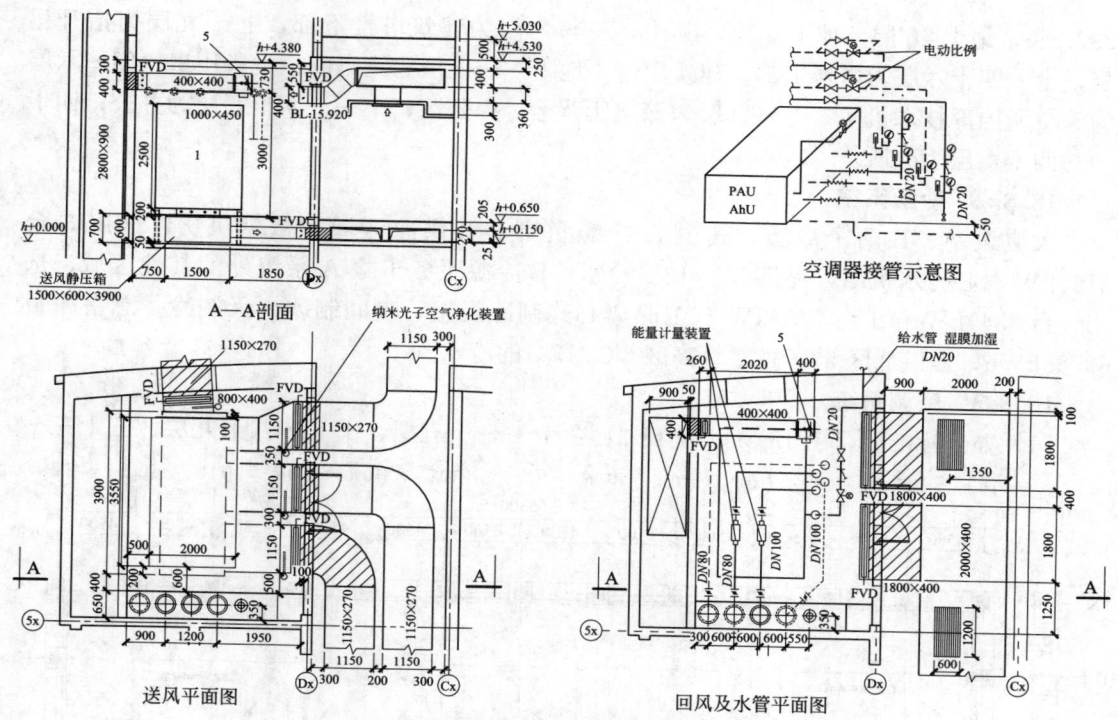

图 18-28　标准层空调机房平剖面图

空调箱性能表　　　　　　　　　　　　　　　　　　表 18-19

设备编号服务区域	总/新风量(×10³ m³/h)	机外静压(Pa)	风机功率(kW)	冷却盘管					加热盘管			湿膜加湿(kg/h)	数量(台)
				冷量(kW)	水量(m³/h)	进风温度(℃) DB/WB	出风温度(℃) DB/WB		热量(kW)	水量(m³/h)	进/出风温度(℃)		
AHU-F-1 办公标准层	36/4	500	18.5	208.4	29.87	25.3/18.6	12.9/12.5		147.6	25.4	19.1/31.2	23.7	22
PAU-16-1-3 集中新风	33.3/33.3	600	22	443.9	63.63	35/28.2	18.4/17.8		292.3	50.3	-2.2/22	—	3

全热交换器及排风机性能表　　　　　　　　　表 18-20

设备编号	类型	风量(m³/h)	全热效率	风量×数量	设备编号	服务区域	形式	风量(m³/h)	全压/静压(Pa)	功率(kW)	效率(%)	数量(台)
HEX-1	无动力	25600	60%	9000×3	EAF-6-1	标准层排风	风机箱	25600	703/515	7.5	61	1
HEX-2	交叉型	12000	60%	6000×2	EAF-6-2			12000	608483	4	53	1

注：盘管面风速 2.5m/s，工作压力 1.8MPa，最大水压降 30kPa，冷水进/出水温度 6℃/12℃，热水进/出水温度 61℃/56℃；粗效 G3 板式、中效 F6 折板式。

18.8　单风道型变风量末端装置，东西分区每层
2 套内外区合用系统

18.8.1　工程概况

深圳证券交易大厦①位于深圳市深南大道，总建筑面积 260000m²，总建筑高度

---

① 华东建筑设计研究院叶大法提供资料。

237.1m，地上 46 层，地下 3 层，其中，一～六层为建筑塔楼下部，七～九层为抬升裙房，十～四十六层为塔楼上部。建筑用途：地下一～三层为汽车库、设备用房；四～六层为深交所内部技术机房；七～九层为深交所营运、办公区；十一～四十三层为办公；四十四～四十六层为会所。

18.8.2　冷源系统

大厦设 A、B 两个冷源，其中 A 冷源负责 24h 供冷区域和数据机房，选用 3 台 3165kW 离心冷水机组，提供 7℃/12℃ 冷水；B 冷源服务于除 A 系统外的其他区域，选用 3 台 3341kW 和 1 台 1759kW 双工况离心式制冷机组，夜间制冰白天制冷，总蓄冰量 63728kWh，提供低区 5℃/12℃、高区 6℃/13℃ 的冷水。

18.8.3　空调系统

（1）办公标准层（图 18-29、表 18-21）：十一～十五层、十七～二十九层、三十三～

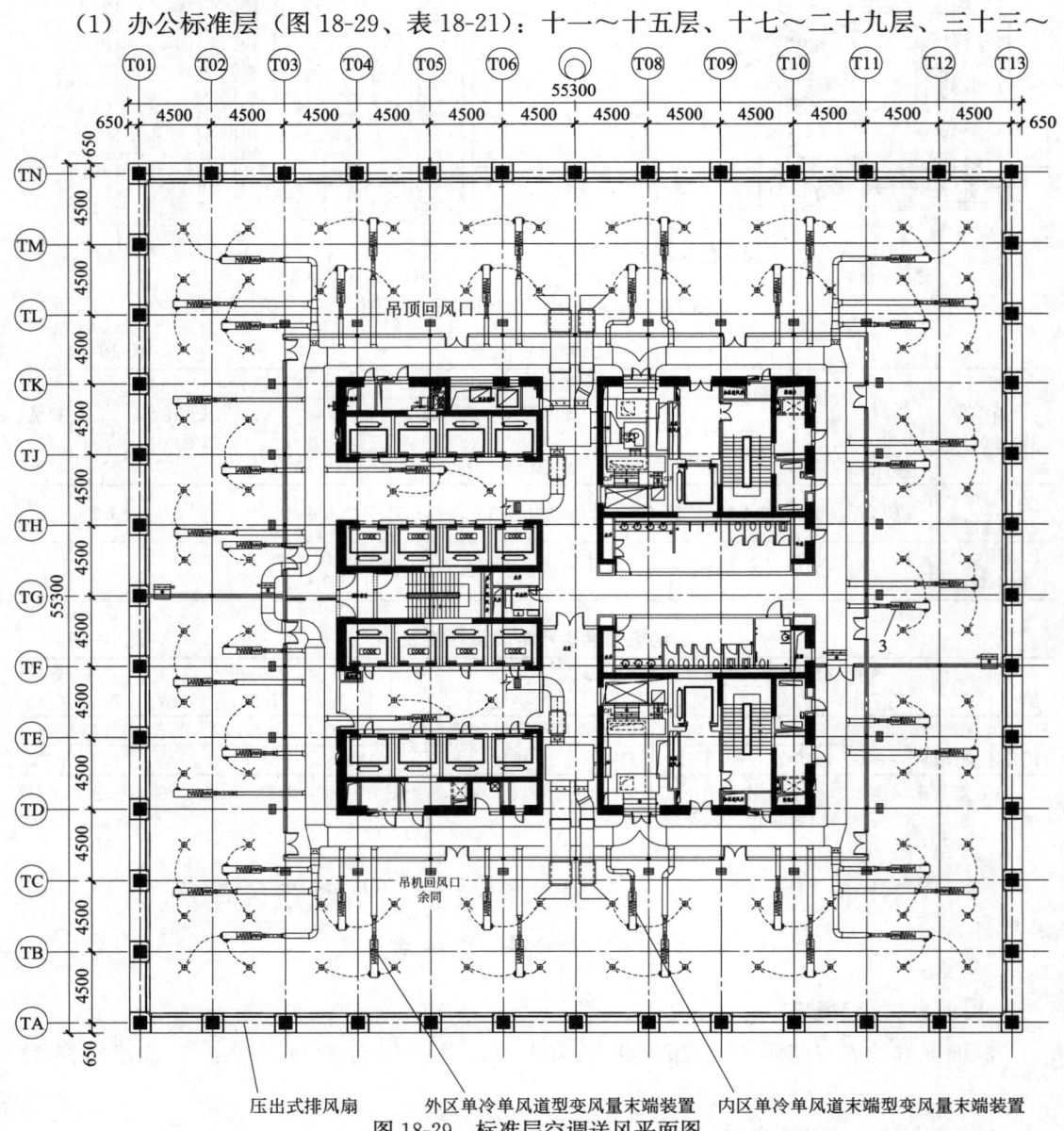

图 18-29　标准层空调送风平面图

四十三层标准层空调采用单风道变风量空调系统，内外区配置单冷型单风道变风量末端装置。过渡季、冬季系统可实现全新风或可调新风比运行，由集中新风系统供给新风，各层可开外窗自行排出（图 18-29）。

（2）高大空间场所：对于八夹层、四十六层等高大空间场所，采用串联型风机动力变风量系统。

（3）系统设置（图 18-30、表 18-22）：标准层设南北两套变风量空调系统，风管连成环状，由电动风阀分割，小负荷时可开启电动风阀启用一套系统。标准层空调机房设于芯筒内。

（4）新、排风处理：集中新风处理设备设于上下相近的设备层，并就近集中开设对外进、排风口。新风经新排风热回收机组集中处理后送至各层楼面的空调机房，在空调箱内与楼层的回风混合后进行热、湿处理。各层新、排风管上设定风量装置，控制新、排风的平衡。

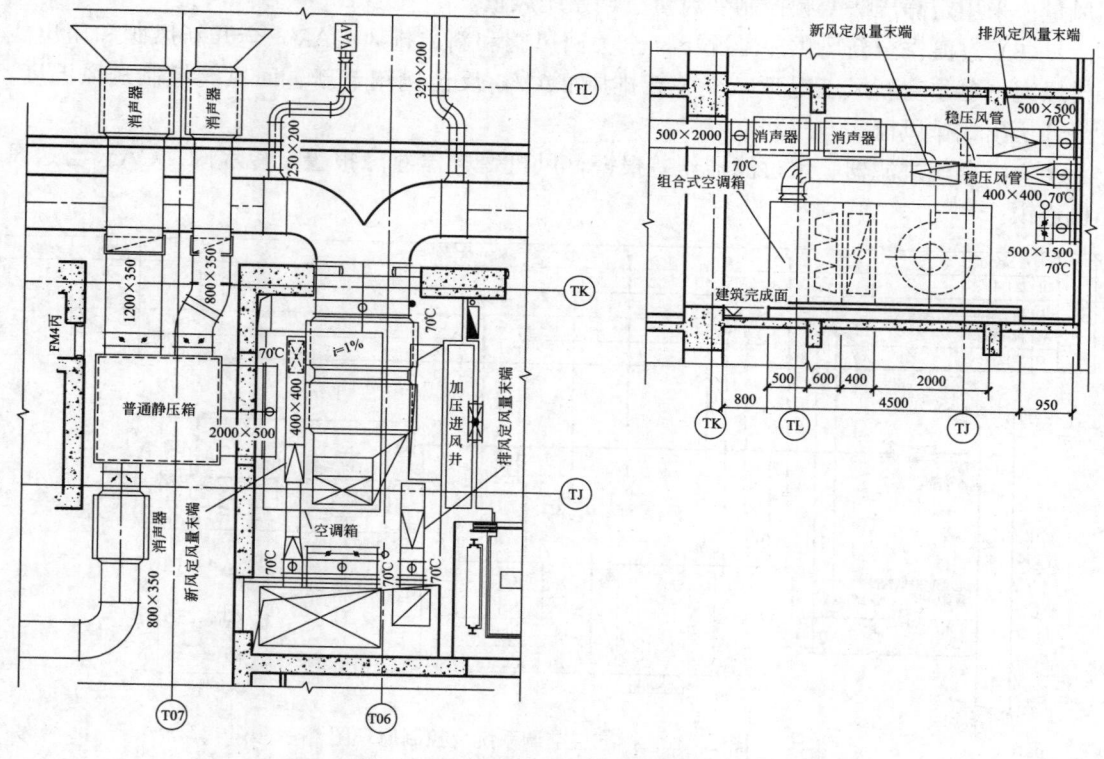

图 18-30　标准层空调机房平剖面图

单风道变（定）风量末端装置性能表　　表 18-21

设备编号	服务区域	一次风入口Φ(mm)	最大风量(m³/h)	最小风量(m³/h)	最小静压降(Pa)	最大全压降(Pa)	噪声 NC 250Pa 入口压力 出口	辐射	数量(台/层)
VAV-5	办公区1	125	540	162	28				2
VAV-6	办公区2	150	792	238	31				2
VAV-7	办公区3	175	1080	324	31				4
VAV-8	办公区4	200	1440	432	40	125	≤35	≤35	8
VAV-9	办公区5	250	1800	540	43				9
CAV-1	新风末端	350	3600	3600	50				2
CAV-2	排风末端	300	3000	3200	50				2

组合式空调箱性能表　　　　　　表 18-22

设备编号	冷量（kW）	总风量（m³/h）	新风量（m³/h）	风机全压（Pa）	电机功率（kW）	单位风量耗功率[W/(m²·h)]	粗效过滤	中效过滤
ZK-F-1	86	15480	3600	1200	11	0.56	G3	F7
ZK-F-2	114	20520	3600	1250	15	0.58		

18.8.4　运行控制

1. 标准层空调系统（图 18-31）

（1）标准层内、外区分别设置单冷型单风道变风量末端装置，控制室内温度。

（2）比例积分调节冷水电动阀，控制系统送风温度。新、排风 CAV 控制系统最小新风量。采用定静压法变频控制变风量空调系统风量。

（3）过渡季全新风供冷工况下，全关回风阀和新、排风 CAV，全开新风阀和压出式排风窗。冬季变新风工况下，全关新排风 CAV，反比例调节新、回风阀控制送风温度，全开压出式排风窗。

（4）空气过滤器、水过滤器压差报警，风机变频器故障报警，冷水阀、CAV 与送风机连锁。

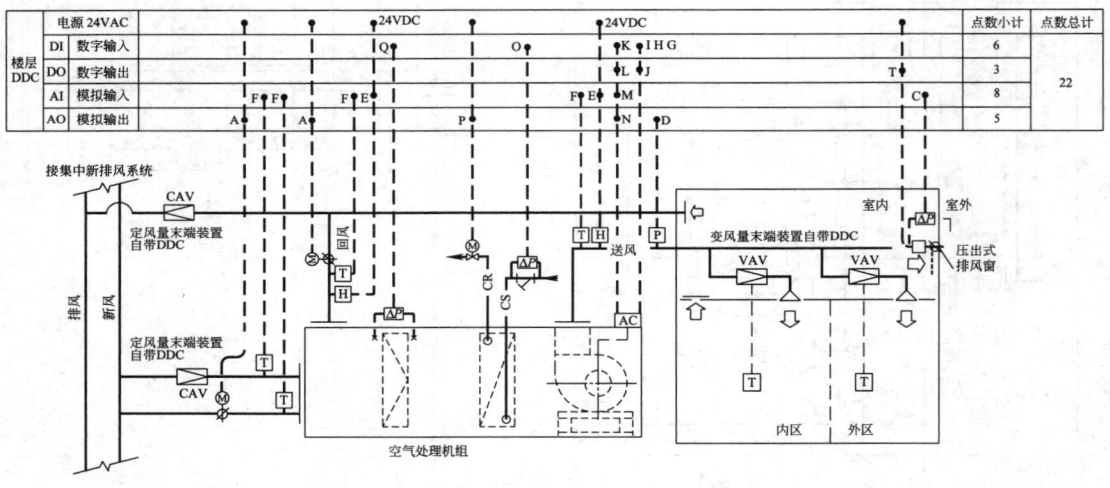

图 18-31　标准层空调系统及控制原理图

2. 集中新、排风空调系统（图 18-32）

（1）根据变风量空调系统定静压控制方法控制变频器频率，降低风机能耗。

（2）夏季热回收、夏季热回收旁通、过渡季和冬季新风供冷 4 种工况进行热回收转轮启停及回路切换风阀控制（表 18-23）：

4 种工况下热回收转轮启停及回路切换风阀控制　　　　　　表 18-23

控制对象	夏季热回收工况	夏季热回收、旁通工况	过渡/冬季变/全新风供冷工况
热交换转轮	开启	关闭	关闭
ED1～ED3	关闭	ED1、ED2 开启，ED3 关闭	ED1、ED2、ED3 开启
新风机	关闭	关闭	开启
空调箱风机	开启	开启	开启

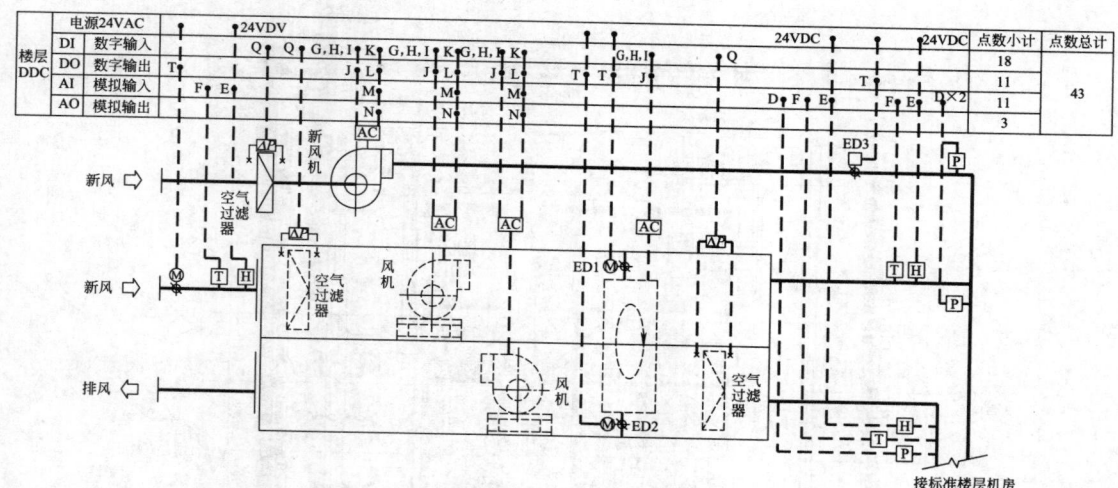

楼层 DDC	电源24VAC														点数小计	点数总计
	DI	数字输入												18	43
	DO	数字输出											24VDC	11	
	AI	模拟输入											24VDC	11	
	AO	模拟输出												3	

图 18-32　集中新、排风系统及控制原理图

1）夏季室外温度 t_e 高于或虽低于室内排风温度 t_c，但 $t_c - t_e < 4℃$，为夏季热回收工况；

2）夏季室外温度 t_e 低于室内排风温度 t_c，且 $t_c - t_e \geqslant 4℃$，为夏季热回收旁通工况；

3）室外比焓低于室内排风比焓（即潮湿地区室外温度低于 $18℃$），为过渡季全新风工况；

4）室外温度低于系统供冷送风温度，为冬季变新风供冷工况。

（3）按照预先排定的工作程序表启停机组。

（4）热交换旁通切换风阀、热回收转轮与风机连锁启停。

（5）空气过滤器压差超值报警；风机、变频器和转轮运行故障报警并停机。

18.9　卧式风机盘管＋单风道型变风量末端装置，东西分区每层 2 套内外区合用系统

18.9.1　工程概况

中建财富国际中心①位于北京市朝阳区，总建筑面积约 $147000m^2$。其中地上 37 层、裙房 2 层、约 $95000m^2$，地下 4 层、约 $52000m^2$，建筑总高度 166m。

建筑功能：地上为办公、会议，二层是数据中心。地下一层用于自行车库、餐厅、厨房及机电设备用房。地下二～地下四层包括车库、机电设备用房

18.9.2　冷热源系统

冷源设备：3 台 2625 kW 的离心式冷水机组，1 台 1225 kW 的螺杆式冷水机组设于地下一层冷冻机房，提供 $5.5℃/12℃$ 空调冷水。

热源设备：由城市热力提供 $130℃/70℃$ 一次热水，经地下三层换热站交换成 $60℃/50℃$ 的二次空调热水。

18.9.3　空调系统

（1）办公标准层（图 18-33、表 18-24、表 18-25）：空调面积约 $1200m^2$，分内、外区，外区进深距外围护结构 3m，其余为内区。内、外区采用单风道变风量空调系统，外

---

① 中国中建设计集团有限公司满孝新提供资料。

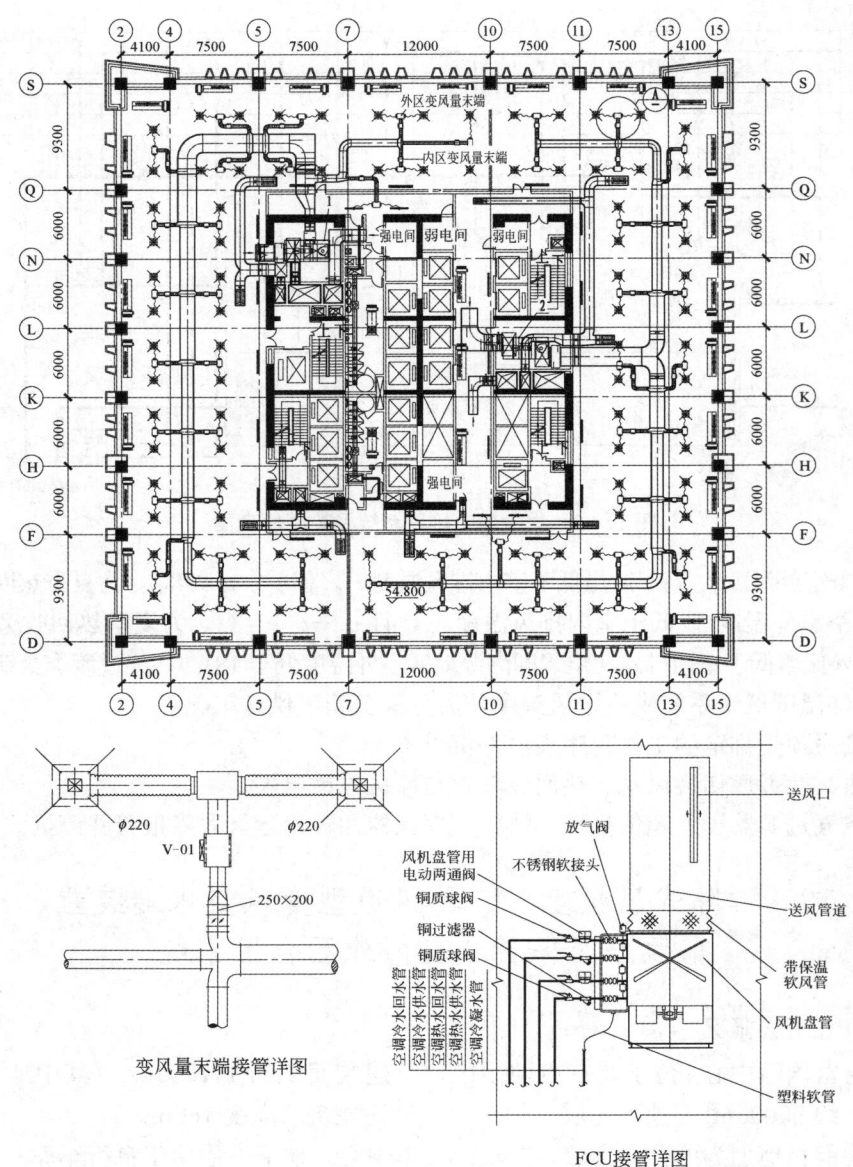

图 18-33　标准层空调送风平面图

区窗边另设四管制卧式风机盘管，吊顶内安装。

（2）系统设置（图 18-34、表 18-26）：每层东西分区，设置 2 套内、外区合用的系统，枝状风管送风，吊顶内集中回风。2 套组合式空调箱设于 2 个核心筒内空调机房。

（3）新、排风系统：

1）集中式新、排风系统设置在设备层。各层空调机房内新风支管上设置新风定风量阀控制新风量。最小新风比运行时，排风全部由卫生间排风系统排出，各层集中排风管上电动阀门关闭。

2）过渡季可采用可变新风比方式，最大总新风比可达 50％。新风量加大时，开启各层集中新、排风管上的电动阀门。

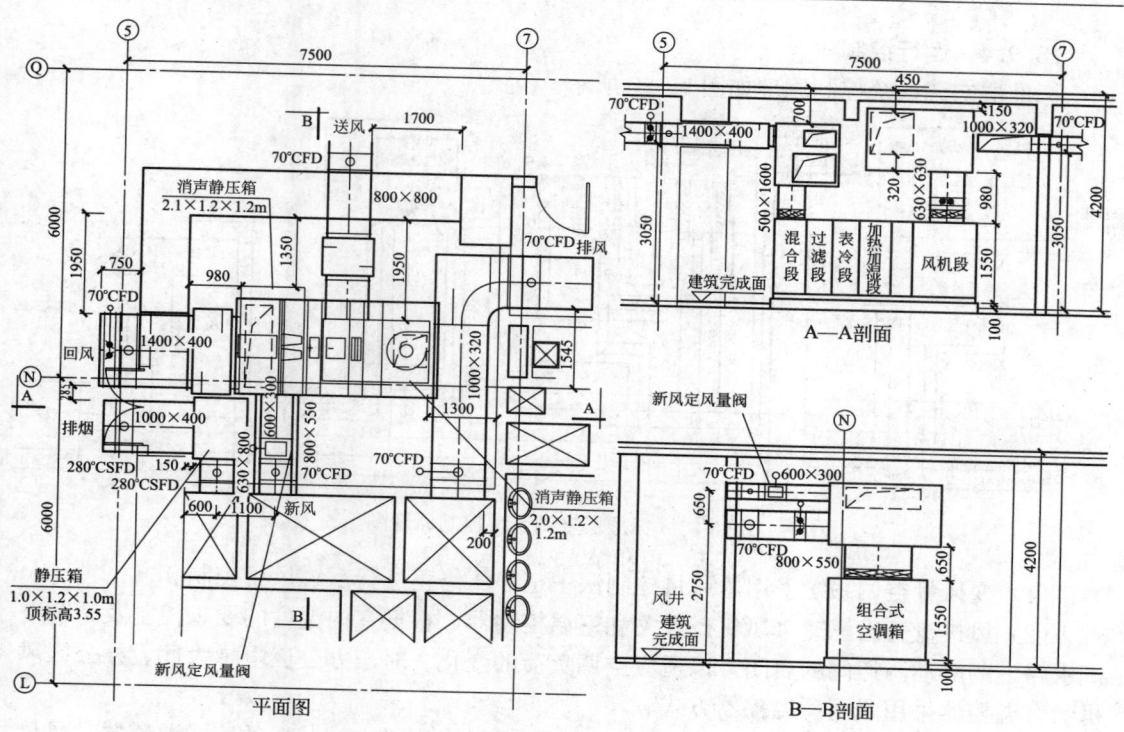

图 18-34　标准层空调机房平剖面图

变风量末端装置性能表　　　　　表 18-24

设备编号	类型	一次风入口 Φ (mm)	最大风量 (m³/h)	最小风量 (m³/h)	最小静压降 (Pa)	最大全压降 (Pa)	噪声 NC 250Pa 入口压力 出口	辐射	数量 (台/层)
VAV-01	冷热型单	150	800	320	30	125	≤35	≤35	47
VAV-02	风道末端	200	1200	400	30				

卧式暗装风机盘管性能表　　　　　表 18-25

设备编号	风机 高速风量 (m³/h)	功率 (W)	冷却盘管 冷量 (W)	进风温度 (℃) DB/WB	水压降 (kPa)	热水盘管 热量 (kW)	进风温度 (℃)	水压降 (kPa)	机组噪声 [dB(A)]
FCU-03	500	28	2670	25/18.6	14	2490	21	25	39
FCU-04	670	45	3430			3040		20	41
FCU-05	820	56	3940			3520		24	40

注：冷水进/出水温度 5.5℃/12℃，热水进/出水温度 60℃/50℃，机外余压 30Pa，工作压力 1.6MPa，电源 220V。

空调箱性能表　　　　　表 18-26

设备编号	总/新风量 (×10³ m³/h)	机外静压 (Pa)	风机功率 (kW)	冷却盘管 冷量 (kW)	水压降 (kPa)	进风温度(℃) DB/WB	出风温度(℃) DB/WB	加热盘管 热量 (kW)	水压降 (kPa)	进/出风温度 (℃)	湿膜加湿 (kg/h)	数量 (台)
K-F-1、2	18/3.75	450	11	115	45	26/19	16.4/14.4	120	45	10/30	20.1	2

注：冷水进/出水温度 5.5℃/12℃，热水进/出水温度 60℃/50℃，粗效 G4、中效 F7，机外噪声≤71dB（A）。

18.9.4 运行控制

标准层空调系统控制原理如图 18-35 所示。

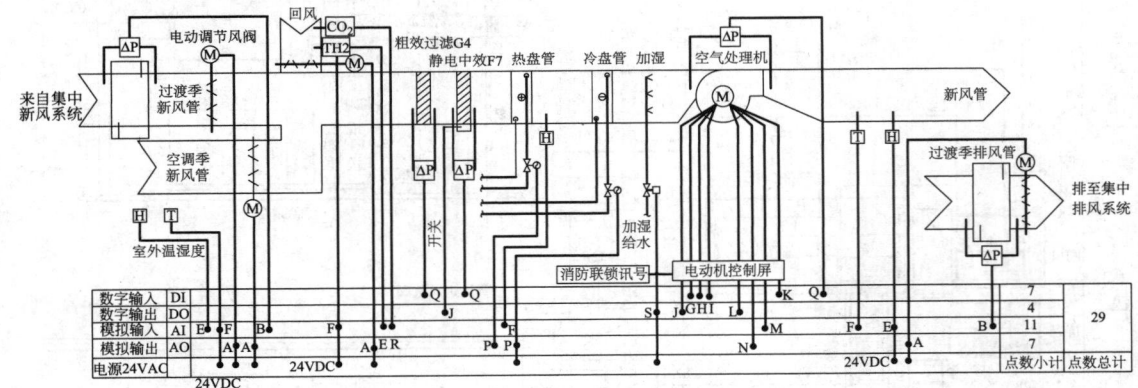

图 18-35　标准层空调系统控制原理图

（1）变风量空调系统采用总风量控制法＋定静压修正进行系统风量控制。

（2）风机盘管由三速（风机）开关和室温控制器，根据室内温度的要求控制及调节空调水路上的电动两通阀的启闭，以适应空调负荷的变化。对于办公区电梯大厅、办公区风机盘管温控器采用联网型温控器方式。

（3）变风量末端装置设置就地墙式温感器，通过变风量末端装置的墙式温感器、风量传感器和 VAV 控制器构成串级控制环路实现末端控制。

（4）送风温度控制：空调箱根据室内负荷情况自动选择供冷/供热模式。分别调节冷/热水盘管流量保持送风温度。

（5）回风湿度控制：冬季双位调节加湿量保持回风相对湿度。

（6）过渡季新、排风控制：检测新、回风温度及相对湿度，当室外新风焓值小于回风焓值时，关闭新风定风量阀，开启过渡季新、排风管路上的电动调节风阀。反比调节新、回风电动调节风阀，增加新风量相应减少回风量，使新风量不低于总送风量的 50％。同时，通过消声器压差检测新、排风量，根据新、排风量偏差调节排风电动调节风阀，保持新、排风量平衡。

（7）防冻控制：当热水盘管出风温度低于 5℃ 时，新风调节阀及风机关闭，热水调节阀全开。热水调节阀驱动器故障时，应保持常开状态，常开状态必须硬件方式连接以防盘管冻裂。热水调节阀启动 10min 后才能打开新风电动调节阀。空调箱开启时，必须保证热水盘管的出水温度不低于设计回水温度（50℃）。

（8）冷热水调节阀，新、回、排风调节阀，静电中效过滤器与空调箱风机连锁。

本章参考文献

［1］ 中华人民共和国住房与城乡建设部. 变风量空调设计与施工图集：13K513 ［S］. 北京：中国计划出版社，2014.

［2］ 范存养，杨国荣，叶大法. 高层建筑空调设计及工程实录 ［M］. 北京：中国建筑工业出版社，2014.

第 19 章　常用变风量末端装置介绍

变风量末端装置的分类、基本结构与性能、风速传感器、调节风阀与均流装置、控制器以及辅助设备等内容在本书第 3 章中已详细论述。本章主要介绍在我国应用较多的几家公司生产的变风量末端装置的基本特点、产品类型与主要技术参数。如要获得更详细的技术资料，可与末端装置生产厂或其代理商联系。末端装置选型时，设计人员可参考本章提供的主要技术参数，也可请各末端装置生产厂的专业人员予以技术支持。

19.1　TSS、TCS、TVS 系列变风量末端装置

北京江森自控（简称江森自控）有限公司的 TSS、TCS、TVS 系列变风量末端装置由北京江森上海分公司提供资料。

19.1.1　基本特点

江森自控变风量末端装置的箱体采用优质镀锌钢板制作，外覆铬酸盐涂层，经过 125h 盐水喷雾试验。箱体采用机械咬合结构（不允许点焊连接），保证了箱体气密性。滚压成型的入口法兰并配有加强肋骨，增强箱体整体的强度与硬度。

一次风阀由一个圆柱筒体构成，圆柱筒体采用冲压圆环以增大其结构钢度。阀片通过整体铸造轴套与实体轴连接，无须采用螺钉或螺栓等紧固件。阀轴由冷轧钢棒机加工后镀锌而成，并带有一个可从装置外部看到的风阀位置显示器。风阀阀板绕着带自润滑轴承的轴旋转。为便于操作，风阀执行器装在末端装置外面。组装好的风阀带有内部机械挡位以保证阀板可达到全开和全关的状态。风阀叶片不能使用胶粘剂密封。

TSS、TCS、TVS 型末端装置入口静压为 1000Pa 时，风阀的漏风量最大不超过入口额定进风量的 0.5%；TSL、TCL、TVL 型末端装置入口静压为 750Pa 时，风阀的漏风量最大不超过入口额定进风量的 0.5%。

风速传感器采用江森自控专利技术 FlowStar™ 流量传感器，赋予流量精确控制的新含义。压差式流量传感器置于风道各等截面上或沿对数曲线在两条正交直径上来回移动。在直径等于或大于 Φ150mm 的管道上不能使用单轴传感器。所采用的传感器一般最少有 12 个压力测点。输入的全压在传感器的中央平均室内取平均值，而不能使用仅从一端传送压差信号的传感器。传感器输出的放大压差信号值与传统毕托管测得的相应压差信号相比至少是其 2.5 倍。

风机动力型变风量末端装置可选用恒风量型 ECM 和标准型 ECM 两种配置。

热水盘管外壳采用镀锌板制作。盘管由纯铝翅片构成，以保证适当的间距和最大的管间接触。翅片的片间距每 25.4mm 至少 10 片，以机械方法固定在无缝铜管上，达到最佳的传热效果。热水盘管设计工作压力为 1.6MPa，并且经过 2.8MPa 水压测试。盘管与内置的检修板均安装在箱体内，这样可方便地从上部或底部检修盘管。

19.1.2 产品类型

江森自控生产的变风量末端装置主要有：TSS、TSL 系列标准型/超薄型单风道型、TCS、TCL 系列标准型/超薄型串联式风机动力型以及 TVS、TVL 系列标准型/超薄型并联式风机动力型六种类型。

19.1.3 主要技术参数

1. TSS 系列单风道末端装置（表 19-1）

TSS 系列单风道末端装置风量范围   表 19-1

规格	入口直径(mm)(英寸)	风量范围(m³/h)	
		最小风量	最大风量
04	98(4″)	51	425
05	124(5″)	85	600
06	149(6″)	100	935
07	175(7″)	180	1224
08	200(8″)	180	1670
09	225(9″)	280	2125
10	251(10″)	280	2720
12	302(12″)	410	3900
14	352(14″)	570	5270
16	403(16″)	750	6970
19	718×352	1435	11050
22	819×403	2145	13600

2. 风机动力型末端装置

（1）一次风量范围（表 19-2）

TCS 系列串联式/TVS 系列并联式风机动力型末端装置一次风风量范围   表 19-2

规格	一次风入口直径(mm)(英寸)	一次风风量范围(L/s)		一次风风量范围(m³/h)	
		最小风量	最大风量	最小风量	最大风量
05	124(5″)	23	165	85	600
06	149(6″)	25	260	100	935
08	200(8″)	50	470	180	1670
10	251(10″)	78	752	280	2720
12	302(12″)	113	1081	410	3900
14	352(14″)	158	1457	570	5270
16	403(16″)	207	1927	750	6970

（2）风机参数（表 19-3）

TCS 系列串联式/TVS 系列并联式风机动力型末端装置风机参数   表 19-3

风机规格	风机风量(m³/h)	电机功率(W)	电机电流(A)
	高/中/低档	高/中/低档	高/中/低档
06	135~890/105~765/75~700	68/54/46	0.32/0.25/0.24

续表

风机规格	风机风量(m³/h)	电机功率(W)	电机电流(A)
	高/中/低档	高/中/低档	高/中/低档
08	985～1340/730～1050/546～875	254/178/131	1.15/ 0.81/0.59
11	1180～1880/ 900～1480/700～1190	403/294/223	1.83/1.34/1.03
18	1400～3505/1160～2990/ 775～2430	409/ 354/ 252	2.27/ 1.65/ 1.22
21	1700～3700/1400～2950/970～2255	581/445/322	2.84/2.13/1.63

（3）热水盘管热工性能（表 19-4）

TVS 并联式风机动力型末端装置热水盘管性能　　　　表 19-4

风量 (m³/h)	风压降 (Pa)	水流量 (L/s)	水压降(kPa)		出风温度(℃)		出水温度(℃)		换热量(kW)	
			1 排	2 排	1 排	2 排	1 排	2 排	1 排	2 排
规格 0606,0806,0808,0811										
340	1 排 1.6 2 排 3.9	0.03	0.60	0.38	33.6	40.0	46.5	40.5	1.7	2.4
		0.06	2.09	1.33	37.5	45.7	51.4	47.6	2.1	3.0
		0.13	8.58	5.38	41.7	51.8	55.1	53.0	2.6	3.7
		0.19	17.33	10.78	42.9	53.5	56.5	55.0	2.7	3.9
		0.25	28.92	17.90	43.4	54.2	57.3	56.1	2.8	4.0
		0.32	46.03	28.33	44.1	55.2	57.8	56.9	2.9	4.1
510	1 排 2.7 2 排 6.5	0.03	0.60	0.38	29.4	34.4	45.6	38.7	1.8	2.6
		0.06	2.09	1.33	33.4	40.3	50.0	45.2	2.5	3.6
		0.13	8.58	5.38	36.5	45.0	54.4	51.7	3.0	4.4
		0.19	17.33	10.78	37.7	46.8	55.9	53.9	3.2	4.7
		0.25	28.92	17.90	38.4	47.7	56.8	55.2	3.3	4.9
		0.32	46.03	28.33	39.0	48.7	57.4	56.1	3.4	5.1
680	1 排 4.0 2 排 9.6	0.03	0.60	0.38	27.3	31.6	44.6	36.7	1.9	2.9
		0.06	2.09	1.33	30.8	36.9	49.1	43.4	2.7	4.1
		0.13	8.58	5.38	33.8	41.4	53.7	50.4	3.4	5.1
		0.19	17.33	10.78	34.8	42.9	55.4	53.0	3.6	5.4
		0.25	28.92	17.90	35.4	43.9	56.3	54.5	3.7	5.7
		0.32	46.03	28.33	36.0	44.7	57.0	55.5	3.9	5.9
850	1 排 5.5 2 排 13.1	0.03	0.60	0.38	25.8	29.5	44.2	35.7	1.9	3.0
		0.06	2.09	1.33	28.9	34.3	48.5	42.3	2.8	4.3
		0.13	8.58	5.38	31.8	38.6	53.2	49.5	3.6	5.6
		0.19	17.33	10.78	32.9	40.3	54.9	52.2	4.0	6.1
		0.25	28.92	17.90	33.4	41.1	56.0	53.8	4.1	6.3
		0.32	46.03	28.33	34.0	42.1	56.7	55.0	4.3	6.6

续表

风量 (m³/h)	风压降 (Pa)	水流量 (L/s)	水压降(kPa)		出风温度(℃)		出水温度(℃)		换热量(kW)	
			1排	2排	1排	2排	1排	2排	1排	2排
规格 0606,0806,0808,0811										
1020	1排 7.0 2排 16.8	0.03	0.60	0.38	24.6	27.7	44.5	35.8	1.9	3.0
		0.06	2.09	1.33	27.4	32.1	48.3	41.8	2.9	4.5
		0.13	8.58	5.38	30.2	36.4	52.8	48.8	3.8	6.0
		0.19	17.33	10.78	31.3	38.2	54.6	51.6	4.2	6.5
		0.25	28.92	17.90	32.0	39.1	55.7	53.3	4.4	6.9
		0.32	46.03	28.33	32.6	40.1	56.5	54.5	4.6	7.2
1190	1排 8.7 2排 20.9	0.03	0.60	0.38	24.0	26.8	43.9	34.7	2.0	3.1
		0.06	2.09	1.33	26.6	30.9	47.7	40.7	3.0	4.7
		0.13	8.58	5.38	29.2	35.0	52.4	48.0	4.1	6.4
		0.19	17.33	10.78	30.2	36.7	54.2	51.0	4.5	7.0
		0.25	28.92	17.90	30.8	37.6	55.4	52.8	4.7	7.4
		0.32	46.03	28.33	31.4	38.6	56.2	54.1	5.0	7.8
1360	1排 10.9 2排 26.2	0.03	0.60	0.38	23.5	26.1	43.4	33.7	2.0	3.2
		0.06	2.09	1.33	26.0	30.2	46.9	39.3	3.2	5.1
		0.13	8.58	5.38	28.4	33.9	52.0	47.3	4.3	6.8
		0.19	17.33	10.78	29.4	35.5	53.9	50.4	4.7	7.5
		0.25	28.92	17.90	30.0	36.4	55.1	52.3	5.0	7.9
		0.32	46.03	28.33	30.5	37.3	56.0	53.6	5.3	8.3
规格 1008,1011,1018,1211,1218,1221										
680	1排 2.4 2排 5.7	0.03	0.35	0.70	28.7	33.3	42.0	33.4	2.2	3.3
		0.06	1.21	2.38	33.4	40.2	46.7	40.4	3.3	4.8
		0.13	4.86	9.56	38.2	47.3	51.8	47.9	4.4	6.5
		0.19	9.72	19.07	39.2	48.8	54.1	51.3	4.6	6.8
		0.25	16.09	31.56	39.7	49.4	55.4	53.2	4.7	6.9
		0.32	25.41	49.80	40.2	50.3	56.3	54.6	4.8	7.1
1020	1排 4.1 2排 9.8	0.03	0.35	0.70	26.2	29.8	40.1	29.9	2.4	3.7
		0.06	1.21	2.38	30.2	35.9	44.5	36.5	3.8	5.8
		0.13	4.86	9.56	33.9	41.5	50.5	45.6	5.1	7.7
		0.19	9.72	19.07	34.9	43.1	53.0	49.4	5.4	8.2
		0.25	16.09	31.56	35.4	43.8	54.5	51.7	5.6	8.5
		0.32	25.41	49.80	35.9	44.6	55.6	53.3	5.8	8.8
1360	1排 6.0 2排 14.5	0.03	0.35	0.70	24.6	27.7	39.2	27.9	2.6	4.0
		0.06	1.21	2.38	28.1	33.1	43.0	33.8	4.2	6.4
		0.13	4.86	9.56	31.6	38.5	49.2	43.3	5.7	8.9
		0.19	9.72	19.07	32.4	39.7	52.2	47.9	6.1	9.4
		0.25	16.09	31.56	33.0	40.5	53.8	50.4	6.4	9.8
		0.32	25.41	49.80	33.4	41.2	55.0	52.3	6.6	10.1

续表

风量 （m³/h）	风压降 （Pa）	水流量 （L/s）	水压降（kPa）		出风温度（℃）		出水温度（℃）		换热量（kW）	
			1 排	2 排	1 排	2 排	1 排	2 排	1 排	2 排
规格 1008,1011,1018,1211,1218,1221										
1700	1 排 8.3 2 排 19.8	0.03	0.35	0.70	23.6	26.2	38.6	26.4	2.6	4.1
		0.06	1.21	2.38	26.7	31.1	42.2	32.1	4.4	6.9
		0.13	4.86	9.56	29.9	36.1	48.4	41.8	6.2	9.7
		0.19	9.72	19.07	30.7	37.4	51.4	46.5	6.7	10.5
		0.25	16.09	31.56	31.2	38.1	53.2	49.4	7.0	10.9
		0.32	25.41	49.80	31.7	38.9	54.5	51.3	7.2	11.3
2040	1 排 11.1 2 排 26.6	0.03	0.35	0.70	22.9	25.2	38.3	25.6	2.7	4.2
		0.06	1.21	2.38	25.8	29.7	41.1	30.2	4.6	7.3
		0.13	4.86	9.56	28.7	34.4	47.5	40.2	6.6	10.5
		0.19	9.72	19.07	29.5	35.7	50.7	45.3	7.2	11.4
		0.25	16.09	31.56	30.0	36.5	52.7	48.3	7.5	11.9
		0.32	25.41	49.80	30.5	37.2	54.0	50.5	7.8	12.5
2380	1 排 14.4 2 排 34.6	0.03	0.35	0.70	22.3	24.4	38.3	25.2	2.7	4.3
		0.06	1.21	2.38	24.9	28.5	40.9	29.3	4.7	7.5
		0.13	4.86	9.56	27.7	33.0	47.0	39.1	6.9	11.1
		0.19	9.72	19.07	28.6	34.4	50.2	44.3	7.6	12.2
		0.25	16.09	31.56	29.1	35.1	52.2	47.4	8.0	12.9
		0.32	25.41	49.80	29.5	35.9	53.6	49.7	8.4	13.5
2720	1 排 18.1 2 排 43.4	0.03	0.35	0.70	22.0	23.9	37.7	24.0	2.7	4.4
		0.06	1.21	2.38	24.3	27.7	40.2	27.9	4.9	7.9
		0.13	4.86	9.56	27.0	32.0	46.3	37.8	7.3	11.8
		0.19	9.72	19.07	27.8	33.3	49.7	43.3	8.0	13.0
		0.25	16.09	31.56	28.3	34.0	51.7	46.6	8.5	13.7
		0.32	25.41	49.80	28.8	34.8	53.2	49.0	8.9	14.4
3060	1 排 22.1 2 排 53.0	0.03	0.35	0.70	21.7	23.3	37.7	23.8	2.7	4.5
		0.06	1.21	2.38	23.8	26.9	39.8	27.0	5.0	8.1
		0.13	4.86	9.56	26.5	31.2	45.6	36.6	7.7	12.5
		0.19	9.72	19.07	27.2	32.5	49.1	42.3	8.5	13.8
		0.25	16.09	31.56	27.7	33.2	51.3	45.8	8.9	14.5
		0.32	25.41	49.80	28.1	33.9	52.8	48.3	9.4	15.3
规格 1411,1418,1421,1424,1621,1624										
1700	1 排 6.8 2 排 16.4	0.03	0.35	0.70	23.7	26.2	38.4	26.5	2.7	4.1
		0.06	1.21	2.38	26.9	31.3	41.6	31.5	4.5	7.0
		0.13	4.86	9.56	31.0	37.6	47.2	40.1	6.8	10.6
		0.19	9.72	19.07	31.7	38.8	50.7	45.5	7.3	11.3
		0.25	16.09	31.56	32.3	39.6	52.7	48.5	7.6	11.7
		0.32	25.41	49.80	32.7	40.3	54.1	50.8	7.8	12.1

续表

风量 (m³/h)	风压降 (Pa)	水流量 (L/s)	水压降(kPa)		出风温度(℃)		出水温度(℃)		换热量(kW)	
			1排	2排	1排	2排	1排	2排	1排	2排
规格 1411,1418,1421,1424,1621,1624										
2040	1排 8.9 2排 21.3	0.03	0.35	0.70	23.0	25.2	38.0	25.4	2.7	4.2
		0.06	1.21	2.38	25.8	29.7	41.0	30.1	4.7	7.3
		0.13	4.86	9.56	29.6	35.7	46.3	38.5	7.3	11.4
		0.19	9.72	19.07	30.4	37.0	50.0	44.2	7.8	12.3
		0.25	16.09	31.56	30.9	37.7	52.1	47.5	8.1	12.8
		0.32	25.41	49.80	31.4	38.5	53.6	49.9	8.5	13.3
2380	1排 11.5 2排 27.6	0.03	0.35	0.70	22.4	24.4	37.9	24.9	2.7	4.3
		0.06	1.21	2.38	25.0	28.6	40.5	29.0	4.8	7.6
		0.13	4.86	9.56	28.7	34.3	45.5	37.0	7.7	12.2
		0.19	9.72	19.07	29.5	35.7	49.3	42.9	8.4	13.3
		0.25	16.09	31.56	29.9	36.3	51.5	46.5	8.7	13.8
		0.32	25.41	49.80	30.3	37.0	53.1	49.0	9.0	14.4
2720	1排 14.4 2排 34.6	0.03	0.35	0.70	22.0	23.8	38.0	24.6	2.7	4.3
		0.06	1.21	2.38	24.4	27.6	40.1	28.1	4.9	7.9
		0.13	4.86	9.56	27.9	33.2	44.4	35.7	8.1	13.0
		0.19	9.72	19.07	28.6	34.4	48.7	41.9	8.8	14.1
		0.25	16.09	31.56	29.1	35.2	51.0	45.6	9.2	14.8
		0.32	25.41	49.80	29.5	35.9	52.7	48.3	9.6	15.4
3060	1排 17.6 2排 42.3	0.03	0.35	0.70	21.7	23.3	37.6	23.9	2.7	4.4
		0.06	1.21	2.38	23.8	26.8	39.8	27.3	5.0	8.0
		0.13	4.86	9.56	27.2	32.2	44.3	34.6	8.4	13.5
		0.19	9.72	19.07	28.0	33.5	48.2	40.9	9.2	14.8
		0.25	16.09	31.56	28.4	34.2	50.6	44.8	9.7	15.6
		0.32	25.41	49.80	28.9	34.9	52.3	47.5	10.1	16.3
3400	1排 21.0 2排 50.5	0.03	0.35	0.70	21.4	23.0	37.3	23.1	2.8	4.5
		0.06	1.21	2.38	23.5	26.3	39.3	26.3	5.1	8.3
		0.13	4.86	9.56	26.6	31.4	43.7	33.5	8.7	14.1
		0.19	9.72	19.07	27.4	32.7	47.7	40.0	9.6	15.6
		0.25	16.09	31.56	27.8	33.4	50.2	44.0	10.1	16.4
		0.32	25.41	49.80	28.3	34.1	51.9	46.9	10.6	17.2
3740	1排 24.8 2排 59.4	0.03	0.35	0.70	21.2	22.6	37.4	23.0	2.8	4.6
		0.06	1.21	2.38	23.1	25.7	39.2	25.9	5.1	8.4
		0.13	4.86	9.56	26.2	30.7	43.2	32.4	9.0	14.7
		0.19	9.72	19.07	26.9	32.0	47.3	39.1	9.9	16.3
		0.25	16.09	31.56	27.4	32.7	49.8	43.2	10.5	17.2
		0.32	25.41	49.80	27.8	33.4	51.6	46.2	11.0	18.1

注：1. 以上数据在工况为 $\Delta T=$（60℃进水温度－19℃入口空气温度）$=41$℃，海平面为基础。ΔT 非 41℃时可按表 19-5 修正。

2. 加热量中的"-"表示由于出风温度过高，不推荐此选择。在制热应用中，为了获得散流器的最佳运行性能，送风温度不能高于房间设计温度的 11℃ 范围内。否则将需要较大的风量以增强室内气流运动。

3. TCS 串联式风机动力型末端装置热水盘管性能另见设备样本。

热水再热盘管供热量修正系数   表 19-5

ΔT(℃)	6	8	11	14	17	19	22	25	28	31	33	36	39	41	44
修正系数	0.23	0.29	0.35	0.42	0.48	0.54	0.60	0.66	0.72	0.78	0.85	0.91	0.97	1.00	1.09
ΔT(℃)	47	50	53	56	58	61	64	67	69	72	75	78	81	83	86
修正系数	1.15	1.22	1.28	1.35	1.42	1.48	1.54	1.60	1.66	1.74	1.80	1.86	1.92	1.98	2.05

19.2   ESV、TQS、TQP 系列变风量末端装置及变风量风口

Titus 的 ESV、TQS、TQP 系列变风量末端装置及变风量风口由北京海鼎易能工程技术有限公司提供资料

19.2.1   基本特点

美国 Titus 变风量末端装置的箱体采用镀锌钢板制作。末端装置保温内衬采用环保型专利 Ecoshield^{TM}，完全消除传统玻璃纤维保温内衬污染隐患，同时满足防火要求。对于要求特别高的绿色建筑，该品牌可针对不同需求，提供多种创新的保温内衬替代方案，包括新型无纤维内衬、Steri-Loc^{TM}、EnviroLoc^{TM} 环保内衬、UltraLoc 内衬等。

采用最新研究的 Aerocross^{TM} 风速传感器，该传感器为多测点并联、中央平均方式，消除了一次风量传感器对于直管接管长度的依赖，保证不良接管条件下一次风量测量精度，改善了变风量空调系统的运行效果。

一次风调节风阀采用新型三明治构造单片式风阀，保证关闭时严格的密封效果，有利于降低噪声，确保安静的运行效果。与压力无关型气动、电子模拟或直接数字式控制的执行机构相匹配，可有效调节送风量。

风机动力型末端装置配置标准电容分离式电机，配 SCR 调速器，依据下游风管与风口的压力降，可在初调试时调节风机转速。电机还具有独特的防反转启动功能，避免风机反转，保证末端装置正常运行。

对于串联式风机动力型末端装置，可配置无刷直流电机（ECM）。ECM 电机是一种高效、配有特别微处理器的无电刷电机，其效率在整个运行范围内可达 70%，与常规交流电机相比，可节电 50% 以上。该品牌为 ECM 电机开发独特的过程控制程序，这种交互式自动控制程序，结合了 ECM 电机在实验室测试的结果，内置于电机控制器中，电机可在实际运行条件下实现高效运行控制。

19.2.2   产品类型

美国 Titus 是一个专业的变风量末端装置和各种送、回风散流器的品牌，变风量末端装置种类较全，系列产品包括：ESV 系列单风道型、EDV 系列双风道型、TQS 及 TFS 系列串联式风机动力型、TQP 系列并联式风机动力型、FLS 系列低矮型串联式风机动力型、FLP 系列低矮型并联式风机动力型、LHK 系列地板送风型、TQS·IAQ 独立新风串联式风机动力型、ZCOM 系列数字控制变风量风口和 T3SQ 热力驱动型变风量风口等。

19.2.3   主要技术参数

1. ESV 系列单风道变风量末端装置

设置气动、模拟或直接数字控制器的 ESV 单风道变风量末端装置的主要参数见表 19-6、表 19-7。

ESV 单风道变风量末端装置主要参数　　表 19-6

入口型号	最大与最小风量设定范围(m³/h)							
	气动Ⅱ型控制器		气动Ⅰ型控制器		模拟电子控制器		直接数字控制器	
	最小风量	最大风量	最小风量	最大风量	最小风量	最大风量	最小风量	最大风量
4	76～289	136～382	93～289	136～382	765～382	76～382	76～382	76～382
5	110～459	204～595	144～459	204～595	110～595	110～595	110～595	110～595
6	136～561	255～850	178～561	255～850	136～850	136～850	136～850	136～850
7	178～722	323～1105	229～722	323～1105	178～1105	178～1105	178～1105	178～1105
8	246～1003	450～1530	323～1003	450～1530	246～1350	246～1530	246～1530	246～1530
9	297～1190	535～1785	382～1190	535～1785	297～1785	297～1785	297～1785	297～1785
10	391～1572	705～2380	510～1572	705～2380	391～2380	391～2380	391～2380	391～2380
12	552～2261	1020～3400	722～2261	1020～3400	552～3400	552～3400	552～3400	552～3400
14	765～3060	1377～5100	977～3060	1377～5100	765～5100	765～5100	765～5100	765～5100
16	986～3995	1870～6800	1275～3995	1870～6800	986～6800	986～6800	986～6800	986～6800
24×16	2380～8840	4420～13600	3060～8840	4420～13600	2380～12750	2380～12750	2380～12750	2380～12750

ESV 型单风道末端噪声指标　　表 19-7

入口尺寸(mm)	风量(m³/h)	噪声指标 NC 送风				辐射			
		进出口静压差 ΔPs(Pa)							
		125	250	500	745	125	250	500	745
100	125	—	—	—	21	—	—	—	—
	210	—	—	20	23	—	—	25	28
	295	—	20	25	28	—	23	29	33
	380	—	24	29	32	21	27	33	36
125	210	—	—	—	—	—	—	—	—
	295	—	—	—	23	—	—	—	—
	425	—	—	25	28	—	—	23	27
	510	—	21	27	31	—	22	27	30
	595	—	24	30	33	21	26	31	34
150	295	—	—	—	—	—	—	20	22
	380	—	—	22	—	—	—	23	26
	510	—	—	23	26	—	23	27	30
	595	—	20	26	28	20	25	29	32
	680	—	23	28	31	22	27	31	34
	765	—	24	29	32	24	29	33	36
	850	—	26	31	34	26	30	35	37
180	425	—	—	—	—	—	—	20	23
	510	—	—	—	21	—	—	22	26
	595	—	—	—	20	—	—	24	27
	680	—	—	23	26	—	21	26	29
	850	—	20	27	30	—	23	28	31
	1020	—	23	30	34	20	25	30	34
	1105	—	25	31	35	21	26	31	34
205	595	—	—	—	—	—	—	—	21
	680	—	—	—	—	—	—	20	23
	765	—	—	20	—	—	—	22	24
	850	—	—	22	—	—	20	24	26
	1020	—	—	21	24	—	23	26	29
	1190	—	—	23	27	21	25	29	31
	1360	—	20	26	29	23	27	31	33
230	450	—	—	22	—	—	—	22	26
	500	—	—	23	—	—	—	23	27

续表

入口尺寸 (mm)	风量 (m³/h)	噪声指标 NC							
		送风				辐射			
		进出口静压差 ΔP_s (Pa)							
		125	250	500	745	125	250	500	745
230	600	—	—	21	25	—	22	25	28
	700	—	—	22	26	22	25	28	29
	800	—	—	23	27	24	27	30	31
	900	—	—	24	28	26	29	32	33
	1000	—	20	25	29	27	30	33	35
255	935						20	24	28
	1020						21	24	29
	1190				22		24	26	29
	1360	—	—	20	25		27	29	30
	1700	—	21	25	29		31	33	34
	2040	—	25	29	32		34	36	37
	2380	—	22	28	32		37	39	40
305	1360	—	—	—	20	—	—	25	29
	1530	—	—	21	—		20	26	30
	1700	—	—	22	—		22	27	30
	2040	—	—	23	22		25	29	32
	2550	—	21	25	25		29	33	36
	3060	—	22	26	28		32	37	39
	3400	—	23	27	30		34	39	41
355	1700	—	—	—	—			20	23
355	2040				—			22	26
	2550			20	27			24	27
	3060			22	32		21	26	29
	3570			23	36		23	28	31
	4080		21	25	40		25	30	34
	5100		23	27	45		26	31	34
405	2380							23	27
	2720				20			25	28
	3400				23			28	31
	4080			21	20		26	31	34
	4760			22	24		28	34	37
	5440		21	24	25		30	36	39
	6800			23	28	28	34	39	42
605×405	5100	21	25	29	32	27	29	33	36
	5950	23	27	31	34	27	32	36	39
	6800	25	29	33	34	30	35	39	42
	8500	28	32	36	39	34	39	44	47
	10200	31	36	39	42	38	43	48	51
	11900	33	37	41	44	42	46	51	54
	13600	35	39	43	46	44	49	54	57

2. TQS 系列串联式风机动力型变风量末端装置

设置气动、模拟或直接数字控制器的 TQS 系列串联式风机动力型变风量末端装置的主要参数见表 19-8~表 19-10。

TQS 系列串联式风机动力型变风量末端装置风量设定范围 　　　　　　表 19-8

入口型号	一次风最大与最小风量设定范围(m³/h)							
	气动Ⅱ型控制器		气动Ⅰ型控制器		模拟电子控制器		直接数字控制器	
	最小风量	最大风量	最小风量	最大风量	最小风量	最大风量	最小风量	最大风量
6	136~561	255~850	178~595	255~850	136~850	136~850	136~850	136~850
8	246~1003	450~1530	323~1003	450~1530	246~1530	246~1530	246~1530	246~1530
10	391~1572	705~2380	510~1572	705~2380	391~2380	391~2380	391~2380	391~2380
12	552~2261	1020~3400	722~2261	1020~3400	552~3400	552~3400	552~3400	552~3400
14	765~3060	1428~5100	977~3060	1377~5100	765~5100	765~5100	765~5100	765~5100
16	986~3995	1870~6800	1275~3995	1870~6800	986~6800	986~6800	986~6800	986~6800

TQS 系列串联式风机动力型末端装置辐射噪声　　　　　　　表 19-9

规格	入口尺寸 （mm）	出口 静压 （Pa）	最小 静压降 （Pa）	风量 （m³/h）	885-90 NC 指标			
					仅风机	进出口静压差（Pa）		
						125	250	500
2	200	62	9	510	—	—	—	22
			16	680	21	21	23	25
			25	850	25	25	26	30
			39	1063	29	29	30	34
			57	1275	33	33	33	37
3	250	62	18	1020	20	20	23	26
			28	1275	23	23	26	29
			49	1700	26	28	30	34
			71	2040	29	31	33	34
			97	2380	31	33	36	39
4	300	62	23	1445	24	27	27	29
			31	1700	27	29	30	31
			38	1870	28	31	31	34
			53	2210	31	33	33	37
			70	2550	34	34	37	41
5	300	62	14	1530	22	22	25	28
			21	1870	25	25	28	32
			30	2210	28	28	32	36
			40	2550	30	32	35	39
			57	3060	33	36	39	43
6	350	62	24	2550	29	29	32	35
			31	2890	31	31	34	37
			43	3400	34	34	37	41
			55	3820	37	37	40	41
			68	4250	39	39	42	46
7	400	62	35	3060	34	34	36	39
			50	3655	36	36	40	42
			62	4080	38	38	42	44
			79	4590	41	41	44	47
			104	5270	44	44	47	49

TQS 系列串联式风机动力型末端装置出口噪声　　　　　　　表 19-10

规格	入口尺寸 （mm）	出口静压 （Pa）	最小出 口静压 （Pa）	风量 （m³/h）	885-90 NC 指标			
					仅风机	进出口静压差（Pa）		
						125	250	500
2	200	62	9	510	—	—	—	—
			16	680	—	—	—	—
			25	850	—	22	22	22
			39	1063	22	24	25	25
			57	1275	25	27	27	27

续表

规格	入口尺寸 mm	出口静压 (Pa)	最小出 口静压 (Pa)	风量 (m³/h)	885-90 NC 指标			
					仅风机	进出口静压差(Pa)		
						125	250	500
3	250	62	18	1020	—	—	—	—
			28	1275	—	—	—	—
			49	1700	—	—	—	—
			71	2040	—	—	20	21
			97	2380	21	21	21	22
4	300	62	23	1445	—	—	—	—
			31	1700	—	—	—	—
			38	1870	—	—	—	—
			53	2210	—	—	—	—
			70	2550	—	22	22	22
5	300	62	14	1530	—	—	—	—
			21	1870	—	—	—	—
			30	2210	—	—	—	—
			40	2550	—	—	20	21
			57	3060	22	22	22	24
6	350	62	24	2550	—	—	—	—
			31	2890	—	—	—	—
			43	3400	—	—	21	21
			55	3820	21	21	23	23
			68	4250	23	23	25	25
7	400	62	35	3060	—	—	—	—
			50	3655	—	—	—	—
			62	4080	—	—	20	21
			79	4590	20	20	22	23
			104	5270	23	23	25	25

3. TQP 系列并联式风机动力型变风量末端装置

设置气动、模拟或直接数字控制器的 TQP 系列并联式风机动力型变风量末端装置的主要参数见表 19-11～表 19-13。

TQP 系列并联式风机动力型变风量末端装置风量设定范围　　　表 19-11

入口 型号	一次风最大与最小风量设定范围(m³/h)							
	气动Ⅱ型控制器		气动Ⅰ型控制器		模拟电子控制器		直接数字控制器	
	最小风量	最大风量	最小风量	最大风量	最小风量	最大风量	最小风量	最大风量
6	136～561	255～850	178～595	255～850	136～850	136～850	136～850	136～850
8	246～003	450～1530	323～1003	450～1530	246～1530	246～1530	246～1530	246～1530
10	391～1572	705～2380	510～1572	705～2380	391～2380	391～2380	391～2380	391～2380

入口型号	一次风最大与最小风量设定范围(m³/h)							
	气动Ⅱ型控制器		气动Ⅰ型控制器		模拟电子控制器		直接数字控制器	
	最小风量	最大风量	最小风量	最大风量	最小风量	最大风量	最小风量	最大风量
12	552~2261	1020~3400	722~2261	1020~3400	552~3400	552~3400	552~3400	552~3400
14	765~3060	1428~5100	977~3060	1377~5100	765~5100	765~5100	765~5100	765~5100
16	986~3995	1870~6800	1275~3995	1870~6800	986~6800	986~6800	986~6800	986~6800

TQP 系列并联风机动力型末端装置一次风噪声　　表 19-12

规格	一次风入口尺寸(mm)	风量(m³/h)	送风噪声				辐射噪声			
			进出口静压差 ΔP_s(Pa)				进出口静压差 ΔP_s(Pa)			
			125	250	500	750	125	250	500	750
2~4	150	340	—	—	—	—	—	—	—	22
		465	—	—	—	—	—	—	22	25
		595	—	—	—	—	—	—	25	28
		720	—	—	—	20	—	21	27	31
		850	—	—	—	21	—	24	30	33
2~4	205	595	—	—	—	21	—	—	25	28
		830	—	—	20	23	—	21	27	31
		1060	—	—	22	26	—	22	30	34
		1095	—	—	24	29	—	25	32	37
		1530	—	—	27	31	—	27	35	39
2~4	255	1020	—	—	21	26	—	23	30	34
		1360	—	—	24	29	—	25	33	37
		1700	—	—	27	32	20	27	35	39
		2040	—	22	29	34	22	29	37	41
		2380	—	23	31	36	23	31	38	42
2~4	305	1530	—	—	23	28	—	24	33	38
		1995	—	—	26	31	—	28	37	42
		2465	—	21	29	34	22	31	39	45
		2930	—	23	31	36	24	33	42	47
		3400	—	25	33	38	26	35	44	49
5~6	255	1020	—	—	22	26	—	—	27	31
		1360	—	—	26	30	—	24	31	35
		1700	—	22	29	33	—	27	34	38
		2040	—	24	31	35	22	29	37	41
		2380	—	26	33	37	24	31	39	43
5~6	305	1530	—	—	22	27	—	21	29	34
		1995	—	—	26	31	—	25	33	38
		2465	—	20	29	34	20	28	36	41
		2930	—	23	31	36	23	30	38	43
		3400	—	25	33	38	25	33	40	45

续表

规格	一次风入口尺寸(mm)	风量(m³/h)	送风噪声 进出口静压差 ΔP_s(Pa)				辐射噪声 进出口静压差 ΔP_s(Pa)			
			125	250	500	750	125	250	500	750
5~6	355	2040	—	—	25	30	—	27	35	41
		2805	—	21	29	34	22	30	39	44
		3570	—	24	33	38	24	33	41	46
		4335	—	27	35	40	26	35	43	48
		5100	20	29	37	42	28	36	45	50
5~6	405	2550	—	—	27	32	—	26	35	40
		3610	—	21	30	36	—	29	38	43
		4675	—	24	33	38	22	31	40	45
		5735	—	26	35	40	24	33	41	47
		6800	—	28	37	42	25	34	43	48

TQP 系列并联风机动力型末端装置风机噪声　　　　表 19-13

规格	风机风量(m³/h)	NC 值 辐射	NC 值 出口	规格	风机风量(m³/h)	NC 值 辐射	NC 值 出口
2	340	26	—	4	2250	39	27
	510	30	20		2550	40	28
	680	32	23	5	1190	31	—
	850	36	26		1615	35	21
	1020	39	28		2040	38	23
3	680	30	—		2465	40	24
	1020	33	—		2890	42	26
	1380	35	22	6	2295	35	22
	1700	36	23		2845	38	24
	2040	37	24		3400	41	26
4	1445	34	23		3950	43	28
	1740	36	25		4505	44	29
	1995	38	26				

4. Z-COM、Z-DRONE 系列变风量风口

Z-COM、Z-DRONE 系列变风量风口性能参数见表 19-14。

Z-COM、Z-DRONE 系列变风量风口性能参数　　　　表 19-14

入口尺寸100mm(4″)、入口静压 50Pa

风量(m³/h)	85	136	187	238	289	340	391
最小静压(Pa)	3	6	11	19	28	38	50
全压(Pa)	50	52	55	58	62	66	71
NC(标准)	14	19	23	26	28	31	33
射程(m)	0.6-0.6-1.2	0.6-0.9-1.5	0.6-0.9-1.8	0.6-1.2-2.1	0.9-1.2-2.1	0.9-1.2-2.4	0.9-1.2-2.4

续表

入口尺寸 150mm(6″)、入口静压 87Pa

风量(m³/h)	85	136	187	238	289	340	391
全压(Pa)	88	89	92	95	99	103	108
NC(标准)	19	24	28	30	32	35	37
射程(m)	0.6-0.9-1.2	0.6-0.9-1.5	0.9-1.2-1.8	0.9-1.2-2.1	0.9-1.5-2.1	0.9-1.5-2.4	0.9-1.5-2.4

入口尺寸 150mm(6″)、入口静压 124Pa

风量(m³/h)	85	136	187	238	289	340	391
全压(Pa)	125	127	129	132	136	140	145
NC(标准)	22	27	31	33	36	37	39
射程(m)	0.6-0.9-1.2	0.6-0.9-1.5	0.9-1.2-1.8	0.9-1.5-2.1	0.9-1.5-2.1	1.2-1.8-2.4	1.2-1.8-2.4

入口尺寸 200mm(8″)、入口静压 50Pa

风量(m³/h)	85	153	221	289	357	425	493
最小静压(Pa)	2	5	10	17	27	38	51
全压(Pa)	50	51	52	54	56	58	60
NC(标准)	17	22	25	28	31	33	35
射程(m)	0.6-0.9-1.2	0.6-1.2-1.8	0.9-1.2-2.1	0.9-1.5-2.4	1.2-1.5-2.7	1.2-1.8-3.0	1.2-1.8-3.0

入口尺寸 200mm(8″)、入口静压 87Pa

风量(m³/h)	85	153	221	289	357	425	493
全压(Pa)	87	88	89	91	92	95	98
NC(标准)	23	28	31	33	35	37	39
射程(m)	0.6-0.9-1.2	0.9-1.2-1.8	0.9-1.5-2.1	1.2-1.8-2.4	1.2-1.8-2.7	1.5-2.1-3.0	1.5-2.1-3.0

入口尺寸 200mm(8″)、入口静压 124Pa

风量(m³/h)	85	153	221	289	357	425	493
全压(Pa)	125	125	127	128	130	132	135
NC(标准)	27	32	35	37	38	40	42
射程(m)	0.6-0.9-1.2	0.9-1.2-1.8	1.2-1.5-2.1	1.2-1.8-2.4	1.5-1.8-2.7	1.5-2.1-3.0	1.5-2.1-3.0

入口尺寸 250mm(10″)、入口静压 50Pa

风量(m³/h)	85	178	272	365	459	552	646
最小静压(Pa)	1	4	9	16	25	36	49
全压(Pa)	50	50	51	52	54	55	57
NC(标准)	23	27	29	31	32	33	34
射程(m)	0.6-0.9-1.5	0.9-1.5-2.1	1.2-1.8-2.7	1.5-2.1-3.0	1.5-2.4-3.6	1.5-2.4-3.9	1.8-2.7-4.2

入口尺寸 250(10″)、入口静压 87Pa

风量(m³/h)	85	178	272	365	459	552	646
全压(Pa)	87	88	88	90	91	93	95
NC(标准)	30	33	36	37	38	39	40
射程(m)	0.9-1.2-1.5	1.2-1.5-2.1	1.5-1.8-2.7	1.5-2.1-3.0	1.8-2.4-3.0	1.8-2.7-3.9	2.1-3.0-4.2

入口尺寸 250(10″)、入口静压 124Pa

风量(m³/h)	85	178	272	365	459	552	646
全压(Pa)	124	125	126	127	128	130	132
NC(标准)	34	37	40	41	42	43	44
射程(m)	0.9-1.2-1.5	1.2-1.5-2.1	1.5-1.8-2.7	1.8-2.1-3.0	1.8-2.4-3.6	2.1-2.7-3.9	2.4-3.0-4.2

入口尺寸 300(12″)、入口静压 50Pa

风量(m³/h)	85	195	306	416	527	637	371
最小静压(Pa)	1	4	9	16	26	38	50

续表

入口尺寸 300(12″)、入口静压 50Pa

全压(Pa)	50	50	51	51	52	53	55
NC(标准)	26	28	29	30	31	32	32
射程(m)	0.6-0.9-1.5	0.9-1.5-2.1	1.2-1.8-2.7	1.5-2.1-3.0	1.5-2.4-3.3	1.8-2.7-3.9	1.8-3.0-4.2

入口尺寸 300(12″)、入口静压 87Pa

风量(m³/h)	85	195	306	416	527	637	371
全压(Pa)	87	87	88	89	90	91	92
NC(标准)	34	35	36	37	37	38	39
射程(m)	0.9-0.9-1.5	1.2-1.5-2.1	1.5-1.8-2.7	1.8-2.1-3.0	1.8-2.4-3.3	2.1-2.7-3.9	2.4-3.0-4.2

入口尺寸 300(12″)、入口静压 124Pa

风量(m³/h)	85	195	306	416	527	637	371
全压(Pa)	124	125	125	126	127	128	129
NC(标准)	39	40	41	42	42	43	43
射程(m)	0.9-0.9-1.5	1.2-1.5-2.1	1.5-1.8-2.7	1.8-2.1-3.0	2.1-2.4-3.3	2.1-2.7-3.9	2.4-3.0-4.2

19.3 MS、MW、BS、CS、FP（H）系列变风量末端装置及风机动力箱

协立空调株式会社（以下简称协立公司）的 MS、MW、BS、CS、FP（H）系列变风量末端及风机动力箱由常熟快风空调有限公司提供资料。

19.3.1 基本特点

协立公司（常熟快风空调有限公司）的变风量末端装置由箱体、风速传感器（叶轮式，热敏电阻式）、电动风阀驱动装置及控制器等组成。末端箱体与电动风阀驱动装置为一体化产品，控制器则由楼宇自控设备公司配套提供。出厂前，在厂内进行参数设置、整定调试，以保证变风量末端装置的整体性能。

变风量末端装置的箱体和电动风阀均采用双层镀锌钢板制作，箱体板材厚度 1.5mm，电动风阀轴部带有自润滑轴套。风速传感器有叶轮传感器、热敏电阻传感器两种形式。单风道型末端装置采用外保温处理。

末端装置的电动风阀为独立开发的可变式多孔叶片（圆形、直径小于 $\phi350$），矩形末端装置则采用多翼叶片和比例流量叶片，叶片板材厚度均为 1.2mm。

末端装置工作环境温度 $-10 \sim 40℃$，最大相对湿度 85%；风管内温度 $-10 \sim 60℃$，最大相对湿度 85%；电动风阀驱动装置工作温度 $-10 \sim 40℃$，电源 24VAC 或 230VAC。叶片全闭状态且压差为 800Pa 时，漏风量不超过最大风量的 1%。压差 125Pa 时，噪声值在 45dB 以下，辐射噪声在 30dB 以下。

变风量末端装置与控制器之间的控制信号

（1）DC 0~10V；

（2）DC 4~24mA；

（3）0~135Ω（3 线式）；

（4）反馈信号；DC0~5V。

联动信号为 0~10VDC，采用压力无关型控制模式运行。

19.3.2 产品特点

1. 可变式多孔叶片

圆形末端装置（直径小于 $\phi350$）采用协立公司自主开发的"可变式多孔叶片"电动调节风阀。其中 MS 系列为热敏电阻传感器与多孔叶片的组合产品，MW 系列为叶轮传感器与多孔叶片的组合产品，详见图 19-1、图 19-2。

图 19-1　MS 型末端装置

图 19-2　MW 型末端装置

可变式多孔叶片为双叶 V 字形对开结构，全开、半开、全闭状态可参看图 19-3。

叶片上开有许多小孔，当叶片调节开度时，气流通过叶片上的小孔，可有效消减原有叶片背后的涡流，使涡流细小化，实现低噪声运行。使用柔软的无纺布，消除了通过小孔而产生的更小的涡流，获得更佳的消声效果。多孔叶片的消声原理见图 19-4。

可变多孔叶片还可避免风阀关闭时产生气流偏流，实现风量准确控制。

2. 叶轮式传感器（图 19-5、图 19-6）

（1）高感知性，高精度。叶轮式传感器的风速测定范围 $1\sim10m/s$，精度可达 $\pm0.1m/s$。

（2）抗腐蚀性，耐久性。叶轮式传感器为非接触式旋转检测素子（筒状素子）风速传感器。将旋转部分（轴、轴承）完全封闭内藏于 ABS 树脂壳体之内，传感器内部几乎无法混入灰尘和异物，从而提高了耐腐蚀性、耐久性。由于磁性传感器部分封闭内藏于树脂壳体之内，即使是在恶劣的空气条件下，也可保证传感器的精度。

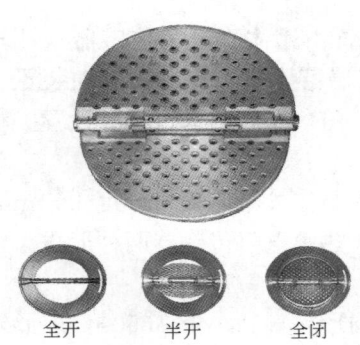

全开　　半开　　全闭

图 19-3　可变式多孔叶片

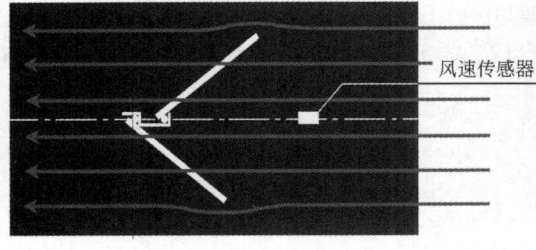

(a)

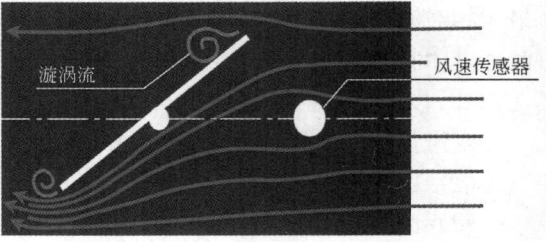

(b)

图 19-4　可变多孔叶片的消声原理

(a) 可变式多孔叶片；(b) 一般类型的叶片

图 19-5　叶轮式传感器

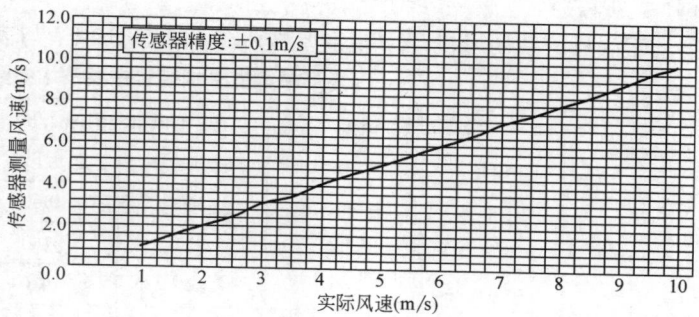

图 19-6　叶轮式传感器特性曲线

19.3.3　产品类型

协立公司（常熟快风空调有限公司）是一家专业提供变风量末端装置的公司，生产各种类型的变风量末端装置，包括 MW 型单风道、FPH 型串联与并联式风机动力末端装置。

（1）圆形 MS（热敏电阻传感器＋可变式多孔叶片）、MW（叶轮传感器＋可变式多孔叶片）系列单风道型变风量末端装置的主要技术参数见表 19-15。

圆形单风道末端装置主要技术参数　　　　表 19-15

规格	风道直径（mm）	MS 系列风量范围（m³/h）		MW 系列风量范围（m³/h）	
		最小风量	最大风量	最小风量	最大风量
1	φ150	70	630	80	440
2	φ200	110	1130	135	790
3	φ250	180	1760	215	1230
4	φ300	260	2540	305	1780
5	φ350	350	3460	415	2420

（2）矩形 BS（热敏电阻传感器＋比例流量叶片）、CW（叶轮传感器＋多翼叶片）系列单风道型变风量末端装置如图 19-7、图 19-8 所示，主要技术参数见表 19-16。

图 19-7　BS 型变风量末端装置

图 19-8　CW 型变风量末端装置

（3）FP（H）系列风机动力箱与单风道型变风量末端装置组合可以构成风机动力型变风量末端装置。根据风机动力箱内风机位置，这种组合体又可以成为串联式和并联式风机动力型变风量末端装置。风机动力箱可以带热水加热盘管（FPH 系列），也可以不带

（FP 系列）。

FP（H）系列风机动力箱主要技术参数见表 19-17 与表 19-18。

矩形单风道末端装置主要技术参数 表 19-16

规格	风道尺寸(mm)		BS 型风量范围(m³/h)		CW 型风量范围(m³/h)	
	H	W	最小风量	最大风量	最小风量	最大风量
1		400	570	4600	690	4600
2		500	720	5760	860	5760
3	400	600	860	6910	1040	6910
4		700	1000	8060	1210	8060
5		800	1150	9200	1380	9200
6		600	1290	10360	1560	10360
7	600	700	1510	12090	1810	12090
8		800	1720	13820	2070	13820

FP 系列风机动力箱主要技术参数 表 19-17

名称		风机动力型(不带加热盘管)						
型号		FP-2	FP-6	FP-8	FP-12	FP-16	FP-20	FP-25
风机	风量(m³/h)	200	600	800	1200	1600	2000	2500
	机外静压(Pa)	50	50	50	50	50	50	50
电机	电源(V/φ/Hz)	220/1/50						
	输入功率(kW)	0.025	0.05	0.075	0.1	0.374	0.44	0.77
	电流(A)	0.11	0.32	0.32	0.45	1.7	2	3.5
机组噪声	A 计权 声压级[dB(A)]	24.9	29.2	30.4	32.2	36	37	38.4
构造	外壳(mm)	1.0mm 镀锌钢板						
	保温消声(mm)	30mm 玻璃丝棉						
尺寸	设备长度(mm)	672	672	672	672	672	672	672
	设备宽度(mm)	750	1040	1040	1040	1040	1040	1040
	设备高度(mm)	386	386	386	386	500	500	500
	总重量(kg)	28	38	40	42	45	48	50
接口	接 VAVφ(mm)	150	200	200	250	300	350	350

FPH 系列风机动力箱主要技术参数 表 19-18

名称		风机动力型(带加热盘管)						
型号		FPH-2	FPH-6	FPH-8	FPH-12	FPH-16	FPH-20	FPH-25
风机	风量(m³/h)	200	600	800	1200	1600	2000	2500
	机外静压(Pa)	100	100	100	100	100	100	100
电机	电源(V/φ/Hz)	220/1/50						
	输入功率(kW)	0.035	0.085	0.14	0.2	0.44	0.66	0.77
	电流(A)	0.16	0.39	0.64	0.91	2	3	3.5

续表

名称		风机动力型(带加热盘管)						
型号		FPH-2	FPH-6	FPH-8	FPH-12	FPH-16	FPH-20	FPH-25
加热盘管	加热量(kW)	1	1.5	1.5	3.2	3.2	5	5.9
	供水温度(℃)	60	60	60	60	60	60	60
	回水温度(℃)	50	50	50	50	50	50	50
	水流量(kg/s)	0.023	0.036	0.036	0.076	0.076	0.12	0.14
	水流阻力(kPa)	0.15	0.23	0.3	1.3	0.25	0.8	1.3
	空气阻力(Pa)	20	20	20	20	20	20	20
	接管尺寸(mm)	15	15	15	15	15	15	15
机组噪声	A 计权声压级[dB(A)]	31.9	36.8	38	39	44	45	46
构造	外壳(mm)	1.0mm 镀锌钢板						
	保温消声(mm)	30mm 玻璃丝棉						
尺寸重量	设备长度(mm)	672	672	672	672	672	672	672
	设备宽度(mm)	900	1200	1200	1400	1500	1850	2150
	设备高度(mm)	500	500	500	500	500	500	600
	总重量(kg)	45	50	50	54	55	60	65
接口	接 VAVϕ(mm)	150	200	200	250	300	350	350

19.3.4　噪声性能

协立公司依据《噪声水平测定方法》JIS Z8731 及《全无音实验室或半无音实验室内的声功率测定方法》JIS Z8732 测定给出末端装置辐射噪声和吹出(出风)噪声的合成噪声声功率级值。测定时对试验体(变风量末端装置)进行隔声(消声保温)处理后测出吹出(出风)噪声声功率级值。从测试数据看,辐射噪声基本上可以忽略。

(1) MS 系列(热敏电阻传感器+可变式多孔叶片)、MW 系列(叶轮传感器+可变式多孔叶片)圆形变风量末端装置出口噪声声功率级值见表 19-19。

圆形变风量末端装置出口噪声声功率级值　　　　表 19-19

装置尺寸	风量(m³/h)	压损(Pa)	八倍频程中心频率(Hz)								NC 值
			63	125	250	500	1000	2000	4000	8000	
ϕ200	225	1(全开)	34.8	18.7	11.8	12.6	15.1	17.6	19.7	18.3	<15
		100	37.5	36.1	35.2	32.1	29.6	28.9	24.3	19.6	20.0
		300	35.9	30.0	31.0	32.5	36.7	39.4	37.9	32.5	30.0
		500	37.3	30.6	35.0	36.9	41.0	45.1	43.6	40.9	36.0
	680	9(全开)	33.8	32.6	31.7	28.2	31.2	27.0	20.8	18.4	18.5
		100	47.6	50.4	45.5	38.3	36.9	35.5	28.8	22.0	27.0
		300	47.7	57.7	57.0	50.8	44.8	45.9	42.8	35.9	37.0
		500	48.9	55.6	58.3	57.1	50.6	50.6	49.6	43.2	42.5
	1130	26(全开)	36.1	43.0	42.5	40.3	45.9	44.4	37.5	28.5	35.0
		100	51.7	55.8	52.9	45.0	40.0	39.0	39.3	31.0	30.0
		300	54.8	66.1	62.4	55.3	50.4	46.1	46.2	40.0	40.5
		500	55.5	66.8	62.1	56.3	54.5	53.9	52.0	46.0	44.5

装置尺寸	风量 (m³/h)	压损 (Pa)	八倍频程中心频率（Hz）								NC 值
			63	125	250	500	1000	2000	4000	8000	
φ250	355	1(全开)	36.1	21.8	12.4	12.8	15.2	17.5	19.7	18.3	<15
		100	38.0	38.4	34.7	29.1	25.5	25.9	22.9	18.8	16.0
		300	37.5	29.5	28.1	27.7	31.4	35.2	33.8	30.6	26.0
		500	37.4	29.2	29.8	29.8	33.5	38.8	41.1	37.3	32.5
	1060	6(全开)	35.7	33.3	29.8	29.6	33.1	24.7	20.6	18.4	20.5
		100	49.2	53.1	44.7	37.1	34.7	31.1	26.0	20.6	24.0
		300	51.3	57.8	55.5	48.4	42.3	42.1	39.5	33.9	35.0
		500	52.6	55.9	58.3	54.7	47.3	47.3	46.6	42.4	39.5
	1770	20(全开)	39.0	44.4	40.8	42.2	48.4	43.7	37.8	28.8	35.5
		100	52.2	58.0	50.4	44.6	41.2	38.9	37.8	31.1	31.2
		300	57.9	66.5	60.1	55.2	49.5	48.2	44.8	38.3	41.2
		500	57.5	66.1	63.1	57.4	52.9	51.8	49.8	44.5	44.8
φ300	510	1(全开)	36.0	21.2	12.0	12.6	15.1	17.6	19.7	18.3	<15
		100	37.5	36.1	29.3	24.9	24.7	25.3	22.6	18.7	16.0
		300	35.4	29.2	28.3	29.0	35.6	37.1	37.5	33.3	29.5
		500	36.4	30.3	31.8	33.8	44.8	41.7	42.5	39.9	34.5
	1530	7(全开)	33.7	33.8	28.8	34.7	34.3	25.9	20.7	18.3	22.0
		100	49.0	53.7	43.1	37.3	37.4	39.3	32.8	27.0	30.0
		300	51.7	56.5	51.1	44.0	42.6	42.9	40.4	36.4	34.0
		500	51.7	55.3	53.4	48.4	47.3	47.5	47.5	45.1	39.5
	2550	19(全开)	38.1	44.2	40.2	48.6	49.1	45.0	37.3	28.5	36.0
		100	52.7	58.6	49.0	47.2	47.5	45.8	42.0	37.7	36.5
		300	59.4	65.8	60.8	53.4	50.1	50.9	48.9	46.2	42.0
		500	60.1	65.5	62.5	56.3	52.7	52.5	51.3	49.3	43.0
φ350	690	1(全开)	35.6	21.2	12.9	12.8	15.4	17.6	19.7	18.3	<15
		100	36.4	36.2	29.8	30.4	32.3	32.3	29.8	22.7	23.0
		300	37.9	30.3	30.4	37.6	41.4	41.2	43.1	40.7	35.0
		500	36.9	31.5	34.1	40.4	48.7	47.1	49.5	47.2	42.0
	2080	6(全开)	38.0	34.2	30.9	37.3	36.8	26.4	20.9	18.3	24.5
		100	49.1	53.1	42.1	38.4	37.7	35.5	30.4	24.7	27.0
		300	57.3	60.6	53.9	45.8	44.7	44.9	42.9	39.5	36.0
		500	53.9	57.5	54.8	50.8	52.2	53.2	51.9	49.9	44.0
	3460	18(全开)	40.2	46.3	44.4	50.8	48.0	45.0	38.1	28.9	36.2
		100	53.8	57.5	47.6	46.2	46.5	45.2	39.0	33.3	35.1
		300	62.0	65.4	59.3	52.3	50.8	49.0	47.2	43.3	40.0
		500	65.0	66.3	62.0	56.3	54.8	53.2	50.4	49.5	45.5

（2）BS 系列（热敏电阻传感器＋比例流量叶片）、CW 系列（叶轮传感器＋多翼叶片）矩形变风量末端装置出口噪声声功率级值见表 19-20 和表 19-21。

BS 系列矩形变风量 9 端装置出口噪声声功率级值　　表 19-20

装置尺寸	风量（m³/h）	压损（Pa）	八倍频程中心频率（Hz）								NC 值
			63	125	250	500	1000	2000	4000	8000	
400(W)×400(H)	1152 面风速 2m/s	4（全开）	39.0	24.6	20.0	16.4	16.3	18.5	20.8	19.4	<15
		100	59.1	55.1	50.3	45.9	48.5	48.6	44.8	31.4	39.5
		300	67.8	64.4	64.7	61.1	59.4	60.9	62.5	58.2	54.5
		500	71.1	66.7	69.0	67.2	68.6	68.7	69.4	64.8	61.0
	3456 面风速 6m/s	38（全开）	51.6	51.9	50.7	48.2	48.5	47.6	40.5	28.5	37.5
		100	66.0	63.1	61.2	55.5	53.7	54.3	49.5	40.0	45.5
		300	78.4	74.6	73.4	65.2	67.3	64.5	62.3	56.9	56.0
		500	77.9	79.1	79.2	72.4	70.5	69.3	65.5	61.7	63.0
	4608 面风速 8m/s	65（全开）	58.7	58.3	59.9	55.1	56.5	57.1	52.3	42.2	48.0
		100	63.7	65.6	68.5	57.0	57.9	53.4	45.3		50.0
		300	76.0	73.4	72.7	69.1	66.3	65.9	62.5	56.1	57.0
		500	82.2	81.0	80.1	73.3	75.6	72.1	68.9	63.7	64.0
500(W)×400(H)	1440 面风速 2m/s	4（全开）	39.8	25.4	20.8	17.2	17.1	19.3	21.6	20.2	15.0
		100	59.9	55.9	51.1	46.7	49.3	63.4	45.6	32.2	54.0
		300	68.6	65.2	65.5	61.9	60.2	61.7	63.3	59.0	55.0
		500	71.9	67.5	69.8	68.0	69.4	69.5	70.2	65.6	62.0
	4320 面风速 6m/s	38（全开）	52.4	52.7	51.5	49.0	49.3	48.4	41.3	29.3	39.0
		100	66.8	63.9	62.0	56.3	54.5	55.1	50.3	40.8	46.0
		300	79.2	75.4	74.2	66.0	68.1	65.3	63.1	57.7	57.0
		500	78.7	79.9	80.0	73.2	71.3	70.1	64.3	62.5	63.0
	5760 面风速 8m/s	65（全开）	59.5	59.1	60.7	55.9	57.3	57.9	53.1	43.0	48.0
		100	64.5	66.4	69.3	59.7	57.8	58.7	54.2	46.1	52.0
		300	76.8	74.2	73.5	69.9	67.1	66.7	63.3	56.9	57.0
		500	83.0	81.8	80.9	74.1	76.4	72.9	69.7	64.5	65.0
600(W)×400(H)	1728 面风速 2m/s	4（全开）	40.5	26.1	21.5	17.9	17.8	20.0	22.4	20.9	16.0
		100	60.9	56.5	51.5	47.4	50.0	64.1	46.3	32.9	55.0
		300	69.3	65.9	66.2	62.6	60.9	62.4	64.0	59.7	56.0
		500	72.6	68.2	70.5	68.7	70.1	70.2	70.9	66.3	63.0
	5183 面风速 6m/s	38（全开）	53.1	53.4	52.2	49.7	50.0	49.1	42.0	30.0	39.0
		100	67.5	64.6	62.7	57.0	55.2	55.8	51.0	41.5	46.0
		300	79.9	76.1	74.9	66.7	68.8	66.0	63.8	58.4	58.0
		500	79.4	80.6	80.7	73.9	72.0	70.8	67.0	63.2	64.0
	6910 面风速 8m/s	65（全开）	60.2	59.8	61.4	56.6	58.0	58.6	53.8	43.7	49.0
		100	65.2	67.1	70.0	60.4	58.5	59.4	54.9	46.8	52.0
		300	77.5	74.9	74.2	70.6	67.8	67.4	64.0	57.6	58.0
		500	83.7	82.5	81.7	74.8	77.1	73.6	69.4	65.2	66.0

续表

装置尺寸	风量 (m³/h)	压损 (Pa)	八倍频程中心频率（Hz）								NC值
			63	125	250	500	1000	2000	4000	8000	
600(W) × 600(H)	2580 面风速 2m/s	4（全开）	42.5	28.1	23.5	19.9	19.8	22.0	24.3	22.9	15.0
		100	62.6	58.6	53.8	49.4	52.0	66.1	48.3	34.9	55.0
		300	71.3	67.9	68.2	64.6	62.9	64.4	66.0	61.7	55.0
		500	74.6	70.2	72.5	70.7	72.1	72.2	72.9	68.3	64.0
	7740 面风速 6m/s	38（全开）	55.1	55.4	54.2	51.7	52.0	51.1	44.0	32.0	42.0
		100	69.5	66.6	64.7	59.0	57.2	57.8	53.0	43.5	48.0
		300	81.9	78.1	77.9	68.7	70.8	68.0	65.8	60.4	58.0
		500	81.4	82.6	82.7	75.9	74.0	72.8	69.0	65.2	63.0
	10360 面风速 8m/s	65（全开）	62.2	61.8	63.4	58.6	60.0	60.6	55.8	45.7	51.0
		100	67.2	69.1	72.0	62.4	61.5	61.4	56.9	48.8	52.0
		300	79.5	76.9	76.2	72.6	69.8	69.4	66.0	59.6	60.0
		500	85.7	84.5	83.6	76.8	79.1	75.6	72.4	67.2	57.0

CW 系列矩形变风量末端装置出口噪声声功率级值　　表 19-21

装置尺寸	风量 (m³/h)	压损 (Pa)	八倍频程中心频率（Hz）								NC值
			63	125	250	500	1000	2000	4000	8000	
400(W) × 400(H)	1152 面风速 2m/s	1（全开）	34.0	22.8	20.7	16.7	17.3	19.1	19.6	19.5	<15
		100	50.6	58.0	52.1	49.9	48.6	45.6	39.3	29.3	37.6
		300	52.6	61.4	63.2	65.6	63.3	59.8	55.3	50.8	52.3
		500	53.9	63.5	66.8	69.4	69.6	66.4	62.2	57.5	58.6
	3456 面风速 6m/s	7（全开）	44.4	50.6	44.5	41.7	39.0	34.2	26.6	21.2	27.5
		100	58.4	65.9	59.7	56.9	56.8	53.0	47.8	42.8	45.8
		300	64.3	74.4	70.2	69.1	69.0	64.3	60.8	57.0	58.0
		500	66.4	78.1	74.8	74.2	73.8	69.7	66.4	62.8	62.8
	4608 面风速 8m/s	12（全开）	51.3	57.6	52.8	50.8	48.0	44.3	37.8	29.4	37.0
		100	60.8	66.1	62.3	59.3	58.9	54.3	49.7	43.8	47.9
		300	68.3	75.1	72.0	70.7	70.4	65.9	62.6	59.4	59.4
		500	69.3	78.3	76.6	75.6	76.0	70.9	67.7	64.2	65.0
500(W) × 400(H)	1440 面风速 2m/s	1（全开）	34.6	23.2	21.5	17.1	18.0	19.7	20.0	19.9	<15
		100	51.0	58.6	52.5	51.0	48.8	45.9	40.2	29.7	37.5
		300	53.0	61.8	63.5	65.8	63.7	60.2	55.2	50.9	52.5
		500	54.2	63.7	67.0	69.7	69.9	66.7	62.4	57.7	58.5
	4320 面风速 6m/s	7（全开）	44.9	51.1	44.9	42.3	39.7	34.8	27.3	21.8	23.5
		100	59.0	66.5	60.3	57.4	57.5	53.8	48.7	43.6	47.0
		300	64.9	75.1	70.8	69.9	69.9	65.0	61.6	57.7	54.0
		500	77.0	78.8	75.3	74.9	74.5	70.3	67.3	63.4	63.5
	5760 面风速 8m/s	12（全开）	51.9	58.2	54.6	51.7	48.6	44.9	38.4	30.0	37.5
		100	61.5	66.9	62.9	60.5	59.5	54.9	50.4	44.3	48.0
		300	68.7	75.7	72.9	71.5	71.4	66.6	63.6	60.2	60.5
		500	70.2	79.0	77.2	76.2	76.9	71.5	68.4	64.9	66.0

续表

装置尺寸	风量 (m³/h)	压损 (Pa)	八倍频程中心频率（Hz）								NC 值
			63	125	250	500	1000	2000	4000	8000	
600(W)×400(H)	1728 面风速 2m/s	1(全开)	45.2	24.0	22.3	17.9	18.7	29.5	29.7	29.7	24.0
		100	51.6	59.1	53.0	51.8	49.5	46.6	40.9	30.4	34.0
		300	53.7	62.5	64.2	66.6	64.3	61.0	56.0	51.8	53.5
		500	54.9	64.4	67.7	70.3	70.7	67.4	63.1	58.3	54.5
	5183 面风速 6m/s	7(全开)	45.7	51.8	45.8	43.0	40.3	35.5	28.0	22.5	28.5
		100	59.7	67.3	61.0	58.0	58.2	54.4	49.3	44.2	47.0
		300	65.6	75.8	71.6	70.6	70.3	65.6	62.4	58.5	58.5
		500	77.7	79.5	76.0	75.6	75.3	71.0	68.0	64.1	63.5
	6910 面风速 8m/s	12(全开)	52.6	58.9	55.4	52.5	49.4	45.7	39.1	30.7	37.0
		100	62.2	67.7	63.6	61.2	60.2	55.6	51.3	45.0	48.5
		300	69.5	76.5	73.6	72.2	72.1	67.4	64.0	60.9	61.0
		500	70.9	79.6	77.8	76.9	76.4	72.2	69.1	65.6	66.5
600(W)×600(H)	2580 面风速 2m/s	1(全开)	37.0	25.9	23.8	19.3	19.9	22.6	22.7	22.4	16.5
		100	54.0	61.3	55.7	52.7	49.8	48.6	42.6	32.8	39.5
		300	56.1	64.5	66.3	68.5	66.4	66.1	58.7	54.2	56.5
		500	57.1	66.8	69.5	72.1	72.8	69.5	65.6	61.2	62.0
	7740 面风速 6m/s	7(全开)	47.2	53.7	47.9	44.4	42.8	47.7	29.8	24.0	38.5
		100	61.3	66.2	63.1	60.0	60.8	56.9	51.0	46.1	49.5
		300	67.3	77.3	72.9	72.5	72.4	68.5	63.2	60.3	61.5
		500	72.4	80.3	80.1	79.3	78.9	76.4	73.5	69.2	68.0
	10360 面风速 8m/s	12(全开)	54.7	60.1	55.7	53.2	51.7	47.4	41.0	32.9	41.0
		100	64.0	70.0	65.2	62.5	61.7	58.1	52.5	49.0	51.0
		300	71.2	78.3	75.2	73.3	73.7	70.2	65.3	63.0	62.5
		500	72.0	81.3	79.6	78.3	79.0	74.3	70.0	67.4	63.0

19.4　TVS、TEP、TFTU、FTV、TVJ/TVT、TVR、TVE 系列变风量末端装置

妥思公司（TROX）的 TVS、TEP、TFTU、FTV、TVJ/TVT、TVR、TVE 系列变风量末端由妥思空调设备（苏州）有限公司提供资料。

19.4.1　基本特点

妥思公司（TROX）开发生产多种类型的变风量末端装置。常规标准的变风量末端装置由箱体、压差传感器、阀片以及相应的控制部件组成，整体气密性优良，在 1000Pa 静压条件下，箱体漏风量不超过额定风量的 1%（风机动力型 2%），阀片完全关闭时漏风量小于 0.5%。

箱体材料为高品质镀锌钢板，厚度不小于 0.8mm。连接处采用 TOX 冷铆技术，在保证密封性的同时无氧化锈蚀之忧。圆形进风段由钢板卷绕后直缝焊接而成，连接处有旋转密封圈的凹槽，另有一条辘筋用于提高强度和末端定位。方形出风段内衬 25mm 厚、密度为 32kg/m³ 的离心玻璃棉，有良好的消声作用兼具保温功能，确保内外壁不结露。离心玻璃棉外覆防刺穿高密度玻璃纤维材料，可保证箱体内风速达到 20m/s 时无纤维脱落。

阀片采用 1.5mm 厚镀锌钢板，外周密封圈由 EPDM 橡胶硫化模压成型。密封型风阀轴承具有自润滑功能，免维护。轴端有指示阀片位置的凹槽。

铝合金测压管采用"十"字或"井"字形构造，多点正交测量动态压差。测孔直径

2.8mm，有效放大压差且不易积尘。

每台变风量末端装置在出厂前逐一经过风量测试和整定。末端装置在通风通电后，将完成一系列的标定工作：确认控制器状态是否正常、执行器动作有无问题、匹配控制策略、写入流量系数以及验证全范围内的风量测量精度等。甚至根据项目需要，写好每个末端装置对应的位置及地址等信息。

为了更好地控制噪声，风机动力型变风量末端装置配置高性能风机，或者选用高效节能的直流无刷电机 ECM。

此外，妥思公司新一代的变风量末端装置 TVE 采用了创新的测量方式，革命性地将风量测量与阀片集成为一体，阀体结构更紧凑，风量控制范围更广，达到 25：1。在 0.5m/s 的风速下亦可精确、稳定地实现风量控制。应用此技术后，变风量末端装置安装时不再需要直管段，甚至不需考虑气流流向，气流可以从任意方向流入，不必区分进口或出口，大大方便了现场安装。

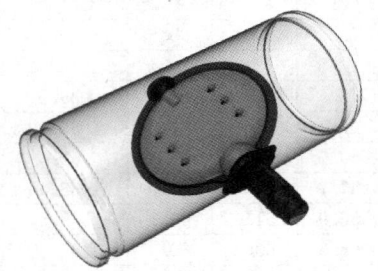

图 19-9　TVE 变风量末端装置

妥思公司的新型变风量末端装置 TVE 由阀体、阀片、阀轴和控制器组成（图 19-9）。阀片迎风面和背风面分别设置了压力测点。当管道中的空气进入阀体后，气流在阀片凸起的作用下，在迎风面的测压孔处形成正压，在背风面的测压孔处形成静压，即使阀片在水平状态下，也能有效地采集压差。阀体内部形成两个封闭通道，通过阀轴连接控制器。

控制器集合了压差传感器、执行器和控制运算的功能，根据压差数据以及阀片角度综合计算风量。当风量较小时，阀片角度增大，压差传感器仍能采集到较大的压差，以保证阀门的测量精度。

19.4.2　产品类型

妥思空调设备（苏州）有限公司（TROX）是专门研发和生产空调末端产品的厂家，有完整的变风量产品系列，适用于舒适性或工艺性不同场合的应用。舒适性空调的变风量产品主要有带消声段的单风道变风量末端装置 TVS、串联式风机动力型变风量末端装置 TFP、并联式风机动力型变风量末端装置 TCP、地台式风机动力型变风量末端装置 TF-TU、地台变速风机动力型变风量末端装置 FTV、矩形风管和大风量控制需求的方形变风量末端装置 TVJ/TVT、圆筒形变风量末端装置 TVR，以及最新一代的单风道变风量末端装置 TVE。

1. TVS 型单风道变风量末端装置

TVS 型单风道变风量末端装置有三种类型：标准型 TVS-A、静音型 TVS-B 和多出口分风型 TVS-C，每种形式都有 7 种规格，其技术参数和噪声数据见表 19-22 和表 19-23。

TVS 型单风道变风量末端装置风量与最小静压差　　　　　　表 19-22

规格	风量	最小静压差 $\Delta P_{st,min}$ (Pa)		带二排再热盘管 $\Delta P_{st\ min}$ (Pa)	
Φ(mm)	(m³/h)	TVS-A	TVS-B、C	TVS-A	TVS-B
100	36～342	20～30	20～70	25～130	25～170
125	54～540	20～30	20～70	25～130	25～170
160	90～900	20	20	25～120	25～120
200	144～1458	20	20	25～120	25～120
250	216～2214	20	20	25～150	25～150
315	378～3690	20	20	25～150	25～150
400	612～6048	20	20	25～120	25～120

TVS 型单风道变风量末端装置在进出口静压差为 100Pa 时的噪声参数　　表 19-23

规格	风量 (m³/h)	TVS-A/C 气流噪声 Lw(dB) fm(Hz)								L [dB(A)]	NC	TVS-B 气流噪声 Lw(dB) fm(Hz)								L [dB(A)]	NC	TVS-A/C 辐射噪声 Lw(dB) fm(Hz)								L [dB(A)]	NC	TVS-B 辐射噪声 Lw(dB) fm(Hz)								L [dB(A)]	NC
		63	125	250	500	1000	2000	4000	8000			63	125	250	500	1000	2000	4000	8000			63	125	250	500	1000	2000	4000	8000			63	125	250	500	1000	2000	4000	8000		
100	36	28	29	27	22	17	15	<	<	17	25	28	29	27	22	17	<	<	<	18	23	19	24	19	<	<	<	<	<	17	<	29	16	28	<	<	<	<	<	<	<
	144	33	46	43	39	27	25	21	15	31	32	33	46	43	39	27	25	21	15	31	31	24	39	35	27	23	21	16	15	31	22	45	34	42	27	18	18	<	<	26	21
	252	43	49	51	45	32	29	26	22	38	37	43	49	51	45	32	29	26	22	38	38	35	42	38	32	29	26	21	22	27	27	46	39	50	32	16	23	<	<	34	30
	342	51	53	54	50	38	34	32	28	42	42	51	53	54	50	38	34	32	28	42	42	42	45	42	38	34	32	28	28	31	31	45	36	46	36	23	25	<	<	30	25
125	54	30	28	32	33	20	18	27	15	23	19	26	29	29	33	18	23	16	15	18	15	20	30	27	18	15	<	<	<	15	15	21	31	26	<	<	<	<	<	15	<
	216	41	40	42	37	29	31	27	25	31	24	36	38	40	29	25	23	23	23	24	17	28	40	37	21	21	15	<	<	22	15	31	45	33	25	23	18	<	<	23	15
	378	49	46	51	47	35	34	31	29	39	34	48	44	46	40	33	29	26	23	33	28	34	46	46	28	26	20	15	<	31	26	37	51	44	33	35	27	<	<	31	23
	540	57	51	56	53	41	40	39	34	45	40	50	48	53	46	40	36	34	29	39	34	40	49	48	34	34	28	20	18	33	31	50	59	53	42	35	27	21	<	38	29
160	90	31	31	38	42	33	35	21	15	30	24	20	28	34	32	23	18	16	<	16	16	20	28	25	18	16	<	<	<	16	16	37	33	42	24	15	<	<	<	20	16
	360	47	44	46	50	35	40	29	25	35	35	34	38	40	37	21	25	25	16	24	23	26	32	37	21	19	18	<	<	25	19	42	50	44	30	24	20	<	<	30	21
	630	55	51	55	57	41	46	36	33	43	43	43	47	51	46	30	34	29	23	33	34	34	40	46	30	26	25	20	<	31	27	50	54	51	36	29	27	15	<	36	27
	900	61	54	63	59	46	51	43	41	50	50	49	49	60	50	41	42	36	33	43	41	42	48	50	38	34	36	26	21	36	31	57	59	57	44	41	34	21	<	41	31
200	144	36	34	42	37	30	28	20	15	30	23	25	25	40	32	28	20	20	<	18	25	25	29	25	24	19	17	<	<	16	16	34	37	33	24	15	<	<	<	18	<
	648	48	47	50	43	41	42	35	27	40	34	44	48	48	38	33	37	36	24	33	34	33	38	40	24	23	26	20	<	25	19	50	58	50	33	24	20	16	<	30	22
	1134	54	56	58	51	44	44	40	36	46	40	52	58	56	47	35	41	44	35	42	46	46	51	49	37	38	34	27	20	38	33	59	59	55	42	35	25	20	<	39	30
	1458	63	61	66	59	51	48	48	44	53	49	59	57	63	55	44	46	44	39	50	53	54	56	56	46	44	38	29	31	44	38	62	58	55	48	46	34	25	21	45	34
250	216	29	37	40	37	20	24	24	18	31	25	30	29	40	37	22	18	18	<	18	25	25	32	32	24	19	18	<	<	17	17	33	50	31	26	15	<	<	<	22	16
	972	46	54	48	42	33	32	32	32	39	33	40	40	48	42	30	25	25	16	26	33	38	43	40	37	33	25	25	<	35	26	50	59	53	34	26	20	16	<	32	25
	1692	50	58	62	51	44	40	37	30	45	39	49	58	54	50	35	34	37	30	42	42	44	52	49	41	37	33	27	18	38	33	59	58	59	42	35	28	20	22	40	33
	2214	58	61	64	59	49	43	44	39	52	47	58	58	65	58	43	42	39	39	49	49	49	52	56	46	41	38	31	31	44	36	62	59	57	48	42	33	25	20	45	36
315	378	39	38	50	37	31	31	31	25	31	25	36	39	37	31	32	33	24	<	16	24	24	29	29	25	18	17	<	<	16	17	33	37	24	24	16	15	<	<	18	<
	1530	50	50	47	41	42	42	35	30	39	33	50	50	47	41	42	42	35	30	39	33	39	43	43	37	33	26	23	18	33	24	50	53	42	35	28	20	17	<	30	22
	2682	58	59	57	49	43	43	42	34	44	40	52	57	55	46	36	37	36	27	40	40	44	43	49	41	34	31	29	23	35	31	59	59	53	42	35	28	20	20	40	33
	3690	64	63	67	58	49	48	45	43	53	50	60	60	63	55	43	44	44	34	44	44	49	52	52	49	42	38	33	31	44	38	60	55	58	49	46	37	28	27	44	36
400	612	40	38	41	38	32	31	23	20	40	24	38	38	41	38	32	31	23	18	24	24	24	29	25	24	18	18	16	<	16	17	33	37	28	24	16	16	<	<	22	17
	2574	53	50	50	43	42	42	35	27	44	34	53	50	50	43	42	42	35	27	35	34	38	43	43	37	33	28	23	18	33	24	53	53	42	39	34	28	22	18	32	25
	4500	59	60	58	54	45	44	40	34	49	40	59	60	58	54	45	44	40	34	44	40	44	48	52	46	44	38	31	27	35	26	59	55	47	44	40	31	27	27	40	33
	6048	66	64	67	60	51	51	48	43	54	50	63	66	63	58	49	46	48	43	52	50	49	56	58	46	38	33	33	31	45	42	60	57	46	48	40	33	33	33	47	42

注："<"表示数值小于 15。

2. TFP 型串联式风机动力型变风量末端装置

TFP 型串联式风机动力型变风量末端装置主要用于低温送风、末端再热或对气流组织要求高的场合，其技术参数和噪声数据见表 19-24 和表 19-25。

TFP 型串联式风机动力型变风量末端装置技术参数 表 19-24

型号	一次风风量范围 （m³/h）	风机风量（m³/h）			电机输出功率 （W）	电机最大电流 （A）
		低档	中档	高档		
2-05	54～540					
2-06	90～781	540～828	720～1116	900～1440	147	1.9
2-08	144～1458					
4-08	144～1458					
4-10	216～2214	1080～1728	1440～2340	1800～2700	245	2.5
4-12	324～3325					
5-10	216～2214					
5-12	324～3325	1620～2448	1800～3060	2340～3960	550	5.2
5-14	468～4530					
6-12	324～3600					
6-14	468～4950	2160～3312	2880～4608	3600～5400	490	5.0
6-16	612～6480					
7-12	324～3600					
7-14	468～4950	3240～4680	3960～6300	4680～7560	1100	10.4
7-16	612～6480					

注：电源 220V/1 相/50Hz。

TFP 型串联式风机动力型变风量末端装置不同入口静压下 NC 噪声选型表 表 19-25

型号	风机 风量（m³/h）	出口静压 50Pa						出口静压 100Pa					
		气流噪声			辐射噪声			气流噪声			辐射噪声		
		100	200	500	100	200	500	100	200	500	100	200	500
2-05	540	<	<	<	<	<	<	<	<	<	<	<	<
	720	<	<	<	<	<	<	<	<	<	<	<	<
2-06	540	<	<	<	<	<	<	<	<	<	<	<	<
	900	<	<	<	<	<	<	<	<	15	<	<	15
	1080	<	<	16	15	10	19	<	15	16	18	19	21
	1440	18	19	19	24	25	26	19	20	20	24	25	26
2-08	540	<	<	<	<	<	<	<	<	<	<	<	<
	900	<	<	<	<	<	<	<	<	<	<	<	15
	1080	<	<	15	15	10	19	15	15	10	15	17	19
	1440	18	10	20	20	21	24	19	19	20	22	22	24
4-08	1080	<	<	<	<	<	<	<	<	<	<	<	<
	1440	<	<	<	<	<	17	<	<	<	16	16	17
	1620	<	<	<	<	16	17	18	<	<	<	16	17	19

续表

型号	风机 风量（m³/h）	出口静压 50Pa						出口静压 100Pa					
		气流噪声			辐射噪声			气流噪声			辐射噪声		
		100	200	500	100	200	500	100	200	500	100	200	500
4-08	1800	<	<	15	17 "	18	20	<	<	15	17′	17	20
	1980	<	<	17	19	19	22	—	—	—	—	—	—
4-10	1080	<	<	<	<	<	<	<	<	<	<	<	<
	1440	<	<	<	<	15	17	<	<	<	15	15	18
	1980	<	<	15	18	18	21	<	<	15	18	18	22
	2340	<	15	18	21	22	23	16	17	18	22	23	24
	2520	17	16	17	22	22	25	—	—	—	—	—	—
4-12	1080	<	<	<	<	<	<	<	<	<	<	<	<
	1440	<	<	<	<	<	16	<	<	<			17
	1980	<	15	18	19	20	21	<	15	16	19	20	22
	2340	15	15	18	20	23	25	15	16	18	21	23	25
	2520	16	17	19	23	24	20						
5-10	1620	<	<	<	15	15	16	—	—	—	—	—	—
	1980	17	17	18	19	20	22	17	17	18	20	21	22
	2340	17	18	19	20	23	25	18	18	19	21	23	25
	2700	20	20	22	24	26	28	21	21	22	26	27	20
	3240	24	24	25	28	29	31	—	—	—	—	—	—
5-12	1620	<	<	<	<	15	17	—	—	—	—	—	—
	2340	17	11′	19	19	20	23	18	18	19	20	21	23
	3240	21	22	23	27	28	30	23	2：3	24	28	29	30
	3420	23	23	24	28	29	31	24	25	25	29	29	31
	3780	20	20	27	30	32	34	25	25	26	30	32	34
5-14	1620	<	<	<	<	16	19	—	—	—	—	—	—
	2340	18	18	20	20	22	24	20	20	21	2：2：	24	20
	3240	22	24	25	27	29	31	24	25	27	31	33	34
	3420	25	20	28	31	32	35	27	27	28	32	33	35
	3780	29	30	30	34	35	37	—	—	—	—	—	—

注：1. "<"表示小于 NC 15。

　　2. 表中数据为 70%一次风量时测得。

　　3. 检测程序参照 ARI 885-1998＋2002 附录。

　　4. NC 计算条件详见妥思公司样本。

3. TCP 型并联式风机动力型变风量末端装置

TCP 型并联式风机动力型变风量末端装置主要用于常温送风、末端再热及对气流组织要求一般的场合，其技术参数和噪声数据见表 19-26 和表 19-27。

TCP 型并联式风机动力型变风量末端装置参数　　　　　表 19-26

型号	一次风风量范围 (m³/h)	风机风量(m³/h)			电机输出功率 (W)	电机最大电流 (A)
		低档	中档	高档		
1-05	54～540					
1-06	90～781	200～370	300～470	350～520	60	0.7
1-08	144～1458					
2-05	90～781					
2-06	144～1458	540～828	720～1116	900～1440	147	1.9
2-08	216～2214					
3-08	144～1458					
3-10	216～2214	1080～1728	1440～2340	1800～2700	245	2.5
3-12	324～3325					
4-10	216～2214					
4-12	324～3325	1620～2448	1800～3060	2340～3960	550	5.2
4-14	468～4530					
5-12	324～3325					
5-14	468～4530	2450～2900	2600～3280	2800～4500	500	6.8
5-16	612～6048					

注：电源 220V/1 相/50Hz。

TCP 型并联式风机动力型变风量末端装置出口静压 100Pa 下 NC 噪声选型表　表 19-27

型号	一次风量 (m³/h)	气流噪声			辐射噪声			型号	一次风量 (m³/h)	气流噪声			辐射噪声		
		100	200	500	100	200	500			100	200	500	100	200	500
1-05	179	<	<	<	<	<	<	3-12 4-12 5-12	324	<	<	<	<	<	<
	323	<	<	19	<	<	<		1143	<	<	22	<	<	<
	468	<	<	24	<	<	18		2781	17	22	33	<	<	21
	612	<	17	28	<	<	21		3600	19	26	35	<	17	26
1-06 2-06	90	<	<	<	<	<	<	4-14 5-14	468	<	<	<	<	<	<
	477	<	<	23	<	<	16		1589	<	<	22	<	<	<
	864	15	19	30	<	15	23		3830	17	22	33	<	<	22
1-08 2-08 3-08	500	<	<	19	<	<	<		4950	19	26	35	<	17	26
	855	<	15	25	<	<	17	5-16	612	<	<	<	<	<	<
	1211	15	19	30	<	<	22		2079	<	<	21	<	<	<
	1586	18	23	33	<	16	24		3546	<	17	28	<	<	18
2-10 3-10 4-10	216	<	<	<	<	<	<		6480	19	24	<	35	17	26
	1350	<	17	28	<	<	17								
	1917	16	19	30	<	<	22								
	2484	19	24	35	<	16	24								

注：1. "＜"表示小于 NC 15。
　　2. 检测程序参照 ARI 885-1998＋2002 附录。
　　3. NC 计算条件详见妥思公司样本。
　　4. 不含风机噪声。

4. TFTU 型地台式风机动力型变风量末端装置

TFTU 型地台式风机动力型变风量末端装置有压力无关（PI）和压力相关（PD）两类，用于地板送风变风量空调系统，箱体尺寸匹配标准地板模块，配置了送风和回风格栅，可根据需要重新挪动布置，实现岗位送风，其技术参数和噪声数据见表 19-28。

TFTU 型地台式风机动力型变风量末端装置技术参数　　表 19-28

一次风量（m³/h）	声功率（dB）								A 计权声压级[dB(A)]	NC	风机风量（m³/h）	电机功率（W）
	63	125	250	500	1000	2000	4000	8000				
275	17	15	19	20	19	20	21	20	27	24	275	39
360	15	19	23	27	26	26	22	20	32	27	360	43
450	15	24	28	32	33	33	26	22	38	33	450	48
500	17	27	30	35	36	37	30	23	41	37	500	51
550	15	29	32	37	39	39	33	26	44	40	550	55

注：电源 220V/1 相/50Hz。

5. FTV 型地台变速风机动力型变风量末端装置

用于地板送风变风量空调系统，配置 ECM 直流无刷电机和控制器，根据房间室内温度偏差，调节电机转速实现压力相关性变风量地板送风，也可以增设热水盘管用于供热，其技术参数和噪声数据见表 19-29。

FTV 型地台变速风机动力型变风量末端装置技术参数　　表 19-29

规格	电机功率（W）	风量（m³/h）	气流噪声声功率值(dB)									箱体辐射噪声声功率值(dB)								
			63	125	250	500	1000	2000	4000	8000	NC	63	125	250	500	1000	2000	4000	8000	NC
2	250	510	31	29	35	22	19	13	12	13	22	35	27	34	18	16	12	13	14	21
		680	39	30	30	28	24	18	14	14	22	38	29	29	26	20	14	13	14	20
		1020	35	37	36	37	35	29	27	21	34	37	37	32	32	30	21	16	15	28
		1360	40	44	43	45	43	38	36	33	42	40	44	39	39	38	29	24	19	37
		1700	45	50	48	50	49	44	43	41	48	45	50	44	44	44	36	31	26	43
3	373	750	30	25	25	25	20	16	13	13	19	35	26	30	17	15	12	13	13	19
		1000	37	29	28	26	22	17	14	13	20	36	28	28	25	19	14	13	13	19
		1500	36	37	36	36	35	28	26	20	34	36	36	31	31	30	20	18	18	28
		2000	43	46	44	47	45	40	38	34	42	42	45	41	41	39	31	28	24	38
		2500	49	53	51	53	52	47	46	44	51	48	53	47	46	46	39	35	31	45

注：电源 220V/1 相/50Hz。

6. TVJ/TVT 型矩形单风道变风量末端装置

矩形单风道变风量末端装置用于矩形风管或风量需求较大的场合，如楼层新、排风定风量末端。对于开放式吊顶，另外有 TVJD/TVTD 可供选择，变风量末端装置自带消声外壳，可有效降低辐射噪声，其技术参数见表 19-30。

TVJ/TVT 型矩形变风量末端装置技术参数 表 19-30

B	H	风量范围	最小全压差	B	H	风量范围	最小全压差	B	H	风量范围	最小全压差
(mm)	(mm)	(m³/h)	(Pa)	(mm)	(mm)	(m³/h)	(Pa)	(mm)	(mm)	(m³/h)	(Pa)
200		162~774		400		882~4428		1000	400	2952~14760	20~35
300		234~1152		500		1098~5526			500	1836~9144	
400	100	306~1530	20~40	600		1332~6660			600	2196~10980	
500		378~1926		700	300	1548~7740	20~35		500	2556~12780	
600		468~2340		800		1764~8820		700		2916~14580	20~40
200		306~1494		900		1998~9972		800		3294~16452	
300		450~2232		1000		2234~11160		900		3672~18360	
400	200	594~2970	20~40	400		1170~5868		1000		2628~13140	
500		738~3726		500		1476~7344		600		3492~17460	
600		900~4500		600	400	1764~8820	20~35	800	600	4392~21960	20~40
700		1044~5220		700		2052~10260		1000		4680~23400	
800		1188~5940		800		2340~11170		800	800	5832~29160	20~40
200	300	666~3312	20~35	900		2646~13212		1000	1000	7272~36360	20~40

注：H＞600 时只能选择 TVJ 型。

7. TVR 型圆形单风道变风量末端装置

TVR/TVRD 型变风量末端装置为圆筒形结构，适用于送风或排风系统，它既可用于风量调节，也可用作室内压力或风管压力控制，其技术参数及噪声声压级见表 19-31。

压力传感器将压差转变为电动或气动信号，有动态测量和静态测量两种。动态测量时，气体流经压差变送器，与传感器内部的元器件直接接触。这种测量方法适用于办公建筑，经空调箱处理后的清洁空气。膜片压差变送器采用静态压差测量原理，压差值与位移相关。由于气流不直接同传感器接触，适用于有污染风险的排风，如实验室通风柜排风。

TVR/TVRD 型圆形变风量末端装置技术参数 表 19-31

规格	风量范围(m³/h)		最小全压差(Pa)	风量(m³/h)	气流再生噪声[dB(A)]		箱体辐射噪声[dB(A)]	
	膜片式压力传感器	动态压力传感器			不带消声器	带 CS/CF 消声器长 500/1000/1500(mm)	不带消声外壳	带消声外壳
100	72~342	36~342	20	36	35	22/＜/＜	15	＜
			20	140	47	37/29/27	26	19
			35	234	54	45/37/35	33	26
			70	342	57	47/38/35	37	29
125	108~540	54~540	20	54	37	24/＜/＜	17	＜
			20	220	48	39/33/30	27	19
			55	385	52	44/38/36	32	24
			90	540	55	45/38/35	36	26
160	180~900	90~900	20	90	42	30/20/16	21	＜
			25	360	51	42/37/34	30	21
			40	630	54	46/41/38	34	25
			70	900	56	48/42/40	38	29

续表

规格	风量范围(m³/h)		最小全压差(Pa)	风量(m³/h)	气流再生噪声[dB(A)]		箱体辐射噪声[dB(A)]	
	膜片式压力传感器	动态压力传感器			不带消声器	带 CS/CF 消声器长 500/1000/1500(mm)	不带消声外壳	带消声外壳
200	288~1458	144~1458	20	144	44	34/25/22	23	<
			20	580	50	43/37/36	30	17
			35	1015	53	47/43/42	34	23
			65	1458	56	48/43/42	39	27
250	432~2214	216~2214	20	216	41	32/25/23	23	<
			20	888	49	43/37/35	35	19
			25	1554	50	44/40/39	38	25
			45	2214	54	46/41/40	42	30
315	756~3708	378~3708	20	378	47	39/32/28	31	<
			20	1480	50	45/39/37	40	22
			20	2590	52	47/41/40	43	29
			30	3690	55	50/44/43	47	35
400	1224~6048	612~6048	20	612	48	41/34/30	33	<
			20	2414	49	43/37/35	40	23
			25	4225	49	44/39/37	42	30
			25	6048	52	47/41/40	47	35

注：1. 表中噪声声压级基于末端前后全压差 $\Delta P_g = 200Pa$。

2. 箱体辐射噪声已考虑 4dB/Oct. 的顶棚吸声和 5dB/Oct. 的室内衰减（Oct 为倍频程）。

3. "<"表示小于 15 dB (A)。

8. TVE 型单风道变风量末端装置

采用开创性的测量技术，即使在不利的入口条件下，仍能保证测量精度，最低风速 0.5m/s，风量比达 25：1，适用于低风速变风量系统，其技术参数和噪声数据见表 19-32。

TVE 型单风道变风量末端装置技术参数及 150Pa 压差下的噪声数据　　表 19-32

规格	风量(m³/h)	最小工作压力(Pa)				气流噪声 [dB(A)]				辐射噪声 [dB(A)]	
		①	②	③	④	①	②	③	④	⑤	⑥
100	14	<5	<5	<5	<5	28	17	<15	<15	<15	15
	127	11	<5	<5	6	45	31	26	23	28	17
	241	38	8	15	23	50	34	29	26	33	22
	354	82	16	33	49	53	36	31	27	36	25
125	21	<5	<5	<5	<5	26	<15	<15	<15	<15	<15
	207	9	<5	<5	5	45	33	19	25	28	17
	393	32	6	12	18	50	40	36	33	33	22
	579	69	13	26	40	53	43	39	36	37	26
160	35	<5	<5	<5	<5	37	28	23	19	17	<15
	333	6	<5	<5	<5	48	38	34	30	28	21
	631	21	<5	8	12	50	40	36	32	31	24
	929	45	9	18	27	50	40	36	33	33	26

续表

规格	风量 （m³/h）	最小工作压力（Pa）				气流噪声［dB（A）］				辐射噪声［dB（A）］	
		①	②	③	④	①	②	③	④	⑤	⑥
200	55	<5	<5	<5	<5	27	<15	<15	<15	<15	<15
	541	<5	<5	<5	<5	46	35	30	27	26	<15
	1027	18	<5	7	10	48	38	34	31	31	16
	1513	38	7	15	22	50	40	36	33	35	20
250	87	<5	<5	<5	<5	35	25	18	<15	19	<15
	822	<5	<5	<5	<5	47	40	36	34	33	18
	1558	13	<5	<5	7	48	42	39	37	38	23
	2293	28	5	10	16	49	44	41	39	40	25

① 不带消声器；② 带辅助消声器 CS/CF，消声层厚度 50mm，长度 500mm；③ 带辅助消声器 CS/CF，消声层厚度 50mm，长度 1000mm；④ 带辅助消声器 CS/CF，消声层厚度 50mm，长度 1500mm；⑤ 无消声外壳；⑥ 带消声外壳的辐射噪声 A 声压级。

19.5 TU、FPP、TVAD、SVAD 系列变风量末端装置及变风量风口

TU、FPP、TVAD、SVAD 系列变风量末端装置及变风量风口由美国皇家空调公司提供资料。

19.5.1 基本特点

1. 变风量末端装置

美国皇家空调公司（以下简称皇家空调）的变风量末端装置箱体采用优质镀锌钢板制作，有特殊要求时可选用防锈性能更优异的镀铝镁锌板；箱体内衬超细玻璃棉作为保温、消声、隔声材料；也可以根据用途选用其他材质，或在保温材料表面上加多孔板或无孔金属板。箱体结构紧密，密封性能良好；采用薄式结构，对于顶棚高度较低或空间比较狭小的场合更具优势（图 19-10、图 19-11）。

风速传感器采用皇家空调独有专利的对称凹弧坡形、双十字毕托管风速传感器；放大系数 2.5 以上，且线性好，测量精度高；全、静压测孔数量多，至少有 12 对测量孔一一对应分布，以缓解安装不规范时对风量测量的影响；所有测孔位置均符合相关国际及国家标准，以保障风量测量的精度和线性。

一次风阀采用双层镀锌钢板夹密封材料的三明治式结构，长期运行下仍能始终保持良好的强度及刚性；阀片密封圈采用记忆性能良好的密封材料，保证其在反复开/关动作后不会发生折断、开裂，长期使用也能保证其良好的密封性；经疲劳测试验证，风阀反复开关 100 万次仍未出现密封材料严重变形或损坏而影响其密封性。

再热装置可选热水盘管或电加热器。电加热器采用 PTC 陶瓷热敏电阻电加热元件，并在再热元件上和风道中配有无风时两级安全保障温控跳脱保护开关，安全、效率高、使用寿命长。

2. 变风量风口

皇家空调变风量风口有 TVAD 系列热力驱动型机械式变风量风口及 SVAD 系列智慧

型电动变风量风口等，均为低阻力变风量末端装置。为保证其良好工作，最小入口静压为 10Pa，建议最大入口静压为 70Pa 或 80Pa，以控制其送风噪声不超过 NC35。

图 19-10　TU 系列单风道变
风量末端装置

图 19 -11　FPP 系列并联式风机动力型变
风量末端装置

（1）TVAD 系列热力驱动型机械式变风量风口

TVAD 系列热力驱动型机械式变风量风口是一种一体式变风量末端装置，它自带热力感应温控器、机械式控制、执行机构以及低阻力损失、气流组织性能极佳的送风口。可根据设定温度与室内感测温度的偏差，自动调节风阀开度及风量大小，将区域温度控制在设定值附近。其温度传感器和温度设定均在风口内，依靠两级诱导作用将室内空气吸入风口内并感测室内空气温度。故无需再外接温控器或温度传感器，也无需外部供电。该风口有 TVAD-SS 型四侧风阀型方形和 TVAD-LL 型顶棚送风条形两个系列（图 19-12、图 19-13）。TVAD-SS 型有单冷型和冷暖型两种形式；TVAD-LL 型有单冷型和制冷＋快速供暖型两种形式。单冷型热力驱动型机械式变风量风口任何时候均以供冷模式运行；冷暖型热力驱动型机械式和制冷＋快速供暖型热力驱动型变风量风口自带模式转换的感温包，可以根据一次风温度来确定执行制冷模式还是供暖模式。制冷模式和供暖模式下，风阀开度及风量根据室内温度调节变风量运行。快速供暖模式时，风阀全开，最大风量运行。

图 19-12　TVAD-SS 方形变风量风口

图 19-13　皇家空调 TVAD-LL
条形变风量风口

（2）SVAD 系列智慧型电动变风量风口

SVAD 系列智慧型电动变风量风口配墙装温控器、遥控器＋自带室内温度传感器或利用手机 APP WiFi 连接控制，是自带智能控制电动执行机构和低阻力损失、气流组织性能极佳的送风口的一体式变风量末端装置。遥控型室内温度传感器内置在变风量风口内，靠两级诱导作用将室内空气诱导、吸入风口内感知室内空气温度，无需另装墙式温控器，故适用于不方便在墙面上安装温控器的大空间场合或二次改造项目。

SVAD 系列智慧型电动变风量风口有 SVAD-ST 型四侧风阀型方形、SVAD-STS 型

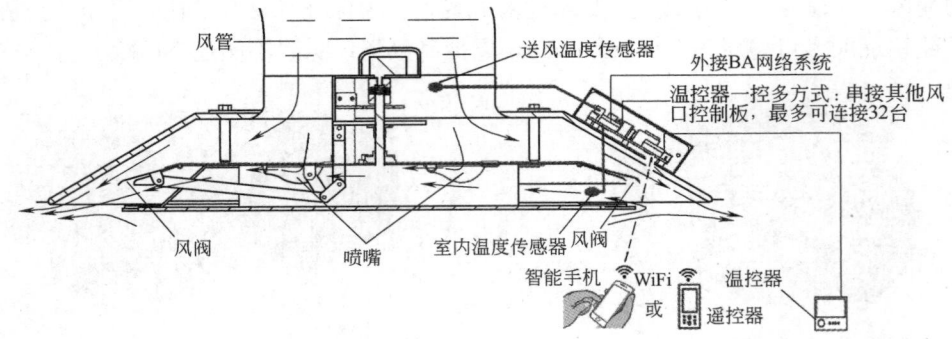

图 19-14　SVAD-ST 四侧风阀型方形智慧型电动变风量风口结构及运行原理图

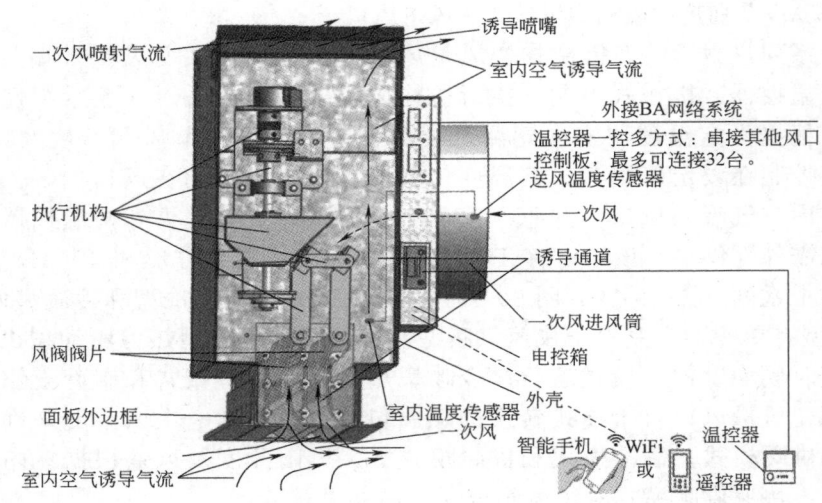

图 19-15　SVAD-LL 型顶棚送风条形智慧型变风量风口（两侧送风）结构及原理图

小尺寸四侧风阀型方形、SVAD-LL 型顶棚送风条形、SVAD-WL 型侧送风条形、SVAD-SW 型方形旋流、SVAD-RW 型圆形旋流、SVAD-RR 型圆形等（图 19-14、图 19-15），各种规格尺寸可配合现场众多使用和安装要求，也可满足和配合各种装饰和造型需求。

　　SVAD 系列智慧型电动变风量风口均为冷暖型，风口内自带送风温度传感器，可根据一次风温度自动执行制冷模式、过渡季模式或供暖模式。智慧型电动变风量风口的控制板上有再热驱动端子，冬季外区使用时，可驱动再热设备进行再热供暖模式。

　　所有 SVAD 系列智慧型电动变风量风口均有联网功能，可接入 BA 系统实现整个空调系统自动化运行和控制；它也具备 WiFi 连接手机功能，对其进行监控。此外，它还具备一控多功能，可以用一个温控器或一部手机同时对全部或一对一监控多个 SVAD 系列智慧型电动变风量风口，最高可监控 32 台。

19.5.2　主要技术参数

在此仅展示部分规格型号及技术参数，更多资料请咨询皇家空调技术人员。

1. 单风道变风量末端装置

TU 系列单风道变风量末端装置共有 12 种规格型号，其技术参数见表 19-33。

TU 系列单风道变风量末端装置技术参数　　表 19-33

型号	可用风量范围 (m³/h)	建议最小风量 (m³/h)	建议最大风量 (m³/h)	最小工作静压(Pa)			出口尺寸 A (mm)	出口尺寸 B (mm)	入口尺寸 ΦD (mm)	长度 L (mm)
				标准型	标准型加单排盘管	标准型加电加热器				
TU-05	0～680	62	550	10～35	12～75	11～47	209	228	124	538
......										
TU-18	0～9030	845	7300	10	19～148	11	516	516	456	802

2. 风机动力型变风量末端装置

FPS 系列串联式、FPP 系列并联式风机动力型变风量末端装置共有 15 种规格型号；一次风参数表内共有 22 种规格型号（表 19-34～表 19-36）。

风机动力型变风量末端装置技术参数（配 SPC 电机）　　表 19-34

型号		高档风量范围 (m³/h)	中档风量范围 (m³/h)	低档风量范围 (m³h)	电机功率 (W)	1 排盘管加热量 (kW)	2 排盘管加热量 (kW)
箱体号	电机/风机代码						
FPS-A1	E2A1	250～860	175～810	150～760	120	1.55～3.37	1.97～5.62
......							
FPS-D1	E8A8	3000～5430	2800～5080	2400～4360	750	6.19～14.86	8.59～23.58
FPP-A1	E2A3	580～1350	500～1260	380～1055	120	1.67～5.05	2.43～9.03
......							
FPP-D1	E6A6	1750～4160	1650～3950	1300～3450	450	4.88～11.32	7.07～18.23

风机动力型变风量末端装置技术参数（配 ECM 电机）　　表 19-35

型号		风量范围 (m³/h)	电机标称功率 (W)	1 排盘管加热量 (kW)	2 排盘管加热量 (kW)
箱体号	电机/风机代码				
FPS-A1	M2A1	150～860	175	1.55～3.37	1.97～5.62
......					
FPS-D1	M8A8	2400～5430	750	6.19～14.86	8.59～23.58
FPP-A1	M2A3	380～1460	175	1.67～5.23	2.43～9.42
......					
FPP-D1	M6A6	1300～4160	500	4.88～11.32	7.07～18.23

风机动力型变风量末端装置一次风参数表　　表 19-36

型号		一次风入口直径 (mm)	箱体尺寸(mm)			建议最小风量 (m³/h)	建议最大风量 (m³/h)	AHRI 推荐最大一次风量 (m³/h)
箱体号	入口尺寸(寸)		W	L	H			
FPS-A1	05	124	700	600	300	62	550	425
......								
FPS-D1	16	403	1300	750	480	666	6000	4760
FPP-A1	05	124	900	650	300	62	550	425
......								
FPP-D1	16	403	1500	1000	480	666	6000	4760

3. TVAD 系列热力驱动型机械式变风量风口

TVAD-SS 型四侧风阀型方形、TVAD-LL 型顶棚送风条形热力驱动型机械式变风量风口共有 16 种规格型号，其技术参数见表 19-37。

TVAD 系列热力驱动型机械式变风量风口技术参数 表 19-37

型号	入口静压（Pa）	最大风量（m³/h）	气流射程(m)V_t=0.5m/s 时		噪声（NC）
			最大风量时	25%最大风量时	
TVAD-SS-06	10～70	175～425	1.25～2.55	0.85～1.65	＜15～35
......					
TVAD-SS-12	10～70	585～1380	2.45～4.25	1.60～2.75	15～37
TVAD-LL-2421	10～70	132～365	1.8～5.5	0.9～3.0	＜15～34
......					
TVAD-LL-4842	10～70	532～1390	0.9～3.7	0.6～2.4	16～38

4. SVAD 系列智慧型电动变风量风口

SVAD-ST 型四侧风阀型方形、SVAD-LL 型顶棚送风条形、SVAD-WL 型侧送风条形、SVAD-SW 型方形旋流、SVAD-RW 型圆形旋流和 SVAD-RR 型圆形智慧型电动变风量风口共有 36 种规格型号，其技术参数见表 19-38。

SVAD 系列智慧型电动变风量风口技术参数 表 19-38

型号	入口静压（Pa）	最大风量（m³/h）	气流射程(m)V_t=0.5m/s 时		噪声（NC）
			最大风量时	25%最大风量时	
SVAD-ST-06	10～80	210～605	1.4～2.8	0.8～2.1	＜15～37
......					
SVAD-ST-12	10～80	540～1565	2.4～4.7	1.8～3.6	＜15～37
SVAD-LL-2421	10～70	113～300	1.8～5.2	0.9～2.9	＜15～34
......					
SVAD-LL-4842	10～70	503～1303	0.9～3.5	0.6～2.3	16～38
SVAD-WL-2421	10～70	135～355	2.0～5.0	1.0～2.7	16～36
......					
SVAD-WL-4841	10～70	573～1478	2.0～5.0	1.0～2.7	16～37
SVAD-SW/RW-08	10～70	292～801	1.4～2.9		23～40
......					
SVAD-SW/RW-12	10～70	382～1003	1.6～3.1		25～42
SVAD-RR-08	10～70	260～695	1.35～2.55		＜15～31
......					
SVAD-RR-12	10～70	440～1143	1.45～2.85		＜15～32

19.5.3 变风量空调自控系统

皇家空调 G3 变风量空调系统及其自控系统在对变风量空调系统及其自控系统深入研究与创新的基础上，通过产品更新与控制逻辑优化，将压力无关型和压力相关型有机结合。如图 19-16 所示，既可在系统中单独使用常规的变风量末端装置，也可单独使用变风

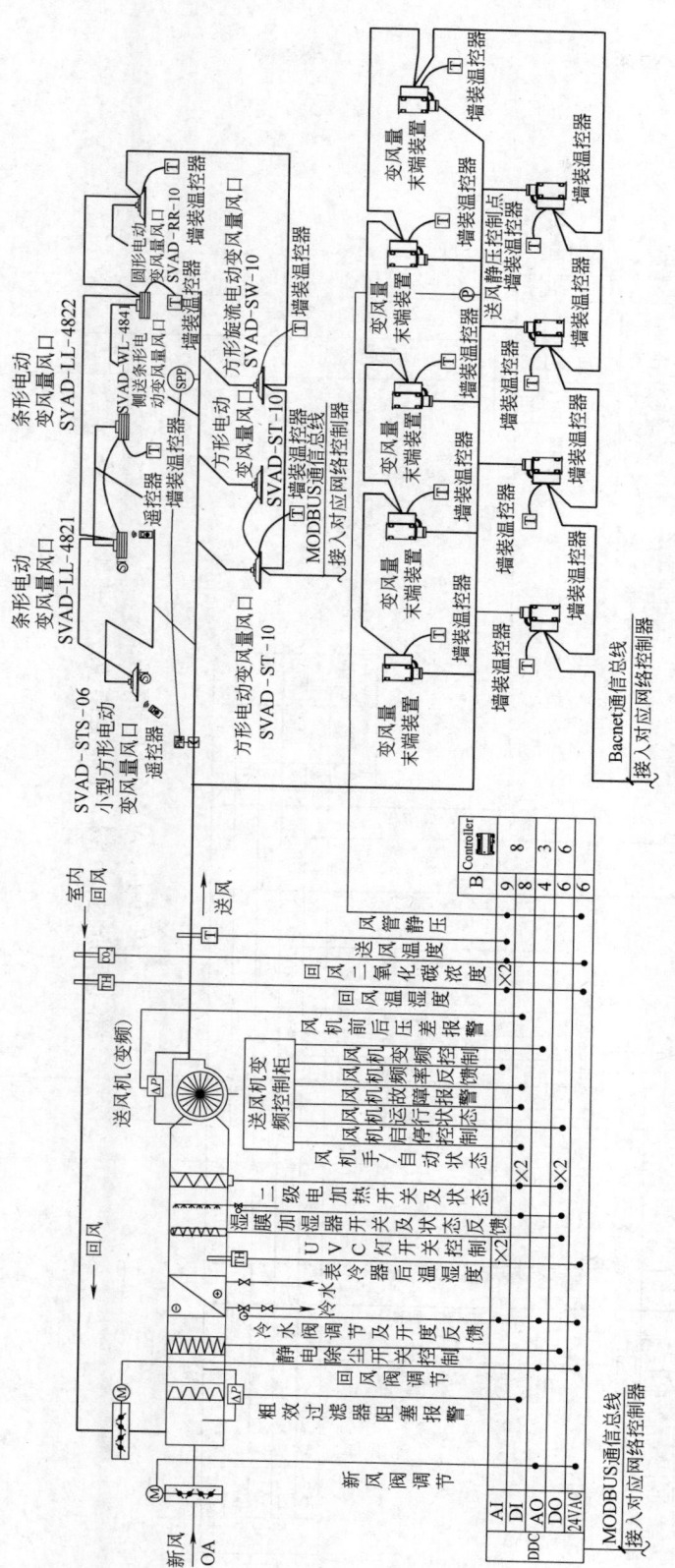

图 19-16　G3 变风量空调及自控系统应用原理图

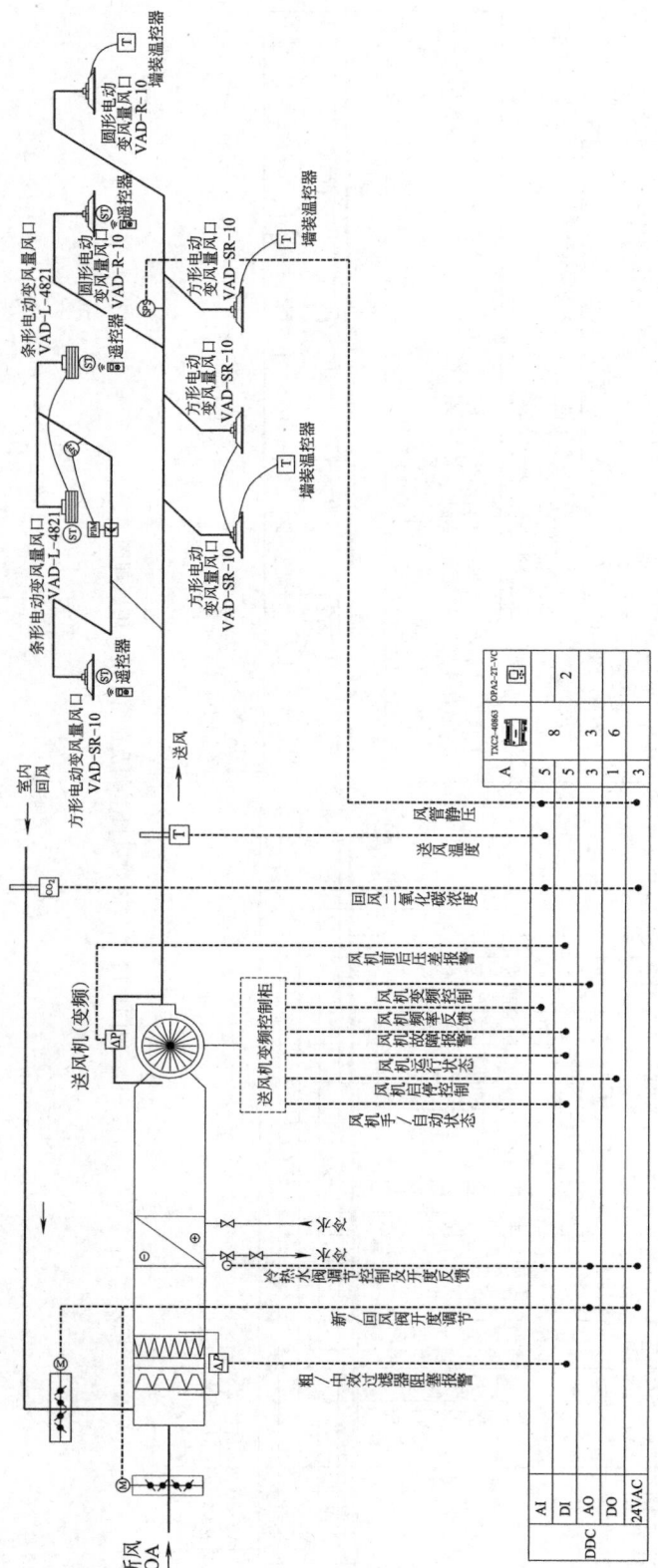

图 19-17 AO₂ 系统控制原理图

注：适用于两管制冷热水，制冷控制，制冷制热控制。

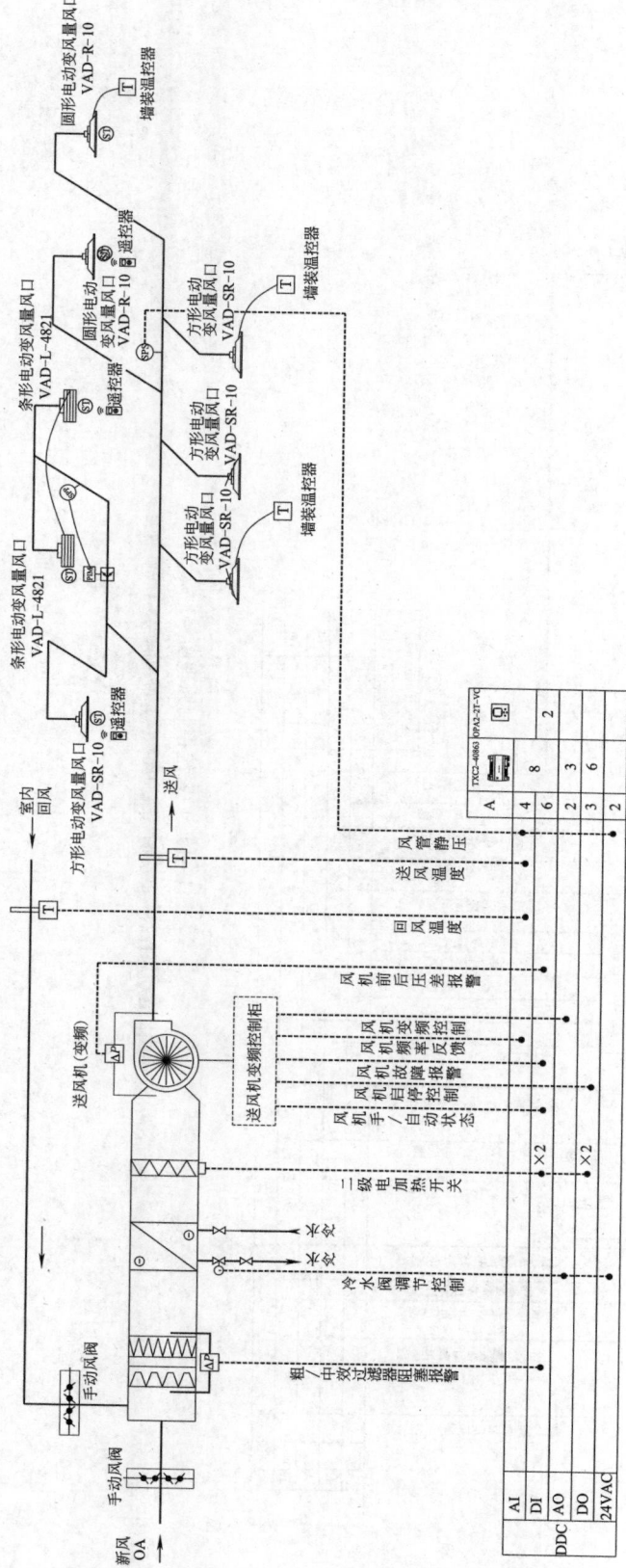

图 19-18　AH 系统控制原理图

注：含制冷电加热，无新风控制功能。

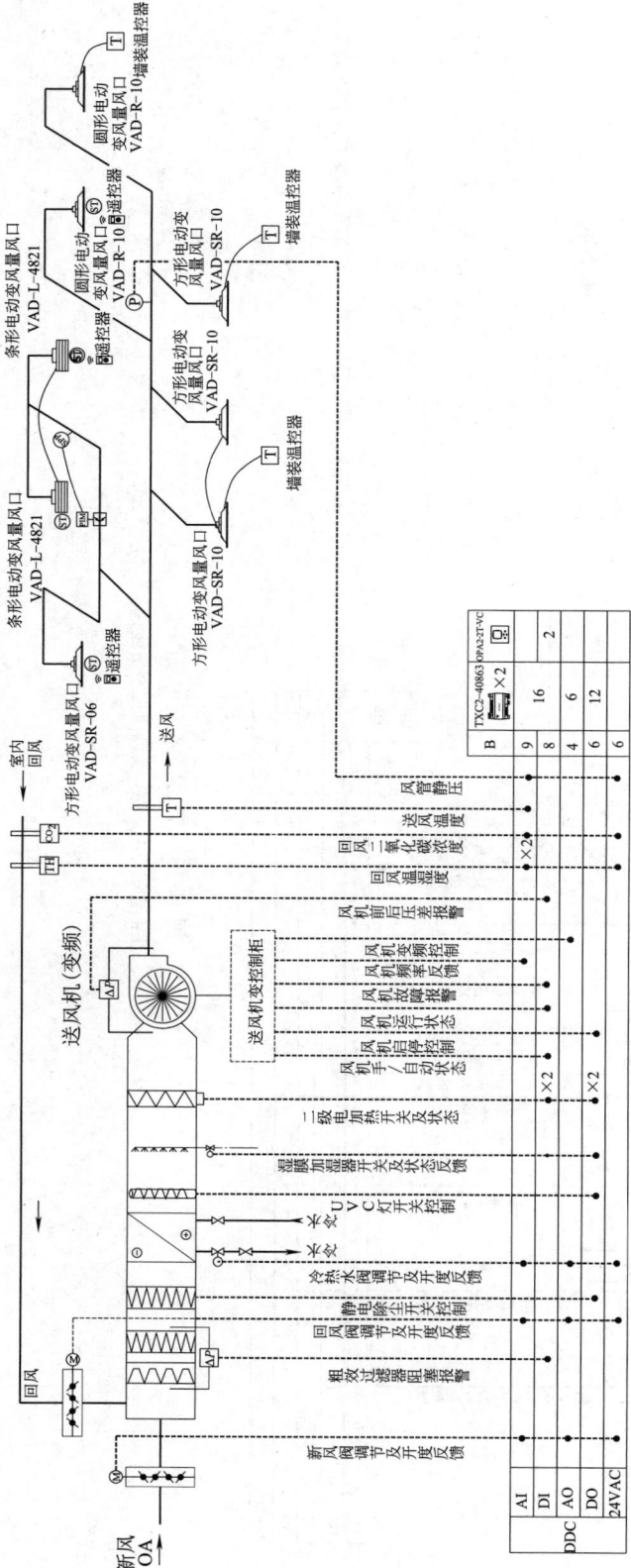

图 19-19 C 系统控制原理图

注：含新风控制、制冷制热、加湿除湿、静电除尘、UVC 功能。

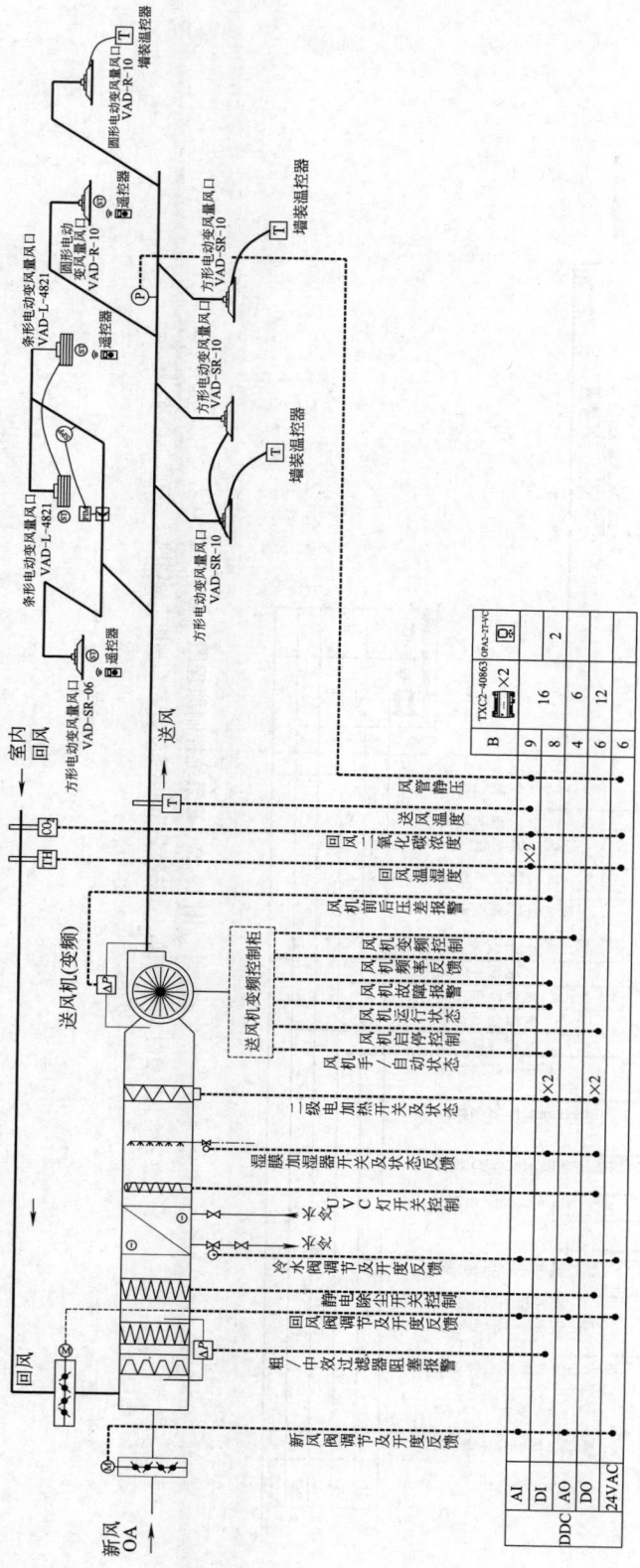

图 19-20 D 系统控制原理图

注：含新风控制、制冷电加热、加湿、静电除尘、UVC 功能。

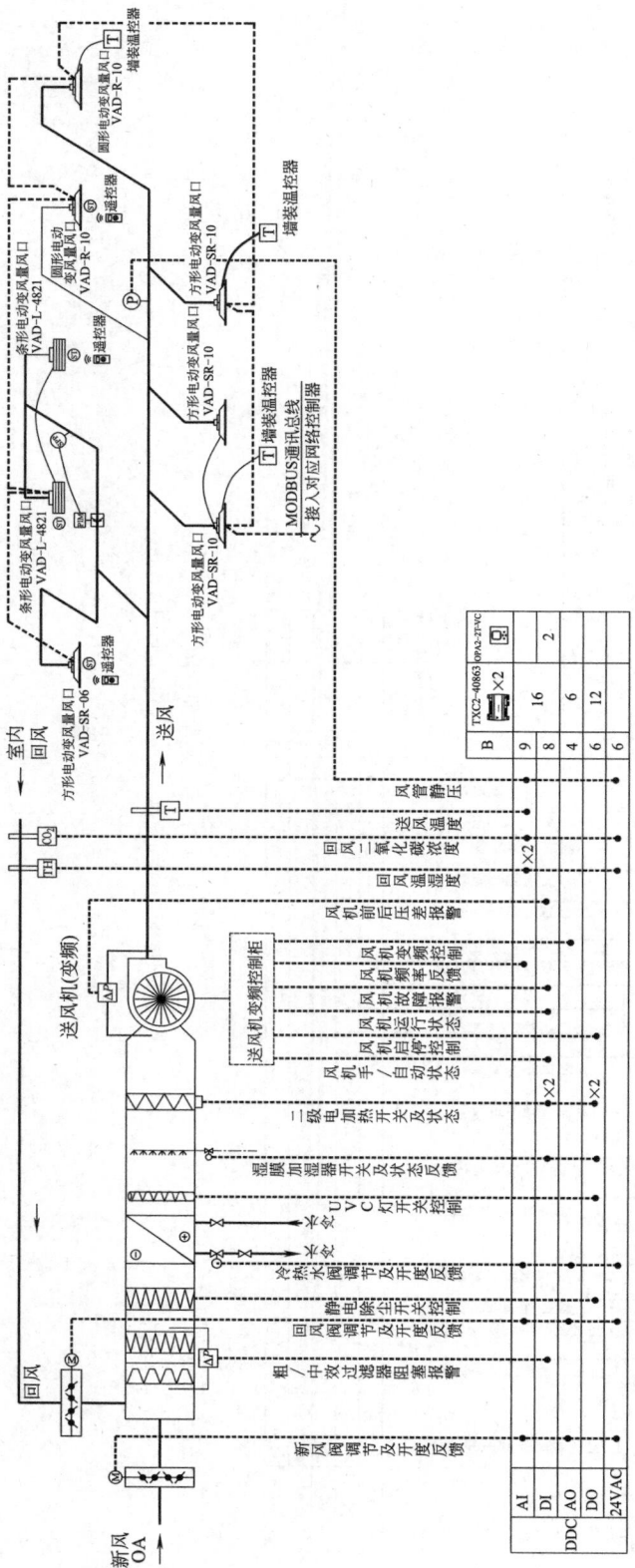

图 19-21　E 系统控制原理图

注：含新风控制、制冷制热、加热除湿、静电除尘、UVC 功能支持联网及上位机工作站。

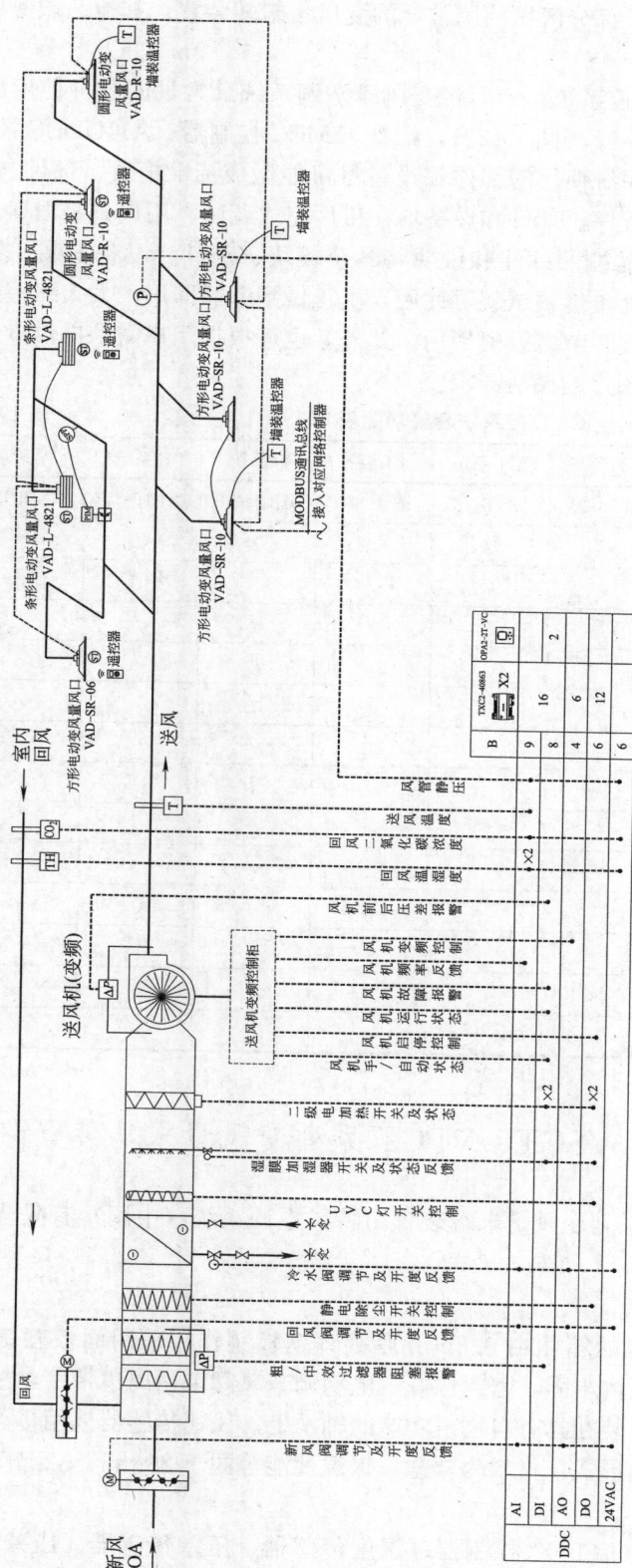

图 19-22　F 系统控制原理图

注：含新风控制、制冷制热、加湿、静电除尘、UVC 功能支持联网及上位机工作站。

量风口，还可以在同一系统中，部分区域使用常规的变风量末端装置，其他区域使用变风量风口。

G3 变风量空调系统及其自控系统，专门将变风量空调系统最常见的几种使用需求做成了套餐形式（表 19-39，图 19-17～图 19-22），配置了 MCC 控制器、AHUDDC 控制器、各种传感器、执行器等，并将系统使用的部件和设备尽可能做成标准模块、部件与设备。所有接线端子都有标注，控制程序、部件和设备均在工厂完成调试，用户只要根据自己的需求选择合适的套餐，现场只需按照标注和说明将各个模块、部件、设备安装、连接起来，按图接线，按照说明进行简单地调试就可使用，真正做到即插即用。大大缩短建设周期、降低设计、安装及调试难度，节省投资费用。此外，也可根据用户需求提供量身定制的系统应用与产品组合，满足用户的灵活需求。

G3 自控系统套餐功能表　　　　　　　　　　　　　　表 19-39

功　能	AO$_2$ 系统	AH 系统	C 系统	D 系统	E 系统	F 系统
控制原理图	图 19-17	图 19-18	图 19-19	图 19-20	图 19-21	图 19-22
全新风运行	√	√	√	√	√	√
定静压控制风机频率	√	√	√	√	√	√
根据时间表控制风机启停	√	√	√	√	√	√
故障报警	√	√	√	√	√	√
送风温度控制冷水阀开度	√	√	√	√	√	√
回风温度控制二级电加热		√	√			
过渡季节模式控制	√		√			
回风湿度控制加湿器						
制冷模式除湿控制				√		
静电除尘控制			√	√	√	√
UVC(紫外杀菌灯)控制			√	√	√	√
VAD 联网监控						
工作站图形界面监控					√	√

19.6　VCCT、VSCT、VPCT 系列变风量末端装置

VCCT、VSCT、VPCT 系列变风量末端装置由特灵空调系统（中国）有限公司（以下简称特灵空调）提供资料。

19.6.1　基本特点

特灵空调变风量末端装置的箱体由 0.8mm 厚镀锌钢板制作，采用面板互锁加工工艺，不用铆钉或自攻螺丝，箱体牢固，密封性好。电动调节风阀采用周边带密封垫圈的双层镀锌钢板制作，风阀转轴安装在具有自润滑功能的轴承上。风速传感器采用多点测孔铝管制作。末端装置采用内保温形式，材料为橡塑，保温性能等同于 25mm、32kg/m^3 的离心玻璃棉。

末端装置配置控制元件包括 DDC 控制器、温度传感器、压差传感器、压差变送器、风阀驱动器等。DDC 控制器工作温度 0～60℃，相对湿度 10%～90%。控制器出厂时已

安装在变风量末端装置上,可保持对调节风阀实际阀位跟踪,可定时对风阀或压差传感器进行自校,以保持精度。控制器采用普通型或液晶型挂壁式温感器测量房间空气温度并可进行温度设定,温度设定范围 10～31℃;工作环境温度 0～50℃;工作环境相对湿度 5%～95%,最高露点温度 29℃。风速传感器采用双圆环形,迎风和背风侧各有 8 个测量点。压差变送器工作环境温度 0～70℃,相对湿度 0～95%,压力范围:-1250～1250Pa,过压限制 2540Pa,非线性,在不同的温度及湿度条件下,精度误差范围约±(0.1%～2.0%)。电动风阀驱动装置工作温度 2～52℃,最大相对湿度 90%,电源 24VAC,扭矩 4Nm,行程周期 90s。

成套变风量末端装置在工厂进行软件下传、参数设置、地址设定与测试,系统启动时间短。集成式模块组合、控制器、压差变送器与风阀执行装置预先装配于控制器箱内。增强型风阀驱动器配置快速响应、定位精确的步进电机。DDC 控制器采用先进的诊断算法,具有风阀失速侦测、执行器电机、行程记录和末端装置风量检测等功能,确保末端装置的控制与变风量空调系统的设计要求完全匹配。当风速传感器或压差变送器出现故障无法进行"压力无关模式"计算时,自动识别故障,并转换到"压力相关模式"运行。

19.6.2　产品类型与主要技术参数

特灵空调既能生产变风量末端装置,又能提供楼宇自控设备与系统。它生产的变风量末端装置有:单风道型、串联与并联式风机动力型等。

1. VCCT 系列单风道型变风量末端装置

VCCT 单风道型变风量末端装置接受直接数字控制,可以压力无关或有关的控制模式运行。该装置的主要技术参数见表 19-40。

VCCT 系列单风道型变风量末端装置主要技术参数　　　　表 19-40

规格	入口直径 (mm)	风量范围 (m³/h)	风量 (m³/h)	风压降(Pa)				外形尺寸(mm)		
				箱体	单排	双排	电加热	L	W	H
05	127	68～595	162	3	5	8	5	443	433	241
			342	3	9	18	8			
			504	3	19	38	10			
			595	4	25	50	15			
06	152	101～850	162	3	5	8	5	411	433	241
			432	13	16	30	8			
			594	26	29	53	10			
			850	55	57	100	15			
08	203	180～1530	342	3	5	10	5	398	458	291
			684	4	21	39	10			
			1008	9	40	74	15			
			1530	21	78	148	15			
10	254	277～2380	846	3	13	26	10	424	534	343
			1350	3	34	60	15			
			1872	3	64	107	20			
			2380	3	101	162	20			

规格	入口直径 （mm）	风量范围 （m³/h）	风量 （m³/h）	风压降(Pa)				外形尺寸(mm)		
				箱体	单排	双排	电加热	L	W	H
12	305	400～3400	1350	3	21	44	10	449	610	394
			2034	3	44	85	20			
			2718	3	73	135	20			
			3400	3	108	192	25			
14	356	544～5100	2520	3	23	52	15	475	661	495
			3402	3	37	86	20			
			4248	3	53	124	20			
			5100	3	71	168	25			
16	406	713～6800	3384	3	25	70	20	500	763	495
			4248	3	37	111	20			
			5094	3	51	159	25			
			6800	3	84	281	25			

2. VSCT 系列串联式风机动力型变风量末端装置

VSCT 系列串联式风机动力型变风量末端装置主要技术参数见表 19-41、表 19-42。

VSCT 系列串联式风机动力型变风量末端装置主要技术参数 表 19-41

风机规格		02SQ	03SQ	04SQ	05SQ	06SQ	07SQ
风机名义风量(m³/h)		920	1580	2180	2660	3700	4180
名义静压(Pa)		60	60	60	60	60	60
风阀规格/入口直径(mm)		05～10	06～12	08～14	10～14	10～16	10～16
一次风最大 风量(m³/h)	05/127	595					
	06/152	850	850				
	08/203	920	1580	1580			
	10/254	920	1580	2180	2380	2380	2380
	12/305		1580	2180	2660	3400	3400
	14/356			2180	2660	3700	4180
	16/406					3700	4180
外形尺寸(mm)(不带附件)		994×699× 394	1146×750× 445	1146×750× 445	1146×902× 445	1146×902× 546	1146×902× 546
外形尺寸(mm)(带热水盘管)		1137×699× 394	1391×750× 445	1391×750× 445	1391×902× 445	1289×902× 546	1289×902× 546
出口尺寸 B×H(mm)		305×356	483×406	483×406	610×406	610×457	610×457
风机功率(W)		90	150	150	375	550	650

热水盘管供热量（kW）　　　　　　　　　表 19-42

风机型号	排数	水流量 (L/s)	水压降 (kPa)	风量(m³/h)								
				255	340	425	510	595	680	765	850	920
02SQ	单排	0.06	1.59	2.68	3.03	3.32	3.58	3.80	4.01	4.20	4.38	4.52
		0.13	5.52	2.91	3.34	3.70	4.02	4.32	4.59	4.84	5.08	5.27
		0.19	11.51	3.00	3.46	3.85	4.20	4.52	4.82	5.10	5.37	5.58
		0.25	19.45	3.05	3.52	3.93	4.30	4.63	4.95	5.25	5.53	5.75
		0.32	29.27	3.08	3.56	3.98	4.36	4.71	5.03	5.34	5.63	5.86
	双排	0.06	3.00	3.69	4.46	5.10	5.63	6.08	6.46	6.80	7.09	7.30
		0.13	10.21	3.93	4.86	5.67	6.37	6.99	7.54	8.03	8.47	8.81
		0.19	21.07	4.02	5.01	5.87	6.64	7.33	7.95	8.51	9.02	9.41
		0.25	35.33	4.06	5.08	5.98	6.78	7.51	8.16	8.76	9.31	9.73
		0.32	52.84	4.09	5.12	6.041	6.87	7.62	8.30	8.92	9.50	9.94

风机型号	排数	水流量 (L/s)	水压降 (kPa)	风量(m³/h)								
				340	510	680	934	1189	1444	1580	1954	2180
03SQ 04SQ	单排	0.13	3.02	4.40	5.33	6.04	6.91	7.62	8.23	8.53	9.29	9.70
		0.19	6.56	4.60	5.64	6.45	7.45	8.29	9.03	9.39	10.30	10.80
		0.25	11.39	4.71	5.80	6.67	7.75	8.67	9.49	9.89	10.90	11.50
		0.32	17.49	4.77	5.91	6.81	7.94	8.92	9.79	10.20	11.30	11.90
		0.38	24.86	4.82	5.98	6.91	8.08	9.09	10.00	10.40	11.60	12.20
		0.44	33.49	4.85	6.03	6.98	8.18	9.22	10.16	10.60	11.80	12.50
		0.50	43.36	4.88	6.08	7.04	8.26	9.32	10.28	10.80	12.00	12.70
		0.57	54.46	4.90	6.11	7.08	8.32	9.40	10.38	10.90	12.10	12.80
		0.63	66.80	4.92	6.13	7.12	8.37	9.47	10.46	10.90	12.20	12.90
	双排	0.13	4.22	5.55	7.50	9.07	10.90	12.31	13.42	13.90	15.10	15.60
		0.19	8.99	5.70	7.83	9.61	11.78	13.52	14.94	15.60	17.10	17.90
		0.25	15.41	5.78	8.00	9.89	12.25	14.18	15.79	16.50	18.30	19.20
		0.32	23.45	5.83	8.1	10.06	12.54	14.6	16.33	17.10	19.10	20.10
		0.38	33.07	5.86	8.17	10.18	12.74	14.88	16.71	17.50	19.70	20.80
		0.44	44.26	5.88	8.22	10.26	12.88	15.09	16.99	17.90	20.10	21.20
		0.50	57.00	5.90	8.26	10.33	12.99	15.25	17.2	18.10	20.40	21.60

风机型号	排数	水流量 (L/s)	水压降 (kPa)	风量(m³/h)								
				595	850	1104	1359	1699	2039	2379	2660	
05SQ	单排	0.13	3.22	6.35	7.4	8.23	8.94	9.76	10.49	11.12	11.59	
		0.19	6.95	6.75	7.95	8.94	9.78	10.77	11.64	12.42	13.03	
		0.25	12.04	6.96	8.26	9.33	10.27	11.37	12.34	13.23	13.90	
		0.32	18.46	7.1	8.46	9.59	10.58	11.76	12.81	13.77	14.5	
		0.38	26.20	7.19	8.60	9.77	10.8	12.03	13.14	14.15	14.93	
		0.44	35.23	7.28	8.7	9.9	10.97	12.24	13.39	14.44	15.26	
		0.50	45.57	7.32	8.78	10.01	11.09	12.4	13.58	14.67	15.51	

续表

风机型号	排数	水流量(L/s)	水压降(kPa)	风量(m³/h)							
				595	850	1104	1359	1699	2039	2379	2660
05SQ	双排	0.13	4.16	8.78	11.05	12.78	14.16	15.58	16.69	17.57	18.17
		0.19	8.85	9.2	11.83	13.94	15.68	17.57	19.1	20.35	21.23
		0.25	15.17	9.42	12.23	14.56	16.52	18.69	20.48	21.99	23.06
		0.32	23.09	9.55	12.48	14.95	17.04	19.41	21.38	23.07	24.28
		0.38	32.57	9.63	12.65	15.21	17.4	19.9	22.01	23.83	25.14
		0.44	43.6	9.7	12.77	15.39	17.67	20.26	22.48	24.39	25.78
		0.50	56.16	9.74	12.86	15.54	17.87	20.54	22.83	24.82	26.27

风机型号	排数	水流量(L/s)	水压降(kPa)	风量(m³/h)								
				1529	1869	2209	2549	2888	3228	3568	4060	4180
06SQ 07SQ	单排	0.13	4.10	10.11	10.98	11.74	12.41	13.00	13.54	14.03	14.67	14.82
		0.19	8.46	11.07	12.07	12.97	13.80	14.58	15.29	15.94	16.81	17.01
		0.25	14.22	11.61	12.73	13.73	14.66	15.51	16.3	17.07	18.08	18.32
		0.32	21.30	11.96	13.15	14.23	15.23	16.15	17.02	17.83	18.93	19.19
		0.38	29.68	12.20	13.45	14.59	15.64	16.62	17.54	13.4	19.57	19.84
	双排	0.13	7.71	15.83	17.23	18.33	19.23	19.97	20.59	21.11	21.75	21.89
		0.19	15.74	17.61	19.49	21.04	22.33	23.43	24.38	25.20	26.21	26.44
		0.25	26.24	18.58	20.75	22.58	24.14	25.49	26.67	27.71	28.00	29.29
		0.32	39.08	19.18	21.55	23.58	25.32	26.85	28.19	29.38	30.88	31.23
		0.38	54.19	19.59	22.11	24.27	26.15	27.80	29.27	30.58	32.24	32.62

注：热水盘管的出水温度 LWT 不能超过 60℃。表中数据在进风温度 EAT 为 21℃，进水温度 EWT 为 82℃条件下测得。其余状态参见盘管供热量（kW）的温度修正系数（表19-43）。实际热量＝上表数据×相应温度修正系数。

热水盘管供热量修正系数 表 19-43

$EWT-EAT$	22	27	33	39	44	50	55	61	67	72
修正系数	0.355	0.446	0.537	0.629	0.722	0.814	0.907	1.000	1.093	1.187

3. VPCT 系列并联式风机动力型变风量末端装置

VPCT 系列并联式风机动力型变风量末端装置的主要技术参数见表 19-44 和表 19-45。

VPCT 系列并联式风机动力型变风量末端装置主要技术参数 表 19-44

风机规格		02SQ	03SQ	04SQ	05SQ	06SQ	07SQ
风机名义风量(m³/h)		320	1470	1830	1900	2300	2550
名义静压(Pa)		60	60	60	60	60	60
风阀规格/入口直径(mm)		05～10	06～12	08～14	10～14	10～16	10～16
一次风风量范围(m³/h)	05/127	68～595					
	06/152	101～850					
	08/203	180～1530					

续表

风机规格		02SQ	03SQ	04SQ	05SQ	06SQ	07SQ
一次风风量范围（m³/h）	10/254	277～2380					
	12/305		400～3400				
	14/356				544～5100		
	16/406					713～6800	
外形尺寸(mm)（不带附件）		864×1156×394	927×1156×445	927×1156×445	927×1156×445	1118×1156×546	1118×1156×546
外形尺寸(mm)（带热水盘管）		922×1156×394	986×1156×445	986×1156×445	986×1156×445	1176×1156×546	1176×1156×546
出口尺寸 $B×H$（mm）		489×356	489×406	489×406	489×406	489×508	489×508
风机功率(W)		90	150	150	375	550	650

热水盘管供热量（kW）　　　　表 19-45

风机型号	排数	水流量(L/s)	水压降(kPa)	风量(m³/h)										
				170	255	340	425	510	595	680	765	850	934	1020
02SQ	单排	0.03	0.66	2.41	2.67	3.24	3.51	3.73	3.92	4.07	4.20	4.32	4.42	4.51
		0.06	2.26	2.69	3.37	3.85	4.24	4.56	4.84	5.09	5.32	5.55	5.76	5.95
		0.13	7.91	2.87	3.66	4.26	4.74	5.16	5.53	5.87	6.18	6.47	6.75	7
		0.19	16.57	2.93	3.77	4.41	4.93	5.39	5.8	6.18	6.52	6.85	7.16	7.46
		0.25	28.08	2.97	3.83	4.49	5.04	5.52	5.95	6.34	6.71	7.06	7.39	7.71
		0.32	42.34	2.99	3.87	4.54	5.10	5.59	6.04	6.45	6.B3	7.19	7.53	7.86
	双排	0.06	3.89	2.92	4.05	5	5.80	6.49	7.07	7.58	8.02	8.40	18.74	9.05
		0.13	13.19	3.02	4.27	5.39	6.38	7.27	8.08	8.8	9.46	10.06	10.60	11.11
		0.19	27.13	3.05	4.35	5.52	6.58	7.55	8.43	9.24	9.99	10.68	11.32	11.92
		0.25	45.38	3.06	4.38	5.5B	6.68	7.69	8.62	9.47	10.27	11.01	11.7	12.35
		0.32	67.73	3.07	4.40	5.62	6.74	7.77	8.73	9.61	10.44	11.21	11.93	12.61

风机型号	排数	水流量(L/s)	水压降(kPa)	风量(m³/h)										
				255	510	765	1019	1274	1529	1784	2039	2294	2549	2804
03SQ 04SQ 05SQ	单排	0.06	0.82	3.49	4.72	5.45	6.03	6.49	6.86	7.18	7.45	7.69	7.9	8.09
		0.13	3.06	3.85	5.46	6.51	7.33	8.02	8.62	9.17	9.67	10.12	10.53	10.91
		0.19	6.63	3.99	5.77	6.97	7.93	8.75	9.48	10.14	10.74	11.29	11.81	12.31
		0.25	11.51	4.07	5.94	7.22	8.27	9.17	9.97	10.71	11.38	12.01	12.6	13.15
		0.32	17.68	4.11	6.05	7.39	8.48	9.44	10.3	11.08	11.81	12.49	13.13	13.73
		0.38	25.13	4.15	6.12	7.5	8.64	9.63	10.53	11.35	12.12	12.84	13.51	14.15
		0.44	33.83	4.17	6.18	7.58	8.75	9.77	10.7	11.55	12.35	13.09	13.80	14.47

风机型号	排数	水流量（L/s）	水压降（kPa）	风量（m³/h）										
				255	510	765	1019	1274	1529	1784	2039	2294	2549	2804
03SQ 04SQ 05SQ	单排	0.50	43.79	4.19	6.22	7.65	8.83	9.88	10.83	11.71	12.52	13.29	14.02	14.71
		0.57	55.00	4.20	6.25	7.7	8.90	9.97	10.93	11.83	12.67	13.46	14.20	14.91
		0.63	67.45	4.21	6.28	7.74	8.96	10.04	11.02	11.93	12.78	13.59	14.35	15.08
	双排	0.06	0.82	3.49	4.72	5.45	6.03	6.49	6.86	7.18	7.45	7.69	7.90	8.09
		0.13	3.06	3.85	5.46	6.51	7.33	8.02	8.62	9.17	9.67	10.12	10.53	10.91
		0.19	6.63	3.99	5.77	6.97	7.93	8.75	9.48	10.14	10.74	11.29	11.81	12.31
		0.25	11.51	4.07	5.94	7.22	8.27	9.17	9.97	10.71	11.38	12.01	12.6	13.15
		0.32	17.68	4.11	6.05	7.39	8.48	9.44	10.3	11.08	11.81	12.49	13.13	13.73
		0.38	25.13	4.15	6.12	7.5	8.64	9.63	10.54	11.35	12.12	12.84	13.51	14.15
		0.44	33.83	4.17	6.18	7.58	8.75	9.77	10.7	11.55	12.35	13.09	13.80	14.47
		0.50	43.79	4.19	6.22	7.65	8.83	9.88	10.83	11.71	12.52	13.29	14.02	14.71
		0.57	55.00	4.20	6.25	7.70	8.90	9.97	10.93	11.83	12.67	13.46	14.20	14.91
		0.63	67.45	4.21	6.28	7.74	8.96	10.04	11.02	11.93	12.78	13.59	14.35	15.08

风机型号	排数	水流量（L/s）	水压降（kPa）	风量（m³/h）										
				1529	1699	1869	2039	2209	2379	2549	2718	2888	3058	3230
06SQ 07SQ	单排	0.03	0.33	5.18	5.27	5.35	5.42	5.48	5.54	5.59	5.64	5.68	5.72	5.76
		0.06	1.09	7.74	7.98	8.20	8.41	8.59	8.76	8.91	9.06	9.2	9.32	9.44
		0.13	3.71	9.43	9.85	10.24	10.6	10.94	11.26	11.57	11.86	12.13	12.39	12.64
		0.19	7.68	10.29	10.77	11.23	11.66	12.06	12.46	12.84	13.21	13.56	13.90	14.22
		0.25	12.92	10.78	11.31	11.82	12.3	12.75	13.19	13.61	14.01	14.4	14.78	15.15
		0.32	19.39	11.10	11.66	12.20	12.71	13.20	13.67	14.13	14.57	14.99	15.4	15.79
		0.38	27.04	11.32	11.91	12.47	13.01	13.52	14.02	14.5	14.96	15.4	15.84	16.26
		0.44	35.84	11.48	12.09	12.67	13.23	13.76	14.27	14.77	15.25	15.72	16.17	16.61
	双排	0.06	2.02	11.26	11.57	11.84	12.06	12.22	12.43	12.58	12.71	12.83	12.93	13.03
		0.13	6.70	14.96	15.64	16.25	16.8	17.28	17.72	18.12	18.48	18.82	19.12	19.4
		0.19	13.65	16.60	17.51	18.33	19.07	19.74	20.36	20.93	21.45	21.94	22.39	22.81
		0.25	22.70	17.51	18.54	19.49	20.36	21.15	21.89	22.57	23.2	23.8	24.35	24.87
		0.32	33.76	18.07	19.2	20.23	21.18	22.06	22.88	23.64	24.35	25.02	25.64	26.23
		0.38	46.74	18.46	19.65	20.75	21.76	22.70	23.58	24.39	25.16	25.88	26.56	27.2
		0.44	61.61	18.75	19.98	21.12	22.18	23.17	24.09	24.95	25.76	26.52	27.24	27.93

注：热水盘管的出水温度 LWT 不能超过 60℃。表中数据在进风温度 EAT 为 21℃，进水温度 EWT 为 82℃条件下测得。其余状态参见盘管供热量（kW）的温度修正系数（表 19-43）。实际热量＝上表数据×相应温度修正系数。

19.6.3　成套式变风量空调系统简介

1. 系统特点

特灵成套式变风量空调系统便于业主与工程承包商选择，系统具有变风量空调系统所有优点的同时，可最大限度实现系统的完整性，其特殊的过渡季节全新风制冷模式、基于二氧化碳浓度控制及冷凝器抗菌集中处理是其他类型的中小型系统所不具备的。

2. 系统构成

成套式变风量空调系统是由特灵三个产品系列组成的小型变风量系统，它包括：Voyager™ Commercial 变风量一体化屋顶机（27.5～50Rt，单台可供650～1200m^2 空调面积使用）、多至 32 台 VariTrane™ 直接数码控制的变风量末端装置以及带操作显示屏的 VariTrac 中控面板（CCP）。

系统核心是带液晶操作屏的 VariTrac 中控面板（CCP）。它是系统的通信网络中心，负责协调变风量一体化屋顶机和变风量末端装置的运行。Voyager™ Commercial 变风量一体化屋顶机是变风量专用机组，它有工厂预安装的进口导叶调节装置、变频器、控制微处理器和特灵通信接口。该系统最多可支持 32 台带直接数码控制选项的 VariTrane 变风量末端装置。

3. 系统功能描述

（1）自动设置和启动：该系统在开机时会自动设置。中控面板首先通过 Comm 4 接口巡检 Voyager Commercial 变风量机组，自动设置该系统为成套式变风量空调系统。然后对处于通信连接下的所有变风量末端装置进行巡检，建立一个带有默认名称的完整数据库，控制所有的变风量末端装置，并对其进行校准，然后开始制热或制冷模式运行。

（2）晨间预热：通过多区域内温度传感器的比较，实现晨间预热，不同区域可由电脑软件选择。当系统从无人模式切换到使用模式时，如果区域温度低于晨间预热设定温度 0.83℃以上，晨间预热模式启动，所有变风量末端装置开度最大，屋顶机满负荷运行，经济器关闭，系统进行循环制热。当区域温度达到或超过晨间预热设定温度时，系统切换至制冷模式。晨间预热功能可通过控制面板或电脑软件激活。

（3）出风温度控制：Voyager Commercial 屋顶机具有出风温度控制功能。通过操作面板或电脑软件调整出风温度设定值，如室外空气温度合适，可进行经济器运行。

（4）出风温度重置：可根据区域温度、回风温度或室外空气温度的输入进行出风温度设定值重置。重置类型可选择或激活，运行参数可通过操作面板或电脑软件设定。

（5）日间供热：当某选定区域的空气温度低于日间供热设定值时，日间供热模式启动。在运行该模式时，机械制冷停止，经济器处于最小开度，制热循环开启，直到区域空气温度达到日间供热设定值。所有变风量末端装置开度置于最大值，屋顶机满负荷运行。

（6）无人模式控制：通过区域传感器实现无人模式控制。不同区域可由电脑软件选择。使用时间表可通过七天的日间定时器确定，日间定时器通过中控面板或 Ver10 版本的 Tracker™ 设置。当系统从使用模式切换到无人模式时，机组定风量运行，变风量末端装置开度置于最大值，屋顶机满负荷运行，无人模式的设定值编入区域的单位控制模块（UCM）中，便于无人模式控制用。

（7）送风压力控制和压力限定：工厂预安装的 Voyager Commercial 机组控制器可实现送风压力控制和压力限定功能。它通过变频器或送风机进口导叶实现，送风压力控制设定值和不动作区间可通过操作面板或电脑软件设置。

（8）风机压力优化：自动减少送风量，直到最不利区域内变风量末端装置的风阀处于最大开度的80%。最不利区域由成套式变风量空调系统中控面板自动决定，送风机保持风量不变直到该区域准备关闭或重设至更小风量运行。若该区域末端装置的风阀开度超过90%，送风机风量增加。风机压力优化可通过操作面板或电脑软件激活。

（9）基于二氧化碳浓度控制：二氧化碳传感器可与VariTrane变风量单位控制模块（UCM）连接。每个区域最多设置一个传感器。中控面板通风需求控制设置菜单允许用户对Voyager机组的新风阀设定最小开度和最大开度。用户也可设置二氧化碳浓度设定值和二氧化碳浓度报警设定值。当区域内二氧化碳浓度处于设定值和报警设定值之间时，中控面板将加大新风阀开度。中控面板可被设置成从某个特定传感器收集二氧化碳浓度测量值，也可被设置成从系统内所有传感器测量值中选择最高值。

（10）区域使用待机功能：VariTrane变风量单位控制模块（UCM）可连接一个"使用"传感器，并可设置"使用待机"功能。该模式当系统处于使用模式时有效。如区域"使用"传感器没有检测到室内人员活动，该区域采用无人模式运行，系统则处于待机状态。当"使用"传感器检测到室内人员活动，单位控制模块（UCM）将切换到使用模式运行，并在动作结束后，保持使用模式运行30min（可延长或缩短）。

4．系统硬件介绍

（1）带操作面板的中控面板：具有为简化安装而设计的三件套外壳。该操作面板带背光的液晶触摸屏，具有编程功能。可采用操作面板查看系统状态和区域状态，对变风量单位控制模块（UCM）、成套式变风量空调系统和Voyager Commercial变风量机组的运行参数进行设置。操作面板自带7天的时钟设定，可为系统提供标准的独立工作时间表。整个区域可划分为4组，每组都具有独自的时间表。

（2）数显式区域温度传感器：具有特灵标准区域传感器的外观和功能，增加了LCD室内温度和设定值调节（F或者C）数显功能。有"ON"和"CANCEL"按键，一个无需打开盒盖就可使用的通信接口。该传感器需要24V电源，与变风量单位控制模块（UCM）共用电源。

（3）区域使用传感器：它是吊平顶式红外动作感测器，可与变风量单位控制模块（UCM）结合使用，用于区域使用模式下的待机功能。它可在360°（可调整）范围内感测$120m^2$的区域。该传感器需要24V电源，也可与变风量单位控制模块（UCM）共用电源。

（4）区域二氧化碳浓度传感器：该传感器具有一个紧凑的变送器，供变风量单位控制模块（UCM）的二氧化碳浓度信号输入使用，以实现通风控制。该控制器有挂墙式和风管式两种。该传感器需要24V电源，可与变风量单位控制模块（UCM）共用电源。

（5）VariTrac电脑软件：成套式变风量空调系统高级设置功能由基于Windows®技术、电脑图形化的电脑软件来实现。电脑和中控面板之间通过标准的串口电缆连接。

特灵成套式变风量空调自控系统结构图如图19-23所示。

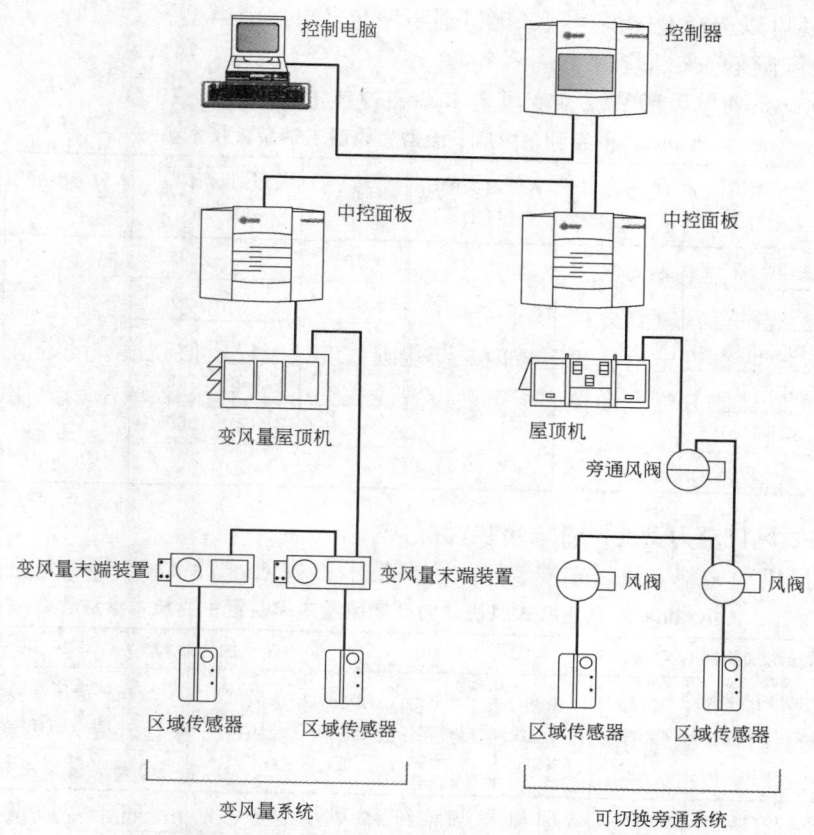

图 19-23　成套式变风量空调自控系统结构图

19.7　Onyx2000、Hony 系列变风量末端装置

Onyx2000、Hony 系列变风量末端由上海大智中央空调技术有限公司提供资料。

19.7.1　基本特点

变风量末端装置的箱体采用 1mm 厚镀锌钢板制作，内衬厚度为 25.4mm 的橡塑板，具有良好的隔声保温效果。装置一次风调节风阀由镀锌钢板整体制成，周边配有密封圈，风阀的风量调节范围为 0～100%。风阀密封性较好，当静压值为 750Pa、风阀全关时，箱体漏风量低于总送风量的 1%。整体的风阀轴由热塑绝热材料制成。风速传感器为铝合金管制成的翼形传感器，全压测点 8～16 个，静压测点 4～8 个，测速范围为 2～25m/s，传感器输出放大系数为 1.2～1.5 倍。采用梅兰日兰空气开关及 24V 交流变压器，为装置提供控制电源。末端装置按国际标准研制，可与如 Honeywell、KMC、TAC、西门子、奥莱斯、日本阿自倍尔等楼宇自动化公司的控制系统相匹配。

19.7.2　Onyx2000 系列产品类型与主要技术参数

可提供的变风量末端装置种类较全，有单风道型、串联与并联式风机动力型旁通型末端装置。Onyx2000 系列单风道节流型末端装置可根据需要转换成定风量装置。Onyx2000 系列变风量末端装置均有基本型、基本型加热水再热盘管、基本型加电再热盘管。热水再热盘管有 1 排盘管与 2 排盘管两种形式。在消声配置方面，Onyx2000 系列单风道型变风量末端装置还可以选择整体消声型、出口消声型与多出口消声型。

1. 单风道节流型末端装置

Onyx2000 系列单风道节流型变风量末端装置技术参数见表 19-46。

Onyx2000 系列单风道节流型变风量末端装置技术参数 表 19-46

型号	风量范围 （m^3/h）	入口标准静压 （Pa）	入口最大静压 （Pa）	型号	风量范围 （m^3/h）	入口标准静压 （Pa）	入口最大静压 （Pa）
04	43-382			10	306～2293		
05	72～594			12	457～3567		
06	105～763	250	80	14	680～5437	25	80
07	144～1105			16	968～6797		
08	187～1361			24×16	2350～13600		
09	238～1786						

2. 串联式风机动力型变风量末端装置

串联式风机动力型变风量末端装置的主要技术参数见表 19-47。

Onyx2000 系列串联式风机动力型变风量末端装置主要技术参数 表 19-47

不带热水加热器 ONYX20S					带热水加热器 ONYX20SW					
型号	一次 风量 （m^3/h）	风机 风量 （m^3/h）	机外 静压 （Pa）	电机 功率 （kW）	型号	一次 风量 （m^3/h）	风机 风量 （m^3/h）	机外静压（Pa） 加热盘管 1 排	机外静压（Pa） 加热盘管 2 排	电机 功率 （kW）
05	72～594	800	90	0.09	06	105～763	1000	269	223	0.2
06	105～763	1000	100	0.09	08	187～1361	1400	259	220	0.2
07	144～1105	1200	100	0.20	10	306～2293	2400	192	163	0.3
08	187～1361	1400	100	0.20	12	457～3567	3600	225	191	0.55
09	238～1786	1800	100	0.20	12A	457～3567	5500	280	250	0.55
10	306～2293	2400	120	0.30	14	680～5437	5500	260	242	0.55
12	457～3567	3600	135	0.55	14A	680～5437	5500×2	260	245	0.55×2
14	680～5437	5500	140	0.75	16	968～6797	7000	250	220	0.9
16	968～6797	7000	140	1.10	16A	968～6797	7000×2	260	—	0.9×2

电源：220V/单相/50Hz。

3. 并联式风机动力型变风量末端装置

并联式风机动力型变风量末端装置的主要技术参数见表 19-48。

Onyx2000 系列并联式风机动力型变风量末端装置主要技术参数 表 19-48

ONYX20P 型号	一次 风量 （m^3/h）	风机 风量 （m^3/h）	机组 静压 （Pa）	电机 功率 （kW）	ONYX20P 型号	一次 风量 （m^3/h）	风机 风量 （m^3/h）	机组 静压 （Pa）	电机 功率 （kW）
05	72～594	490	130	0.09	10	306～2293	1100	92	0.09
06	105～763	600	122	0.09	12	457～3567	1600	190	0.20
07	144～1105	700	115	0.09	14	680～5437	2050	100	0.20
08	187～1361	800	105	0.09	16	968～6797	2800	140	0.375

19.7.3　Hony 系列低速螺旋桨式单风道型变风量末端装置

螺旋桨式单风道型变风量末端装置采用螺旋桨式风速仪检测送风量，通过房间温度、压差或各种空气品质传感器，能对各种设计要求实施精确风量平衡控制，是新一代变风量末端装置。螺旋桨式压差控制单风道型变风量末端装置可广泛应用于医院建筑中的暖通空调系统设计。

1. 技术参数（表 19-49）

Hony 系列低速螺旋桨式单风道型变风量末端装置主要技术参数　　　表 19-49

HONY-RL矩形型号	最小风量(m³/h)	推荐最小风量(m³/h)	推荐最大风量(m³/h)	最大风量(m³/h)	HONY-CL矩形型号	最小风量(m³/h)	推荐最小风量(m³/h)	推荐最大风量(m³/h)	最大风量(m³/h)
10C	179	707	1149	1768	68	272	441	679	68
11C	227	907	1474	2267	108	430	699	1075	108
12C	284	1136	1845	2839	170	679	1103	1697	170
14C	355	1421	2309	3553	281	1122	1824	2806	281
16C	456	1822	2961	4556	356	1425	2316	3563	356

2. 噪声数据（表 19-50 和表 19-51）

Hony-RL 矩形单风道型变风量末端装置噪声数据　　　表 19-50

型号	入口静压(Pa)	风量(m³/h)	出口噪声 倍频程中心频率(Hz)						辐射噪声 倍频程中心频率(Hz)						综合噪声 倍频程中心频率(Hz)						NC
			125	250	500	1000	2000	4000	125	250	500	1000	2000	4000	125	250	500	1000	2000	4000	
10C	最小	100	44	36	23	20	12	14	45	37	29	29	22	19	47	39	29	29	22	20	—
		200	45	38	26	22	15	16	45	37	29	29	23	19	48	40	30	29	23	20	—
		300	45	38	29	23	16	17	45	37	29	29	23	19	48	40	32	29	23	21	—
		400	46	39	31	24	17	17	46	38	31	30	25	22	49	41	34	30	25	23	—
	250	100	47	45	42	38	33	29	46	41	35	34	30	29	49	46	42	39	34	32	—
		200	50	49	47	43	40	35	48	44	38	35	31	30	52	50	47	43	40	36	15
		300	53	52	51	48	45	39	48	46	39	36	32	31	54	52	51	45	45	39	16
		400	54	53	52	50	48	42	47	46	37	33	31		55	53	52	50	48	42	17
	500	100	48	47	45	43	39	37	47	43	39	34	29	38	50	48	46	45	42	40	23
		200	52	52	50	47	43	42	48	45	42	40	34	39	53	52	50	48	46	43	24
		300	56	57	55	52	49	46	51	50	45	42	38	40	57	57	55	52	49	46	25
		400	58	58	57	54	53	49	51	51	46	44	42	41	59	58	57	54	54	49	25
	750	100	54	53	52	50	47	43	49	46	44	41	40	39	55	53	52	50	47	44	24
		200	55	55	54	52	50	47	51	49	45	42	41	41	56	55	54	52	50	47	25
		300	56	56	55	53	52	48	52	50	46	43	42	41	57	56	55	53	52	48	25
		400	58	59	58	56	55	52	56	55	49	46	44	44	60	60	58	56	55	52	28
11C	最小	200	44	37	25	20	14	15	45	37	30	28	23	20	47	40	31	28	23	21	—
		400	45	38	29	22	14	16	46	37	29	29	20	20	48	40	32	29	24	21	—
		600	46	40	39	31	21	20	47	40	33	31	25	22	49	43	40	34	26	24	—
		800	48	43	43	40	30	29	49	40	34	32	26	22	51	45	43	40	31	29	—

续表

型号	入口静压（Pa）	风量（m³/h）	出口噪声 倍频程中心频率（Hz）						辐射噪声 倍频程中心频率（Hz）						综合噪声 倍频程中心频率（Hz）						NC
			125	250	500	1000	2000	4000	125	250	500	1000	2000	4000	125	250	500	1000	2000	4000	
11C	250	200	48	46	44	39	35	31	47	42	36	34	29	26	50	47	45	40	35	32	—
		400	53	52	51	48	45	40	49	46	40	36	31	27	54	52	51	48	45	40	16
		600	56	55	54	52	51	45	51	49	42	37	32	28	57	55	54	52	51	45	18
		800	59	57	57	55	54	49	56	51	45	41	35	30	60	58	57	55	54	49	21
	500	200	49	47	46	43	40	38	48	43	43	41	38	36	51	48	47	45	42	40	21
		400	56	57	55	52	50	47	51	50	45	42	39	37	57	57	55	52	50	47	22
		600	60	60	59	57	56	52	55	53	47	43	40	38	61	60	59	57	56	52	23
		800	63	63	62	60	60	56	60	56	50	46	42	39	65	63	62	60	60	56	26
	750	200	53	54	53	51	49	45	50	47	44	42	41	40	54	54	53	51	49	46	25
		400	56	57	56	54	52	59	52	51	46	43	43	42	57	57	56	54	52	49	26
		600	61	62	61	59	58	55	61	58	52	48	45	44	64	63	61	59	58	55	28
		800	65	65	65	63	63	59	63	59	53	49	46	45	67	66	65	63	63	59	29
12C	最小	300	45	37	25	20	14	15	46	37	30	28	23	21	48	40	31	28	23	21	—
		600	46	39	30	24	15	16	46	38	31	29	24	21	49	41	33	30	24	22	—
		900	47	41	40	34	24	23	47	40	34	32	26	23	50	43	40	36	28	26	—
		1200	49	45	44	41	33	32	49	42	36	34	29	25	52	46	44	41	34	32	—
	250	300	50	48	46	43	39	35	48	43	38	35	30	27	52	49	46	43	39	35	15
		600	54	53	52	51	49	44	51	48	42	37	33	29	55	54	52	51	49	44	17
		900	57	56	55	54	54	49	53	51	44	39	35	31	58	57	55	54	54	49	20
		1200	60	58	58	56	56	52	57	54	47	42	37	33	61	59	58	56	56	52	23
	500	300	52	50	49	47	44	42	50	46	44	42	39	37	54	51	50	48	45	43	22
		600	58	59	57	55	54	51	54	52	47	43	40	38	59	59	57	55	54	51	23
		900	62	61	61	59	59	55	57	55	49	45	42	40	63	61	61	59	59	55	25
		1200	65	64	63	62	62	59	61	57	52	47	44	41	66	64	63	62	62	59	28
	750	300	54	55	54	53	50	47	51	49	45	43	42	40	55	55	54	53	50	47	25
		600	59	60	59	57	57	53	55	54	49	45	44	42	60	60	59	57	57	53	26
		900	64	64	63	62	62	59	63	59	53	49	46	45	66	65	63	62	62	59	29
		1200	67	66	66	65	66	62	65	60	55	51	48	46	69	66	66	65	66	62	31
14C	最小	400	45	37	25	20	14	15	46	37	29	27	23	21	48	40	30	27	23	21	—
		800	47	40	31	26	16	17	47	39	32	29	24	22	50	42	34	30	24	23	—
		1200	47	42	41	36	28	26	48	40	35	32	26	24	50	44	41	37	30	28	—
		1600	49	46	45	43	36	35	49	43	38	35	31	28	52	47	45	43	37	35	15
	250	400	52	50	48	46	43	39	49	45	40	36	32	28	53	51	48	46	43	39	16
		800	55	54	54	53	53	48	53	49	44	39	35	31	57	55	54	53	53	48	19
		1200	58	57	56	56	56	52	54	53	46	41	37	34	59	58	56	56	56	52	22
		1600	60	59	58	57	58	54	58	56	49	44	40	36	62	60	58	57	58	54	26

续表

型号	入口静压(Pa)	风量(m³/h)	出口噪声 倍频程中心频率(Hz)						辐射噪声 倍频程中心频率(Hz)						综合噪声 倍频程中心频率(Hz)						NC
			125	250	500	1000	2000	4000	125	250	500	1000	2000	4000	125	250	500	1000	2000	4000	
14C	500	400	54	53	51	50	48	45	52	49	45	43	40	37	56	54	51	50	48	45	23
		800	60	60	58	58	58	55	56	54	49	44	41	39	61	60	58	58	58	55	25
		1200	63	63	62	61	62	58	59	57	51	47	44	42	64	63	62	61	62	58	27
		1600	66	64	63	64	64	61	62	59	54	48	45	43	67	65	63	64	64	61	30
	750	400	55	56	55	54	52	50	53	50	47	44	42	41	57	56	55	54	52	50	25
		800	62	62	61	61	61	57	58	56	51	47	45	43	63	62	61	61	61	57	27
		1200	66	66	65	64	65	62	64	60	55	50	48	46	68	66	65	64	65	62	31
		1600	69	67	67	67	68	65	66	62	57	52	49	47	70	68	67	67	68	65	33
16C	最小	600	46	36	25	20	13	14	46	37	29	27	23	22	49	39	30	27	23	22	—
		1200	48	41	32	27	17	17	47	39	32	29	24	23	50	43	35	31	24	23	—
		1800	48	43	41	37	31	28	48	40	35	31	27	25	51	45	41	38	32	30	—
		2400	49	47	46	44	39	38	49	44	40	37	34	30	52	48	46	44	40	39	17
	250	600	53	51	49	49	47	43	50	46	41	37	33	29	55	52	49	49	47	43	17
		1200	56	55	55	55	56	51	54	50	45	40	37	33	58	56	55	55	56	51	21
		1800	59	58	57	57	58	55	55	54	48	43	40	37	60	59	57	57	58	55	24
		2400	61	60	59	58	59	56	58	57	51	45	42	39	62	62	59	58	59	56	28
	500	600	56	56	54	53	51	49	54	51	46	43	41	37	58	57	54	53	51	49	23
		1200	62	61	60	61	61	58	58	56	50	45	42	39	63	62	60	61	61	58	26
		1800	65	64	63	63	65	61	58	58	54	48	45	43	66	64	63	63	65	61	29
		2400	67	65	64	65	66	64	62	60	55	49	47	45	68	66	64	65	66	64	32
	750	600	56	57	56	55	53	52	54	52	48	44	43	41	58	58	57	55	53	52	25
		1200	64	65	64	64	65	61	61	59	53	48	46	43	66	65	64	64	65	61	29
		1800	68	67	67	67	68	65	66	61	56	51	49	47	70	67	67	67	68	65	32
		2400	70	68	68	68	69	67	68	63	58	53	51	48	72	69	68	68	69	67	35

表 19-51

Hony-CL 圆形单风道型变风量末端装置噪声数据

型号	入口静压(Pa)	风量 m³/h	出口噪声 倍频程中心频率(Hz)								辐射噪声 倍频程中心频率(Hz)								综合噪声 倍频程中心频率(Hz)							
			63	125	250	500	1000	2000	4000	8000	63	125	250	500	1000	2000	4000	8000	63	125	250	500	1000	2000	4000	8000
06C	最小	100	21	30	23	32	15	—	—	—	31	30	28	21	19	15	16	16	31	33	29	32	20	15	16	16
		200	25	39	35	42	31	19	12	14	32	32	29	22	19	16	17	17	33	40	36	42	31	21	18	19
		300	40	45	42	47	40	30	24	24	33	33	29	24	20	16	18	18	41	46	42	47	40	30	25	25
		400	42	48	49	52	48	39	34	32	35	33	30	28	27	22	20	19	43	48	49	52	48	39	34	32
	250	100	46	45	46	44	42	40	34	27	34	31	30	35	37	35	29	32	46	45	46	45	43	41	35	33
		200	53	55	58	58	53	46	36	31	37	35	33	36	37	35	30	33	53	55	58	48	53	46	37	35
		300	58	63	61	61	56	50	43	35	39	38	36	39	38	36	30	33	58	63	61	61	56	50	43	37
		400	63	66	65	62	58	53	46	38	42	42	39	40	41	38	31	34	63	66	65	62	58	53	46	39
	500	100	47	46	47	47	45	46	45	38	36	32	36	42	44	43	40	42	47	46	47	48	47	48	46	43
		200	55	57	58	59	56	51	46	40	37	35	37	43	44	43	40	43	55	57	58	59	56	52	47	45
		300	60	64	64	64	64	57	51	43	40	39	39	44	46	45	41	45	60	64	64	64	64	57	51	47
		400	65	68	70	68	66	60	52	46	43	44	43	46	48	46	41	45	65	68	70	68	66	60	52	48
	750	100	49	48	50	52	51	50	49	45	37	34	40	46	50	50	46	50	49	48	50	53	53	53	51	51
		200	56	58	59	60	58	54	50	46	40	36	40	47	50	50	46	50	56	58	59	60	59	55	51	51
		300	61	65	65	65	65	60	53	48	44	44	42	48	52	51	47	51	61	65	65	65	65	61	54	53
		400	66	69	71	71	70	65	56	50	46	35	44	49	52	51	47	51	66	69	71	71	70	63	57	53
08C	最小	100	18	27	19	13	—	—	—	—	30	28	21	20	17	15	16	16	30	30	23	21	17	15	16	16
		300	37	44	38	34	29	21	22	16	32	30	27	22	18	16	17	18	38	44	38	34	29	22	23	20
		500	45	51	47	44	41	35	31	23	36	33	28	24	19	17	18	19	46	51	47	44	41	35	31	24
		700	50	56	51	49	48	43	39	36	37	34	30	25	24	22	19	20	50	56	51	49	48	43	39	36

续表

型号	入口静压(Pa)	风量 m³/h	出口噪声 倍频程中心频率(Hz)								辐射噪声 倍频程中心频率(Hz)								综合噪声 倍频程中心频率(Hz)							
			63	125	250	500	1000	2000	4000	8000	63	125	250	500	1000	2000	4000	8000	63	125	250	500	1000	2000	4000	8000
08C	250	100	45	38	35	37	34	39	32	25	33	30	25	23	22	25	23	19	45	39	35	37	34	39	33	26
		300	53	62	55	54	50	45	42	34	36	35	31	27	25	26	24	20	53	62	55	54	50	45	42	34
		500	60	67	61	58	54	51	47	40	39	38	34	31	34	34	31	22	60	67	61	58	54	51	47	40
		700	66	73	65	60	58	53	50	43	43	43	35	33	37	36	31	24	66	73	65	60	58	53	50	43
	500	100	46	40	38	41	37	42	44	37	35	32	27	25	26	32	32	29	46	41	38	41	37	42	44	38
		300	55	63	59	59	58	53	50	42	37	36	33	31	32	36	36	31	55	62	59	59	58	53	50	42
		500	62	69	65	63	59	57	54	47	41	42	38	35	38	39	38	33	62	67	65	63	59	57	54	47
		700	69	77	71	65	62	59	57	50	46	47	43	39	41	42	40	34	69	77	71	65	62	59	57	50
	750	100	48	42	40	43	39	44	47	44	36	34	28	27	28	33	36	34	48	43	40	43	39	44	47	44
		300	56	64	60	60	61	59	52	47	41	39	34	33	36	40	38	36	56	64	60	60	61	59	52	47
		500	63	71	67	66	64	62	57	51	42	43	40	38	42	43	44	37	63	69	67	66	64	62	57	51
		700	69	77	73	69	66	63	60	54	47	48	46	42	44	46	46	38	69	77	73	69	66	63	60	54
	最小	400	37	39	20	18	17	10	—	—	29	33	23	19	17	16	15	18	38	40	25	22	20	17	15	18
		600	42	45	30	28	28	21	20	12	33	34	26	20	18	17	16	18	43	45	31	29	28	22	21	19
		800	46	50	36	35	35	29	29	20	35	35	27	24	23	19	17	19	46	50	36	35	35	29	29	22
		1000	49	52	40	40	41	37	35	27	37	36	28	25	25	29	18	23	49	52	40	40	41	37	35	28
10C	250	400	56	54	51	49	47	44	38	31	33	36	30	27	28	29	27	24	56	54	51	49	47	44	38	32
		600	59	61	57	54	50	46	42	35	35	37	32	29	33	31	30	25	59	61	57	54	50	46	42	35
		800	65	66	59	55	53	50	45	39	37	38	36	34	35	35	32	25	65	66	59	55	53	50	45	39
		1000	68	69	61	58	55	53	48	42	44	44	38	36	37	37	34	25	68	69	61	58	55	53	48	42

续表

型号	入口静压 (Pa)	风量 m³/h	出口噪声 倍频程中心频率 (Hz)								辐射噪声 倍频程中心频率 (Hz)								综合噪声 倍频程中心频率 (Hz)							
			63	125	250	500	1000	2000	4000	8000	63	125	250	500	1000	2000	4000	8000	63	125	250	500	1000	2000	4000	8000
10C	500	400	58	56	53	50	49	50	47	37	34	37	35	30	29	33	34	30	58	56	53	50	49	50	47	38
		600	60	64	61	58	58	54	51	46	37	38	37	33	33	39	38	32	60	64	61	58	58	54	51	46
		800	66	71	63	61	59	56	53	48	38	42	40	37	37	41	40	35	66	71	63	61	59	56	53	48
		1000	70	75	66	63	60	57	55	50	46	48	43	40	42	43	42	36	70	75	66	63	60	57	55	50
	750	400	60	55	55	52	51	52	52	49	38	41	37	32	34	36	38	34	60	55	55	52	51	52	52	49
		600	61	67	63	62	62	59	55	50	39	44	39	36	39	42	40	36	61	67	63	62	62	59	55	50
		800	68	72	67	65	63	60	57	52	40	47	42	40	42	43	44	39	68	72	67	65	63	60	57	52
		1000	72	77	69	67	64	61	59	54	47	49	45	43	44	46	46	41	72	77	69	67	64	61	59	54
	最小	400	25	19	14	24	15	—	—	—	29	28	23	19	17	16	14	18	30	28	24	19	17	16	14	18
		800	37	35	28	34	29	17	11	18	34	33	27	20	18	16	16	18	39	37	30	25	20	19	17	18
		1200	44	44	38	42	40	30	25	28	36	34	28	24	21	17	16	19	45	44	38	34	30	30	26	21
		1600	46	50	44	46	45	39	34	39	39	35	29	26	23	19	18	19	47	50	44	42	40	39	34	29
12C	250	400	50	46	46	53	49	46	37	36	33	35	30	28	26	26	22	21	50	46	46	46	45	42	37	30
		800	62	60	55	56	52	50	42	41	36	38	36	35	33	33	30	23	62	60	55	53	49	46	42	36
		1200	65	66	57	61	57	55	47	45	39	42	37	38	35	33	31	25	65	66	57	56	52	50	47	41
		1600	70	70	62	64	61	59	51	51	44	45	40	39	36	35	32	27	70	70	62	61	57	55	51	45
	500	400	51	47	47	47	49	50	46	36	34	37	35	30	29	32	30	28	51	47	47	47	49	50	46	37
		800	63	64	59	57	56	52	51	47	37	42	40	36	35	36	35	32	63	64	59	57	56	52	51	47
		1200	67	70	63	61	59	56	55	50	40	48	45	44	41	39	39	34	67	70	63	61	59	56	55	50
		1600	72	76	66	64	61	59	56	51	45	49	48	46	43	42	41	37	72	76	66	64	61	59	56	51

续表

型号	入口静压(Pa)	风量 m³/h	出口噪声 倍频程中心频率(Hz)								辐射噪声 倍频程中心频率(Hz)								综合噪声 倍频程中心频率(Hz)							
			63	125	250	500	1000	2000	4000	8000	63	125	250	500	1000	2000	4000	8000	63	125	250	500	1000	2000	4000	8000
12C	750	400	55	49	49	50	51	52	51	48	35	40	36	31	34	33	33	32	55	50	49	50	51	52	51	48
		800	65	67	61	59	61	59	55	51	39	46	40	39	42	40	37	36	65	67	61	59	61	59	55	51
		1200	69	73	66	65	62	60	59	55	42	49	46	48	45	42	42	38	69	73	66	65	62	60	59	55
		1600	73	79	70	67	64	62	60	56	47	50	49	51	47	44	44	39	73	79	70	67	64	62	60	56
14C	最小	600	24	27	21	15	10	—	—	—	29	30	22	18	16	14	13	17	30	32	24	20	17	14	13	17
		1200	37	39	32	29	26	23	16	11	34	32	25	20	18	15	14	18	39	40	33	30	27	24	18	19
		1800	45	45	39	38	35	34	27	23	36	34	27	26	22	17	16	19	46	45	39	38	35	34	27	24
		2400	50	48	43	44	44	41	36	31	41	37	31	30	28	26	22	20	51	48	43	44	44	41	36	31
	250	600	51	52	47	47	45	43	38	32	33	38	36	34	32	33	30	23	51	52	47	47	45	43	39	33
		1200	61	60	53	52	49	46	42	36	36	46	37	37	34	33	30	24	61	60	53	52	49	46	42	36
		1800	68	65	56	55	51	51	46	39	40	48	40	39	36	35	33	27	68	65	56	55	51	51	46	39
		2400	70	67	59	58	55	55	49	42	46	50	42	41	39	39	37	27	70	67	59	58	55	55	49	42
	500	600	52	53	52	52	54	52	49	43	35	38	36	35	36	34	32	30	52	53	52	52	54	52	49	43
		1200	63	63	59	56	55	52	51	45	38	49	44	45	44	41	41	37	63	63	59	56	55	52	51	45
		1800	70	70	63	60	58	55	54	48	43	50	45	47	46	43	42	38	70	70	63	60	58	55	54	48
		2400	73	74	65	62	60	59	56	50	49	53	46	48	48	45	46	39	73	74	65	62	60	59	56	50
	750	600	53	54	53	53	56	56	54	50	35	38	36	35	36	35	32	30	53	54	53	53	56	56	54	51
		1200	64	66	62	59	59	59	56	52	38	49	44	45	44	41	41	37	64	66	62	59	59	59	56	52
		1800	71	72	66	63	62	61	58	54	43	50	45	47	46	43	42	38	71	72	66	63	62	61	58	54
		2400	75	77	69	66	64	63	60	56	49	53	48	48	48	45	46	40	75	77	69	66	64	63	60	56

3. 泄漏量

（1）风阀泄流量如图 19-24 所示。

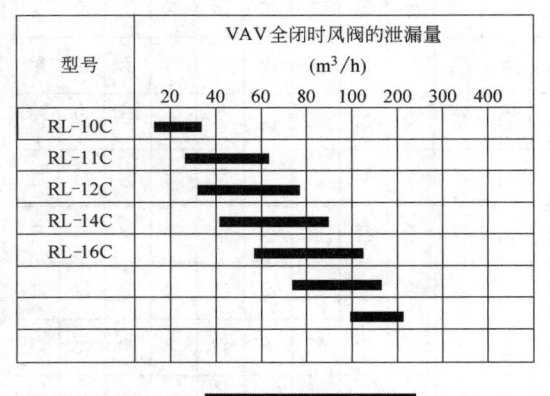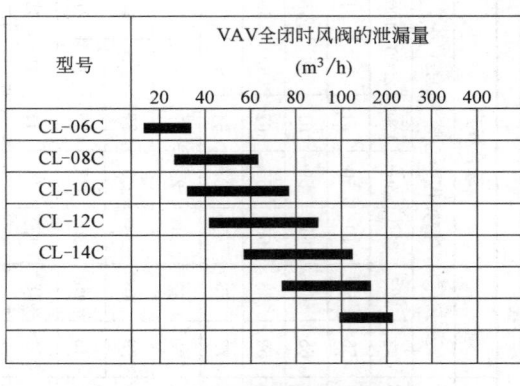

图 19-24　风阀泄漏量图

（2）箱体泄漏量如图 19-25 所示。

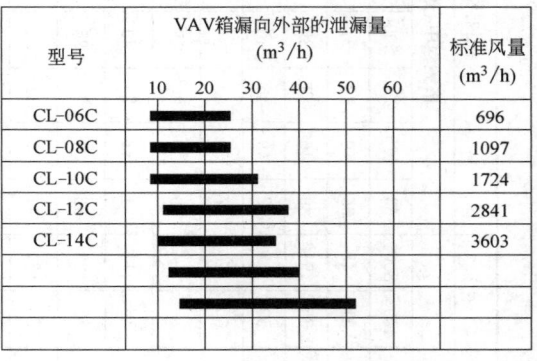

型号	VAV箱漏向外部的泄漏量 (m³/h)	标准风量 (m³/h)
RL-10C		1800
RL-11C		2304
RL-12C		2880
RL-14C		3600
RL-16C		4608

型号	VAV箱漏向外部的泄漏量 (m³/h)	标准风量 (m³/h)
CL-06C		696
CL-08C		1097
CL-10C		1724
CL-12C		2841
CL-14C		3603

图 19-25　箱体泄漏量图

附录基本术语

热舒适

对热环境表示满意的意想状况。热舒适受主观与客观因素影响。人体与环境之间的热传递以及由此对环境的接受状况是受各种环境因素（空气温度、辐射温度、风速、空气湿度）和个人因素（衣着和活动量）组合的影响。

分区

同一建筑内，各区域围护结构由于构造、朝向和使用时间上的差异，产生了不同的瞬时冷热负荷，各区域功能及使用情况的差异也造成不同的内热负荷。在负荷分析的基础上，根据空调负荷差异性，恰当地将整个空调区域划分成若干个温度控制区称为空调分区。分区的目的在于使空调系统能有效地跟踪负荷变化，改善室内热环境和节省空调能耗。

外区

外区的定义是：直接受到外围护结构日射得热、温差传热、辐射换热和空气渗透影响的区域，也称为周边区。外区空调负荷包括外围护结构冷负荷或热负荷以及内热冷负荷。由于地理位置和气候条件的原因，外区有时需要供热，有时需要供冷。

内区

内区的定义是：与建筑物外围护结构有一定距离，与外区相邻的边界温度条件相对稳定的区域。它不受外围护结构的日射得热、温差传热和空气渗透等的影响，全年仅有内热冷负荷，并随区域内照明、办公设备和人员发热量的状况而变化。内区通常全年需要供冷。

温度控制区

也称为温控区或空调区。由于日射强度、人员密度和设备发热量不同，在某个朝向的外区和不分朝向的内区中，会产生区域温差，需要对这些内外区再细分成若干个进行温度控制的小区域（即温度控制区）。对于变风量空调系统而言，每个温度控制区可采用一个或若干个变风量末端装置或其他空调末端装置。

冷负荷

舒适性空调系统冷负荷可以分为室内冷负荷和新风冷负荷。室内冷负荷是产生于室内（来自任何热源）必须由空调设备除去的热量。现代办公建筑内的热源一般由人员、办公设备、人工照明发热量以及通过建筑物围护结构传入的热量构成。新风冷负荷因新排风换气产生的负荷由室外空气与室内空气的焓差及所需新风量确定。

间歇性空调蓄热负荷

空调系统白天运行，夜间和休息日关闭。在系统非运行时间，室内空气温度夏季会上升，冬季会下降，它使建筑物的厚重结构产生蓄热或蓄冷。当空调系统再次启动时，建筑物内蓄入的热量或冷量会以放热或吸热的方式再次转变成负荷，构成所谓间歇性空调系统的蓄热负荷。

通风窗

通风窗一般由内层可开启玻璃窗、外层玻璃窗、中间的遮阳百叶以及空气循环系统构成。它通过窗间空气流通和遮阳百叶的组合作用起到遮阳隔热或回收热量的作用。通风窗可分为循环型和排出型两种。循环型通风窗的窗间空气热量在供热时可回收利用，在供冷时可排出窗外；排出型通风窗在内、外两层窗之间设排风扇，将空气直接排出窗外。

通风双层幕墙

为了解决幕墙与空调负荷之间的矛盾，欧洲较早采用通风双层幕墙：外层为透明玻璃，两层玻璃之间相距 0.5～2m，中间设有可调节的遮阳百叶。通过改变外层玻璃幕墙上、下可启闭的通风口面积，组织夏季自然通风排热或冬季积聚热量。

变风量空调系统

全空气空调系统的一种类别。通过稳定（也可以改变）送风温度，调节系统和末端装置的送风量，以应对空调系统和温度控制区冷、热负荷的变化，俗称 VAV 系统。

定风量空调系统

全空气空调系统的一种类别。系统送风量不变，通过调节送风温度，以应对空调系统冷、热负荷的变化。

单分区空调系统

仅向一个通风分区输送新、回混合风的空调系统，常用于无内墙分隔、无区域温度控制要求的餐厅、会议厅、商场等大空间场合。单分区空调系统的新风量等于通风分区的新风量。单分区空调系统有定风量与变风量两种方式，变风量方式也称为区域变风量空调方式。

多分区空调系统

向两个以上通风分区输送新、回混合风的空调系统，带末端装置的各种变风量空调系统及定风量末端再热系统均属于多分区空调系统。多分区空调系统可再细分为单通道多分区系统和双通道多分区系统。单通道多分区系统的特点是提供单源或称为单通道送风，无二次回风。双通道多分区系统的特点是提供双源或称为双通道的送风，有二次回风。

单风道变风量空调系统

由单风道型变风量末端装置组成的变风量空调系统，简称单风道系统。根据末端装置的形式可分为单冷型、单冷再热型或冷热型单风道变风量空调系统等。

风机动力型变风量空调系统

含有风机动力型变风量末端装置的变风量空调系统。根据末端装置的形式，可分为串联式或并联式风机动力型变风量空调系统。

组合式单风道型变风量空调系统

由单风道变风量空调系统发展而来，与外区窗边其他空调设施组合应用的单风道变风量空调系统。

双风道变风量空调系统

双风道变风量空调系统源于双风道定风量空调系统，是双风道与变风量相结合的系统。根据用途和末端装置的控制方式，双风道变风量空调系统可分为冷风、热风型和强冷、弱冷型变风量空调系统。

单通道多分区系统

在为多通风分区服务的变风量空调系统中，单风道送风且无末端二次回风的系统称为单通道多分区系统，如常用的单风道变风量空调系统。

双通道多分区系统

在为多通风分区服务的变风量空调系统中，双风道送风或虽为单风道送风但有末端二次回风的系统称为双通道多分区系统。双风道双风机变风量空调系统、常用的串联式风机动力型变风量空调系统都属于双通道多分区系统；并联式风机动力型变风量空调系统，当末端装置内置风机运行时，属于双通道多分区系统；当末端装置内置风机停止运行时，属于单通道多分区系统。

地板送风系统

利用地板静压箱（混凝土结构楼板与架空地板之间的空间）将来自经空调箱处理过的空气直接送到室内人员活动区域的空调送风系统。空气通过地板上的各种送风口或与办公家具、隔断相结合的风口送入室内。回风格栅位于吊平顶上或至少在人员活动区域之上。在供冷工况下，系统能形成从地板到吊平顶整体性向上的空气流态，能有效带走室内的热量与污染物。与置换通风系统相比，地板送风系统送风量较大，风速较高，能满足较大负荷。地板送风系统送风温度高于常规上部送风系统，出风口的诱导、混合性能较好，且使用人员对风量、风向与风温能进行一定程度的局部控制，所以虽然送风口靠近人员，但不舒适的吹风感很弱。

多层集中式空调系统

在高度上将建筑物划分为数个空调段，每段含较多楼层，由一套空调系统承担该段空调送回风的系统称为多层集中式空调系统。系统一般由多台空调箱组成，互供互备。空调箱一般设置在地下室、屋顶及设备（避难）层的空调机房内，空调送风、回风通过各自的竖向风道连接各层和空调机房。

变风量末端装置

各类变风量系统末端装置的总称。设置在各温度控制区，根据温控区冷、热负荷的变化（表现为室温变化），调节送入温控区的送风量，或再热调节送风温度。变风量末端装置主要有：节流型（含单风道、双风道、风机动力等形式）、诱导型、旁通型以及变风量风口等形式。主要由箱体、控制器、风速传感器、室温传感器、电动调节风阀、内置风机（仅限于风机动力型）等组成，还可选配热水或电加热器等。

单风道型变风量末端装置

最基本的变风量末端装置形式，通过改变空气通道的流通面积调节送风量。

风机动力型变风量末端装置

在单风道型变风量末端装置的基础上内置了一台小型离心式增压风机。依据增压风机与一次风调节风阀的相对位置可分为串联式与并联式两种类型。

串联式风机动力型变风量末端装置

变风量末端装置的一种形式。末端装置内设有串联布置的增压风机与一次风调节风阀，经集中空调箱处理后的一次风先通过一次风调节风阀，再通过增压风机。增压风机兼起到抽取二次回风的作用。

并联式风机动力型变风量末端装置

变风量末端装置的一种形式。末端装置内设有并联布置的增压风机与一次风调节风阀，经集中空调箱处理后的系统一次风只通过一次风调节风阀而不通过增压风机，增压风机仅起抽取二次回风的作用。

旁通型变风量末端装置

利用末端装置的旁通调节风阀调节房间送风量。该装置的旁通风口与进风口处设有动作相反的风阀，并与电动（或气动）执行机构相连接，且受室内温度传感器所控制。

诱导型变风量末端装置

由箱体、喷嘴、调节风阀等部件组成，经集中空调箱处理后的一次风进入诱导型变风量末端装置从喷嘴高速射出。由于喷嘴射流的引射作用，在末端装置内的局部区域形成负压，吊平顶内温热空气被吸入末端装置内，与一次风混合后从出风口送出。

变风量风口

变风量末端装置的一种类型。变风量风口将室温传感器、风量调节机构组合在送风散流器内，实现变风量调节，它属于压力相关型变风量末端装置。

压力相关型变风量末端装置

压力相关型末端装置无风量检测装置。风阀开度仅受温控器调节，在一定室温偏差范围内风阀开度保持不变。其送风量不仅受风阀开度的调节，还受装置上游风管内静压值波动的影响。

压力无关型变风量末端装置

压力无关型变风量末端装置设置风量检测装置。末端装置根据实测室温与设定室温的偏差算出需求风量，再按需求风量与检测风量偏差算出风阀调节量。末端装置上游主风管内静压值波动所引起的风量变化立即被检测出并反馈给末端装置控制器，控制器通过调节风阀开度来补偿风管内静压值的变化，故末端装置的送风量与主风管内静压值的变化无关。

辐射噪声

通过变风量末端装置箱体辐射传出的噪声。

出口噪声

通过变风量末端装置出风口传出的噪声。

风机盘管机组

由风机与冷热两管制或冷、热四管制盘管组成的末端装置，有卧式、立式、低矮式等形式。

变风量空气处理设备

也称为变风量空调箱。基本功能是对被调空间内的空气进行热、湿处理与过滤，通过新、排风为空调房间或区域换气，并为空调系统的空气循环提供动力。变风量空调系统区别于定风量空调系统的一个显著特点是：它根据被调房间的温度要求，对系统总送风量进行调节。最常用和最节能的调节方法是采用变频装置调节风机的转速。

送风散流器

也称为送风口。处理后的空气通过其送入空调房间。送风散流器有多种形式，它们可布置在吊顶上（如顶送顶回变风量空调系统）、地板上（地板送风变风量空调系统），或组合在家具上（岗位/个人环境调节系统）。所配置的散流器能使空气按设计所需的方向、流量和流型送出。

主动型地板散流器

依靠就地风机将地板静压箱内的空气送到空调房间内的任何一种地板送风口。

可检视地板

它是一种由一定材料、一定大小的地板块所组成的平台结构。每一地板块可单独移开，易于检视其下形成的地板静压箱。地板块上还可设置电源插座、格栅风口或厚度范围内任何其他部件用的孔口。在大多数办公楼的地板面上，铺以地毯片作为地板的最终饰面。架空地板体系具有最大的灵活性，还大大降低了重新配置建筑物服务设施所需的费用。

风管系统

变风量空调系统中送风管、回风管、新风管、排风管、变风量末端装置上下游支管、送风静压箱及各类风口的总称。

定静压法

变风量空调系统的一种控制策略。定静压法的基本原理是：在送风管中的最低静压处设置静压传感器。当各温度控制区的显热负荷减小，变风量末端装置风量调小时，静压实测值会大于设定值，控制系统将根据静压测定值与设定值的偏差变频调节风机转速。由于主风管的静压降低，各变风量末端装置在同样的送风量下风阀开度增大。风机转速下降，使风机在较小风量时输出全压降低，风机运行功率也随之减小。据国外文献记载，当系统静压设定值为总设计静压值的 1/3、系统风量为设计风量的 50％时，风机运行功率仅为设计功率的 30％。

变定静压法

变风量空调系统的一种控制策略。ASHRAE 90.1-2001 描述了变定静压法的控制逻辑：根据各独立分区的变风量末端装置控制器提供给中央监控系统的数据，按各分区最大静压需求值重新确定静压设定值。系统静压值尽可能设置得低些，直至某分区的末端装置调节风阀全开。它与定静压法的区别在于：每个变风量末端装置的控制器将各自调节风阀的阀位通过控制系统网络传递到空调系统的 DDC 控制器，系统控制器根据控制逻辑对系统风量进行控制。

变静压法

变风量空调系统的一种控制策略。无需静压测定，BA 系统与每个末端装置控制器联网，读取末端装置需求风量与调节阀开度。建立系统设定风量与风机设定转速的函数关系，按各末端装置需求风量累加值初步确定转速。根据调节风阀开度定义，系统控制器对各末端装置调节风阀的阀位进行判别，分为开度过低（各末端装置的最小开度为 85％）、开度适中（各末端装置的开度为 85～99％）与开度过高（一个以上末端装置开度为100％）三种状态。根据阀位状态，把风机状态区分为转速过低、转速适中与转速过高，同时相应给出转速提高、维持或降低的微调变化值。根据工程情况，调节风阀的开度过低的具体判定值及风机转速的微调变化值的步长可适当调整。

总风量法

变风量空调系统的一种控制策略。基本原理是建立系统设定风量与风机设定转速的函数关系，无需静压测定，用各变风量末端装置需求风量求和值作为系统设定总风量，直接求得风机设定转速。

传感器

能感受、计量与传递一个变量如空气温度、湿度、速度等的装置。

温感器

设置在空调房间或区域内，能响应温度变化，用于温度控制的自控装置。在变风量空调系统中，外区末端装置的温感器一般设置在靠外围护结构的墙上，内区末端装置的温感器设置在靠走廊的内墙上，以探测周围空气的温度。该装置与变风量末端装置上的控制器进行信息交换，调节末端装置的送风量，使温感器处测得的空气温度在预先设定的舒适范围内。

供冷工况

变风量末端装置的一种运行工况，也称为供冷模式。一次风风阀根据温度控制区冷负荷变化（表现为室内温度变化）调节一次送风量，冷风量在最小风量和最大风量范围内变化。

供热工况

变风量末端装置的一种运行工况，也称为供热模式。带加热器的变风量末端装置供热工况时，保持一次风最小风量，加热器根据温度控制区的热负荷变化（表现为室内温度变化）调节供热量。单风道冷热型变风量末端装置供热工况时，一次风风阀根据温度控制区热负荷变化（表现为室内温度变化）调节一次送风量，热风量在最小风量和最大风量范围内变化。

过渡工况

变风量末端装置供冷工况与供热工况之间的一种过渡工况，也称为静区模式（dead band）。在此工况下，变风量末端装置维持原先的调节位置不变。

混合工况

双风道型变风量末端装置的一种运行工况，也称为混合模式。在此工况下，双风道型变风量末端装置的冷热风均处于最小风量，冷风调节风阀与热风调节风阀均开启，根据温度控制区的负荷要求，调节冷风与热风的混合比，控制送风温度。

过冷再热

办公楼的内、外区中常有如会议室等单位风量所承担的负荷相对较小、新风需求量较大的区域，两者对风量的需求是有矛盾的。一方面显热冷负荷小，需要风量也小；另一方面为保证新风量，末端装置的最小风量不能设定得太小，有时需达最大风量的70%～80%，因而导致"区域过冷"现象。为了避免发生这种情况，利用末端装置加热器再热功能，提高送风温度，即称为"区域过冷再热"，简称"过冷再热"。

零最小风量

变风量末端装置的一种控制策略。是指当末端装置调节到最小风量后，所服务的温度控制区仍然过冷，末端装置的控制器关闭一次风调节风阀，进入零最小风量状态。零最小风量是防止内区过冷、减少再热的有效方法，但是也切断了新风供给，因此对于内、外区有围护结构分隔的办公室，内区的变风量末端装置不合适采用零最小风量控制方法。

系统混合损失

再热型变风量末端装置在一次风最小风量时对冷风进行再加热，用于外区供热或区域过冷再热。这种对冷风进行再加热的方式会造成风系统内冷热量的混合损失，简称系统混合损失。

室内混合损失

由于某些原因，外区的一部分供热量成为内区的冷负荷，而内区的一部分供冷量成为外区的热负荷。这种供热量与供冷量的相互抵消称为室内空气的冷、热混合损失，简称室内混合损失。

室内混合得益

由于某些原因，外区的一部分热负荷与内区的一部分冷负荷相互抵消，称为室内空气的冷、热混合得益，简称室内混合得益。

空气节能器

也称为空气经济器，是一种暖通空调系统的节能控制策略。它利用适当气候条件下的室外空气来减少或省去机械供冷需求。在供冷期间，当室外空气比焓低于室内回风比焓时，空气节能器让建筑物内的空调系统利用更多的新风量，故在正常运行工况下，它能减少用于冷却新风与混合风的冷量。这种"免费供冷"的方法广泛应用在各种气候区。采用空气节能器运行需配套可以变风量调节的排风系统，将室内过多的空气排至室外。

呼吸区

空调区域内人员活动的区域，即离地 75～1800mm，离墙或固定空调设备 600mm 的区域。

通风分区

建筑物内具有相似的使用类别、使用密度、区域空气分布效率和单位面积一次风量的一个或若干个使用空间。变风量空调系统中大多数温度控制区可成为通风分区，但一个通风分区不一定是一个单独的温度控制区，能被合并进行负荷计算的一些温度控制区可归并为用以新风计算的通风分区。

换气次数

对房间内容积所含空气量被送入（室外空气、处理过的或再循环的）空气替代程度的计量。它用风量（每小时的体积量）除以房间或建筑物内容积求得，单位：h^{-1}。

临界分区

变风量空调系统所辖各通风分区所需新风比是不同的，其中必有一个需求新风比最大的通风分区，该分区称为临界分区。

换气效率

换气效率定义为空气在整个房间内混合完善时的空气龄除以人员呼吸区内的平均空气龄，表征空气分布系统在人员呼吸区提供通风换气（室外）的能力。

平均人数

任何人数有变化的区域都可按平均人数进行新风量计算。"平均人数"是一个新概念：在某种情况下，如人员数量是变化的，则系统新风量就按一段特殊时间（平均间隔时间 T）内的平均人数，而不以峰值人数来计算新风量。

区域空气分布效率

在一定送、回风方式及送风温度条件下，实际到达呼吸区的空气量与送入房间的空气量之比。

室内空气品质（IAQ）

它是对建筑物内可吸入空气、可量化的一些特性，即人们暴露所在空气中的化学、生物与物理因素如空气温度、湿度、气体成分以及污染物浓度等质量指标的评价。利用足够的通风换气量来排除建筑物内的热量、湿气和污染物是满足室内空气质量标准的主要手段。

通风效率

通风效率是指系统排除房间、区域或建筑物内由内部源产生的污染物的能力。与之相比，换气效率是说明一个空气分布系统对房间、区域或建筑物进行通风的能力。

系统通风效率

需求新风量与系统送出新风量的比值。系统通风效率与系统中各通风分区中一次风最大的新风比有关。

美国供暖制冷与空调工程师协会（ASHRAE）

美国供暖制冷与空调工程师协会的英文全称为：American Society of Heating, Refrigerating and Air-Conditioning Engineer, Inc.

寿命周期费用

指建筑工程所含的总费用。它包括初投资（如材料、设备、施工与安装等费用）、建筑物使用寿命内估算的费用（如长期的运行与保养费用）以及拆除的费用。

后　记

《变风量空调系统设计》第一版出版十多年来，变风量空调系统工程有了长足的发展。

设计院和顾问公司已经普遍接受了国内外先进的设计理念，逐步摆脱了仅限于夏冷冬热两管制空调的传统模式。系统设计也不再拘泥于最早由境外设计带来的风机动力型系统，周边风机盘管（散热器）＋单风道变风量系统组成的组合式系统、冷热型单风道系统等变风量空调系统因地制宜，百花齐放。变冷媒多联机系统因其机电一体，便于分期实施、计量管理，深受中小型办公商业建筑的欢迎，本书第二版特地推荐了这种多联机＋单风道的变风量空调系统，以利于取长补短、优势互补。

变风量空调系统应用的软肋还在于控制调试，它需要设计、总包、自控等单位通力合作。为此本书第二版强化了自动控制章节的内容，增加了各种变风量末端装置、变风量系统和变风量新、排风系统的控制逻辑、自控原理图和点位表，希望对设计人员进行变风量空调系统自控设计有所帮助。

控制调试的另一个关键是变风量末端装置、变风量空调箱的机、电、控一体化，使它与楼宇控制系统的关系像电脑、手机与网络那样更为简便、通用。

业界始终困惑，为何电力、化工、冶金、军工甚至工业空调的自控都很成功，唯独更为简单的民用建筑自控难以搞好？也许前者是要出事故、要人命的，必须全力调试维护好，而后者无论是业主还是自控公司都觉得无关紧要，是个可以省投资、少维护、敷衍了事的地方。这显现了行业风气问题。

运行维护是另一个值得研究的问题。运行与设计理念不接轨，冬季内区不供冷、调小新风量，牺牲舒适性，片面追求节能的现象十分常见。

为此自本书第一版出版以来，笔者总想参与一下变风量空调系统工程的自控调试和运行维护，以获得第一手的运行数据，寻求常说的变风量空调运行欠佳的真正原因。由于设计院项目多，工作忙；工程或自控承包商、物业公司碍于商业利益也很难全力配合；也由于近年来我们的主要精力又集中于区域能源系统的设计与研究，所以该愿望始终没有实现。本书第二版第16章缺了调试运维数据与分析不能不说是一个遗憾。

在"碳达峰、碳中和"目标下暖通空调节能减碳任重道远。冷热源大温差、室内空气质量控制、空调系统节能运行都对变风量空调系统提出了更高的要求。希望业内同行，特别是年轻一代继续努力，把变风量空调工程做得更好。

经过三年多的努力，《变风量空调系统设计（第二版）》终于完成了。我们尽管怀着即将挂笔退役的心情，还是希望对读者有所帮助，又期待得到同行各方面的指点。

近二十年来，变风量空调系统的技术进步以及《变风量空调系统设计》的编著一直得到同济大学范存养教授的关心、鼓励和指导。范教授为本书第一版作序，前不久还亲自为本书第二版作序。令人痛心的是，范先生近日竟因病医治无效，撒手人寰，国内外暖通空调界无不痛心疾首、深切怀念。《变风量空调系统设计（第二版）》即将出版了，我们将以此寄托哀思，告慰恩师范存养教授。

今年是同济大学暖通七七级毕业四十周年，谨以此书向母校献礼，祝老师、同学们健康长寿。

叶大法　杨国荣

2022 年 12 月 31 日